Química Orgânica

O GEN | Grupo Editorial Nacional – maior plataforma editorial brasileira no segmento científico, técnico e profissional – publica conteúdos nas áreas de ciências exatas, humanas, jurídicas, da saúde e sociais aplicadas, além de prover serviços direcionados à educação continuada e à preparação para concursos.

As editoras que integram o GEN, das mais respeitadas no mercado editorial, construíram catálogos inigualáveis, com obras decisivas para a formação acadêmica e o aperfeiçoamento de várias gerações de profissionais e estudantes, tendo se tornado sinônimo de qualidade e seriedade.

A missão do GEN e dos núcleos de conteúdo que o compõem é prover a melhor informação científica e distribuí-la de maneira flexível e conveniente, a preços justos, gerando benefícios e servindo a autores, docentes, livreiros, funcionários, colaboradores e acionistas.

Nosso comportamento ético incondicional e nossa responsabilidade social e ambiental são reforçados pela natureza educacional de nossa atividade e dão sustentabilidade ao crescimento contínuo e à rentabilidade do grupo.

Coordenação

Nival Nunes de Almeida

Química Orgânica

Raphael Salles Ferreira Silva

Bruno Almeida Cotrim

Rodrigo da Silva Ribeiro

Carlos Eduardo Cogo Pinto

Cleber Bomfim Barreto Júnior

Marcos Tadeu Couto

Instituto Federal de Educação, Ciência e Tecnologia do Rio de Janeiro (IFRJ)

Apesar dos melhores esforços dos autores, do editor e dos revisores, é inevitável que surjam erros no texto. Assim, são bem-vindas as comunicações de usuários sobre correções ou sugestões referentes ao conteúdo ou ao nível pedagógico que auxiliem o aprimoramento de edições futuras. Os comentários dos leitores podem ser encaminhados à **LTC — Livros Técnicos e Científicos Editora** pelo e-mail faleconosco@ grupogen.com.br.

Travessa do Ouvidor, 11
Rio de Janeiro, RJ - CEP 20040-040
Tels.: 21-3543-0770 / 11-5080-0770
Fax: 21-3543-0896
faleconosco@grupogen.com.br
www.grupogen.com.br

Capa: Design Monnerat
Créditos das imagens: © BlackJack3D | iStockphoto.com
Trifonov_Evgeniy| iStockphoto.com
Editoração Eletrônica: IO Design

CIP-BRASIL. CATALOGAÇÃO NA PUBLICAÇÃO
SINDICATO NACIONAL DOS EDITORES DE LIVROS, RJ

Q61

Química orgânica / Raphael Salles Ferreira Silva ... [et al.] ; coordenação Nival Nunes de Almeida. - 1. ed. - Rio de Janeiro : LTC, 2018.
; 24 cm.

Inclui bibliografia e índice
ISBN 978-85-216-3554-3

1. Química orgânica. I. Silva, Raphael Salles Ferreira. II. Almeida, Nival Nunes de.
18-50612

CDD: 547
CDU: 547

Meri Gleice Rodrigues de Souza - Bibliotecária - CRB-7/6439

Apresentação

As políticas públicas na área técnico-científica são efetivas quando atendem às demandas da sociedade. Nesse sentido, os setores governo, empresa e instituições educacionais constituem uma inter-relação fundamental para a produção de bens e serviços por meio de pessoas técnica e socialmente capazes e responsáveis.

Para que técnicos, tecnólogos e engenheiros alcancem resultados desejáveis é preciso uma equipe competente e com conhecimentos técnico-científicos. Esses profissionais devem sempre buscar melhorias para que o projeto implementado seja útil e socialmente sustentável.

Nos dias de hoje somos pressionados a permanentes atualizações; as fronteiras físicas internacionais são atenuadas e podemos nos comunicar mais facilmente; além disso, as bases de dados e conhecimento na rede mundial de computadores geram desafios educacionais, econômicos e sociais de forma impactante.

Uma questão que nos tem estimulado é como preparar as novas gerações de estudantes, bem como apoiar os profissionais em atividade e nossos docentes a estarem aptos a enfrentar atuais e futuros desafios no exercício de sua cidadania profissional.

Assim, apresentamos este livro, cujo objetivo é, de acordo com as políticas educacionais e industriais, atender a esses desafios, equilibrando questões de aprendizagem do mundo do trabalho e do mundo educacional, materializando os fundamentos técnico-científicos de forma simples e objetiva, e possibilitando ao leitor estar em dia com a arte de saber fazer (*know-how*) e saber o porquê fazer (*know-why*). Portanto, motivados pelos esforços dos últimos anos na esfera governamental, temos a certeza de que a formação de qualidade pode ajudar o país a melhorar a produção de *commodities*, viabilizando e gerando inovações tecnológicas. Teremos, então, um círculo virtuoso dos setores: educacional, governamental e industrial.

Nival Nunes de Almeida
Engenheiro e Doutor em Engenharia Elétrica
Ex-Reitor da Universidade do Estado do Rio de Janeiro (Uerj)

Agradecimentos

Os autores agradecem ao Prof. José Guerchon (*in memoriam*), da Pontifícia Universidade Católica do Rio de Janeiro (PUC-RJ) pela indicação dos professores da equipe de Química Orgânica do Instituto Federal de Educação, Ciência e Tecnologia do Rio de Janeiro (IFRJ), Campus Rio de Janeiro, para a realização deste livro.

Numa época em que vivemos com tantas atribuições, muitas das vezes com inúmeras horas dedicadas ao trabalho, ficamos distantes de algo tão importante, "o pensar no próximo".

Esse pensar se faz necessário em vários segmentos, seja no cotidiano, no trabalho ou até mesmo na reflexão a respeito daqueles que são ou foram importantes em nossas vidas. Assim, o Prof. José Guerchon, objeto desta homenagem, esteve tão presente, direta ou indiretamente, na vida de tantas pessoas e profissionais que seria impossível, em curto espaço, dar significado completo à sua importância como professor, gestor e amigo.

Como professor, sempre teve a preocupação de passar valores muito além da formação acadêmica. Olhando a educação sob a ótica do construtivismo, soube respeitar o nível de maturidade de seus alunos, trazendo-os a uma escalada ascendente rumo à aprendizagem dos conteúdos e aos valores necessários à formação do indivíduo e do profissional.

Como gestor, com visão descentralizadora e de vanguarda, utilizou a escuta como principal forma de compreender e agregar todos os valores necessários a uma administração de qualidade. Buscando a inovação, valeu-se das tecnologias como ferramentas necessárias ao progresso e à melhora na produtividade dos locais onde esteve presente. Preocupado com um ambiente de trabalho que valorizasse todos os profissionais, sem exceção, tornou os locais por onde passou um modelo administrativo e de agradável convívio.

Diante de todas essas qualidades, era impossível separar o profissional do amigo em que ele sempre se transformava para todos que com ele trabalhavam. Sua honestidade, dignidade, visão agregadora e seu característico "pensar no próximo" não permitiam que a relação interpessoal se limitasse ao trabalho: a amizade surgia como consequência natural de seu modo tão particular de ser. Por esses e inúmeros outros motivos, dedicamos ao grande amigo e profissional, Prof. José Guerchon, este livro, que nasceu como fruto de sua mão sempre estendida para colaborar com todos que um dia estiveram perto dele.

Os autores agradecem também ao Prof. Murilo Feitosa Cabral (IFRJ) por suas prestimosas contribuições ao Capítulo 6.

Prefácio

Este livro tem por objetivo ser um material de ensino de Química Orgânica para alunos do curso de Química ou áreas afins, em instituições de ensinos superior e profissional.

O conteúdo apresentado é compatível com o currículo de Química Orgânica ensinada em cursos como Química, Engenharia Química, Química Industrial e Farmácia, por exemplo.

Para estudantes de pós-graduação, este livro foi pensado como um livro preparatório para a leitura de livros mais avançados destinados a estudantes graduados em outras áreas, mas que estejam inseridos em cursos de pós-graduação em Química.

A Química Orgânica é apresentada do seguinte modo:

Capítulos 1 a 5: Fundamentos

São apresentados os fundamentos de Química Geral importantes na Química Orgânica, regras de nomenclatura de compostos orgânicos, isomeria plana e estereoquímica, análise conformacional e teorias ácido-base aplicadas a compostos orgânicos.

Capítulos 6 a 10: Reações

São apresentados os princípios de mecanismos de reação e as principais reações de compostos orgânicos: substituição nucleofílica bimolecular (S_N2), substituição nucleofílica unimolecular (S_N1), eliminação molecular (*E*2), eliminação unimolecular (*E*1), eliminação unimolecular mediada por carbânion (*E*1*cb*), reações de adição a alcenos e alcinos, substituição eletrofílica aromática (SeAr), substituição nucleofílica aromática (SnAr), reação de adição a carbonilas e reação de substituição acílica.

Sobre os autores

Raphael Salles Ferreira Silva é farmacêutico formado pela Universidade Federal do Rio de Janeiro (UFRJ), mestre e doutor em Química de Produtos Naturais pela UFRJ, com experiência em pesquisa nas áreas de química de produtos naturais, síntese orgânica, química de heterociclos, técnicas cromatográficas, geoquímica orgânica e química de combustíveis. É professor de Química Orgânica do Instituto Federal de Educação, Ciência e Tecnologia do Rio de Janeiro (IFRJ), ministrando aulas para cursos técnicos profissionalizantes de nível médio e cursos de graduação. Foi coordenador de Pesquisa e Inovação do Campus Rio de Janeiro do IFRJ e é membro da Associação Brasileira de Química (ABQ).

Bruno Almeida Cotrim é farmacêutico industrial formado pela Universidade Federal do Rio de Janeiro (UFRJ), mestre em Química pela UFRJ e doutor em Biomedicina pela Universidade Pompeu Fabra (Espanha), com tese na área de química medicinal. Trabalhou no Departamento de Pesquisa e Desenvolvimento da empresa Nortec Química S/A por dois anos. É professor de Química Orgânica do Instituto Federal de Educação, Ciência e Tecnologia do Rio de Janeiro (IFRJ), ministrando aulas para cursos técnicos profissionalizantes de nível médio e cursos de graduação.

Rodrigo da Silva Ribeiro é químico formado pela Universidade Federal do Rio de Janeiro (UFRJ), mestre e doutor em Química Orgânica também pela UFRJ. Tem experiência na área de Química, com ênfase em síntese orgânica, tendo atuado como pesquisador colaborador por dois anos na Universidade Estadual de Campinas (Unicamp). É professor de Química Orgânica do Instituto Federal de Educação, Ciência e Tecnologia do Rio de Janeiro (IFRJ), ministrando aulas para cursos técnicos profissionalizantes de nível médio e cursos de graduação.

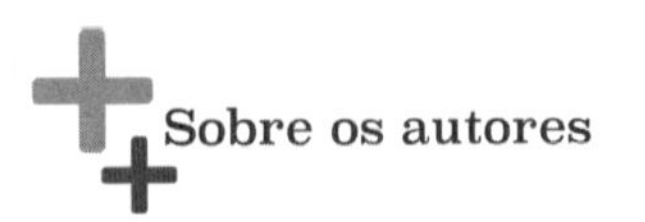

Carlos Eduardo Cogo Pinto é técnico em química pela Escola Técnica Federal de Química do Rio de Janeiro, atual Instituto Federal de Educação, Ciência e Tecnologia do Rio de Janeiro (IFRJ), licenciado em química pela Universidade do Estado do Rio de Janeiro (Uerj) e mestre em Ciências do Meio Ambiente pela Universidade Veiga de Almeida (UVA). Tem experiência profissional em síntese orgânica em laboratório de síntese e desenvolvimento da iniciativa privada, como coordenador de área em escolas de ensino médio e de projetos em roteiros de simulação química junto à PUC-RJ/MEC. É professor de Química Orgânica do IFRJ, ministrando aulas para cursos técnicos profissionalizantes de nível médio e cursos de graduação, e professor de Química do ensino médio de escolas privadas.

Cleber Bomfim Barreto Júnior é licenciado em Química pela Universidade Federal Rural do Rio de Janeiro (UFRRJ), mestre em Química e doutor em Química de Produtos Naturais pela Universidade Federal do Rio de Janeiro (UFRJ). Tem experiência na área de Química, com ênfase em síntese orgânica e síntese estereosseletiva. É professor de Química Orgânica do Instituto Federal de Educação, Ciência e Tecnologia do Rio de Janeiro (IFRJ), ministrando aulas para cursos técnicos profissionalizantes de nível médio e cursos de graduação.

Marcos Tadeu Couto é bacharel e licenciado em Química pela Universidade Federal Fluminense (UFF), mestre e doutor em Química de Produtos Naturais pela Universidade Federal do Rio de Janeiro (UFRJ). Possui experiência na área de Química, com ênfase em síntese orgânica, atuando principalmente nos seguintes temas: síntese de estatinas, redução assimétrica, síntese de inibidores de corrosão e síntese de matrizes poliméricas. É professor de Química Orgânica do Instituto Federal de Educação, Ciência e Tecnologia do Rio de Janeiro (IFRJ), ministrando aulas para cursos técnicos profissionalizantes de nível médio e cursos de graduação. Foi coordenador do curso técnico de Química do Campus Rio de Janeiro do IFRJ, diretor de projetos do IFRJ, pró-reitor de Pesquisa, Pós-Graduação e Inovação do IFRJ.

Sumário

Material Suplementar

Este livro conta com o seguinte material suplementar:

- Ilustrações da obra em formato de apresentação (acesso restrito a docentes).

O acesso aos materiais suplementares é gratuito. Basta que o leitor se cadastre em nosso *site* (www.grupogen.com.br), faça seu *login* e clique em GEN-IO, no menu superior do lado direito. É rápido e fácil.
Caso haja alguma mudança no sistema ou dificuldade de acesso, entre em contato conosco (gendigital@grupogen.com.br).

Videoaulas

Este livro contém videoaulas exclusivas. Foram criadas e desenvolvidas pela LTC Editora para auxiliar os estudantes no aprimoramento de seu aprendizado.

As videoaulas são ministradas por professores com grande experiência nas disciplinas que apresentam em vídeo. ***Química Orgânica*** conta com videoaulas para os seguintes capítulos:*

- Capítulo 1 (Iniciando o estudo): Hidrocarbonetos – Aula 1 e Aula 2.
- Capítulo 2 (Nomenclatura de compostos orgânicos segundo as normas da IUPAC): Funções Oxigenadas – Aula 1.
- Capítulo 3 (Isomeria e estereoquímica): Isomeria – Aula 1.
- Capítulo 4 (Análise conformacional): Isomeria – Aula 3.
- Capítulo 5 (Ácidos e bases): Acidez e Basicidade – Aula 1.
- Capítulo 6 (Mecanismos de reação): Reações Orgânicas – Aula 1.
- Capítulo 7 (Reações de substituição e eliminação): Reações Orgânicas – Aula 2.
- Capítulo 8 (Adição a alcenos e alcinos): Reações Orgânicas – Aula 5.
- Capítulo 9 (Compostos aromáticos): Hidrocarbonetos – Aula 5.

*As instruções para o acesso às videoaulas encontram-se na orelha deste livro.

GEN-IO (GEN | Informação Online) é o ambiente virtual de aprendizagem do GEN | Grupo Editorial Nacional, maior conglomerado brasileiro de editoras do ramo científico-técnico-profissional, composto por Guanabara Koogan, Santos, Roca, AC Farmacêutica, Forense, Método, Atlas, LTC, E.P.U. e Forense Universitária. Os materiais suplementares ficam disponíveis para acesso durante a vigência das edições atuais dos livros a que eles correspondem.

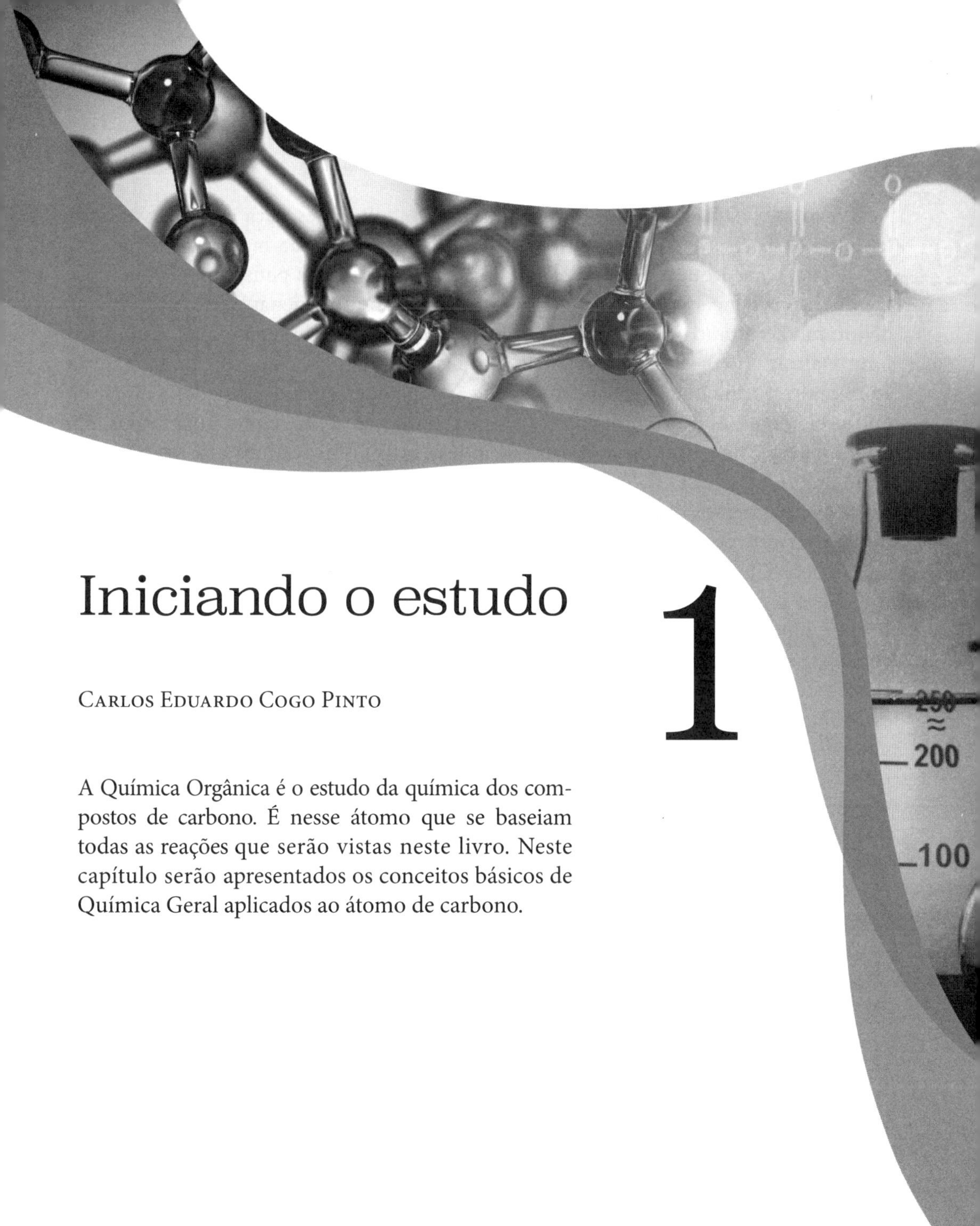

1 Iniciando o estudo

Carlos Eduardo Cogo Pinto

A Química Orgânica é o estudo da química dos compostos de carbono. É nesse átomo que se baseiam todas as reações que serão vistas neste livro. Neste capítulo serão apresentados os conceitos básicos de Química Geral aplicados ao átomo de carbono.

1.1 A Química Orgânica como ciência

Ao longo da história, o homem vem buscando explicações para os mais variados fenômenos e observações de seu dia a dia. A constituição da matéria é um exemplo de algo que é questionado desde a Grécia antiga e seus pensadores. Leucipo e Demócrito já concebiam que a matéria era formada por pequenas partes indivisíveis denominadas átomos. Com o passar dos anos, já no início do século XIX, o químico John **Dalton** (1766-1844) iniciou seus estudos a respeito da composição da matéria apontando, por meio de experimentos, que as substâncias eram formadas a partir de outras elementares. Resumidamente, ele caracterizou o átomo como uma minúscula esfera maciça, homogênea, indivisível e indestrutível. Em seus estudos ele já havia verificado a existência de átomos de diferentes massas e que esses pertenceriam a diferentes elementos químicos. Em 1904, com a revolução causada pelo experimento de Ernest **Rutherford** (1871-1937) e as conclusões de Niels **Bohr** (1885-1962), a Química teve um grande salto, e muitas questões, até então obscuras, começam a ser tratadas sob outra ótica.

Hoje a Química, numa forma mais ampla, porém bastante sucinta, pode ser descrita como a parte da ciência que estuda a constituição da matéria e suas transformações. Dentro desse universo cabem algumas reflexões, por exemplo: como é possível explicar o fogo quando alguma substância entra em combustão? Por que alguns materiais são mais resistentes que outros? Por que há aromas agradáveis enquanto outros são tão ruins? Como funciona o corpo humano? Enfim, se pensando brevemente tantas questões podem ser levantadas, quão complexa pode ser a Química diante de todos os fenômenos e observações que surgem em nosso cotidiano? Para isso, a química é dividida em várias áreas. Neste livro trataremos do estudo dos compostos que possuem o elemento químico carbono em sua estrutura, de suas transformações e de como elas ocorrem. Essa subárea de conhecimento é chamada **Química Orgânica**.

1.1.1 O desenvolvimento da Química Orgânica

O marco do início da Química Orgânica como ciência ocorreu no século XIX juntamente com a queda da Teoria da Força Vital, conhecida como vitalismo. Essa teoria se baseava na crença de que somente seres vivos seriam capazes de produzir substâncias que possuem o elemento químico carbono em sua composição. Por sua vez, as substâncias inorgânicas eram tidas como aquelas já existentes e que não dependiam da força vital para a sua formação. Até que em 1828 Friedrich **Wöhler** (1800-1882), por meio de experimentos em laboratório, conseguiu obter ureia, uma substância presente na urina, pelo aquecimento da substância inorgânica cianato de amônio. Nesse experimento foi possível obter o primeiro composto orgânico a partir de um composto inorgânico, e ele marca o início da evolução da Química Orgânica como ciência.

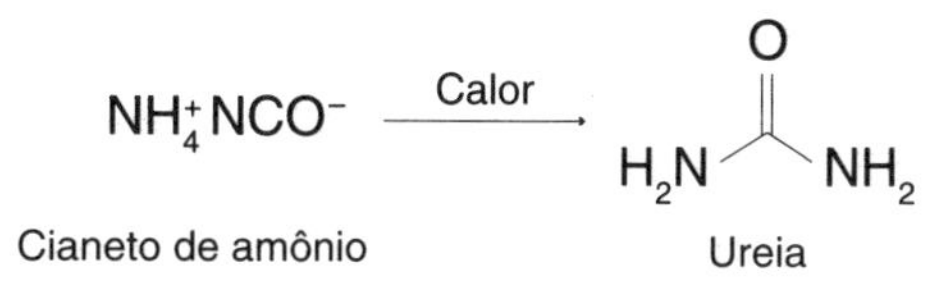

$$NH_4^+NCO^- \xrightarrow{\text{Calor}} H_2N-C(=O)-NH_2$$

Cianeto de amônio — Ureia

Figura 1.1 Reação de obtenção da ureia a partir do cianeto de amônio.

1.1.2 A Química Orgânica nos dias atuais

Hoje sabemos que a Química Orgânica não é mais exclusivamente a química dos seres vivos. Na realidade, essa vertente da Química Orgânica que estuda as substâncias oriundas dos seres vivos é hoje conhecida como **química dos compostos naturais**. Mas em nosso dia a dia há inúmeras aplicações dos compostos que possuem o elemento químico carbono. Os polímeros, principalmente os plásticos, os fármacos, os defensivos agrícolas, entre outros, são alguns exemplos de substâncias que direta ou indiretamente fazem parte de nosso cotidiano. Assim, com base em alguns pré-requisitos necessários ao estudo da Química Orgânica, é possível se aprofundar nessa ciência tão importante para a sociedade.

1.2 Conceitos fundamentais

1.2.1 As ligações químicas

As explicações a respeito de como são formadas as substâncias foram, ao longo das décadas, tornando-se mais claras desde os experimentos de John **Dalton** (1766-1844), passando pelas pesquisas em 1916 de Gilbert Newton **Lewis** (1875-1946) e Walther Ludwig Julius **Kossel** (1888-1956), ao estudarem a natureza das ligações químicas. As propriedades das substâncias sao, em sua maioria, determinadas pelas ligações químicas estabelecidas entre os átomos que compõem a sua estrutura. Fundamentalmente, há três tipos de ligações químicas: a iônica, a covalente e a metálica. Todas elas estão relacionadas com um princípio que consiste na **regra do octeto**, utilizada até hoje para explicar o motivo pelo qual os átomos se combinam para originar as substâncias. Essa regra teve como base fundamental a análise dos gases nobres, substâncias essas que não são encontradas na forma combinada com outros elementos químicos na natureza. Estudos indicam que esses elementos possuem alta energia de ionização, baixa afinidade por elétrons e pequena reatividade química, revelando que eles apresentam uma estabilidade muito acentuada, além de uma característica comum: o fato de possuírem oito elétrons (exceto o hélio) em seu nível mais externo. Comparativamente, os demais elementos químicos ao reagirem assumem a mesma característica dos gases nobres: oito elétrons de valência. Dessa forma surge a **regra do octeto**, que nada mais é do que um conceito que aponta para o fato de que os átomos tendem a reagir, perdendo, ganhando ou compartilhando elétrons até que estejam circundados por oito elétrons de valência.

1.2.2 **A ligação iônica**

Os íons são espécies originadas a partir de átomos pela perda ou ganho de elétrons. Normalmente são formados por transferência de elétrons de metais para não metais, originando os cátions e ânions. A ligação iônica é resultante da atração eletrostática existente entre esses íons de cargas opostas, originando as substâncias iônicas.

1.2.3 **A ligação covalente**

Essa ligação é característica das substâncias moleculares formadas a partir de não metais ou hidrogênio com não metais, espécies essas com grande afinidade eletrônica. Por ocorrerem entre átomos em que ambos apresentam tendência de receber elétrons, o fazem por compartilhamento dos elétrons de valência, normalmente até ficarem circundados por oito elétrons e assim adquirirem maior estabilidade. Vale lembrar que o átomo de hidrogênio se estabiliza com dois elétrons, configuração eletrônica igual à do gás nobre hélio.

As ligações covalentes podem ser classificadas de acordo com a eletronegatividade dos átomos presentes. São dois os tipos de ligação, a covalente apolar e a covalente polar. Considere as moléculas de cloro e cloreto de hidrogênio:

Tabela 1.1

Substância	Cl_2	HCl
Diferença de eletronegatividade	3,0 – 3,0 = 0	3,0 – 2,1 = 0,9
Tipo de ligação	Covalente apolar	Covalente polar

Os elétrons na molécula de Cl_2 são compartilhados igualmente por ambos os átomos, visto que a eletronegatividade é a mesma. Assim, eles são distribuídos de forma igual na molécula, e a ligação covalente é **apolar**. Por sua vez, no HCl, devido ao fato de o cloro ser um elemento mais eletronegativo que o hidrogênio, esse compartilhamento não ocorre de forma igual entre os átomos. O cloro possui maior atração pelos elétrons e a densidade eletrônica fica deslocada, afastando-se do hidrogênio e ficando mais próxima de si. Nesse exemplo a ligação covalente é **polar**. Como parte da densidade eletrônica em torno do átomo de hidrogênio é atraída com maior intensidade pelo núcleo do cloro, isso acarreta a formação de um dipolo; o hidrogênio assume uma carga parcial positiva, enquanto o cloro assume uma carga parcial negativa.

$$\overset{\delta+}{H}—\overset{\delta-}{Cl}$$

Figura 1.2 Representação dos dipolos existentes na molécula de HCl.

Representa-se essa distribuição de cargas utilizando o símbolo delta minúsculo, que indica as cargas parciais, "delta mais" para o átomo com menor densidade eletrônica, o hidrogênio, e "delta menos" para o átomo com maior densidade eletrônica, o cloro.

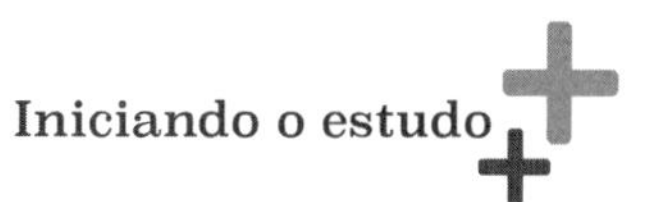

A distribuição de densidade eletrônica pode ser observada por meio de cálculos conforme a figura a seguir.

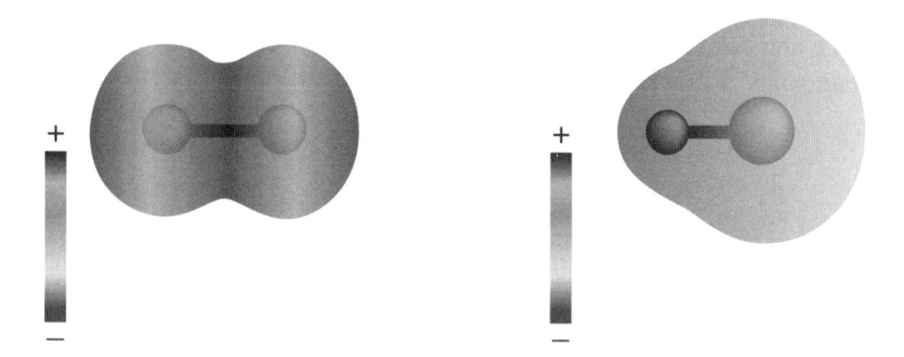

Figura 1.3 Distribuição de densidade eletrônica.
Veja a figura em cores no GEN-IO, ambiente virtual de aprendizagem do GEN.

Pela figura é possível observar à esquerda a molécula de Cl_2 com uma distribuição de coloração bastante uniforme, indicativo de uma densidade eletrônica distribuída uniformemente. À direita na molécula de HCl, a região do átomo de cloro apresenta maior intensidade de coloração que na região do átomo de hidrogênio, ou seja, mais escura, apontando maior densidade eletrônica nessa região.

1.2.4 A ligação metálica

Essa é uma ligação que ocorre entre elementos metálicos, como ferro, cobre, alumínio, zinco, entre muitos outros. Nela cada átomo desses metais encontra-se ligado a vários outros vizinhos, de forma que os seus elétrons de valência ficam relativamente livres, movendo-se ao longo da estrutura metálica. Essa característica é importante para explicar o brilho e a condutividade elétrica das substâncias metálicas.

No estudo da **Química Orgânica**, a ligação covalente é a que apresenta maior destaque, principalmente no que diz respeito aos conceitos básicos necessários ao entendimento dessa disciplina. Dessa forma, se faz necessária a discussão de alguns conceitos relativos às substâncias moleculares. Veja a seguir.

1.2.5 As substâncias moleculares

As substâncias moleculares são aquelas cujos átomos se ligam através de ligações covalentes, originando moléculas. No estudo da Química Orgânica elas assumem papel de destaque, pois qualquer composto orgânico apresenta ligações covalentes em sua estrutura. Para uma compreensão do compartilhamento de elétrons dessa ligação, Lewis apresentou um modelo de representação dos átomos isolados e das moléculas formadas.

1.2.6 Representação dos átomos segundo Lewis

Nessa representação os elétrons de valência são dispostos na forma de pontos em torno do átomo. Cada elétron isolado (elétron desemparelhado) no orbital é representado por um ponto, e dois pontos representam dois elétrons em um orbital preenchido (elétrons emparelhados).

Elétrons emparelhados :X· Elétron desemparelhado

H·   He: :Ṅ: :Ȯ: :Ḟ:

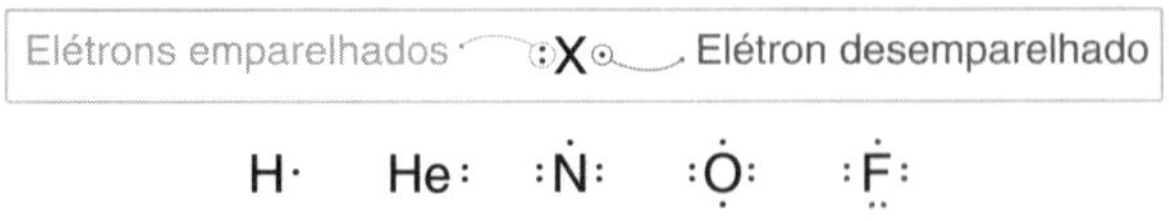

Figura 1.4 Representação dos átomos segundo o modelo de Lewis.

1.2.7 Representação das moléculas segundo Lewis

Nas moléculas, Lewis utilizou como referência a regra do octeto, em que cada átomo tende a se estabilizar quando fica cercado por oito elétrons de valência. É importante ressaltar que há exceções a essa regra. O próprio hidrogênio se estabiliza com dois elétrons de valência. A molécula de flúor é um ótimo exemplo para iniciar a compreensão desse modelo:

:F̈· + ·F̈: ⟶ :F̈:F̈:

Figura 1.5 Representação da molécula de flúor segundo o modelo de Lewis.

Nessa molécula, cada átomo de flúor compartilha um elétron com o outro átomo, de maneira que ambos fiquem cercados por oito elétrons. Cada compartilhamento de um par eletrônico corresponde a uma ligação covalente. A ligação covalente pode ser representada por um traço (-), indicando o par de elétrons compartilhado entre os dois átomos.

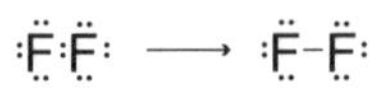

:F̈:F̈: ⟶ :F̈-F̈:

Figura 1.6 Representação da molécula de flúor a partir do modelo de Lewis, indicando a ligação covalente.

O mesmo pode ser proposto nas moléculas de hidrogênio e ácido fluorídrico:

H:H ⟶ H-H

H:F̈: ⟶ H-F̈:

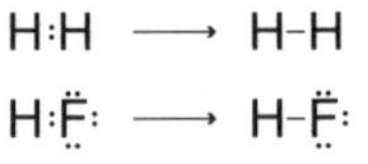

Figura 1.7 Representação das moléculas de hidrogênio e ácido fluorídrico a partir do modelo de Lewis, indicando a ligação covalente.

Em se tratando de moléculas mais complexas, como as poliatômicas, são necessários alguns passos até chegar à representação.

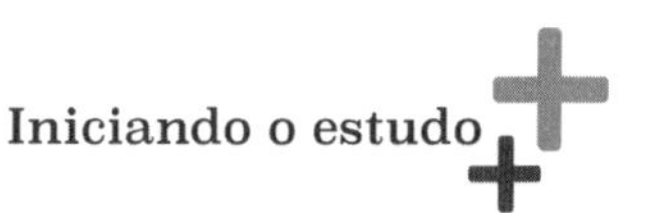

- Some o número de elétrons de valência de todos os átomos envolvidos. Em se tratando de íons, faça o acerto de acordo com a carga deste.
- Escolha um átomo central e disponha os demais ao redor. Normalmente o átomo central é o de menor afinidade eletrônica, como os átomos dos elementos químicos C, N, P e S. Os halogênios também o são quando ligados a oxigênio. O hidrogênio é sempre um átomo terminal.
- Forme uma ligação covalente simples inserindo um par de elétrons entre cada dois átomos adjacentes.
- Coloque os pares de elétrons restantes em torno de cada átomo terminal até que estejam cercados por oito elétrons (exceto para o átomo de hidrogênio).
- Sobrando elétrons, coloque-os no átomo central.
- Caso o átomo central tenha menos de oito elétrons, mova pares isolados dos átomos terminais para uma posição entre ambos até completar o octeto.

No exemplo a seguir, pode ser observado cada passo para a formação da molécula de SO_2.

Some o número de elétrons de valência de todos os átomos envolvidos

$SO_2 \longrightarrow 6 + 6 + 6 = 18$

Escolha um átomo central e disponha os demais ao redor

O S O

Forme uma ligação covalente simples inserindo um par de elétrons entre cada dois átomos adjacentes

O : S : O

Coloque os pares de elétrons restantes em torno de cada átomo terminal até que estejam cercados por oito elétrons

:Ö : S : Ö:

Sobrando elétrons, coloque-os no átomo central

:Ö : S̈ : Ö:

Caso o átomo central tenha menos de oito elétrons, mova pares isolados dos átomos terminais para uma posição entre ambos até completar o octeto

:Ö : S̈ : Ö: ⟶ :O :: S̈ : Ö:

Figura 1.8 Passos para a representação de Lewis da molécula de SO_2. Assista a um vídeo no GEN-IO, ambiente virtual de aprendizagem do GEN.

Vale lembrar que é esperado que alguns dos elementos do segundo período realizem um determinado número de ligações igual a (8 - elétrons de valência). Dessa forma, o carbono realiza quatro ligações (8 − 4 = 4), o nitrogênio, três (8 − 5 = 3), o oxigênio, duas (8 − 6 = 2), e o flúor, uma (8 − 7 = 1). Não esquecer que para compostos orgânicos os átomos de carbono podem realizar ligações entre eles, originando as cadeias carbônicas.

A seguir podem ser encontrados alguns exemplos de moléculas representadas pelo modelo de Lewis.

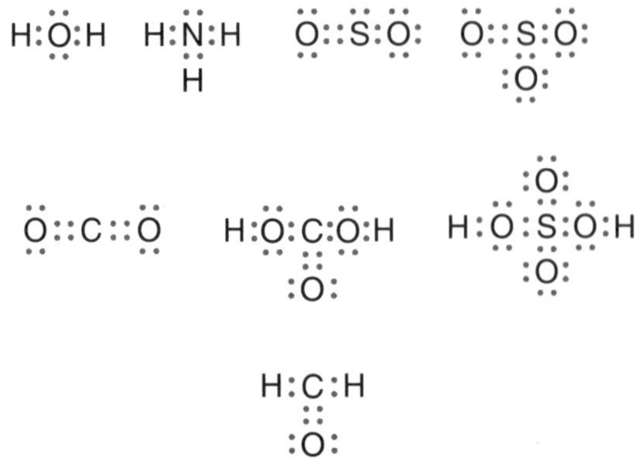

Figura 1.9 Representação de Lewis para as moléculas H_2O, NH_3, SO_2, SO_3, CO_2, H_2CO_3, H_2SO_4 e HCHO.

Nas estruturas de Lewis acima, da mesma forma vista anteriormente, os pares de **elétrons ligantes** podem ser substituídos por um traço.

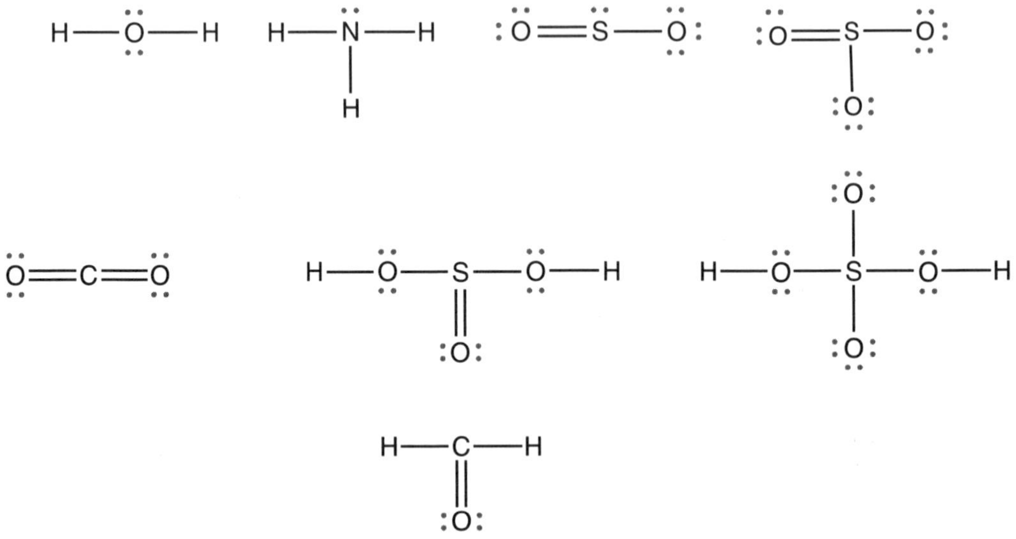

Figura 1.10 Representação das moléculas de H_2O, NH_3, SO_2, SO_3, CO_2, H_2CO_3, H_2SO_4 e HCHO a partir do modelo de Lewis, substituindo os elétrons ligantes por um traço.

Muitas moléculas e íons não podem ter suas estruturas de Lewis expressas de forma correta valendo-se apenas de uma representação. O tamanho da ligação é um fator determinante e que comprova isso. A ligação covalente simples apresenta maior distância entre átomos que a ligação dupla, e essa distância é maior quando comparada à ligação tripla. A molécula de ozônio e o íon nitrato são exemplos que ilustram o exposto. Observando as estruturas dessas espécies, seria de se esperar que o comprimento das ligações simples fosse maior que o das ligações duplas tanto no ozônio, comparando a ligação O—O com O=O, quanto no íon nitrato, comparando a ligação N—O com N=O.

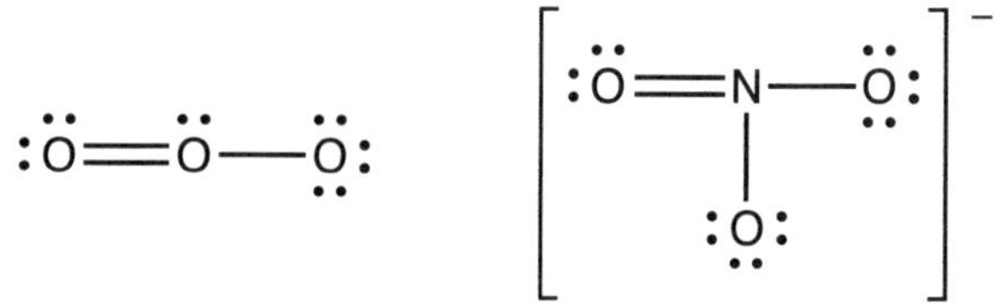

Figura 1.11 Representação de Lewis para as espécies O_3 e $[NO_3]^-$.

Essa característica relativa ao tamanho distinto das ligações não é observada. Nessas estruturas, as duas ligações O—O e O=O têm o mesmo tamanho, o que também é verificado para as ligações N—O e N=O. Para isso, Linus **Pauling** (1901-1994) propôs um modelo conhecido como **teoria da ressonância**.

1.2.8 Teoria da Ressonância

Moléculas ou íons para os quais não há uma estrutura de Lewis que os descreva de forma precisa devem ser representados por mais de uma estrutura, que nada mais são do que alternativas, conhecidas como **estruturas de ressonância**. Essas estruturas são representadas entre si separadas por uma dupla seta.

Para a molécula de ozônio, duas estruturas de ressonância podem ser representadas.

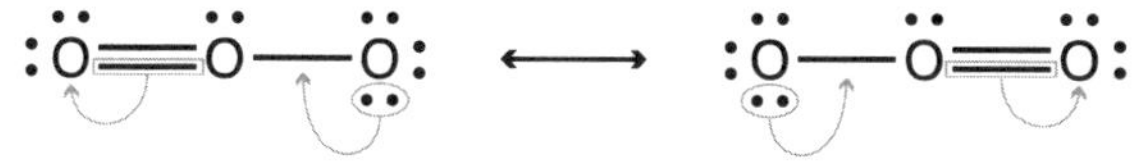

Figura 1.12 Estruturas de ressonância da molécula de ozônio.

Na molécula de ozônio, todas as ligações entre os átomos de oxigênio apresentam tamanho igual a 127,8 pm, valor intermediário entre as ligações O—O (132 pm) e O=O (121 pm).

Para o íon nitrato, são três as estruturas de ressonância representadas.

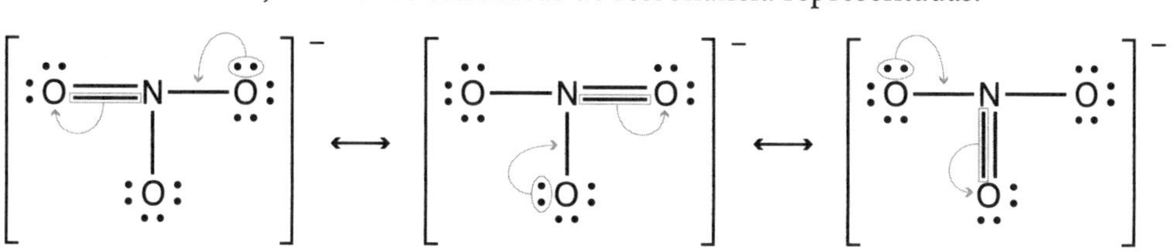

Figura 1.13 Estruturas de ressonância do íon nitrato.

No íon nitrato, todas as ligações entre os átomos de nitrogênio e oxigênio apresentam tamanho igual a 124 pm, valor intermediário à ligação N—O (140 pm) e N=O (120 pm).

As estruturas de ressonância não correspondem à estrutura real da molécula ou íon. Na realidade, elas existem apenas sob a ótica de um modelo na forma escrita para representação da espécie em questão. A representação que mais se aproxima do real parte da fusão das contribuições de todas as estruturas de ressonância. Nesse modelo, a ligação covalente que se alterna pelas estruturas de ressonância é substituída por linhas tracejadas numa única estrutura denominada **híbrido de ressonância**. É comum omitir os elétrons não ligantes (pares isolados) no híbrido de ressonância.

Estruturas de ressonância

Híbrido de ressonância

Estruturas de ressonância

Híbrido de ressonância

Figura 1.14 Híbridos de ressonância da molécula de ozônio e do íon nitrato.

A ressonância somente ocorre entre estruturas que apresentam o mesmo arranjo entre os átomos. Nela não é permitido alterar as posições dos átomos, cabendo exclusivamente aos elétrons fazê-lo.

O exemplo mais conhecido dentro do universo da Química Orgânica é o benzeno (C_6H_6). Nele a alternância das três ligações duplas origina duas estruturas de ressonância que podem ser reunidas num único híbrido. No caso dos compostos aromáticos, como há ressonância em todo o ciclo, a linha tracejada é substituída por um círculo.

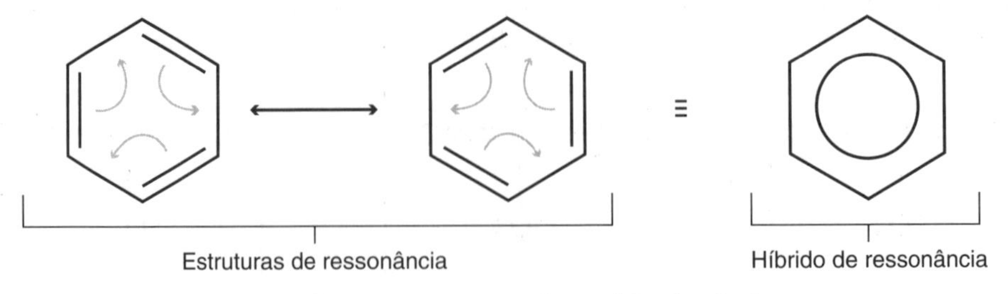

Figura 1.15 Representações da molécula do benzeno.

O híbrido de ressonância apresenta menor energia que qualquer uma das estruturas de ressonância em separado. A ressonância estabiliza a molécula ou o íon, sendo conhecida como **energia de estabilização por ressonância**. No Capítulo 9 esse assunto será abordado novamente com maiores esclarecimentos.

As estruturas de Lewis oferecem uma maneira de representar as moléculas ou os íons muito próxima da realidade. Porém, por muitas vezes podem surgir dúvidas quanto à disposição dos átomos ou a distribuição dos elétrons. No sentido de construir uma representação mais precisa se faz necessário avaliar a maneira pela qual os elétrons são distribuídos na molécula ou nos íons. O conceito de distribuição de carga, através do cálculo das cargas formais dos átomos presentes na estrutura, é uma ferramenta fundamental para isso.

1.2.9 **Cargas formais**

Numa molécula ou íon, a carga formal de um átomo é calculada por meio da seguinte equação:

CF = EV − (ENL + ½ EL), em que:
CF = carga formal.
EV = elétrons de valência do átomo isolado.
ENL = elétrons não ligantes (pares isolados) ao redor do átomo.
EL = elétrons ligantes (pares de elétrons de ligação) ao redor do átomo.

Nas espécies a seguir esse cálculo pode ser observado para cada átomo:

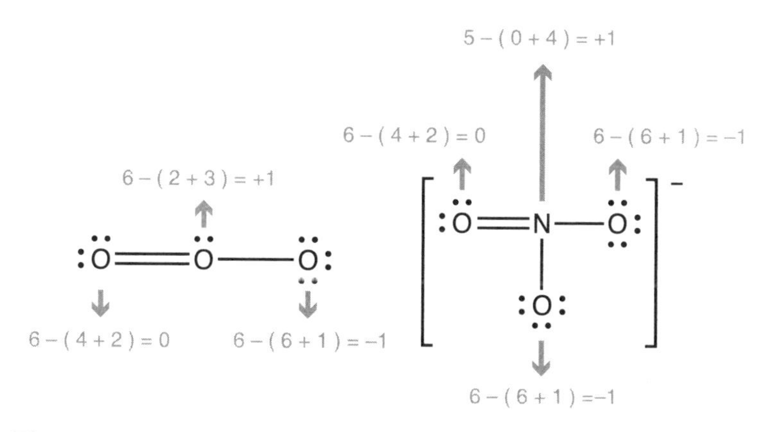

Figura 1.16 Representação das cargas formais na molécula de ozônio e no íon nitrato.

A soma das cargas formais em uma molécula é igual a zero, enquanto no íon é igual a sua carga.

No exemplo anterior, na molécula de ozônio a soma é igual a zero, enquanto no íon nitrato é igual a −1, ou seja, a sua carga.

Molécula de ozônio: $0 + 1 - 1 = 0$

Íon nitrato: $0 + 1 - 1 - 1 = -1$

Dessa forma, o conceito de carga formal pode ajudar a escolher a estrutura de Lewis que mais se aproxima da realidade. A estrutura de Lewis mais estável será aquela na qual os átomos possuam cargas formais mais próximas de zero.

No exemplo a seguir é possível identificar qual a estrutura mais estável para o CO_2 e para o N_2O.

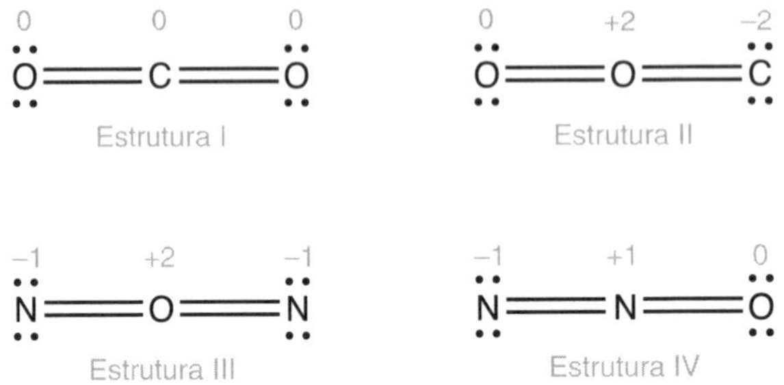

0 0 0
O=C=O
Estrutura I

0 +2 −2
O=O=C
Estrutura II

−1 +2 −1
N=O=N
Estrutura III

−1 +1 0
N=N=O
Estrutura IV

Figura 1.17 Estruturas de Lewis para as moléculas de dióxido de carbono e monóxido de dinitrogênio. Assista a um vídeo no GEN-IO, ambiente virtual de aprendizagem do GEN.

Pelo cálculo das cargas formais, as estruturas mais prováveis para o CO_2 e para o N_2O são as de números I e IV, visto possuírem cargas formais mais próximas a zero para seus átomos.

Estruturas com cargas formais de seus átomos próximas a zero são mais estáveis e, portanto, apresentam menor energia.

1.2.10 Os orbitais atômicos e moleculares

Na década de 1920, surge uma nova teoria para explicar a estrutura atômica e a estrutura molecular, chamada **mecânica quântica**. Desenvolvida simultaneamente e de forma independente por Werner **Heisenberg** (1901-1976), Erwin **Schrödinger** (1887-1961) e Paul **Dirac** (1902-1984), trata-se de um modelo matemático definido por equações. Nesse modelo, é considerada a natureza ondulatória das partículas em movimento. Louis Victor **de Broglie** (1892-1987) associou o comprimento de onda (λ) à massa (m) de um corpo que se move a uma velocidade (v):

$$\lambda = \frac{h}{mv}, \text{ em que } h \text{ é a constante de Planck.}$$

Dessa forma, o elétron em órbita apresenta comportamento ondulatório descrito por meio de equações de onda semelhantes às utilizadas na mecânica clássica.

Essas equações de onda possuem amplitudes que assumem valores positivos e negativos, como as fases de uma onda.

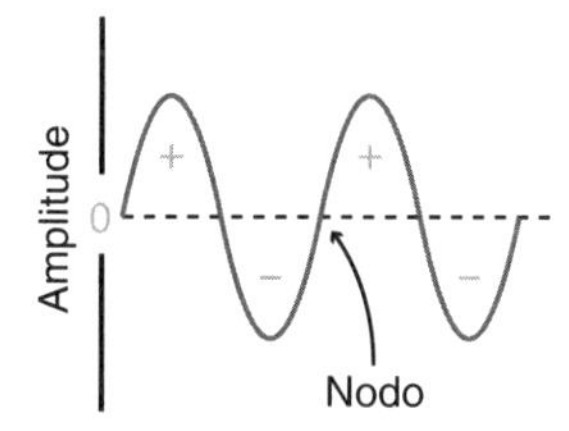

Figura 1.18 Sinais de amplitude de uma onda.

As equações de onda apresentam várias resoluções, denominadas funções de onda psi (ψ). O quadrado dessa função de onda psi (ψ^2) em uma localização no espaço indica a probabilidade de se encontrar um elétron naquela localização. Os gráficos das funções de onda em três dimensões possuem formas semelhantes a esferas ou halteres. Essas figuras representam os **orbitais atômicos**, ou seja, a região no espaço onde há maior probabilidade de se encontrar um ou dois elétrons. De forma semelhante, na Figura 1.18, que representa uma onda, os nodos separam as regiões definidas pelas funções de onda. Neles a probabilidade de se encontrar um elétron é zero.

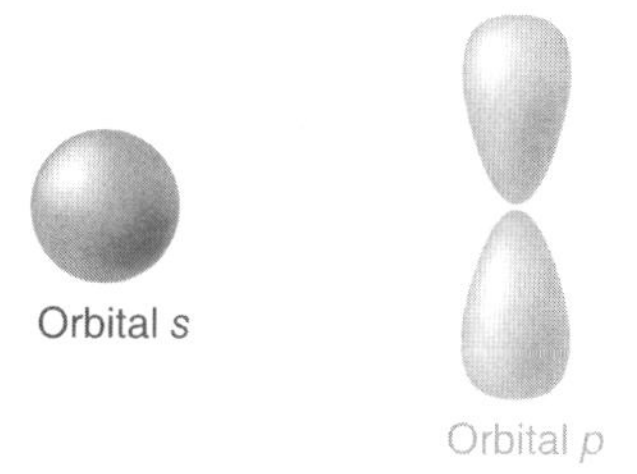

Figura 1.19 Forma característica dos orbitais *s* e *p*.

A formação de moléculas ocorre quando os átomos se aproximam de maneira que seus orbitais atômicos deixam de existir, dando lugar a um novo conjunto de níveis energéticos que correspondem a novos orbitais, denominados **orbitais moleculares**. Vale ressaltar que o número de orbitais moleculares originados é igual à soma dos orbitais atômicos de origem. Por exemplo, quando dois orbitais atômicos *s* se combinam, ocorrem simultaneamente a soma e a subtração de suas funções de onda, originando dois novos orbitais moleculares. Quando duas funções de onda apresentam o mesmo sinal, ou seja, encontram-se em fase, elas se somam para formar uma onda maior. Todavia, se essas ondas apresentarem sinais opostos, ou seja, se encontram fora de fase, elas se subtraem para formar uma onda menor.

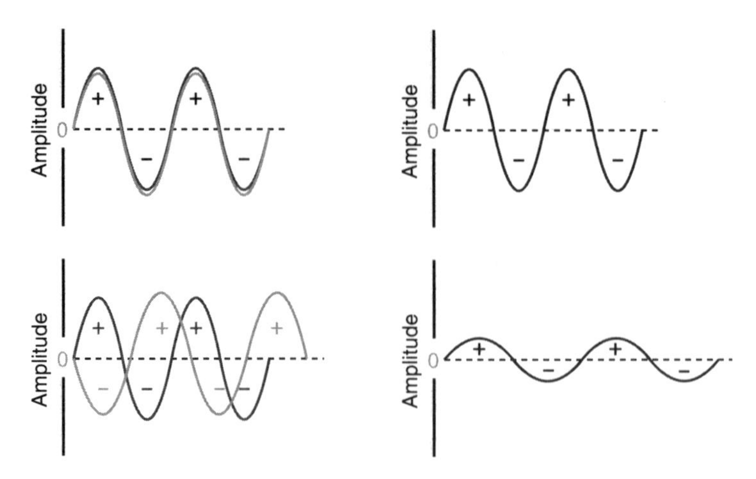

Figura 1.20 Combinação das funções de onda.

A combinação, ou recobrimento, de dois orbitais cujas funções de onda se encontram em fase produz um novo orbital chamado **orbital molecular ligante.** Da mesma forma, as funções de onda fora de fase originam outro orbital, denominado **orbital molecular antiligante**. O orbital molecular ligante apresenta energia menor que os orbitais atômicos de origem, enquanto o orbital molecular antiligante possui energia maior que os orbitais atômicos de origem. A figura a seguir ilustra a formação desses orbitais moleculares a partir da combinação de dois orbitais *s*.

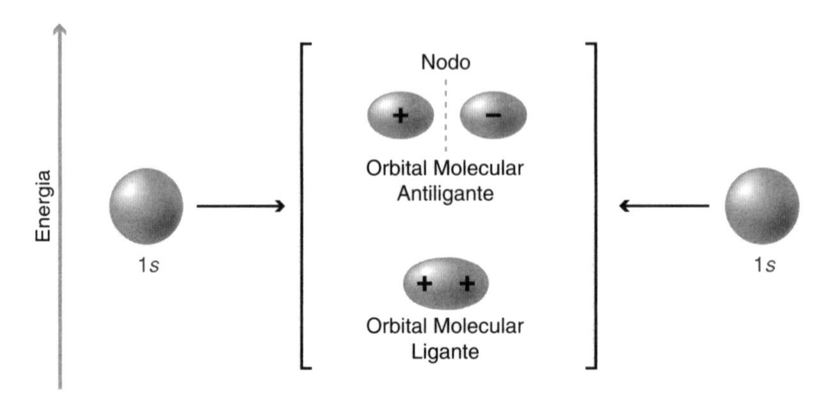

Figura 1.21 Formação de orbital molecular ligante e antiligante a partir da combinação de dois orbitais *s*.

Fatores espaciais interferem na forma de recobrimento dos orbitais, tal como nos orbitais atômicos *p*. Esses orbitais podem se combinar segundo o mesmo eixo ou eixos paralelos. A combinação entre orbitais segundo um mesmo eixo origina uma ligação denominada sigma (σ). Já uma combinação entre orbitais segundo eixos paralelos origina uma ligação denominada pi (π). Independentemente do tipo de ligação, também são originados orbitais moleculares ligantes e antiligantes sigma e pi, respectivamente. No exemplo a seguir pode ser observado que a combinação entre orbitais *s* e *s* ou *s* e *p* sempre ocorre segundo um mesmo eixo, porém entre orbitais *p* elas podem ocorrer também segundo eixos paralelos.

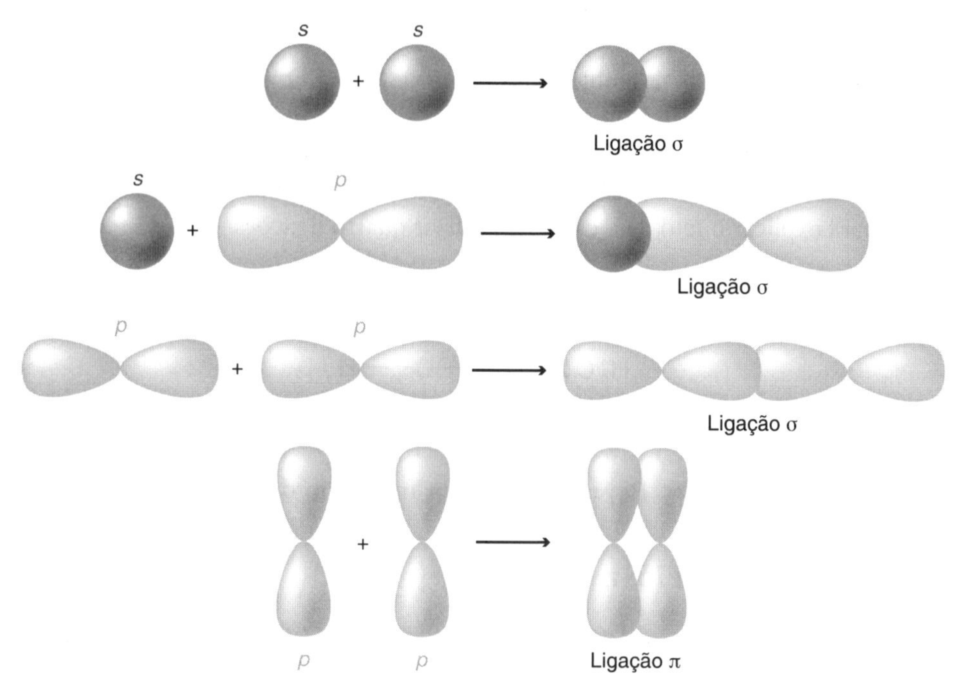

Figura 1.22 Formação de ligação sigma e pi.

No estudo das moléculas orgânicas, a formação de orbitais moleculares, assim como a energia associada a eles, é fundamental para a compreensão de como ocorrem as reações químicas. Esse assunto será visto mais adiante no estudo do mecanismo das reações orgânicas.

1.3 O estudo do carbono e as moléculas orgânicas

O conhecimento de como são formadas as moléculas, as ligações realizadas, os orbitais atômicos e os orbitais moleculares originados é de grande importância na avaliação das propriedades das substâncias orgânicas. A forma como as moléculas irão reagir depende não somente dos átomos constituintes, mas também do arranjo e das ligações entre estes. A respeito desse assunto, se faz necessário conhecer inicialmente, dentro do universo da Química Orgânica, como o carbono realiza as ligações químicas.

Observando a configuração eletrônica do carbono, é de se esperar que ele realize apenas duas ligações covalentes simples com os orbitais $2p_x$ e $2p_y$, visto possuir apenas um elétron desemparelhado em cada um deles. Já o orbital 2s não participaria, pois já se encontra completo.

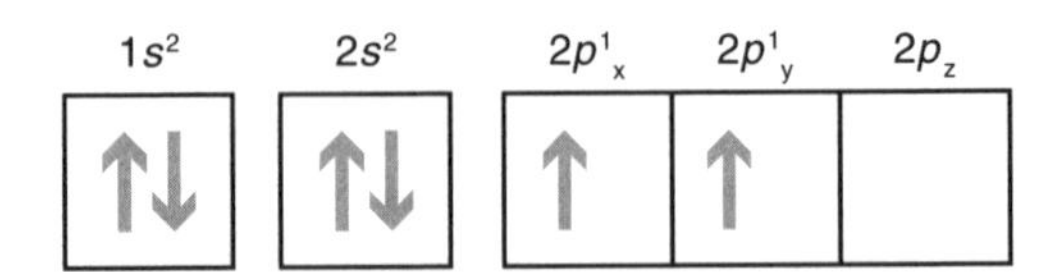

Figura 1.23 Configuração eletrônica do carbono no estado fundamental.

Mas isso não é verificado nas moléculas orgânicas. Numa simples molécula de metano, já é possível evidenciar que o átomo de carbono realiza quatro ligações covalentes – uma com cada átomo de hidrogênio. Esse distanciamento entre o esperado e o real foi explicado por Linus **Pauling** (1901-1994) em 1931 pela **teoria da hibridização**, um modelo aceitável para explicar o fato de o carbono realizar quatro ligações.

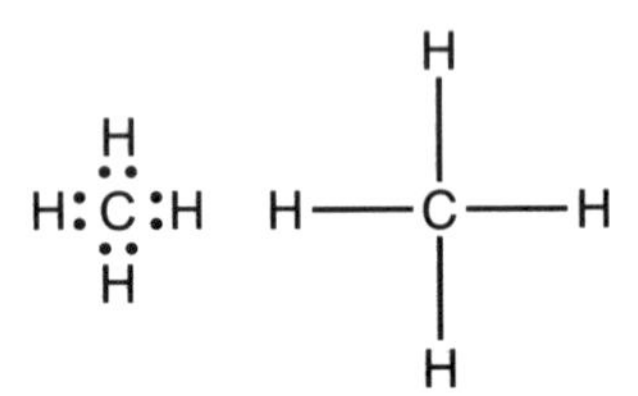

Figura 1.24 Representação da molécula de metano.

1.3.1 Teoria da hibridização

A teoria da hibridização dos orbitais consiste em um modelo matemático que envolve a combinação das funções de onda dos orbitais *s* e *p* originando novos orbitais, denominados **orbitais atômicos híbridos**, que permite explicar como são formadas as ligações em algumas moléculas e, essencialmente neste livro, as moléculas orgânicas. Em termos do estudo do carbono, são três o número de combinações possíveis entre o orbital 2*s* e os orbitais $2p_x$, $2p_y$ e $2p_z$. Essas três combinações ajudam esclarecer as ligações químicas realizadas pelos átomos de carbono – ligações simples e múltiplas, ou seja, as ligações sigma (σ) e pi (π). Na Figura 1.25 há exemplos de ligações encontradas em três principais classes de hidrocarbonetos.

No metano, no etano e em toda a sua série homóloga são quatro ligações sigma por átomo de carbono. Já no eteno, no propeno e nos demais compostos de sua série há a presença de três ligações sigma e uma ligação pi nos átomos de carbono insaturados. No etino, no propino e nos demais compostos de sua série há a presença de duas ligações sigma e duas ligações pi nos átomos de carbono insaturados.

Os tipos de hibridização nada mais são do que proporções variadas entre a combinação do orbital 2*s* e os orbitais 2*p* no átomo de carbono isolado, permitindo a formação dos orbitais híbridos atômicos e consequentemente dos orbitais moleculares das substâncias orgânicas originadas.

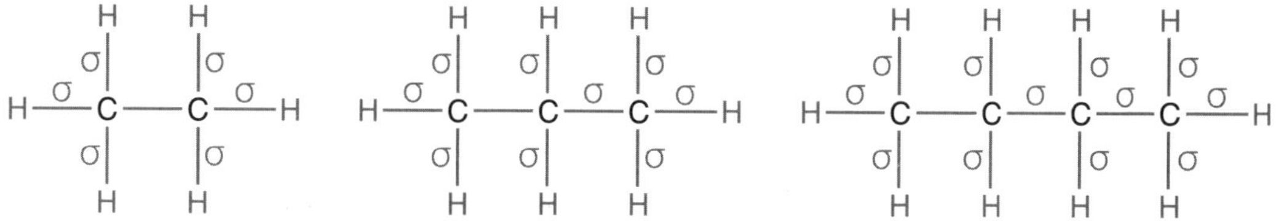

Cada átomo de carbono realiza quatro ligações covalentes σ

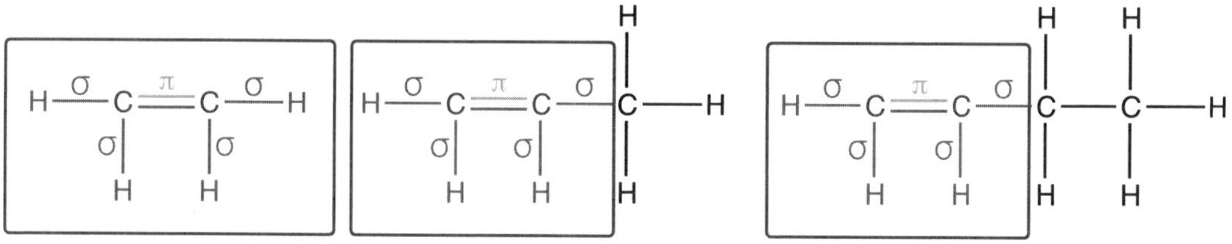

Cada átomo de carbono insaturado realiza três ligações covalentes σ e uma ligação covalente π

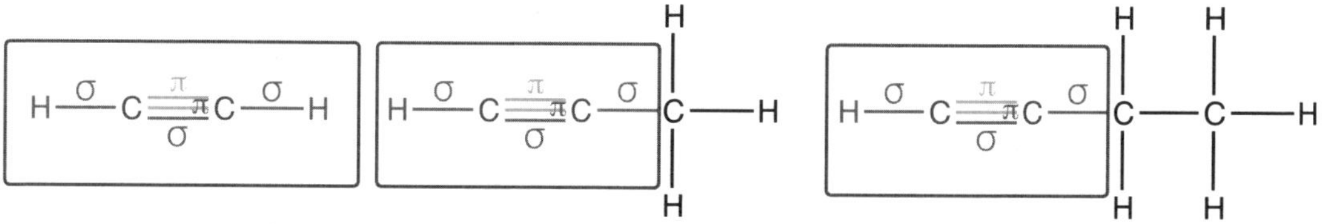

Cada átomo de carbono insaturado realiza duas ligações covalentes σ e duas ligações covalentes π

Figura 1.25 Representação de séries homólogas de hidrocarbonetos.

Combinação de um orbital *s* com três orbitais *p*

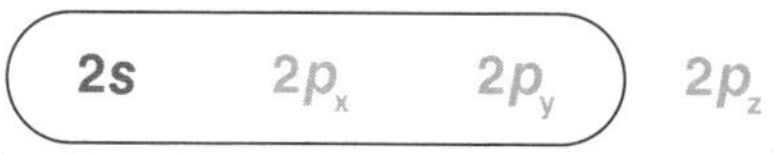

Combinação de um orbital *s* com dois orbitais *p*

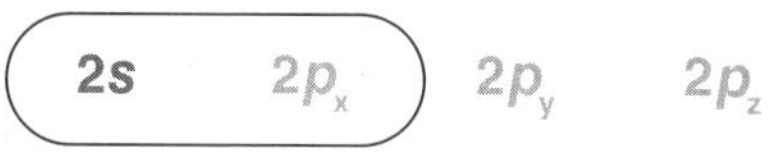

Combinação de um orbital *s* com um orbital *p*

Figura 1.26 Combinações possíveis entre os orbitais 2*s* e 2*p* no átomo de carbono.

Para que ocorra qualquer uma das três combinações, inicialmente um elétron do orbital 2*s* é promovido ao orbital 2*p* vazio, atingindo um nível de energia denominado **estado excitado**.

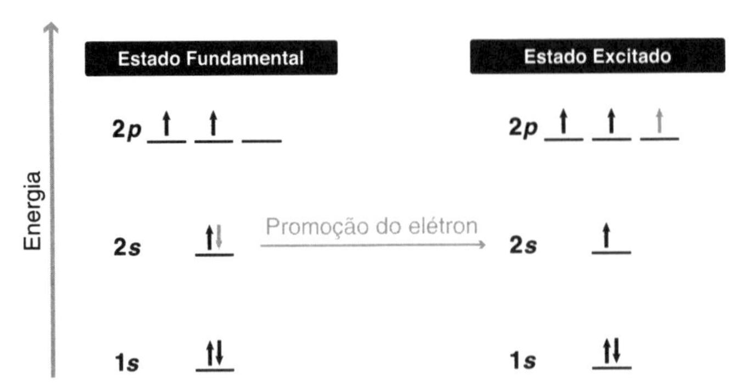

Figura 1.27 Representação esquemática da promoção de um elétron do subnível 2*s* para o subnível 2*p*.

O próximo passo é a combinação do orbital *s* com os orbitais 2*p*, resultando em três tipos básicos de hibridização para o átomo de carbono, denominados sp^3, sp^2 e *sp*. Na hibridização sp^3 o orbital atômico 2*s* se combina com os três orbitais 2*p*. Seguindo a mesma lógica, nas demais há a combinação do orbital 2*s* com dois orbitais 2*p* na hibridização sp^2 e do orbital 2*s* com um orbital 2*p* na hibridização *sp*. Esquematicamente, é possível observar essa combinação na Figura 1.28.

Essas combinações nos permitem elucidar várias propriedades, inclusive as fundamentadas em termos de caráter de orbital *s* nos orbitais híbridos originados. A participação do orbital *s* está associada a seu formato esférico, com maior proximidade do núcleo que os orbitais *p* em formato de haltere. Quando o orbital 2*s* se combina com três orbitais 2*p*, são originados quatro orbitais híbridos sp^3, cada um com 25% de participação do orbital *s*. O cálculo matemático é muito simples: são quatro orbitais híbridos originados que equivalem a 100%. Um orbital *s* em meio a três orbitais *p* equivale a 25% do total. Por conseguinte, na hibridização sp^2 há 33,3% de caráter de orbital *s* e 50% na hibridização *sp*.

1.3.2 A hibridização sp^3

Ao ser estudada a molécula do metano, observa-se que os quatro átomos de hidrogênio estão orientados em ângulos iguais a 109,5°.

Como todas as quatro ligações sigma possuem o mesmo conteúdo energético, é de se esperar que todas elas sejam essencialmente originadas de iguais orbitais atômicos. O modelo proposto é que, com a aproximação dos átomos de hidrogênio, são formados quatro orbitais atômicos hibridizados sp^3 no átomo de carbono.

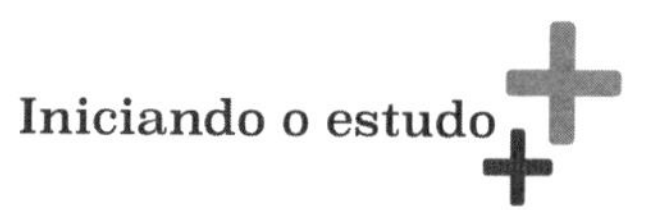

Um orbital $2s$ combinado com três orbitais $2p$

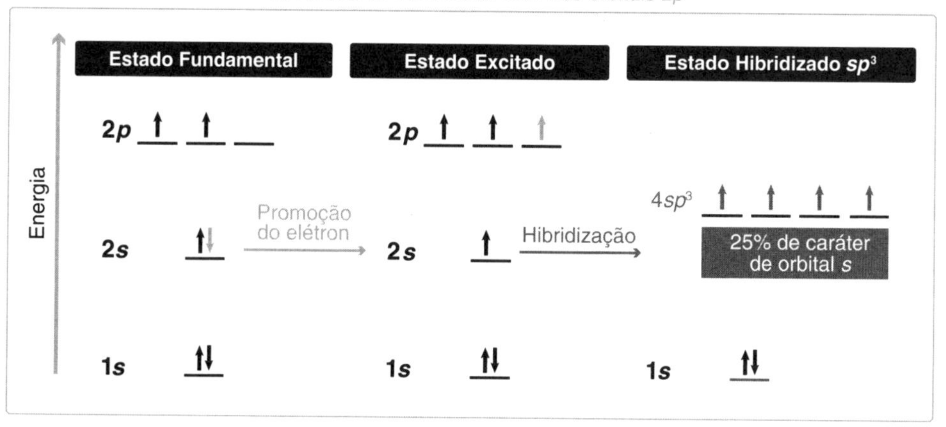

Um orbital $2s$ combinado com dois orbitais $2p$

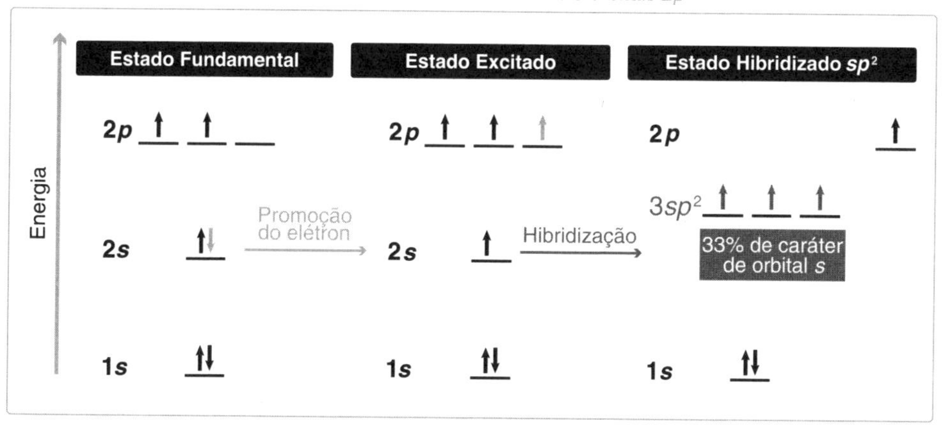

Um orbital $2s$ combinado com um orbital $2p$

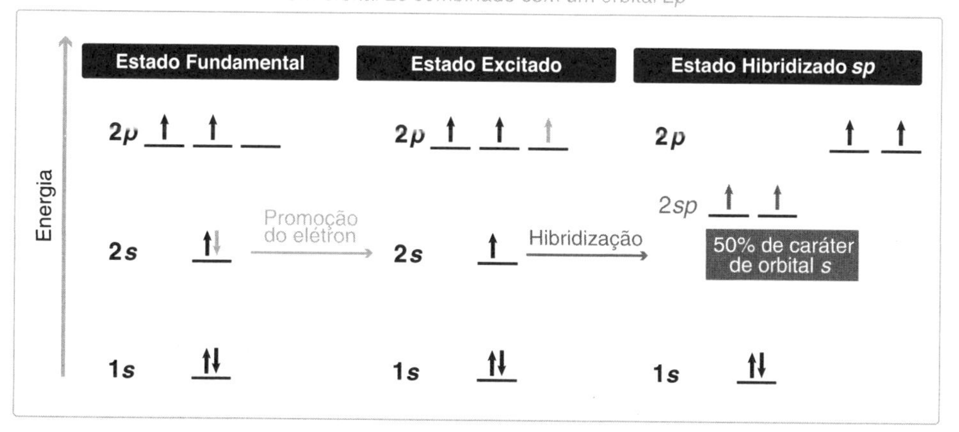

Figura 1.28 Representação esquemática da combinação dos orbitais $2s$ e $2p$. Assista a um vídeo no GEN-IO, ambiente virtual de aprendizagem do GEN.

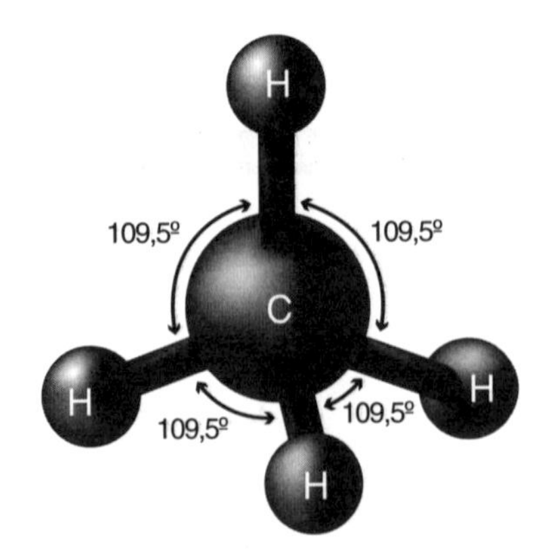

Figura 1.29 Molécula do metano.

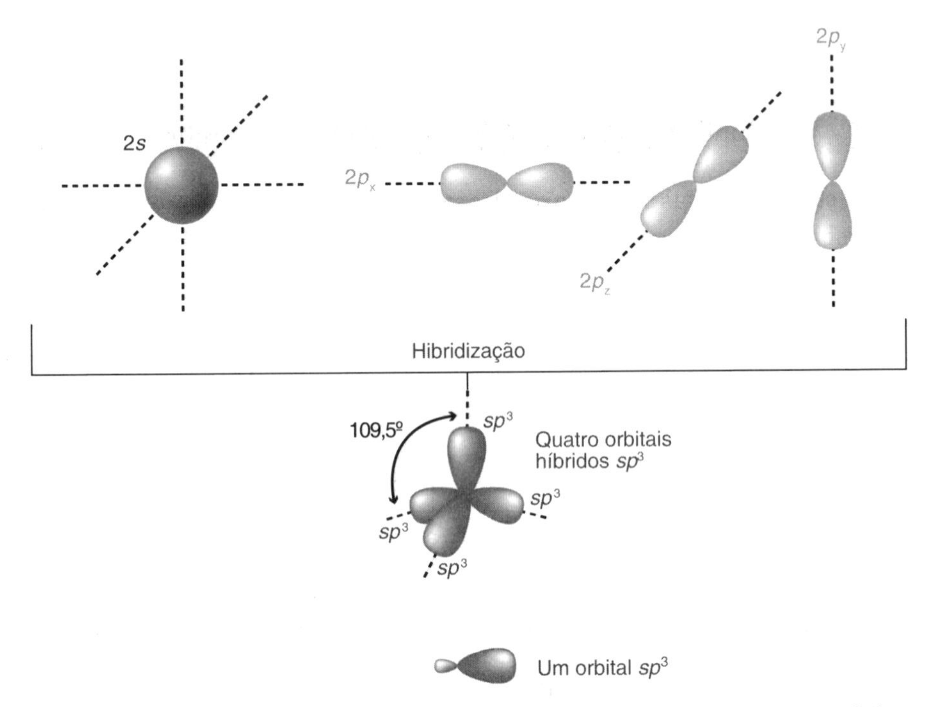

Figura 1.30 Representação do modelo de hibridização sp^3. Neste modelo são mostrados apenas os orbitais ligantes.

Na molécula do metano, os orbitais atômicos híbridos sp^3 do átomo de carbono se combinam cada um por sobreposição ao longo de um mesmo eixo com os orbitais atômicos *s* dos átomos de hidrogênio. A essa ligação, originada ao longo de um mesmo eixo, é dado o nome de **ligação sigma** (σ). As ligações ocorrem entre orbitais sp^3 do carbono e orbitais *s* do hidrogênio, originando quatro orbitais moleculares cujas ligações são denominadas σ_{sp^3-s}. Os elétrons encontram-se distribuídos em pares com spins opostos pelos orbitais moleculares originados. Por uma questão de simplicidade, são omitidos os orbitais antiligantes.

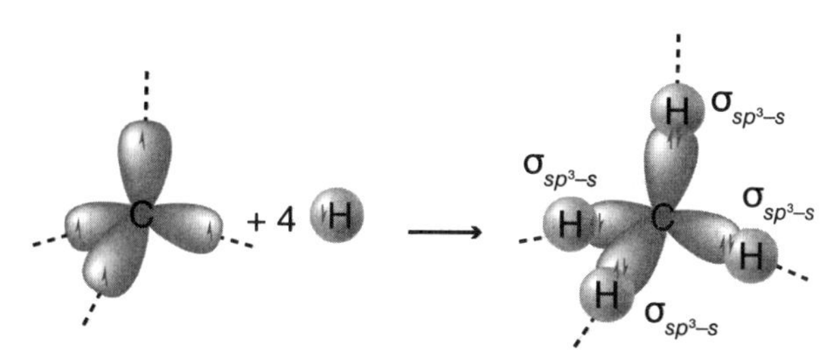

Figura 1.31 Formação de orbitais moleculares no metano.

Na molécula do etano, dois orbitais atômicos híbridos sp³, um de cada átomo de carbono, se combinam por sobreposição entre si ao longo de um mesmo eixo, originando um orbital molecular cuja ligação é denominada $\sigma_{sp^3-sp^3}$. Os três orbitais atômicos híbridos restantes de cada átomo de carbono se combinam cada um por sobreposição, ao longo de um mesmo eixo cada, com os orbitais atômicos *s* dos átomos de hidrogênio originando seis orbitais moleculares σ_{sp^3-s}. Os elétrons encontram-se distribuídos em pares com spins opostos pelos orbitais moleculares originados. Por uma questão de simplicidade, são omitidos os orbitais antiligantes.

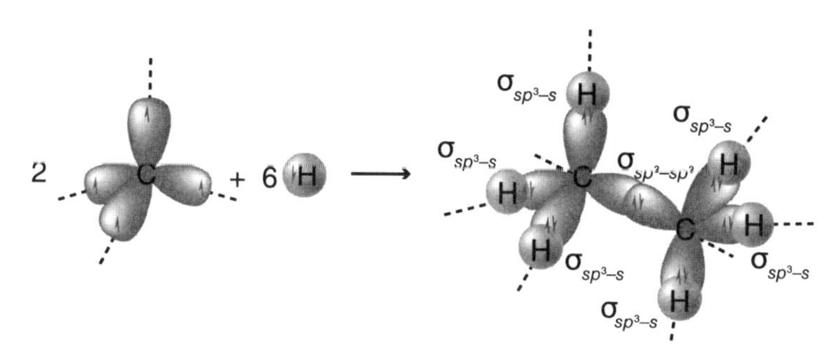

Figura 1.32 Formação de orbitais moleculares no etano.

1.3.3 A hibridização *sp*²

A molécula do eteno se destaca das anteriores por apresentar uma dupla ligação entre os átomos de carbono. Observa-se que os átomos de hidrogênio são orientados em ângulos iguais a 120° em relação ao plano da ligação C═C.

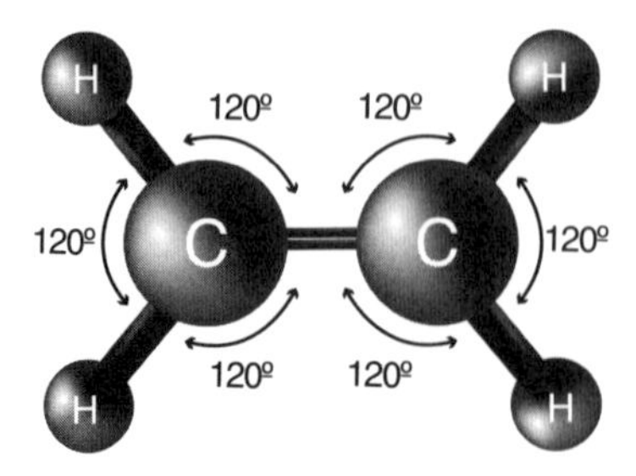

Figura 1.33 Molécula do eteno.

Analisando a reatividade dessa substância, é possível inferir que o conteúdo energético das duas ligações carbono-carbono é distinto. Essa substância é muito suscetível a reações de adição através da quebra de uma dessas ligações.

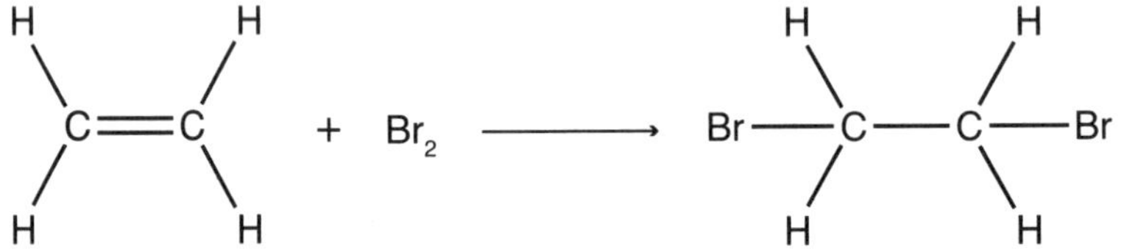

$$H_2C{=}CH_2 + Br_2 \longrightarrow Br{-}CH_2{-}CH_2{-}Br$$

Figura 1.34 Molécula do eteno.

Dessa forma, é de se esperar não somente pela geometria dessa molécula, mas também sob a ótica das energias das ligações envolvidas, que os orbitais atômicos se combinem de maneira distinta à vista anteriormente nas moléculas saturadas de metano e etano. O modelo proposto é que, com a aproximação dos átomos de hidrogênio, são formados três orbitais atômicos hibridizados sp^2 em cada átomo de carbono, restando um orbital p para a realização da segunda ligação entre esses átomos.

Na molécula do eteno, dois orbitais atômicos híbridos sp^2, um de cada átomo de carbono, se combinam por sobreposição entre si ao longo de um mesmo eixo, originando um orbital molecular cuja ligação é denominada $\sigma_{sp^2-sp^2}$. Os dois orbitais atômicos híbridos restantes de cada átomo de carbono se combinam cada um por sobreposição, ao longo de um mesmo eixo cada, com os orbitais atômicos s dos átomos de hidrogênio, originando quatro orbitais moleculares σ_{sp^2-s}. Por sua vez, os orbitais atômicos p não hibridizados de cada átomo de carbono somente podem se combinar por sobreposição lateral. Nessa ligação, o orbital molecular é distinto daquele originado pela sobreposição de orbitais atômicos segundo um mesmo eixo. A essa ligação é dado o nome de **ligação pi (π)**. Os elétrons encontram-se distribuídos em pares com spins opostos pelos orbitais moleculares originados. Por uma questão de simplicidade, são omitidos os orbitais antiligantes.

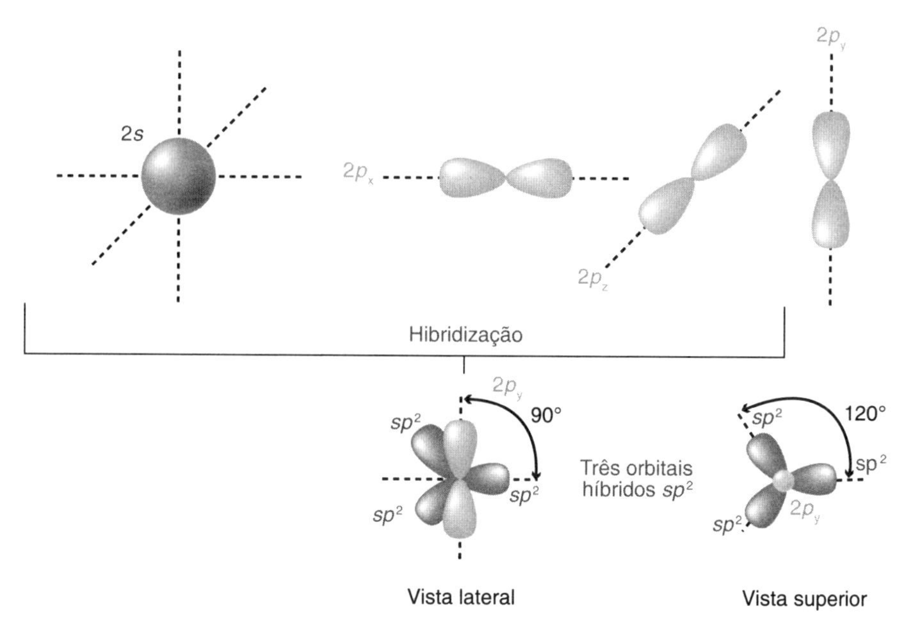

Figura 1.35 Representação do modelo de hibridização sp^2. Neste modelo são mostrados apenas os orbitais ligantes.

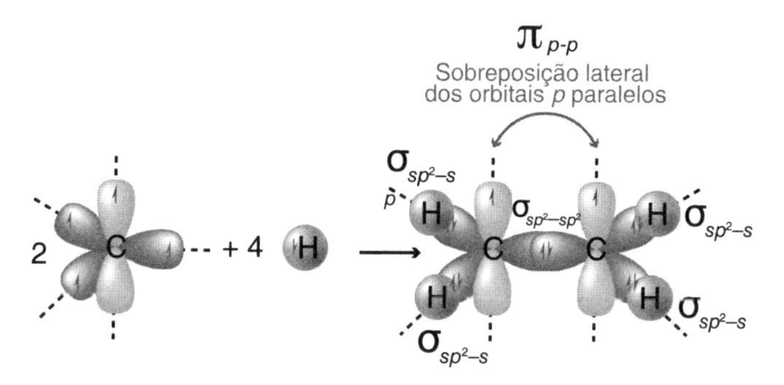

Figura 1.36 Formação de orbitais moleculares no eteno.

1.3.4 A hibridização *sp*

A molécula do etino é um exemplo semelhante ao da molécula do eteno. Também se destaca por apresentar uma múltipla ligação entre os átomos de carbono, no caso, uma tripla ligação. Observa-se que os átomos de hidrogênio são orientados em ângulos iguais a 180° em relação ao plano da ligação $C \equiv C$.

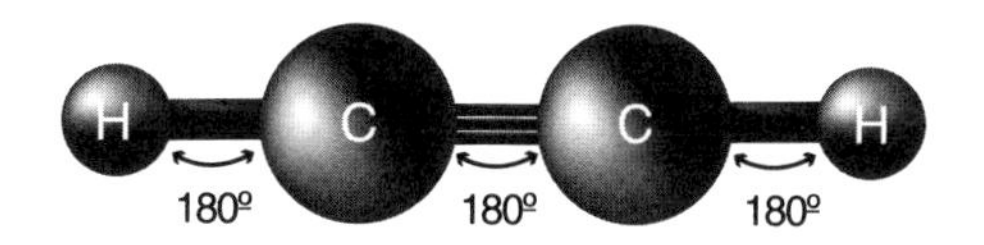

Figura 1.37 Molécula do etino.

Essa substância reage de forma semelhante ao eteno, sendo também muito suscetível a reações de adição através da quebra de duas ligações carbono-carbono. Portanto, o mesmo raciocínio pode ser empregado no que diz respeito ao conteúdo energético dessas ligações em comparação a outra ligação que não é quebrada.

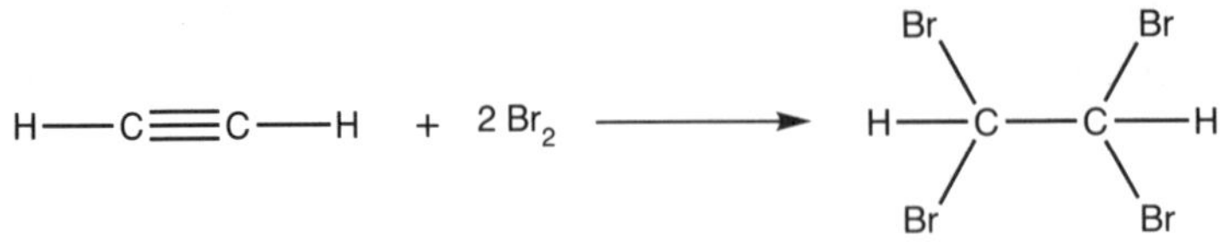

$$H-C\equiv C-H \;+\; 2\,Br_2 \longrightarrow H-CBr_2-CBr_2-H$$

Figura 1.38 Reação do etino com bromo.

Assim sendo, pela geometria dessa molécula e também pelas energias de ligação envolvidas, é possível afirmar que os orbitais atômicos se combinem de maneira semelhante ao eteno. O modelo proposto é que, com a aproximação dos átomos de hidrogênio, são formados dois orbitais atômicos hibridizados *sp* em cada átomo de carbono, restando dois orbitais *p* para a realização das outras duas ligações entre esses átomos.

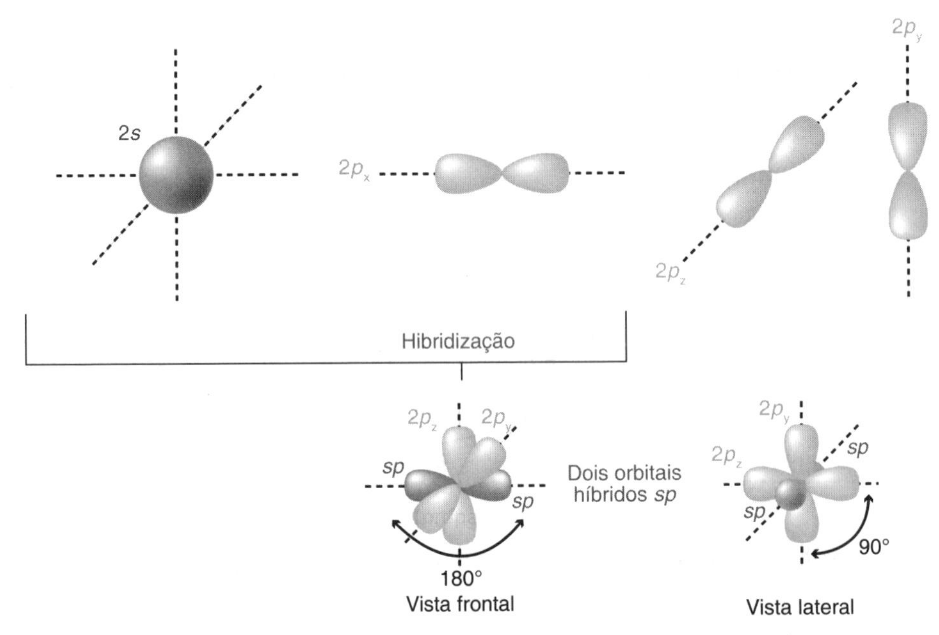

Figura 1.39 Representação do modelo de hibridização *sp*. Neste modelo são mostrados apenas os orbitais ligantes.

Na molécula do etino, dois orbitais atômicos híbridos *sp*, um de cada átomo de carbono, se combinam por sobreposição entre si ao longo de um mesmo eixo, originando um orbital molecular cuja ligação é denominada $\sigma_{sp\text{-}sp}$. O orbital atômico híbrido restante de cada átomo de carbono se combina cada um por sobreposição, ao longo de um mesmo eixo cada, com os orbitais atômicos *s* dos átomos de hidrogênio originando dois orbitais moleculares σ_{sp-s}. Por sua vez, os dois orbitais atômicos *p* não hibridizados de cada átomo de carbono podem se combinar apenas por sobreposição lateral. Da mesma forma que no eteno, as ligações nesses orbitais moleculares são distintas daquelas originadas pela sobreposição de orbitais atômicos segundo um mesmo eixo, ou seja, são essas, então, duas **ligações pi (π)**. Os elétrons encontram-se distribuídos em pares com spins opostos pelos orbitais moleculares originados. Por uma questão de simplicidade, são omitidos os orbitais antiligantes.

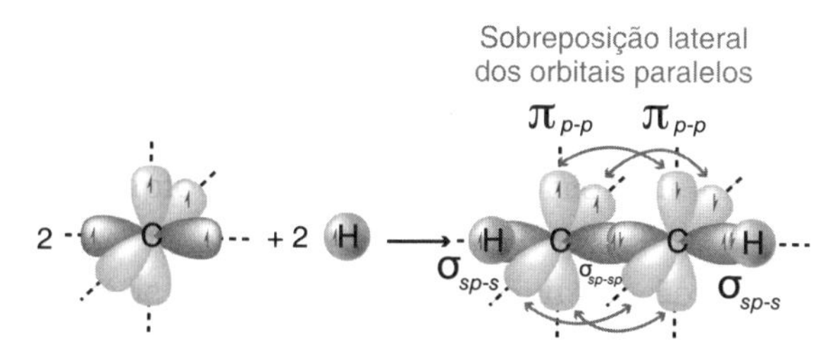

Figura 1.40 Formação de orbitais moleculares no etino.

1.4 Representação das moléculas orgânicas

As moléculas orgânicas podem ser representadas de várias maneiras, dependendo da necessidade de explicar ou interpretar seu comportamento em termos de propriedades químicas, reatividade ou arranjo de seus átomos. Para isso, a seguir são apresentadas algumas dessas representações da molécula do butan-2-ol.

1.4.1 Modelo bola e vareta

Nesse modelo os átomos são representados na forma de bolas, e as ligações, por meio de varetas. Essa representação permite visualizar a molécula tridimensionalmente.

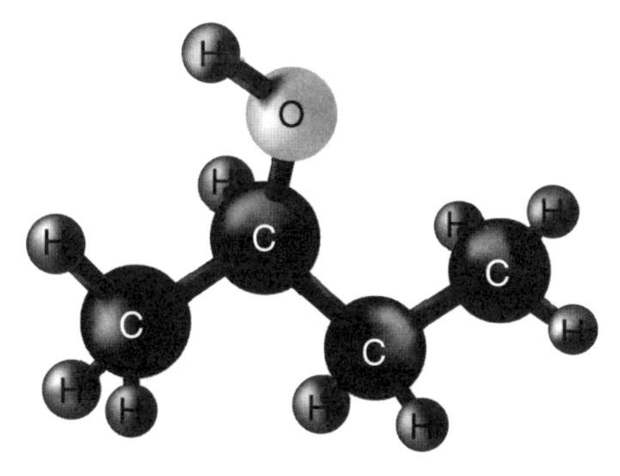

Figura 1.41 Representação da molécula de butan-2-ol no modelo bola e vareta.

1.4.2 **Estruturas de Lewis**

Já vistas no início deste capítulo, os átomos são representados pelos seus símbolos e os elétrons de valência por pontos em torno destes.

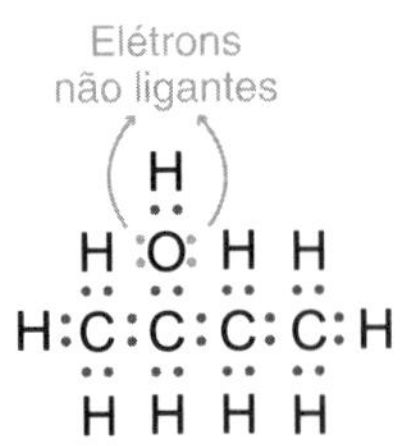

Figura 1.42 Representação da molécula de butan-2-ol no modelo estrutural de Lewis.

1.4.3 **Fórmulas estruturais de traços**

Nessa representação, os elétrons ligantes da representação de Lewis são substituídos por traços.

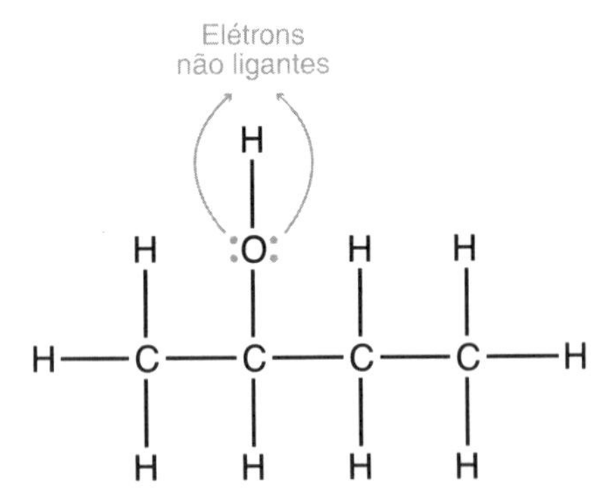

Figura 1.43 Representação da molécula de butan-2-ol no modelo estrutural de traços.

1.4.4 **Fórmulas estruturais condensadas**

Essas fórmulas permitem uma escrita mais rápida do que as anteriores. Os átomos de hidrogênio ligados a um determinado elemento químico são escritos ao lado desse como numa fórmula molecular. As ligações dos átomos de hidrogênio com demais elementos são omitidas, enquanto todas as outras ligações são representadas.

$$\begin{array}{c} \quad\;\; OH \\ \quad\;\; | \\ CH_3-CH-CH_2-CH_3 \end{array}$$

Figura 1.44 Representação da molécula de butan-2-ol no modelo estrutural condensado.

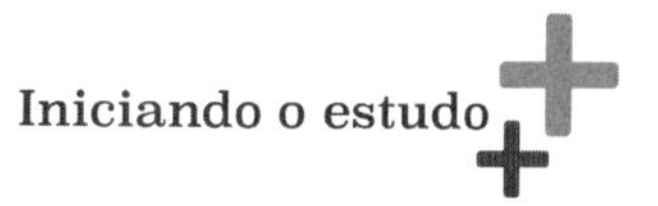

1.4.5 Estruturas em linha

É a forma mais rápida de representar uma substância orgânica. Nela os átomos de hidrogênio e carbono são omitidos, restando apenas as ligações entre os átomos de carbono e as ligações carbono-heteroátomos. Cada vértice de uma ligação corresponde a um átomo de carbono, e o número de átomos de hidrogênio é presumido, subtraindo de 4 o número de ligações visíveis. Nessa representação os ângulos de ligação entre os átomos de carbono sp^3 e sp^2 não são diferenciados, porém, tratando-se de carbono sp, o ângulo de 180° deve ser respeitado. Os átomos de hidrogênio que se encontram ligados a átomos diferentes de carbono devem ser representados.

OH

Figura 1.45 Representação da molécula de butan-2-ol no modelo estrutural de bastão (ou em linha).

A seguir é possível observar outros exemplos de moléculas com representação estrutural em bastão.

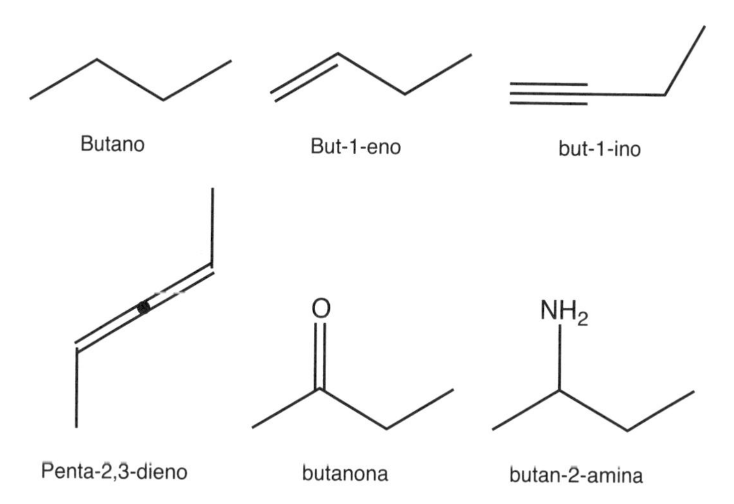

Figura 1.46 Representação das moléculas do butano, but-1-eno, but-1-ino, penta-2,3-dieno, butanona e butan-2-amina no modelo estrutural de bastão. Assista a um vídeo no GEN-IO, ambiente virtual de aprendizagem do GEN.

Os modelos anteriormente vistos não permitem uma visualização espacial da molécula, que em muitos casos se faz necessária. Para resolver esse problema, foram propostas representações tridimensionais, que são de grande valia para elucidar a disposição espacial dos átomos nas moléculas.

1.4.6 **Perspectiva em cunha**

Nesse modelo, as ligações que estão para a frente do plano do papel são representadas por uma cunha sólida [▬], e aquelas que estão atrás do plano do papel, por uma cunha tracejada [·····IIII]. As demais ligações que se localizam no mesmo plano que o papel são representadas por traços.

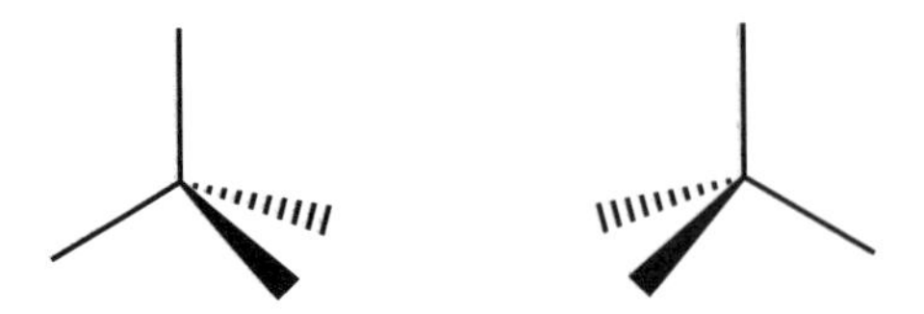

Figura 1.47 Estrutura básica de perspectiva em cunha para disposição dos átomos e/ou grupamentos.

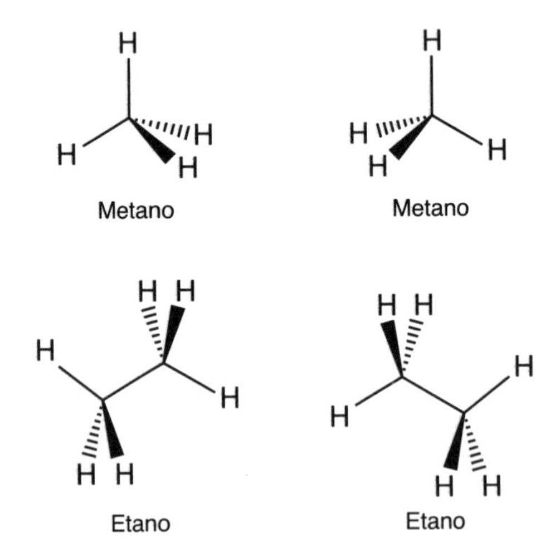

Figura 1.48 Representação da molécula do metano e do etano em perspectiva em cunha.

1.4.7 **Perspectiva em cavalete**

Como próprio nome já informa, moléculas com dois ou mais carbonos podem ser representadas de maneira semelhante a um cavalete. Nesse modelo, os átomos ou grupamentos fazem parte da estrutura básica a seguir:

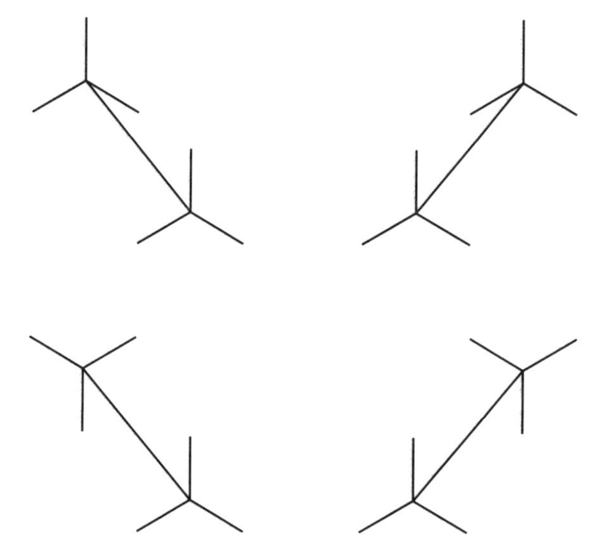

Figura 1.49 Estrutura básica em cavalete para disposição dos átomos e/ou grupamentos.

A partir da estrutura base, os átomos e/ou grupamentos são dispostos de forma que se possam distinguir suas posições relativas ao longo de um eixo, sejam elas superiores ou inferiores e à direita ou à esquerda.

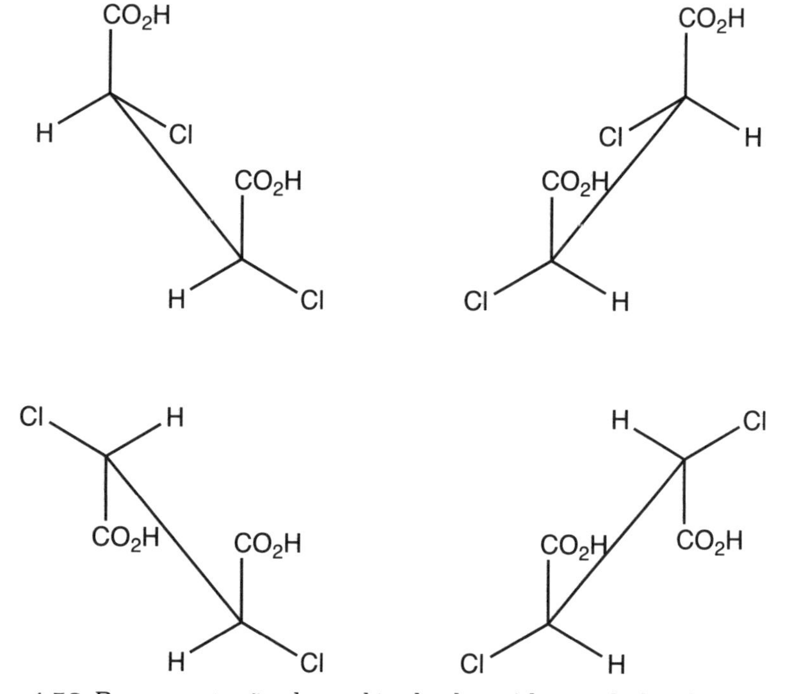

Figura 1.50 Representação da molécula do ácido 2,3-diclorobutanodioico na perspectiva em cavalete.

1.4.8 **Projeção de Newman**

Nesse modelo, os átomos e/ou grupamentos são dispostos em torno de um círculo representando a molécula vista de sua face frontal. É utilizada para moléculas com dois ou mais átomos de carbono. Da mesma maneira que na perspectiva em cavalete, também há uma estrutura base para sua representação. Nessa notação, o átomo de carbono frontal é representado pela junção de três ligações dispostas em ângulo de 120°. Esse átomo esconde completamente o outro átomo de carbono que se encontra atrás, representado por um círculo. As ligações posteriores partem desse círculo.

Dependendo da disposição dos átomos em relação ao eixo da ligação carbono-carbono, há duas visualizações possíveis, a estrelada (ou alternada) e a eclipsada.

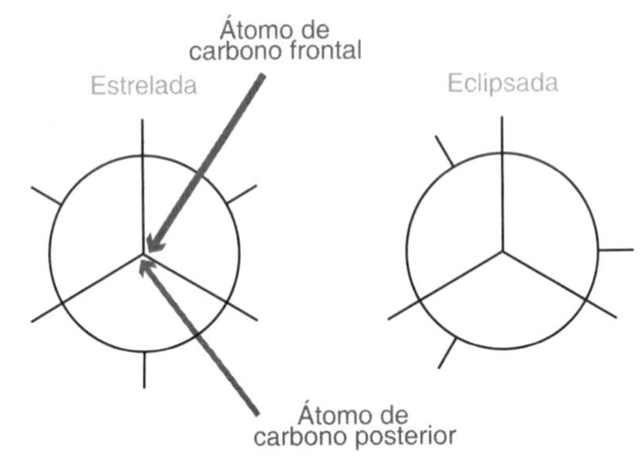

Figura 1.51 Estrutura básica de Newman na forma estrelada e eclipsada para disposição dos átomos e/ou grupamentos.

A perspectiva em cavalete é um bom ponto de partida para a compreensão da projeção de Newman. Os átomos e/ou grupamentos que se encontram espacialmente mais próximos ao leitor são dispostos na face frontal da projeção de Newman, enquanto aqueles mais distantes são dispostos na face posterior.

1.4.9 **Projeção de Fischer**

Esse modelo permite representar de forma simplificada os átomos de carbono tetraédricos e seus substituintes. A molécula é representada na forma de cruz, e as linhas horizontais indicam as ligações que estão apontadas na direção do observador. As linhas verticais indicam as ligações que se afastam do observador.

O modelo bola e vareta permite uma compreensão exata da disposição dos átomos na projeção de Fischer. Na Figura 1.53, os átomos de cloro apontam na direção do observador, enquanto os átomos de hidrogênio se afastam do observador.

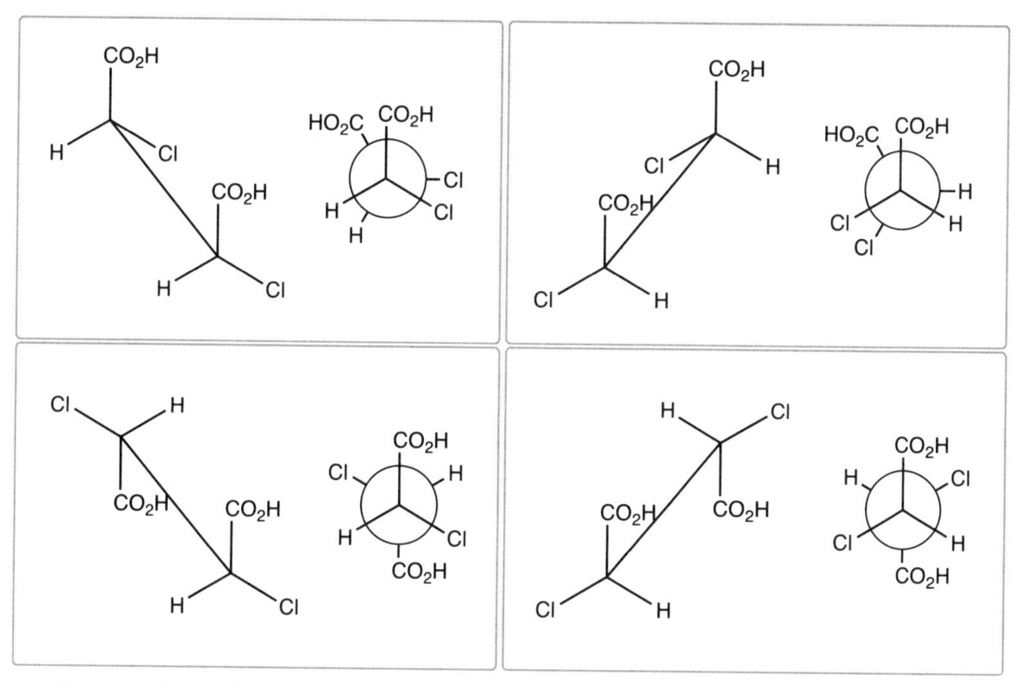

Figura 1.52 Transposição da perspectiva em cavalete para a projeção de Newman da molécula do 2,3-diclorobutanodioico.

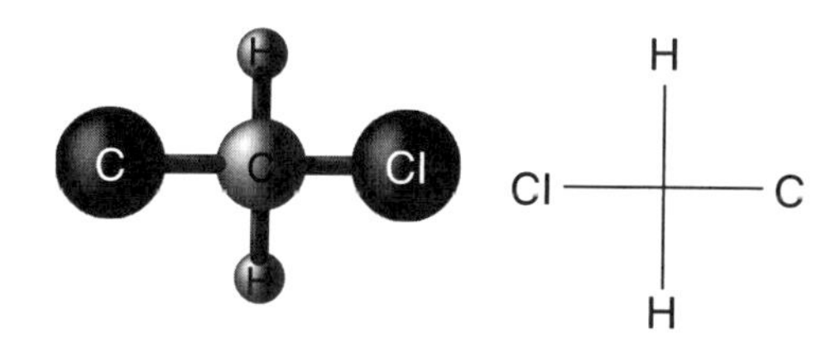

Figura 1.53 Transposição do modelo bola e vareta para projeção de Fischer da molécula do diclorometano.

A projeção de Fischer é muito utilizada também quando há necessidade de destacar os ligantes em torno de dois átomos de carbono ligados entre si. O modelo perspectiva em cavalete permite o entendimento da disposição dos átomos na projeção de Fischer. É importante destacar que é necessário que a molécula esteja eclipsada para a devida conversão. Vide os exemplos na Figura 1.54.

Figura 1.54 Transposição da perspectiva em cavalete para a projeção de Fischer da molécula do ácido 2,3-diclorobutanodioico.

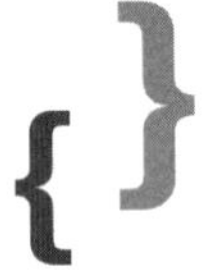

Considerações do Capítulo

Neste capítulo foram apresentados os conceitos básicos para o estudo da Química Orgânica, como ligações químicas, carga formal, hibridização, representações uni e bidimensionais de moléculas orgânicas.

Exercícios

1.1 Para cada um dos compostos a seguir, indique se suas ligações são iônicas ou covalentes.

(a) CO_2 (b) LiF (c) Br_2 (d) NaH (e) NCl_3

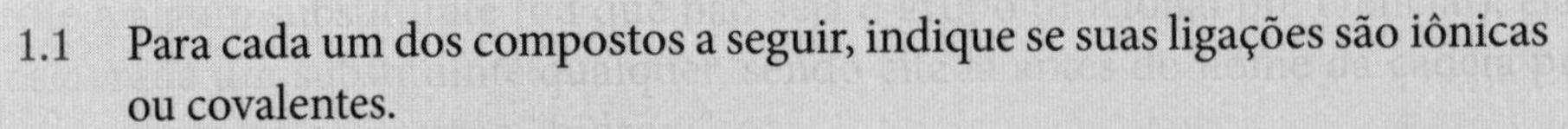

1.2 Represente as estruturas de Lewis das moléculas a seguir.

(a) Br_2 (b) NCl_3 (c) HCN (d) $COCl_2$ (e) HNO_3

1.3 Represente as estruturas de ressonância e o híbrido de ressonância da molécula de SO_3 e do íon HCO_2^-.

1.4 O íon cianato $(NCO)^-$, representado segundo as três estruturas a seguir, apresenta uma que é mais estável que as demais. Pelo cálculo das cargas formais de cada uma delas, indique a mais estável.

$[:N—C\equiv O:]^-$ $[:N=C=O:]^-$ $[:N\equiv C—O:]^-$

1.5 Represente os compostos a seguir no modelo estrutural de bastão.

(a) $CH_3—CH_2—CH(CH_3)—CH_3$

(b) $CH_3—C(H)=CH—C(=O)—OH$

(c) O, C, C, C, C, C, C, OH, H, H, H, H, H, H, H

(d) $H—C\equiv C—C(NH_2)(CH_3)—C(H)=C=CH_2$

1.6 Represente uma estrutura de ressonância para cada espécie a seguir.

(a)

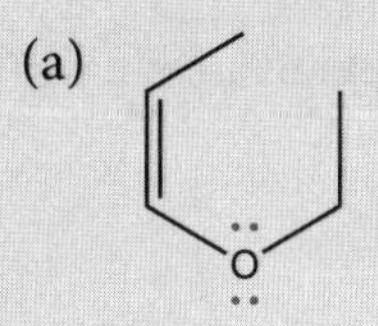

(b)

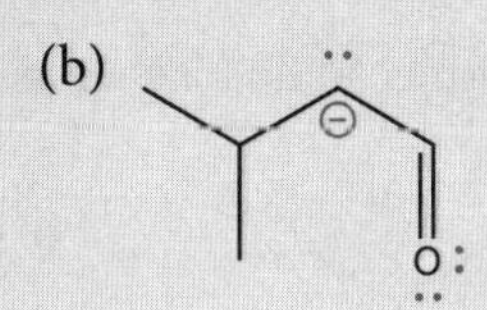

(c) H_2P ⊕

(d)

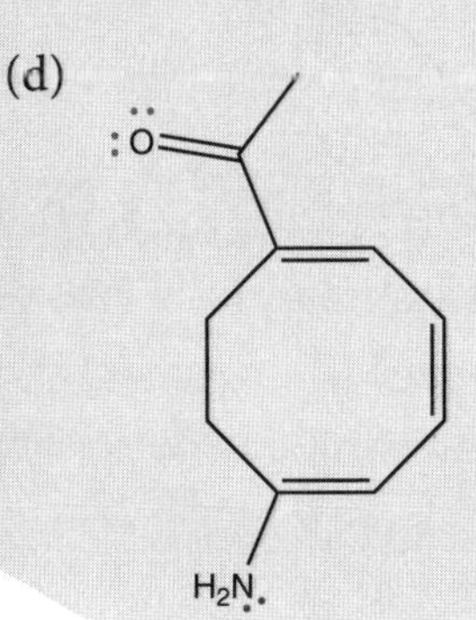

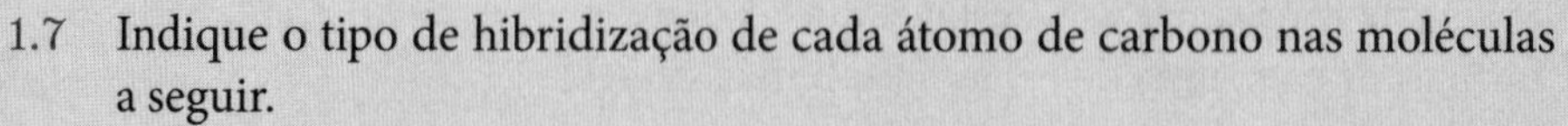

1.7 Indique o tipo de hibridização de cada átomo de carbono nas moléculas a seguir.

(a) (b) (c) (d)

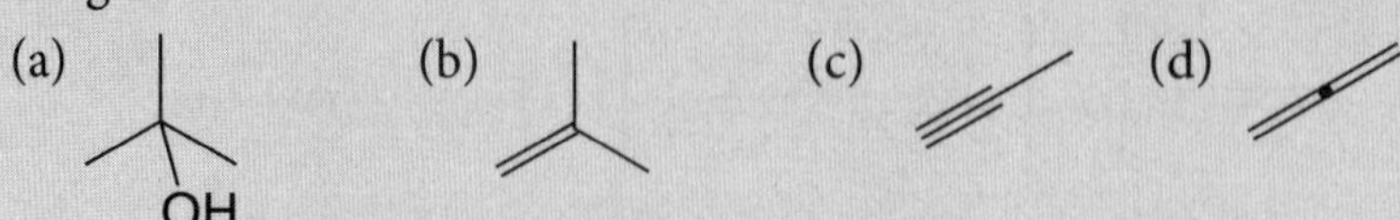

1.8 Represente em perspectiva em cunha as moléculas nas projeções de Newman a seguir

(a) (b)

1.9 Represente em perspectiva em cavalete as moléculas em perspectiva em cunha a seguir.

(a) (b)

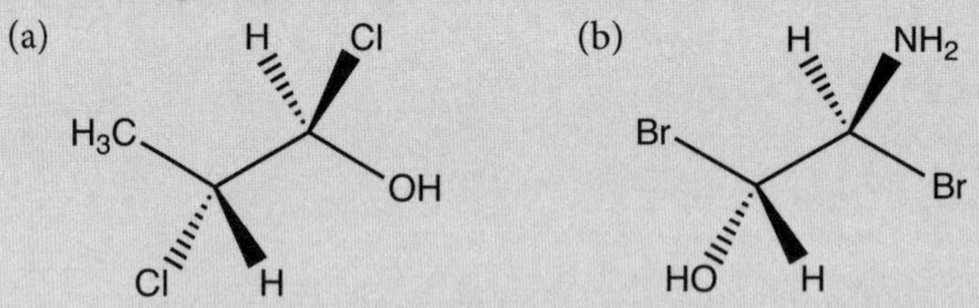

1.10 Represente em projeção de Fischer as moléculas em perspectiva em cavalete a seguir.

(a) (b)

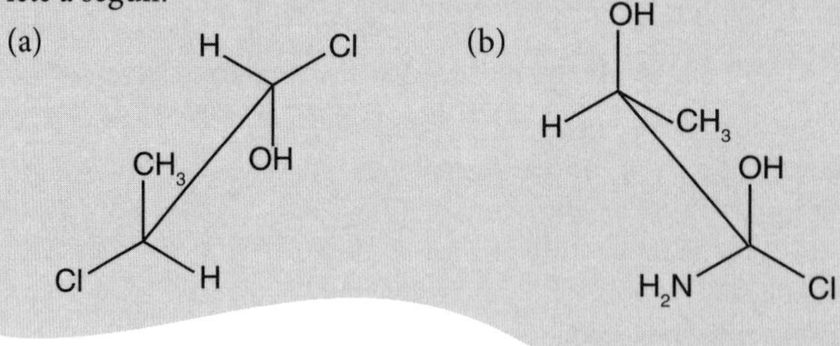

Nomenclatura de compostos orgânicos segundo as normas da IUPAC

2

Rodrigo da Silva Ribeiro

Os compostos químicos possuem uma nomenclatura sistemática regida por normas estabelecidas pela International Union of Pure and Applied Chemistry — IUPAC (União Internacional de Química Pura e Aplicada). O objetivo das regras de nomenclatura é permitir que cada composto químico tenha um nome que represente sua estrutura e composição química de modo inequívoco. Neste capítulo serão explicitadas as regras de nomenclatura aplicada a compostos orgânicos.

As regras básicas de nomenclatura visam a identificar um composto por meio de um nome, onde estão inseridas informações como a classe funcional a que ele pertence, os substituintes (grupamentos ligados à cadeia principal) e as possíveis insaturações (ligações π entre átomos de carbono), de modo que um mesmo nome não possa levar a duas ou mais estruturas diferentes, ou seja, não haja ambiguidades. Apesar de seguirem um processo sistemático, essas regras de nomenclatura também permitem a incorporação de nomes triviais, como ácido acético, naftaleno, ácido fórmico, piridina, entre outros.

Entre as regras de nomenclatura existentes, uma das mais difundidas é a da IUPAC (International Union of Pure and Applied Chemistry). Suas normas vigentes estabelecem regras de construção dos nomes dos compostos baseadas em diversos aspectos, como a estrutura e a classe funcional à qual o composto pertence. Basicamente, a norma recomentada pela IUPAC para a elaboração do nome da cadeia principal de um composto se apoia na seguinte construção:

Figura 2.1 Estrutura da cadeia principal.

No caso do prefixo há uma relação com o número de átomos de carbono presentes na cadeia principal, sendo alguns deles apresentados a seguir:

Nº de átomos de carbono	1	2	3	4	5	6	7	8	9	10	11	12	13	14	...	20
Prefixo	met	et	prop	but	pent	hex	hept	oct	non	dec	undec	dodec	tridec	tetradec	...	icos

Já com o intermediário são atribuídos infixos que indicam a presença ou a ausência de insaturações (ligações π entre átomos de carbono) na cadeia principal, podendo ser empregados os infixos "an", "en" ou "in", conforme a situação apresentada na Tabela 2.1.

Tabela 2.1 Emprego dos intermediários

Ligações entre os átomos de carbono	Intermediário
C—C	an
C=C	en
C≡C	in

Já como sufixos são empregados termos que indicam a que classe funcional o composto pertence.

Desse modo, são apresentadas a seguir as principais classes funcionais e como elas se inserem dentro do conjunto de regras utilizadas.

2.1 Hidrocarbonetos

Os hidrocarbonetos são compostos formados apenas por carbono e hidrogênio e se dividem em hidrocarbonetos alifáticos e cíclicos (alicíclicos ou aromáticos).

Entre os hidrocarbonetos alifáticos estão inseridas outras classes de compostos, como alcanos, alcenos, alcinos, dienos, di-inos. Dentro do grupo dos hidrocarbonetos emprega-se como sufixo a vogal “o”, como será apresentado mais à frente.

2.2 Hidrocarbonetos acíclicos

2.2.1 Alcanos

Os alcanos são hidrocarbonetos acíclicos e saturados (não apresentam ligação pi entre átomos de carbono). Sua fórmula molecular geral é C_nH_{2n+2}, em que n é qualquer número inteiro. Com um átomo de carbono, somente há um composto de fórmula CH_4. Com dois ou três átomos de carbono só é possível a existência de alcanos de cadeia normal, ou seja, formados apenas por átomos de carbono primários (que apresentam ligação com apenas um átomo de carbono) e secundários (que se ligam a dois átomos de carbono). São eles os compostos de fórmula molecular C_2H_6 e C_3H_8. A partir de quatro átomos de carbono há a existência de mais de uma estrutura com a mesma fórmula molecular, ou seja, estruturas com cadeia normal ou ramificada (em que há a presença de átomos de carbono terciários e/ou quaternários).

	ALCANOS DE CADEIA NORMAL	FÓRMULA ESTRUTURAL		ALCANOS RAMIFICADOS	FÓRMULA ESTRUTURAL
I)	H, C, H, H, H	(CH_4)	VI)		(C_4H_{10})
II)		(C_2H_6)		Carbonos terciários	
III)		(C_3H_8)	VII)		(C_5H_{12})
IV)		(C_4H_{10})			
V)		(C_5H_{12})	VIII)	Carbono quaternário	(C_5H_{12})

Figura 2.2 Alcanos normais e ramificados.

Compostos que apresentam a mesma fórmula molecular, mas que diferem em como se conectam, são conhecidos como isômeros. No exemplo anterior, os compostos III e V são isômeros entre si, assim como os compostos IV, VI e VII, que também apresentam uma relação isomérica entre eles.

Quanto maior for o número de átomos de carbono em um hidrocarboneto maior será o número de isômeros que ele poderá apresentar. Para permitir a criação de nomes a todos os compostos possíveis, a IUPAC desenvolveu um modo sistemático de nomeá-los, o qual, em parte, é citado na Figura 2.1. Com base nesse sistema é que são nomeados os alcanos de cadeia normal (conhecidos também como lineares), apresentados na Tabela 2.2.

Tabela 2.2 Alcanos não ramificados (normais)

Nº de átomos de carbono	Prefixo	Intermediário	Sufixo	Nome do alcano
1	met	an	o	metano
2	et	an	o	etano
3	prop	an	o	propano
4	but	an	o	butano
5	pent	an	o	pentano
6	hex	an	o	hexano
7	hept	an	o	heptano
8	oct	an	o	octano
9	non	an	o	nonano
10	dec	an	o	decano
11	undec	an	o	undecano
12	dodec	an	o	dodecano
13	tridec	an	o	tridecano
14	tetradec	an	o	tetradecano
15	pentadec	an	o	pentadecano
16	hexadec	an	o	hexadecano
17	heptadec	an	o	heptadecano
18	octadec	an	o	octadecano
19	nonadec	an	o	nonadecano
20	icos	an	o	icosano

Conforme já mencionado, o emprego dos prefixos, no nome da cadeia, tem relação direta com o número de átomos de carbono, seguido do intermediário, que no caso dos alcanos é representado pelo infixo "an", que está intimamente relacionado com o fato de a cadeia ser saturada (Tabela 2.1). Por último atribui-se como sufixo a vogal "o", comum

a todos os hidrocarbonetos, como já mencionado. Com isso, conforme mostrado na Tabela 2.2, constrói-se o nome do alcano de interesse.

Segundo as normas da IUPAC, para nomear alcanos ramificados o composto deverá ser formado por dois grupos, um contendo o nome dos substituintes e a outra parte recebendo o mesmo nome do alcano não ramificado, a que se assemelha. Os substituintes (grupos alquilas ligados à cadeia principal) receberão nomes derivados dos alcanos normais que apresentam o mesmo número de átomos de carbono. Mas para que isso possa ser realizado é preciso seguir alguns procedimentos. Como exemplo, a estrutura da Figura 2.3 pode ser nomenclaturada (nomeada) com base nas regras da IUPAC descritas a seguir.

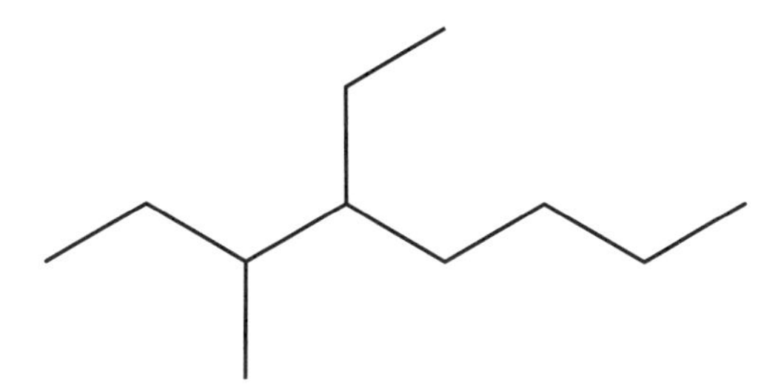

Figura 2.3 Alcano ramificado.

1º Identificar a cadeia principal. No caso dos alcanos será a maior cadeia carbônica contínua. Na estrutura apresentada a maior cadeia contínua é a horizontal e possui oito átomos de carbono, portanto se assemelhando ao octano (ver Tabela 2.2).

2º Identificar os substituintes ligados à cadeia principal. Caso esses grupos alquilas sejam lineares e estejam ligados à cadeia principal pela extremidade, emprega-se o prefixo correspondente ao número de átomos de carbono (tal como discriminado na Tabela 2.2) seguido do termo "il". No caso há dois grupos alquilas ligados à cadeia principal.

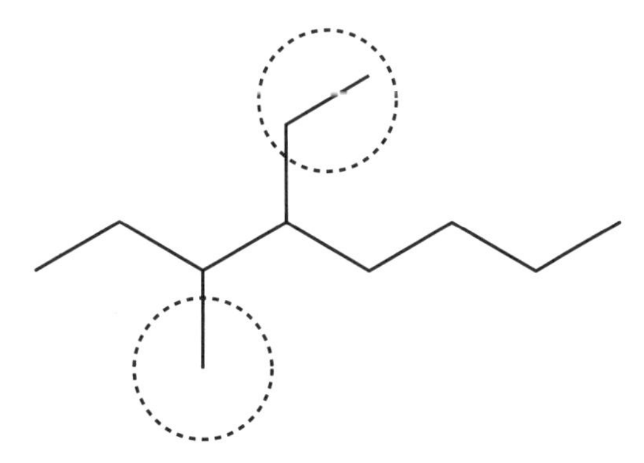

Figura 2.4 Identificação das ramificações (substituintes).

Da esquerda para a direita, o primeiro com um átomo de carbono e o segundo com dois, portanto sendo chamados, respectivamente, metil (prefixo met + il) e etil (prefixo: et + il).

3º Numera-se a cadeia principal começando pela extremidade mais próxima à ramificação. Em caso de empate leva-se em consideração a segunda ramificação (caso exista); novamente havendo empate, repita o processo com o próximo substituinte, até que se encontre o ponto de diferenciação. No exemplo apresentado na Figura 2.5, a numeração segue o sentido da esquerda para a direita, pois dessa forma o primeiro substituinte aparecerá em uma posição mais baixa (posição 3). Se o sentido da numeração fosse oposto o primeiro substituinte apareceria na posição 5.

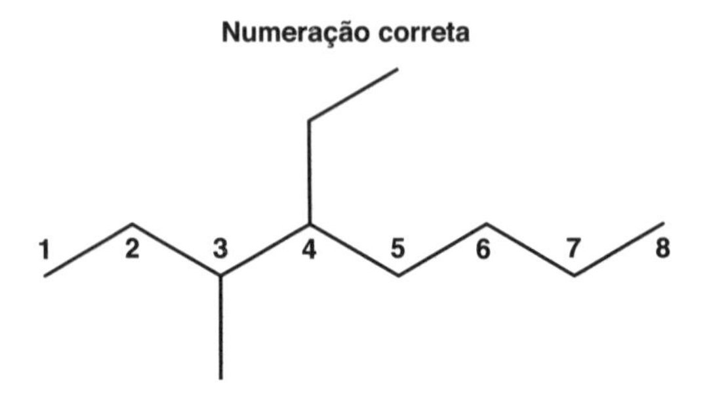

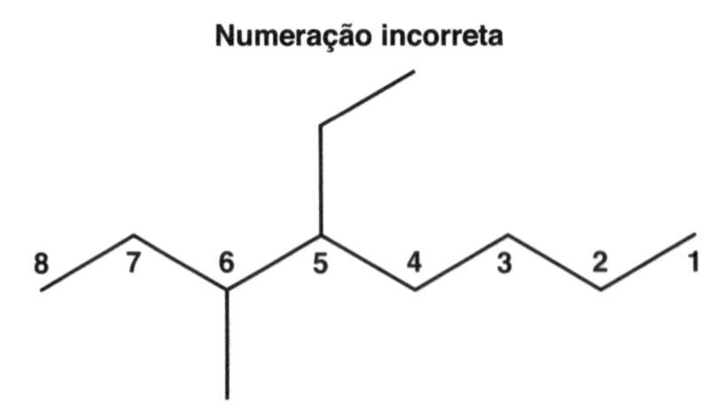

Figura 2.5 Escolha da cadeia principal e o sentido de sua numeração.

4º Constrói-se o nome do composto colocando primeiro os substituintes, por ordem alfabética, seguidos do nome da cadeia principal. Os nomes dos substituintes devem ser precedidos dos seus localizadores (os números que indicam a sua posição na cadeia principal) e devem ser separados um do outro por hífen (Figura 2.6).

No caso de existirem dois ou mais substituintes iguais, devem-se empregar os prefixos multiplicativos "di", "tri", "tetra" etc. para indicar o número de ramificações equivalentes, lembrando sempre de colocar os localizadores de cada um deles. É importante destacar que no momento de escrever o nome do composto não se pode considerar esses prefixos multiplicativos na ordenação alfabética. Isso é observado no composto a seguir (Figura 2.7), onde o prefixo tri**etil** precede o di**metil** na nomeação.

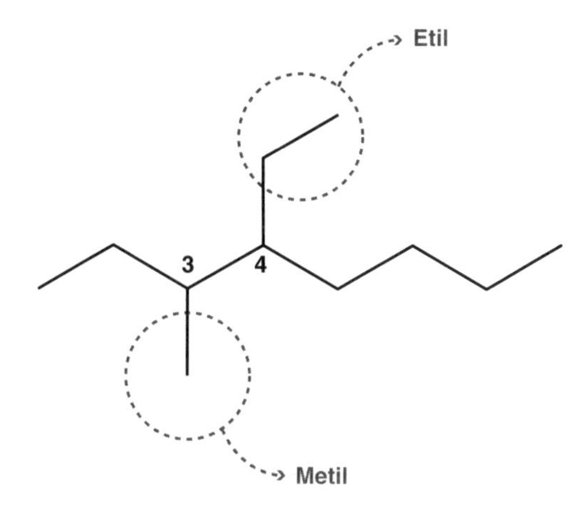

Figura 2.6 Os localizadores e nomes dos substituintes.

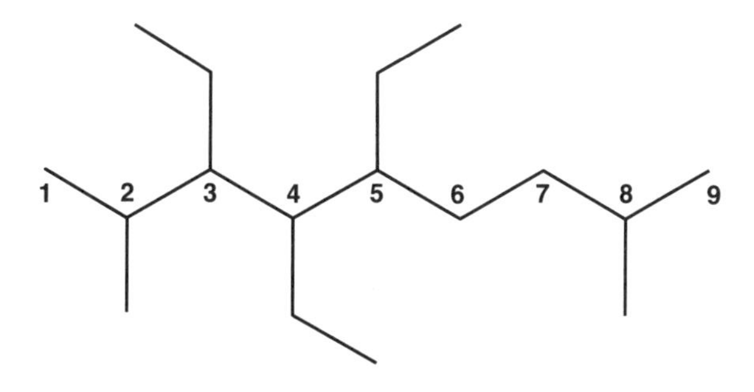

Figura 2.7 Composto 3,4,5-trietil-2,8-dimetilnonano.

O sentido da numeração é outro ponto importante a se destacar, pois, caso se numerasse a cadeia principal da direita para a esquerda, haveria também um substituinte aparecendo na posição 2 (correspondendo a um empate), entretanto o referido substituinte só apareceria na posição 5, enquanto na numeração adotada o referido substituinte apresenta um localizador menor (localizador 3). Outra regra que merece ser mencionada nesse exemplo é a escolha da cadeia principal quando se tem mais de uma opção com o mesmo número de átomos de carbono. No caso dos alcanos, a preferência é dada à cadeia mais ramificada, por isso não se poderia escolher como cadeia principal a indicada (com traço mais escuro) na Figura 2.8, pois levaria a um composto com quatro substituintes, enquanto na cadeia escolhida na Figura 2.7 há cinco ramificações ligadas à cadeia principal.

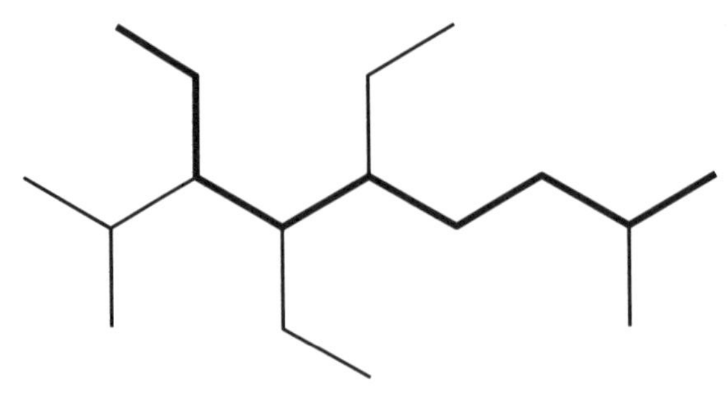

Figura 2.8 Escolha incorreta para cadeia principal (cadeia menos ramificada).

Em situações em que ambos os sentidos de numeração da cadeia principal não levem a diminuição dos valores de posição dos localizadores, deve-se levar em consideração a ordem alfabética como critério de desempate, para a escolha do sentido correto de numeração. O composto a seguir (Figura 2.9) leva isso em consideração.

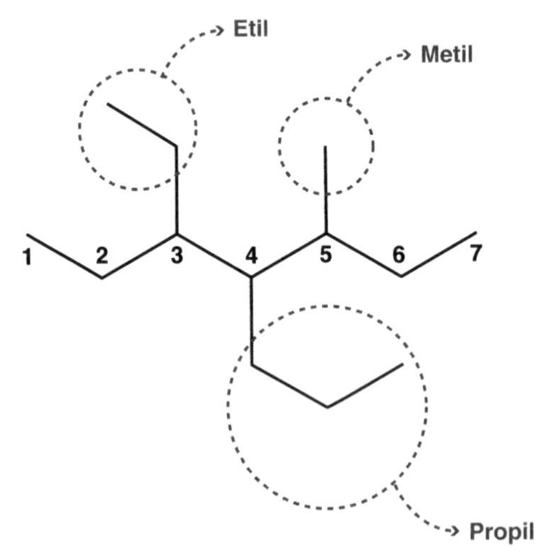

Figura 2.9 Sentido da numeração baseada na ordem alfabética.

Observe que se a numeração fosse feita da direita para a esquerda ainda sim os substituintes estariam ocupando as posições 3, 4 e 5. Em casos como esse se deve empregar, como último recurso, a ordem alfabética. Por isso são comparados os substituintes mais próximos de ambas as extremidades da cadeia carbônica principal, para averiguar qual prevalecerá sobre o outro. A numeração deve começar pelo lado mais próximo do grupamento que precede pela ordem alfabética, que nesse caso é o etil. Portanto, o composto se chamará **3-etil-5-metil-4-propil-heptano**. Normalmente na nomenclatura IUPAC não se separa o nome do último substituinte citado do nome da cadeia principal, a não ser que o nome da cadeia principal comece com a letra H, ou seja necessário separar duas vogais iguais. Nesse caso deve ser utilizado um hífen para separá-los (tal como na nomenclatura do último composto apresentado).

2.2.2 Grupamentos derivados de alcanos

Até o momento só foram abordadas as regras de como nomear grupamentos alquilas, derivados de alcanos de cadeias normais, e que são ligados às cadeias principais pela extremidade. No entanto, há diversos arranjos mais complexos, em que o grupamento pode não estar ligado pela sua extremidade, ou até apresentar ramificações (grupamentos derivados de alcanos ramificados).

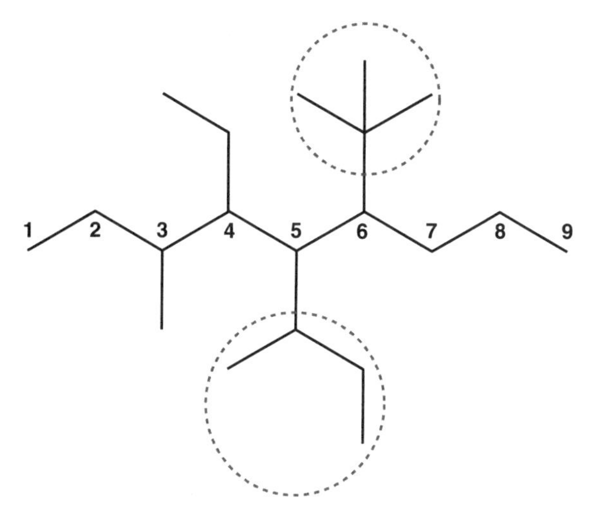

Figura 2.10 Substituintes com arranjos mais complexos.

Nesses casos há métodos sistemáticos para nomeá-los. Em alguns casos, há nomes triviais que ainda são aceitos pela IUPAC.

2.2.3 Substituintes com nomes triviais

Alguns grupos alquila específicos apresentam nomes já predefinidos e que podem ser empregados combinando-se à nomenclatura sistemática. Na Figura 2.11 são apresentados

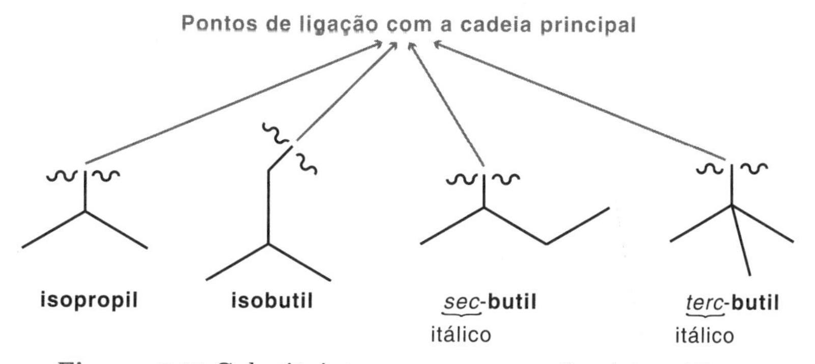

Figura 2.11 Substituintes com nomes não sistemáticos.

alguns desses grupamentos. Os pontos de ligação com a cadeia principal são onde se encontra a valência livre.

A seguir são apresentados dois compostos contendo esses grupamentos alquilas.

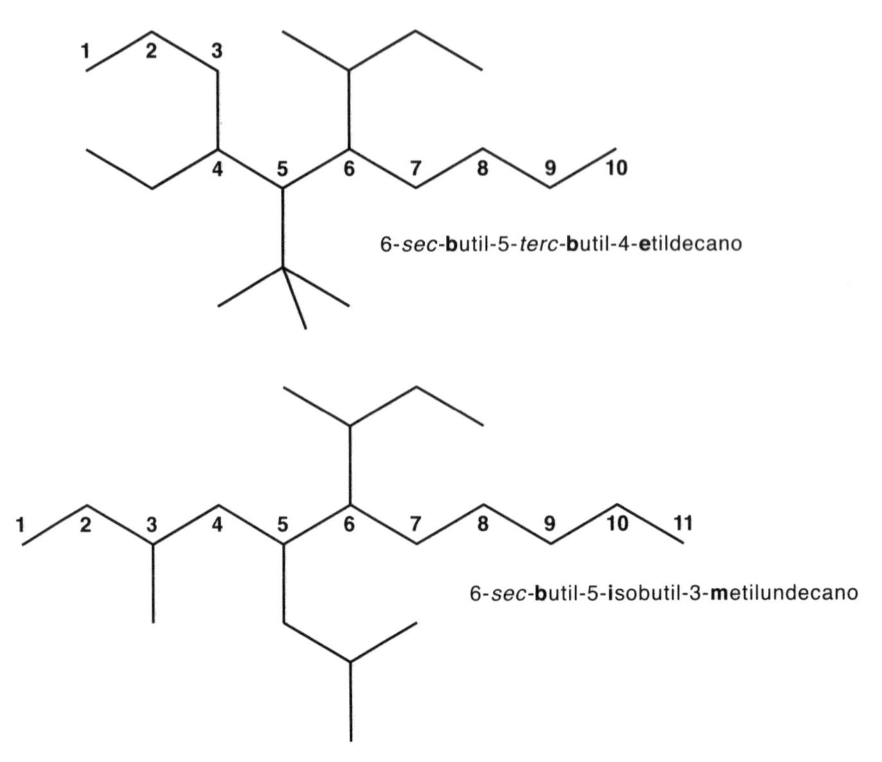

Figura 2.12 O uso de termos triviais na nomenclatura IUPAC.

Nos casos em que são usados os nomes comuns *terc*-butil *e sec*-butil os prefixos são desconsiderados quando listados por ordem alfabética. Eles são apenas considerados ao se comparar o *terc*-butil ao *sec*-butil. Portanto, enquanto o *terc*-butil precede o isobutil, o *sec*-butil precede o *terc*-butil, ao se nomear um composto. É importante ressaltar que o termo "iso" precedendo os nomes é levado em conta quanto à ordem alfabética.

2.2.4 **Nomes sistemáticos para os substituintes complexos**

Basicamente, há duas formas de nomear os substituintes de forma sistemática.

1) O primeiro modo já havia sido apresentado e se limita a nomear substituintes não ramificados, derivados de um alcano, quando ligados à cadeia principal, pela extremidade de suas cadeias, empregando-se o prefixo (correspondente ao número de átomos de carbono) mais o termo "il". Nesse caso o átomo de carbono ligado à cadeia principal receberá o localizador 1, o qual é omitido no nome.

2) A segunda forma é quando o substituinte não ramificado, derivado de um alcano, não está ligado à cadeia principal pela extremidade; nesse caso eles serão nomeados substituindo-se o sufixo "o", do alcano que lhe deu origem, pelo sufixo "il". O átomo com a valência livre receberá o menor localizador possível, o qual sempre aparecerá precedendo o sufixo. Nesse caso o substituinte deve ser citado entre parênteses. Na Figura 2.13 são apresentados alguns exemplos:

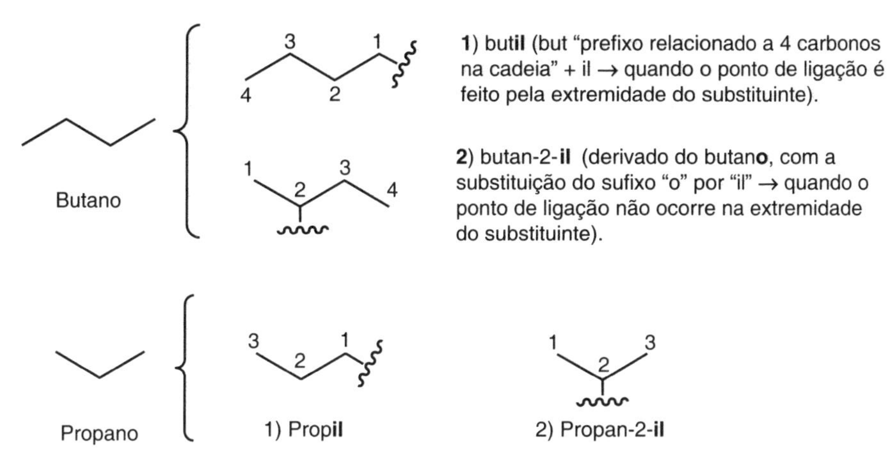

Figura 2.13 Os dois principais modos de nomeação dos substituintes.

Observe a aplicação desses métodos no composto a seguir:

1 2 3 4 5 6 7 8 9 10

5-(butan-2-il)-6-butildecano

Figura 2.14 O emprego das regras de nomeação de substituintes.

A numeração da cadeia principal do composto da Figura 2.14 começa pela extremidade mais próxima ao substituinte que apresenta prioridade pela ordem alfabética, pois neste caso as duas ramificações estão à mesma distância de cada uma das extremidades.

2.2.5 Substituintes ramificados

Compostos contendo substituintes complexos, derivados de alcanos ramificados, têm o nome do grupamento citado entre parênteses, com a ramificação do substituinte precedendo-o. Assim como acontece com os grupamentos ligados à cadeia principal, essas ramificações secundárias também são precedidas pelos seus localizadores. A seguir são apresentados alguns exemplos de substituintes complexos, para ajudar a compreender melhor essa regra.

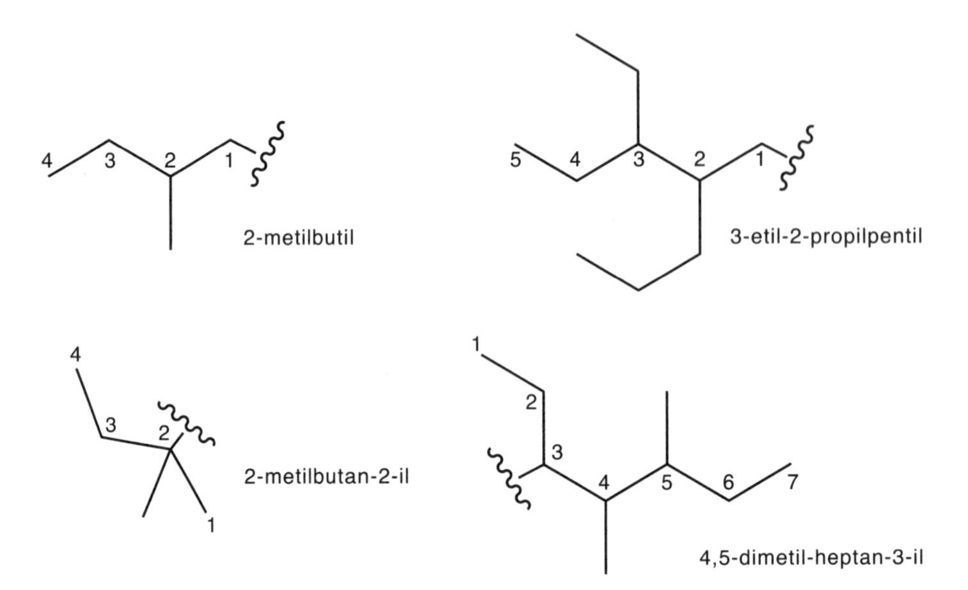

Figura 2.15 Substituintes complexos.

Na Figura 2.16 há o exemplo de um composto contendo um substituinte ramificado.

6-(2,3-dimetilbutil)-5-etil-3,9-dimetilundecano

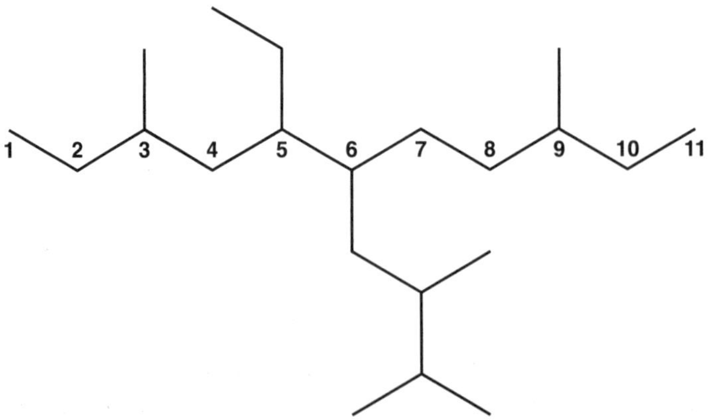

1 2 3 4 5 6 7 8 9 10 11

Figura 2.16 Composto contendo substituinte complexo.

Nos grupamentos ramificados deve-se considerar a primeira letra do seu nome completo, na ordenação alfabética. Por isso, o grupamento dimetilbutil é citado antes do grupo etila na nomenclatura do composto da Figura 2.16. Já o 3,9-dimetil é citado por último, pois se trata de um substituinte simples e nesse caso não se considera o termo multiplicativo "di" no momento da ordenação, tal como já foi mostrado na Figura 2.7.

2.2.6 **Alcenos**

Os alcenos são hidrocarbonetos acíclicos que possuem apenas uma ligação dupla. Sua fórmula molecular geral é C_nH_{2n}, em que n é qualquer número inteiro. Segundo a IUPAC, a nomenclatura dos alcenos é similar à dos alcanos, com a diferença de que o intermediário "an" é substituído por "en".

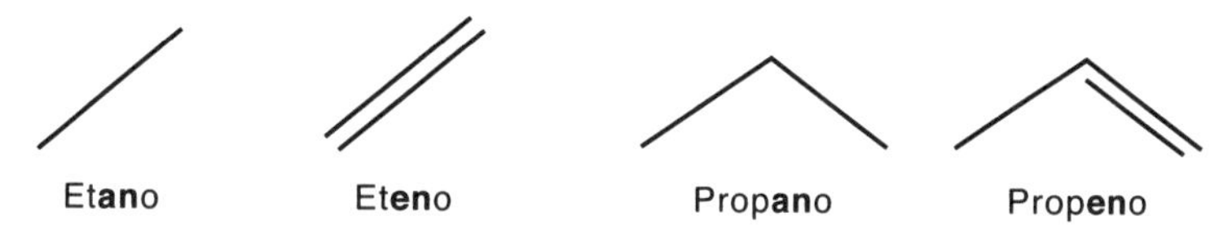

Figura 2.17 Comparação entre alcanos e alcenos.

Para alcenos normais com mais de três átomos de carbono torna-se necessário indicar a posição da ligação dupla, sempre citando o localizador mais baixo, referente à posição da mesma, logo antes do intermediário "en" (parte do nome à qual ele está diretamente relacionado).

Exemplos:

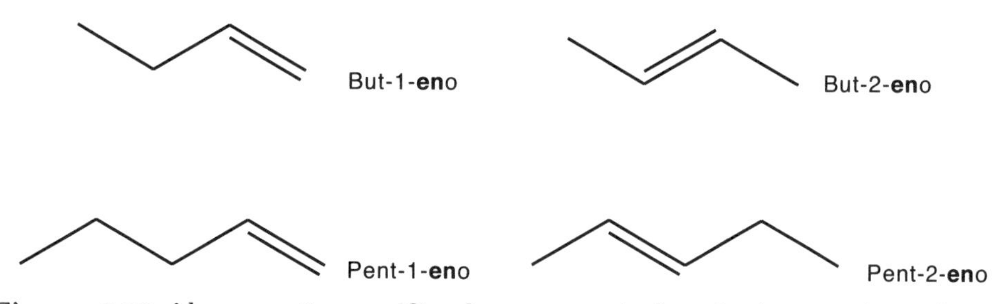

Figura 2.18 Alcenos não ramificados com mais de três átomos de carbono.

No caso do but-2-eno e do pent-2-eno há outros isômeros, como pode ser observado na Figura 2.19. Esses isômeros apresentam a mesma conectividade, distinguindo-se entre si apenas no arranjo espacial. Devido à restrição rotacional em torno da ligação dupla, não há como interconverter um no outro.

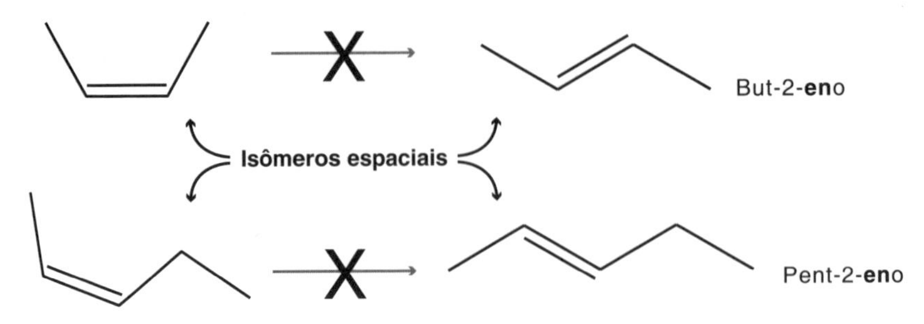

Figura 2.19 Isomeria espacial entre alcenos.

Esses casos são previstos pela regra de nomenclatura da IUPAC, que permite distinguir esses isômeros um do outro. Entretanto, essa diferenciação, que é definida com termos denominados estereodescritores, só será apresentada no capítulo de estereoquímica (Capítulo 3).

Nos alcenos, quando a ligação dupla se encontra na cadeia principal a numeração começa pela extremidade mais próxima da mesma. Quando há equivalência na distância das extremidades da cadeia à ligação dupla, os substituintes são usados como critério de desempate.

Exemplo:

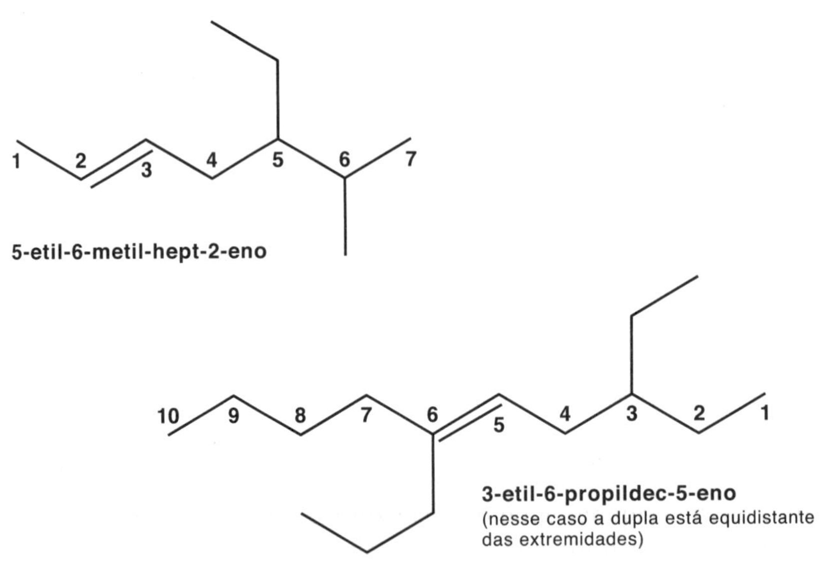

Figura 2.20 Localização da ligação dupla em alcenos substituídos.

Nos alcenos, a escolha da cadeia principal tem sofrido mudanças de critério. Segundo as recomendações de 2003 da IUPAC, a cadeia principal passa a ser aquela que possui o maior número de átomos contínuos de carbono, independentemente de se ela tem ou não a ligação dupla; as recomendações anteriores diziam que a cadeia principal nos alcenos deveria ser a maior contendo a ligação dupla. Só no caso de empate se escolhe a cadeia insaturada.

Exemplos:

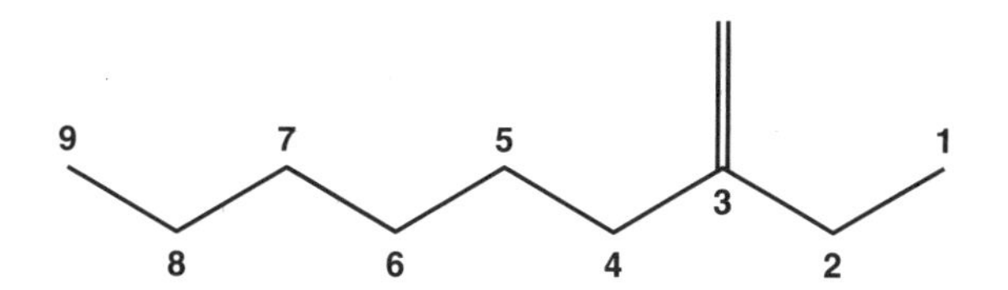

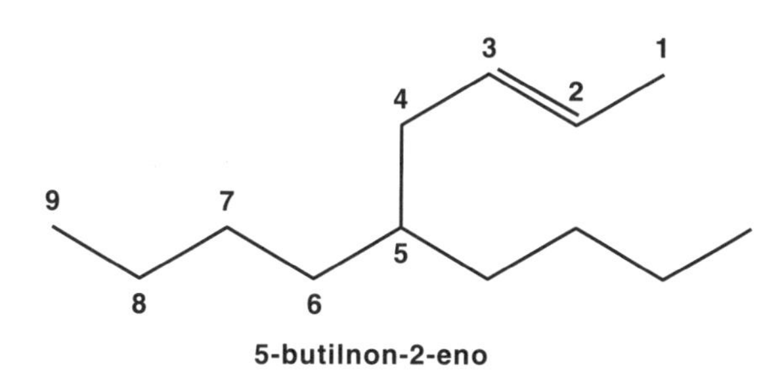

Figura 2.21 Regra antiga *versus* atual na nomeação de alcenos.

Em relação às ramificações, assim como nos substituintes derivados de alcanos, também há grupamentos derivados de alcenos que possuem nomes triviais. Entre eles estão o vinil e o alil.

Figura 2.22 Substituintes triviais derivados de alcenos.

No entanto, a IUPAC prefere o emprego da nomenclatura sistemática na construção dos nomes dos substituintes derivados do alceno. Nesse caso o alceno, que deriva o substituinte, sofre substituição do sufixo "o" por "il". Essa terminação deve ser precedida do localizador relacionado com a posição do carbono do substituinte que se encontra diretamente ligado à cadeia principal. É importante destacar que a numeração do substituinte é iniciada pela extremidade mais próxima da sua ligação com a cadeia principal, tal como apresentado na Figura 2.23.

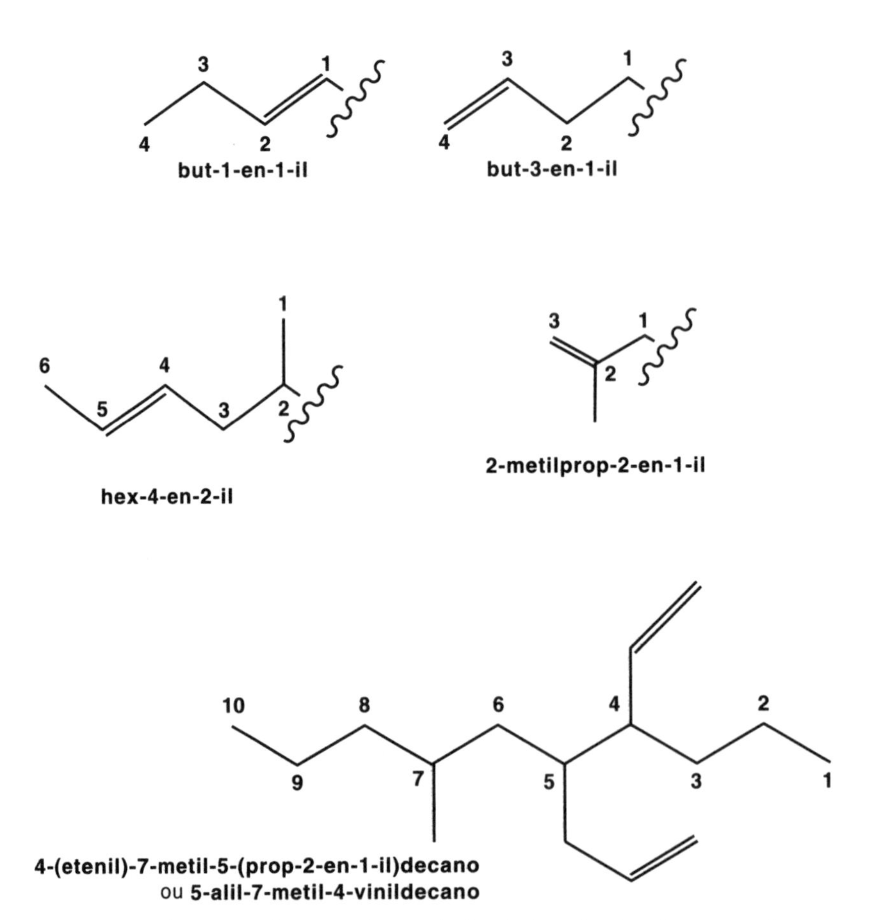

Figura 2.23 Nomenclatura dos substituintes derivados dos alcenos.

Na molécula apresentada na Figura 2.23, o substituinte derivado do eteno, o etenil, não necessita da colocação dos seus localizadores precedendo o infixo "en" e o sufixo "il", por haver apenas uma opção.

2.2.7 Alcinos

Os alcinos são hidrocarbonetos acíclicos que possuem apenas uma ligação tripla. Sua fórmula molecular geral é C_nH_{2n-2}, em que n é qualquer número inteiro. Segundo a IUPAC, a nomenclatura dos alcinos é similar à dos alcenos, com a diferença de que o intermediário "en" é substituído pelo infixo "in". Assim como nos alcenos, a ordem numérica, para a definição dos localizadores, se inicia pela extremidade mais próxima da insaturação, desde que a mesma se encontre na cadeia principal.

Exemplos:

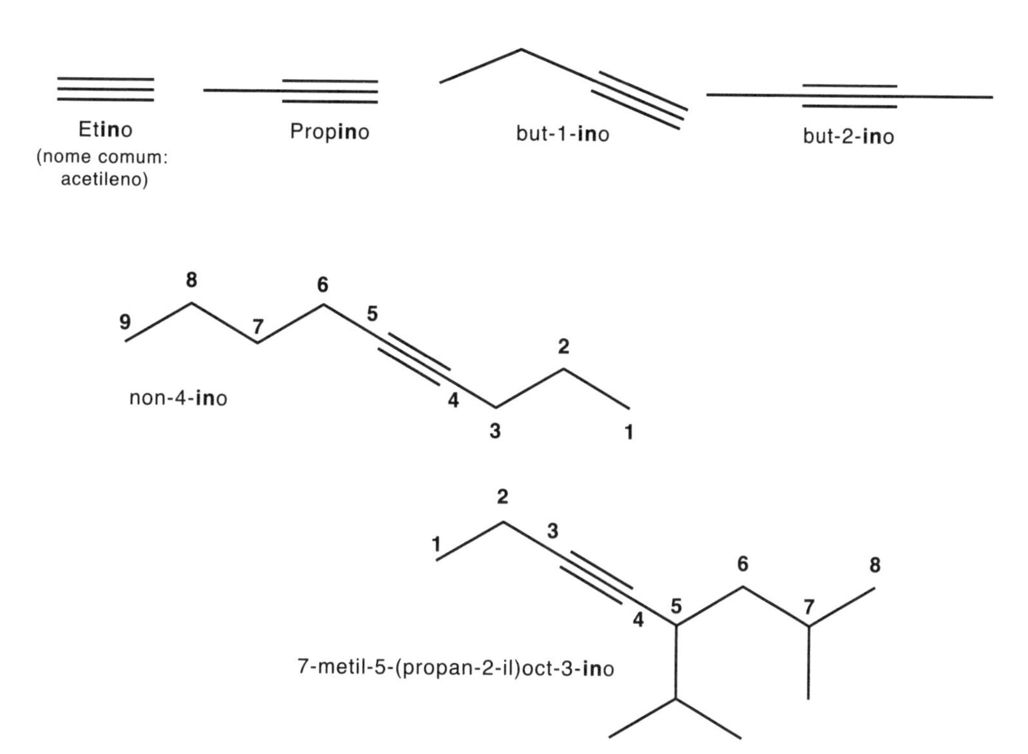

Figura 2.24 A nomenclatura de alguns alcinos.

Substituintes derivados de alcinos têm a terminação "o" substituída por "il". Esse sufixo deve ser precedido pelo localizador referente à posição do carbono que se encontra diretamente ligado à cadeia principal. Assim, como nos grupamentos derivados de alcenos, esses substituintes são inicialmente numerados pela extremidade mais próxima do ponto de ligação com a cadeia principal, indicando, portanto, a posição da insaturação com base nessa numeração.

Exemplos:

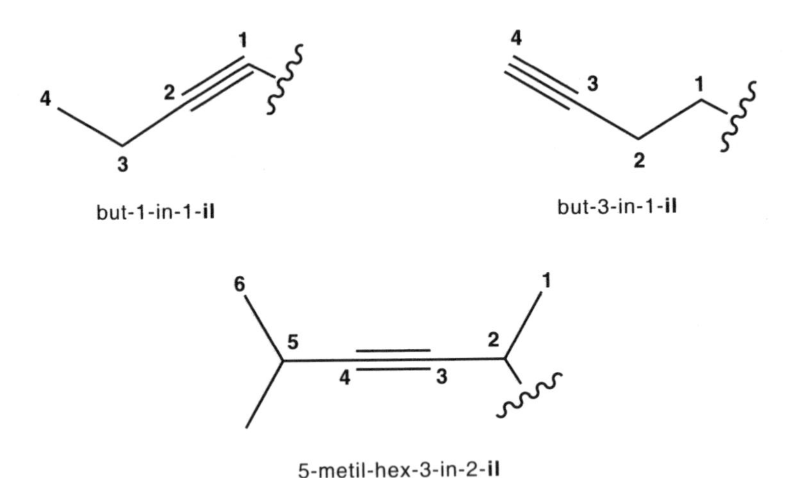

Figura 2.25 Substituintes derivados de alcinos.

Segundo as normas atuais da IUPAC, a cadeia principal de alcinos é aquela que possui o maior número de átomos de carbono ligados de maneira contínua, independentemente de a insaturação estar ou não contida nessa cadeia.

Exemplos:

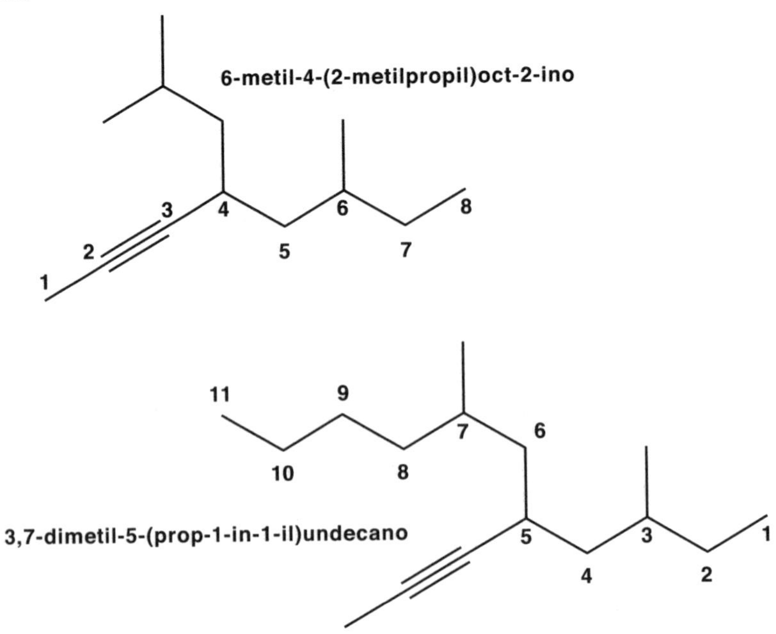

Figura 2.26 A escolha da cadeia principal em alcinos.

No primeiro exemplo, da Figura 2.26, a numeração inicia-se pela extremidade mais próxima da insaturação, por a mesma ser a maior prioridade na cadeia principal. Já no segundo exemplo, a tripla ligação não faz parte da cadeia principal, por isso se inicia a numeração pelo lado que possui a ramificação mais próxima da extremidade.

2.2.8 Cadeias acíclicas poli-insaturadas

Há situações em que os compostos orgânicos podem apresentar mais de uma insaturação na cadeia principal. Nesse caso, a IUPAC adota alguns procedimentos muito simples com relação à nomenclatura deles. No caso de haver mais de uma ligação dupla na cadeia principal, o nome é construído de forma similar ao alceno, sendo, entretanto, utilizados os termos multiplicativos di, tri, tetra... (dependendo do número de duplas ligações) imediatamente antes do infixo "en", não se esquecendo de colocar antes desses termos os localizadores das insaturações (que estarão separados por vírgula). Outra diferença com relação à nomenclatura dos alcenos é a adição da vogal "a" antes dos localizadores das duplas ligações, ou seja, logo após o prefixo correspondente ao número de átomos de carbono da cadeia (Figura 2.27).

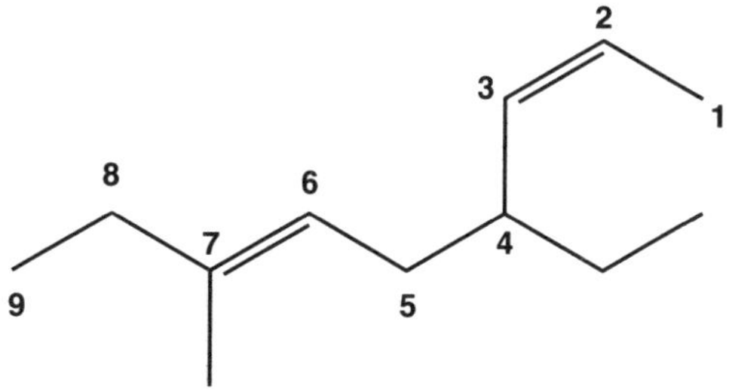

4-etil-7-metilnon**a**-2,6-**di**eno

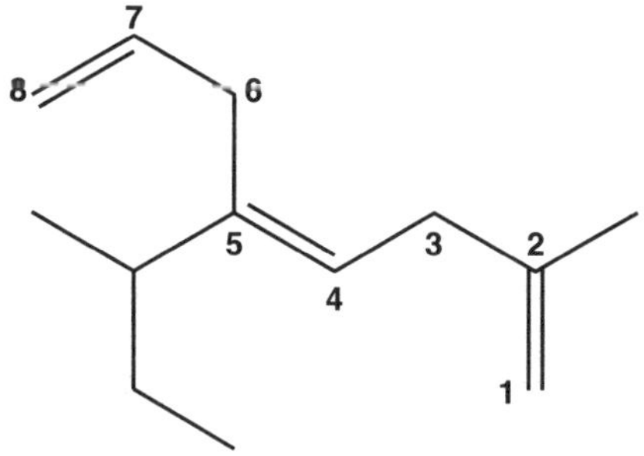

5-(butan-2-il)-2-metiloct**a**-1,4,7-**tri**eno

Figura 2.27 Nomenclatura dos polienos (dienos, trienos etc.).

Nos dienos inicia-se a numeração pela extremidade mais próxima a uma das insaturações, conforme pode ser observado no exemplo anterior. As mesmas regras são seguidas pela nomenclatura dos compostos que contêm mais de uma ligação tripla na cadeia principal, com a diferença de que se usa o intermediário "in" no lugar do "en" (Figura 2.28).

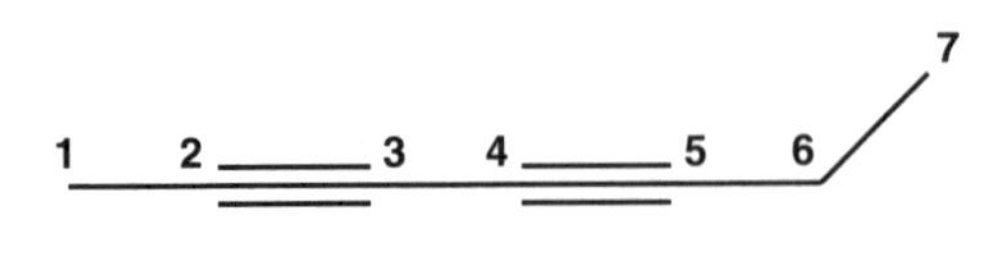

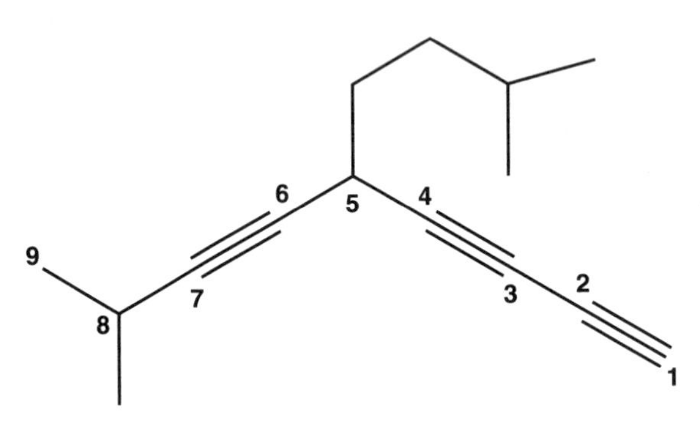

Figura 2.28 Nomenclatura dos poli-inos (di-inos, tri-inos etc.)

2.2.9 Eninos

Além de maior, a cadeia principal, sempre que possível, deve apresentar o maior número de insaturações de qualquer tipo. Desse modo, podemos ter o caso de cadeias contendo ao mesmo tempo dupla e tripla ligações, às quais chamamos de eninos. Ao nomeá-los, devemos substituir o intermediário "an" dos alcanos não ramificados, que contêm o mesmo número de átomos de carbono, pelo intermediário "enin". Nesse caso, antes dos infixos "en" e "in" deve-se colocar os localizadores referentes às posições da ligação dupla e da tripla ligação, respectivamente. Nesse caso a numeração é iniciada pela extremidade mais próxima de uma das insaturações. No caso de ambas estarem equidistantes das extremidades a preferência será pela extremidade mais próxima da ligação dupla.

Exemplos:

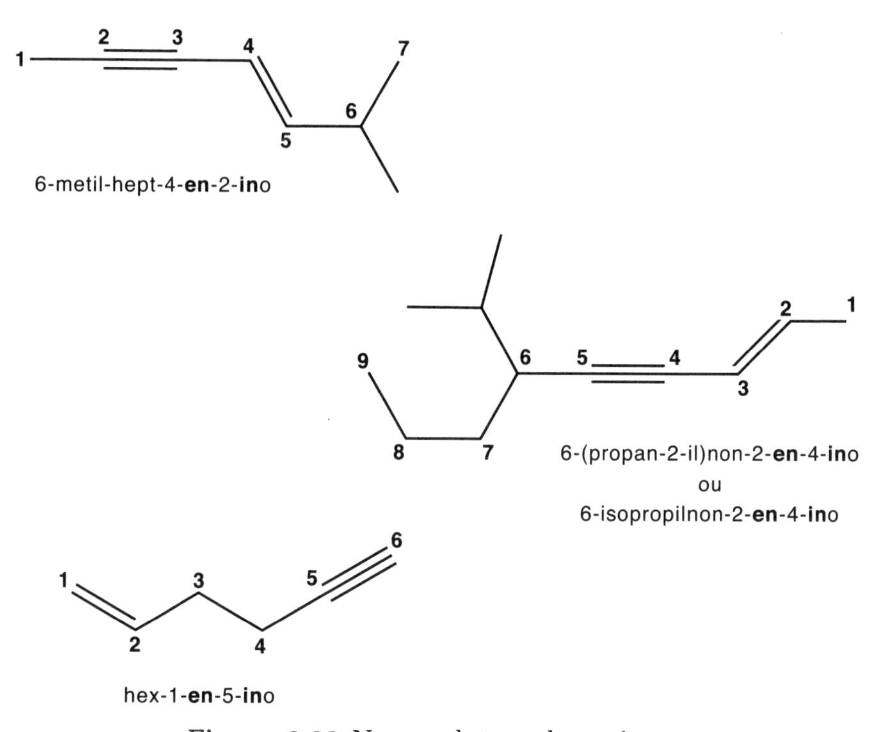

Figura 2.29 Nomenclatura dos eninos.

2.3 Hidrocarbonetos cíclicos

2.3.1 Cicloalcanos

Os cicloalcanos são hidrocarbonetos cíclicos que possuem apenas ligações simples. Sua fórmula molecular geral é C_nH_{2n}, em que n é qualquer número inteiro. Nomeia-se o cicloalcano utilizando o termo "ciclo", seguido do nome do alcano não ramificado que apresenta o mesmo número de átomos de carbono da cadeia cíclica em questão.

Exemplos:

Figura 2.30 Alguns cicloalcanos não ramificados.

Havendo uma ramificação no anel, ela é citada antes do termo "ciclo", não sendo empregado nenhum localizador para indicar sua posição. Caso haja mais de uma ramificação, deve-se numerar partindo de uma das ramificações presentes, de modo que se tenha a menor numeração para as ramificações. Portanto, deve-se ter cuidado na escolha da ramificação que receberá o localizador 1, além do sentido da contagem. Assim como nos outros hidrocarbonetos, a citação dos substituintes, no nome do composto, segue a ordem alfabética.

Exemplos:

1 2 3 4 5

propilciclo-hexano   4-**e**til-1,2-di**m**etilciclopentano

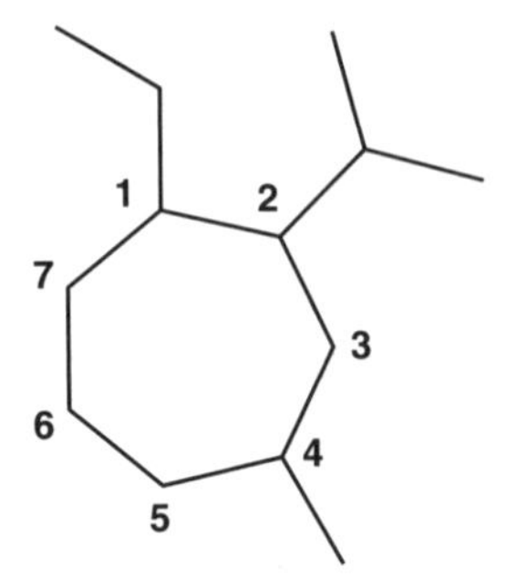

1-**e**til-4-**m**etil-2-(**p**ropan-2-il)ciclo-heptano

Figura 2.31 A nomenclatura dos cicloalcanos ramificados.

No caso do composto 4-etil-1,2-dimetilciclopentano, da Figura 2.31, se a numeração dos substituintes tivesse início no grupamento etila, não importando o sentido de contagem, o substituinte seguinte se encontraria na posição 3, conforme apresentado na Figura 2.32, atribuindo ao segundo substituinte um valor maior para seu localizador do que no exemplo anterior, não satisfazendo, portanto, a regra de numeração da cadeia.

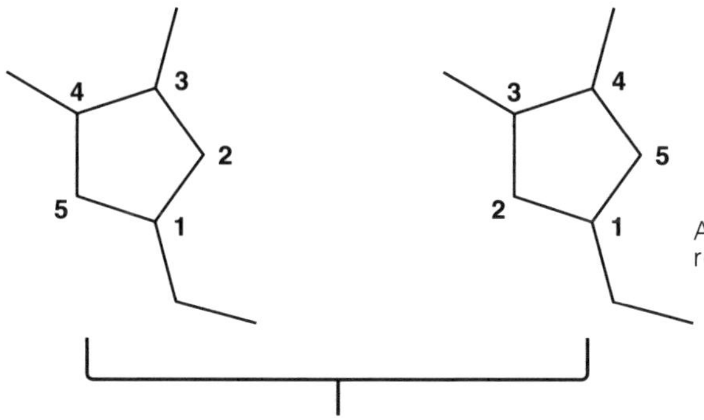

A numeração não respeita a regra

1-**e**til-3,4-di**m**etilciclopentano (incorreto)

Figura 2.32 Exemplo de numeração incorreta de uma cadeia cíclica.

No caso de haver mais de uma possibilidade de numeração, que não viole a regra anterior, deve-se utilizar a ordem alfabética como critério de desempate, o que é demonstrado na Figura 2.33.

1-**b**util-3-**e**tilciclopentano

1-**e**til-3-**m**etil-5-**p**ropilciclo-hexano

2-**e**tenil-1-**m**etil-3-(**p**ropan-2-il)ciclo-heptano

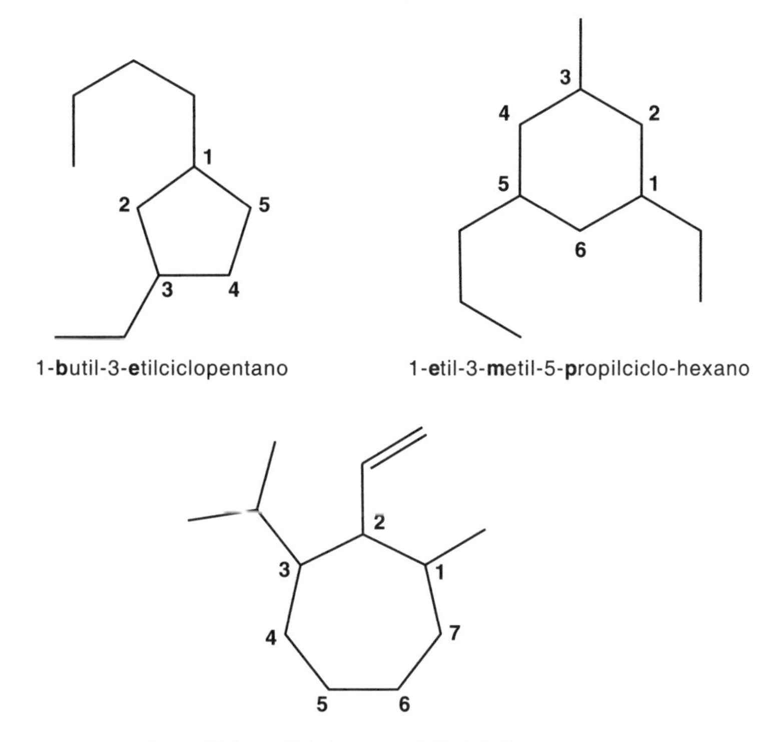

Figura 2.33 Numeração definida pela ordem alfabética dos substituintes.

2.3.2 Compostos monocíclicos insaturados

Compostos homogêneos monocíclicos contendo alguma insaturação, como dupla ou tripla ligação, apresentam-na localizada entre os átomos de carbono 1 e 2. Sempre que existir apenas uma insaturação, a sua posição é omitida.

Exemplos:

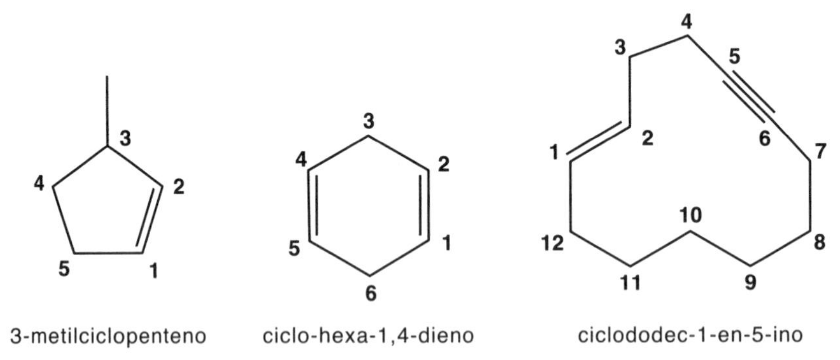

Figura 2.34 Nomenclatura de alguns compostos monocíclicos insaturados.

Para o composto 3-metilciclopenteno adotou-se o sentido de numeração apresentado na Figura 2.34 no intuito de atribuir ao substituinte o menor valor possível para seu localizador.

2.3.3 Arenos

Arenos são compostos formados por anéis benzênicos e se encontram dentro da classe dos compostos aromáticos. Alguns deles têm recebido nomes não sistemáticos há bastante tempo, e que atualmente são preferencialmente aceitos pelas regras da IUPAC. Entre eles estão o benzeno, o tolueno, o antraceno, o fenantreno e o naftaleno. Para os três últimos arenos citados as posições dos localizadores, no caso de haver substituintes, devem respeitar a numeração apresentada na Figura 2.35.

Anéis benzênicos monossubstituídos O benzeno monossubstituído por um grupo alquila deve ser nomeado tal como os outros hidrocarbonetos cíclicos monossubstituídos apresentados até o momento, devendo-se citar apenas o substituinte antes do nome do anel (Figura 2.36).

Anéis benzênicos dissubstituídos No benzeno dissubstituído, há duas formas de nomear a cadeia. Uma se utiliza dos termos "*orto-*" (*o*), "*meta-*" (*m*), ou "*para-*" (*p*), todos em itálico e no início do nome do composto, em que a letra "*o-*" significa que o

benzeno tolueno naftaleno

antraceno fenantreno

Figura 2.35 Compostos arila.

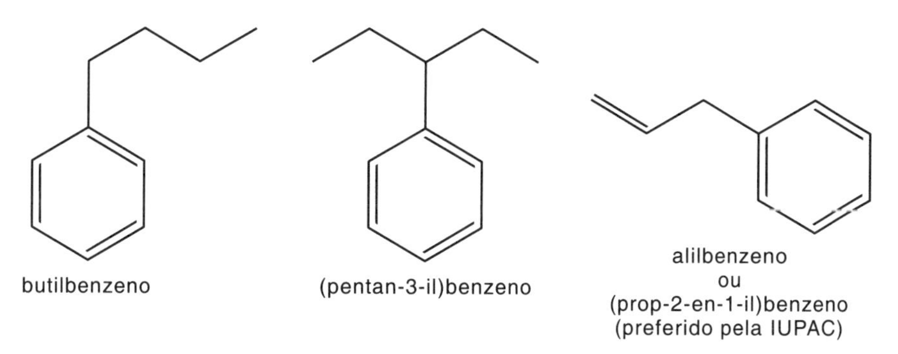

Figura 2.36 Anéis benzênicos monossubstituídos.

anel se encontra dissubstituído em uma relação 1,2, enquanto a letra "*m*-" significa que o anel se encontra dissubstituído em uma relação 1,3, e a letra "*p*-" significa que o anel se encontra dissubstituído em uma relação 1,4. A outra forma é numerar os substituintes, tal qual é feito em cicloalcanos polissubstituídos.

Exemplos:

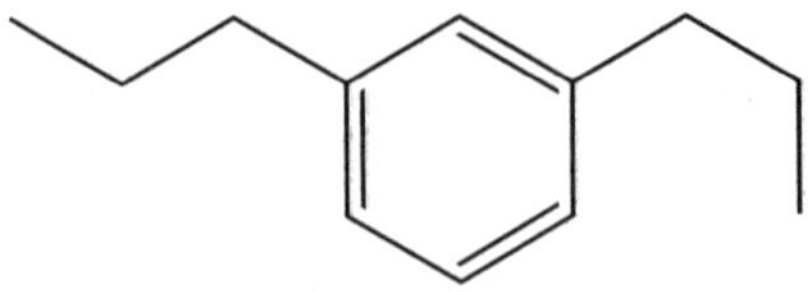

m-dipropilbenzeno
ou
1,3-dipropilbenzeno
(preferido pela IUPAC)

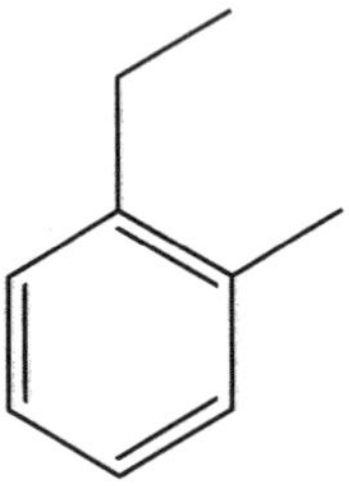

o-etiltolueno
ou
1-etil-2-metilbenzeno
(preferido pela IUPAC)

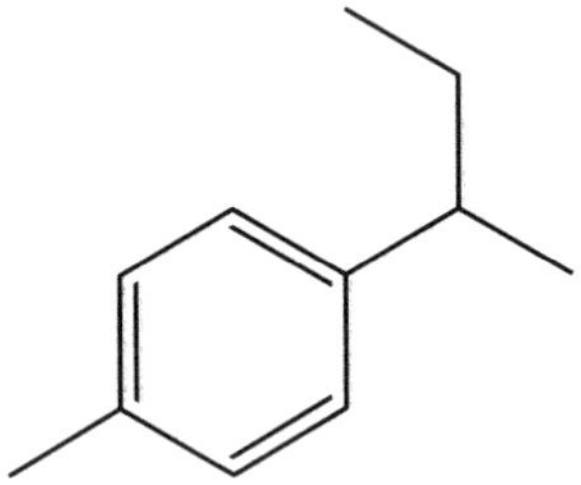

p-sec-butiltolueno
ou
p-(butan-2-il)tolueno
ou
1-(butan-2-il)-4-metilbenzeno
(preferido pela IUPAC)

Figura 2.37 A nomenclatura de anéis benzênicos dissubstituídos.

Alguns substituintes derivados de arilas apresentam nomes não sistemáticos que são aceitos pela IUPAC. Entre eles estão o fenil (que pode ser representado por "Ph" ou pelo símbolo fi "Ø") e o benzil.

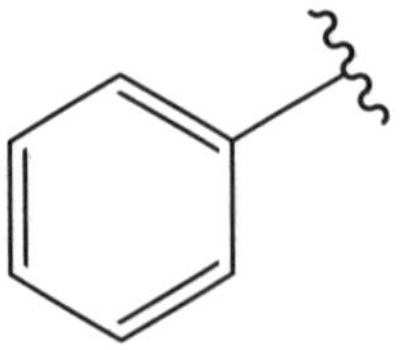

fenil

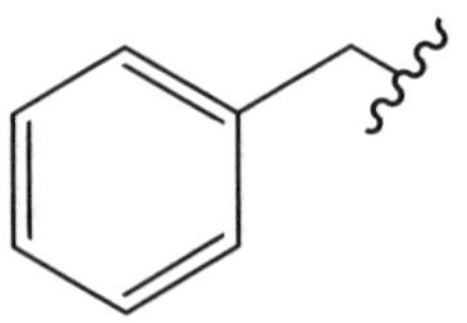

benzil

Figura 2.38 Substituintes derivados de arenos.

2.3.4 Sistemas compostos de anéis e cadeias acíclicas

Dois métodos podem ser utilizados para nomear sistemas compostos de anéis e cadeias acíclicas.

I) Considerando que tanto as cadeias cíclicas quanto as acíclicas possuem a mesma classe, a prioridade é dada à cadeia cíclica. Essa escolha é baseada no menor grau de hidrogenação da cadeia, ou seja, em uma menor razão de átomos de hidrogênio com relação aos átomos de carbonos de uma estrutura. Portanto, por essa regra, no caso dos hidrocarbonetos, os anéis terão a preferência sobre as cadeias abertas, independentemente do tamanho das mesmas.

II) Adotando como cadeia principal aquela com o maior número de átomos ou a que apresentar insaturação, desde que o composto seja um hidrocarboneto.

Exemplos:

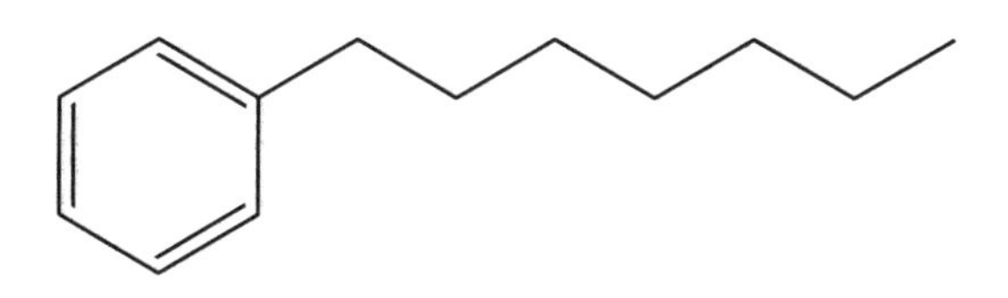

I) heptilbenzeno
(Anel escolhido em preferência à cadeia aberta)

II) 1-fenil-heptano
(A cadeia acíclica tem maior número de átomos contínuos)

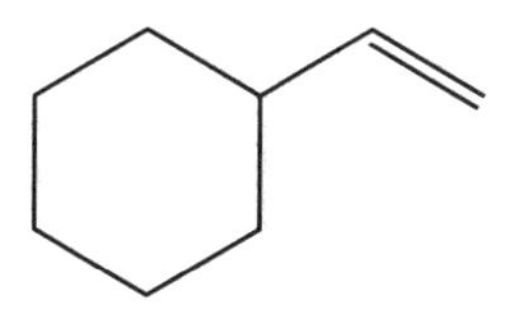

I) etenilciclo-hexano ou **vinilciclo-hexano**
(Anel escolhido em preferência à cadeia aberta)

II) ciclo-hexileteno
(A insaturação é enfatizada)

Figura 2.39 Compostos formados por cadeias cíclicas e acíclicas. As duas formas estão corretas.

2.4 Nomenclatura de grupos funcionais

As funções orgânicas são formadas por grupamentos contendo heteroátomos (átomos diferentes do carbono e hidrogênio) que conferem diferentes propriedades físicas e químicas à molécula. Cada um desses grupos apresenta sua própria regra de nomeação e permite inserir os compostos em diferentes classes funcionais, como os ácidos carboxílicos, aldeídos, cetonas, amidas, álcoois, entre outros. Apesar de os compostos orgânicos funcionalizados terem seus nomes derivados dos hidrocarbonetos de cadeia similar, a escolha da cadeia principal não segue mais as regras apresentadas para eles; em geral, sua escolha está condicionada à presença do grupo funcional de maior prioridade. Pelas regras da IUPAC, a cadeia principal é aquela que tiver o maior número de grupos funcionais de maior prioridade diretamente ligados a ela, e a numeração dos átomos dessa cadeia começará pela extremidade mais próxima ao grupo funcional de maior prioridade. Há algumas exceções, como os haletos de alquila, azidas, diazocomposto e nitrocompostos, que são caracterizados como grupos funcionais subordinados, o que permite tratar seus grupamentos funcionais como meros substituintes.

A seguir são apresentados alguns grupos funcionais na ordem decrescente de prioridade:

Ácidos carboxílicos > anidridos > ésteres > haletos de ácidos > amidas > nitrilas > aldeídos > cetonas > álcoois, fenóis > tióis > aminas > iminas.

2.4.1 **Haletos de alquila**

São compostos derivados dos hidrocarbonetos, resultantes da troca de um ou mais hidrogênios por halogênios. Ao nomear os haletos de alquila, os halogênios são tratados como substituintes, sendo citados antes do nome da cadeia principal. A sua localização segue a mesma regra dos grupamentos alquila, assim como sua ordem de citação.

Exemplos:

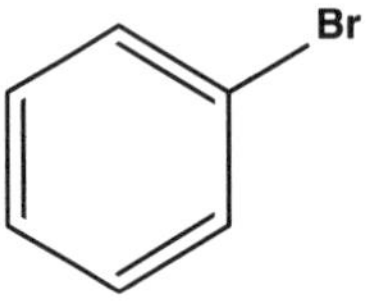

bromobenzeno

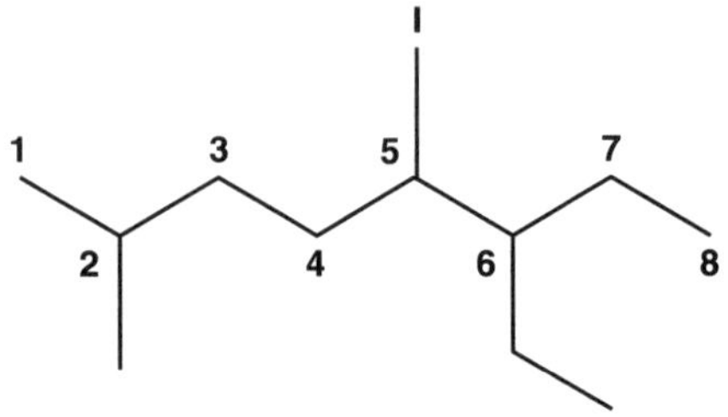

6-etil-5-iodo-2-metiloctano

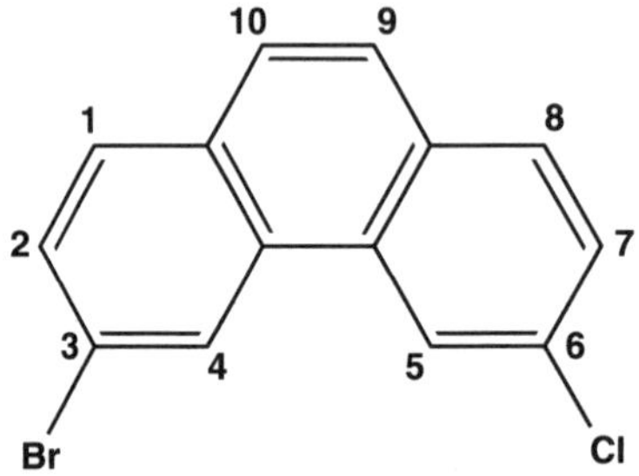

3-bromo-6-clorofenantreno

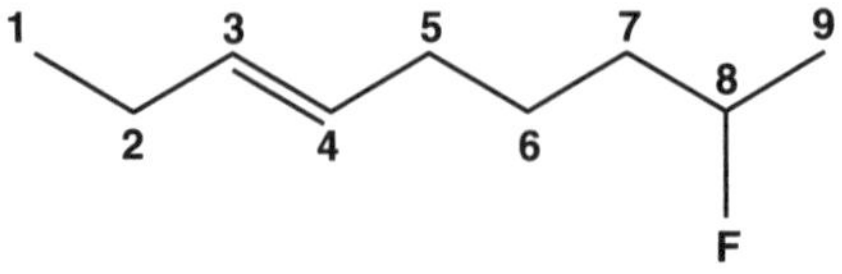

8-fluorononon-3-eno

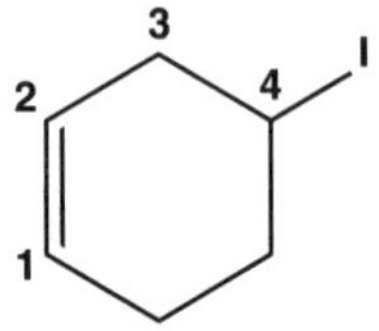

4-iodociclo-hexeno

Figura 2.40 Nomenclatura dos haletos de alquila.

Assim como ocorre nos grupos alquilas, as duplas ligações também apresentam prioridade sobre os halogênios na hora de numerar a cadeia, conforme apresentado nos dois últimos exemplos da Figura 2.40.

2.4.2 **Nitrocompostos**

Os nitrocompostos são substâncias orgânicas contendo um grupo "—NO_2" ligado a uma cadeia hidrocarbônica. Tal como ocorre com os halogênios, nos haletos de alquila, o grupo "—NO_2" não apresenta prioridade especial de citação, sendo considerado um grupo funcional subordinado. Ao nomear os nitrocompostos, o seu grupo funcional é considerado substituinte, sendo citado antes do nome da cadeia principal, empregando-se o termo "nitro".

Exemplos:

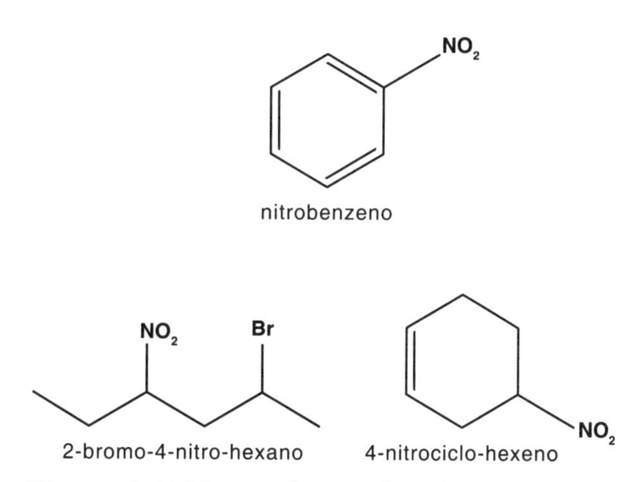

Figura 2.41 Nomenclatura dos nitrocompostos.

2.4.3 **Álcoois e fenóis**

Álcoois são compostos que apresentam o grupamento hidroxila "—OH" substituindo um ou mais hidrogênios em um hidrocarboneto. Quando a substituição é realizada diretamente sobre um anel benzênico dizemos que o composto pertence à classe dos fenóis.

Segundo a IUPAC, para nomearmos o álcool, devemos primeiramente determinar quem é e quantos átomos de carbono há na cadeia principal. Com isso basta adotar o nome do hidrocarboneto que apresente o mesmo número de átomos de carbono, substituindo-se o sufixo "o" por "ol" indicando-se a posição do grupo funcional hidroxila, com o seu localizador, entre hifens, precedendo o sufixo "ol". Tratando-se de compostos alifáticos, a cadeia principal deve ser numerada a partir da extremidade mais próxima do grupamento hidroxila. Nos compostos em que a cadeia principal é cíclica o átomo de carbono de número 1 é aquele onde se encontra esse grupamento. Essa regra não se aplica a compostos com anéis aromáticos condensados. Nesse caso deve-se levar em conta a numeração estabelecida no estudo dos hidrocarbonetos.

Exemplos:

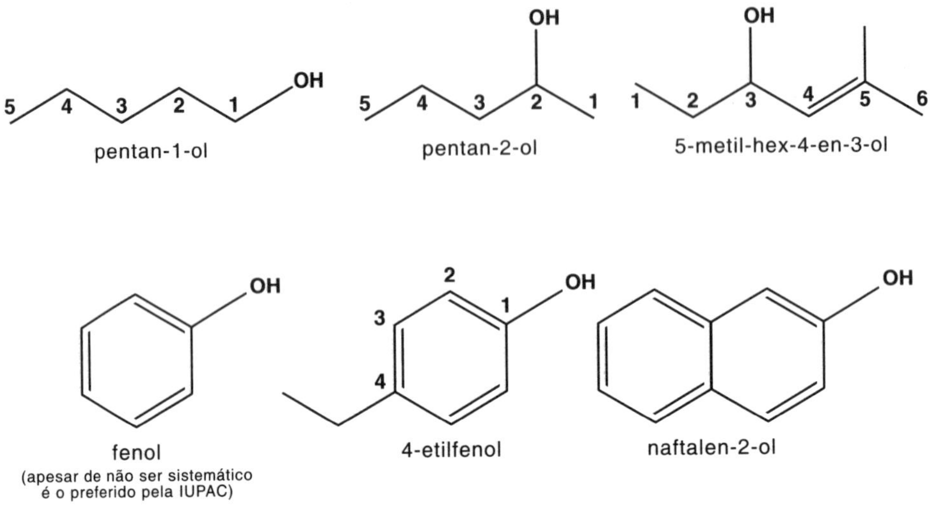

pentan-1-ol

pentan-2-ol

5-metil-hex-4-en-3-ol

fenol
(apesar de não ser sistemático é o preferido pela IUPAC)

4-etilfenol

naftalen-2-ol

Figura 2.42 Nomenclatura de álcoois e fenóis.

No terceiro exemplo apresentado na Figura 2.42 constata-se que, diferentemente dos alcenos, a contagem dos átomos da cadeia principal começa pela extremidade mais próxima do grupo funcional de maior prioridade, no caso a hidroxila. Havendo mais de uma hidroxila, deve-se citá-las colocando-se os localizadores de cada uma delas, separados por vírgula, precedidos da vogal "o" e seguidos de um infixo numérico multiplicador "di", "tri", "tetra" etc. relacionado com o número de hidroxilas da cadeia principal. Caso exista no composto alguma hidroxila que esteja ligada diretamente a algum substituinte (ou que não seja o grupo funcional preferencial), ela será considerada um substituinte qualquer, sendo citada antes do nome da cadeia principal, empregando-se o termo "hidroxi".

No terceiro exemplo da Figura 2.43 o máximo de grupos funcionais de mesma prioridade que se pode isolar em uma única cadeia desse composto são dois; assim, por regra, se escolhe a maior cadeia. Com isso uma das hidroxilas é levada a compor um substituinte complexo. Nesse caso a regra de nomeação define a cadeia secundária, ligada diretamente à cadeia principal, como sendo a parte principal do substituinte complexo, sendo o carbono 1 justamente aquele que se liga diretamente à cadeia principal (Figura 2.44).

Exemplos:

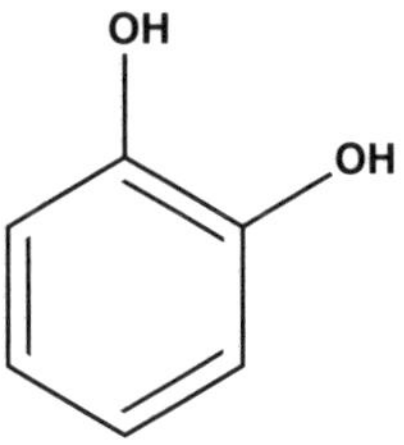

benzeno-1,2-diol

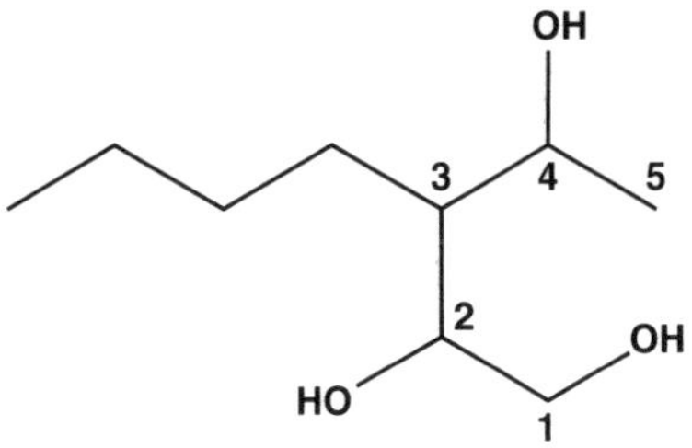

3-butilpentano-1,2,4-triol

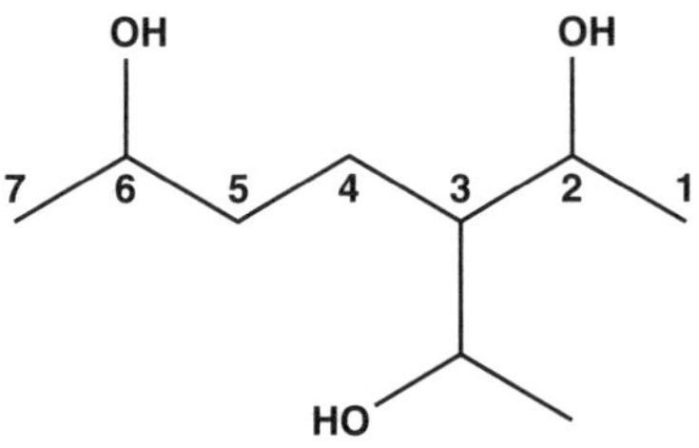

3-(1-hidroxietil)-heptano-2,6-diol

Figura 2.43 A nomenclatura de polióis.

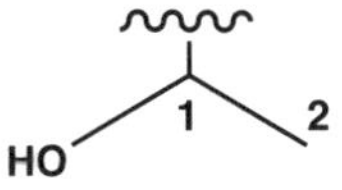

1-hidroxietil

Figura 2.44 Grupamento hidroxila compondo um substituinte complexo.

2.4.4 Tióis

Os tióis são análogos dos compostos hidroxilados como os álcoois e fenóis, em que o oxigênio do grupo hidroxila é substituído pelo enxofre "—SH". Sua regra de nomenclatura é similar à utilizada para os álcoois, com a diferença de que no lugar do sufixo "ol" emprega-se "tiol", sendo esse termo precedido da vogal "o". Quando em presença de um grupo de maior prioridade, ou quando não se encontra ligado à cadeia principal, o grupamento "—SH" passa a ser tratado como substituinte, utilizando-se o termo "sulfanil" (o uso do termo mercapto já não é mais recomendado).

Exemplos:

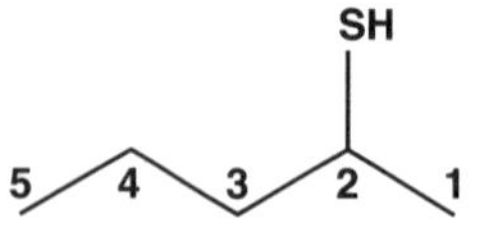

pentano-2-tiol

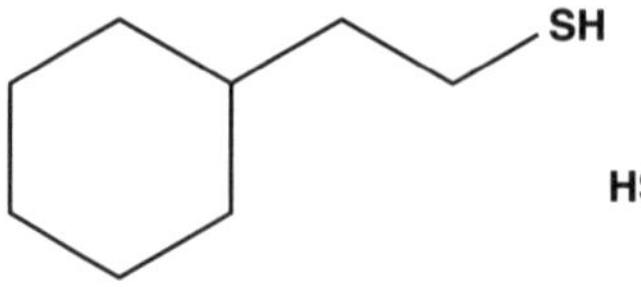

2-ciclo-hexiletano-1-tiol

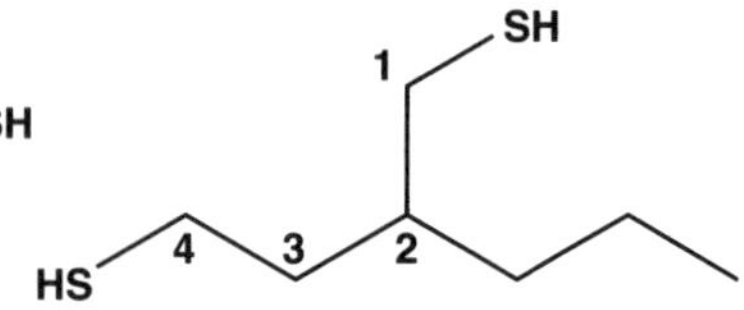

2-propilbutano-1,4-ditiol

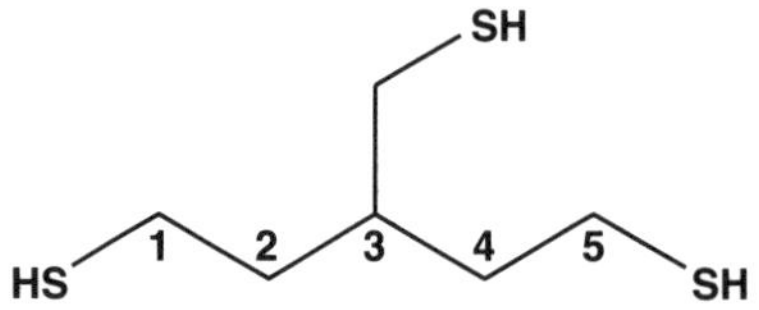

3-(sulfanilmetil)pentano-1,5-ditiol

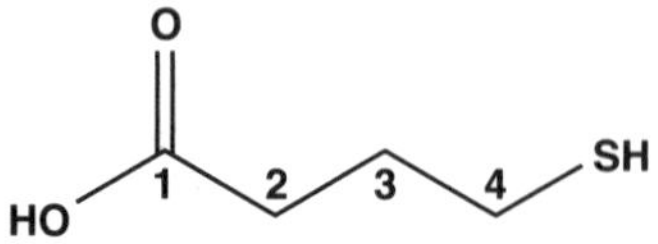

ácido 4-sulfanilbutanoico

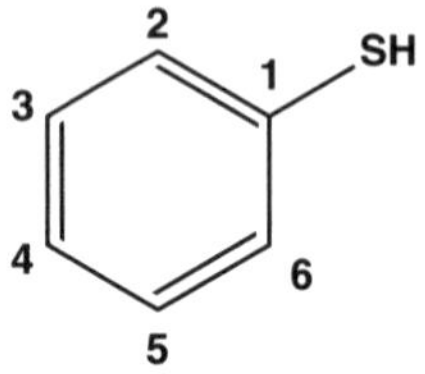

Benzenotiol (e não tiofenol)

Figura 2.45 Nomenclatura dos tióis.

No caso do ácido 4-sulfanilbutanoico (Figura 2.45) o grupo sulfanil "—SH" encontra-se na presença de um grupo de maior prioridade, o grupo carboxi "—CO_2H",* o qual será apresentado com mais detalhes adiante, no grupo funcional dos ácidos carboxílicos (Subseção 2.4.11).

2.4.5 **Éteres**

Os éteres são compostos que apresentam a seguinte estrutura R-O-R', podendo os dois grupamentos ligados ao oxigênio ser cíclicos e/ou alifáticos.

Segundo a IUPAC, há diversas maneiras de se nomear um éter. Dentre elas, duas se destacam entre os éteres mais simples, (1) empregando a nomenclatura substitutiva (preferida pela IUPAC) ou (2) de classe funcional.

(1) Pela nomenclatura substitutiva o grupo "–OR" é citado como um substituinte, precedendo a cadeia principal (R') do nome do composto, que nesse caso é citado como o nome do hidrocarboneto que mais se assemelha. Para nomear os grupos "—OR" deve-se mencionar o nome do substituinte "R", seguido do termo "oxi".

Exemplos:

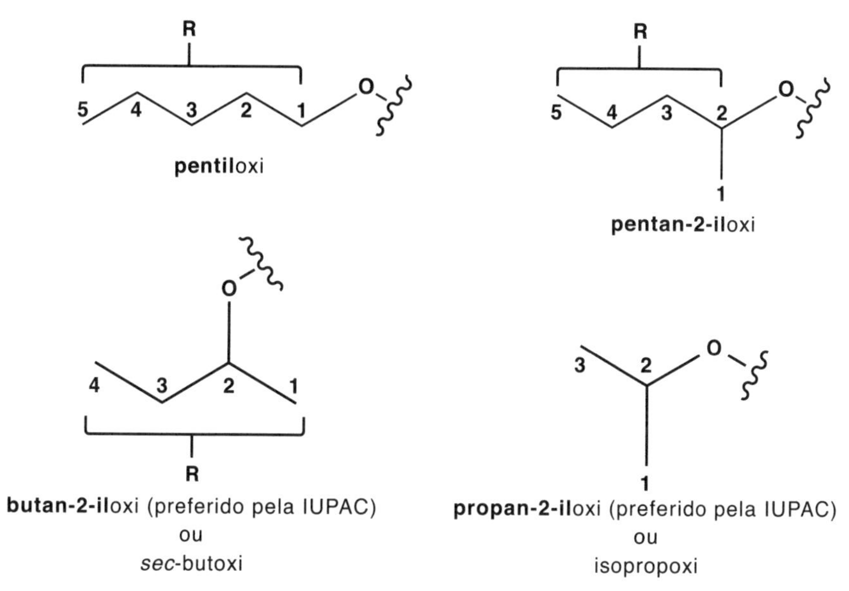

Figura 2.46 Nomenclatura dos substituintes alquiloxi.

Alguns substituintes "—OR" possuem, como alternativa, nomes contraídos que são retidos como nomes preferenciais pela IUPAC.

Exemplos:

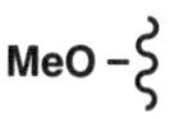

MeO –

metoxi

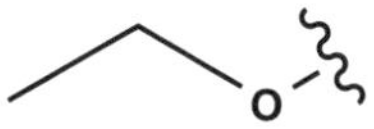

etoxi

propoxi

butoxi

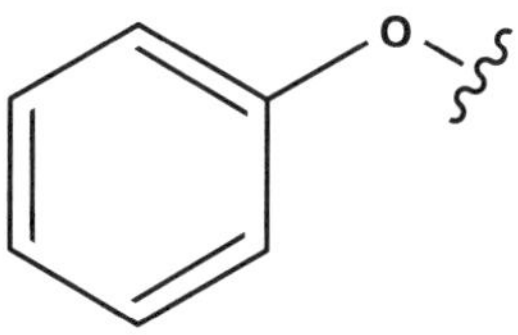

fenoxi

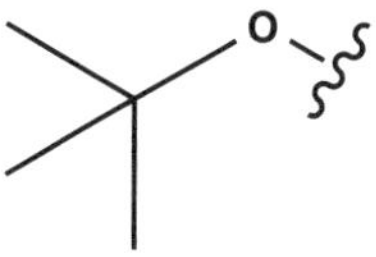

terc-butoxi

Figura 2.47 Nomes triviais dos substituintes alquiloxi e ariloxi.

A seguir é apresentada a aplicação da nomenclatura substitutiva em alguns éteres, com o emprego de substituintes mencionados anteriormente:

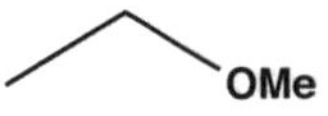

metoxi**etano**

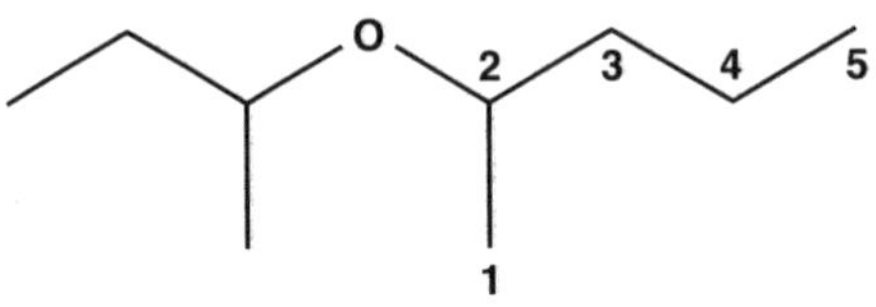

2-(butan-2-iloxi)**pentano**

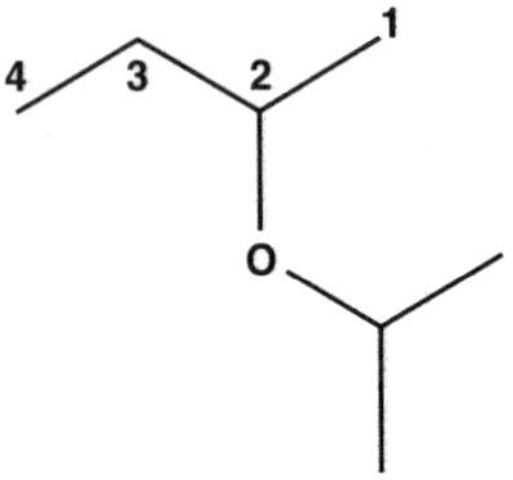

2-(propan-2-iloxi)**butano**

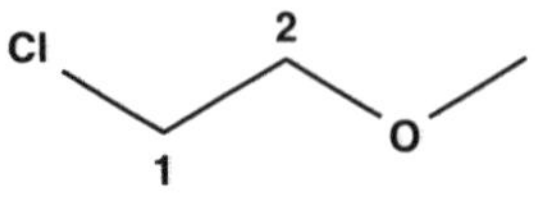

1-cloro-**2**-metoxi**etano**

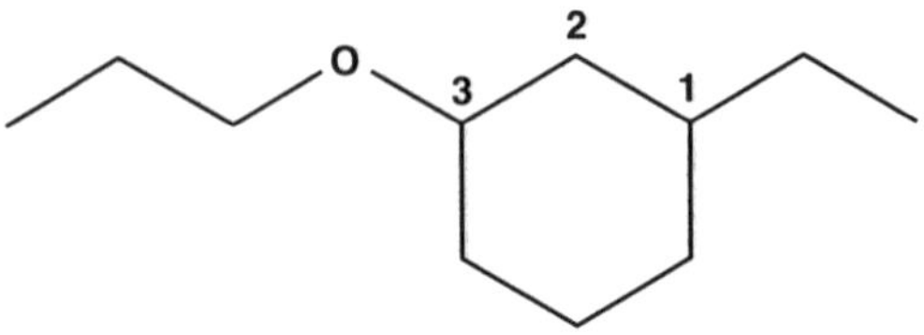

1-etil-**3**-propoxi**ciclo-hexano**

Figura 2.48 Nomenclatura substitutiva de éteres.

Conforme observado nos dois últimos exemplos, os grupamentos "—OR" não apresentam prioridade especial na citação, submetendo-se as mesmas regras aplicadas aos demais substituintes, já apresentados.

(2) Pela nomenclatura de classe funcional os dois grupos ligados ao oxigênio são tratados como substituintes, sendo citados em ordem alfabética, após o nome de classe "éter", ambos com o sufixo "ílico". No caso de os dois grupos serem iguais (R = R'), emprega-se o termo multiplicativo "di" precedendo o nome do substituinte.

Exemplos:

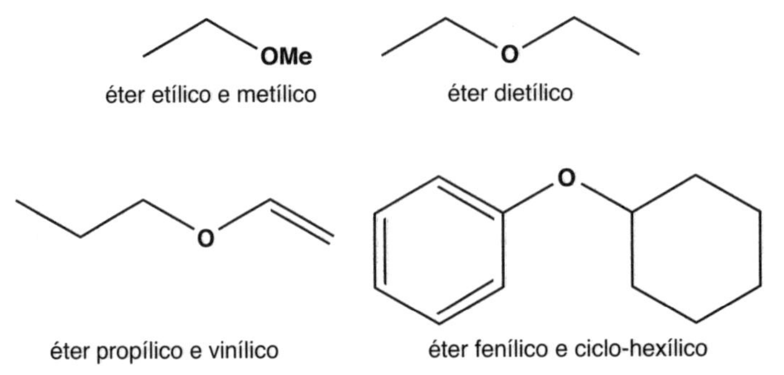

Figura 2.49 Nomenclatura de classe funcional dos éteres.

2.4.6 Aminas

Aminas são compostos derivados da amônia (NH_3), onde um ou mais átomos de hidrogênio se encontram substituídos por grupamentos alquila ou arila. As aminas podem ser classificadas como primárias, secundárias ou terciárias, quando há, respectivamente, a substituição de um, dois ou três dos hidrogênios da amônia.

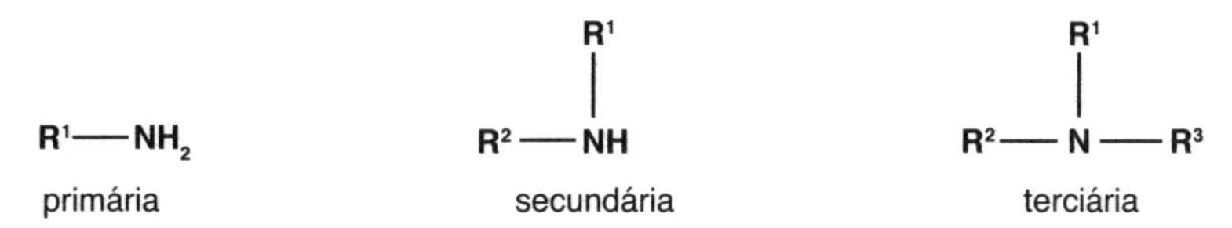

Figura 2.50 Classificação das aminas.

Aminas primárias Há dois modos de se nomear a amina primária:

(1) Uma delas se baseia no uso do nome do hidrocarboneto normal que possua o mesmo número de átomos de carbono da cadeia principal da amina, sendo a terminação "o" substituída pelo sufixo "amina" (essa forma é a preferida pela IUPAC). No caso de haver necessidade de identificar a posição do grupamento "—NH_2", faz-se a colocação do seu localizador entre hifens, precedendo o termo amina.

(2) A segunda forma de nomeação consiste no uso da terminologia empregada para os substituintes alquilas, adicionando-se o termo amina ao final do nome (Figura 2.51).

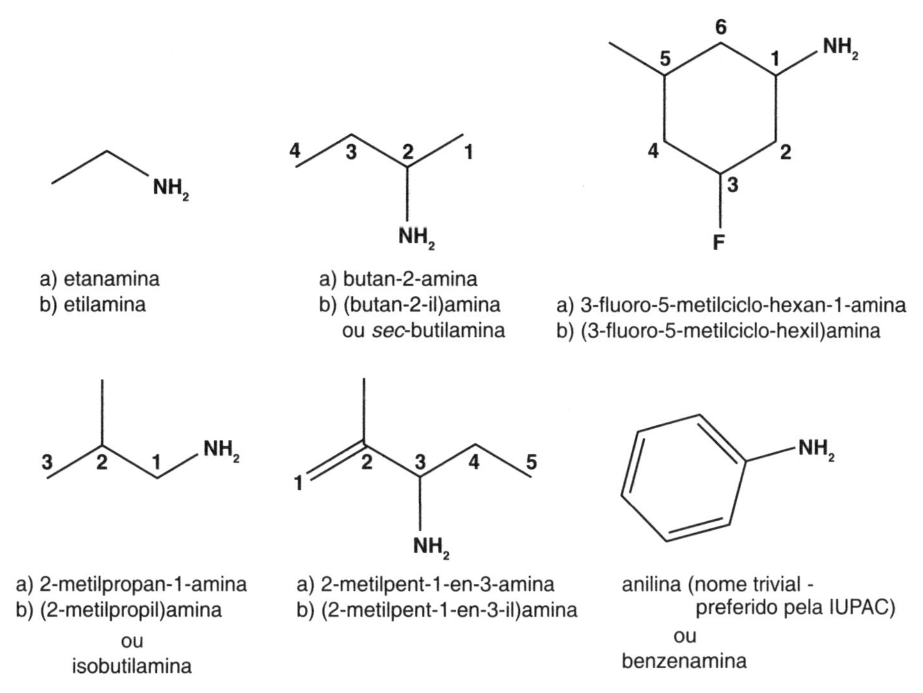

Figura 2.51 Nomenclatura das aminas primárias.

No caso de aminas que contenham mais de um grupo "$-NH_2$" ligado à cadeia principal, deve-se indicar a presença desses grupos por meio de um infixo numérico multiplicador "di", "tri", "tetra" etc. precedendo o sufixo amina, precedido de seus respectivos localizadores. É importante destacar que nesse caso é inserida a vogal "o" antes dos localizadores do grupo funcional amina (Figura 2.52).

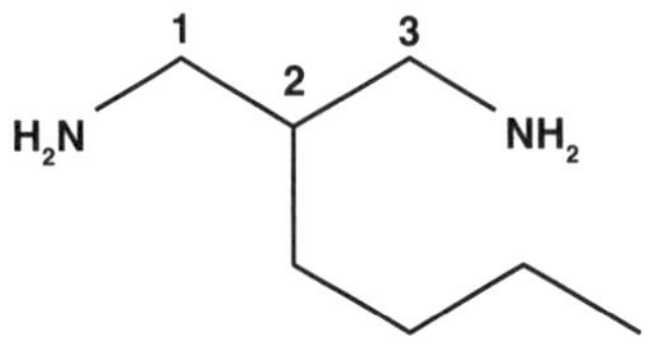

2-butilpropano-1,3-diamina 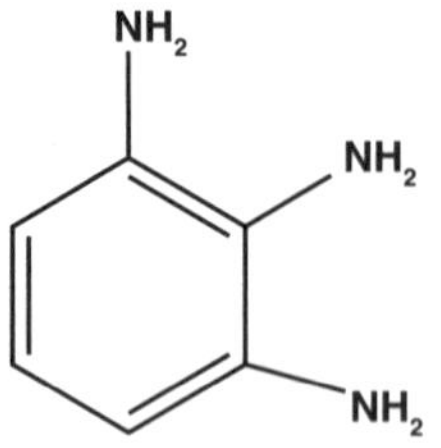   benzeno-1,2,3-triamina 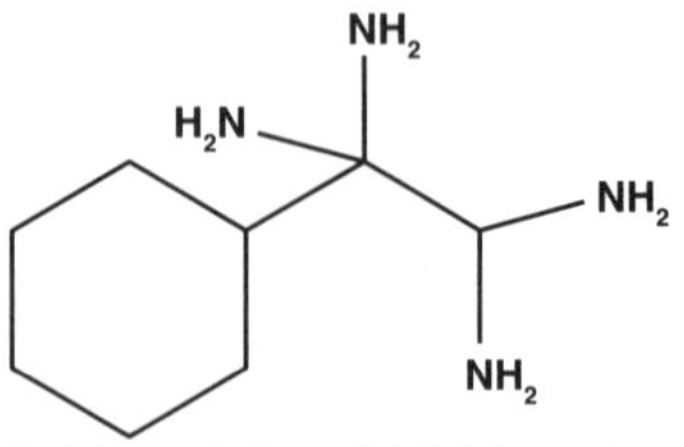   1-ciclo-hexiletano-1,1,2,2-tetramina

Figura 2.52 Nomenclatura das poliaminas.

Em situações em que o infixo multiplicador termina com "a", elimina-se essa vogal ao preceder o sufixo amina; dessa forma, quando usado, por exemplo, o termo "tetra", tem-se "tetramina" e não "tetra-amina", tal como apresentado no último exemplo da Figura 2.52.

Nos casos em que há algum grupo funcional de amina que não possa ser citado como sufixo, por não estar ligado diretamente à cadeia principal, ou estando presente algum grupo funcional de maior prioridade, ele será citado como substituinte, empregando-se o termo "amino".

Exemplos:

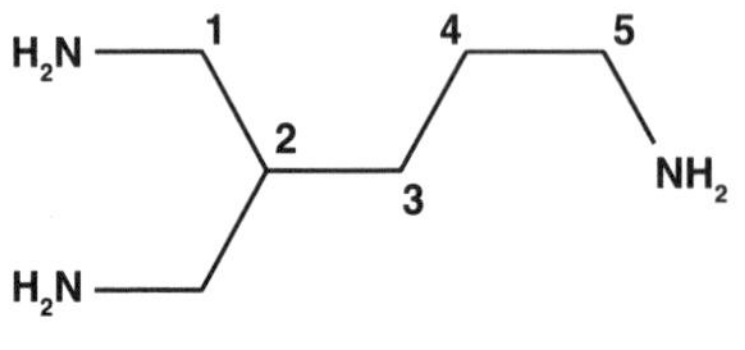

2-(aminometil)pentano-1,5-diamina 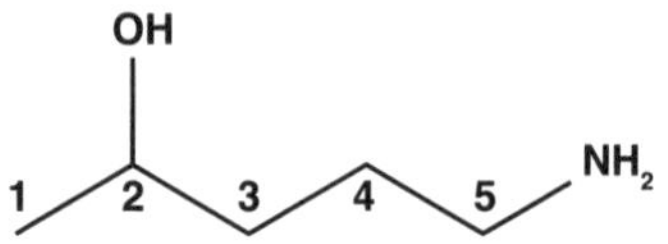   5-aminopentan-2-ol

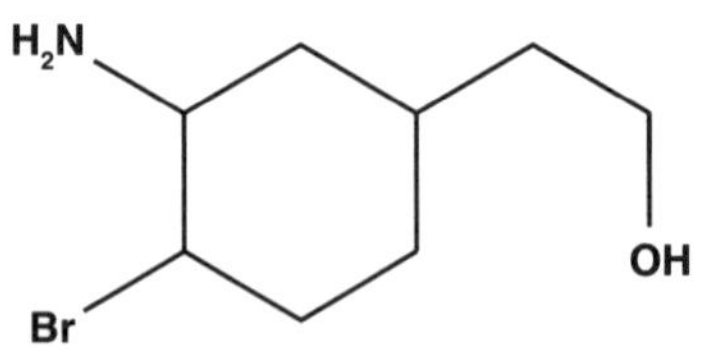

2-(3-amino-4-bromociclo-hexil)etan-1-ol

Figura 2.53 Emprego do substituinte amino.

Aminas secundárias e terciárias Tanto as aminas secundárias quanto as terciárias apresentam mais de uma substituição no nitrogênio do respectivo grupo funcional. Para identificar esse tipo de substituição adota-se como localizador a letra "*N*" em itálico. Com isso pode-se nomear tanto as aminas simétricas quanto as assimétricas, secundárias e terciárias, por meio dos dois métodos empregados para as aminas primárias:

(1) Empregando o sufixo amina, precedido da nomenclatura da primeira parte da cadeia principal (derivada do respectivo hidrocarboneto) e precedendo a cadeia principal o *N*-substituinte, apresentado em ordem alfabética, quando necessário. A escolha da cadeia principal segue as mesmas exigências impostas para os hidrocarbonetos. Como mencionado antes, essa forma é a preferida pela IUPAC. Quando o grupo "—NH_2" encontrar-se ligado ao anel benzênico, utilizar preferencialmente o nome trivial anilina.

(2) Colocando todos os grupos ligados ao nitrogênio como substituintes, que são citados em ordem alfabética e seguidos do sufixo amina. A fim de evitar ambiguidade, nos casos envolvendo substituintes diferentes, estes são colocados entre parênteses a partir do segundo.

Exemplos:

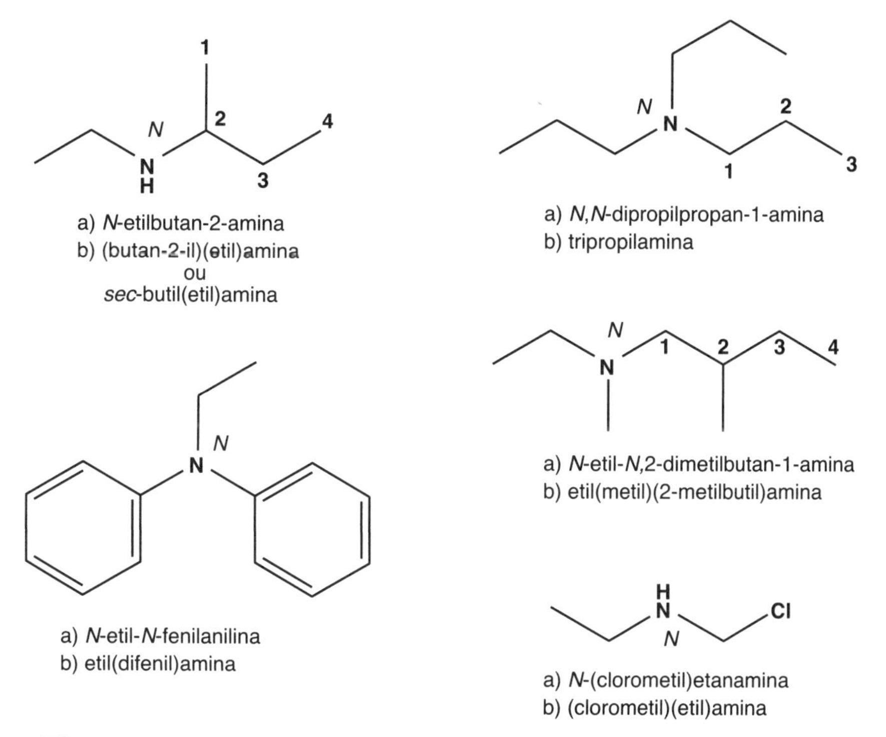

Figura 2.54 Nomenclatura de aminas secundárias e terciárias.

2.4.7 Iminas

Iminas são compostos que apresentam a estrutura RR'C=NR", sendo derivados de aldeídos (aldiminas) ou cetonas (cetiminas).

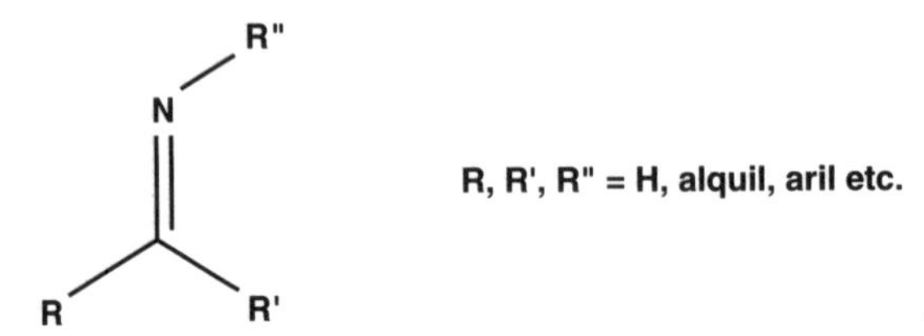

Figura 2.55 Grupo funcional das iminas.

Para nomear as iminas RR'C=NH, deve-se empregar o nome do hidrocarboneto, de cadeia similar à delas, substituindo-se a terminação "o" pelo sufixo "imina". Sempre que necessário, deve-se indicar a posição do grupamento característico das iminas "=*N*" com o seu localizador precedendo o termo "imina". No caso de haver mais de um grupo funcional de imina ligado à cadeia principal, devem-se colocar, precedendo o sufixo "imina", os infixos multiplicadores "di", "tri", "tetra" etc. dependendo do número de grupamentos existentes. Nesse caso a vogal terminal "o" do hidrocarboneto de origem é restabelecida.

Exemplos:

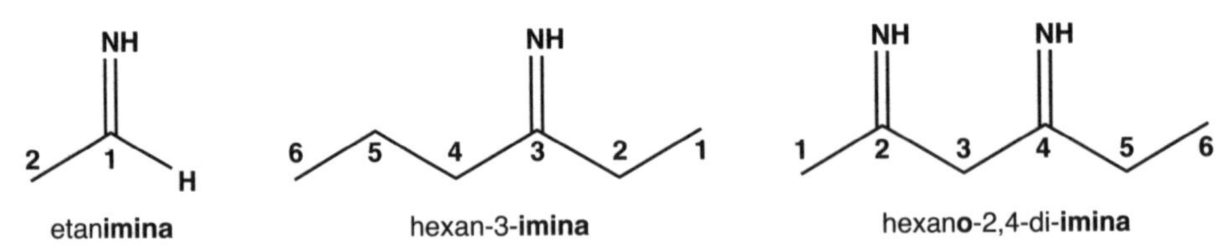

Figura 2.56 Nomenclatura das iminas.

Assim como nas demais cadeias contendo grupos funcionais (não subordinados), a numeração aqui se inicia pela extremidade mais próxima do grupo funcional de maior prioridade, tal qual é observado nos dois últimos exemplos apresentados (hexan-3-imina e hexano-2,4-di-imina). Também é importante destacar que na nomenclatura IUPAC vogais idênticas são separadas por hífen, como demonstrado no último exemplo da Figura 2.56.

Para nomear as iminas *N*-substituídas (RRC=NR", R" ≠ H), deve-se considerar o "*N*" um localizador referente à posição do nitrogênio, tal como ocorre com as aminas secundárias e terciárias (Figura 2.54). Dessa forma, qualquer grupo ligado ao nitrogênio apenas por ligação simples é apresentado como substituinte, precedido do localizador "*N*", sendo ambos separados por hífen.

Exemplos:

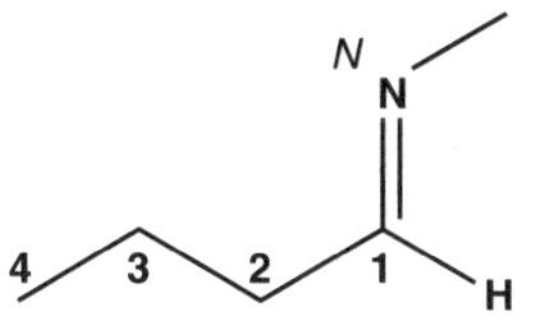

N-metilbutan-1-imina

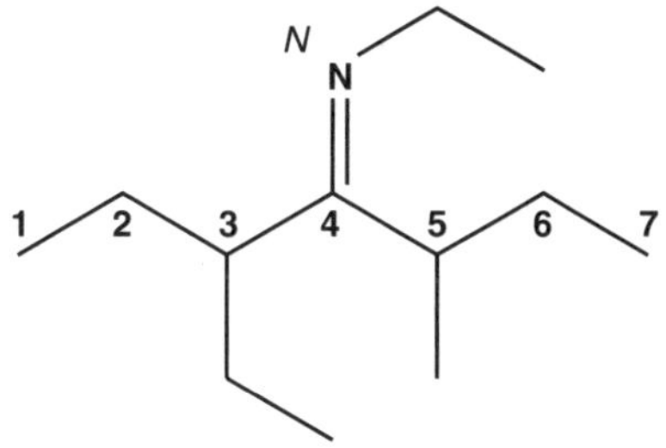

N,3-di**e**til-5-**m**etil-heptan-4-imina

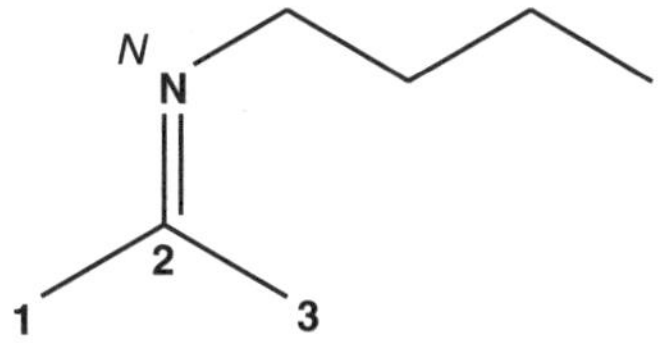

N-butilpropan-2-imina

Figura 2.57 Nomenclatura de iminas *N*-substituídas.

No caso de haver substituintes idênticos ligados ao nitrogênio, por ligação simples, e à cadeia principal, o localizador "*N*" deverá preceder o localizador numérico, tal como demonstrado no segundo exemplo da Figura 2.57. É importante destacar que, sendo o grupo funcional de imina o grupo de maior prioridade presente, a cadeia principal será aquela a que o nitrogênio se encontra conectado por ligação dupla, não importando o tamanho do substituinte ligado ao nitrogênio por ligação simples (vide o último exemplo apresentado).

Quando o grupo funcional de imina não for o grupo de maior prioridade presente, ele deverá ser citado como substituinte, empregando-se o termo "imino".

Exemplos:

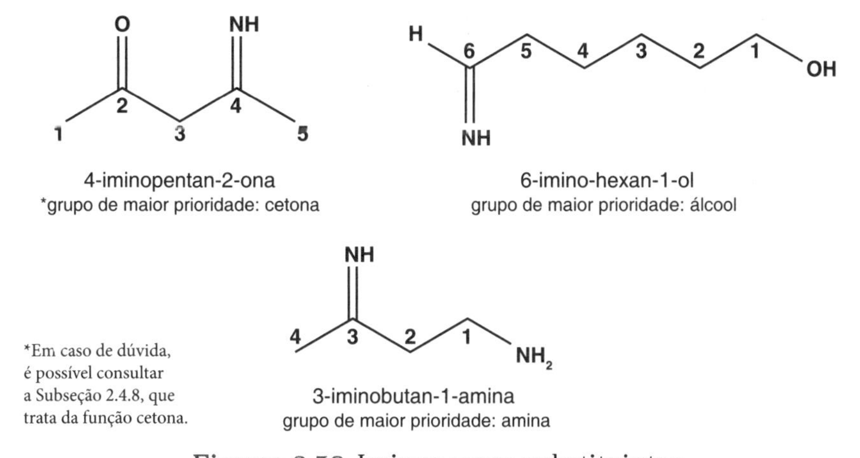

Figura 2.58 Iminas como substituintes.

2.4.8 Cetonas

São compostos em que o grupo carbonila "C═O" se encontra ligado a dois átomos de carbono.

O

R' e R'' = alquil ou aril

R' R''

Figura 2.59 Grupo funcional das cetonas.

Pela regra da IUPAC há dois métodos de nomear uma cetona:

(1) Pelo nome do radical funcional substitutivo (preferido pela IUPAC), em que o nome da cadeia principal é formado pela substituição da terminação "o" pelo sufixo "ona", no hidrocarboneto linear de estrutura similar, sendo o sufixo precedido do localizador da carbonila de cetona.

(2) Pelo nome de classe funcional, onde é colocada separada a palavra cetona, seguida dos nomes dos substituintes ligados à carbonila, em ordem alfabética e com a terminação "ica".

Exemplos:

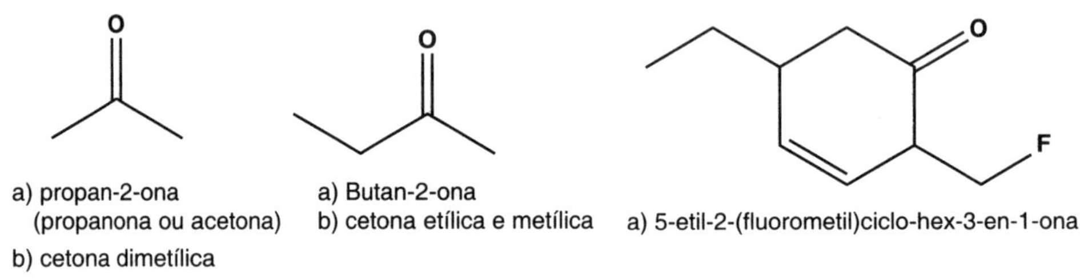

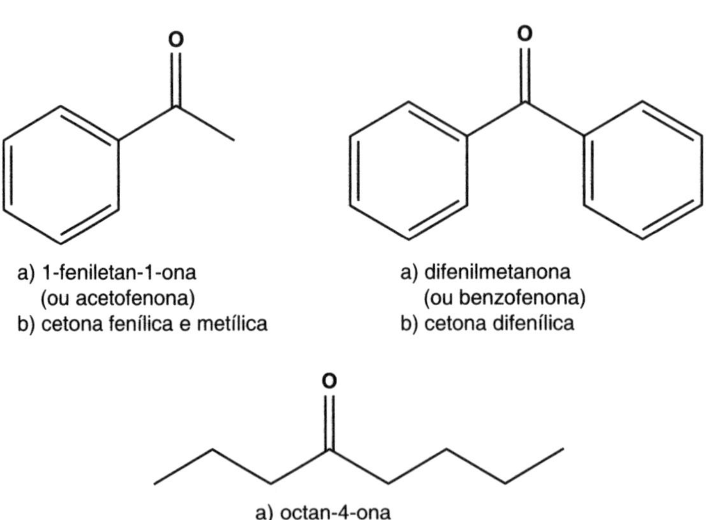

Figura 2.60 Nomenclatura das cetonas.

Apesar de os termos acetofenona e benzofenona serem aceitos pela nomenclatura IUPAC, seus usos são limitados, não sendo permitida sua associação com qualquer substituinte.

No caso de haver mais de uma carbonila de cetona presente na cadeia principal empregam-se os infixos numéricos multiplicadores "di", "tri", "tetra" etc. precedendo o sufixo, tal qual foi apresentado para os grupos funcionais de álcoois (Figura 2.43) e aminas (Figura 2.52). Caso exista carbonila de cetonas ligada a um dos substituintes, ou haja um grupo funcional de maior prioridade que ela, presente na molécula, tal carbonila deverá ser citada como substituinte através do termo "oxo", sendo precedida de seu localizador, sempre que necessário (Figura 2.61).

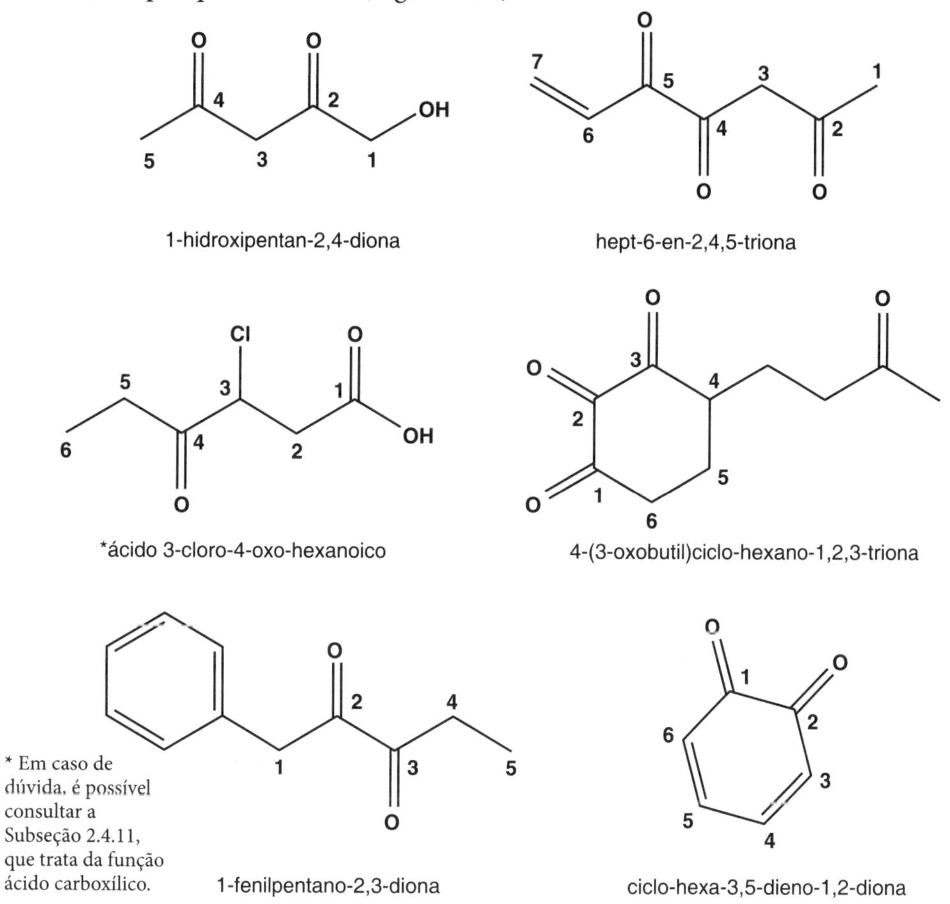

* Em caso de dúvida, é possível consultar a Subseção 2.4.11, que trata da função ácido carboxílico.

Figura 2.61 Cetonas policarboniladas.

No terceiro exemplo, da Figura 2.61, há a presença do grupo funcional de ácido carboxílico (o qual será descrito detalhadamente mais adiante), que apresenta prioridade sobre cetonas, com isso a carbonila de cetona é citada como substituinte, diferentemente do que ocorre no primeiro exemplo, em que o outro grupo funcional presente é o grupo do álcool, que possui menor prioridade sobre a cetona.

2.4.9 **Aldeídos**

São compostos em que o grupo "—CHO" se encontra ligado a um átomo de carbono ou a um hidrogênio.

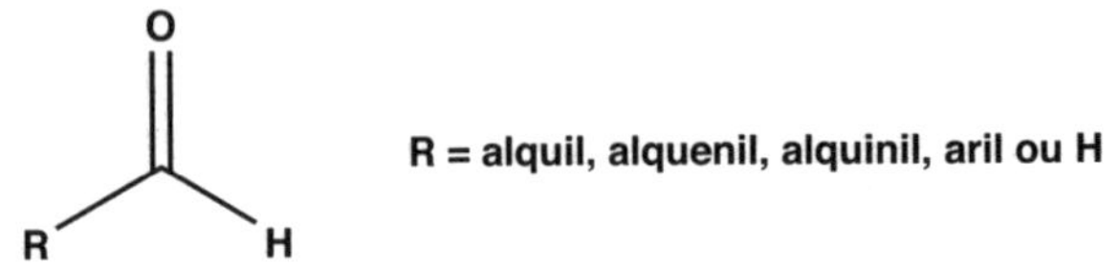

R = alquil, alquenil, alquinil, aril ou H

Figura 2.62 Grupo funcional dos aldeídos.

Os monoaldeídos podem ser sistematicamente nomeados, substitutivamente, com adição do termo "al" no lugar do sufixo "o" existente no final do nome do hidrocarboneto normal de estrutura similar ao composto em questão. Ou com a adição do sufixo "carbaldeído" após a referida vogal "o", nos casos em que o carbono da carbonila de aldeído se encontra diretamente ligado a uma cadeia cíclica.

Exemplos:

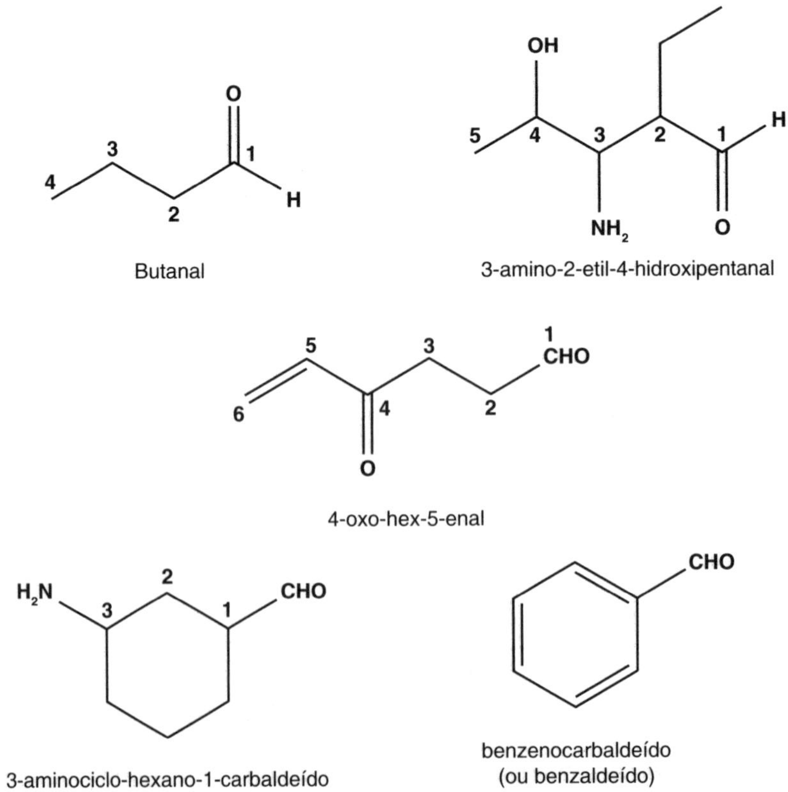

Butanal

3-amino-2-etil-4-hidroxipentanal

4-oxo-hex-5-enal

3-aminociclo-hexano-1-carbaldeído

benzenocarbaldeído
(ou benzaldeído)

Figura 2.63 Nomenclatura dos aldeídos.

No caso do uso do sufixo "al" o carbono da carbonila de aldeído recebe o localizador 1, não sendo necessário citá-lo ao nomear o composto. Já com o uso do sufixo carbaldeído o localizador, que nesse caso é exposto, o precedendo, se refere à posição do carbono da cadeia principal, ligado ao grupo "—CHO". No terceiro exemplo apresentado na Figura 2.63 (o 4-oxo-hex-5-enal), há duas carbonilas de diferentes grupos funcionais, uma de cetona e a outra de aldeído, no entanto o grupo funcional de aldeído apresenta maior prioridade, por isso é citado como sufixo.

Com relação aos dialdeídos, emprega-se o termo "dial" após o sufixo "o" dos nomes dos hidrocarbonetos correspondentes, quando a cadeia em questão for acíclica, também não sendo necessário, nesse caso, o uso dos localizadores precedendo esse termo final. Já se a ligação for feita diretamente sobre um anel utiliza-se o termo dicarbaldeído após o nome do hidrocarboneto normal correspondente, sendo esse novo sufixo precedido dos devidos localizadores (Figura 2.64).

Exemplos:

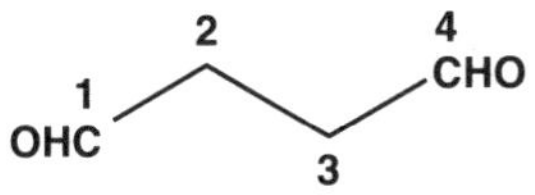

OHC 1 2 3 4 CHO

Butanodial

COH 1 2 3 NH 4 5 COH

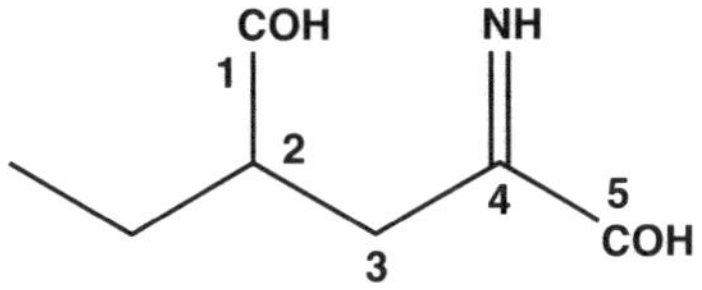

2-etil-4-iminopentanodial

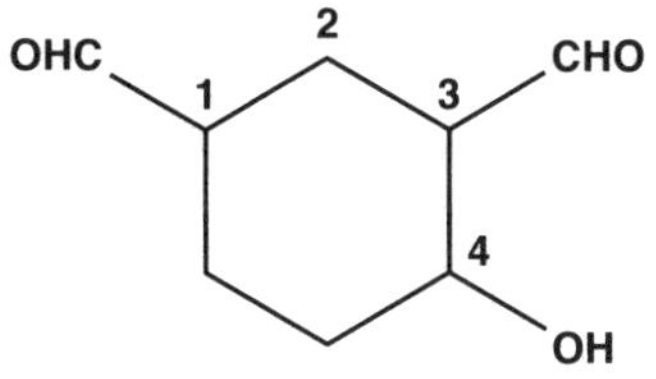

OHC 1 2 3 CHO 4 OH

4-hidroxiciclo-hexano-1,3-dicarbaldeído

Figura 2.64 Nomenclatura dos dialdeídos.

É importante destacar que, no segundo exemplo da Figura 2.64, a cadeia principal não é a maior e sim aquela que acomoda o maior número de grupos funcionais que apresentam a maior prioridade. E, como os dois substituintes presentes se encontram equidistantes de ambas as extremidades da cadeia, realizou-se a numeração com base na ordem alfabética dos substituintes, como critério de desempate.

Se uma cadeia principal acíclica apresentar mais de dois grupos "—CHO", deverá ser adotado como sufixo o termo "carbaldeído" ao se nomear o composto. Nesse caso, os átomos de carbono dos grupos "—CHO" não são considerados integrantes da cadeia

principal ao nomeá-la, de maneira semelhante ao que ocorre quando se tem esse grupo funcional ligado a uma cadeia principal cíclica. No caso de o grupo "—CHO" não se encontrar ligado diretamente à cadeia principal, ou existir um outro grupo funcional de maior prioridade presente, deve-se citá-lo como substituinte, **a)** empregando o termo "formil", quando não se considera o seu carbono pertencente à cadeia a que se encontra ligado, ou **b)** empregando o termo "oxo" quando o carbono do referido grupamento funcional é considerado pertencente à cadeia a que se encontra ligado.

Exemplos:

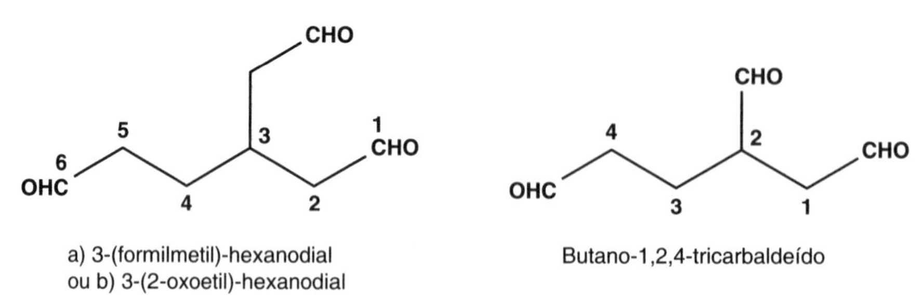

Figura 2.65 Nomenclatura dos aldeídos policarbonilados.

2.4.10 **Nitrilas**

São compostos que contêm como estrutura geral o R—C≡N.

Pela nomenclatura substitutiva (preferida pela IUPAC) as mono e dinitrilas podem ser nomeadas adicionando-se os sufixos "nitrila" e "dinitrila", respectivamente, após o nome do hidrocarboneto acíclico de estrutura similar. Em compostos em que o grupamento "—C≡N" se encontra ligado diretamente a uma cadeia cíclica, emprega-se como sufixo o termo "carbonitrila", precedido de infixos multiplicadores como "di", "tri", "tetra" etc. dependendo do número de grupos "—C≡N" ligados à cadeia. Nos casos em que é empregado o sufixo nitrila, o carbono do grupo "—C≡N" passa a ter o localizador 1, que é omitido na nomenclatura. Já para os casos em que o sufixo é a carbonitrila, o localizador 1 estará no átomo ligado diretamente ao grupo "—C≡N", sendo nesse caso apresentado precedendo o sufixo sempre que necessário (Figura 2.66).

Apesar de os nomes acetonitrila e benzonitrila serem nomes retidos (não sistemáticos), eles são recomendados pela IUPAC.

Caso algum grupo funcional de nitrila não esteja ligado à cadeia principal ou exista algum outro grupo presente de maior prioridade, o grupo "—C≡N" deverá ser citado como substituinte, utilizando-se o termo "ciano". Se em cadeias acíclicas houver mais de dois grupos funcionais de nitrila, diretamente ligados a ela, deverá ser empregado como sufixo o termo "carbonitrila", precedido de um apropriado infixo multiplicador e seus devidos localizadores, sendo que os átomos de carbono dos grupos "—C≡N" não serão

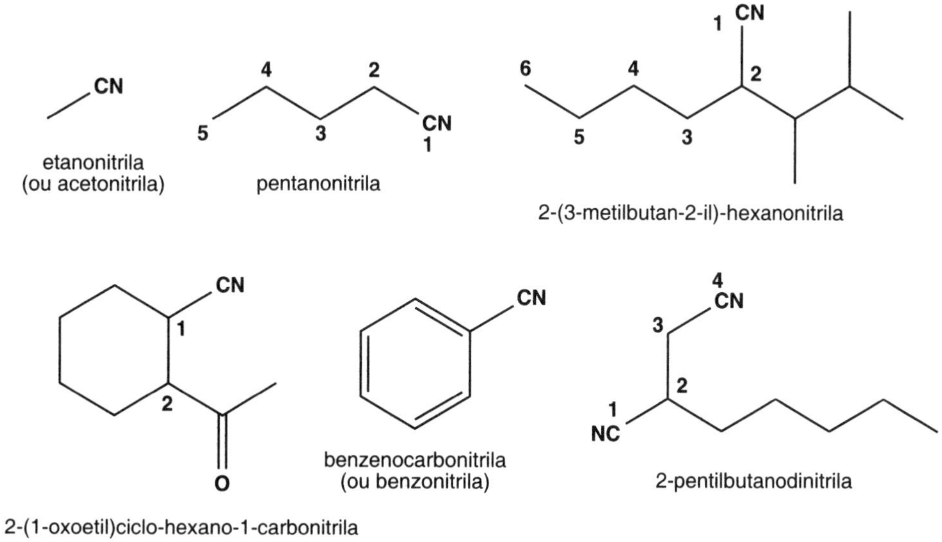

etanonitrila (ou acetonitrila)

pentanonitrila

2-(3-metilbutan-2-il)-hexanonitrila

2-(1-oxoetil)ciclo-hexano-1-carbonitrila

benzenocarbonitrila (ou benzonitrila)

2-pentilbutanodinitrila

Figura 2.66 Nomenclatura das nitrilas.

considerados parte da cadeia principal no momento de sua nomeação, tal qual é feito nas ligações com as cadeias cíclicas.

Exemplos:

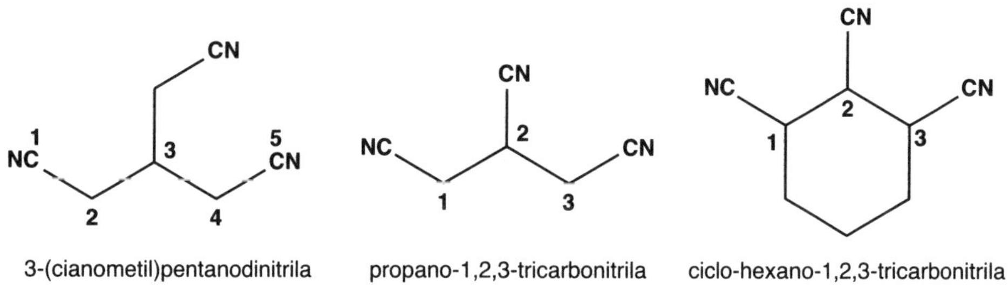

3-(cianometil)pentanodinitrila

propano-1,2,3-tricarbonitrila

ciclo-hexano-1,2,3-tricarbonitrila

Figura 2.67 Nomenclatura das polinitrilas.

2.4.11 **Ácidos carboxílicos**

Compostos contendo o grupamento "—COOH" se encontram na classe dos ácidos carboxílicos.

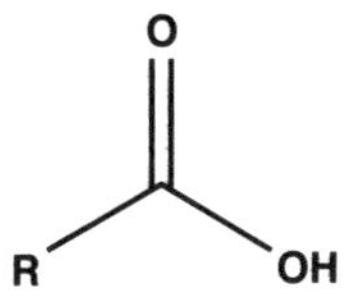

Figura 2.68 Grupo funcional de ácido carboxílico.

Pelas normas da IUPAC, para nomear de forma sistemática os ácidos carboxílicos, substitui-se a terminação "o" do nome dos hidrocarbonetos acíclicos de estruturas similares pelo sufixo "oico". Já quando esse grupo se encontra diretamente ligado a uma cadeia cíclica adiciona-se o termo "carboxílico" após o nome dos hidrocarbonetos de estruturas similares. Em ambos os casos há a adição isolada do termo "ácido" no início do nome (Figura 2.69).

Quando se emprega o sufixo "oico" em monoácidos o carbono do grupo funcional "—COOH" apresenta localizador 1, enquanto no uso do sufixo carboxílico o localizador 1 está associado ao átomo diretamente ligado ao grupo funcional de ácido carboxílico.

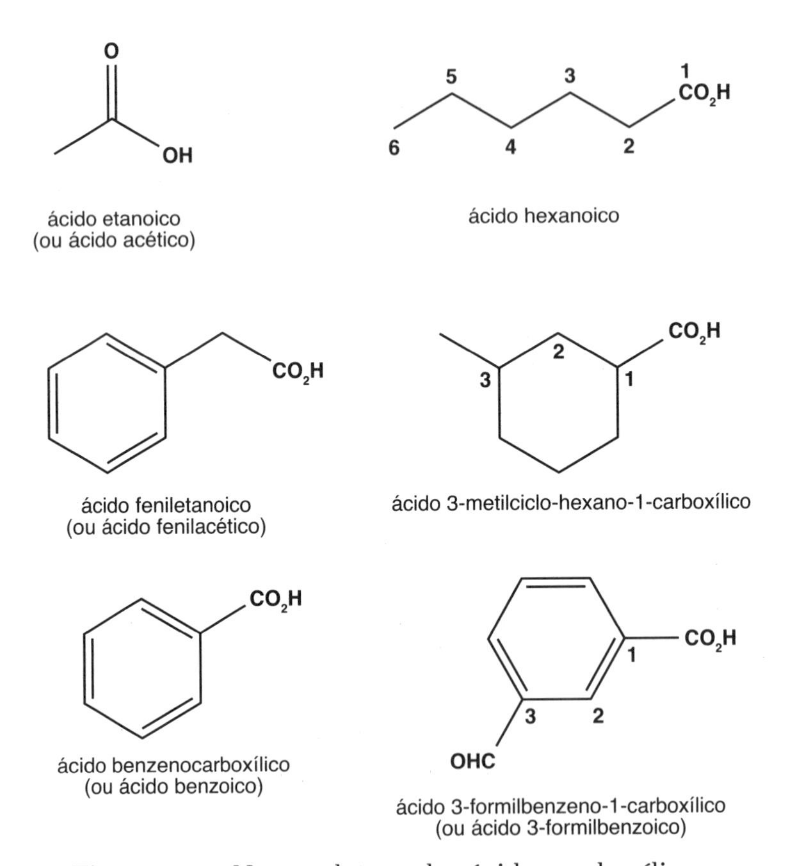

Figura 2.69 Nomenclatura dos ácidos carboxílicos.

Em situações em que o grupo carboxílico não pode ser apresentado como sufixo, por não estar diretamente ligado à cadeia principal ou por haver um grupo funcional de maior prioridade presente na molécula, o grupo "—COOH" é citado como substituinte, usando o termo "carboxi". Sistemas contendo dois grupos carboxílicos presentes na cadeia principal adotam o sufixo "dioico" após o nome do hidrocarboneto de estrutura similar, não sendo necessária a colocação dos localizadores dos referidos

grupamentos, pois eles devem se encontrar nas extremidades da cadeia principal. Caso haja mais de dois grupos "—COOH" ligados diretamente à cadeia principal, deve-se adotar como sufixo o termo "carboxílico", e nesse caso não serão contados como parte da cadeia principal os átomos de carbono pertencentes aos grupos funcionais de ácido carboxílico.

Exemplos:

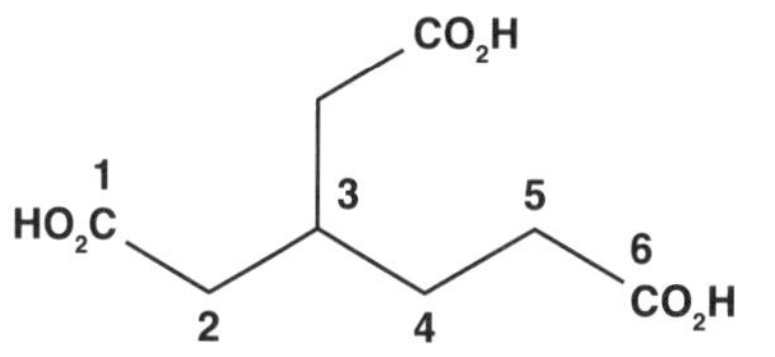

ácido 3-(carboximetil)-hexanodicarboxílico

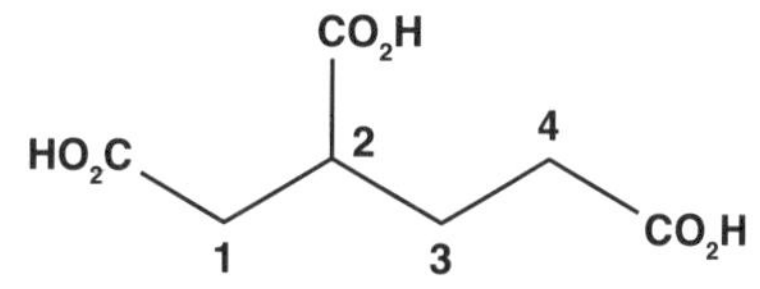

ácido butano-1,2,4-tricarboxílico

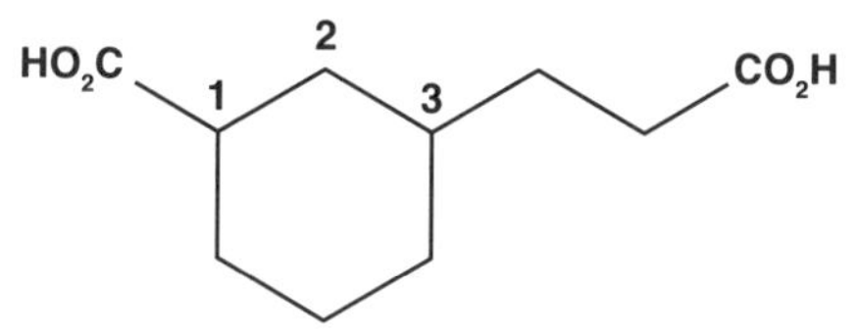

ácido 3-(2-carboxietil)ciclo-hexano-1-carboxílico

Figura 2.70 Nomenclatura de ácidos policarboxílicos.

2.4.12 Anidridos

Anidridos são compostos derivados de duas funções de ácidos carboxílicos, com a perda de uma molécula de água.

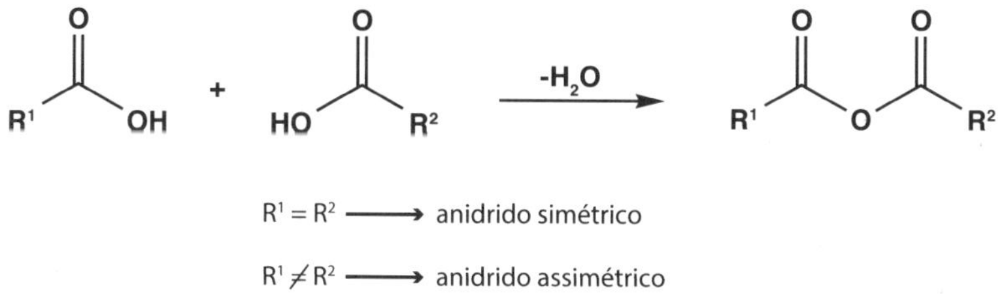

$R^1 = R^2$ ⟶ anidrido simétrico

$R^1 \neq R^2$ ⟶ anidrido assimétrico

Figura 2.71 Obtenção de anidridos a partir de ácidos carboxílicos.

Anidridos simétricos

Para nomear os anidridos simétricos emprega-se o nome do ácido de origem, substituindo-se o termo de classe funcional "ácido" por "anidrido".

Exemplos:

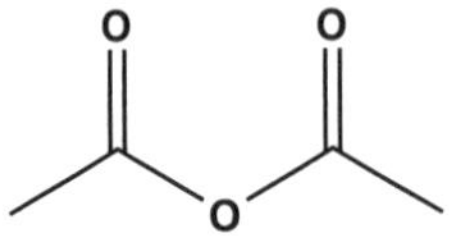

anidrido acético
ou
anidrido etanoico

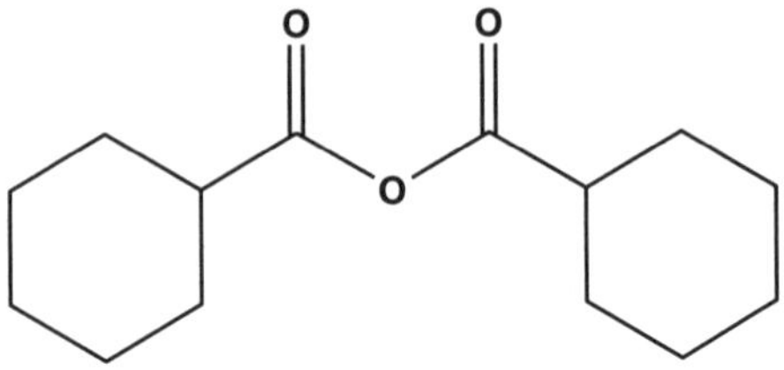

anidrido ciclo-hexanocarboxílico

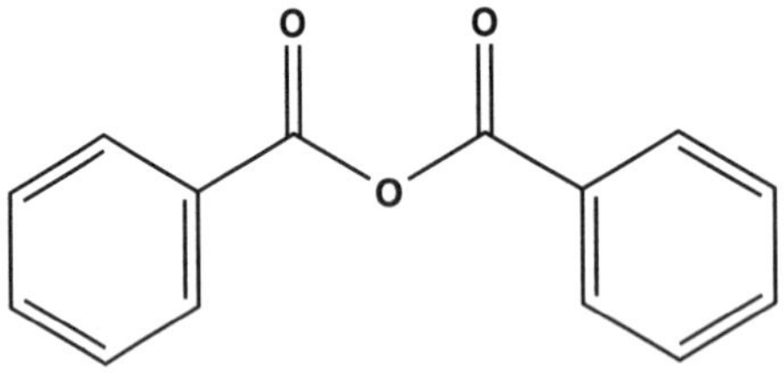

anidrido benzoico

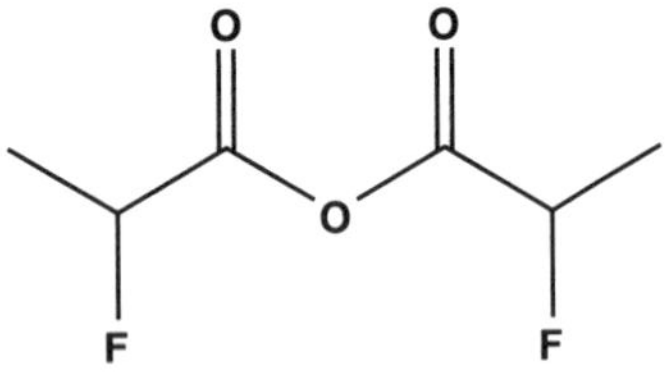

anidrido 2-fluoropropanoico

Figura 2.72 Nomenclatura dos anidridos simétricos.

Anidridos assimétricos

Anidridos assimétricos, que são geralmente derivados de dois ácidos carboxílicos diferentes, são nomeados citando-se os nomes dos ácidos, em ordem alfabética, substituindo o termo "ácido" por um único termo "anidrido", que se encontra isolado no início do nome.

Exemplos:

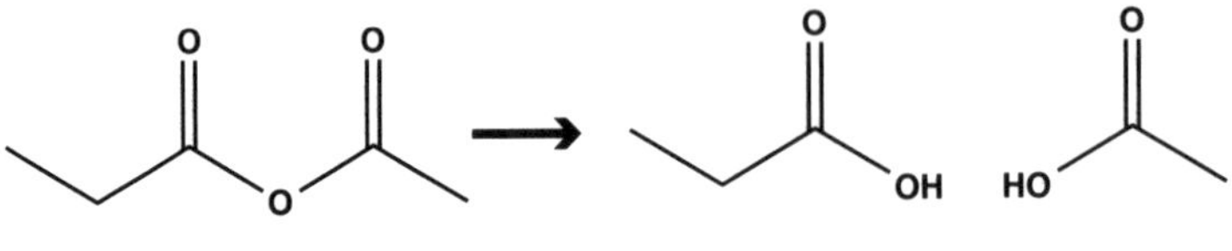

anidrido acético propanoico
(derivado do ácido acético e do ácido propanoico)

ácido propanoico

ácido acético

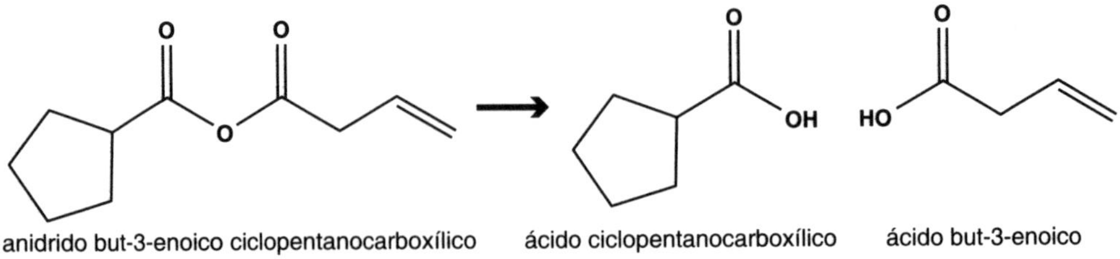

anidrido but-3-enoico ciclopentanocarboxílico
(derivado do ácido but-3-enoico e do
ácido ciclopentanocarboxílico)

ácido ciclopentanocarboxílico

ácido but-3-enoico

Figura 2.73 Nomenclatura dos anidridos assimétricos.

2.4.13 **Éster**

São compostos contendo grupos funcionais derivados dos ácidos carboxílicos, em que o grupo hidroxila "—OH" se encontra substituído por um grupo alcoxi "—OR", com o grupo R apresentando pelo menos um carbono, que se encontra ligado diretamente ao oxigênio, sendo representado como "—COOR".

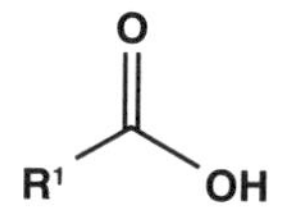

O
R^1 OH
ácido carboxílico

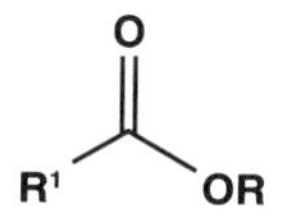

O
R^1 OR
éster

Figura 2.74 Comparação estrutural entre o ácido carboxílico e o éster.

Segundo as regras da IUPAC, para nomearmos um éster devemos pegar o nome do ácido correspondente, substituindo o sufixo "oico" por "oato", seguido pelo nome do substituinte R (ligado ao oxigênio) + "a", ambos separados pela preposição "de"; além disso, o termo ácido é excluído nessa nomenclatura.

Exemplo:

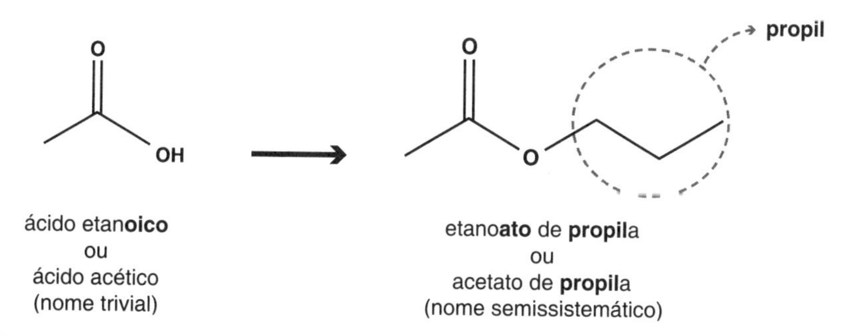

Figura 2.75 Criação do nome do éster a partir do ácido de origem.

Outros exemplos:

etil

propan**oato** de **etil**a

isopropil
ou
propan-2-il

metan**oato** de **isopropil**a
ou
metan**oato** de **propan-2-il**a

vinil

but-3-en**oato** de **vinil**a

Figura 2.76 Nomenclatura dos ésteres.

No éster a cadeia principal é aquela ligada diretamente à carbonila de seu grupo funcional, não importando se o grupamento alcoxi "—OR" é maior que ela, conforme observado no segundo exemplo da Figura 2.76.

No caso de a cadeia principal apresentar dois grupamentos de éster, com grupos alcoxi diferentes, é colocado antes do sufixo "oato" o infixo multiplicativo "di", precedido da vogal "o", sendo ambos os substituintes ligados ao oxigênio do grupo alcoxi mencionados posteriormente, em ordem alfabética e separados um do outro pela conjunção "e". Caso esses mesmos substituintes sejam iguais, o nome do grupamento será mencionado apenas uma vez, sendo precedido do termo multiplicador "di".

Exemplos:

metil
etil

butanodi**oato** de **etil**a e **metil**a
(dois grupos alcoxi diferentes)

etil
etil

butanodi**oato** de di**etil**a
(dois grupos alcoxi iguais)

Figura 2.77 Nomenclatura dos diésteres.

Se o grupo funcional de éster estiver ligado diretamente a uma cadeia cíclica, emprega-se o nome do hidrocarboneto que o derivou, mais o termo "carboxilato", seguido da preposição "de" e do substituinte (ligado ao oxigênio do grupo alcoxi) mais a vogal "a". Nesse caso, é considerado carbono 1 da cadeia principal aquele ligado diretamente ao grupo funcional de éster.

Exemplos:

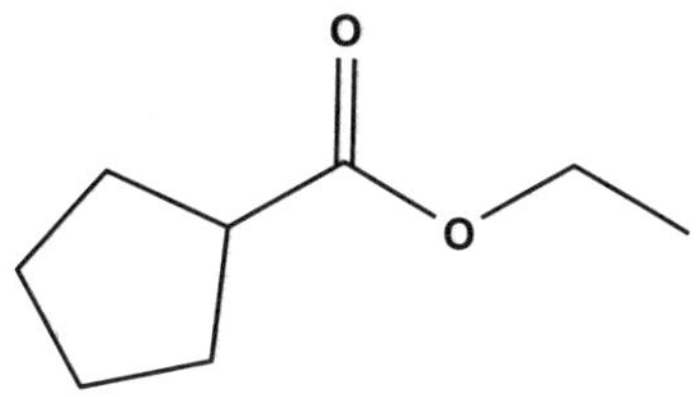

ciclopentanocarboxilato de etila

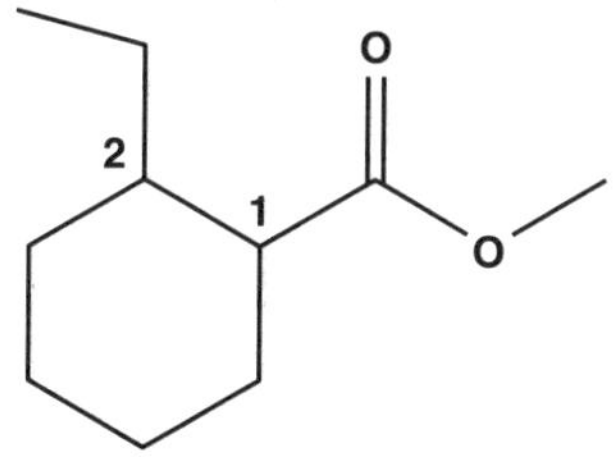

2-etilciclo-hexano-1-carboxilato de metila

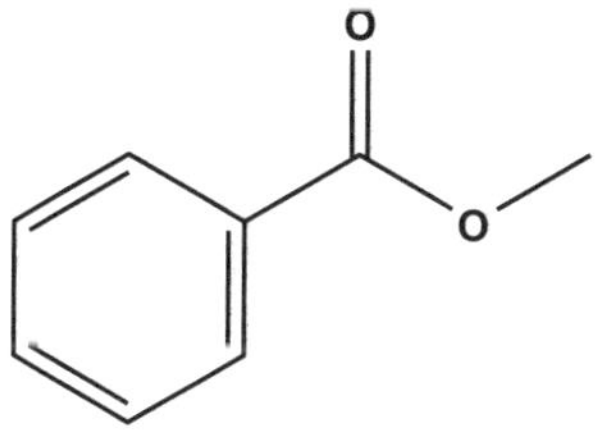

benzenocarboxilato de **met**ila
ou
benzoato de **met**ila
(nome trivial)

Figura 2.78 Grupos carboxilatos de alquilas ligados diretamente a anéis.

A mesma regra é seguida quando se tem mais de dois grupos funcionais de éster ligados diretamente à cadeia principal. Nesse caso deve-se preceder o termo "carboxilato" com o infixo multiplicador correspondente ao número de grupamentos, não levando em consideração os átomos de carbono desses grupos funcionais como parte da cadeia principal ao nomear os diésteres.

Exemplos:

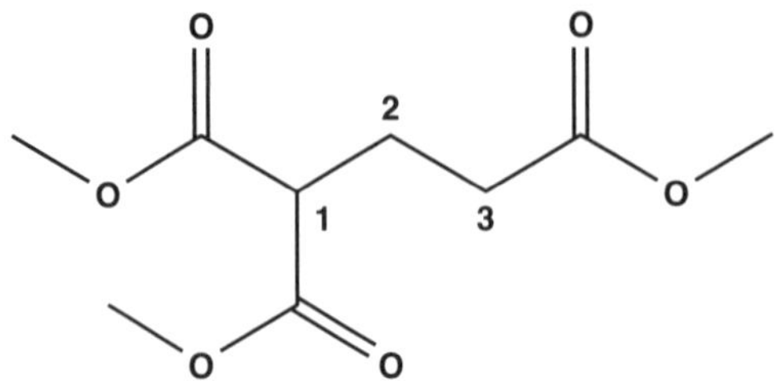

propano-1,1,3-tricarboxilato de trimetila

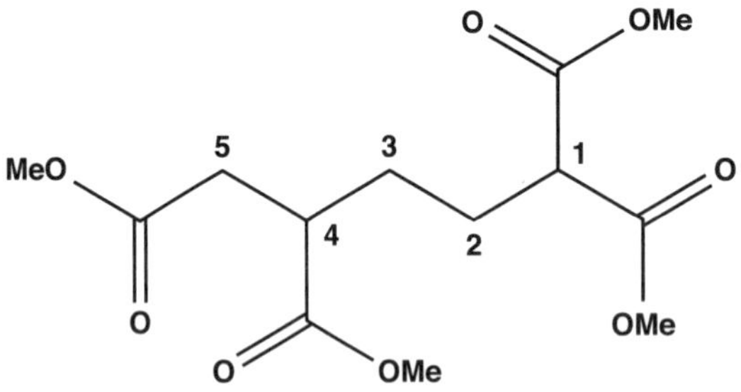

pentano-1,1,4,5-tetracarboxilato de tetrametila

Figura 2.79 Ésteres policarbonilados.

Sempre que houver outro grupo funcional presente na molécula que possua maior prioridade que o grupo funcional de éster, ou no caso de esse último não estar ligado diretamente à cadeia principal, ele deverá ser citado como substituinte, empregando **a)** o termo alquiloxicarbonil (preferido pela IUPAC), ou **b)** sua forma contraída alcoxicarbonil. Tanto os termos alquiloxi como alcoxi dependem do grupo ligado ao oxigênio.

Exemplos:

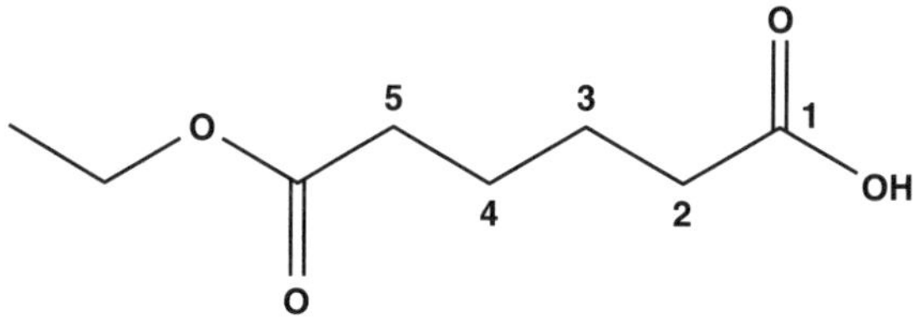

a) ácido 5-(etiloxicarbonil)pentanoico
ou
b) ácido 5-(etoxicarbonil)pentanoico

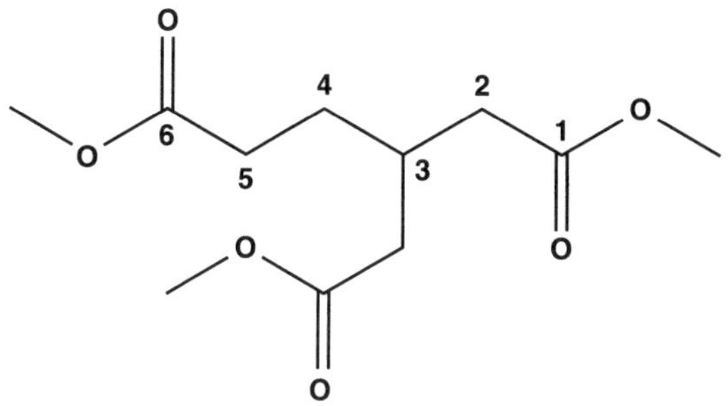

a) 3-[(metiloxicarbonil)metil]-hexa-nodioato de dimetila
ou
b) 3-[(metoxicarbonil)metil]-hexa-nodioato de dimetila

Figura 2.80 Grupo funcional de éster como substituinte.

2.4.14 **Sais**

Os sais neutros derivados dos ácidos carboxílicos são compostos que apresentam o grupo funcional similar ao do ácido, onde o próton se encontra substituído por um cátion "$(R{-}COO^-)_n\mathbf{M}^{n+}$".

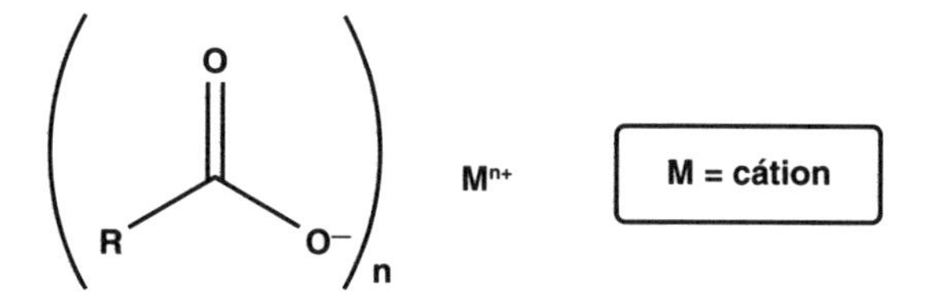

Figura 2.81 Sal orgânico.

Para nomear um sal derivado de ácido carboxílico deve-se primeiro citar o nome do ânion, seguido da preposição "de" mais o nome do cátion.

Por regra, a nomeação dos ânions é idêntica à nomeação das cadeias principais dos ésteres (ver regra de nomeação de ésteres, Subseção 2.4.13).

Exemplos:

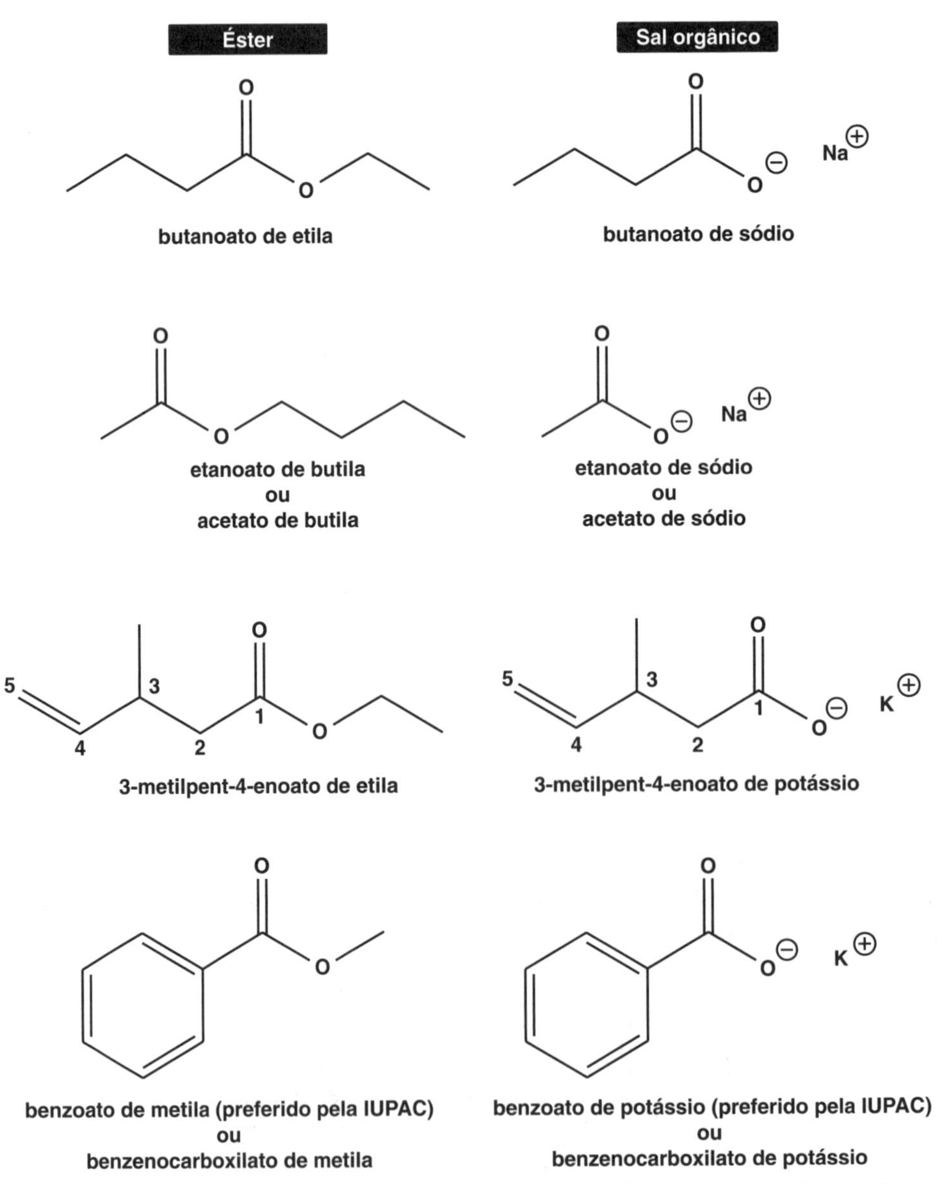

Figura 2.82 Comparação entre as nomenclaturas de ésteres e sais orgânicos.

No caso dos compostos dicarbonilados ou policarbonilados, ligados diretamente à cadeia principal, a regra se mantém. Em situações em que há mais de um cátion diferente eles são citados por ordem alfabética e separados um do outro pela conjunção "e".

Exemplos:

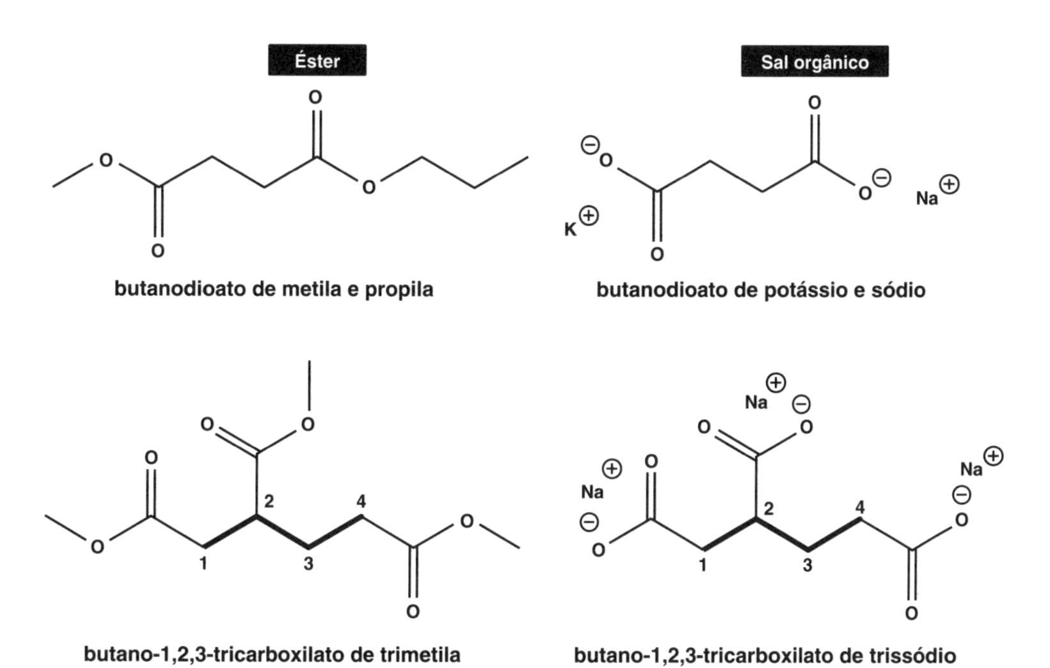

Figura 2.83 Sais orgânicos policarbonilados.

2.4.15 **Amidas**

Amidas são derivadas do ácido carboxílico, onde o grupo hidroxila "—OH" é substituído por um grupo amino "—NH_2" ou por um grupamento amino substituído "—NR^1R^2".

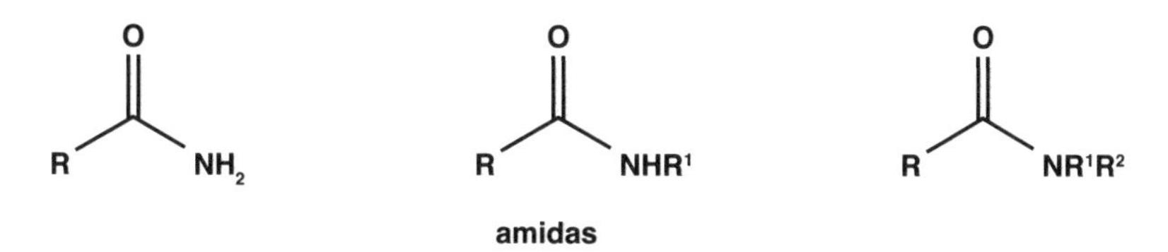

Figura 2.84 Amidas.

Pelas regras da nomenclatura substitutiva a amida pode ser nomeada com a substituição do sufixo "o", do nome do hidrocarboneto de estrutura similar, pelo termo "amida" (Figura 2.85).

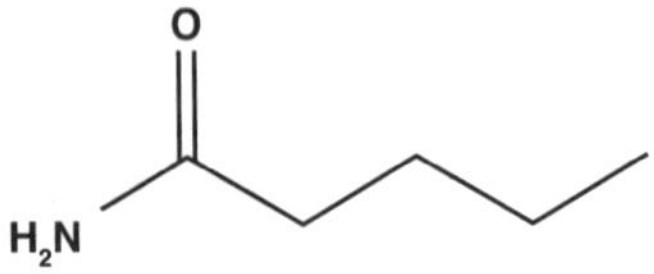

pentanamida

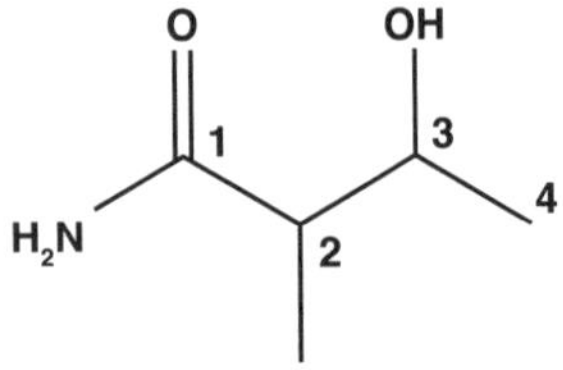

3-hidroxi-2-metilbutanamida

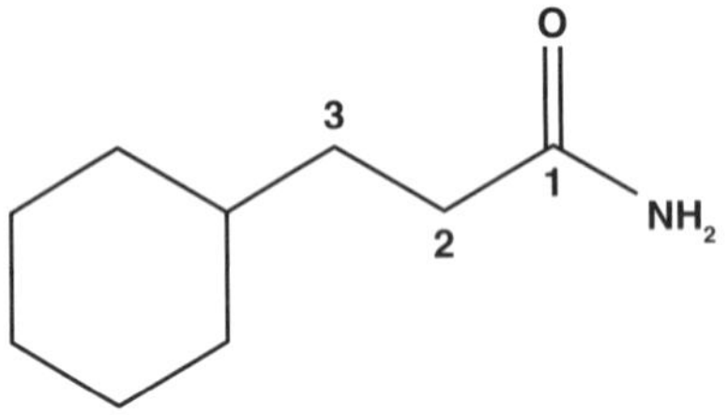

3-ciclo-hexilpropanamida

Figura 2.85 Nomenclatura das amidas.

Nas amidas, para se determinar os localizadores, começa-se a contar a partir do carbono da carbonila do seu respectivo grupo funcional, conforme apresentado nos exemplos da Figura 2.85.

Se houver dois grupos funcionais de amida em uma mesma cadeia e não havendo nenhum outro grupo funcional de maior prioridade, o nome do composto será dado de forma similar ao exemplo anterior (Figura 2.85), com exceção de se adicionar antes do sufixo "amida" o infixo multiplicador "di", precedido da vogal "o". Como ambas as funções amidas se encontram nas extremidades da cadeia, não há a necessidade de indicar suas posições.

Exemplos:

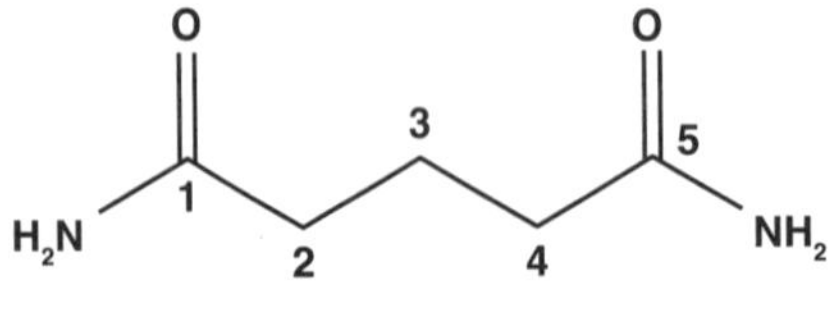

pentanodiamida

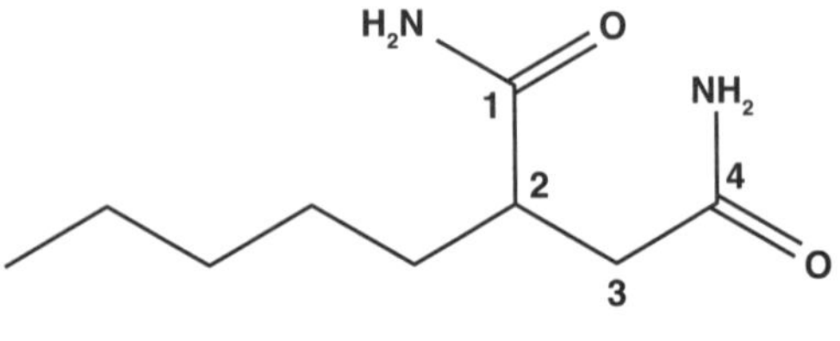

2-pentilbutanodiamida

Figura 2.86 Nomenclatura das diamidas.

Se o grupo funcional de amida estiver diretamente ligado a uma cadeia cíclica, tal cadeia deverá receber o nome do hidrocarboneto similar a ela, seguido do sufixo "carboxamida" (nesse caso o carbono ligado diretamente ao grupo funcional de amida adota o localizador 1). O mesmo ocorre se houver mais de dois grupos funcionais de amida ligados diretamente a uma cadeia acíclica, sendo nesse caso não considerados os seus átomos de carbono como parte da cadeia principal no ato de nomeá-la. É importante destacar que o número de grupos carboxamidas será sempre indicado com o uso de infixos multiplicativos como o "di", "tri", "tetra" etc. colocado antes do sufixo, com os respectivos localizadores precedendo esses infixos.

Exemplos:

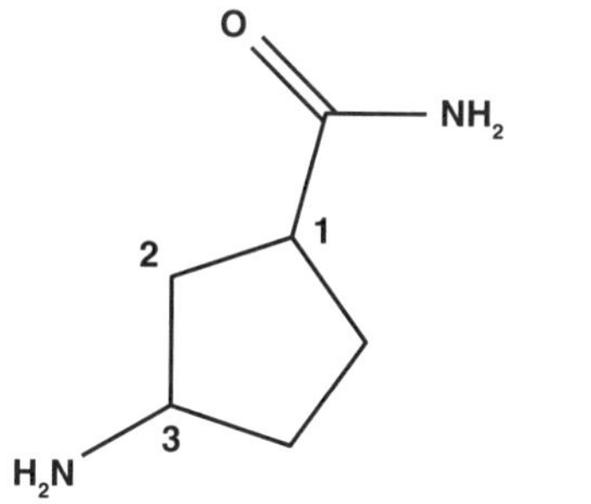

3-aminociclopentano-1-carboxamida

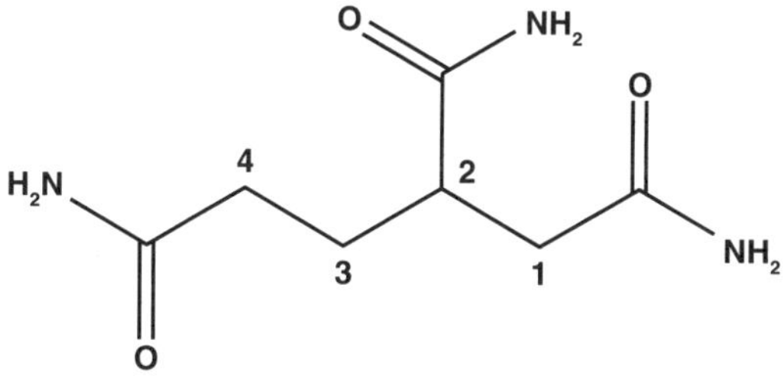

butano-1,2,4-tricarboxamida

Figura 2.87 O emprego do termo carboxamida.

Se no composto orgânico houver algum grupo funcional de amida que não esteja ligado diretamente à cadeia principal, ou um grupo funcional de maior prioridade que ele, esse grupo funcional de amida deverá ser citado como substituinte, utilizando-se o termo carbamoil.

Exemplos:

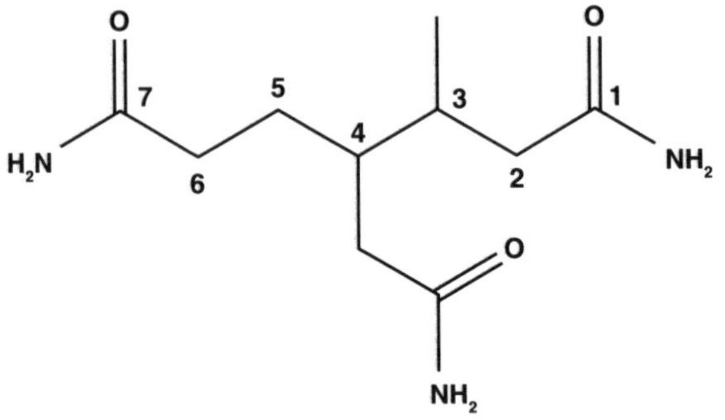

4-(**carbamoil**metil)-3-metil-heptanodiamida

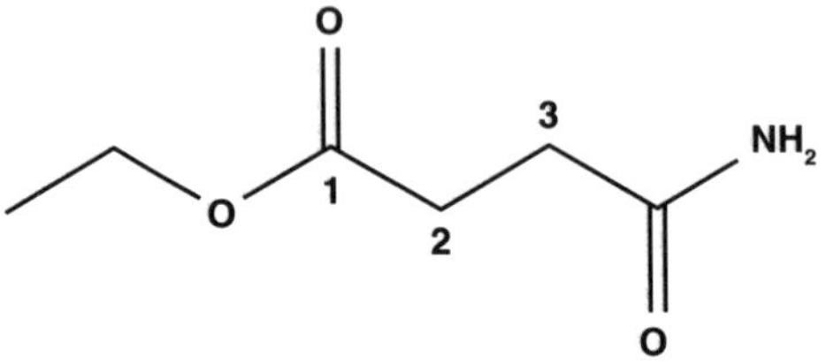

3-carbamoilpropanoato de etila

Figura 2.88 Grupo amida como substituinte.

Substituintes ligados ao nitrogênio do grupo funcional de amida apresentam como localizador o símbolo "*N*". No caso de haver substituintes iguais ligados tanto ao nitrogênio do grupo amida quanto à cadeia principal, ao citá-los na nomenclatura do composto deve-se posicionar o localizador "*N*" precedendo os localizadores numéricos.

Exemplos:

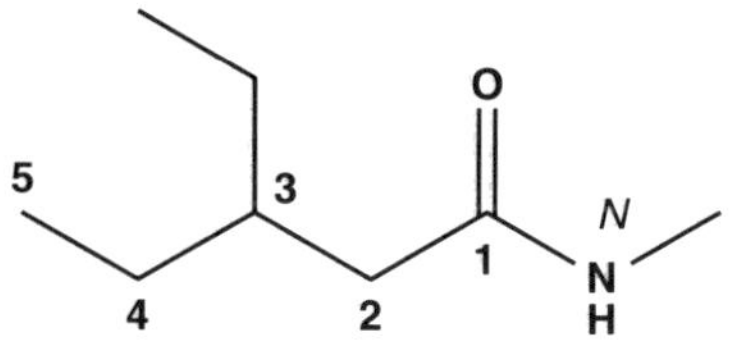

3-etil-*N*-metilpentanamida

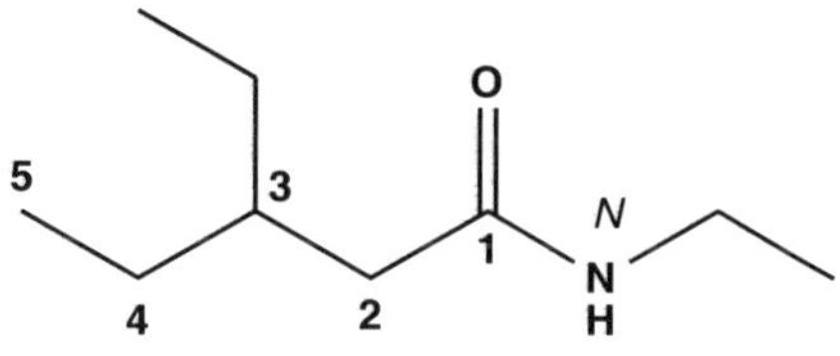

N,3-dietilpentanamida

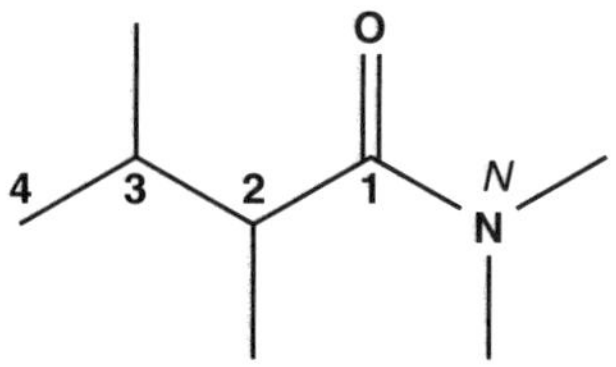

N,*N*,2,3-tetrametilbutanamida

Figura 2.89 Amidas *N*-substituídas.

2.4.16 **Haletos de acila ou haletos de ácidos**

Haletos de acila são derivados do ácido carboxílico, onde o grupo hidroxila "—OH" é substituído por um halogênio.

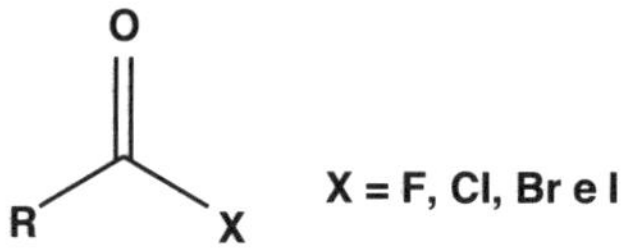

X = F, Cl, Br e I

Figura 2.90 Grupo funcional de haletos de acila.

Eles são citados pegando-se o nome do ácido carboxílico correspondente, onde o termo "ácido" é substituído pelo haleto envolvido (fluoreto, cloreto, brometo ou iodeto), seguido da preposição "de", com a substituição do sufixo "oico" por "oíla".

Exemplos:

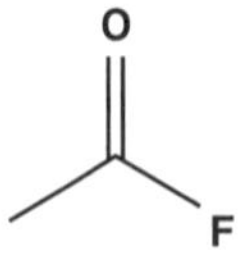

Fluoreto de etan**oíla**
ou Fluoreto de acetila
(nome trivial)

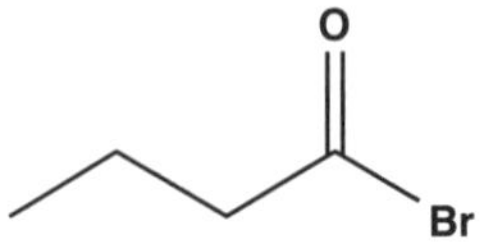

Brometo de butan**oíla**

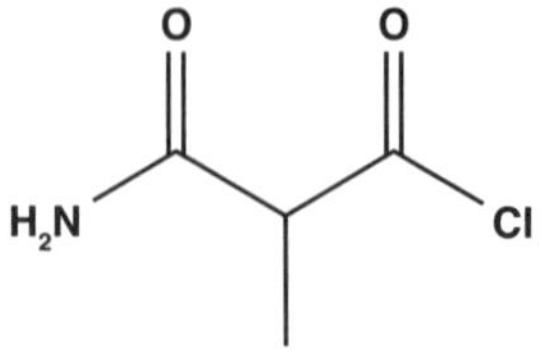

Cloreto de 2-carbamoilpropan**oíla**
(o haleto de ácido tem preferência
sobre as amidas)

Figura 2.91 Nomenclatura dos haletos de acila.

Quando o grupo funcional de haleto de ácido se encontra ligado diretamente a uma cadeia cíclica, emprega-se o nome do hidrocarboneto de cadeia similar, precedido do nome do haleto mais a preposição "de", empregando-se ao final do nome o termo "carbonila" (Figura 2.92).

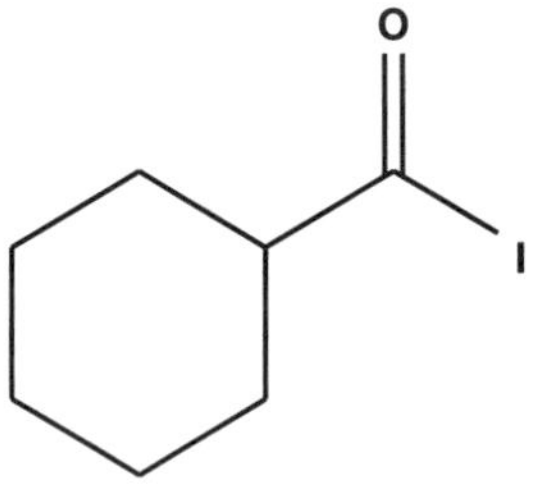

Iodeto de ciclo-hexanocarbonila

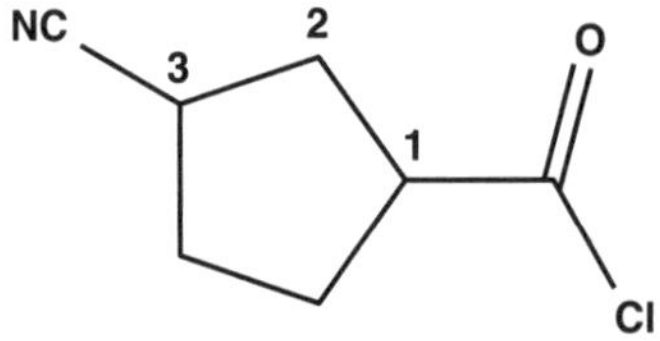

cloreto de 3-cianociclopentanocarbonila

Figura 2.92 Grupos de haletos de acila ligados a cadeias cíclicas.

Se houver algum grupo funcional de haleto de acila ligado a um substituinte, ou outro grupo de maior prioridade que ele na molécula, ele será citado como substituinte, usando o termo halocarbonil, como "fluorocarbonil", "clorocarbonil", "bromocarbonil" ou "iodocarbonil".

Exemplos:

4-(iodocarbonil)butanoato de metila

ácido 3-(fluorocarbonil)benzenocarboxílico
ou
ácido 3-(fluorocarbonil)benzoico
(preferido pela IUPAC)

Figura 2.93 Haletos de acila como substituintes.

Considerações do Capítulo

Neste capítulo foram apresentadas as regras de nomenclatura IUPAC aplicadas às principais funções de compostos orgânicos.

Exercícios

2.1 Identifique a cadeia principal dos hidrocarbonetos a seguir, numerando os seus átomos de carbono, no sentido correto de atribuição dos localizadores.

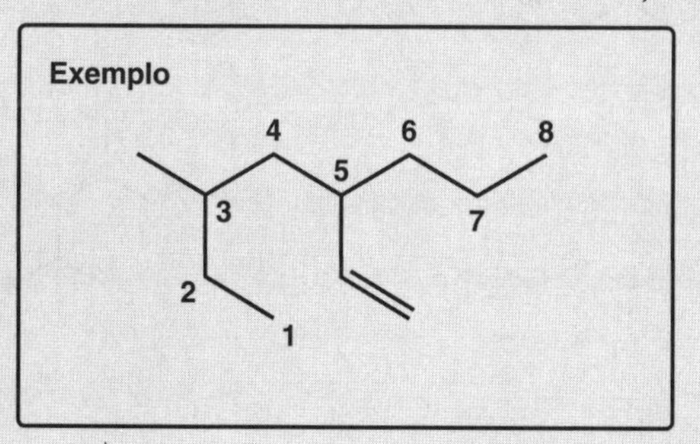

(a)

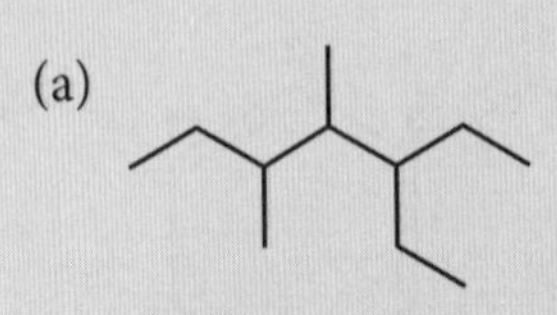

(b)

(c)

(d)

(e)

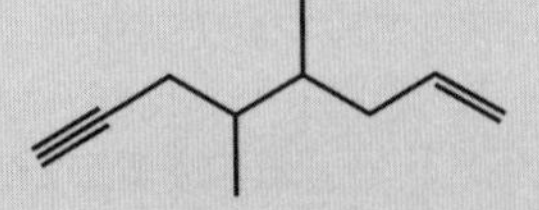

(f)

(g)

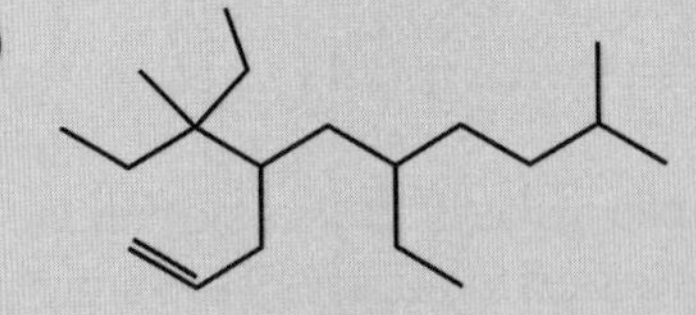

(h)

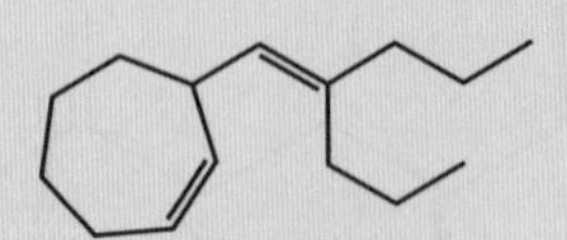

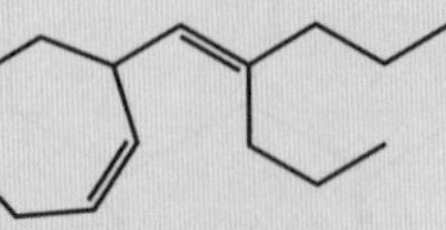

(i)

(j)

(k)

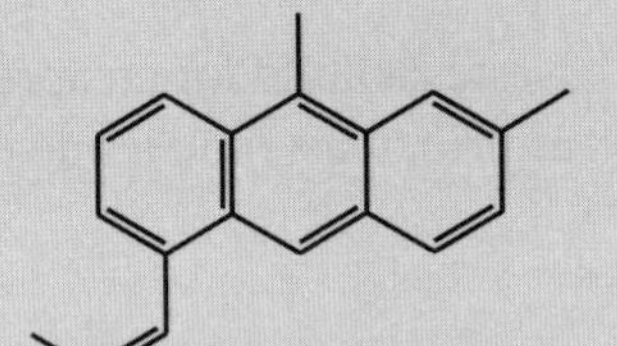

(l)

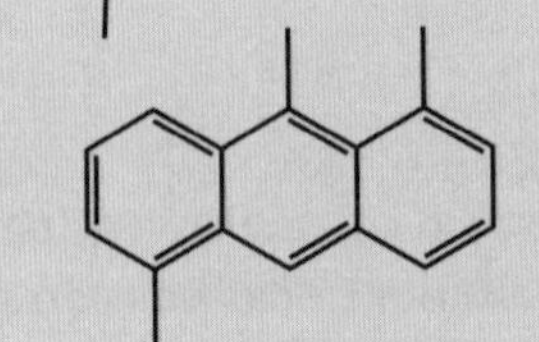

(m)

2.2 Dê a nomenclatura dos substituintes complexos apresentados a seguir. Considere a quebra de ligação apresentada como o ponto de ligação com a cadeia principal.

Exemplo

Ponto de ligação com a cadeia principal

1 2 3 4

nomenclatura: (3-metilbut-2-en-1-il)

(a)

(b)

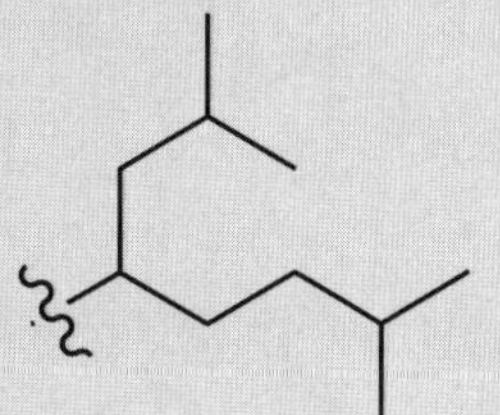

(c)

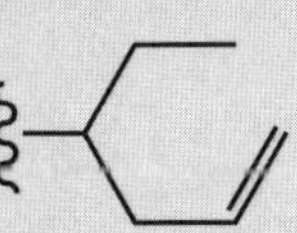

(d)

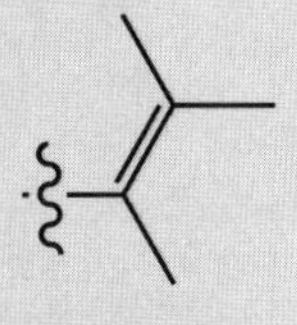

(e)

(f)

(g)

(h)

(i)

2.3 Nomeie os hidrocarbonetos apresentados no Exercício 2.1, segundo as normas da IUPAC.

2.4 Desenhe as estruturas dos compostos apresentados abaixo.

a) 3-metil-4-propilciclo-hexeno
b) 5-metilnona-1,8-dien-3-ino
c) 2-(butan-2-il)-6-etil-3-metilantraceno
d) 6-ciclobutil-1-isobutilciclo-hexa-1,4-dieno
e) 3,3-dimetil-5-(3-metilbutan-2-il)-6-vinildecano
f) 1-alil-3-isopropil -2-propilbenzeno
g) 3-(2-ciclo-hexiletil)fenantreno
h) 4-(1-ciclo-hexiletil)-8-metilnona-1,7-dieno
i) 1-(2-fluoro-4-metilpentan-3-il)-4-(prop-1-in-1-il)ciclo-heptano
j) 5-(1-cloropropan-2-il)-6-(2-metil-hexa-2,5-dien-3-il)undecano

2.5 Dê a nomenclatura dos compostos funcionalizados a seguir:

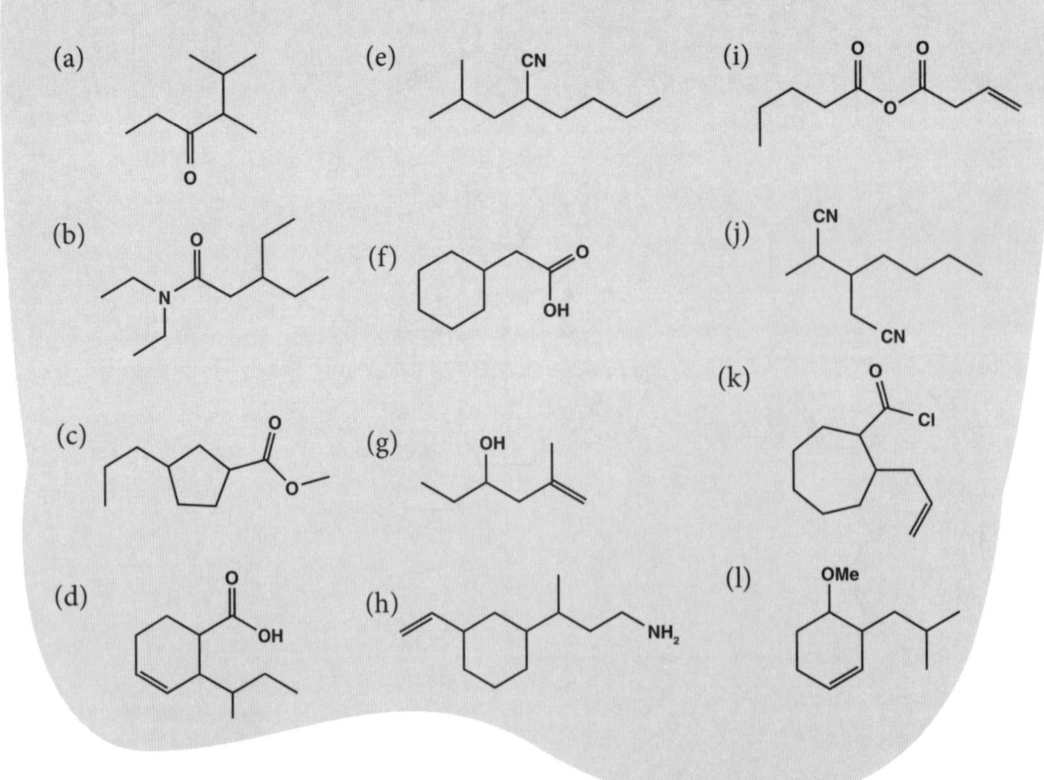

(m) 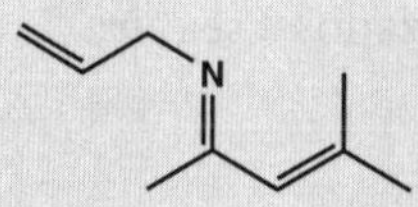 (o) 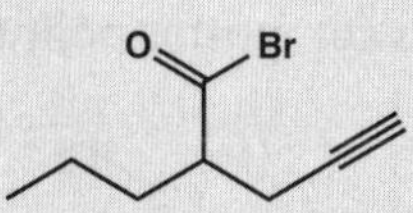 (q)

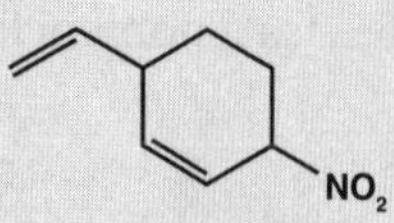

(n) 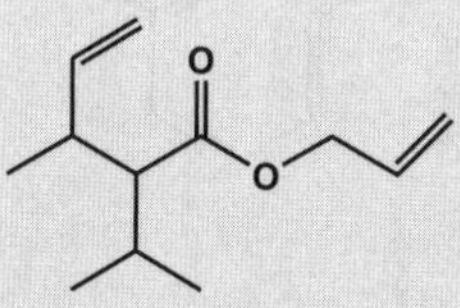 (p) 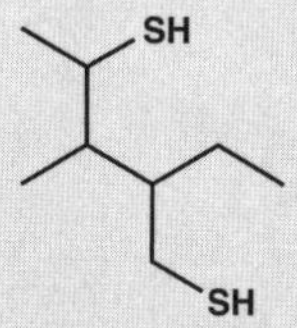 (r)

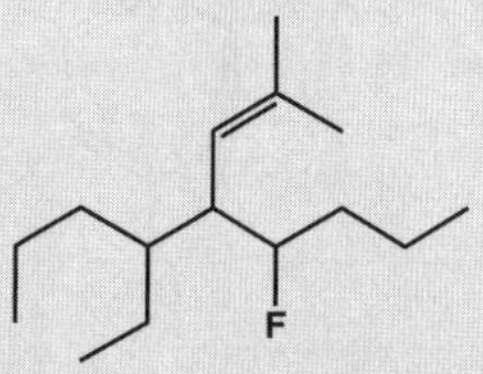

2.6 Dê a nomenclatura dos substituintes complexos apresentados a seguir, tal como pedido para o Exercício 2.2.

(a) 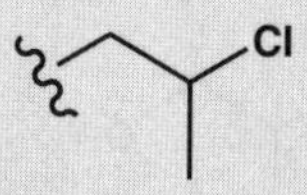 (d) 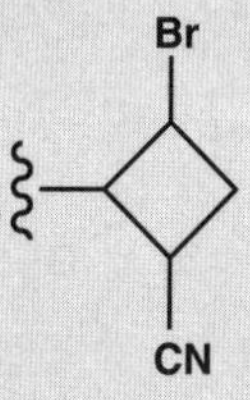 (g)

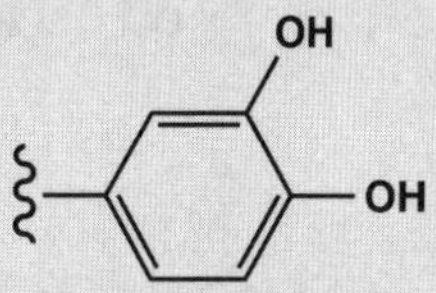

(b) 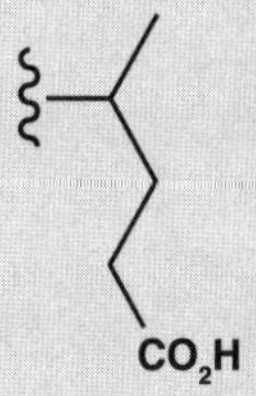 (e) 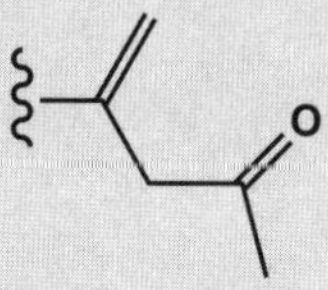 (h)

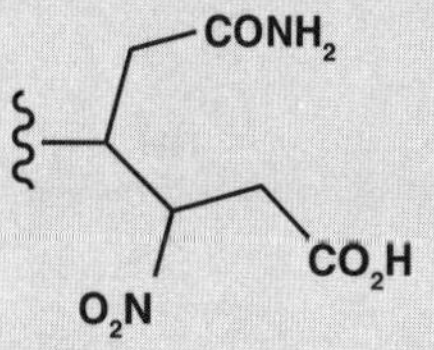

(c) 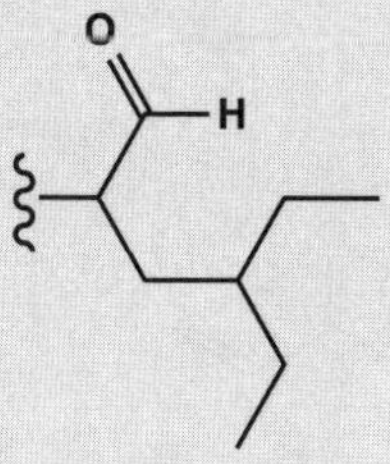 (f) 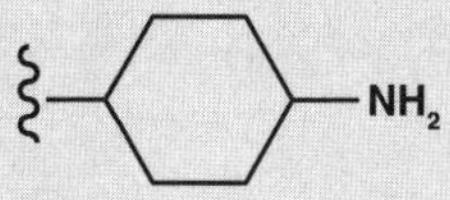 (i)

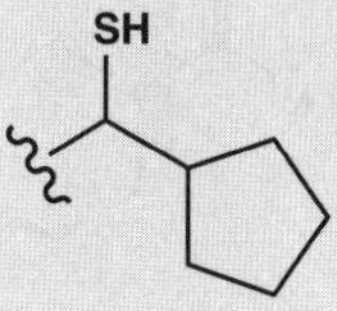

2.7 Forneça a nomenclatura dos compostos polifuncionalizados a seguir:

(a) O_2N, O, OH, CN

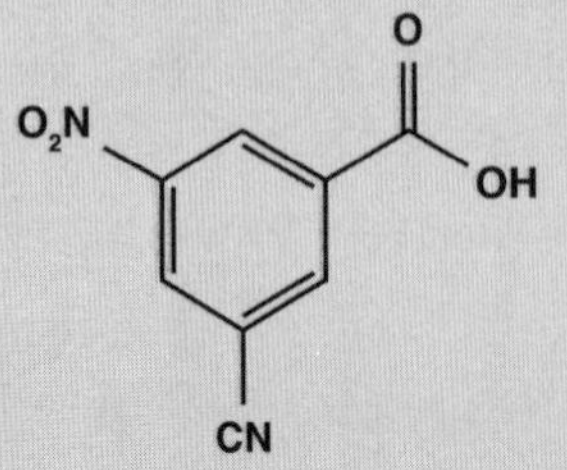

(b) Cl, O, O, H

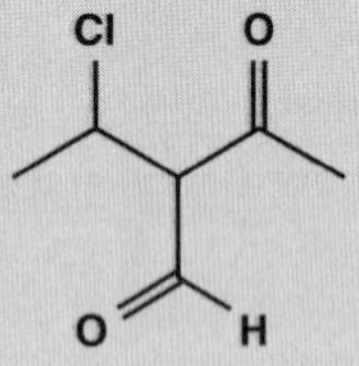

(c) O, O, Br, H, OH

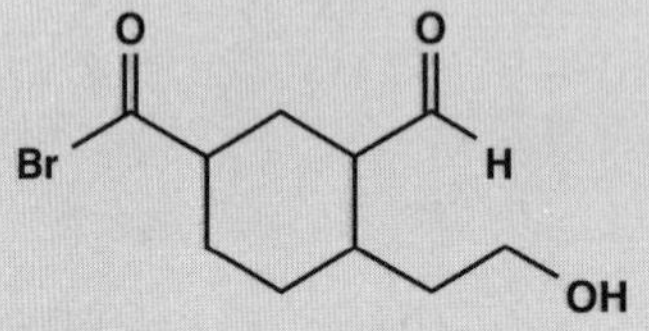

(d) OH, NH_2

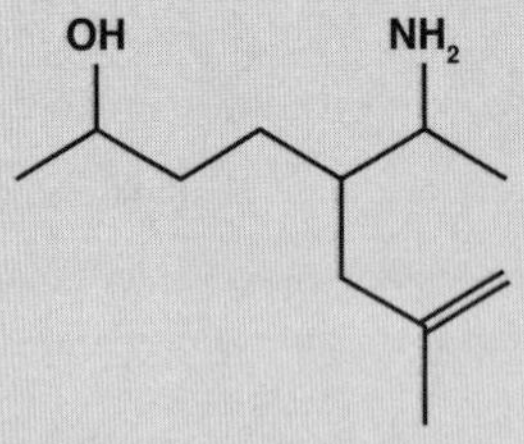

(e) O, H_2N, O, O

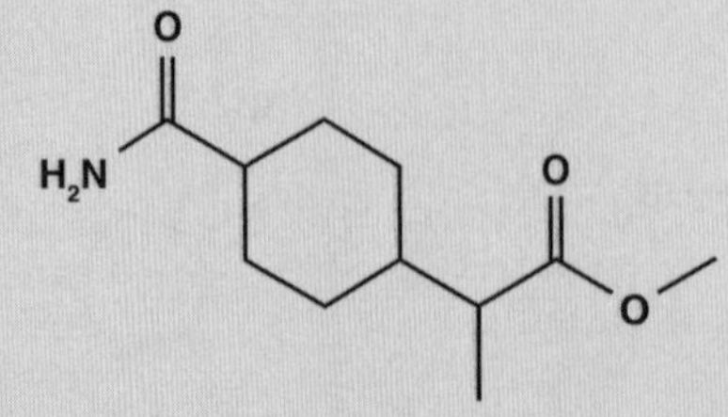

(f) N, OMe

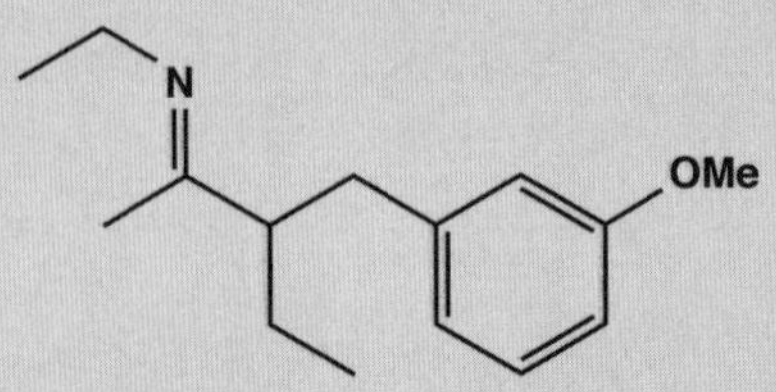

(g) O, F, HO, O

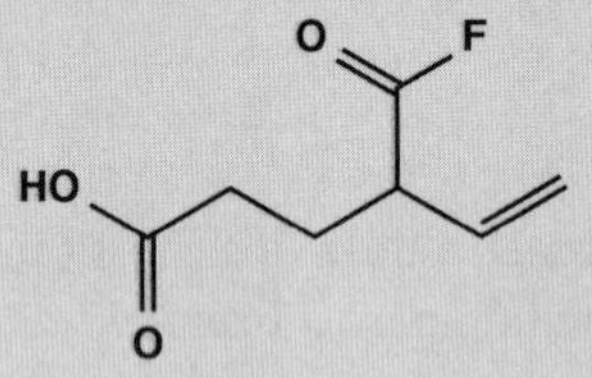

(h) O, O, O, O, SH

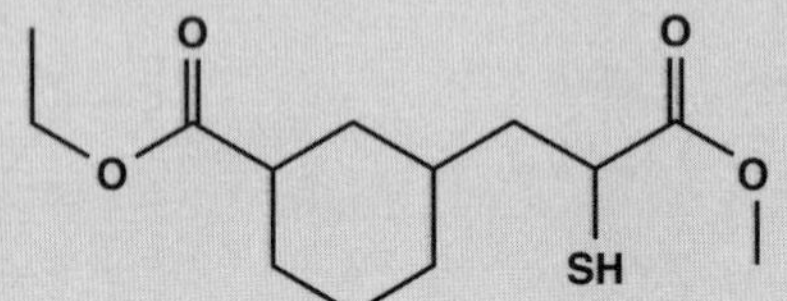

(i) O, N, I

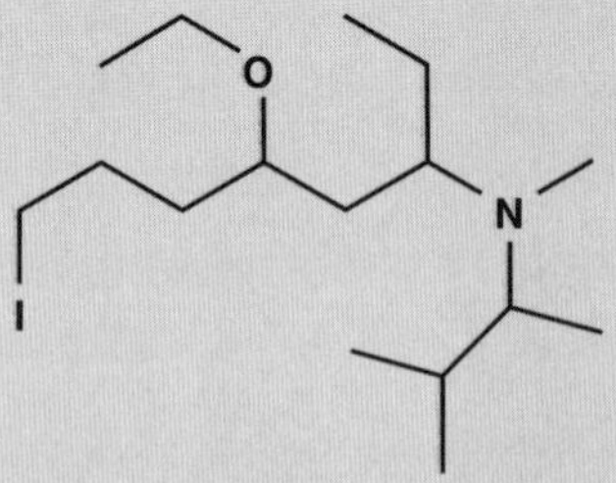

(j) O, O, O, CN

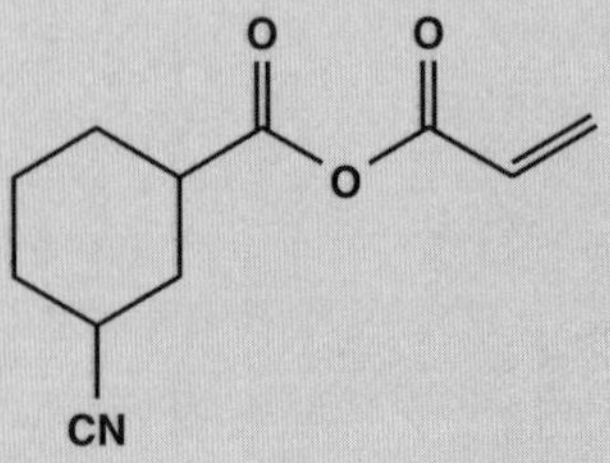

(k) SH H$_2$N

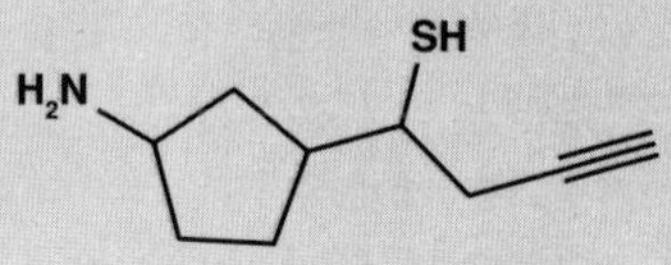

(l) HO CN H O

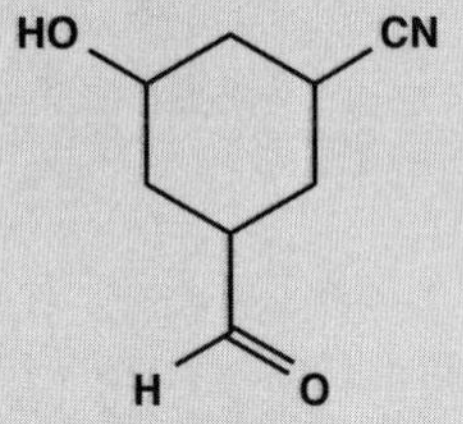

Desafio

2.1 Dê a nomenclatura dos dois compostos a seguir:

(a)

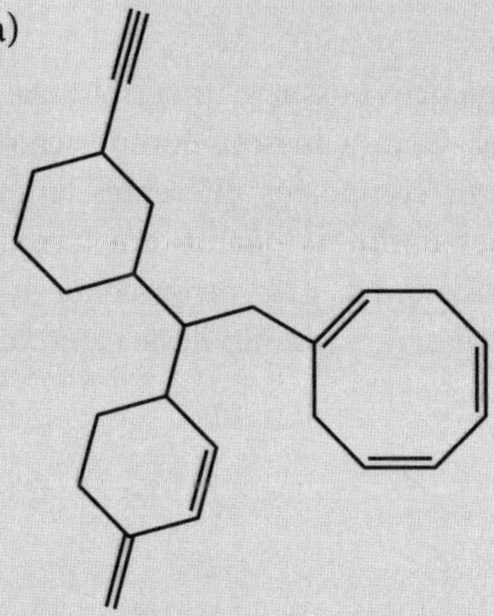

(b) O Cl O O Cl O

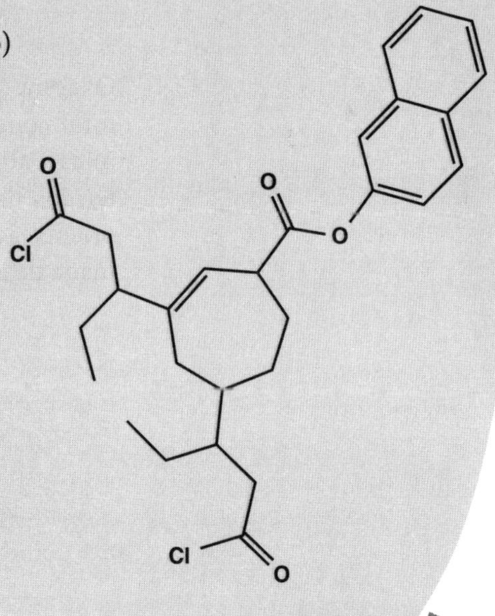

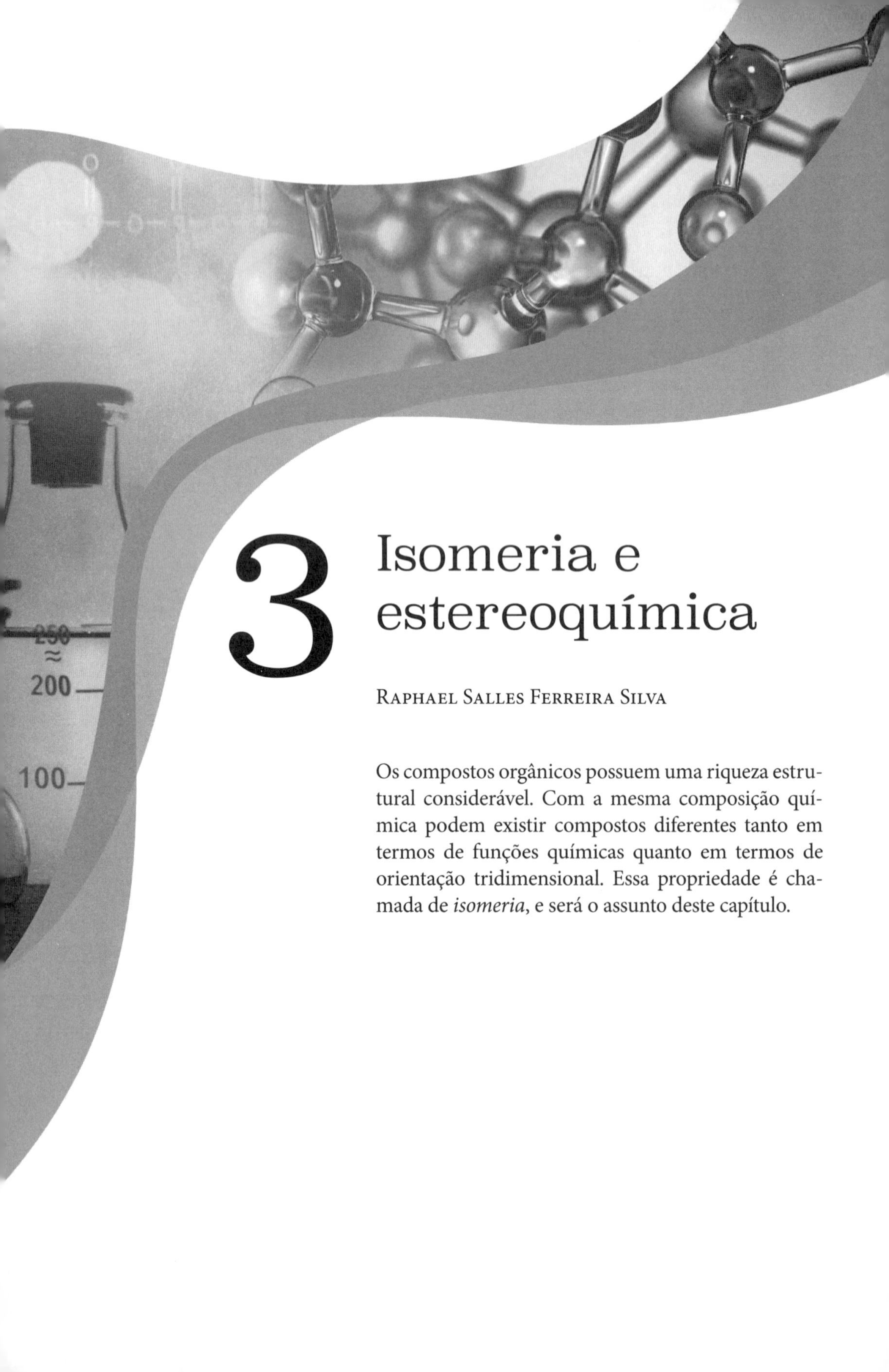

3 Isomeria e estereoquímica

Raphael Salles Ferreira Silva

Os compostos orgânicos possuem uma riqueza estrutural considerável. Com a mesma composição química podem existir compostos diferentes tanto em termos de funções químicas quanto em termos de orientação tridimensional. Essa propriedade é chamada de *isomeria*, e será o assunto deste capítulo.

3.1 Introdução

Isomeria é a propriedade de compostos com a mesma fórmula molecular existirem como compostos diferentes. Compostos orgânicos que compartilham a mesma fórmula molecular, porém são compostos diferentes porque seus átomos se ligam de modo diferente ou se arranjam de forma diferente no espaço tridimensional, são chamados de *isômeros* (do grego *iso* = igual + *meros* = parte).

Um conceito importante para o estudo da isomeria é a definição de conectividade. *Conectividade é sequência com que os átomos estão ligados num composto orgânico.*

O *n*-butano apresenta fórmula molecular C_4H_{10} e uma conectividade de quatro átomos de carbono ligados em sequência:

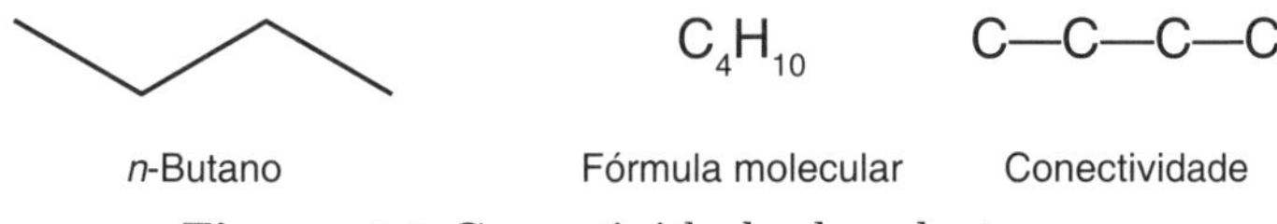

Figura 3.1 Conectividade do *n*-butano.

Já o propanol apresenta fórmula molecular C_3H_8O e uma conectividade de carbono-carbono-carbono-oxigênio-hidrogênio.

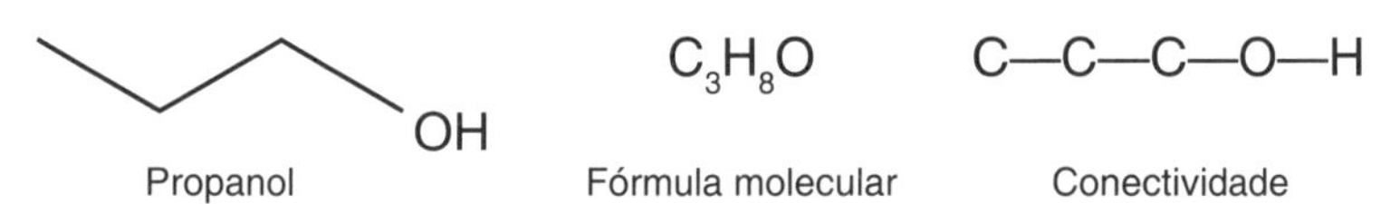

Figura 3.2 Conectividade do propanol.

A compreensão correta do conceito de conectividade é fundamental para o estudo da isomeria, pois por ela se definem as duas maneiras como a isomeria pode se apresentar em compostos orgânicos: *isomeria plana* e *isomeria espacial*.

- **Isomeria plana** é a propriedade apresentada por isômeros que possuem a mesma fórmula molecular e conectividades diferentes. Nesse caso são chamados de **isômeros constitucionais**.
- **Isomeria espacial** é propriedade apresentada por isômeros que possuem a mesma fórmula molecular e mesma conectividade, mas diferem na maneira como os átomos estão posicionados no espaço tridimensional. Nesse caso são chamados de **isômeros espaciais** ou **estereoisômeros**.

3.2 Tipos de isomeria plana

3.2.1 Isomeria de função

Isômeros de função são aqueles que pertencem a funções diferentes.

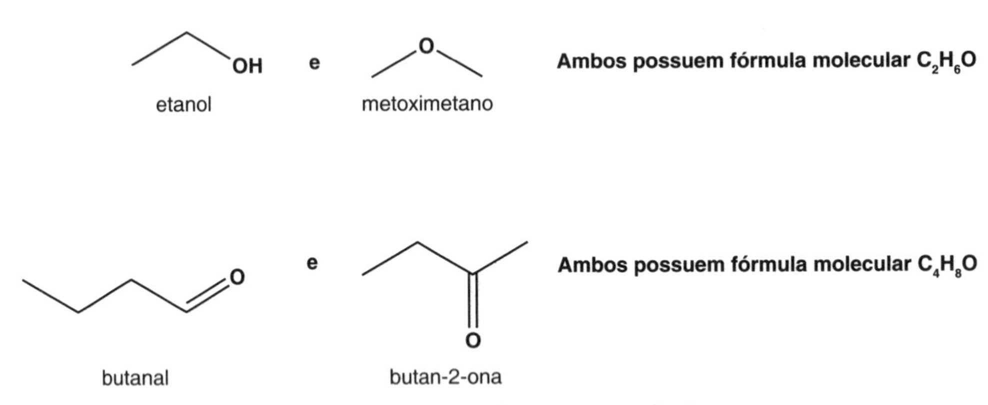

Figura 3.3 Exemplos de isomeria de função.

3.2.2 Isomeria de cadeia

Isômeros de cadeia são aqueles que pertencem à mesma função orgânica, mas apresentam diferentes tipos de cadeia.

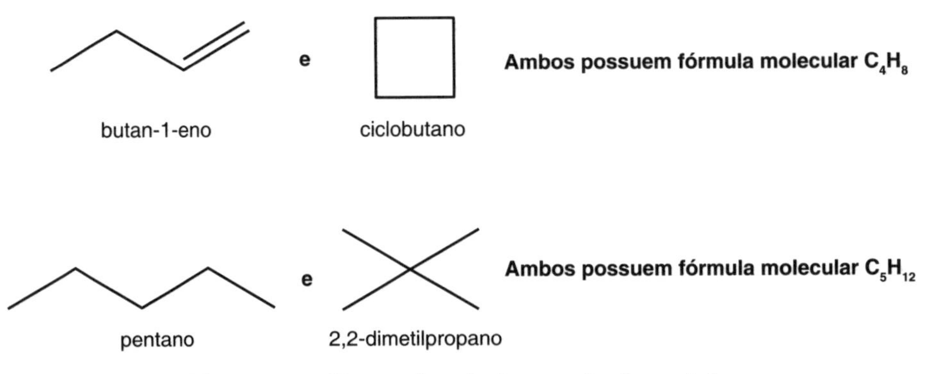

Figura 3.4 Exemplos de isomeria de cadeia.

3.2.3 Isomeria de posição

Isômeros de posição são aqueles que pertencem à mesma função mas diferem pela posição do grupo funcional.

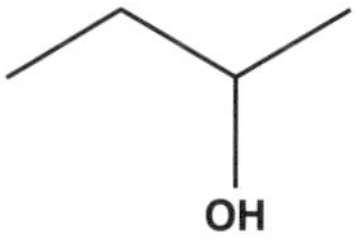

OH
butan-2-ol
e
OH
butan-1-ol

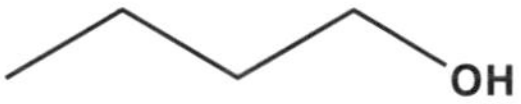

Ambos possuem fórmula molecular $C_4H_{10}O$

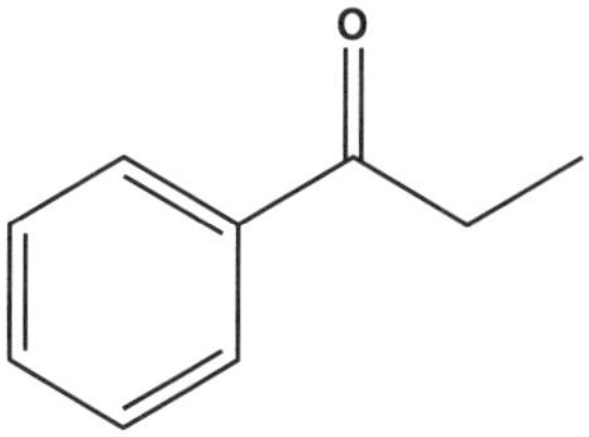

O
propiofenona
e
O 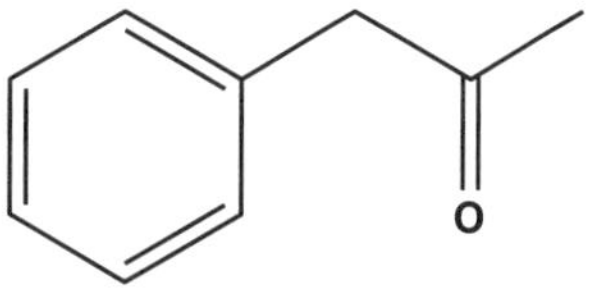
1-fenilpropan-2-ona

Ambos possuem fórmula molecular $C_9H_{10}O$

Figura 3.5 Exemplos de isomeria de posição.

3.2.4 Isomeria de compensação ou metameria

A metameria é um tipo especial de isomeria de posição, pois se refere àqueles que pertencem à mesma função, mas diferem pela posição de um heteroátomo.

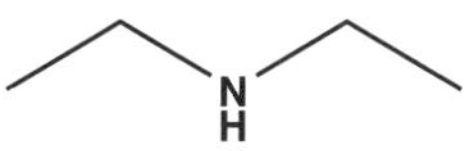

N
H
dietilamina
e
H 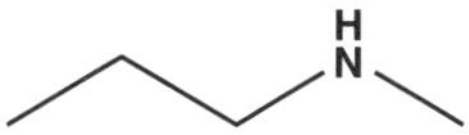
N
N-metilpropan-1-amina

Ambos possuem fórmula molecular $C_4H_{11}N$

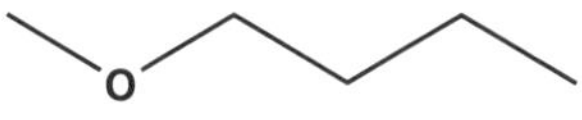

O
1-metóxibutano
e
O
1-etoxipropano

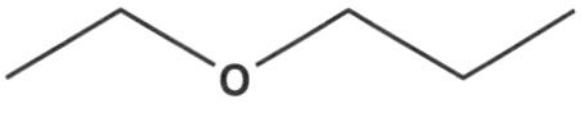

Ambos possuem fórmula molecular $C_5H_{12}N$

Figura 3.6 Exemplos de metameria.

3.2.5 Isomeria dinâmica ou tautomeria

A tautomeria (do grego *tautos* = dois de si mesmo) é um tipo especial de isomeria de função na qual os isômeros de funções diferentes coexistem em equilíbrio dinâmico em solução, convertendo-se um no outro. As tautomerias mais comuns são as cetoenólica e aldoenólica, por ocorrerem principalmente entre cetonas e enóis ou aldeídos e enóis. Entretanto, é comum o emprego do termo tautomeria cetoenólica para se referir à tautomeria em aldeídos.

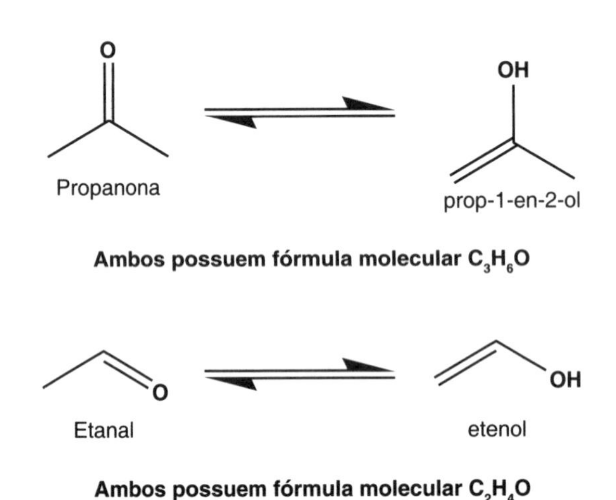

Figura 3.7 Exemplos de tautomeria cetoenólica e aldoenólica.

3.2.6 Isomeria orto-meta-para em compostos aromáticos

Compostos aromáticos apresentam um tipo particular de isomeria de posição que é descrito pelos termos *orto* (*o*); *meta* (*m*) e *para* (*p*) (ver Seção 2.3.3).

orto (o) *corresponde a substituição 1,2*

meta (m) *corresponde a substituição 1,3*

para (p) *corresponde a substituição 1,4*

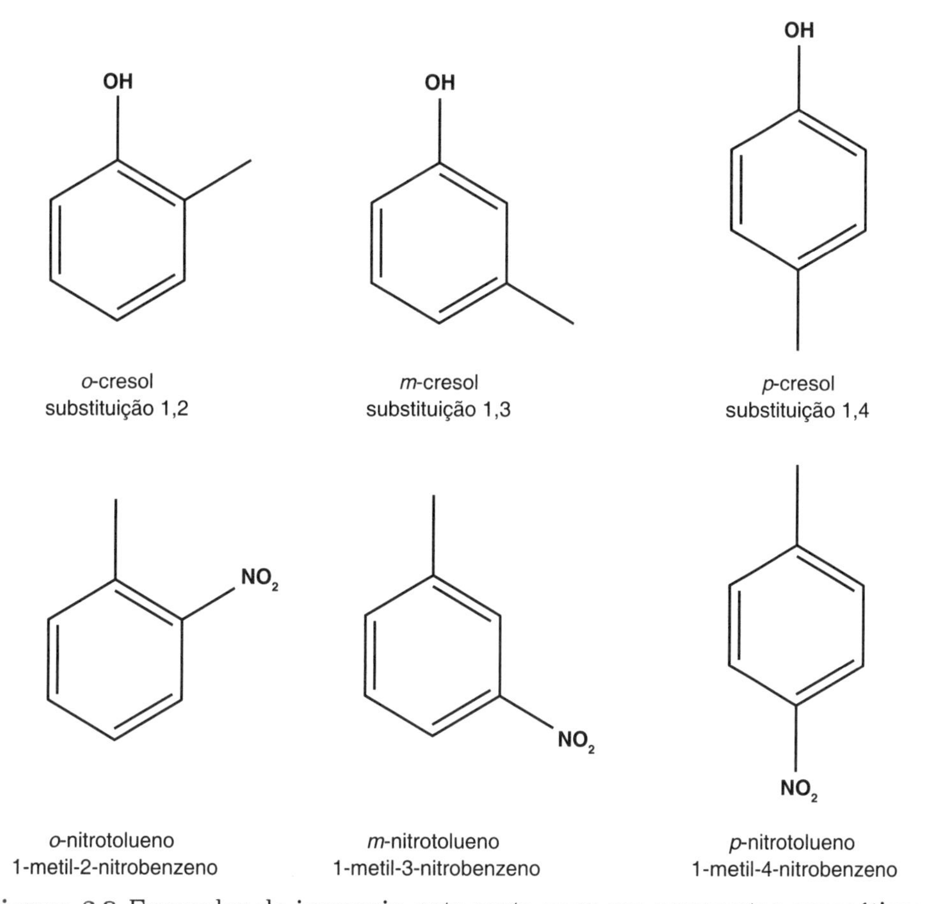

Figura 3.8 Exemplos de isomeria *orto-meta-para* em compostos aromáticos.

3.3 Estereoquímica

A estereoquímica se refere ao estudo dos isômeros espaciais, ou *estereoisômeros*. Os estereoisômeros apresentam, portanto, mesma fórmula molecular, mesma conectividade, mas seus grupos se arranjam de formas diferentes no espaço tridimensional.

3.3.1 Estereoquímica em alcenos

Alcenos dissubstituídos apresentam isomeria *cis-trans*: "*cis*" é o descritor estereoquímico que designa que os dois grupos estão do mesmo lado da ligação dupla, "trans" é o descritor estereoquímico que designa que os dois grupos estão do lado oposto da ligação dupla.

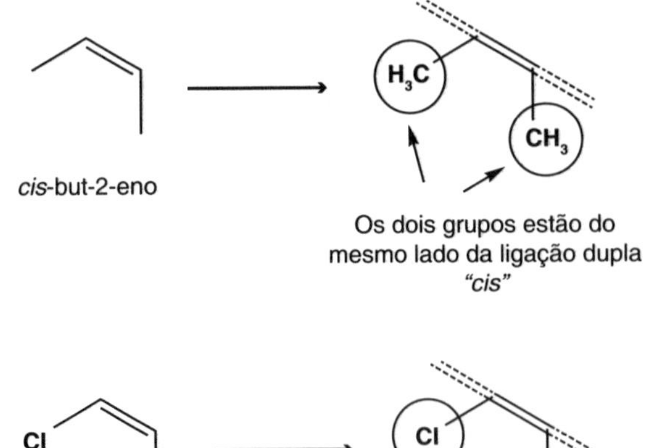

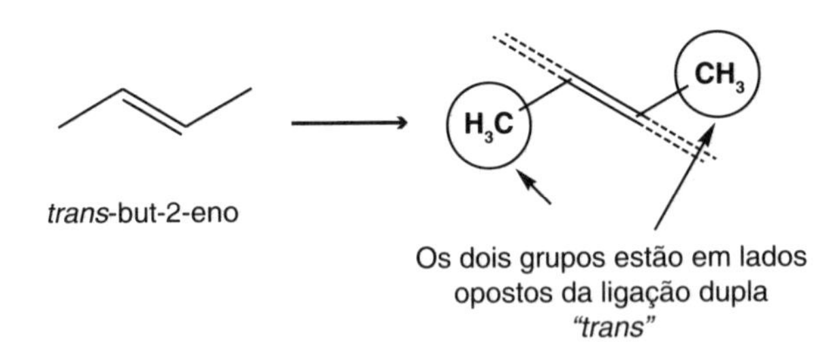

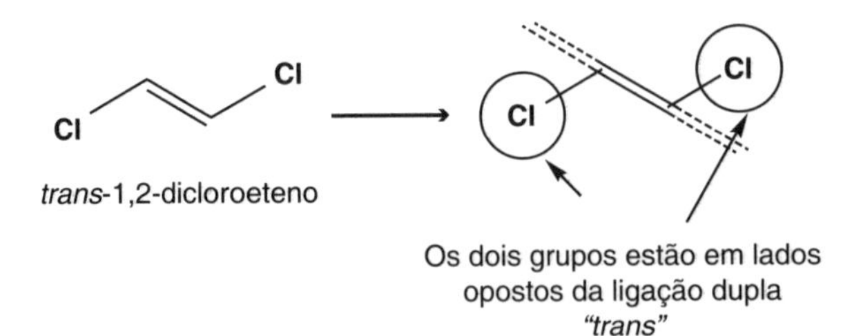

Figura 3.9 Isomeria *cis-trans* em alcenos.

Os descritores estereoquímicos *cis* e *trans* se prestam apenas quando os substituintes da ligação dupla são átomos iguais, mas não são adequados para a distinção dos estereoisômeros apresentados na Figura 3.10.

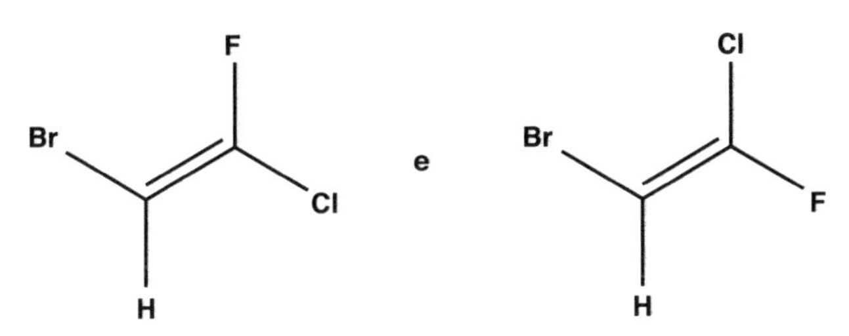

Figura 3.10 Casos em que não se aplicam os descritores *cis* e *trans*.

Para a diferenciação desses dois estereoisômeros utiliza-se a chamada *regra de prioridades*. A regra de prioridade foi desenvolvida por três pesquisadores, Robert Sidney Cahn, Christopher Kelk Ingold e Vladmir Prelog, por isso muitas vezes a regra de prioridade é chamada de "convenção Cahn-Ingold-Prelog" ou "sistema CIP". Para alcenos o processo de diferenciação dos estereoisômeros empregando a regra de prioridade estabelece o seguinte processo:

(1) Comparar o número atômico (Z) de átomos diretamente ligados à ligação dupla; o grupo que possuir o maior de número atômico recebe a prioridade mais elevada.

(2) Se houver um empate, devemos considerar os átomos da segunda esfera de ligantes, fazendo uma lista para cada grupo de átomo. Cada lista deve ser organizada por ordem decrescente de número atômico. Em seguida, as listas são comparadas átomo por átomo; o grupo que contém o átomo de maior número atômico recebe a prioridade mais elevada. Persistindo o empate, repete-se o processo para as esferas de ligantes seguintes.

(3) Em caso de ligações duplas ou triplas considera-se que o átomo está ligado duas ou três vezes ao outro átomo, exemplo:

R
$C=O$
R'

Considera-se o carbono ligado duas vezes ao oxigênio

$R-C\equiv N$

Considera-se o carbono ligado três vezes ao nitrogênio

(4) Caso as maiores prioridades se encontrem no mesmo lado da ligação dupla emprega-se o descritor estereoquímico "*Z*" (do alemão *Zusammen* = juntos). Caso as maiores prioridades se encontrem em lados opostos da ligação dupla, emprega-se o descritor estereoquímico "*E*" (do alemão *Entgegen* = contra, oposto).

Aplicando-se o método descrito acima para a diferenciação das estruturas mostradas na Figura 3.10 temos:

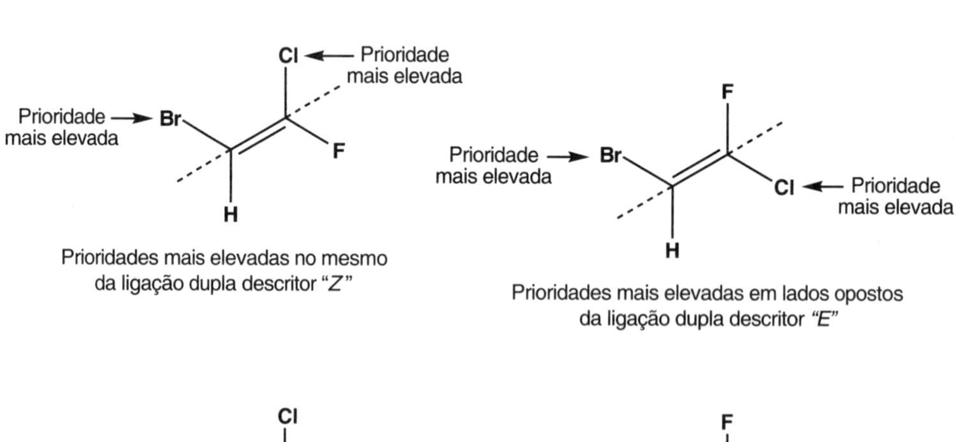

Figura 3.11 Emprego do sistema *E-Z* em alcenos trissubstituídos.

Outro exemplo de aplicação do sistema *E-Z*, agora em um caso em que ocorre empate dos átomos diretamente ligados à ligação dupla.

Z = 6
Z = 6
OH
Z = 1 → H
Z = 6

6 > 1, logo o carbono recebe prioridade mais elevada
6 = 6 empate: para desempatar faz-se a lista de ligantes da segunda esfera em ordem decrescente de número atômico

Z = 6
Z = 1 → H
OH
Z = 6
Z = 6

6 > 1, logo o carbono recebe prioridade mais elevada
6 = 6 empate: para desempatar faz-se a lista de ligantes da segunda esfera em ordem decrescente de número atômico

C ligado a { C – Z = 6, C – Z = 6, H – Z = 1 }
OH
C ligado a { O – Z = 8, C – Z = 6, H – Z = 1 }
H

Comparando as listas

O – Z = 8	C – Z = 6
C – Z = 6	C – Z = 6
H – Z = 1	H – Z = 1

8 > 6, prioridade mais elevada

C ligado a { C – Z = 6, C – Z = 6, H – Z = 1 }
H
OH
C ligado a { O – Z = 8, C – Z = 6, H – Z = 1 }

Comparando as listas

O – Z = 8	C – Z = 6
C – Z = 6	C – Z = 6
H – Z = 1	H – Z = 1

8 > 6, prioridade mais elevada

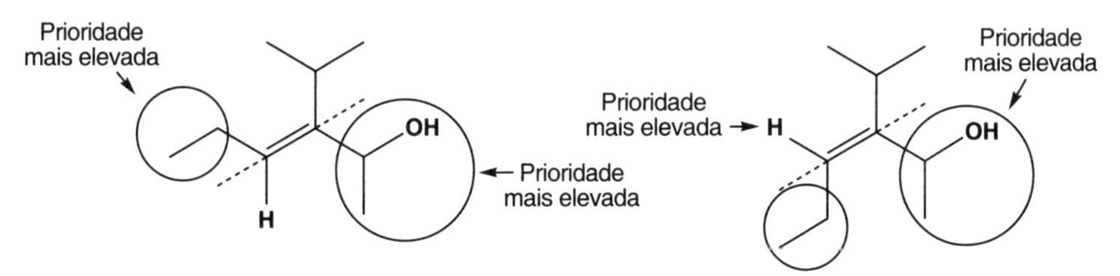

Prioridades mais elevadas em lados opostos da ligação dupla descritor "*E*"

Prioridades mais elevadas em lados opostos da ligação dupla descritor "*Z*"

OH
H

(*E*)-3-isopropil-hex-3-en-2-ol

H
OH

(*Z*)-3-isopropil-hex-3-en-2-ol

Figura 3.12 Emprego do sistema *E*-*Z* em alcenos.

Os descritores estereoquímicos usados no sistema *E-Z* de atribuição de estereoquímica em alcenos são absolutos e universais, enquanto os descritores estereoquímicos *cis-trans* não são universais. A seguir o sistema *E-Z* será aplicado para a atribuição estereoquímica dos estereoisômeros *cis*-but-2-eno e do *trans*-but-2-eno como exemplo de sua universalidade.

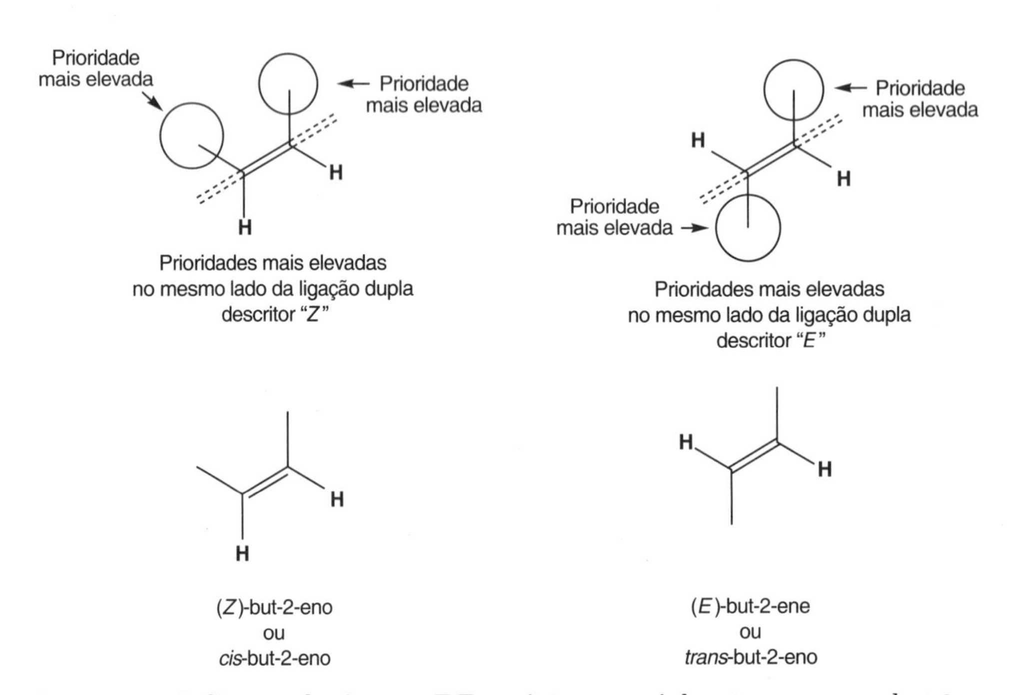

Figura 3.13 Aplicação do sistema *E-Z* aos isômeros *cis*-but-2-eno e *trans*-but-2-eno.

3.4 Quiralidade

Quiralidade (do grego *kheir* = mão) é propriedade que objetos possuem de existirem em duas formas, em que uma é a imagem da outra refletida no espelho e essa imagem não é sobreponível. Um exemplo prático para a compreensão do conceito de quiralidade é a observação da quiralidade das mãos: quando a mão esquerda é colocada em frente ao espelho, a imagem que aparece refletida é a imagem da mão direita. Essas imagens não são sobreponíveis, portanto nossas mãos apresentam quiralidade. Objetos que apresentam quiralidade são chamados de quirais.

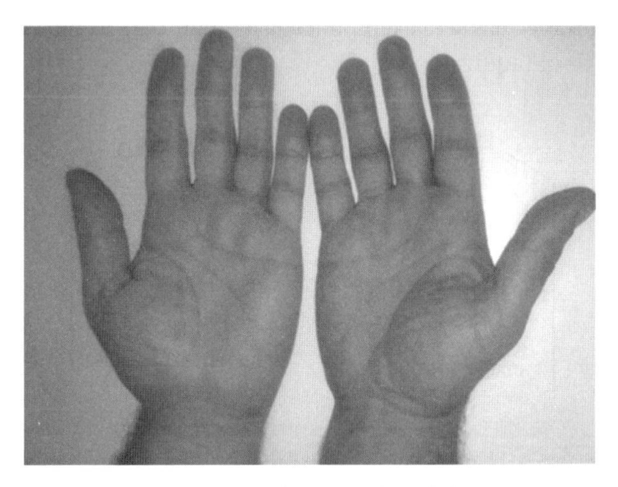

Imagem das mãos esquerda e direita

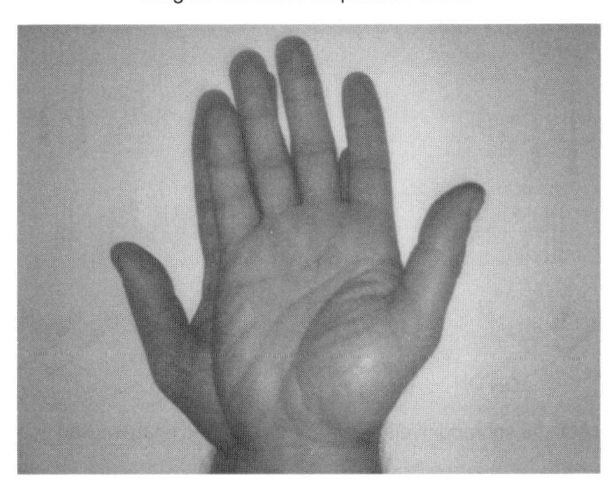

Imagens não sobreponíveis

Figura 3.14 Quiralidade das mãos.

Assim como objetos, moléculas também podem ser quirais, e nesse caso apresentam a chamada isomeria ótica, que é um tipo especial de isomeria espacial em que um dos esteroisômeros tem a estrutura da imagem do outro isômero refletida no espelho e essas imagens não são sobreponíveis. Esses esteroisômeros são chamados de *enantiômeros* (do grego *enantios* = oposto + *mésos* = parte). Estereoisômeros em que um dos isômeros não possui a estrutura da imagem do outro isômero refletida no espelho são chamados *diastereoisômeros*. De um modo mais simples, *diastereoisômeros* são isômeros espaciais que não são enantiômeros.

Para uma melhor compreensão dos conceitos apresentados neste capítulo se faz de extrema utilidade uma revisão das fórmulas de representação tridimensional de moléculas orgânicas discutidas no Capítulo 1.

A quiralidade em moléculas será exemplificada a seguir para as moléculas do butan-2-ol (quiral) e do butan-1-ol (aquiral).

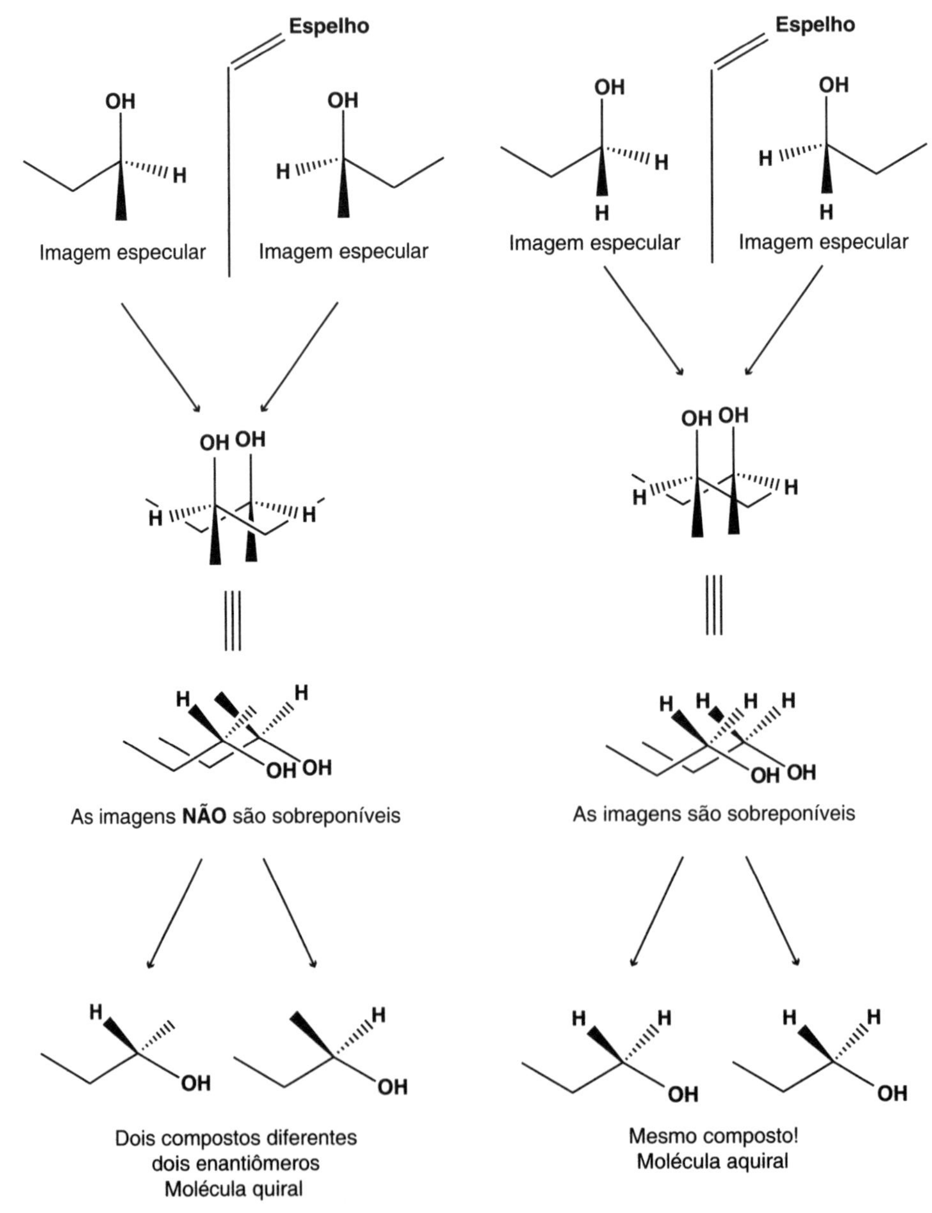

Figura 3.15 Exemplo de moléculas quirais e aquirais.

3.4.1 Identificação de uma molécula quiral

Como dito anteriormente, uma molécula quiral apresenta quiralidade, logo ela pode existir como um par de enantiômeros. Além disso,

- Uma molécula é quiral se ela *não apresenta um plano de simetria.*
- *Plano de simetria* é um plano que divide a molécula em metades simétricas, ou seja, idênticas em conectividade, mas como imagens refletidas no espelho.
- Um *plano de simetria* pode passar entre átomos ou pelos átomos.

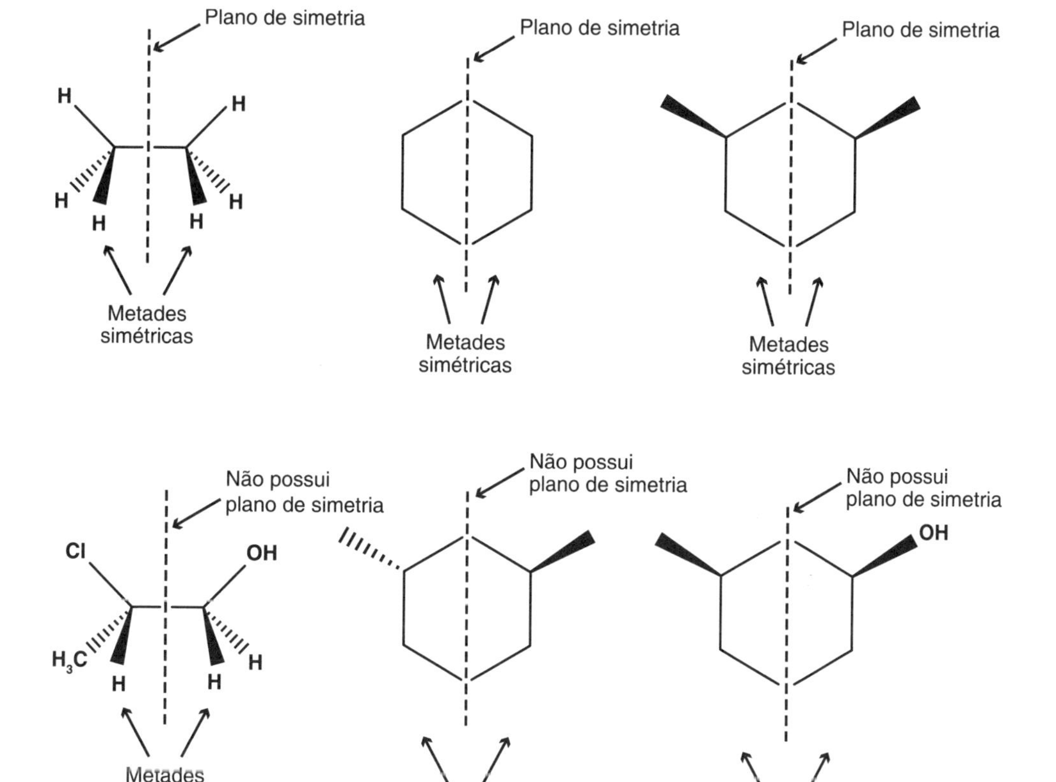

Figura 3.16 Aplicação do plano de simetria para identificação de moléculas quirais.

Outro elemento estrutural que pode ser utilizado para a identificação de uma molécula quiral é a presença de um *estereocentro*.

- *Estereocentro* é um carbono sp^3 ligado a quatro grupos diferentes, conforme mostrado a seguir.

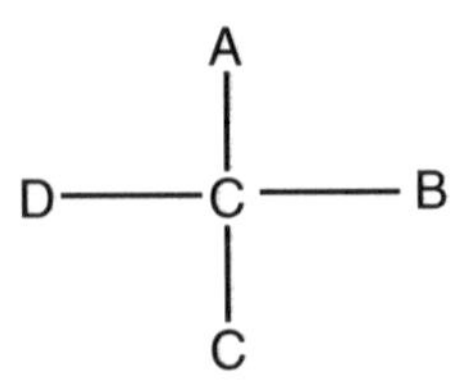

Uma molécula que possui um único estereocentro sempre será quiral, mas a presença de estereocentros não é uma condição *sine qua non* para a quiralidade. O que define se uma molécula é quiral é a inexistência de um plano de simetria, pois, como será visto a seguir, uma molécula com mais de um estereocentro pode ser aquiral e uma molécula sem nenhum estereocentro pode ser quiral.

3.4.2 **Propriedades de moléculas quirais**

Diastereoisômeros possuem propriedades físico-químicas diferentes, ponto de fusão, ponto de ebulição, momento de dipolo, solubilidade etc., enquanto enantiômeros possuem todas as propriedades físico-químicas iguais exceto uma: **atividade ótica**.

- Atividade ótica é a capacidade de um composto desviar a luz planopolarizada.
- Toda molécula quiral possui atividade ótica.

A luz se propaga em dois campos oscilantes e perpendiculares, sendo um campo magnético e um campo elétrico. A propagação da luz não polarizada ocorre em todos os planos possíveis perpendiculares ao sentido da propagação. Quando um feixe de luz não polarizado incide sobre uma lente polarizadora, o feixe de luz resultante é polarizado, ou seja, a luz se propaga em apenas um plano, por isso chama-se luz plano-polarizada.

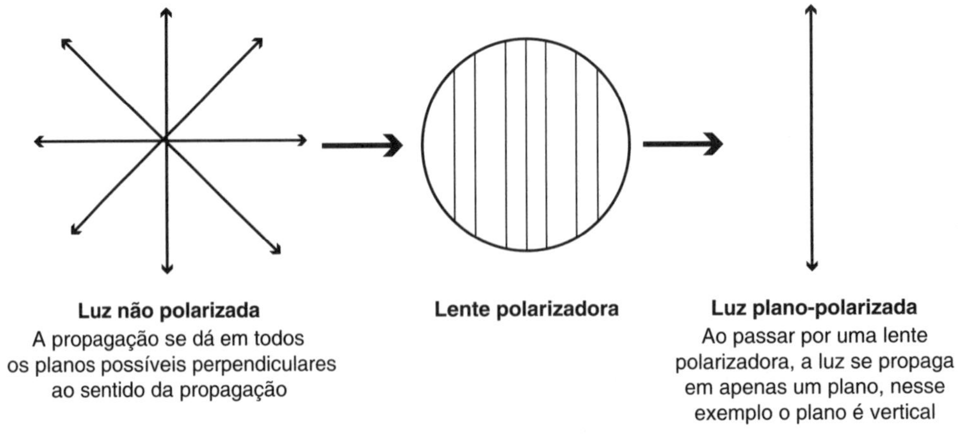

Figura 3.17 Polarização da luz.

Quando um feixe de luz plano-polarizada passa através de uma solução de uma substância oticamente ativa dentro de um cilindro e atinge o analisador, pode-se medir o desvio da luz plano-polarizada que é indicado pelo símbolo ([α]) e medido em graus (°). Esse desvio pode ser para a direita; nesse caso, indica-se pelo sinal (+) e a substância é chamada de *dextrógira*. Quando o desvio é para a esquerda, indica-se pelo sinal (−), e a substância é chamada de *levógira*.

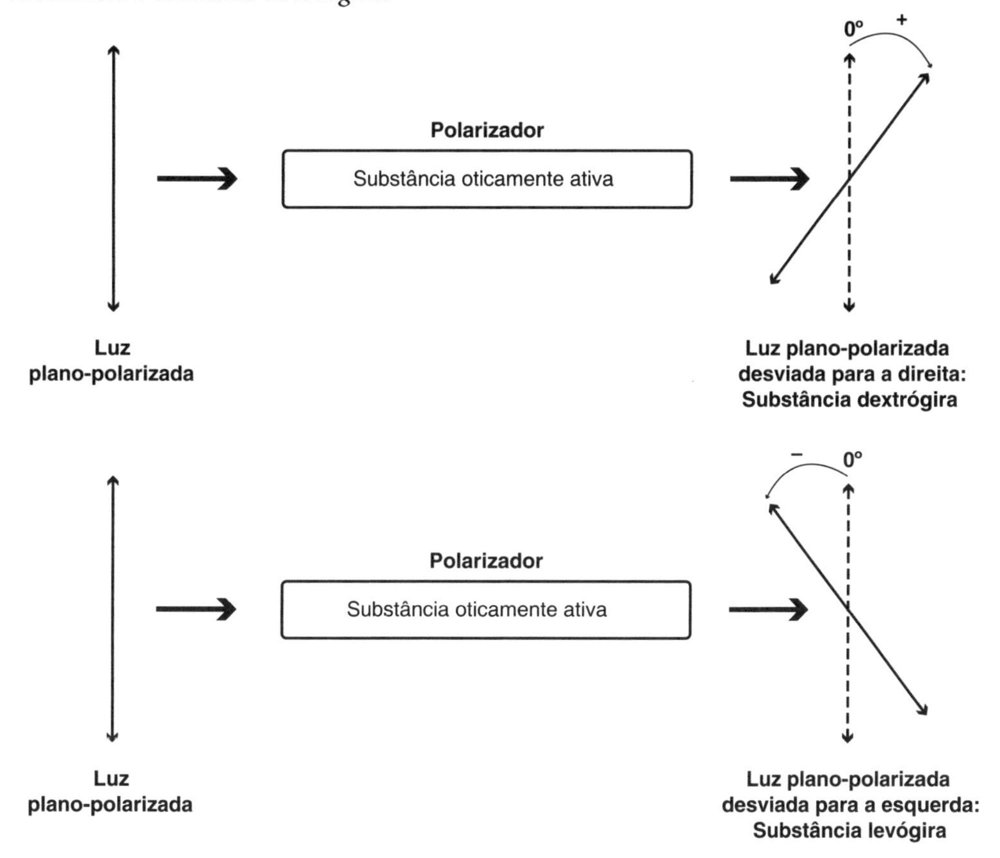

Figura 3.18 Desvio da luz plano-polarizada por uma substância oticamente ativa.

Um par de enantiômeros desvia a luz plano-polarizada em valores iguais em módulo, mas em sentidos contrários; assim, em um par de enantiômeros sempre um será dextrógiro e outro, levógiro.

3.4.3 **Rotação específica**

O valor do desvio da luz depende do comprimento do caminho ótico e da concentração da substância oticamente ativa. Para se estabelecer um padrão de comparação e identificação de uma substância oticamente ativa desenvolveu-se uma propriedade chamada *rotação específica*.

$$[\alpha]_D^T = \frac{\alpha}{C \times I}$$

em que:
$[\alpha]$ = rotação específica
α = rotação observada
c = concentração expressa em g mL^{-1}
l = comprimento do caminho ótico em decímetros (dm)
T = temperatura em que a medida é realizada
D = significa que a linha D de uma lâmpada de sódio (λ = 589,6 nm) foi utilizada na medida da atividade ótica.

A seguir, como exemplo, as rotações específicas dos enantiômeros do butan-2-ol:

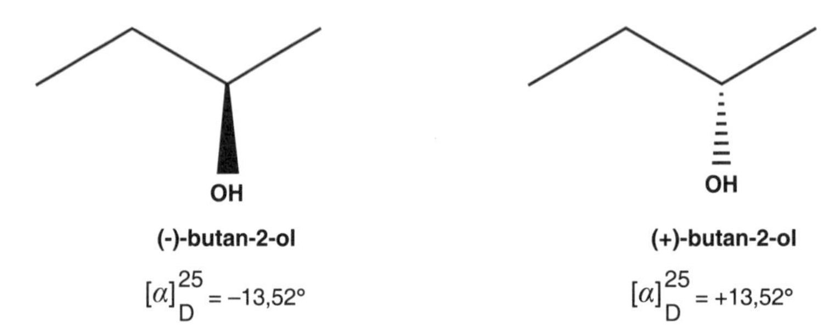

Figura 3.19 Rotações específicas dos enantiômeros do butan-2-ol.

Significa que uma solução com a concentração de 1 g mL^{-1} do isômero levógiro do butan-2-ol apresenta um desvio de 13,52° para a esquerda em um caminho ótico de 1 dm, à temperatura de 25°, empregando a linha D de uma lâmpada de sódio (λ = 589,6 nm). O solvente da solução influi em maior ou menor grau no desvio da luz plano-polarizada, por isso sempre deve ser indicado.

O equipamento utilizado para a medida da atividade ótica chama-se *polarímetro*, e como a rotação específica tem relação com a concentração da substância, conhecendo-se a rotação específica e medindo-se a atividade ótica pode-se determinar a concentração de uma solução de uma substância oticamente ativa. Essa técnica chama-se *polarimetria* e é especialmente útil em análise de carboidratos.

3.4.4 Excesso enantiomérico

O desvio da luz plano-polarizada de uma solução contendo quantidades iguais dos dois enantiômeros é igual a 0°, porque o desvio causado por um enantiômero é anulado pelo outro, que desvia a luz plano-polarizada na mesma magnitude, mas em sentido contrário. Uma solução que contenha os dois enantiômeros em quantidades iguais chama-se *mistura racêmica* ou *racemato*. Uma mistura racêmica é indicada pelo símbolo (±); assim, o racemato dos isômeros do butan-2-ol é indicado como:

(±)-butan-2-ol

Quando uma solução apresenta os dois enantiômeros em quantidades diferentes, tem-se o chamado *excesso enantiomérico* (ee), que é definido como:

$$ee = \frac{n\ de\ mols\ de\ um\ enantiômero - n\ de\ mols\ do\ outro\ enantiômero}{soma\ do\ n\ de\ mols\ dos\ dois\ enantiômeros} \times 100\%$$

Mas na prática o *excesso enantiomérico* (ee) é calculado a partir da medida da atividade ótica da solução que contém os dois enantiômeros.

$$ee = \frac{rotação\ observada}{rotação\ específica\ do\ enantiômero\ puro} \times 100\%$$

Um exemplo: uma solução de butan-2-ol apresentou rotação de –8,57°, então o excesso enantiomérico é igual a:

$$ee = \frac{-8{,}57}{-13{,}52} \times 100\% = 63{,}38\%$$

Esse resultado deve ser interpretado como:

A solução possui 63,38% de excesso do isômero levógiro e os ***outros 36,62% representam uma mistura equimolar dos dois enantiômeros****, portanto a composição total da amostra é de: 81,69% do isômero levógiro e 18,31% do isômero dextrógiro.*

3.4.5 Propriedades biológicas de enantiômeros

Enantiômeros podem apresentar propriedades biológicas distintas, já que a quiralidade é um fenômeno comum no meio biológico. As moléculas orgânicas se ligam a receptores proteicos em mais de um ponto e por isso podem ser reconhecidas de formas diferentes e desencadear respostas distintas.

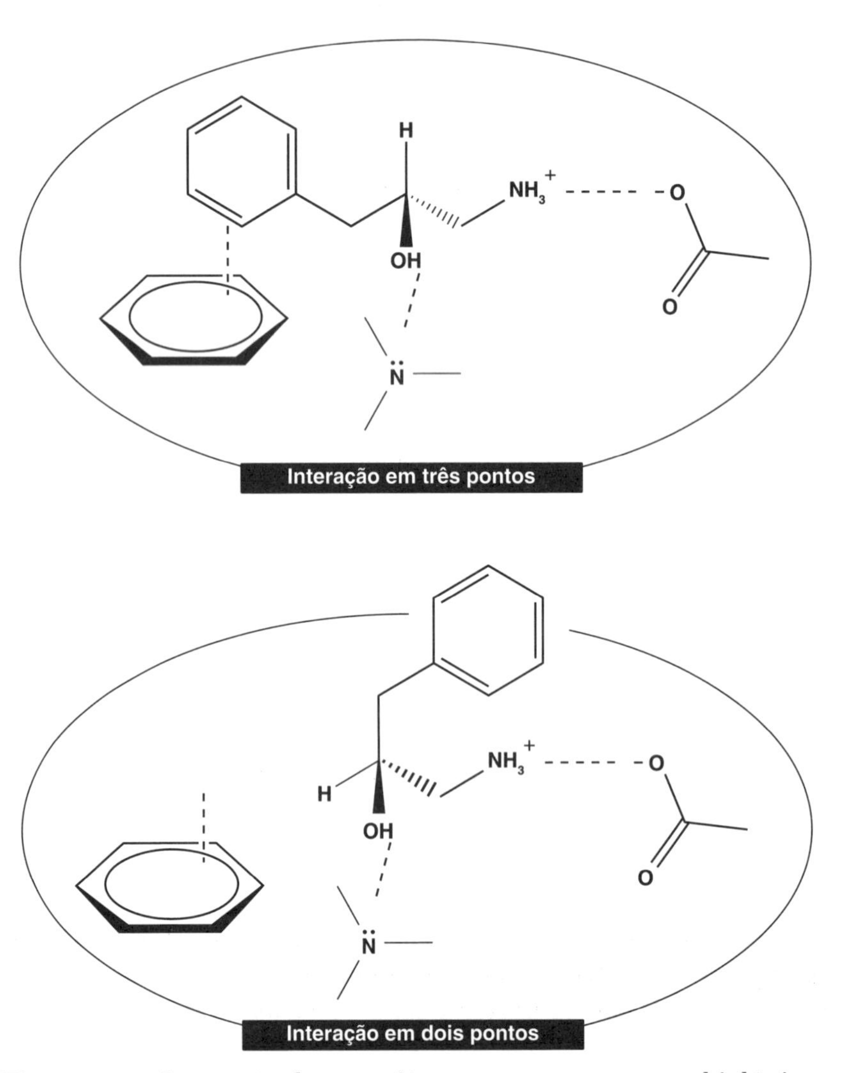

Figura 3.20 Interação de enantiômeros com receptores biológicos.

Alguns exemplos de efeitos biológicos distintos de enantiômeros são mostrados na Figura 3.21.

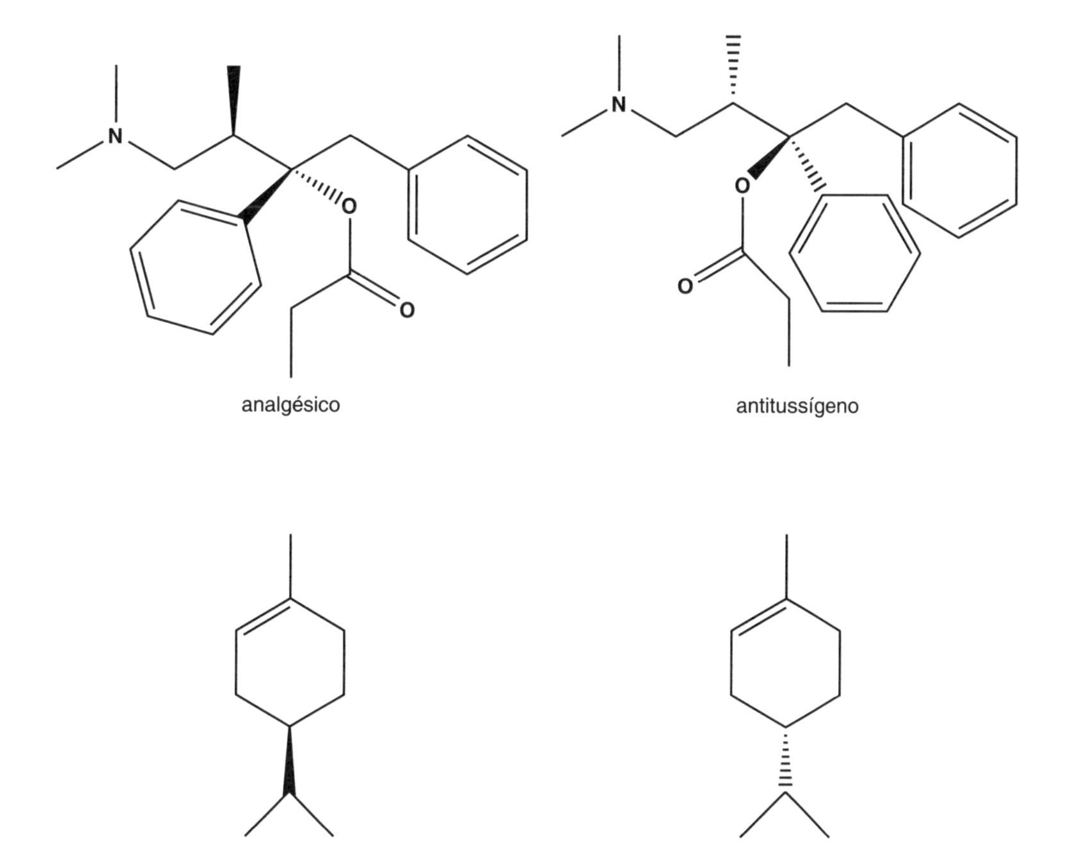

Figura 3.21 Enantiômeros com propriedades biológicas diferentes.

3.5 Nomenclatura de enantiômeros

Até agora os enantiômeros foram diferenciados pelo desvio que provocam na luz plano-polarizada. Entretanto, para uma diferenciação mais precisa são necessários métodos de nomenclatura que permitam a transposição nome-estrutura e *vice-versa* de forma inequívoca.

Os métodos de nomenclatura de enantiômeros fazem correlação com a *configuração* da molécula. A *configuração* tem relação com a disposição tridimensional dos grupos da molécula, exceto os que têm relação com giros em torno do eixo de ligações simples. A *configuração* pode ser *absoluta* ou *relativa*.

- *Configuração absoluta* é aquela que independe da posição em que a molécula é representada no plano.
- *Configuração relativa* é aquela que depende da posição em que a molécula é representada no plano.

3.5.1 Descritores estereoquímicos *R* e *S*

Os descritores estereoquímicos *R* e *S* são utilizados para a determinação da configuração absoluta. O sistema *R-S* emprega as regras de prioridade de Cahn-Ingold-Prelog, segundo o método a seguir:

(1) Comparar o número atômico (Z) de átomos diretamente ligados à ligação dupla; o grupo que possuir o maior número atômico recebe a prioridade mais elevada.

(2) Se houver um empate, devemos considerar os átomos da segunda esfera de ligantes, fazendo uma lista para cada grupo de átomo. Cada lista deve ser organizada por ordem decrescente de número atômico. Em seguida, as listas são comparadas átomo por átomo; o grupo que contém o átomo de maior número atômico recebe a prioridade mais elevada. Persistindo o empate, repete-se o processo para as esferas de ligantes seguintes.

(3) Em caso de ligações duplas ou triplas considera-se que o átomo está ligado duas ou três vezes ao outro átomo. Exemplo.

$R_2C{=}O$

Considera-se o carbono ligado duas vezes ao oxigênio

$R{-}C{\equiv}N$

Considera-se o carbono ligado três vezes ao nitrogênio

(4) Posicionar a molécula de modo que o observador veja a prioridade 4 mais afastada.

(5) Traçar um caminho unindo as prioridades 1-2-3.

(6) Caso o sentido do caminho traçado seja horário emprega-se o descritor estereoquímico "R" (do latim *rectus* = direita). Caso o sentido do caminho traçado seja horário, emprega-se o descritor estereoquímico "S" (do latim *sinister* = esquerda).

Aplicando-se o sistema R-S para a determinação das configurações dos enantiômeros do butan-2-ol:

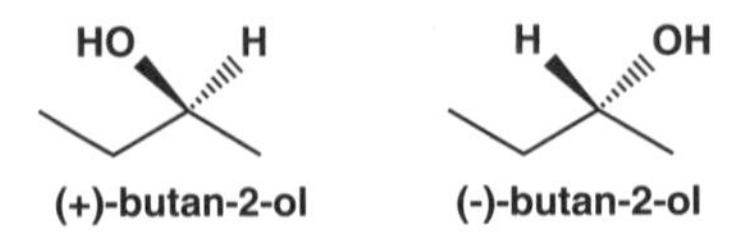

A Figura 3.22 apresenta a aplicação do sistema *R-S* para a atribuição das configurações absolutas para os enantiômeros do butan-2-ol.

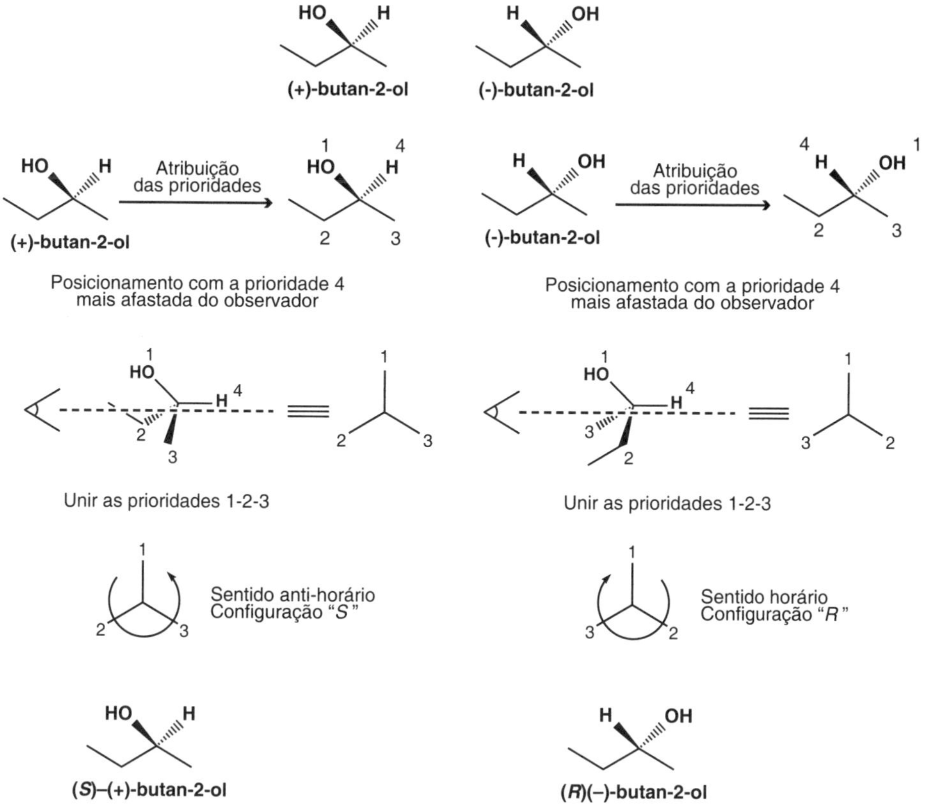

Figura 3.22 Atribuição das configurações absolutas para os enantiômeros do butan-2-ol.

3.5.2 Nomenclatura de moléculas com mais de um estereocentro

Uma molécula com mais de um estereocentro pode apresentar um número máximo de 2^n estereoisômeros, em que *n* representa o número de estereocentros. Assim, uma molécula com dois estereocentros pode apresentar no máximo quatro (2^2) estereoisômeros.

Para se atribuir a nomenclatura de cada um dos estereoisômeros determina-se a configuração absoluta de cada um dos estereocentros.

Como exemplo, será feita a nomenclatura de todos os estereoisômeros do 2,3-dicloropentano.

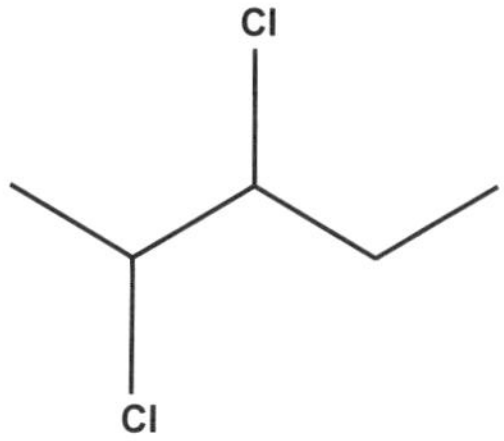

2,3-dicloropentano

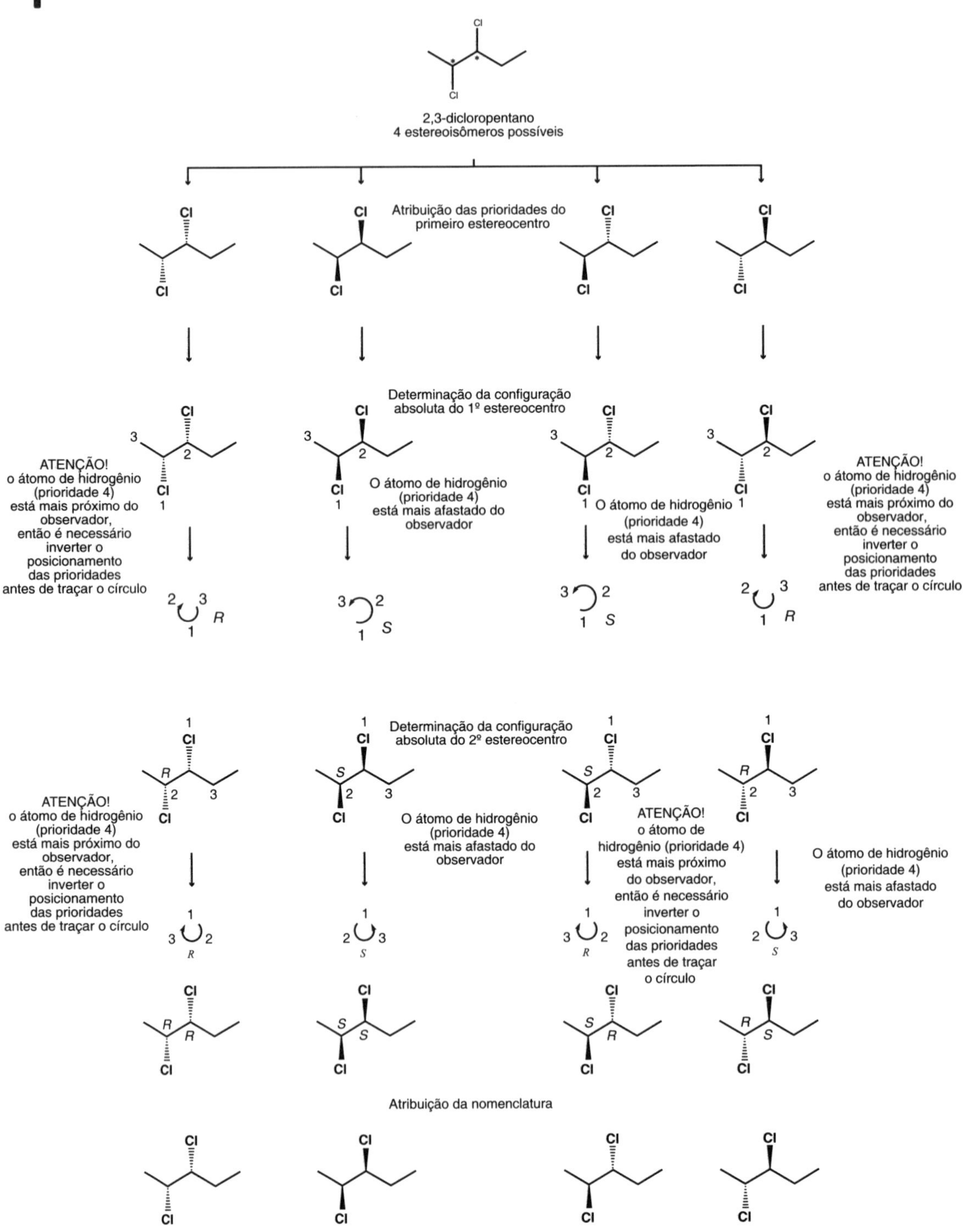

Figura 3.23 Nomenclatura dos estereoisômeros do 2,3-dicloropentano.

O 2,3-dicloropentano possui dois estereocentros, devendo ser assinalado em representação de estruturas de moléculas sempre com um asterisco (*). Portanto, o 2,3-dicloro-pentano pode possuir no máximo quatro estereoisômeros.

As relações estereoisoméricas entre todos os isômeros do 2,3-dicloropentano são as seguintes:

O (2*R*,3*R*)-2,3-dicloropentano e o (2*S*,3*S*)-2,3-dicloropentano são **enantiômeros** pois um tem a estrutura do outro refletida no espelho.

O (2*S*,3*R*)-2,3-dicloropentano e o (2*R*,3*S*)-2,3-dicloropentano são **enantiômeros** pois um tem a estrutura do outro refletida no espelho.

O (2*R*,3*R*)-2,3-dicloropentano e o (2*S*,3*S*)-2,3-dicloropentano são **diastereoisômeros** do (2*S*,3*R*)-2,3-dicloropentano e do (2*R*,3*S*)-2,3-dicloropentano.

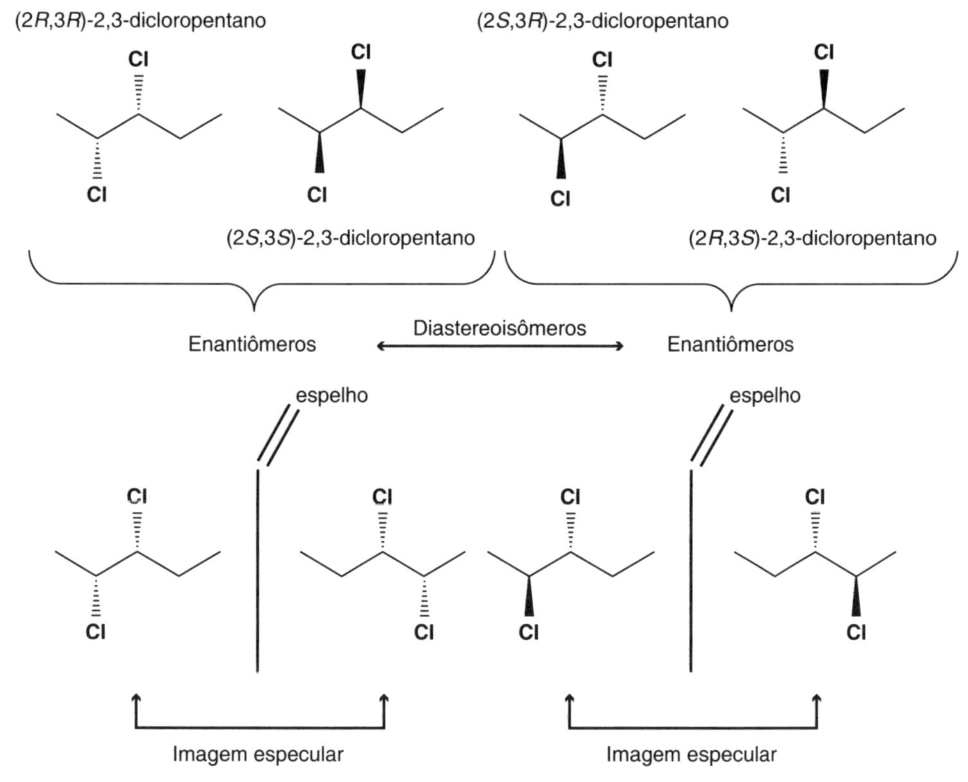

Figura 3.24 Relações estereoisoméricas entre os isômeros do 2,3-dicloropentano.

A fórmula 2^n prevê que o 2,3-dicloropentano possui no máximo quatro estereoisômeros, e de fato o 2,3-dicloropentano possui o número máximo previsto, mas, no caso do 2,3-diclorobutano, somente três estereoisômeros existem de fato. Primeiro o mesmo procedimento para a atribuição da nomenclatura 2,3-dicloropentano será feito para o 2,3-diclorobutano.

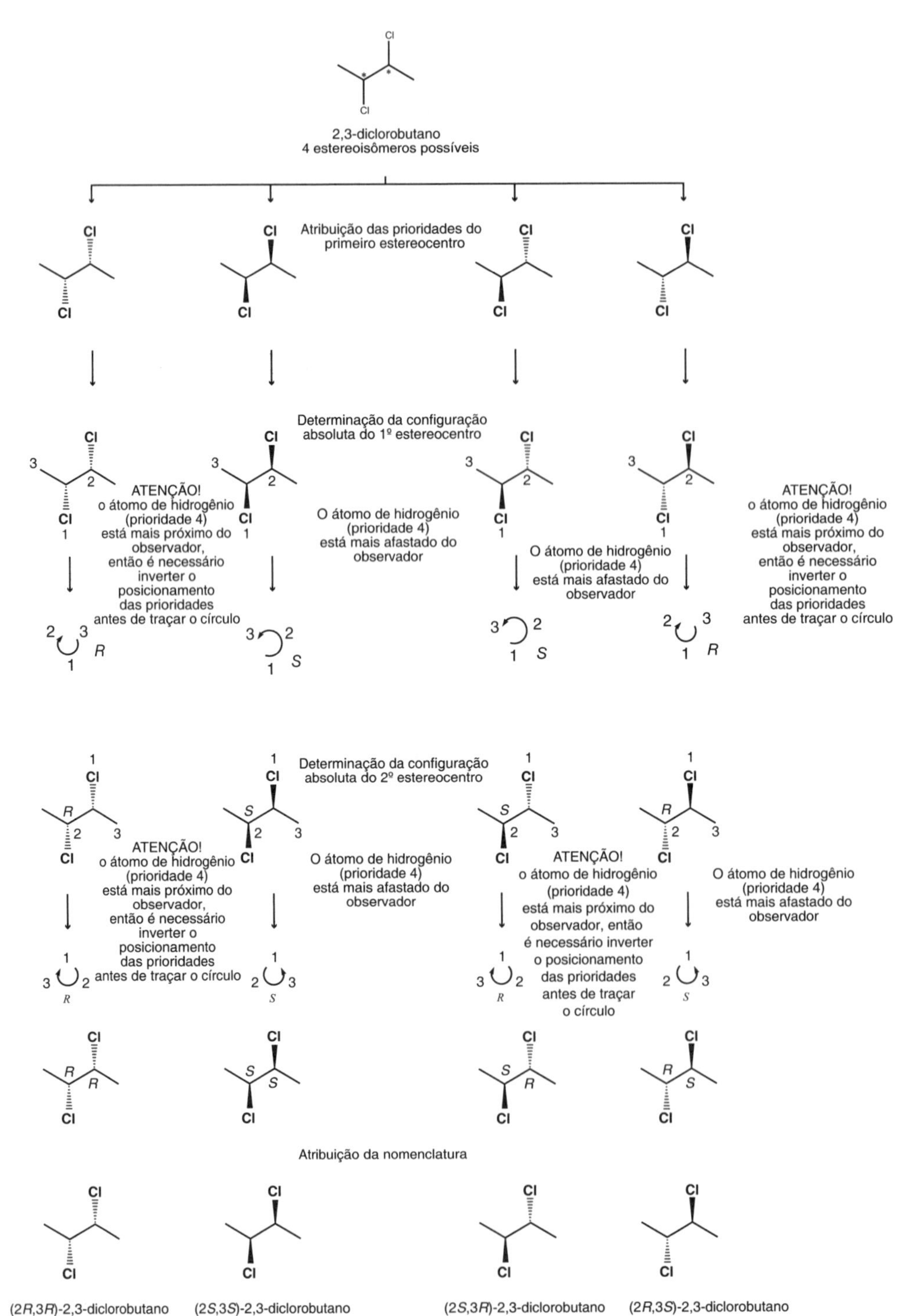

Figura 3.25 Nomenclatura dos estereoisômeros do 2,3-diclorobutano.

As relações estereoisoméricas entre todos os isômeros do 2,3-diclorobutano são as seguintes:

O (2*R*,3*R*)-2,3-diclorobutano e o (2*S*,3*S*)-2,3-diclorobutano são **enantiômeros** pois um tem a estrutura do outro refletida no espelho.

O (2*S*,3*R*)-2,3-diclorobutano e o (2*R*,3*S*)-2,3-diclorobutano são na realidade a mesma estrutura, que não é quiral, pois, embora apresentem dois esterereocentros, possuem um plano de simetria, então a nomenclatura correta para a molécula é *meso*-2,3-diclorobutano. O termo *meso* é empregado para designar moléculas aquirais que possuam estereocentros.

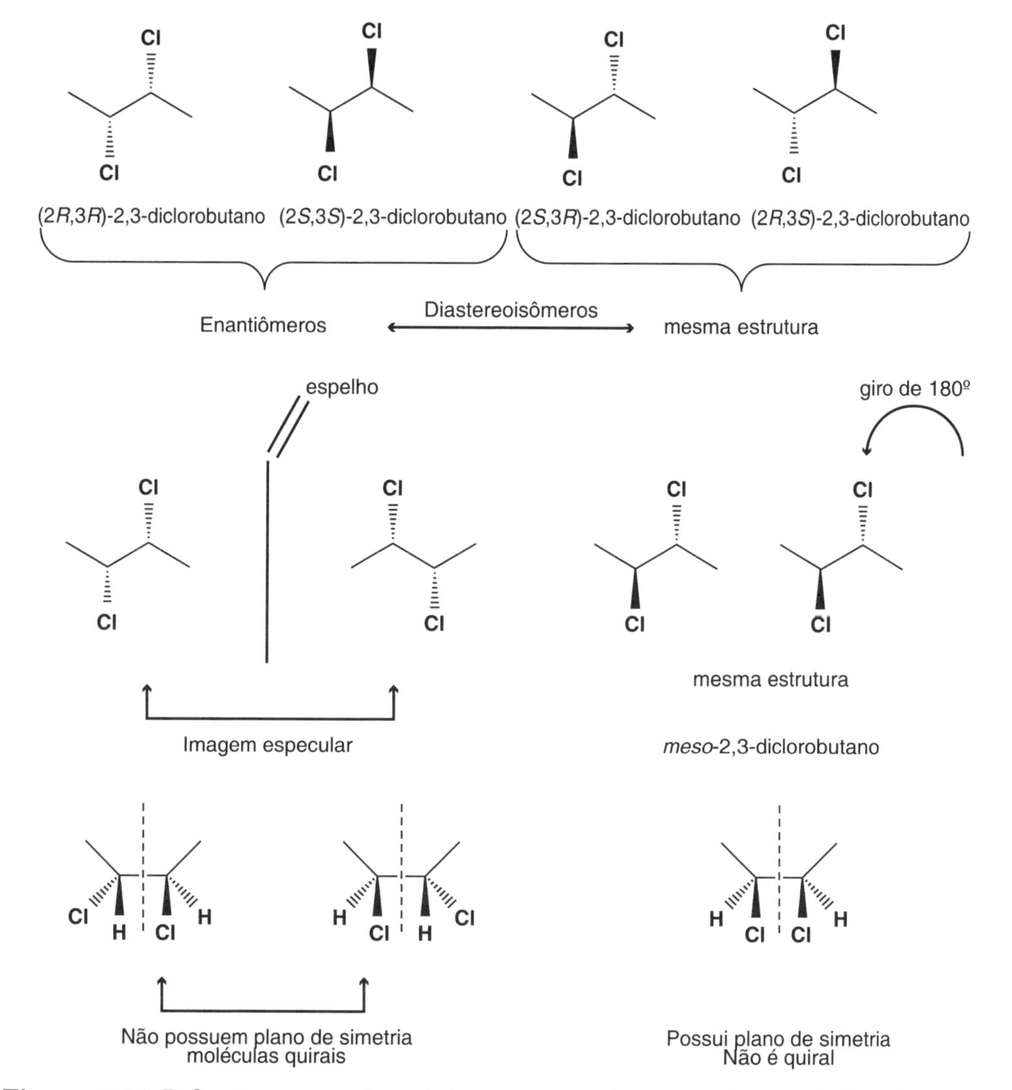

Figura 3.26 Relações estereoisoméricas entre os isômeros do 2,3-diclorobutano.

Um fato importante a sempre ser considerado é que não há **nenhuma** relação entre as configurações absolutas *R-S* com o sentido do desvio da luz plano-polarizada, assim a substância pode ter configuração absoluta *R* e ser dextrógira ou levógira, assim como ter configuração absoluta *S* e ser dextrógira ou levógira, como mostram os exemplos a seguir:

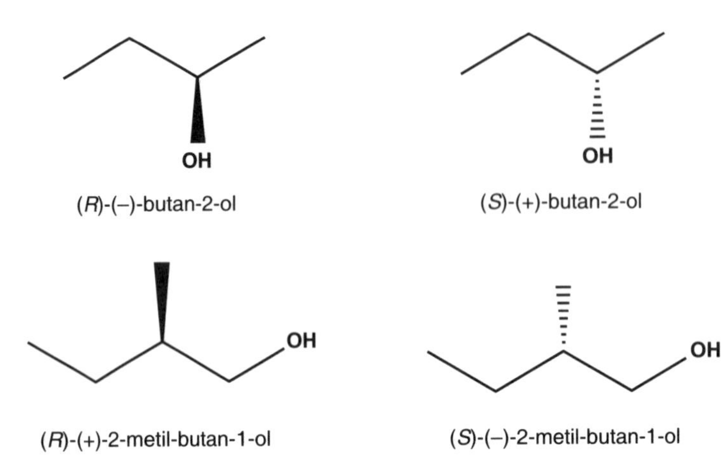

Figura 3.27 Exemplos que evidenciam a inexistência de correlação entre configuração absoluta e sentido do desvio da luz plano-polarizada.

3.5.3 **Descritores estereoquímicos D e L**

Como exposto anteriormente, o sistema *R-S* fornece a configuração absoluta de uma molécula, independentemente da posição em que ela é representada no plano.

Os descritores estereoquímicos D-L fornecem a configuração relativa dos grupos no espaço tridimensional desde que a molécula esteja representada em fórmula de projeção de Fischer.

As fórmulas de projeção de Fischer foram apresentadas no Capítulo 1, e agora serão vistas em mais detalhes:

Para se fazer a transposição de fórmula de linha com cunhas tridimensionais para fórmulas de projeção de Fischer é necessário atentar para as seguintes regras:

- Em fórmula de projeção de Fischer os traços na vertical estão orientados *para trás* do plano da página e os traços na horizontal estão orientados *para a frente* do plano da página.
- O átomo de carbono com *maior estado de oxidação* deve ser colocado na *parte superior da molécula.*

Após a transposição atribuem-se os descritores estereoquímicos D ou L de acordo com os seguintes critérios:

- Grupos maiores que o átomo de hidrogênio na horizontal que estejam direcionados para a *direita* recebem o descritor D.
- Grupos maiores que o átomo de hidrogênio na horizontal que estejam direcionados para a *esquerda* recebem o descritor L.

Como um exemplo, será realizada a transposição do ácido (*R*)-2-bromopropanoico e do ácido (*S*)-2-bromopropanoico:

O sistema D-L e as fórmulas de projeção de Fischer são muito utilizados em bioquímica. Vários compostos de importância biológica são quirais e conhecidos na literatura de ciências biológicas com os descritores D-L. Quando uma molécula apresenta mais de um estereocentro, o estereocentro determinante para a nomenclatura pelo sistema D-L é

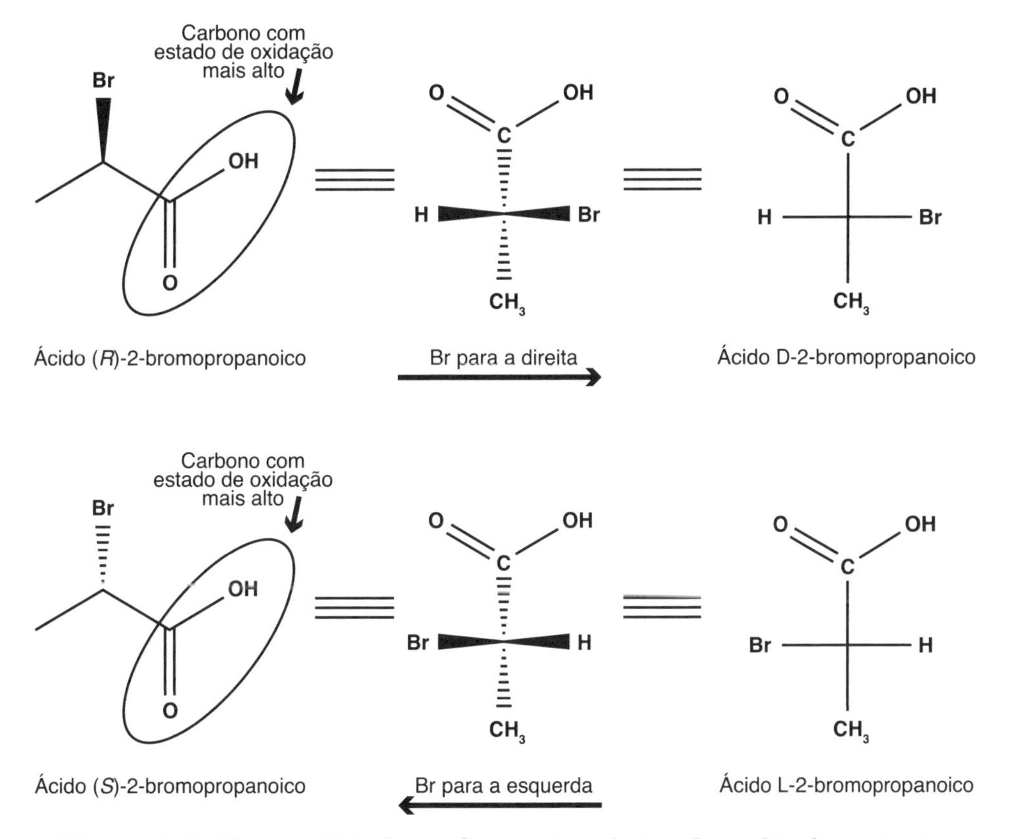

Figura 3.28 Sistema D-L de configuração relativa de moléculas quirais.

o estereocentro mais próximo do carbono **menos oxidado**. Também no sistema D-L utiliza-se o termo *meso* para indicar o isômero aquiral que possua estereocentro. Alguns exemplos de moléculas de importância biológica que são conhecidas pelo uso do sistema D-L são apresentadas na Figura 3.29. Na mesma figura pode-se observar que, assim como no sistema *R-S*, não há nenhuma correlação entre a configuração relativa D-L e o desvio da luz plano-polarizada.

Um fator importante a ser considerado é que o sistema D-L não tem correlação com o sistema *R-S*. Existem substâncias que possuem configuração relativa **D** mas configuração absoluta ***R*** e substâncias que possuem configuração relativa **L** mas configuração

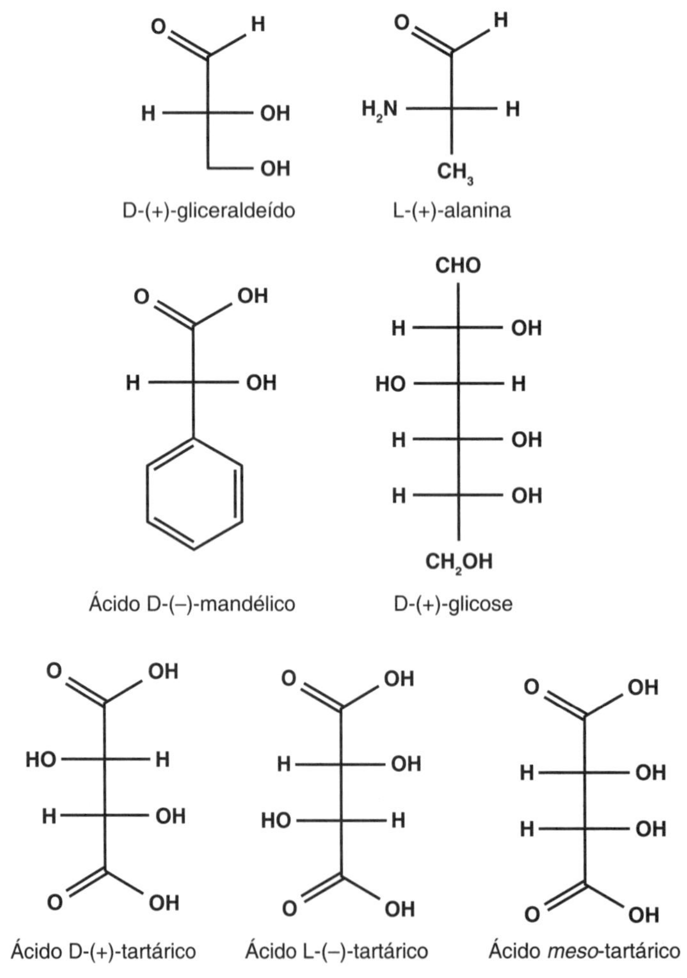

Figura 3.29 Exemplos de moléculas biologicamente importantes e suas nomenclaturas pelo sistema D-L.

absoluta ***R***, assim como substâncias que possuem configuração relativa D mas configuração absoluta ***S*** e substâncias que possuem configuração relativa L mas configuração absoluta ***S***, conforme pode ser visto no exemplo a seguir.

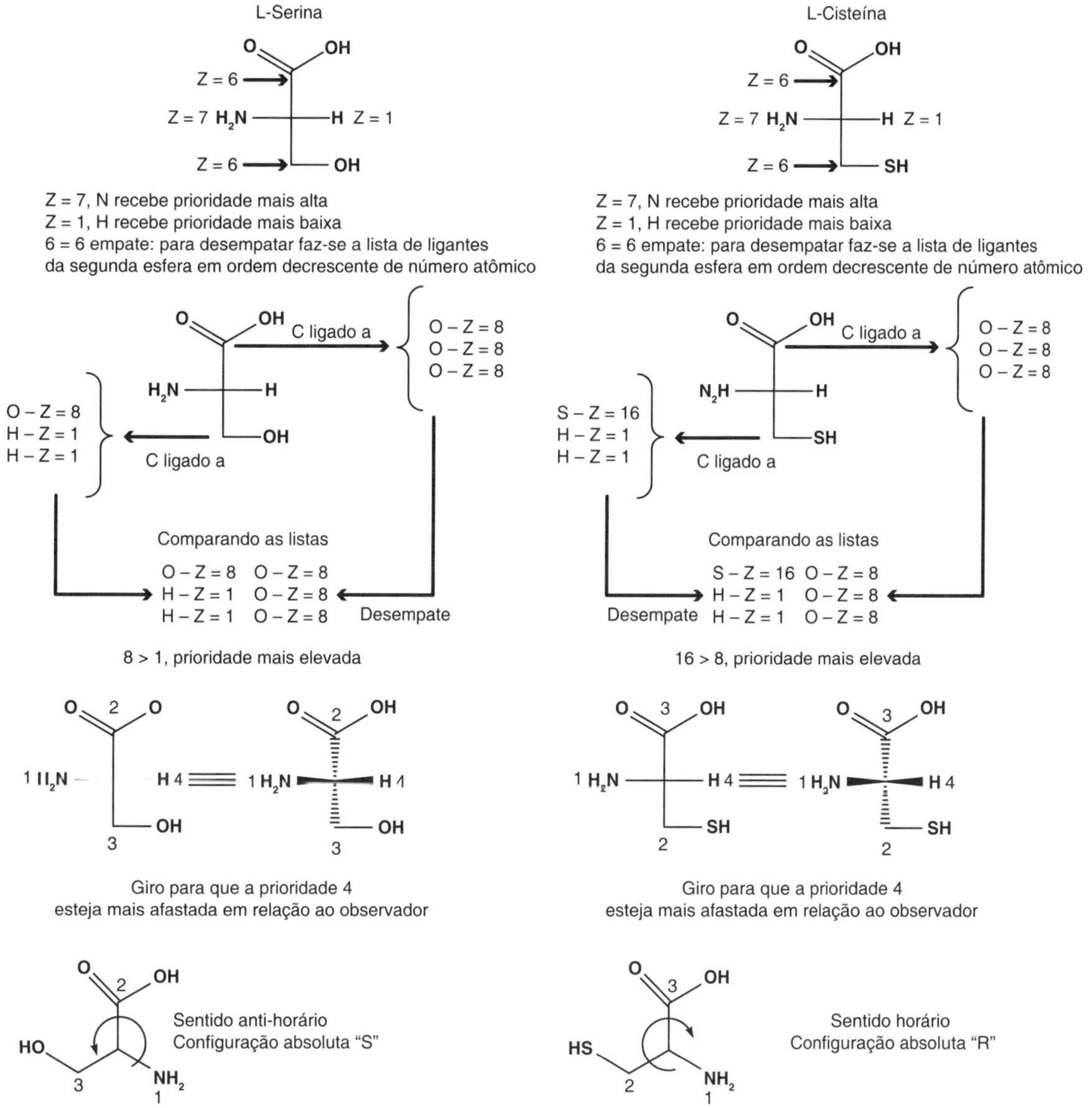

L-Serina

Z = 7, N recebe prioridade mais alta
Z = 1, H recebe prioridade mais baixa
6 = 6 empate: para desempatar faz-se a lista de ligantes da segunda esfera em ordem decrescente de número atômico

Comparando as listas

O – Z = 8 O – Z = 8
H – Z = 1 O – Z = 8
H – Z = 1 O – Z = 8 Desempate

8 > 1, prioridade mais elevada

Giro para que a prioridade 4 esteja mais afastada em relação ao observador

Sentido anti-horário
Configuração absoluta "S"

L-Cisteína

Z = 7, N recebe prioridade mais alta
Z = 1, H recebe prioridade mais baixa
6 = 6 empate: para desempatar faz-se a lista de ligantes da segunda esfera em ordem decrescente de número atômico

Comparando as listas

S – Z = 16 O – Z = 8
H – Z = 1 O – Z = 8
Desempate H – Z = 1 O – Z = 8

16 > 8, prioridade mais elevada

Giro para que a prioridade 4 esteja mais afastada em relação ao observador

Sentido horário
Configuração absoluta "R"

Figura 3.30 Evidência de que não há correlação entre configurações *D-L* e *R-S*.

3.5.4 Descritores estereoquímicos R_a e S_a

Os descritores R_a e S_a são empregados para assinalamento da configuração absoluta de moléculas quirais que não possuem estereocentro, como pode ocorrer em alcadienos ou bifenilas.

Alcadienos

Estruturas não sobreponíveis

Átomos de H e Cl Não coincidem

Átomos de H e Cl coincidem

Bifenilas

Estruturas não sobreponíveis

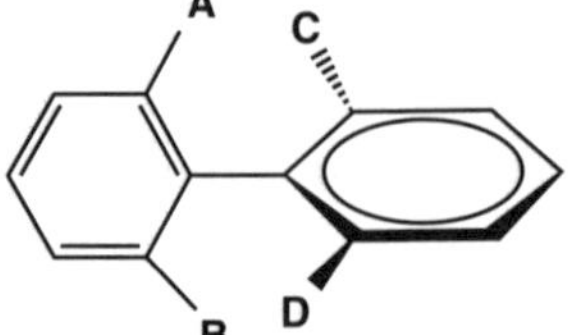

Figura 3.31 Exemplo de moléculas quirais que não possuem estereocentro.

Para a nomenclatura de moléculas quirais que não apresentam estereocentros empregam-se as mesmas regras de prioridade da convenção CIP, segundo as regras a seguir:

- Observa-se a molécula ao longo do eixo de quiralidade.
- Desenha-se uma fórmula de projeção de Newman.
- Atribuem-se as prioridades 1 e 2 para o átomo de carbono frontal e as prioridades 3 e 4 para o átomo de carbono que está localizado atrás.
- Unem-se as prioridades de 1 a 3, ignorando a prioridade 4. Se os pontos se unirem em sentido *horário*, emprega-se o descritor estereoquímico "R_a"; se os pontos se unirem em sentindo *anti-horário*, emprega-se o descritor estereoquímico "S_a".

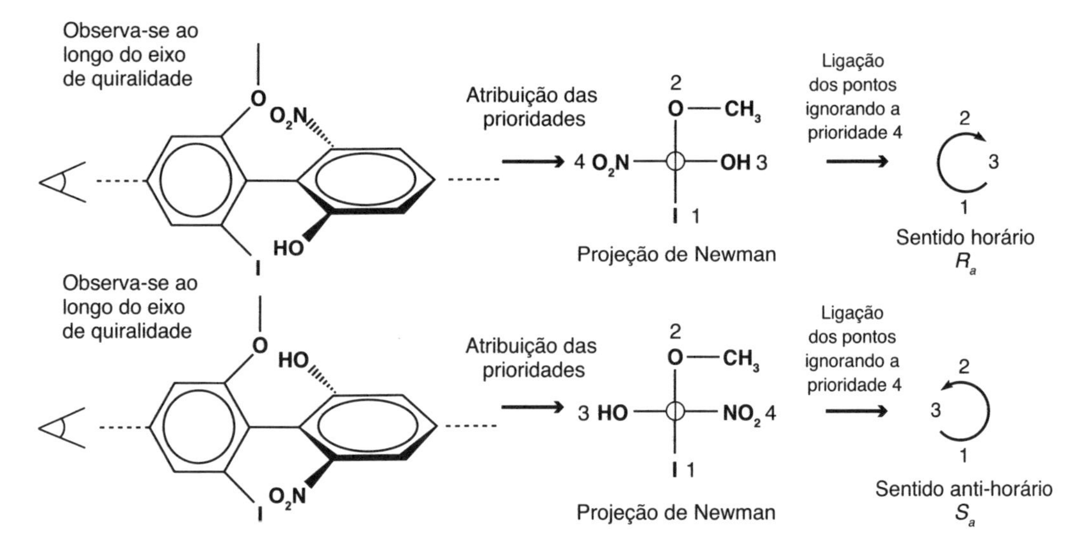

Figura 3.32 Determinação da configuração absoluta de moléculas quirais sem estereocentro.

Quando os grupos são iguais dois a dois, o procedimento é semelhante:

- Observa-se a molécula ao longo do eixo de quiralidade.
- Desenha-se uma fórmula de projeção de Newman.
- Atribuem-se as prioridades 1 e 2 para o átomo de carbono frontal e as prioridades 3 e 4 para o átomo de carbono que está localizado atras
- Unem-se as prioridades de 1 a 3, ignorando a prioridade 4. Se os pontos se unirem em sentido *horário*, emprega-se o descritor estereoquímico "$\mathbf{R_a}$"; se os pontos se unirem em sentindo *anti-horário*, emprega-se o descritor estereoquímico "$\mathbf{S_a}$".

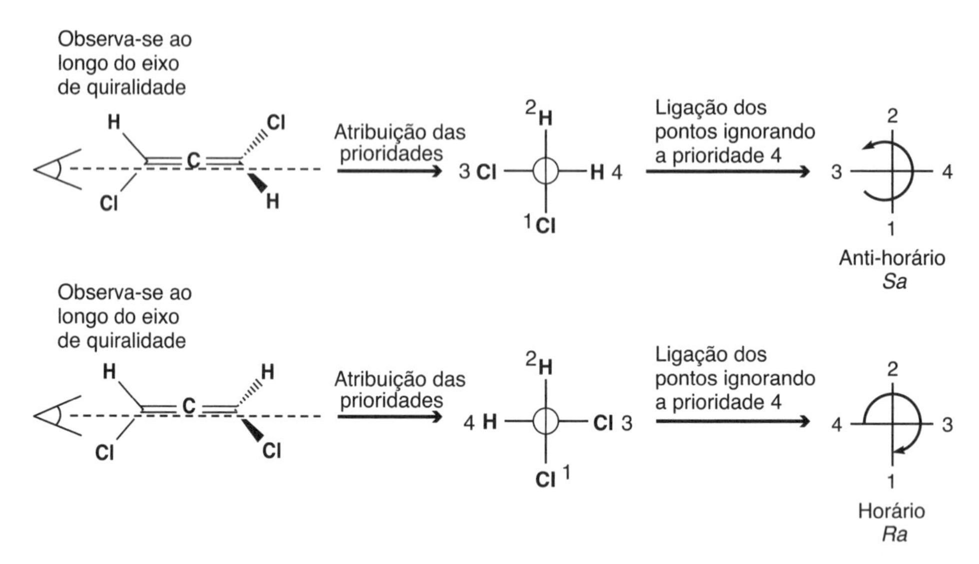

Figura 3.33 Determinação da configuração absoluta de moléculas quirais sem estereocentro, com grupos iguais dois a dois.

3.5.5 Descritores estereoquímicos α e β

Os descritores α e β são bastante usados em bioquímica e em petroquímica. O descritor α é utilizado quando o grupo em questão se *afasta* do observador, e β é utilizado quando o grupo em questão se *aproxima* do observador, seja no plano ou perpendicular ao plano.

Os descritores α e β se mostram muito úteis para a diferenciação de *epímeros*:

- Epímeros são diastereoisômeros com mais de um estereocentro que se diferenciam pela configuração de um estereocentro.

Assim, tendo em vista as moléculas representadas na Figura 3.34, vê-se que a α-D-glicopiranose é epímero da β-D-glicopiranose no carbono 1; a 5α-androstanolona é epímero da 5β-androstanolona no carbono 5.

Existem outros descritores estereoquímicos que são empregados em casos mais específicos de isomeria espacial, entretanto fogem ao propósito desta obra.

3.6 Obtenção de enantiômeros puros

A obtenção de enantiômeros puros se faz necessária em algumas situações, como por exemplo testes farmacológicos de candidatos a fármacos, já que enantiômeros podem ter efeitos biológicos distintos, precisam ser testados separadamente.

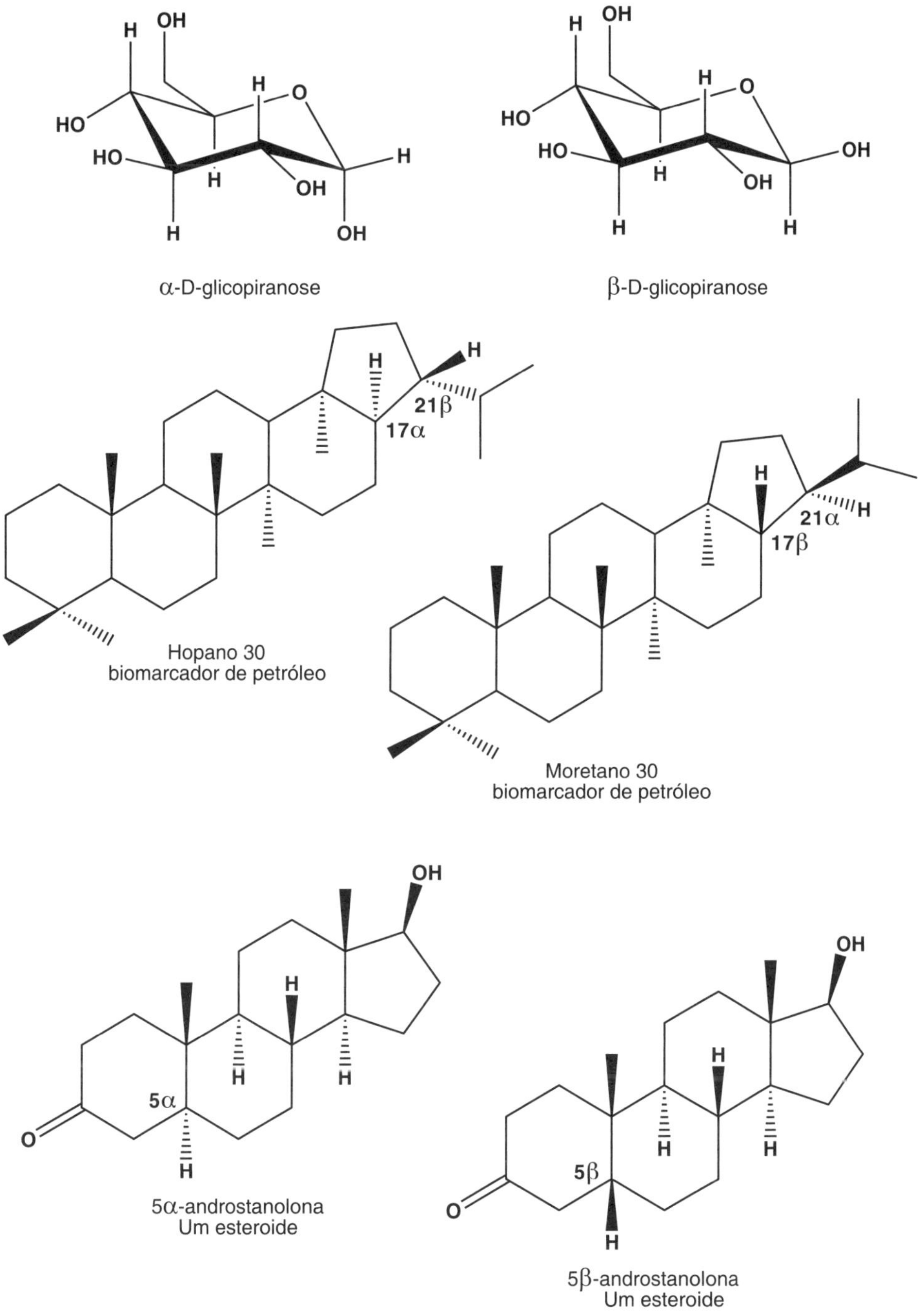

α-D-glicopiranose

β-D-glicopiranose

Hopano 30
biomarcador de petróleo

Moretano 30
biomarcador de petróleo

5α-androstanolona
Um esteroide

5β-androstanolona
Um esteroide

Figura 3.34 Exemplo de aplicação dos descritores estereoquímicos α e β.

Existem basicamente dois métodos para a obtenção de enantiômeros puros:

- resolução de racematos;
- síntese enantiosseletiva.

3.6.1 **Resolução de racematos**

A resolução de racematos é empregada quando a partir de uma mistura racêmica separam-se os dois enantiômeros. Essa separação pode ser feita por três métodos:

Conversão a diastereoisômeros:

Um ácido quiral em sua forma racêmica pode ser separado com o uso de uma amina quiral enantiomericamente pura, assim os sais formados seriam diastereoisômeros e poderiam ser separados por cristalização. A Figura 3.35 esquematiza esse procedimento:

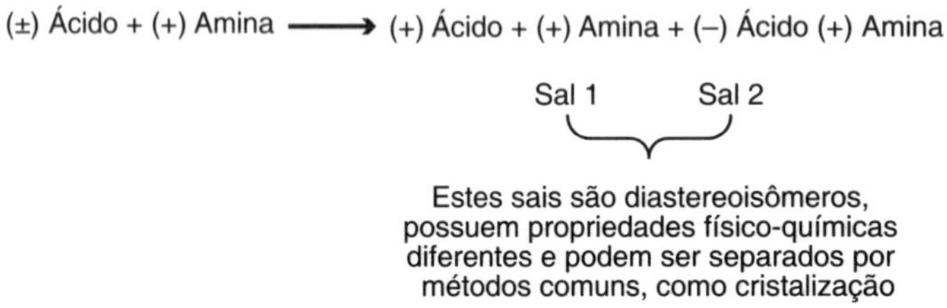

(±) Ácido + (+) Amina ⟶ (+) Ácido + (+) Amina + (–) Ácido (+) Amina

Sal 1 Sal 2

Estes sais são diastereoisômeros,
possuem propriedades físico-químicas
diferentes e podem ser separados por
métodos comuns, como cristalização

Figura 3.35 Resolução de um ácido quiral racêmico pela sua conversão a diastereoisômeros com uma amina quiral.

Reversamente, uma amina quiral racêmica pode ter seus enantiômeros separados com o uso de um ácido orgânico quiral.

Outra aplicação da técnica de conversão a diastereoisômeros para a separação de ácidos racêmicos em formas enantiomericamente puras é a conversão a ésteres diastereoisoméricos pela reação com um álcool quiral enantiomericamente puro.

Cromatografia quiral:

Outro método para a separação de enantiômeros é a cromatografia quiral. A cromatografia é um processo em que uma fase estacionária interage com as substâncias da mistura por adsorção, interação iônica, bioafinidade ou exclusão por tamanho, entre outras, e uma fase móvel que também interage com as substâncias da mistura. A medida da afinidade maior ou menor das substâncias com a fase estacionária ou móvel determina se a substância ficará mais ou menos retida e assim recuperada mais rapidamente ou não.

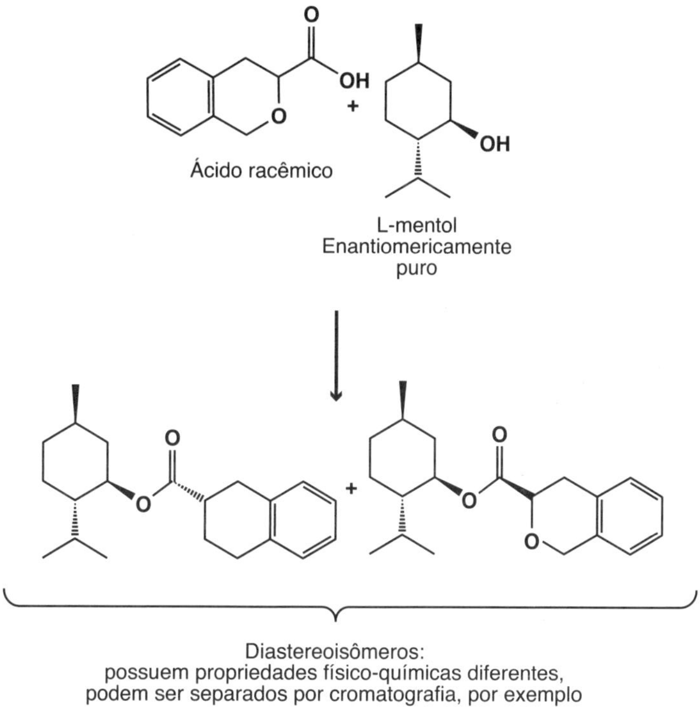

Ácido racêmico

L-mentol
Enantiomericamente
puro

Diastereoisômeros:
possuem propriedades físico-químicas diferentes,
podem ser separados por cromatografia, por exemplo

Figura 3.36 Resolução de ácido racêmico pela conversão a ésteres diastereoisoméricos.

Desse modo, o uso de uma fase estacionária quiral poderá interagir mais com um enantiômero do que com o outro. O enantiômero que interagir menos com a fase estacionária quiral será recuperado primeiro.

O exemplo apresentado na Figura 3.37 naturalmente é apenas ilustrativo do conceito; na prática, a fase estacionária quiral pode interagir mais com qualquer um dos enantiômeros, tudo depende da estrutura molecular da parte quiral da fase estacionária e da molécula quiral a ser separada.

Resolução enzimática:

Enzimas são proteínas, logo são formadas por aminoácidos quirais e, portanto, são quirais como um todo. Dessa maneira, podem reconhecer substâncias quirais de modo diferente. Várias enzimas já foram isoladas e empregadas para a catálise de reações orgânicas.

Como as enzimas reconhecem substâncias quirais de modo diferente, podem ser usadas para a resolução de misturas racêmicas, uma vez que catalisarão a reação dos enantiômeros em velocidades diferentes, podendo até ser completamente seletivas e reconhecer apenas um dos enantiômeros.

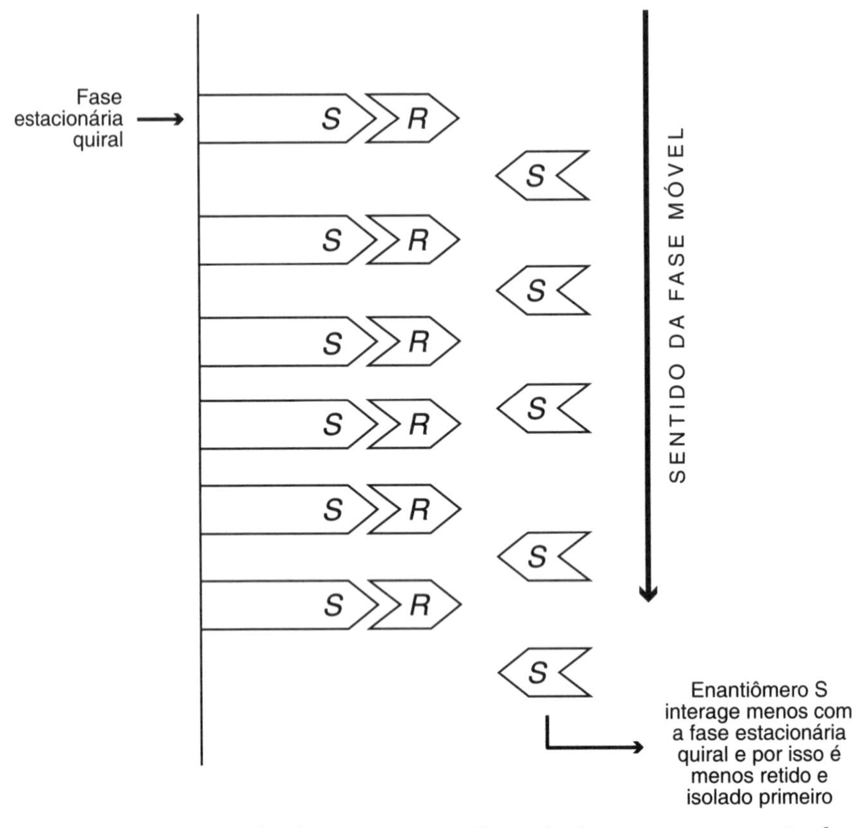

Figura 3.37 Exemplo de cromatografia quiral para a separação de enantiômeros.

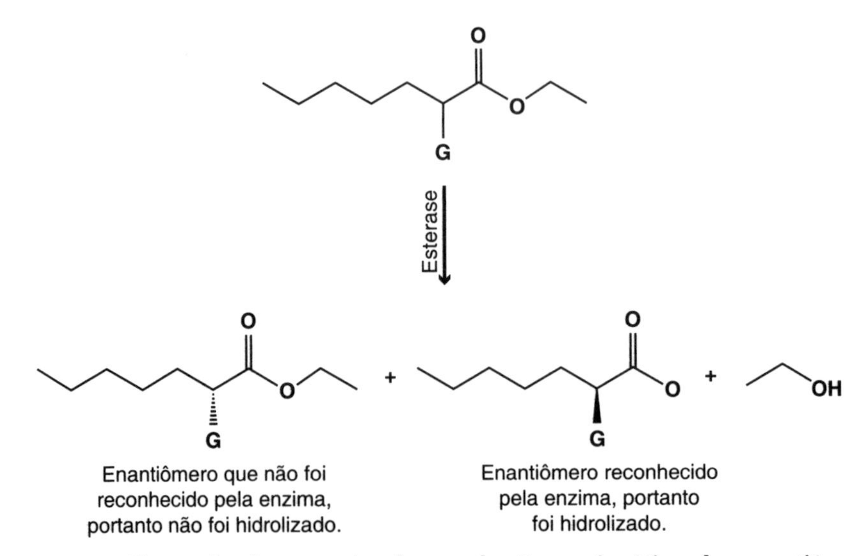

Figura 3.38 Exemplo do conceito da resolução enzimática de enantiômeros.

3.6.2 Síntese enantiosseletiva

Outra forma de obtenção de moléculas enantiomericamente puras é a síntese de enantiosseletiva. O principal conceito da síntese enantiosseletiva é exposto a seguir:

- *Quiralidade* não pode ser gerada, somente pode ser transferida.

Isso significa que uma reação que fornece como produto uma molécula quiral sempre fornecerá uma mistura racêmica. Isso decorre do fato de que as moléculas, para reagirem e formarem produtos, precisam ganhar energia para atingir o estado de transição, e como os enantiômeros possuem propriedades físico-químicas iguais fornecem estados de transição com a mesma energia, para a formação dos enantiômeros *R* e *S*, por exemplo.

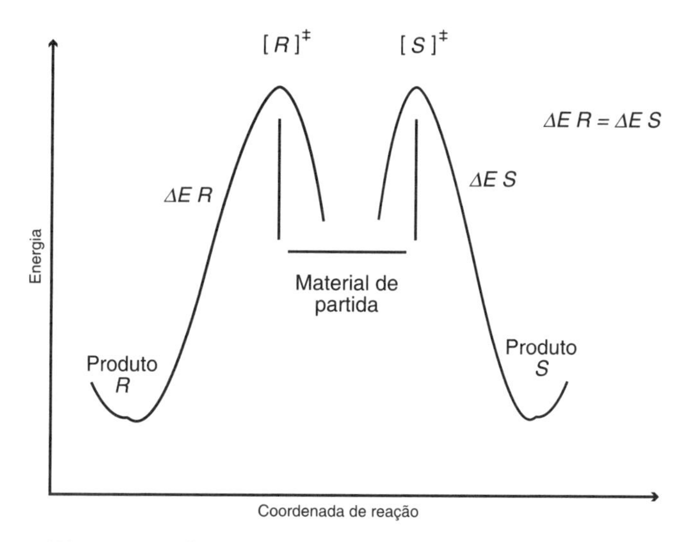

Figura 3.39 Diagrama de energia para uma reação não enantiosseletiva.

Para que se tenha uma síntese enantiosseletiva deve-se ter no meio reacional uma molécula quiral que possa *transferir sua quiralidade* de modo que um dos estados de transição para a formação dos enantiômeros tenha mais energia que o outro. Assim, o enantiômero que se forma pelo estado de transição de menor energia será o produto preferencial da reação.

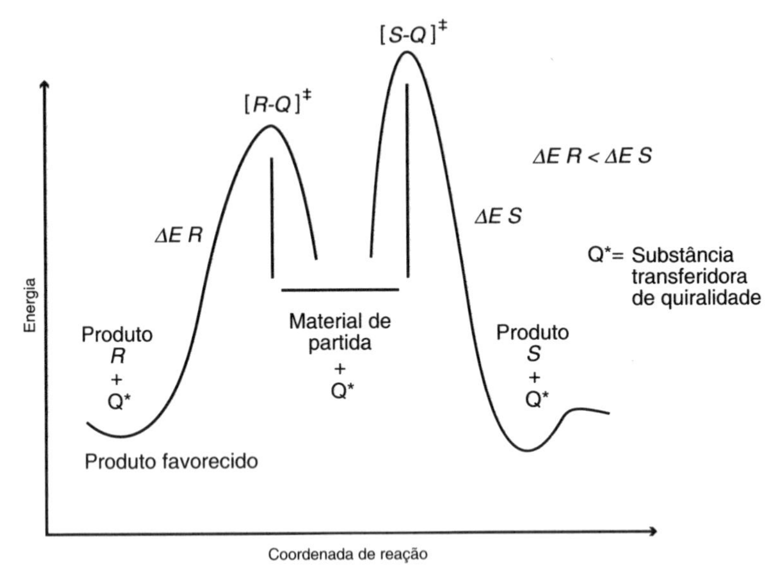

Figura 3.40 Diagrama de energia para uma reação enantiosseletiva.

Naturalmente trata-se de mais um exemplo. Numa reação real o favorecimento poderá ser para a formação de qualquer um dos enantiômeros.

Uma substância transferidora de quiralidade pode ser um auxiliar quiral, um ligante quiral ou um catalisador quiral.

Alguns conceitos como estado de transição e diagrama de energia serão discutidos em maiores detalhes nos Capítulos 5, 6 e 7.

Como exemplo, pode-se dar a reação de hidrogenação da pentan-2-ona, que, em um meio em que não há nenhuma substância transferidora de quiralidade, fornece o pentan-2-ol racêmico:

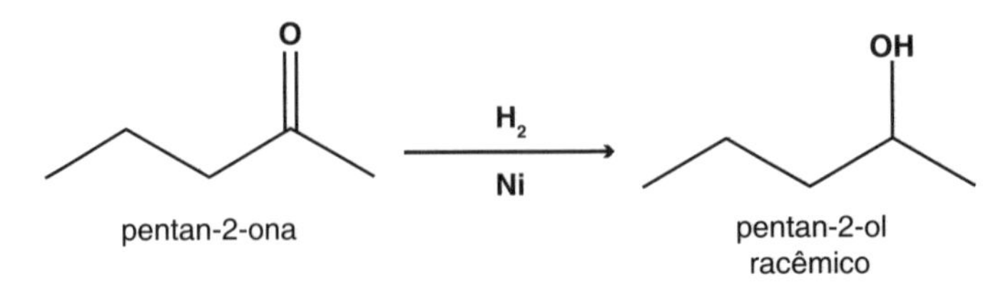

Figura 3.41 Síntese do pentan-2-ol racêmico.

Quando se emprega um catalisador quiral à base de um complexo de ródio (Rh) e (R_a) 2,2'-bis(difenilfosfino)-1,1'-binaftila (BINAP), obtém-se o (*R*)-pentan-2-ol.

O
OH
H_2
CQ*
pentan-2-ona
(*R*)-pentan-2-ol

CQ* = Rh +
Ph
P
Ph
P
Ph
Ph
R_a-BINAP

Figura 3.42 Síntese enantiosseletiva do pentan-2-ol.

3.7 Estereoisomeria em átomos diferentes de carbono

Alguns átomos podem se apresentar em geometria tetraédrica como o carbono, e quando estão ligados a quatro ligantes diferentes também apresentam isomeria ótica, como no exemplo a seguir:

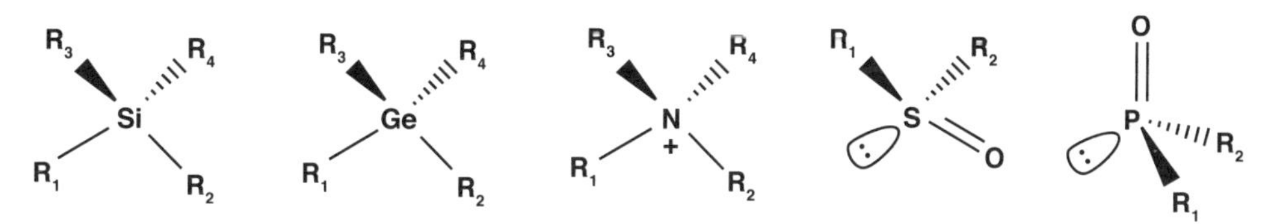

Figura 3.43 Exemplos de outros átomos estereogênicos.

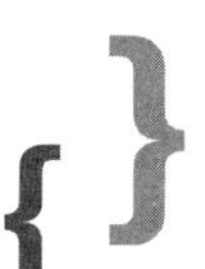

Considerações do Capítulo

Neste capítulo foram apresentados os tipos de isomeria plana e espacial, bem como as regras de regras de nomenclatura IUPAC aplicadas à diferenciação de estereoisômeros.

Tabela 3.1 Prioridades em ordem crescente dos grupos mais comuns em Química Orgânica pelas regras da convenção CIP

$—H$	$—C{\equiv}CH$	$—NH—CH_2—CH_3$
$—CH_3$	$—C_6H_5$	$—N(CH_3)_2$
$—CH_2—CH_3$	$—p—C_6H_4—CH_3$	$—NO_2$
$—CH_2—CH_2—CH_3$	$—m—C_6H_4—CH_3$	$—OH$
$—CH_2—CH_2—CH_2—CH_3$	$—o—C_6H_4—CH_3$	$—OCH_3$
$—CH_2—CH_2—CH—(CH_3)_2$	$—CHO$	$—OCH(CH_3)_2$
$—CH_2—CH—(CH_3)_2$	$—COCH_3$	$—OC(CH_3)$
$—CH_2—CH{=}CH_2$	$—COC_6H_5$	$—OSO_2—CH_3$
$—CH_2—C—(CH_3)_3$	$—CO_2H$	$—F$
$—CH_2—C{\equiv}CH$	$—CO_2CH_3$	$—SH$
$—CH_2—C_6H_5$	$—CO_2CH_2CH_3$	$—S—CH_3$
$—CH—(CH_3)_2$	$—CO_2C_6H_5$	$—SO_3H$
$—CH{=}CH_2$	$—CO_2C(CH_3)$	$—Cl$
$—C_6H_{11}$ (ciclo-hexano)	$—NH_2$	$—Br$
$—C—(CH_3)_3$	$—NH—CH_3$	$—I$

Exercícios

3.1 Que tipo de isomeria plana é apresentada pelos compostos a seguir?

(a) Ciclopropano e propeno

(b) Butanol e etoxietano

(c) Pentanol e pentan-3-ol

3.2 Desenhe todas as estruturas possíveis com a fórmula C_3H_9N.

3.3 Desenhe as estruturas dos compostos a seguir.

(a) *o*-diclorobenzeno

(b) *m*-dinitrobenzeno

(c) *p*-aminofenol

3.4 Desenhe as estruturas dos compostos a seguir.

(a) (*E*)-pent-2-eno

(b) (*Z*)-hex-2-eno

(c) (*E*)-2-cloro-3-fluoropent-2-eno

(d) (*E*)-1-fluoro-1-iodo-3-metilbut-1-eno

3.5 Dê o nome dos compostos a seguir de acordo com as regras de nomenclatura de compostos orgânicos e empregando os descritores *E* e *Z*.

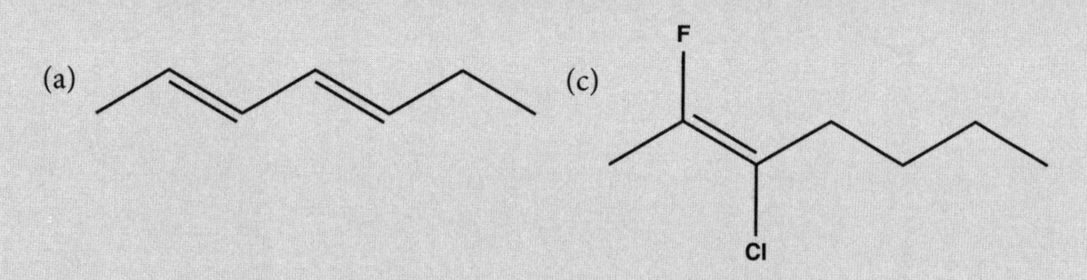

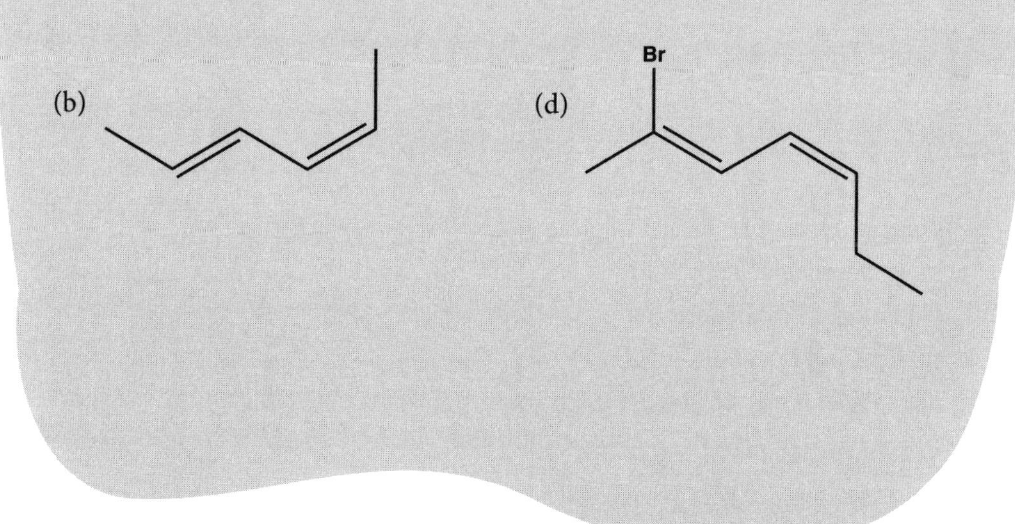

3.6 Identifique os compostos a seguir como quirais ou aquirais. Para aqueles identificados como quirais, desenhe todos os enantiômeros.

(a)

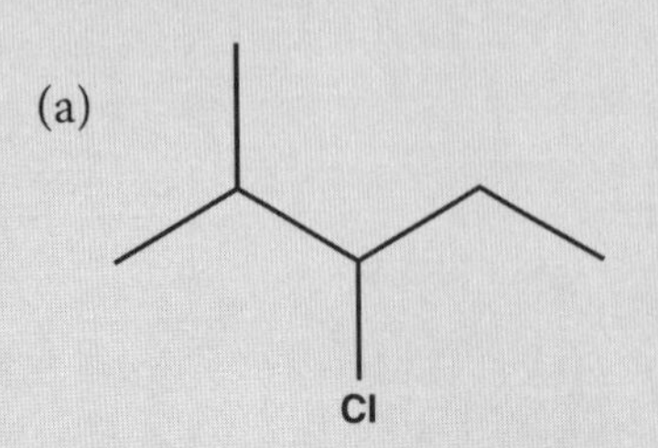

(c)

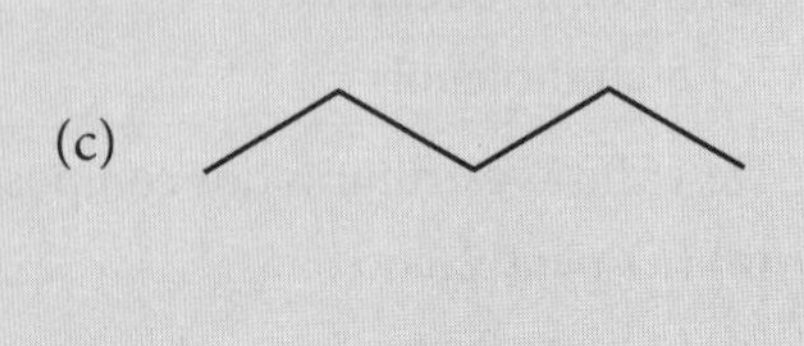

(b)

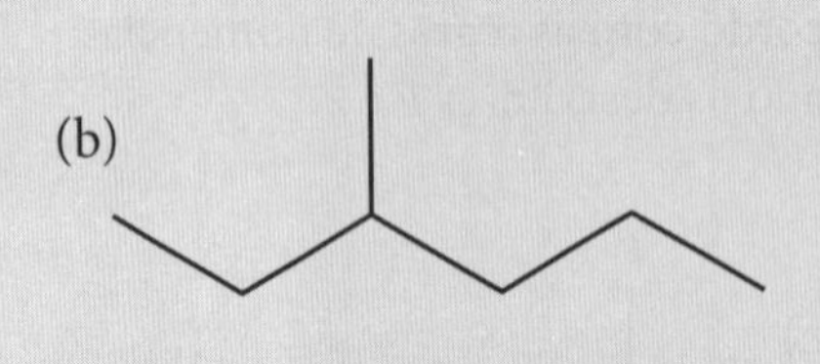

(d)

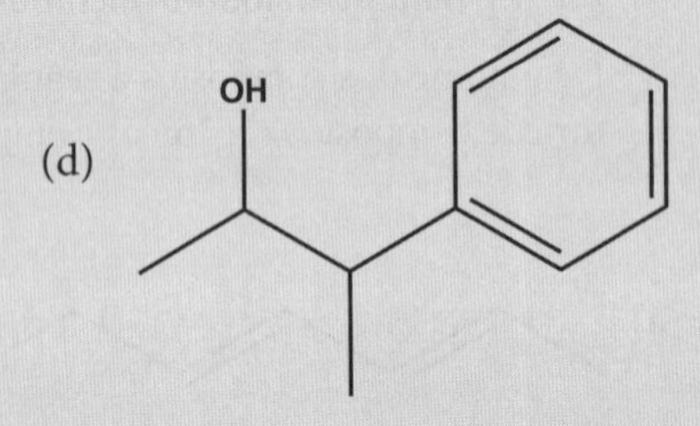

3.7 Dê a nomenclatura dos compostos a seguir empregando os descritores *R* e *S*.

(a)

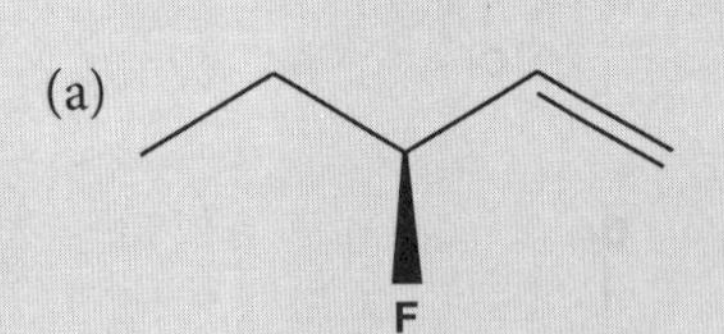

(c)

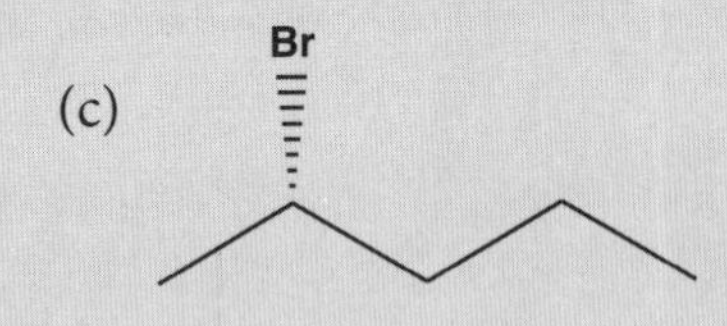

(b)

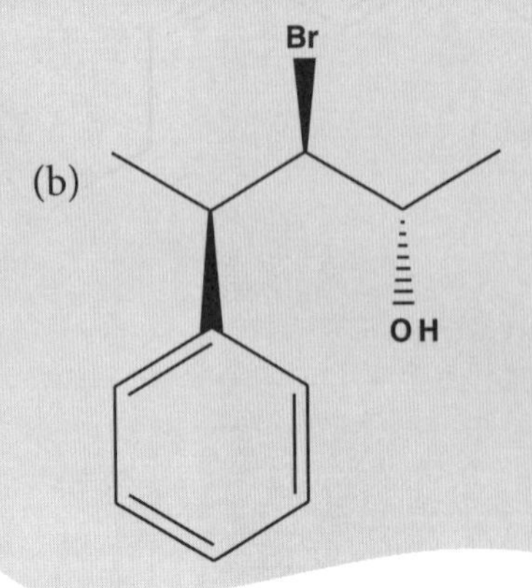

(d)

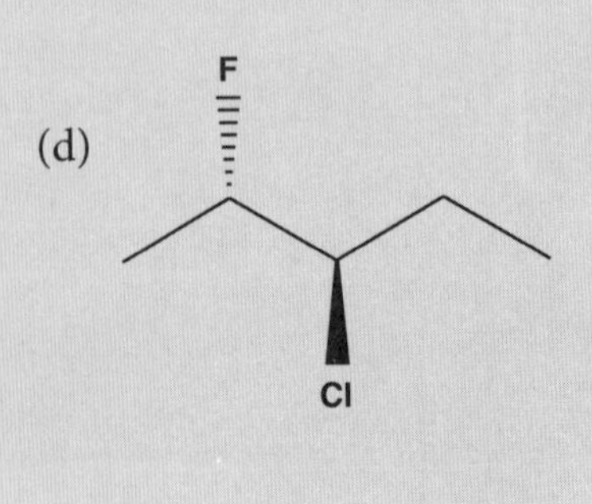

3.8 Converta as estruturas a seguir para fórmula de projeção de Fischer.

(a)

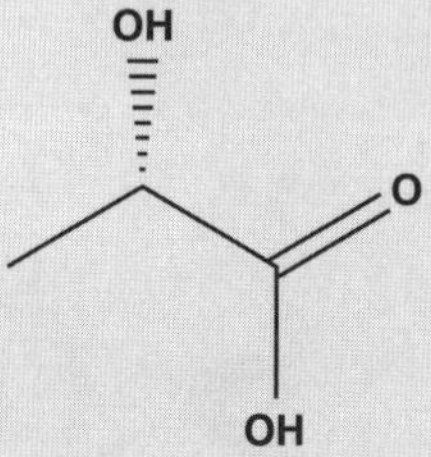

OH, O, OH

(c)

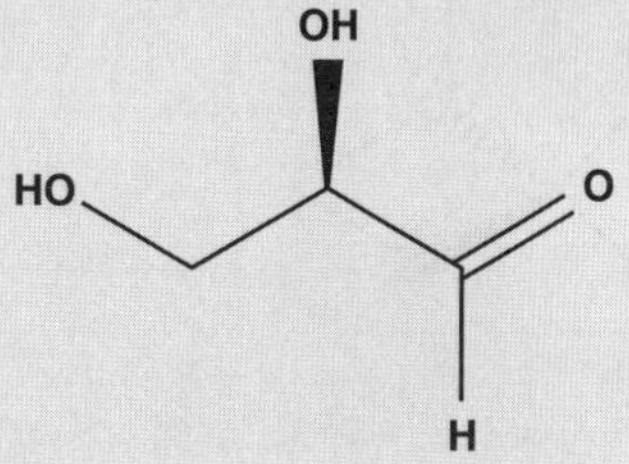

OH, HO, O, H

(b)

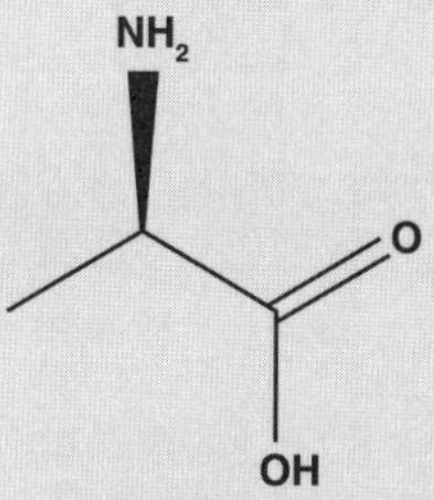

NH_2, O, OH

(d)

F, O, HO, OH, O, F

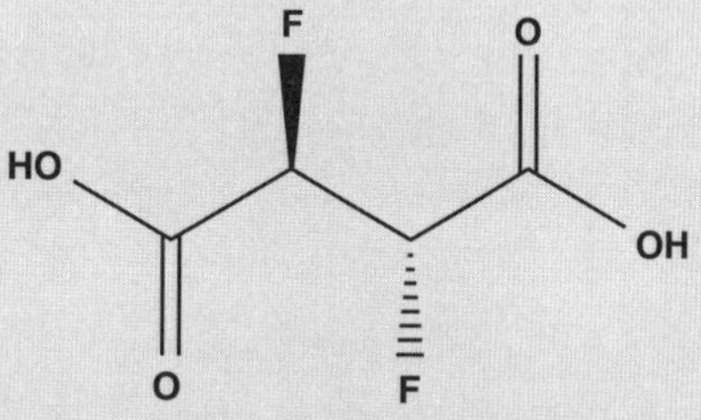

3.9 Quantos estereoisômeros são possíveis para o composto a seguir? Desenhe as estruturas de dois estereoisômeros possíveis que sejam enantiômeros.

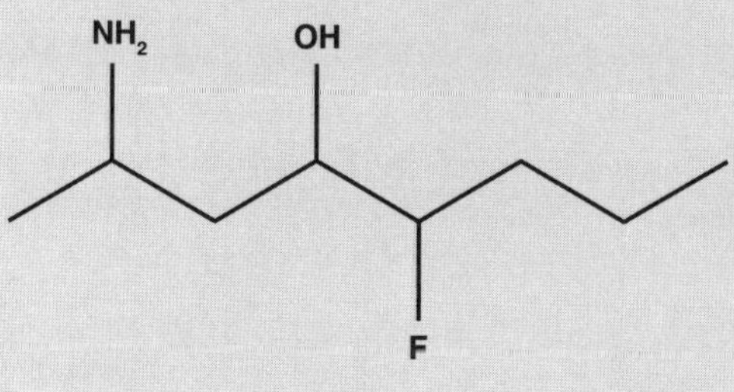

NH_2, OH, F

Desafio

3.1 O composto a seguir é quiral? Caso seja, desenhe seus enantiômeros e dê a nomenclatura dos mesmos.

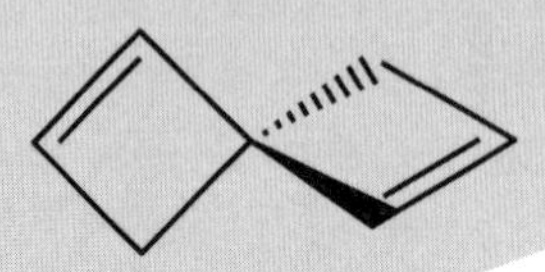

Análise conformacional

4

RAPHAEL SALLES FERREIRA SILVA

Uma molécula orgânica pode se apresentar em várias posições no espaço tridimensional. Essas posições podem interferir de modo determinante nas reações químicas. A *análise conformacional* é a área da química orgânica que estuda a dinâmica das posições tridimensionais que uma molécula pode assumir no espaço.

4.1 Introdução

Conformação é o nome dado às diferentes formas que uma mesma molécula pode assumir no espaço por meio de rotações de ligações σ. Essas formas são chamadas de confôrmeros.

Análise conformacional é o estudo das propriedades físicas e químicas dos confôrmeros de uma molécula. Esse estudo é importante para o entendimento de diversas reações químicas, pois, como será visto mais adiante, determinadas reações só acontecem se os reagentes assumirem conformações específicas.

Neste capítulo será estudada a análise conformacional de moléculas acíclicas e cíclicas.

4.2 Análise conformacional de moléculas acíclicas

Para o estudo da análise conformacional de moléculas acíclicas faz-se uso das fórmulas de projeção de Newman, em que o ângulo de visão é frontal ao longo do eixo da ligação σ, de modo que se vê um átomo imediatamente à frente de outro, conforme a Figura 4.1.

Figura 4.1 Representação de moléculas em fórmula de projeção de Newman.

4.2.1 Análise conformacional do etano

O etano apresenta apenas duas conformações oriundas da rotação em torno do eixo da ligação σ carbono-carbono, Figura 4.2.

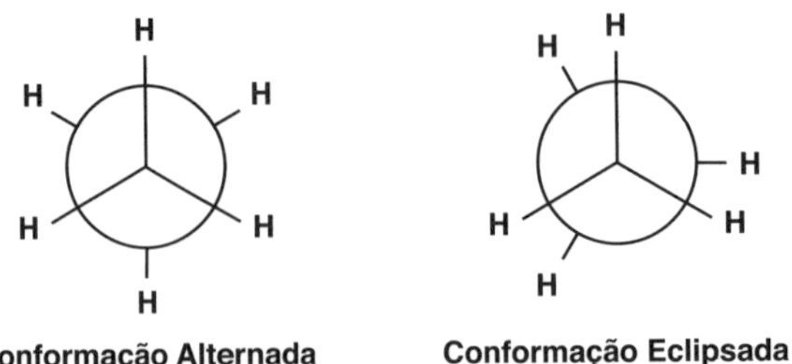

Figura 4.2 Etano representado em fórmula de projeção de Newman mostrando a conformação alternada e eclipsada.

Observando a fórmula de projeção de Newman da conformação alternada do etano, vê-se que cada átomo de hidrogênio está a um ângulo de 60º de seus vizinhos, assim cada giro em torno do eixo da ligação σ carbono-carbono corresponde a um giro de 60º. Esse ângulo é chamado de ângulo diedro (ϕ). Na conformação eclipsada o ângulo diedro (ϕ) é de 0°.

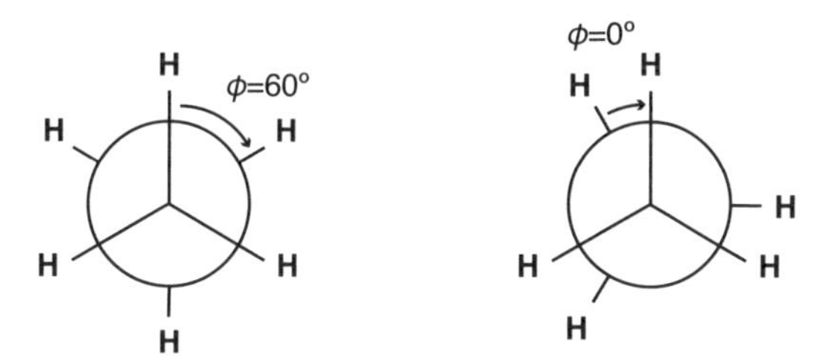

Figura 4.3 Ângulos diedros (ϕ) de grupos nas conformações alternada e eclipsada.

Em termos energéticos, as conformações alternadas apresentam menor energia potencial que as conformações eclipsadas, sendo assim mais estáveis. A energia necessária para que ocorra a conversão de uma conformação *alternada* para *eclipsada* é de aproximadamente 12 kJ/mol. Essa energia é chamada de *barreira torsional*. A figura a seguir mostra, em forma de um gráfico chamado *diagrama de energia potencial*, a variação de energia potencial da molécula do etano resultante da rotação da ligação σ carbono-carbono:

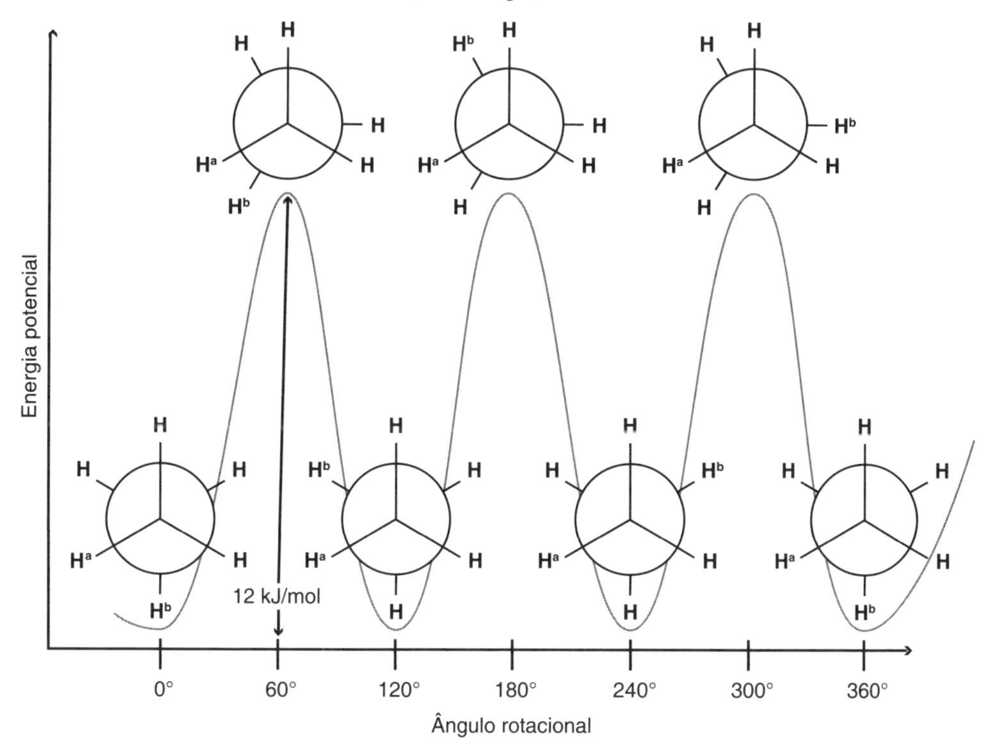

Figura 4.4 Diagrama de energia potencial da molécula do etano.

4.2.2 Análise conformacional de moléculas com mais substituintes

Quando existem grupos diferentes do hidrogênio ligados aos carbonos analisados pela fórmula de projeção de Newman as conformações são nomeadas de acordo com a posição relativa dos grupos substituintes. Além dos termos *alternada* e *eclipsada*, já definidos anteriormente, utilizam-se os termos:

anti: Indica que os grupos substituintes estão em faces opostas da molécula.

sin: Indica que os grupos substituintes estão na mesma face da molécula.

periplanar: Indica que os grupos substituintes estão no mesmo plano.

Clinal: Indica que os grupos substituintes não estão no mesmo plano.

Gauche: Outro termo para designar conformações alternadas *sin clinais.*

A Figura 4.5 fornece exemplos do emprego desses termos.

A seguir será mostrado o emprego desses termos na análise conformacional do *n*-butano.

4.2.3 Análise conformacional do butano

A análise conformacional do butano por meio da rotação da ligação C2-C3 do butano fornece seis confôrmeros, conforme mostrado na Figura 4.6.

Em termos de estabilidade, assim como no etano as conformações alternadas são mais estáveis que as conformações eclipsadas, uma vez que os grupos estão afastados, minimizando a interação repulsiva entre nuvens eletrônicas dos grupos.

Dentre as conformações alternadas *Anti* periplanar e as conformações Gauche I e II, a conformação *Anti* periplanar é a mais estável, pois apresenta os grupos metila mais afastados que as conformações Gauche I e II.

Dentre as conformações eclipsadas *sin* periplanar e as conformações *anticlinais* I e II, a conformação *sin* periplanar é a menos estável, pois apresenta os grupos metila mais próximos que as conformações Eclipsadas I e II.

A Figura 4.7 mostra o *diagrama de energia potencial* da molécula do *n*-butano resultante da rotação da ligação C2–C3.

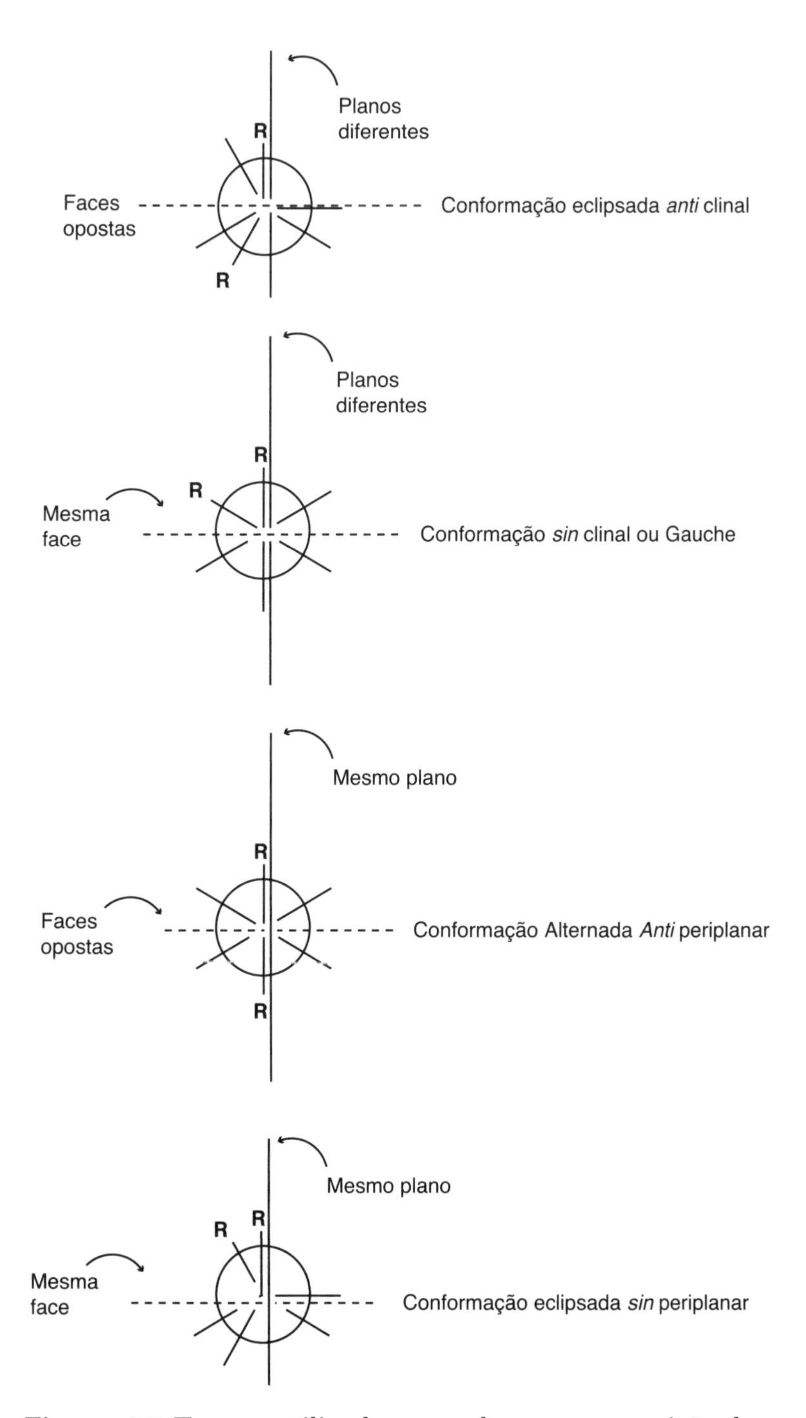

Figura 4.5 Termos utilizados para descrever a posição de substituintes em moléculas.

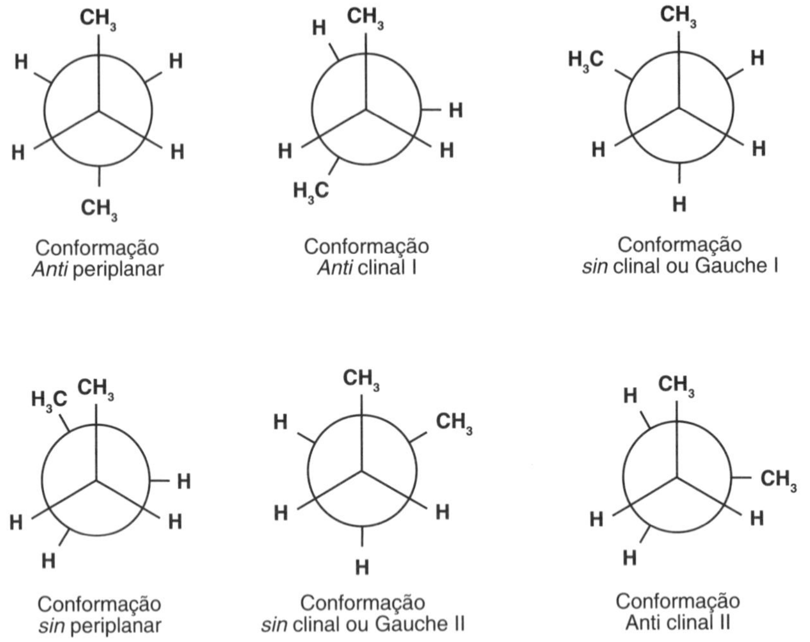

Conformação *Anti* periplanar

Conformação *Anti* clinal I

Conformação *sin* clinal ou Gauche I

Conformação *sin* periplanar

Conformação *sin* clinal ou Gauche II

Conformação Anti clinal II

Figura 4.6 Confôrmeros do butano.

4.2.4 **Análise conformacional em outras moléculas acíclicas**

Para realizar a análise conformacional de moléculas diferentes do etano ou *n*-butano, tem-se que levar em consideração os seguintes conceitos que foram apresentados até o momento:

- Conformações alternadas são mais estáveis que conformações eclipsadas.
- A conformação mais estável é aquela que apresenta os grupos mais volumosos de carbonos vizinhos na conformação antiperiplanar.

Assim, a conformação mais estável das moléculas está disposta na Figura 4.7.

4.3 **Análise conformacional de moléculas cíclicas**

Moléculas cíclicas são rígidas estruturalmente, não permitindo rotação livre das ligações σ. Para o estudo da análise conformacional de moléculas cíclicas há que se definir os seguintes termos:

- *Tensão angular*: é o aumento da energia potencial da molécula causado pelo desvio do ângulo de ligação dos átomos em relação ao ângulo ideal.

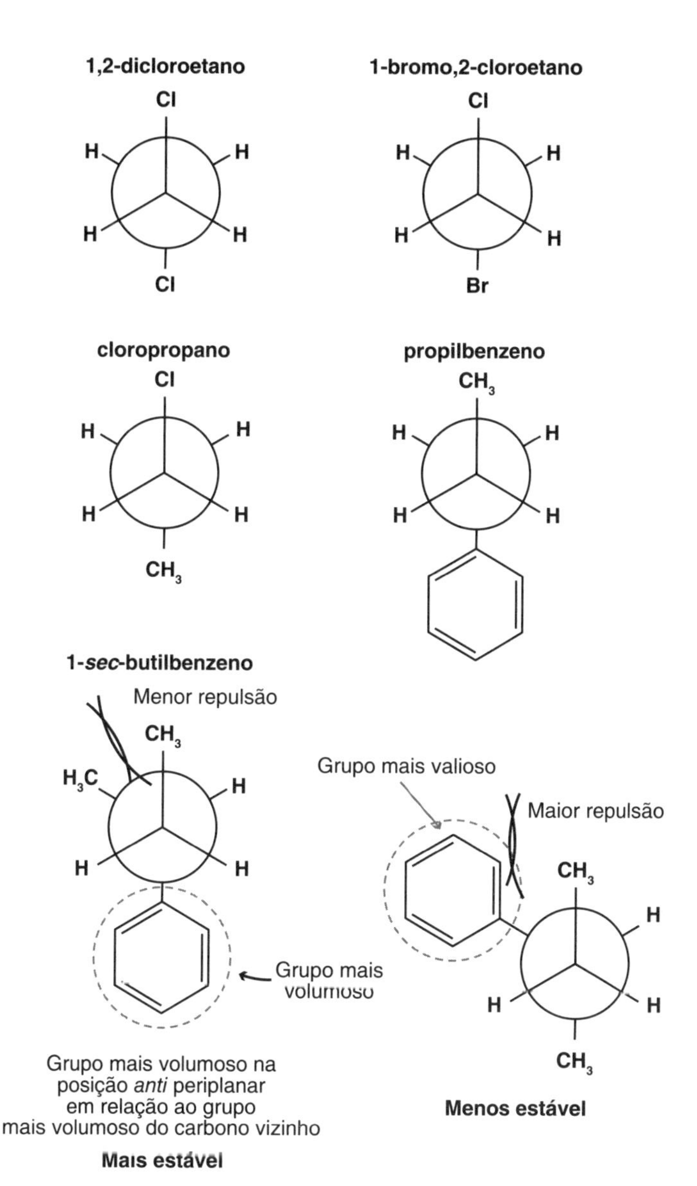

Figura 4.7 Conformações mais estáveis de moléculas selecionadas.

- *Tensão torsional*: é o aumento da energia potencial da molécula causado pelo eclipsamento dos átomos na molécula.

Desse modo, quanto maiores a *tensão angular* e/ou a *tensão torsional* menos estável será a molécula. A combinação entre a *tensão angular* e a *tensão torsional* chama-se *tensão de anel*.

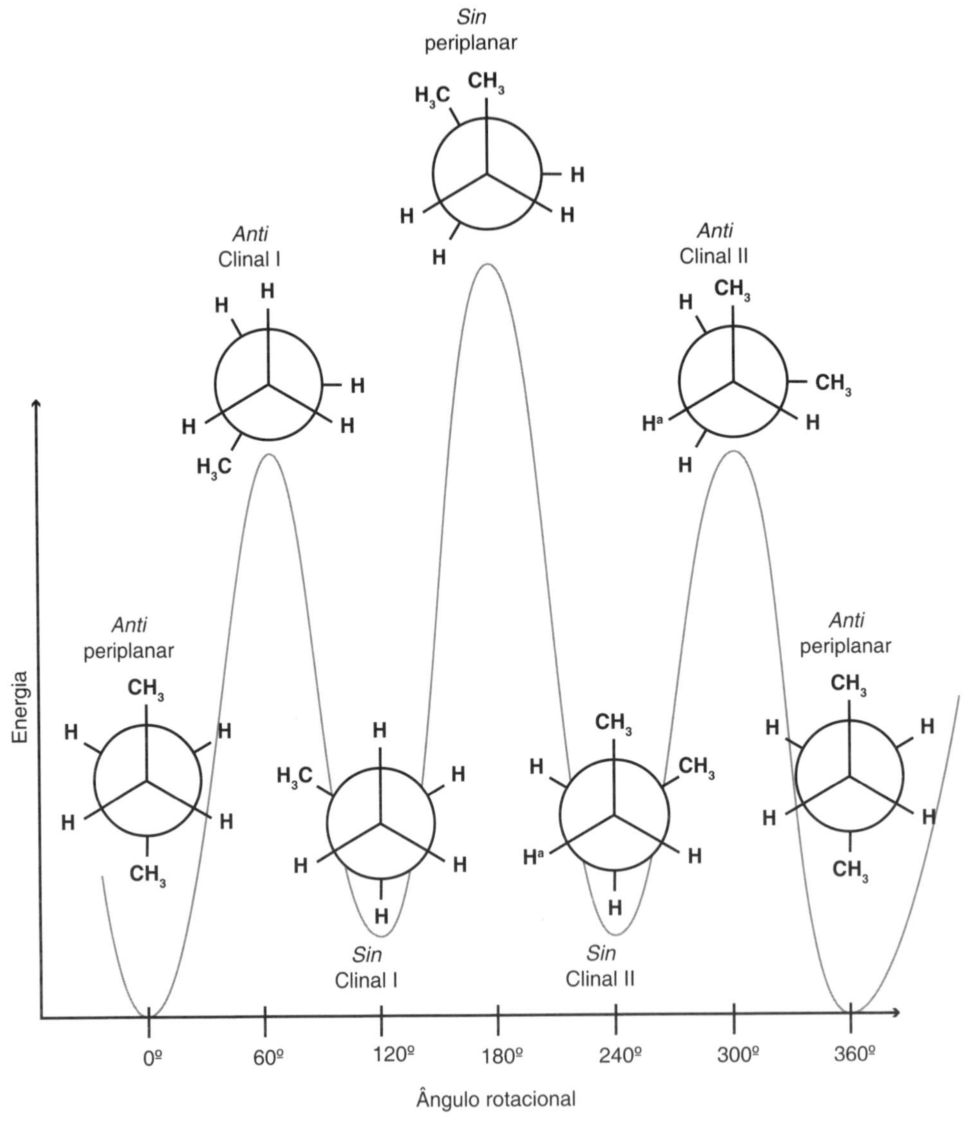

Figura 4.8 Diagrama de energia potencial da molécula do etano.

4.3.1 Análise conformacional do ciclopropano

O ciclopropano é o menor cicloalcano. Todos os seus átomos estão hibridizados em sp^3, ou seja, o ângulo de ligação ideal é 109,5°, porém o ciclopropano apresenta ângulos de 60°, o que leva a uma elevada tensão angular. O ciclopropano é plano, o que faz com que todos os átomos de hidrogênio estejam eclipsados, elevando a tensão torsional. Portanto, o ciclopropano é o menos estável dos cicloalcanos devido sua elevada tensão angular e tensão torsional.

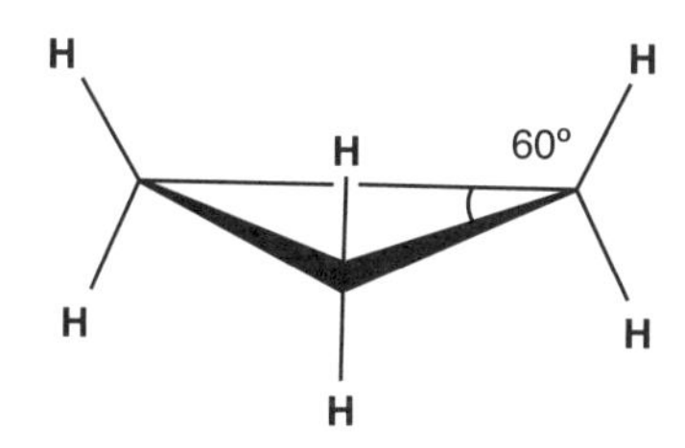

Figura 4.9 Análise conformacional do ciclopropano.

4.3.2 Análise conformacional do ciclobutano

O ciclobutano também apresenta elevadas tensões angular e torsional. Um ciclobutano plano apresentaria ângulos de ligação de 90°, mas essa conformação apresentaria todos os átomos de hidrogênio eclipsados, o que elevaria consideravelmente a tensão torsional. Desse modo, o ciclobutano assume uma conformação não planar com ângulos internos de 88°, o que aumenta um pouco a tensão angular, mas reduz consideravelmente a tensão torsional.

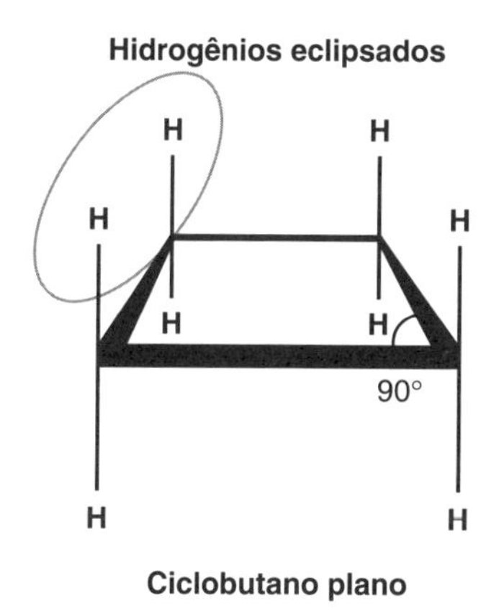

Figura 4.10 O eclipsamento dos hidrogênios no ciclobutano plano eleva a tensão torsional.

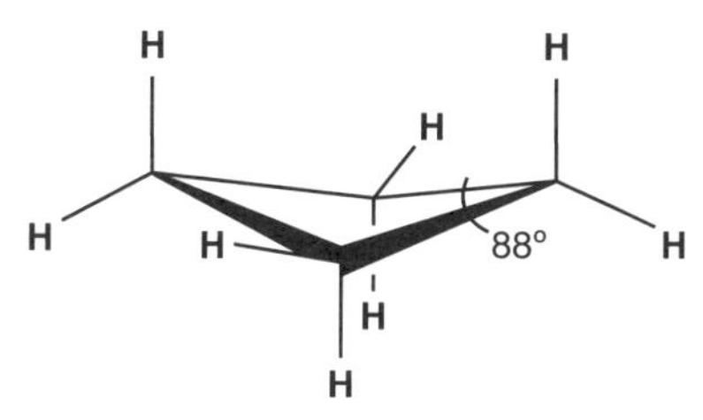

Figura 4.11 Essa conformação do ciclobutano reduz a tensão torsional sem grande aumento da tensão angular.

4.3.3 **Análise conformacional do ciclopentano**

O ciclopentano possui ângulos de ligação de 108°, ou seja, muito próximo do valor de 109,5°, ideal para átomos de carbono hibridizados em sp^3. Isso faz com que a tensão angular no ciclopentano seja mínina. A tensão torsional também é mínima, pois o ciclopentano não adota conformação planar e sim uma conformação chamada de envelope, que apresenta menos átomos de hidrogênios eclipsados.

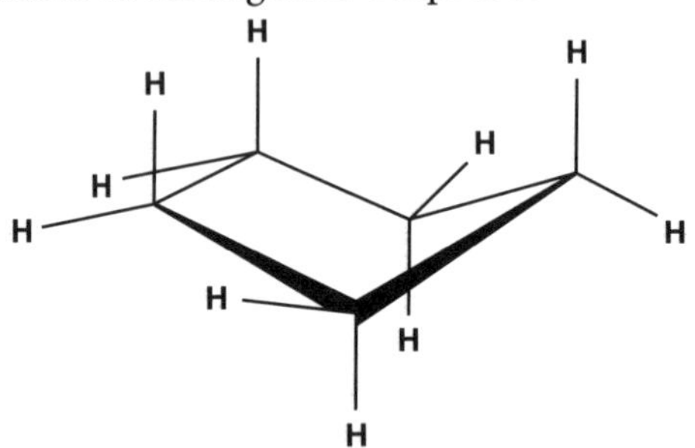

Figura 4.12 Análise conformacional do ciclopentano.

4.3.4 **Análise conformacional do ciclo-hexano**

O ciclo-hexano é grande o suficiente para que todos os átomos de carbono possuam ângulos de ligação de 109,5°. Assim o ciclo-hexano é o cicloalcano mais estável dos vistos até o momento, uma vez que não possui tensão angular, já que os ângulos de ligação são ideais e não há átomos de hidrogênios eclipsados.

O ciclo-hexano pode assumir quatro conformações diferentes:

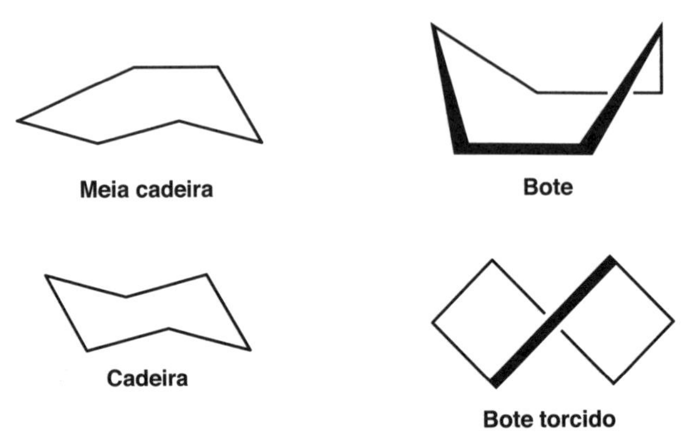

Figura 4.13 Conformações do ciclo-hexano.

Existem também duas conformações cadeiras, meia cadeira e botes torcidos que se interconvertem entre si.

Figura 4.14 Interconversão de confôrmeros cadeira do ciclo-hexano.

A Figura 4.15 mostra o diagrama de energia potencial dos confôrmeros do ciclo-hexano. O diagrama mostra que a conformação mais estável é a conformação *cadeira*, e a menos estável é a conformação *meia cadeira*. A conformação *bote torcido* é mais estável que a conformação *bote*, ao passo que a conformação bote torcido é a segunda mais estável.

Há que se observar que existem dois confôrmeros *cadeira*, dois confôrmeros *meia cadeira*, dois confôrmeros *bote torcido* e apenas um confôrmero *bote*.

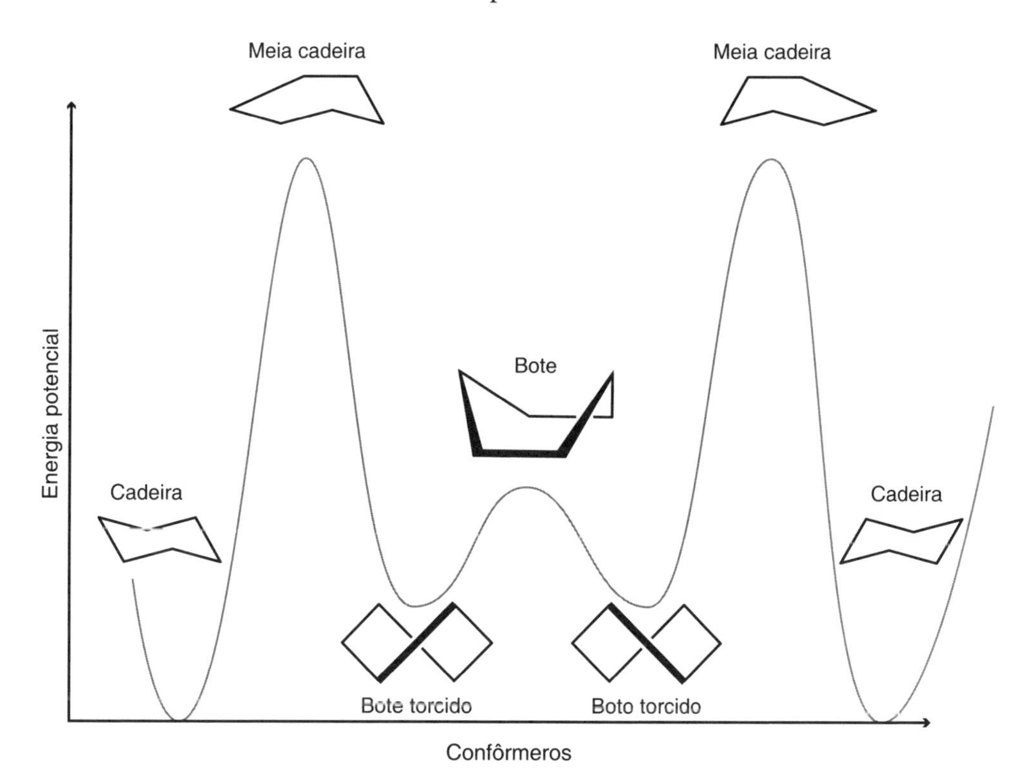

Figura 4.15 Energia potencial dos confôrmeros do ciclo-hexano.

4.3.5 Análise conformacional dos cicloalcanos com mais de seis átomos

O ciclo-heptano pode assumir quatro conformações: *cadeira*, *bote*, *cadeira torcida* e *bote torcido*. A conformação *cadeira torcida* é a mais estável.

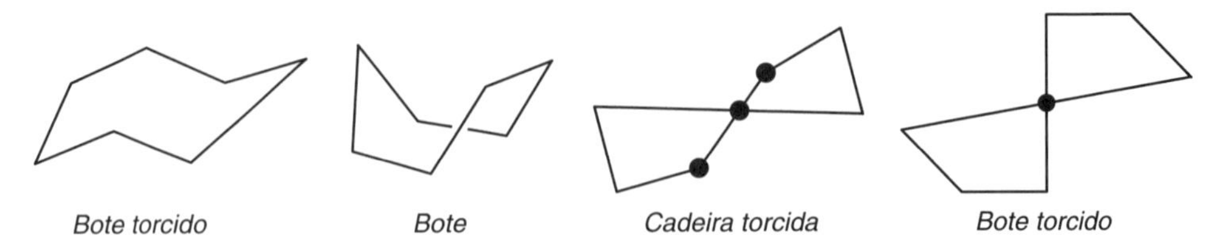

Figura 4.16 Conformações do ciclo-heptano.

O ciclo-octano pode assumir três conformações: *cadeira-bote*, *cadeira-cadeira* e *bote-bote*. A conformação *cadeira-bote* é a mais estável.

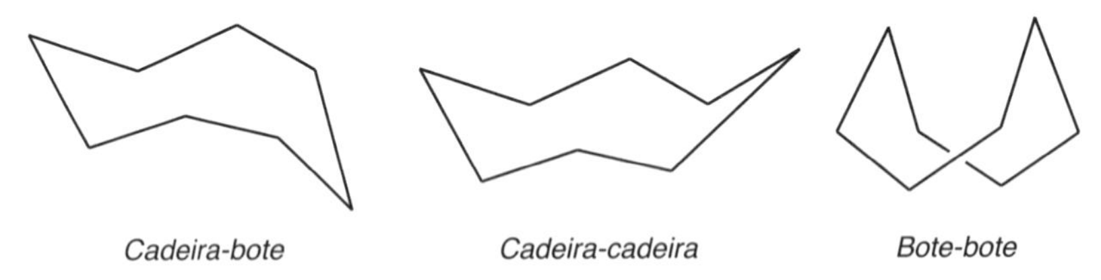

Figura 4.17 Conformações do ciclo-octano.

A análise conformacional de cicloalcanos com mais de oito átomos de carbono é dificultada porque o maior número de átomo de carbono fornece flexibilidade ao anel. Essa flexibilidade permite que o anel assuma várias conformações com barreiras energéticas de interconversão muito baixas, dificultando assim a determinação de uma conformação mais estável.

4.3.6 Análise conformacional dos ciclo-hexanos substituídos

Até agora foram vistos apenas cicloalcanos não substituídos. Quando o anel é substituído, *a conformação mais estável é aquela que apresenta o grupo mais volumoso na posição equatorial.*

O ciclo-hexano possui doze posições em que um substituinte pode estar ligado. Essas posições são chamadas de *axial* e *equatorial.*

- Posição *axial:* O substituinte está no eixo perpendicular ao plano horizontal da molécula.
- Posição *equatorial:* O substituinte está no eixo do plano horizontal da molécula. A figura mostra a disposição das posições axiais e equatoriais de um ciclo-hexano, onde se observa que existem seis posições *axiais* e seis posições *equatoriais.*

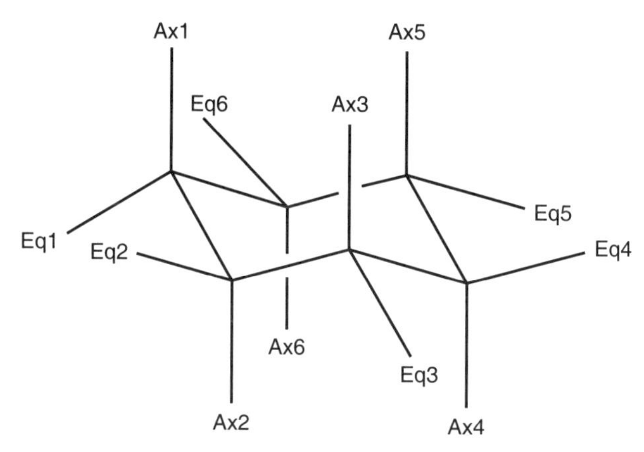

Figura 4.18 Posições que o substituinte pode ocupar no ciclo-hexano.

Como visto anteriormente, o ciclo-hexano possui dois confôrmeros *cadeira* que se interconvertem entre si. Quando essa interconversão ocorre, há uma inversão das posições dos grupos, de modo que um grupo que está na posição *axial* em um confôrmero passa ocupar a posição equatorial no outro confôrmero. A Figura 4.19 ilustra essa inversão. Tomando como exemplo quatro átomos de hidrogênio, nomeados como Ha, Hb, Hc e Hd, no **confôrmero 1** Ha e Hd estão na posição *axial* e Hb e Hc estão na posição *equatorial*. Após a interconversão, Ha e Hd estão na posição *equatorial* e Hb e Hd estão na posição *axial* no **confôrmero 2**.

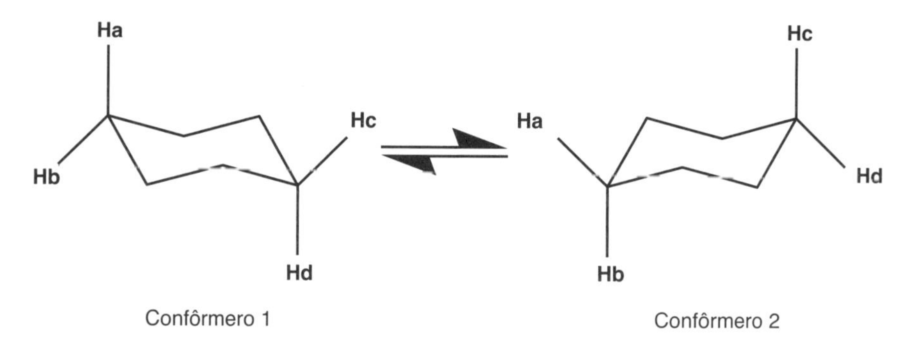

Figura 4.19 Interconversão de confôrmeros de ciclo-hexano.

Ciclo-hexanos também apresentam isomeria *cis-trans*. Quando se trata de carbonos vizinhos (posição 1,2) as posições *axiais* estão em faces opostas da molécula em relação a outras, estando, portanto, *trans*. Do mesmo modo, posições *equatoriais* estão em faces opostas da molécula em relação a outras, estando, portanto, *trans*. Já as posições *axiais* e *equatoriais* estão na mesma face da molécula, estando, portanto, *cis* em relação umas às outras. Essas mesmas observações valem para grupos na posição 1,4. Para grupos na posição 1,3 as posições *axiais* e *equatoriais* estão *trans* em relação umas às outras e as posições *axiais* estão *cis*, do mesmo modo que as posições *equatoriais*.

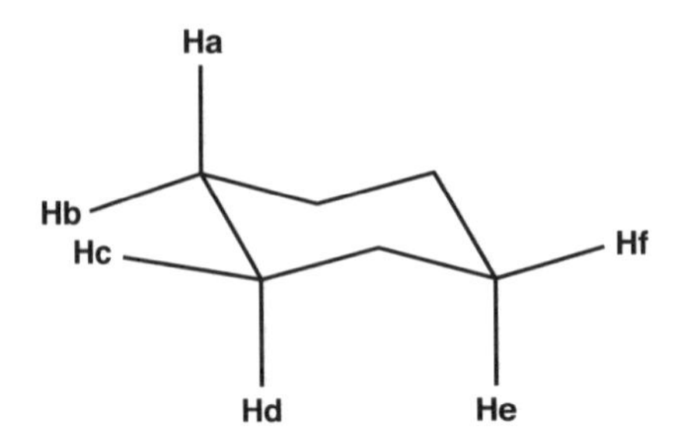

-Ha e Hb estão em posição 1,2 em relação a Hc e Hd, assim:
Ha(*axial*) e Hc(*equatorial*) estão *cis* do mesmo modo que Hb(*equatorial*) e Hd(*axial*);
Ha(*axial*) e Hd(*axial*) estão *trans* do mesmo modo que Hb(*equatorial*) e Hc(*equatorial*).

-Ha e Hb estão em posição 1,4 em relação a He e Hf, assim:
Ha(*axial*) e Hf(*equatorial*) estão *cis* do mesmo modo que Hb(*equatorial*) e He(*axial*);
Ha(*axial*) e He(*axial*) estão *trans* do mesmo modo que Hb(*equatorial*) e Hf(*equatorial*).

-Hc e Hb estão em posição 1,3 em relação a He e Hf, assim:
Ha(*axial*) e Hc(*equatorial*) estão *cis* do mesmo modo que Hb(*axial*) e He(*axial*);
Hc(*equatorial*) e He(*axial*) estão *trans* do mesmo modo que Hb(*equatorial*) e Hc(*equatorial*).

Figura 4.20 Isomeria *cis-trans* em ciclo-hexanos.

Para exemplificar, a Figura 4.21 mostra os confôrmeros mais estáveis de isômeros do dimetilciclo-hexano.

A determinação da conformação mais estável de um ciclo-hexano substituído envolve determinar a conformação que *apresenta o grupo mais volumoso na posição equatorial.*

Em caso de cicloalcanos polissubstituídos por substituintes iguais a conformação mais estável é aquela *apresenta o maior número de substituintes na posição equatorial.*

Em caso de cicloalcanos polissubstituídos por substituintes diferentes a conformação mais estável é aquela apresenta *o grupo mais volumoso na posição equatorial.*

A razão para essa observação é que com o grupo mais volumoso na posição *equatorial* se diminui a chamada interação 1,3 *diaxial* que desestabiliza as moléculas de cicloalcanos, ilustrando como exemplo o metilciclo-hexano, o confôrmero que apresenta a metila, que é o grupo mais volumoso, na posição *axial* é instável devido à interação 1,3 diaxial entre os hidrogênios *axiais* e os hidrogênios do grupo metila, ao passo que o confôrmero que apresenta a metila na posição *equatorial* não apresenta essa interação, o que faz com que esse seja o confôrmero mais estável.

Como exemplo de análise conformacional de ciclo-hexanos polissubstituídos, serão analisados os isômeros do 1,2-dimetilciclo-hexano, o que, como dito anteriormente, envolve determinar a conformação que apresente o maior número de substituintes na posição equatorial, sendo esta a conformação mais estável.

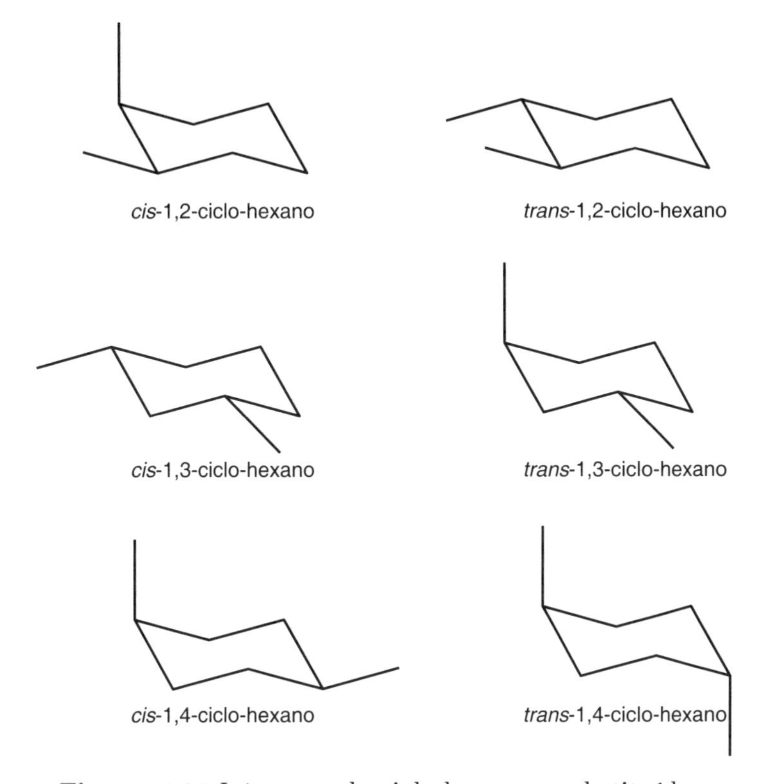

Figura 4.21 Isômeros de ciclo-hexanos substituídos.

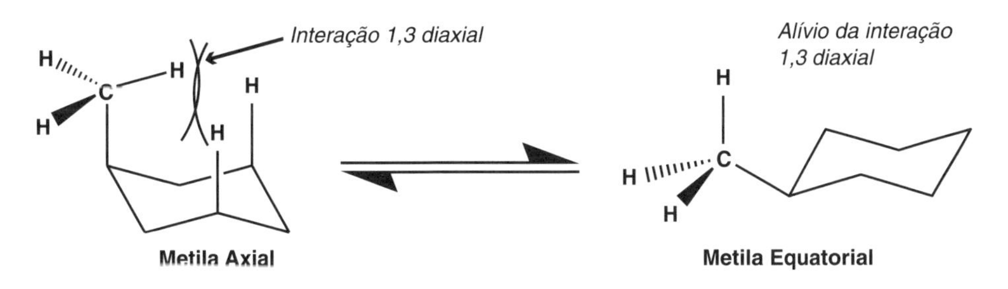

Figura 4.22 Exemplo de interações 1,3 diaxial.

O *trans*-1,2-dimetilciclo-hexano possui um confôrmero que apresenta interação 1,3 diaxial em ambas as faces da molécula, por estarem as duas metilas na posição *axial*. Já o confôrmero que apresenta as duas metilas na posição *equatorial* não apresenta interação 1,3 diaxial em nenhuma face. Por sua vez, o *cis*-1,2-dimetilciclo-hexano apresenta confôrmeros que são equivalentes, já que pelo menos uma metila estará na posição *axial*.

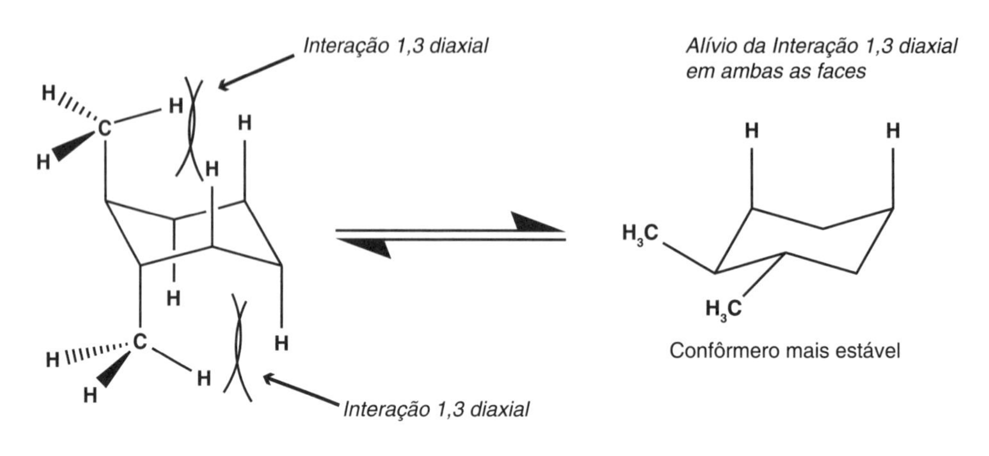

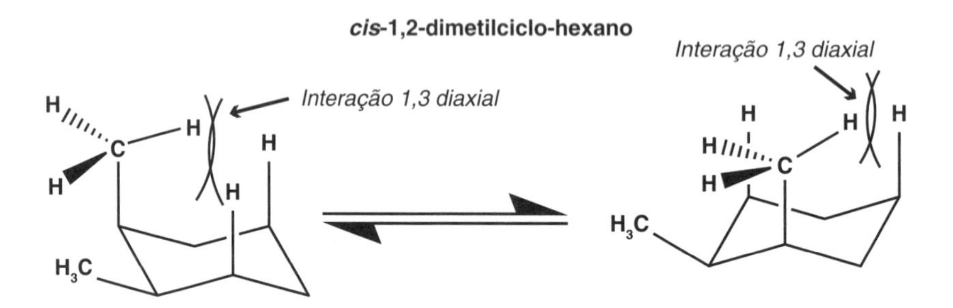

Figura 4.23 Interações 1,3 diaxial do *cis*-1,2-dimetilciclo-hexano e *trans*-1,2-dimetilciclo-hexano.

Em caso de ciclo-hexanos dissubstituídos por grupos diferentes, o princípio se mantém: o confôrmero mais estável será aquele que apresentar o grupo mais volumoso na posição equatorial. Para exemplificar, será tomado como exemplo o *cis*-1-metil, 4-*terc*-butilciclo-hexeno. O confôrmero que apresenta a metila na posição equatorial e a *terc*-butila na posição axial é menos estável porque a interação 1,3 diaxial gerada pelo grupo *terc*-butila é maior que a gerada pelo grupo metila, devido ao maior volume do grupo *terc*-butila.

O mesmo princípio é válido para outros cicloalcanos. Assim, os confôrmeros mais estáveis do metilciclobutano e do metilciclopentano são aqueles que apresentam o grupo metila na posição *pseudoequatorial*. O termo equatorial é utilizado somente para ciclo-hexanos.

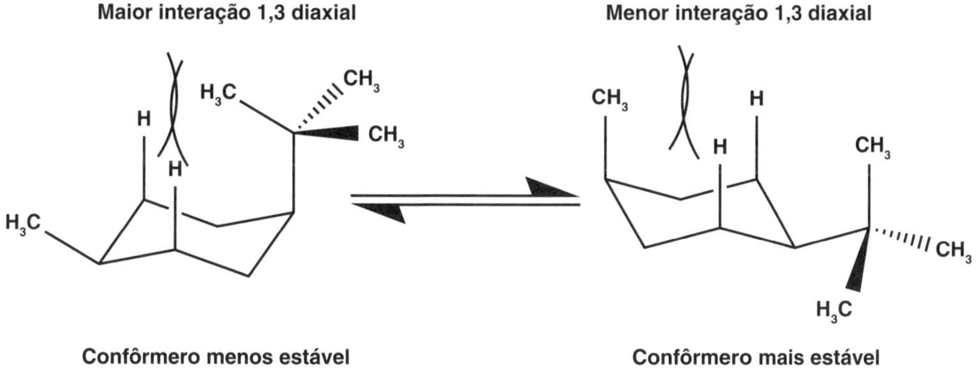

Maior interação 1,3 diaxial

Menor interação 1,3 diaxial

Confôrmero menos estável

Confôrmero mais estável

Figura 4.24 Interações 1,3 diaxial do *cis*-1-metil, 4-*terc*-butilciclo-hexano.

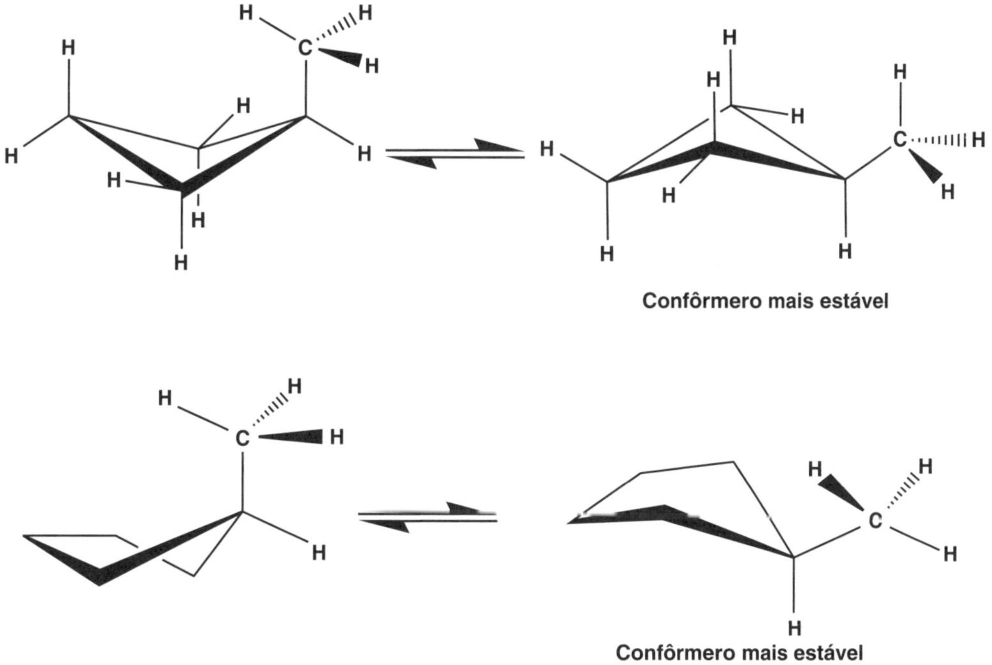

Confôrmero mais estável

Confôrmero mais estável

Figura 4.25 Conformações mais estáveis em ciclobutanos e ciclo-hexanos substituídos. Assista a um vídeo no GEN-IO, ambiente virtual de aprendizagem do GEN.

Considerações do Capítulo

Neste capítulo foram apresentados os conceitos básicos de análise conformacional de compostos acíclicos e cíclicos.

Exercícios

4.1 Defina os termos a seguir:
(a) Conformação
(b) Confôrmero
(c) Análise conformacional
(d) Tensão angular
(e) Tensão torsional

4.2 Desenhe as moléculas a seguir na conformação mais estável:
(a) 1-flúor-2-iodoetano
(b) 1-bromo-2-iodoetano
(c) 1-(2-cloroetil)-benzeno
(d) 1-iodopropano

4.3 Desenhe todas as conformações da molécula a seguir, nomeie cada confôrmero e indique o mais estável:

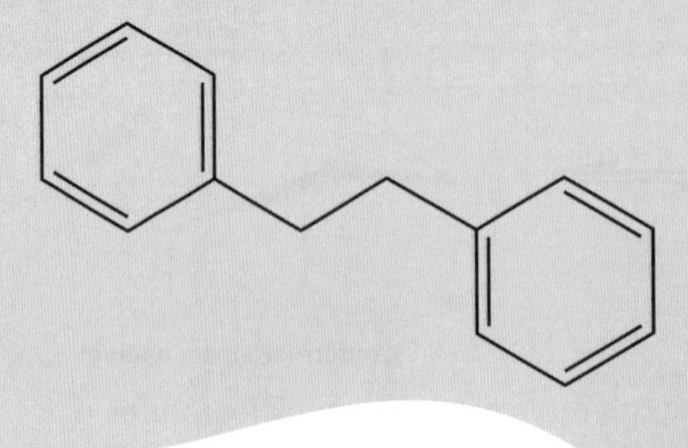

4.4 Desenhe o confôrmero mais estável dos compostos a seguir:

(a)

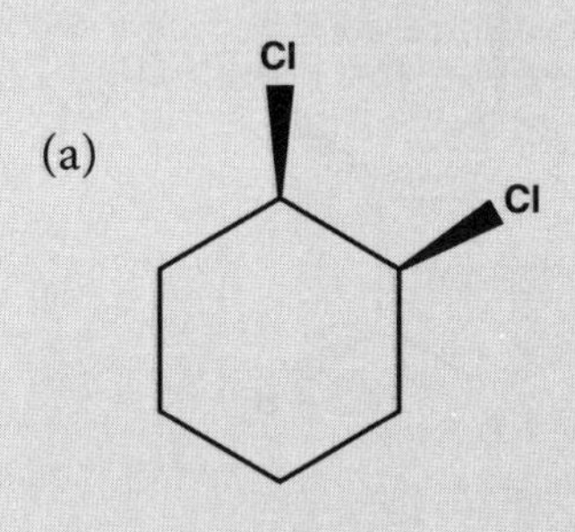

(e)

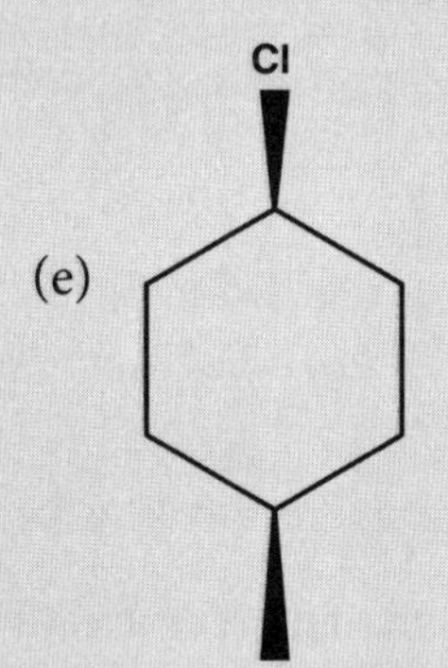

(b)

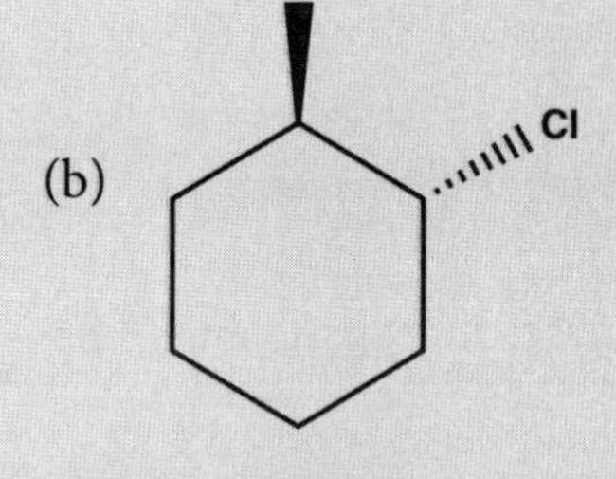

(f)

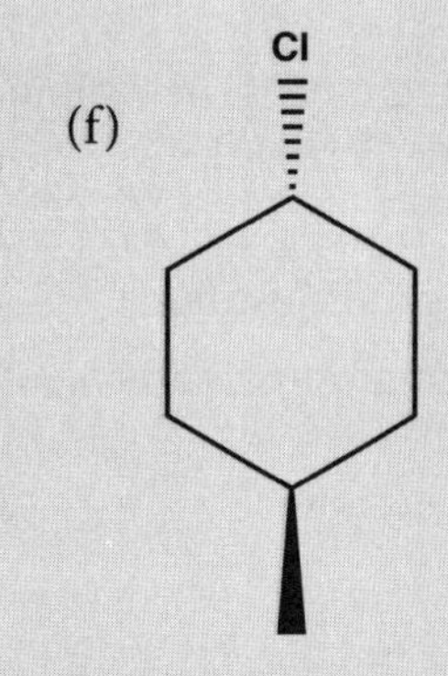

(c)

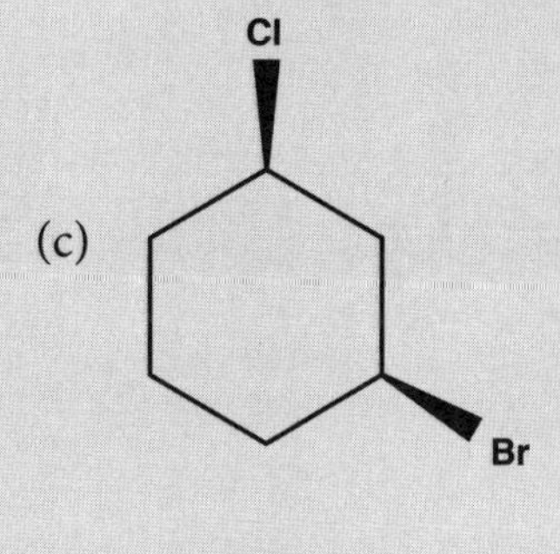

(g)

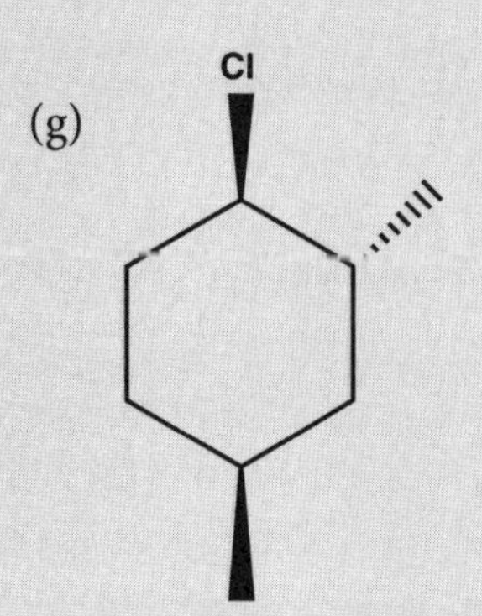

(d)

Cl

Br

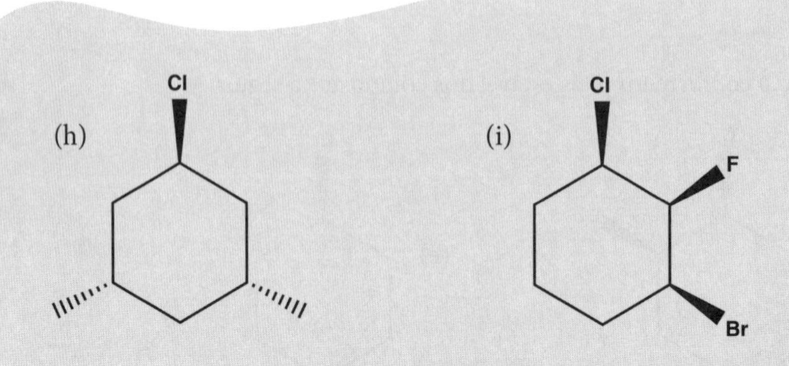

4.5 Desenhe o confôrmero mais estável do etano, *n*-butano, 2,3-dimetilbutano e 2,2,3,3-tetrametilbutano e coloque esses compostos em ordem crescente de barreira torsional.

4.6 Coloque em ordem crescente de estabilidade os seguintes compostos: etilciclopropano, metilciclobutano e ciclopentano.

4.7 Qual composto é o mais estável: *cis*-1,2-difenilciclopropano ou *trans*-1,2-difenilciclopropano? Justifique.

4.8 Desenhe os confôrmeros mais estáveis dos compostos a seguir:

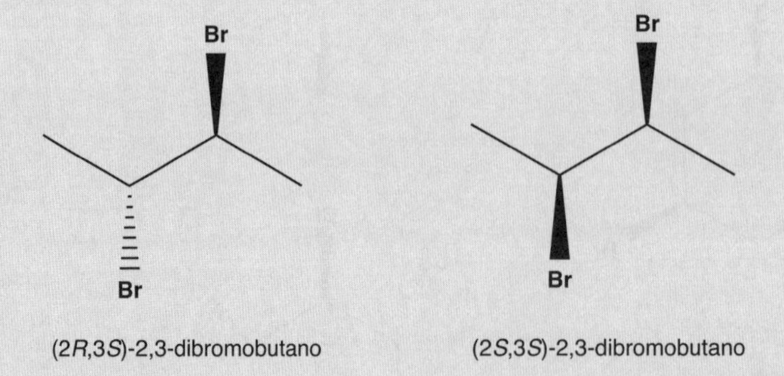

(2*R*,3*S*)-2,3-dibromobutano (2*S*,3*S*)-2,3-dibromobutano

Desafios

4.1 A seguir estão representadas as estruturas da α-D-glicose e da β-D-glicose nas formas piranosídicas e na forma furanosídica. Com base nessas estruturas, responda às questões propostas.

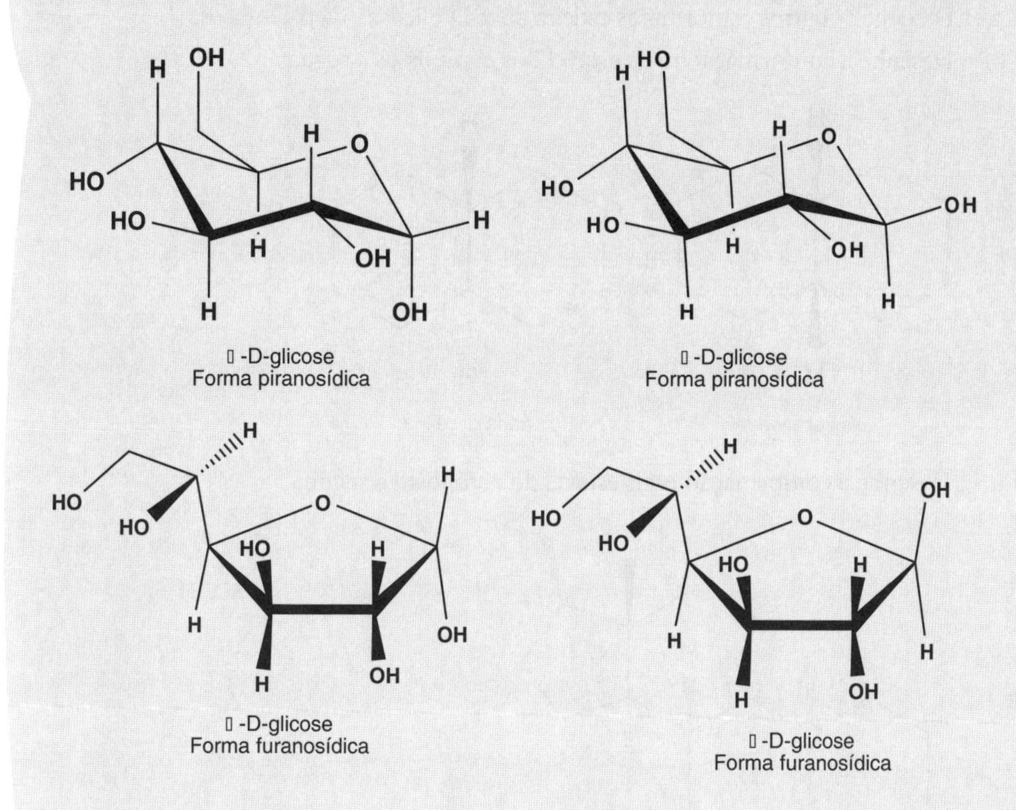

□ -D-glicose
Forma piranosídica

□ -D-glicose
Forma piranosídica

□ -D-glicose
Forma furanosídica

□ -D-glicose
Forma furanosídica

(a) Por que as formas piranosídicas são mais estáveis que as formas furanosídicas?

(b) Qual das duas formas piranosídicas (α-D-glicose e β D-glicose) é a mais estável? Justifique.

(c) Qual das duas formas furanosídicas (α-D-glicose e β-D-glicose) é a mais estável? Justifique.

(d) Os confôrmeros representados das formas piranosídicas da α-D-glicose e da β-D-glicose são os confôrmeros mais estáveis. Justifique por que esses confôrmeros são os mais estáveis.

(e) Desenhe os outros confôrmeros cadeira da α-D-glicose e da β-D-glicose.

4.2 Desenhe a conformação mais estável dos compostos a seguir:

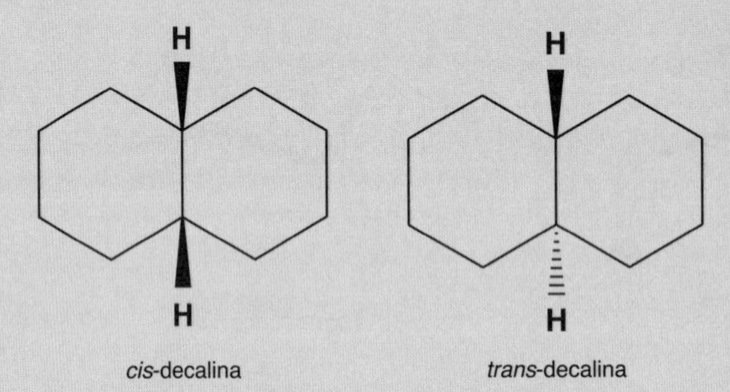

4.3 Desenhe a conformação mais estável do composto a seguir:

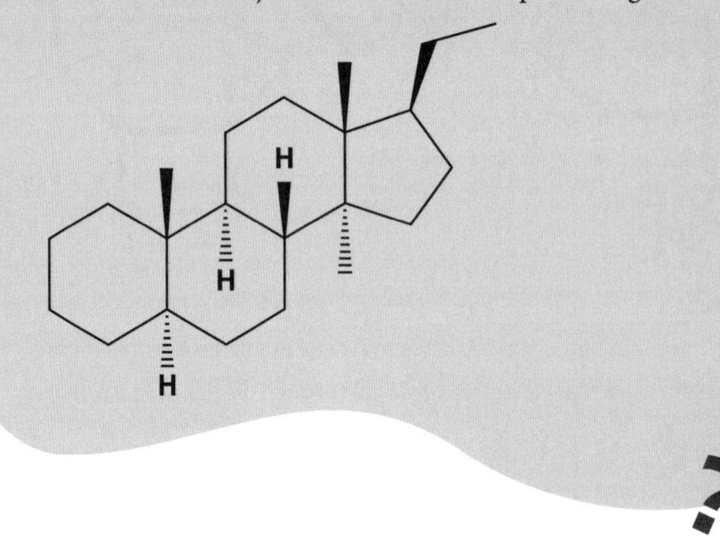

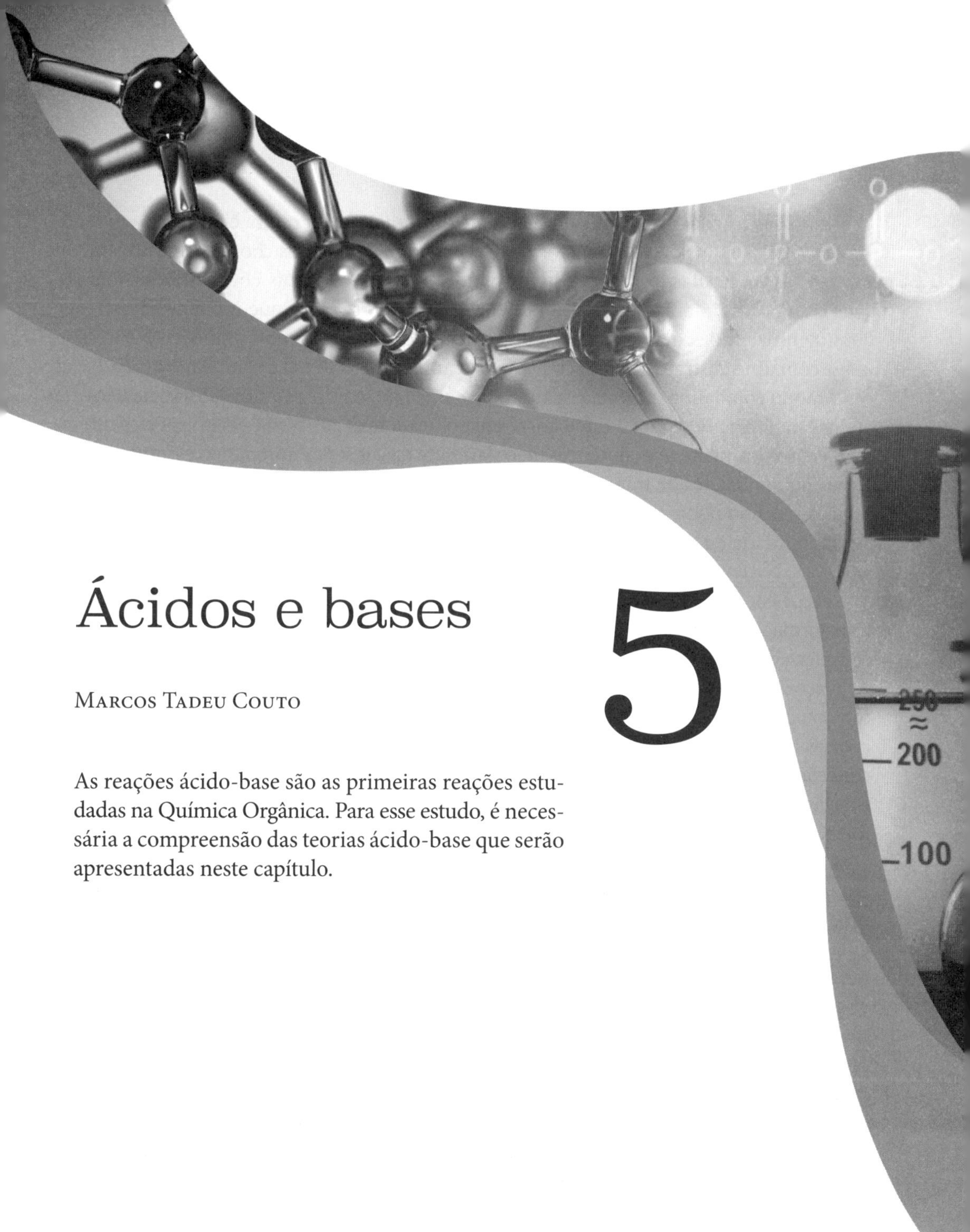

5 Ácidos e bases

Marcos Tadeu Couto

As reações ácido-base são as primeiras reações estudadas na Química Orgânica. Para esse estudo, é necessária a compreensão das teorias ácido-base que serão apresentadas neste capítulo.

5.1 Introdução

O estudo das reações químicas é amplamente difundido na literatura científica e em escolas de ciências químicas. As transformações ocorrem devido aos choques que ativam, ou excitam as moléculas, rompendo e formando ligações químicas covalentes ou iônicas. Mas como essas interações ocorrem de maneira universal? Por que uma molécula reage com algumas moléculas mas com outras não? Por que uma molécula de solvente não reage com um substrato? O que reatividade de moléculas tem a ver com teoria ácido-base?

O modo como uma molécula de uma substância *interage com* outra substância não está apenas na forma de choque que ocorre em solução, mas em como essas espécies interagem eletronicamente. As diferenças de polaridade das ligações norteiam o caminho e suas várias possibilidades de transformação. O significado das diferenças de polaridade, ou de regiões ricas ou pobres de elétrons, em uma molécula é o início de um processo em que a possibilidade de uma quebra e formação de outra ligação dependerá de outras tantas variáveis. No entanto, sem o reconhecimento dessas áreas essas reações não ocorrerão.

Reações ocorrem através de choques, mas nem todo choque molecular resulta em uma transformação química. Para que isso ocorra, inicialmente, deverá haver a formação de um complexo de ativação ou de reconhecimento de regiões ricas e de outras pobres em elétrons. As reações na química orgânica são vistas erroneamente como transformações entre grupos funcionais numa teoria de encaixe de peças, devido às características de suas estruturas de cadeias de carbonos, hidrogênio e heteroátomos. Dessa forma, a química orgânica fica desconectada do restante da química por um processo e uma visão limitada. A reatividade de substâncias orgânicas é medida pelos mesmos fatores que direcionam qualquer outra transformação química, que, inicialmente, se dá pelas suas características ácido-base.

As respostas às perguntas acima têm a ver com como a reatividade de moléculas é entendida e como o comportamento eletrônico delas é observado em solução. Quando uma molécula está *solvatada*, como será seu comportamento diante de uma outra molécula? Em vista disso, surgem outras perguntas: como essas moléculas não reativas, perante um catalisador, ficam prontas para uma transformação? Na reação a seguir, se observa o quanto é poderoso o fator catálise nas reações. Como o simples fato da adição de uma terceira substância pode acelerar uma reação? O que muda na estrutura para que ela interaja melhor com a outra? São perguntas que no estudo da teoria ácido-base poderão ser respondidas (Figura 5.1).

Vários fatores estão envolvidos nessas reações, porém neste capítulo vamos estudar algumas características importantes que envolvem as transformações químicas, suas características ácido-base e, consequentemente, suas reatividades.

5.2 Teoria de Brønsted-Lowry

O comportamento ácido-base dos materiais, alimentos e gases na natureza é conhecido há séculos pela humanidade. Conceituar o comportamento e as características foi, e ainda é, uma busca de cientistas neste e nos últimos séculos.

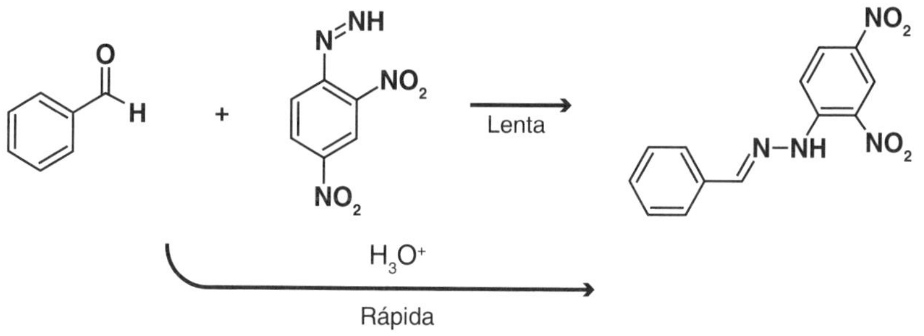

Figura 5.1 Aumento da reatividade de um ácido. Catálise ácida.

Em 1923, J.N. Brønsted e T.M. Lowry, independentemente, elaboraram uma definição para ácidos e bases levando em consideração que substâncias dissociadas em uma solução aquosa deveriam se comportar como íons, ou como agregados iônicos. Especificamente, um ácido e uma base deveriam reagir segundo as reações a seguir:

$$HA + H_2O \longrightarrow H_3O^+ + A^-$$

$$B + H_3O^+ \longrightarrow B^+H + H_2O$$

Figura 5.2 Dissociação ácido-base.

Nesse caso, uma substância ácida, em solução aquosa, é capaz de doar um próton, e uma base, em solução aquosa, é capaz de receber um próton. O que não difere em nada da definição de Arrhenius, que define um ácido como substâncias que em solução aquosa se ionizam, liberando como cátion exclusivamente H+. Bases são substâncias que em solução aquosa se dissociam, liberando exclusivamente como ânion o OH^-. Porém, sua abrangência é importante em sistemas de solventes protônicos como ácido acético e amônia líquida, e mesmo nas reações de substâncias orgânicas, que ultrapassa a teoria de Arrhenius em complexidade, englobando-a.

$$\underset{\text{Ácido}}{CH_3CO^+HOH} + \underset{\text{Base}}{CH_3COO^-} \longrightarrow \underset{\text{Produto de neutralização}}{2\,CH_3COOH}$$

$$\underset{\text{Ácido}}{NH_4^+} + \underset{\text{Base}}{NH_2^-} \longrightarrow \underset{\text{Produto de neutralização}}{2\,NH_3}$$

Figura 5.3 Reações de neutralização.

Vários exemplos são observados sob a ótica da teoria de Brønsted a respeito da reação ácido-base. Em sistemas biológicos, a complexidade estrutural de proteínas é decorrente

das reações de transferência de prótons de suas unidades aminoácidos, sem características de reações de neutralização, as quais formam estruturas terciárias e quaternárias. Aminoácidos, inclusive, apresentam um grupo ácido (carboxila) e um grupo básico (amino) na mesma estrutura molecular, podendo existir na forma de um íon duplo chamado zwitteríon. Zwitteríon é um neologismo da língua alemã que significa sal interno ou íon dipolar, isto é, uma molécula neutra que possui cargas opostas em átomos diferentes. Na formação de zwitteríons há uma transferência de próton do grupo carboxila ao grupo amino, formando um par cátion-ânion na estrutura da molécula.

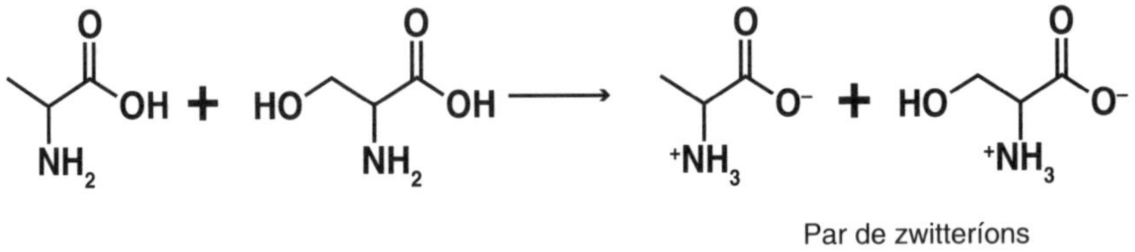

Par de zwitteríons

Figura 5.4 Autoionização de aminoácidos. Formação de zwitteríons.

No entanto, segundo a teoria de Brønsted-Lowry, tanto os íons ácidos como os íons básicos não existem na forma livre e estarão sempre solvatados por alguma espécie de contraíon ou solvente. Como exemplo, a solvatação do íon hidrônio por uma camada de água possui um calor de hidratação (ΔHs) que conduz o complexo formado a um nível de energia mais baixo que a espécie livre. Uma segunda camada aumenta essa diferença, e assim sucessivamente. Em outras palavras, um íon sempre estará associado, formando uma espécie de agregado que diminui seu nível energético, levando-o a um patamar de energia menor.

$$H_3O^+ + nH_2O \longrightarrow H_3O^+n(H_2O) \qquad \Delta Hf = -165 \text{ kcal/Mol}$$

$$H_3O^+ + nH_2O \longrightarrow H_3O^+2n(H_2O) \qquad \Delta Hf = -36 \text{ kcal/Mol}$$

Figura 5.5 Calor de hidratação do íon hidrônio.

A característica de transferência de ácidos de Brønsted-Lowry está ligada ao comportamento intrínseco de sua estrutura e de seu par básico para a conclusão da reação. Essas características geram possibilidades de formação de íons que são governados por fatores termodinâmicos e cinéticos. Tanto as espécies iônicas ácidas, catiônicas, como as iônicas básicas, aniônicas, não existem na forma livre, e estarão sempre envolvidas por alguma espécie de contraíon ou um solvente. Nessa ótica, a formação de sistemas solvatados, que em meio aquoso são chamados de hidratos, criaria estruturas complexas, levando o íon a um nível de energia exotérmico, gerando um ácido mais fraco. Como exemplo, a solvatação do íon hidrônio por uma camada de água possui um calor de formação que conduz o complexo formado a um poço de energia mais baixo que a espécie livre. Uma segunda camada aumenta essa diferença, e assim sucessivamente. Em outras palavras, um íon sempre estará associado, formando uma espécie de agregado que diminui seu estado energético, levando-o a um nível de energia menor (Figura 5.5). Suas diferenças termodinâmicas explicitam um conceito dessa teoria que nos mostra que a solvatação dos íons formados é capaz de levar esse sistema a um poço de energia cujo percurso reverso requer uma ativação imensa, e que em alguns casos é irreversível. A teoria de uma forma mais geral não caracteriza todos os processos como irreversíveis, mas nos leva à conclusão de que todo ácido forte gera uma base conjugada mais fraca e, consequentemente, toda base forte gera um ácido conjugado mais fraco. Todo ácido que é mais forte que seus íons solvatados tem sua reação direcionada a seus produtos de dissociação. No entanto, quando um ácido é menos forte que o produto catiônico formado na sua dissociação, este ficará em equilíbrio com uma tendência ao início da reação. Nesses processos, as reações são representadas de maneira reversíveis e as espécies são definidas segundo suas características ácido-base do sentido reacional, como no exemplo:

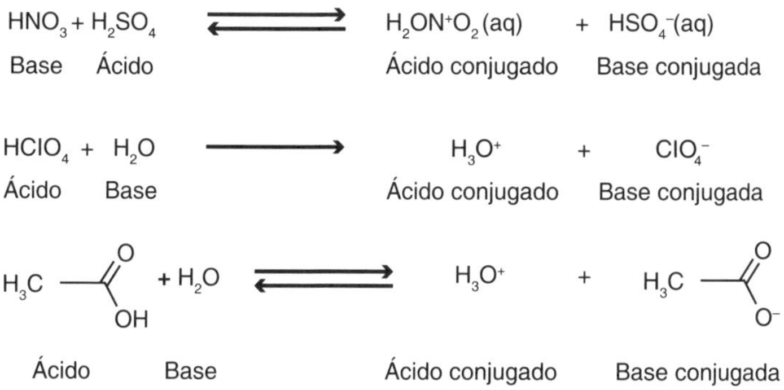

$$\underset{\text{Base}}{HNO_3} + \underset{\text{Ácido}}{H_2SO_4} \rightleftharpoons \underset{\text{Ácido conjugado}}{H_2ON^+O_2(aq)} + \underset{\text{Base conjugada}}{HSO_4^-(aq)}$$

$$\underset{\text{Ácido}}{HClO_4} + \underset{\text{Base}}{H_2O} \longrightarrow \underset{\text{Ácido conjugado}}{H_3O^+} + \underset{\text{Base conjugada}}{ClO_4^-}$$

$$\underset{\text{Ácido}}{H_3C{-}COOH} + \underset{\text{Base}}{H_2O} \rightleftharpoons \underset{\text{Ácido conjugado}}{H_3O^+} + \underset{\text{Base conjugada}}{H_3C{-}COO^-}$$

Figura 5.6 Definição de base conjugada e ácido conjugado.

De forma geral, o ácido conjugado está relacionado com uma base, e no sentido contrário a base conjugada é derivada de um ácido. Essa regra é arbitrária, e a forma como se associam essas denominações é referenciada a partir do momento da análise.

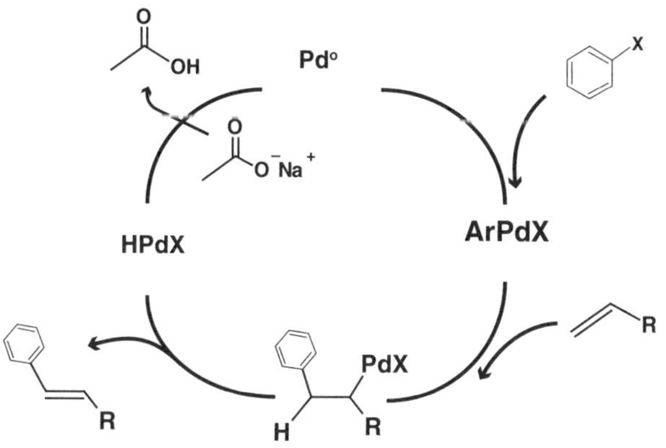

Figura 5.7 Ciclo catalítico – acetato de sódio como base de Brønsted.

Observando a dissociação do ácido acético, o íon acetato é a base conjugada do ácido acético e o íon hidrônio é o ácido conjugado da água, que nesse caso é uma base. O uso de acetato de sódio em reações de catálise favorece a neutralização de um hidrogênio ácido gerado após a eliminação redutiva do ciclo, regenerando o paládio na forma metálica. A base, nesse caso, gera o ácido conjugado: o ácido acético.

Deve-se, a partir de uma visão mais ampla, observar que nem sempre substâncias que em algumas situações são neutras em outras podem possuir características ácidas ou básicas. Uma substância anfótera é definida como tendo um comportamento dual, a qual, na presença de uma base, tem comportamento de um ácido. No caso de estar na presença de um ácido, se comporta como uma base. A característica anfotérica da água é um exemplo de capacidade em adquirir tais características. A acetona em meio aquoso neutro não apresenta nenhuma tendência a ionização, mesmo em sua característica tautomérica. Quando se adiciona ácido sulfúrico a um mol de acetona em meio aquoso, esta reage prontamente como base, formando um ácido conjugado em equilíbrio dinâmico. Quando solubilizada em *N,N*-dimetilformamida e em meio a metóxido de sódio, reage como ácido, gerando uma base conjugada. Com isso se pode afirmar que uma substância é um ácido de Brønsted-Lowry, dependendo do tipo de base que está a sua frente. Da mesma forma, qualquer substância poderá ser uma base desde que esteja em frente a um ácido suficientemente capaz de reagir.

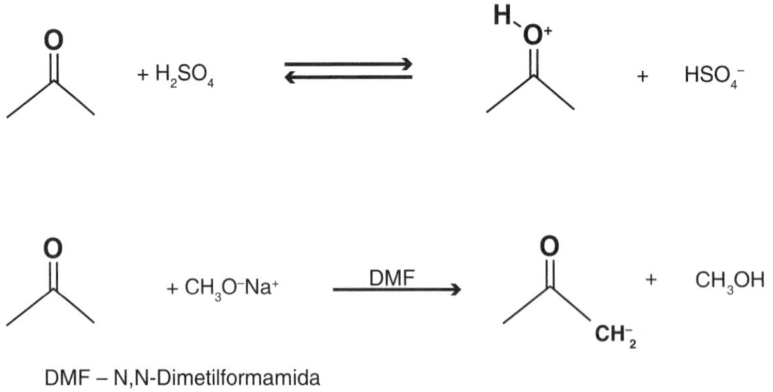

$$\text{(CH}_3)_2\text{C=O} + H_2SO_4 \rightleftharpoons (\text{CH}_3)_2\text{C=O}^+\text{H} + HSO_4^-$$

$$\text{(CH}_3)_2\text{C=O} + CH_3O^-Na^+ \xrightarrow{\text{DMF}} \text{CH}_3\text{COCH}_2^- + CH_3OH$$

DMF – N,N-Dimetilformamida

Figura 5.8 Reação ácido-base da acetona.

5.2.1 Força de um Ácido e de uma Base

A ideia de acidez ou da força de um ácido está associada a sua capacidade de se ionizar em um solvente, e a medida da força do ácido é por muitas vezes dificultada porque em cada solvente a sua capacidade de se ionizar é diferente. Um hidrogênio ionizado isoladamente é muito reativo, e sua magnitude é, geralmente, avaliada através da dimensão de sua constante de equilíbrio de dissociação em meio aquoso, K_a, ilustrada a seguir para o ácido acético. Como o ácido acético é um doador de hidrogênio ionizado, já vimos que sua dissociação é energeticamente favorecida quando solvatado, formando o íon hidrônio envolvido por camadas de água, então simplificaremos a forma de tratamento desse complexo para a forma desenhada H_3O^+ e na sua forma escrita como um próton.

$$H_3C{-}COOH + H_2O \underset{}{\overset{Keq}{\rightleftharpoons}} H_3O^+_{(aq)} + H_3C{-}COO^-_{(aq)}$$

Figura 5.9 Ionização do ácido acético.

em que

$$K_{eq} = [H_3O^+]\,[CH_3COO^-]/[CH_3COOH]\,[H_2O] \qquad (1)$$

Como esse ácido carboxílico possui uma constante de ionização pequena em comparação a um ácido inorgânico, apesar de ser um doador de próton, a concentração de íon hidrônio é muito reduzida em comparação à água, e é considerada infinita, consequentemente uma constante. Geralmente, ácidos carboxílicos, quando solúveis em água, possuem constantes de dissociação em torno de 10^{-5}. Assim, podemos escrever a equação (2) na forma simplificada de (1). Multiplicando K_{eq} pela concentração infinita de água, tem-se a constante de acidez do ácido, K_a.

$$K_{eq}\,[H_2O] = [H_3O^+]\,[CH_3COO^-]\,/\,[CH_3COOH] \qquad (2)$$

$$K_a = [H_3O^+]\,[CH_3COO^-]\,/\,[CH_3COOH] \qquad (3)$$

$$K_a = K_{eq}[H_2O] = 1{,}76 \times 10^{-5}\ (25\ °C)$$

A força do ácido acético, a acidez, pode ser medida em termos de pH da solução aquosa, logaritmo negativo da concentração de H_3O^+(4), que em uma solução de concentração 1 mol/L é igual a 2,4. Essa escala é aplicada somente em meio aquoso e para substâncias orgânicas solúveis em água. A acidez associada é sempre avaliada em meio não aquoso, utilizando a noção de atividade química do soluto e do solvente, que não utilizaremos aqui, simplificando a atividade química como a concentração do soluto em um solvente, desde que este esteja dissociado. Consequentemente, utiliza-se, de forma geral, o logaritmo negativo da constante de acidez (K_a) para a medida de acidez de ácidos fracos e de substâncias orgânicas. Em solução aquosa, o ácido acético possui um pK_a de 4,76, calculado em meio aquoso.

$$pH = -\log\,[H_3O^+] \qquad (4)$$

$$pK_a = -\log K_a \qquad (5)$$

$K_a = 1{,}76 \times 10^{-5}$, logo o p$K_a$ do ácido acético em meio aquoso é 4,76.

O pK_a para ácidos cuja constante de dissociação é grande possui um valor negativo em função do sinal da estrutura da fórmula (5.5), o que indica que, para valores negativos de pK_a, a dissociação é alta a ponto de esses ácidos terem ionização completa, sendo mais solúveis em água, e estarem completamente na forma de base conjugada.

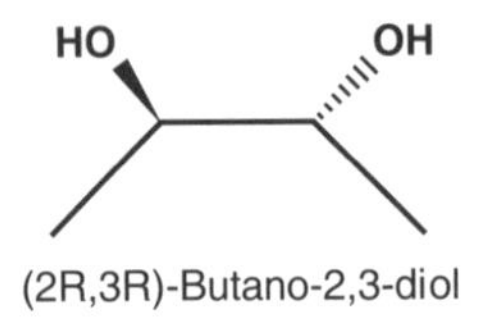

(2R,3R)-Butano-2,3-diol

Figura 5.10 Ionização do ácido clorídrico.

Logo, comparando os dois exemplos, podemos observar que a força dos dois ácidos é evidente em função da sua capacidade de se dissociar e formar o íon H_3O^+ em solução aquosa. É notória a diferença das constantes de equilíbrio de dissociação entre o HCl e o ácido acético. Como o equilíbrio do ácido orgânico está mais direcionado para sua forma neutra e pouco na forma de base conjugada, julga-se que o HCl é um ácido mais forte. Qualitativamente, quando o pK_a de um ácido tender a valores pequenos, sua força é caracterizada como alta, e a reação estará direcionada para a forma da base conjugada. Assim como o ácido acético, valores maiores de pK_a aumentam a tendência de maiores concentrações da forma não ionizada do ácido e, consequentemente, baixa concentração de íon hidrônio. De uma forma geral, em sistemas aquosos, um ácido é forte quando a concentração do ácido conjugado do solvente é alta.

De forma similar, pode-se avaliar a força de uma base através do mesmo conceito da constante de equilíbrio na reação de uma substância básica com o solvente, gerando altas concentrações do seu ácido conjugado, K_b. Considerando que o solvente seja a água, a concentração do íon hidroxila é grande, desde que a constante de equilíbrio de dissociação seja grande também, que pode ser definida pela seguinte equação da hidrólise do metóxido de sódio.

$$\underset{\text{Base}}{CH_3O^-Na^+} + \underset{\text{Ácido}}{H_2O} \xrightarrow{K_b} \underset{\text{Ácido conjugado}}{CH_3OH} + \underset{\text{Base conjugada}}{HO^-}$$

Figura 5.11 Reação do íon metóxido com água.

$$K_b = [CH_3OH]\,[OH^-] \,/\, [CH_3O^-Na^+] \tag{6}$$

$$pK_b = -\log K_b \tag{7}$$

Como as escalas geradas a partir da operação logarítmica da constante de equilíbrio das dissociações ácidas e básicas estão relacionadas com a constante de equilíbrio da dissociação da água, haverá a possibilidade de observação tanto do pK_b da base quanto do pK_a do seu ácido conjugado. Sejam as equações das reações de equilíbrio de uma base em meio aquoso:

$$B + H_2O \longrightarrow BH^+ + OH^- \qquad K_a = \frac{[OH^-]\ [BH^+]}{[B]}$$

$$BH^+ + H_2O \longrightarrow H_3O^+ + B \qquad K_b = \frac{[H_3O^+]\ [B]}{[BH^+]} \qquad (8)$$

Constantes de equilíbrio de dissociação ácido-base.

como

$$K_a \times K_b = \frac{[OH^-]\ [BH^+]}{[B]} \times \frac{[H_3O^+]\ [B]}{[BH^+]}$$

simplificando os termos, tem-se que o resultado dessa operação é a constante de ionização da água,

$$K_a \times K_b = [OH^-] \times [H_3O^+] = K_w = 10^{-14}$$

Logo, aplicado o logaritmo para o cálculo, tem-se que

$$pK_a + pK_b = pK_w = 14$$

Concluindo, a partir do resultado do pK_a de uma espécie obtém-se o pK_b de sua base conjugada e vice-versa.

5.2.2 Estabilidade Energética de Produtos e Reagentes: Energia Livre do Equilíbrio

Quando uma substância gera um íon, habitualmente há uma quebra do seu estado padrão de energia potencial. Isso significa que o estado energético da espécie é muito alto. O fato de uma espécie ser envolvida por um conjunto de moléculas de um solvente, por exemplo, dissipando o potencial de carga efetiva, faz com que o nível da energia diminua e o complexo formado seja solubilizado no solvente. Essa energia de formação pode exceder o nível energético de sua molécula de origem e existir em solução. É o caso dos exemplos de ácidos que são ionizados em água e possuem uma constante de equilíbrio alta. Um exemplo significativo é a dissociação do ácido clorídrico em fase gasosa, anidra, e em meio aquoso:

$$HCl(g) \longrightarrow H^+(g) + Cl^-(g) \qquad \Delta G^0 = +1347\ kJ/Mol$$

$$HCl + H_2O \longrightarrow H_3O^+(aq) + Cl^-(aq) \qquad \Delta G^0 = -40\ kJ/Mol$$

Figura 5.12 Energia livre de Gibbs padrão do HCl.

É notória a diferença de energia livre padrão das duas reações: enquanto a formação do íon gasoso possui uma energia endotérmica, o íon solvatado possui uma energia de formação cujo valor de formação excedeu o valor dos reagentes. A constante de equilíbrio é alta, logo seu estado é exotérmico. A energia livre padrão é relacionada com a constante de equilíbrio entre reagentes e produtos de uma reação.

$$19\Delta G° = - R\ T \ln Keq,$$

em que R = 8,31 kJ/mol Ke T = temperatura em Kelvin (K)

Quando se calcula o $\Delta G°$ da reação de dissociação de HCl em água a 298 K, obtém-se o valor negativo de energia livre, indicando uma reação exergônica ($\Delta G° < 0$ e $Keq > 0$). Em outras palavras, houve um processo com evolução de energia ao sistema. No caso da dissociação do ácido acético em água, o $\Delta G°$ obtido é de 27,1 kJ/mol K, indicando um processo endergônico ($\Delta G° > 0$ e $Keq < 1$). Nesse caso, a energia dos produtos é maior que dos reagentes, sugerindo que o sistema necessita de energia para que haja deslocamento do equilíbrio.

Quadro 5.1 Gráfico de energia livre padrão de processos reacionais.

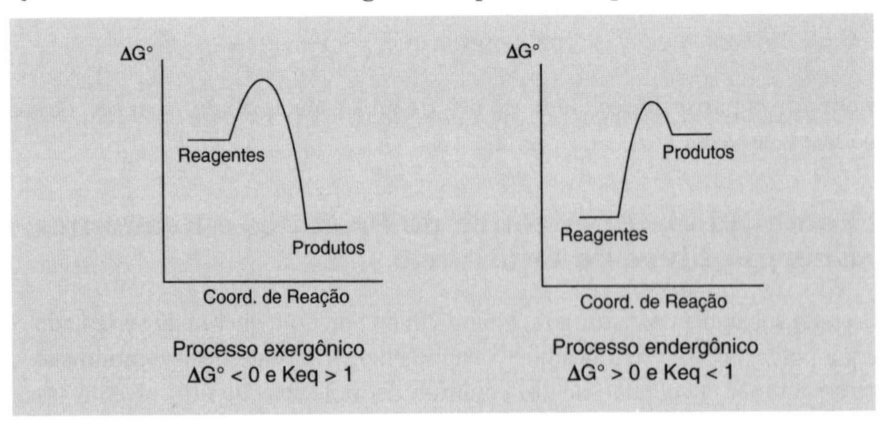

Como esses processos possuem trocas energéticas com o meio e sua obtenção depende do nível energético da base conjugada do ácido, a constante de equilíbrio é fortemente associada à estabilidade do produto dessas reações. Quanto mais o íon possuir uma característica de molécula neutra menor será seu nível energético. Isso quer dizer que quanto mais ligações intermoleculares entre o íon e as moléculas do solvente menos efetiva é a carga do íon. Essa análise corrobora a relação entre energia livre e dois parâmetros termodinâmicos associados, $\Delta H°$ e $\Delta S°$.

$$\Delta G° = \Delta H° - T\Delta S°$$

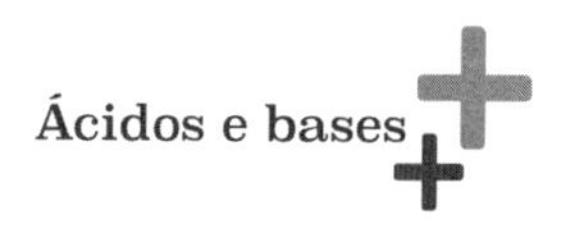

Entalpia padrão (ΔH°) é a variação total de energia de um processo a pressão constante, podendo ser igualado ao calor trocado durante um processo, nessas condições:

$$H = U + pV$$

em que U é a energia interna do sistema, p e V são pressão e volume, respectivamente. Em processos isobáricos, a variação de entalpia é dada por:

$$\Delta H = \Delta U + p\Delta V$$

Como $W = p\Delta V$, em que W é o trabalho executado nesse processo, tem-se:

$$\Delta H = \Delta U + W$$

Sendo $\Delta U = Q - W$ e substituindo-se na equação acima, tem-se que $\Delta H = Q$,

em que Q é o calor trocado durante um processo a pressão constante.

Enquanto isso, a entropia é relacionada com o grau de desordenamento, ou, em alguns casos, com o aumento de possibilidades estatísticas de interação. Está relacionada com a espontaneidade dos processos de transformação de estado químico, no caso deste livro. Portanto, é a função termodinâmica que aumenta com as diferentes formas de interação energeticamente equivalentes num dado sistema. Por exemplo, a dissociação de um sal em solução aquosa formando íons solvatados dispersos, assim como a transferência de calor da água líquida para o gelo dissolvendo-o, é um processo espontâneo e, consequentemente, entropicamente positivo. Nos dois exemplos, a noção de dispersão, tanto de matéria como de calor, se relaciona com processos espontâneos.

No caso dos íons conjugados das reações de dissociação, a formação de ligações intermoleculares entre o solvente e os íons favorece a sua formação, pois conduz à obtenção de um complexo aquoso, diminuindo as características de orbitais com elétrons desemparelhados. O processo assim conduzido libera energia ao sistema e é chamado de exotérmico ($\Delta H^\circ < 0$), ao passo que a dissociação que prevalece quando a concentração dos reagentes é alta é chamada de processo endotérmico ($\Delta H^\circ > 0$).

A variação de entropia crescente do sistema é definida como um aumento probabilístico da liberdade de movimentos para a conversão de reagentes em produtos, como visto anteriormente. Logo, quando há um aumento das ligações intermoleculares entre os íons e o solvente, formando os complexos aquosos, a entropia é crescente e o sistema encontra-se em um poço energético, já que o resultado de energia livre de Giggs é negativo. O processo reversível é dificultado quando essa variação de entropia é crescente no sentido dos reagentes para produtos. Analisando a equação que relaciona energia livre e entropia, observa-se que quanto maior for o valor da entropia mais negativo é o valor de $\Delta G°$ e o processo mais exergônico.

Em ambos os casos há a formação do íon hidrônio solvatado, e a energia da semirreação é a mesma. No entanto, as bases conjugadas dos ácidos irão determinar o sentido da reação. Quanto menos energética for a base conjugada do ácido, mais deslocada na direção para a formação de produtos de ionização. Conclui-se então que o pK_a de um ácido depende da estabilidade de sua base conjugada. Quanto mais fraca for a base conjugada maior será seu K_a e, consequentemente, menor será seu pK_a.

Analisando dois fenóis substituídos com grupos retiradores de elétrons do anel aromático, observamos diferentes pK_as.

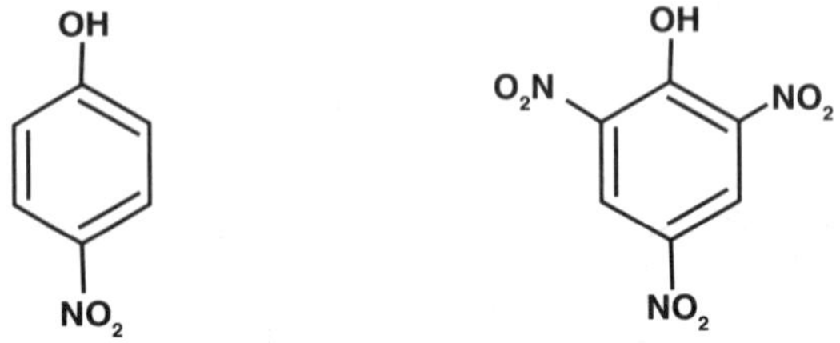

pK_a = 7,2 — p-Nitrofenol

pK_a = 0,3 — Ácido pícrico

Figura 5.13 pK_a de fenóis.

Analisando as duas estruturas, pode-se observar que as bases conjugadas dos dois fenóis possuem características eletrônicas parecidas, porém com densidades eletrônicas diferentes, causadas por seus grupos substituintes diretamente ligados ao anel aromático. O fato de haver três grupos nitros ligados ao anel diminui a densidade eletrônica sobre o oxigênio causada pela deslocalização da carga negativa ao longo da estrutura do anel com seus quatro substituintes e favorecendo a solvatação do íon fenóxido, caracterizando-o como uma base mais fraca que a base conjugada do *p*-nitrofenol, além do aumento de ligações hidrogênio na molécula com o solvente, a água. Com isso, apesar de ser uma substância orgânica, esse composto se comporta como um ácido inorgânico bem forte. Nesse caso se observa uma dispersão de matéria, onde há a formação de íon hidrônio, aumentando a entropia do sistema.

5.2.3 **Relação Estrutura Acidez-Basicidade**

Os valores de pK_a devem ser avaliados no intervalo entre 2 e 14, devendo os pontos extremos dessa escala ser tratados como parâmetro qualitativos. Ácidos com constante de equilíbrio de ionização muito abaixo de 1 ultrapassam os valores da constante de equilíbrio de ionização da água, sendo impossível sua medida na forma escalar do pK_a.

No caso de ácido com valores de K_a maiores que 1, a variação da concentração de íon hidrônio é insignificante e por isso difícil de avaliar, sendo mais procedente uma avaliação em função do pH da solução. Valores de estruturas orgânicas são avaliados em relação ao seu pK_a de maneira qualitativa, e, como dissemos anteriormente, em função da atividade e do coeficiente de atividade de soluto e solvente, não tratados aqui.

5.2.4 Acidez do átomo de carbono

Uma classe de ácidos de interesse em química orgânica é o grupo dos carbonos ligados hidrogênios ionizáveis. A relação estrutura/acidez desses grupos está relacionada a três efeitos.

O primeiro é o aumento do valor de pK_a com o aumento da cadeia carbônica. Comparando os valores de pK_a do metano com o ciclo-hexano, observa-se um aumento de quatro unidades logarítmicas no ciclo-hexano.

Tabela 5.1 pK_a de hidrocarbonetos

Estrutura	pK_a
CH_4	48
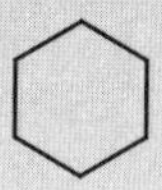	52

A segunda tendência é a mudança de estado híbrido do carbono que suporta a carga negativa da base conjugada do ácido. Em alcinos terminais, a grande contribuição de caráter *s* do orbital híbrido *sp* dá a esse carbono uma característica mais eletronegativa, aproximando os elétrons de valência ao núcleo. Quanto mais próximo ao núcleo, menos energético é seu nível. Assim sucessivamente com os carbonos *sp* e *sp*^{3}.

Tabela 5.2 pK_a de hidrocarbonetos saturados e insaturados

Estrutura	pK_a	Estrutura	pK_a
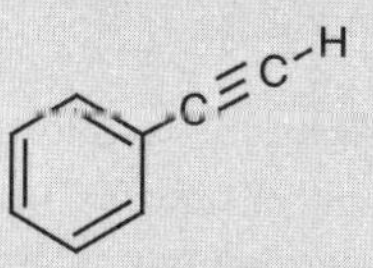 C≡C–H	23	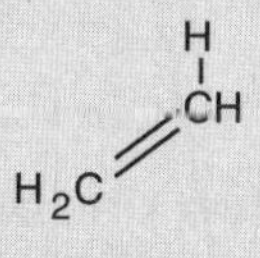 H–CH=H_2C	44
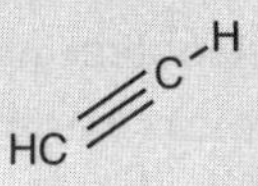 HC≡C–H	25	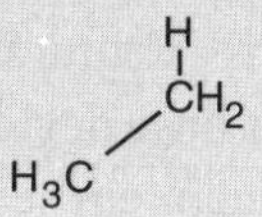 H–CH_2–H_3C	50

Dentro de estados de hibridação, carbonos *sp*^{2} e *sp*^{3} podem conjugar seus elétrons através de seus orbitais paralelos, gerando processo de deslocalização eletrônica, favorecendo a liberação de prótons e aumentando a acidez.

pK_a = 18,5 pK_a = 22,6 pK_a = 15,4

Figura 5.14 A deslocalização aumenta a acidez de hidrogênios ionizáveis.

O terceiro efeito é a influência de grupos polarizantes de ligação e efeito de campo que aumentam a acidez dos hidrogênios ligados a carbonos.

Tabela 5.3 Variação de pK_a de estruturas orgânicas

Estrutura	pK_a	Estrutura	pK_a
H CH_2 NO_2	11	O H	20
H CH O_2N NO_2	4	O O H	9
O_2N CH O_2N NO_2	0	O H O	24,5
		O O O O H	13,3

5.2.5 Acidez de ácidos carboxílicos

Os ácidos carboxílicos são as estruturas orgânicas das quais melhor se obtêm informações sobre dissociação ácido-base devido às suas características eletrônicas e orbitalares. Esses ácidos orgânicos possuem em seu grupo funcional o fenômeno de deslocalização de elétrons ligantes π e não ligantes. O movimento causado por esses elétrons no grupo carboxila fragiliza a ligação O–H, tornando-a mais suscetível à ionização do hidrogênio. A carga formal sobre o oxigênio torna a ligação mais fraca, ocorrendo a ionização diante de uma base de Brønsted.

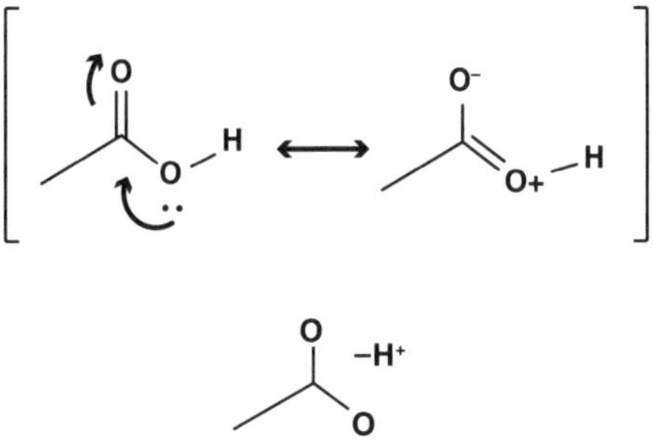

Figura 5.15 Deslocalização dos elétrons da carboxila do ácido acético. Híbrido de ressonância do ácido acético.

Em função desse fenômeno, os ácidos carboxílicos são ácidos de Brønsted. Seus pK_a são altos quando comparados com ácidos inorgânicos, porém mais baixos comparando-os às substâncias orgânicas de um modo geral. Serão influenciados por grupos ligados aos carbonos *alfa* à carboxila, podendo diminuir ou aumentar seu valor de pK_a. Grupos puxadores de elétrons favorecem a dissociação do hidrogênio da carboxila pelo efeito de campo causado pelo somatório de momentos dipolares das ligações C—X, em que X é um átomo mais eletronegativo.

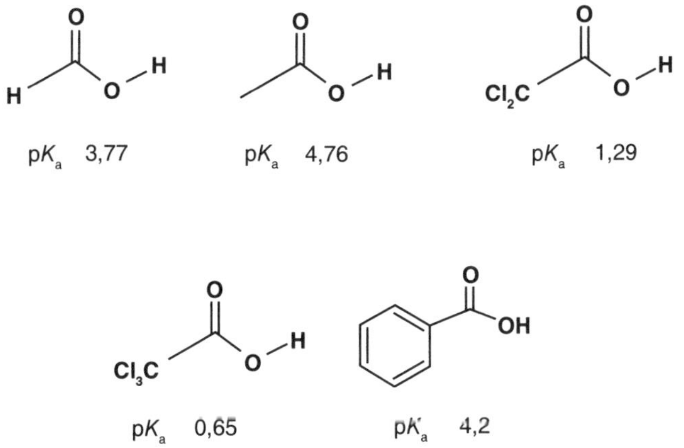

pK_a 3,77 pK_a 4,76 pK_a 1,29

pK_a 0,65 pK_a 4,2

Figura 5.16 Tendências de valores de pK_a de ácidos carboxílicos.

5.2.6 **Basicidade de aminas**

As aminas apresentam características básicas devido ao par de elétrons não ligantes do átomo de nitrogênio, cuja densidade pode ser alterada em função dos grupos ligados diretamente ao nitrogênio ou por grupos que podem conjugar elétrons deslocalizados com o seu par de elétrons.

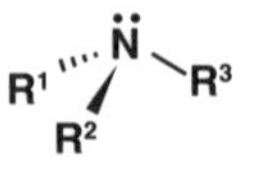

$$R^1 \text{-}\ddot{N}(R^2)\text{-}R^3$$

A condição de base de Brønsted das aminas faz com que seus ácidos conjugados tenham pK_a superiores aos da água, por exemplo, indicando que sua basicidade é superior. Isso se deve ao fato de o oxigênio ser mais eletronegativo que o nitrogênio e possuir os elétrons mais próximos ao núcleo e menos disponíveis para interagir com um hidrogênio ionizável. O pK_a do ácido conjugado da água, H_3O^+, é –1,74, enquanto o pK_a de um ácido conjugado de uma amina primária é 10,6.

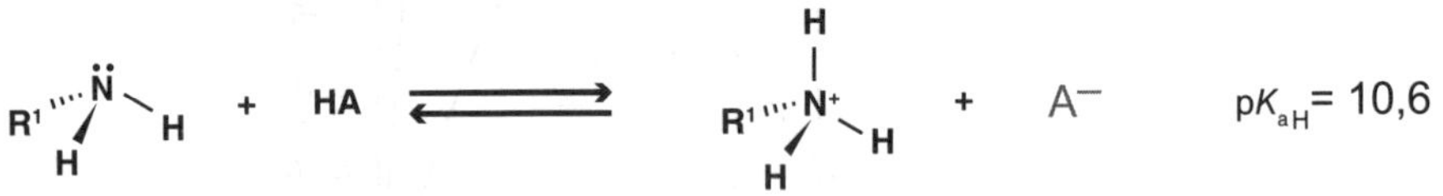

$$R^1NH_2 + HA \rightleftharpoons R^1NH_3^+ + A^- \qquad pK_{aH} = 10,6$$

Figura 5.17 Formação de ácido conjugado de aminas.

Tomando como exemplo de basicidade a amônia, todos os ácidos conjugados de aminas possuem pK_a maior do que a amônia. Há uma noção generalizada de que a substituição de hidrogênios na molécula da amônia por grupos alquila aumenta a densidade de elétrons sobre o nitrogênio, aumentando o caráter básico dos elétrons não ligantes. Isso é evidenciado quando se observam os valores de pK_a de aminas primárias e secundárias. No entanto, os valores de aminas terciárias são menores que das aminas primárias.

As aminas terciárias produzem ácidos conjugados levemente mais fortes que os das aminas primárias devido a fatores estéricos e de solvatação do ácido conjugado formado. Quanto mais solvatado for o ácido conjugado, menor será seu nível de energia, contribuindo para um efeito estabilizante dessa espécie formada. Como os três substituintes das aminas primárias aumentam o efeito estérico sobre o par de elétrons do nitrogênio, a protonação do par de elétrons não ligantes é dificultada, assim como os efeitos energéticos exergônicos da solvatação do ácido conjugado. Portanto, a basicidade observada em aminas é um somatório de fatores que comprometem a disponibilidade dos pares de elétrons não ligantes, derivados de efeitos estéricos e eletrônicos e de solvatação do ácido conjugado da amina protonada.

Esses efeitos ficam claros quando se observa a basicidade de aminas em fase gasosa e a ordem de pK_a é alterada. Quando a basicidade de aminas é medida em fase gasosa, a ordem de basicidade segue a da amônia$<CH_3NH_2<(CH_3)_2NH<(CH_3)_3N$. Essa anomalia é derivada da ausência de efeitos de solvatação nos ácidos conjugados das aminas.

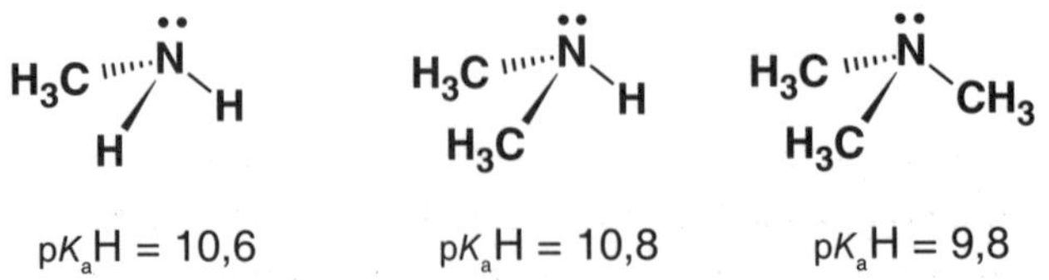

$H_3C\text{-}\ddot{N}H_2$	$(H_3C)_2\ddot{N}H$	$(H_3C)_3\ddot{N}$
pK_aH = 10,6	pK_aH = 10,8	pK_aH = 9,8

Figura 5.18 pK_a de aminas.

Alguns efeitos estéricos são observados nas estruturas de aminas quando seus grupos substituintes são volumosos. Nesse caso, há uma necessidade estrutural para a manutenção aproximada da geometria tetraédrica para melhor ajustar a interação com o par de elétrons não ligantes. No entanto, quando esses grupos são muito volumosos, há uma tendência ao ajuste nos ângulos das ligações, abrindo-os, ocasionando uma mudança de hibridação nas ligações e um aumento do caráter destas, deixando o orbital não ligante com o maior caráter *p*. Chama-se a esse fenômeno *efeito P*.

Nos casos extremos há a formação de uma geometria planar, com o orbital de elétrons não ligantes como um orbital *p* puro, mal adequado para interagir com um ácido.

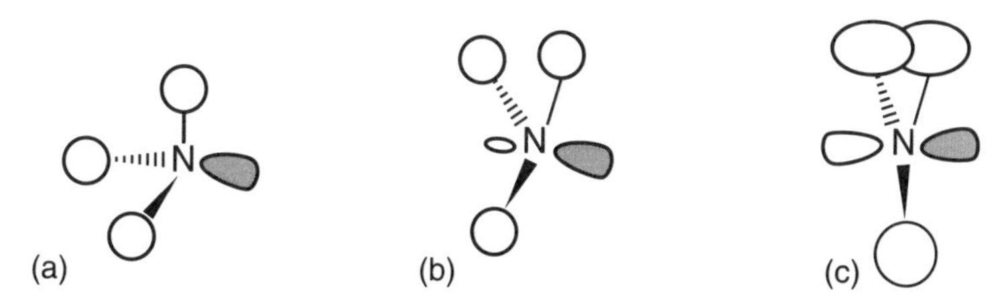

Figura 5.19 Efeito *p* de aminas, (a) substituintes pouco volumosos, boas bases; (b) alguma perda de degenerescência de orbitais sp^3; (c) grupos volumosos em total mudança de hibridação do orbital sp^3 em $sp^2 + p$.

Da mesma forma que efeitos eletrônicos serão importantes na diminuição do poder básico de aminas, efeitos de conjugação de elétrons com grupos que possuem pares de elétrons π deslocalizados comprometerão a disponibilidade dos elétrons não ligantes do nitrogênio da amina, diminuindo sua basicidade, e grupos polarizantes diminuirão a densidade eletrônica do nitrogênio, tornando os elétrons não ligantes menos disponíveis.

O caráter *s* do orbital não ligante do nitrogênio terá influência na basicidade, pois aumenta a relação carga/raio e, consequentemente, a eletronegatividade do átomo de nitrogênio.

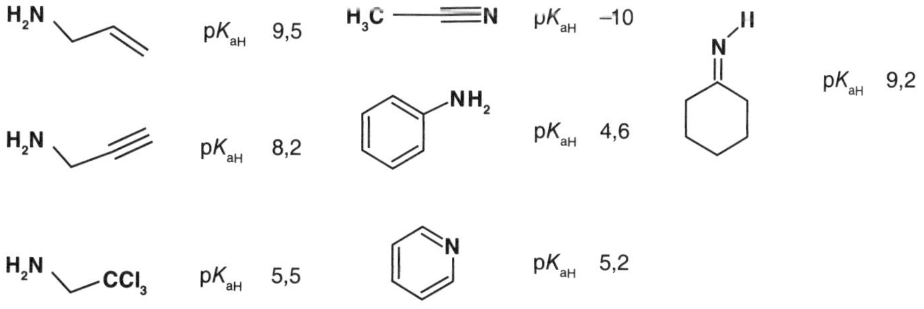

H_2N — pK_{aH} 9,5

H_3C—C≡N — pK_{aH} –10

N–H (ciclohexanimina) — pK_{aH} 9,2

NH_2 — pK_{aH} 4,6

H_2N — pK_{aH} 8,2

N — pK_{aH} 5,2

H_2N — CCl_3 — pK_{aH} 5,5

Figura 5.20 Efeitos eletrônicos em elétrons não ligantes de aminas.

5.3 Teoria ácido-base de Lewis

No mesmo ano que Brønsted e Lowry propuseram sua teoria de ácido-base, G. N. Lewis editou sua teoria baseada na interação orbitalar entre espécies moleculares ou iônicas. O conceito de Lewis abrange os exemplos anteriores de teorias descritas no início do século XX, enquanto a teoria de Brønsted e Lowry é baseada apenas em transferência de prótons. Para Lewis, toda espécie com deficiência ou alta densidade de elétrons pode ser classificada no conceito ácido-base.

Para Lewis, base é toda espécie molecular ou iônica que possui um par de elétrons disponível, ou seja, que é capaz de interagir, doar um par de elétrons, e ácidos são substâncias com alguma deficiência eletrônica, orbital vazio ou baixa densidade de elétrons capaz de receber um par de elétrons.

$$BF_3 + Et_2\ddot{O} \longrightarrow BF_3{\cdot}Et_2O$$

Figura 5.21 Par ácido-base de Lewis.

A teoria de Lewis correlaciona vários processos cuja interação entre espécies químicas conduz à formação de uma ligação, compostos covalentes de coordenação ou interação orbitalar. O $AlCl_3$ e o BF_3 são ácidos de Lewis, pois possuem $6e^-$ em sua camada de valência e um orbital vazio. O $SnCl_4$ e o SO_3 possuem $8\ e^-$ na camada de valência; no entanto, como são elementos do terceiro período da tabela periódica, suas camadas internas são deficientes em elétrons. Outros ácidos são cátions simples, substâncias com forte deficiência eletrônica causada por forte momento dipolar ou deslocalização eletrônica.

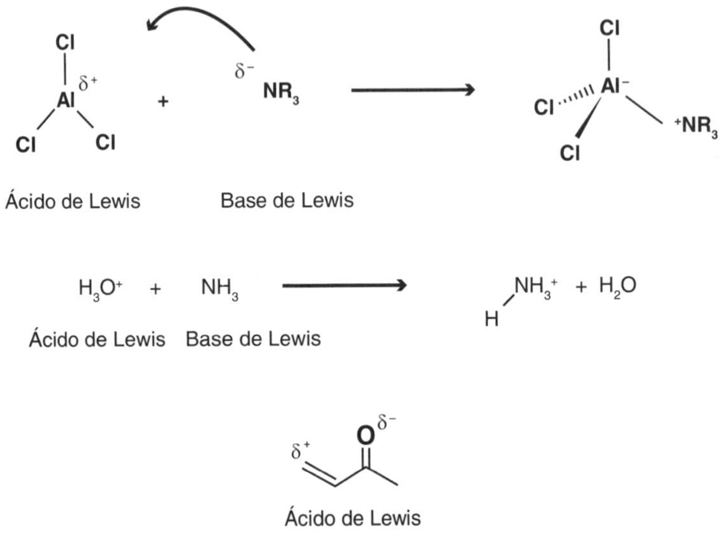

$$AlCl_3\ (\delta^+) + \overset{\delta^-}{NR_3} \longrightarrow Cl_3Al^-\text{–}^+NR_3$$

Ácido de Lewis Base de Lewis

$$H_3O^+ + NH_3 \longrightarrow H\text{–}NH_3^+ + H_2O$$

Ácido de Lewis Base de Lewis

δ^+ O^{δ^-}

Ácido de Lewis

Figura 5.22 Exemplos de ácidos e bases de Lewis.

5.3.1 Força de ácidos e base de Lewis

O conceito de força de um potencial ácido ou básico no conceito de Lewis é bastante difícil se comparando à teoria de Brønsted, em que há transferência de prótons. Nessa teoria, o conceito de ácido-base está intimamente relacionado com a forma de interação entre orbitais do ácido e da base. Um ácido não necessariamente é um doador de prótons, mas é capaz de receber um par de elétrons, tendo, a partir da interação entre esses orbitais, características reacionais diferentes aos dos íons hidrônios. A energia dos orbitais é um parâmetro importante para a avaliação da reatividade entre ácidos e bases. Esse problema pode ser visualizado quando se comparam duas bases de Lewis de átomos pertencentes ao grupo 5A da tabela periódica: $N(CH_2CH_3)_3$ e $P(CH_2CH_3)_3$.

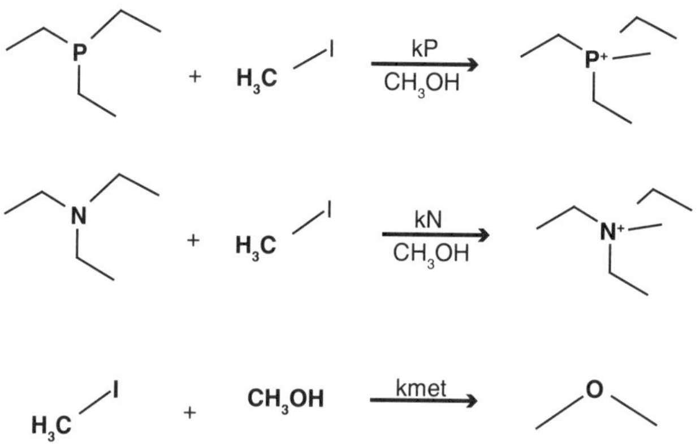

Figura 5.23 Reações competitivas. Força de bases de Lewis.

Comparando as reações das duas bases diante do mesmo ácido de Lewis, CH_3I em metanol, observa-se que a razão entre as constantes de reações de ataque das bases de N e P e a metanólise, ataque do metanol, é maior para o fósforo, isto é, o fósforo é mais reativo.

$$kN/kmet < kP/kmet$$

No entanto, o pK_a do ácido conjugado do nitrogênio é maior, o que indica um maior poder de interação com a água. Essa diferença de reatividade entre uma base de Lewis e uma base de Brønsted, mesmo sendo observadas na mesma molécula, demonstra as características reacionais das substâncias diante de dois tipos de transformação química. Essa diferença possibilita observar que uma base de Brønsted possui um comportamento em termos da posição reacional de equilíbrio químico diante de um próton, enquanto uma base de Lewis se comporta em função de aspectos cinéticos de uma reação. Em outras palavras, o comportamento da base de Lewis é fortemente influenciado pela interação orbitalar de seus elétrons disponíveis e dos orbitais dos ácidos. Para diferenciar os dois tipos de pares ácido-base, ácidos de Lewis são classificados como eletrófilos (*filos*, em grego, "amigo") e bases de Lewis são chamadas de nucleófilos. Esse conceito está relacionado com a interação de regiões, ricas ou pobres em elétrons, de diferentes moléculas para a condução de reagentes na obtenção de produtos de uma reação.

Fica claro esse comportamento quando um íon hidrônio é colocado adiante da série de ânions do grupo 7A da tabela periódica. Sua reatividade segue o seguinte sentido de reação: $F^- > Cl^- > Br^- > I^-$. Quando o íon Ag^+ reage com a mesma série, a reatividade inverte: $I^- > Br^- > Cl^- > F^-$. De um modo geral, a nucleofilicidade diminui no sentido crescente dos períodos da tabela periódica, $OH^- > F^-$, e aumenta descendo os grupos na tabela periódica, $CH_3Se^- > CH_3S^- > CH_3O^-$.

5.4 Teoria ácido-base de Pearson

Em função da diferença de reatividade, em que há inversão de resultados de reatividade qualitativos entre as teorias de ácido-base de Brønsted e Lewis, Schwarzenbach, Ahrland, Chatt e Davies classificaram os ácidos de Lewis em duas categorias distintas de reatividade: classe a e classe b.

A classe a de sustâncias são ácidos ou bases que formam complexos estáveis com os elementos do primeiro período da tabela periódica: N, O e F. A classe b interage melhor, formando complexos mais estáveis com elementos dos períodos inferiores da tabela periódica: P, S, Se, Cl, Br, I. Alguns parâmetros de medida de interação entre doadores e aceptores de elétrons foram criados para a racionalização desses comportamentos: potencial de ligação eletrostático e a medida do potencial de ligação de ligação covalente.

Porém, foi R. G. Pearson, nos anos 1960, quem melhor racionalizou uma proposta qualitativa na qual os ácidos e as bases são classificados como duros ou moles. Essa separação está baseada em suas propriedades químicas e energéticas.

A classe de compostos duros é caracterizada por serem elementos pequenos, possuírem elétrons de valência pouco excitáveis e suportarem cargas consideravelmente altas; generalizando, alta relação entre carga e raio atômico. Essas substâncias são chamadas de duras. Por outro lado, as substâncias da classe b são mais suscetíveis à polarização de orbitais e possuem orbitais de valência com energia alta. Essas substâncias são chamadas de moles.

Pearson concluiu que, a partir dessas denominações, ácidos duros interagem melhor com bases duras, e ácidos moles se ligam com bases moles.

Com base nisso, as definições de nucleofilicidade e basicidade podem ser compreendidas com mais naturalidade quando se observa a diferença de reatividade de um nucleófilo e de uma base. Uma base mole é mais suscetível a ter uma interação com um ácido mole, por exemplo, um carbono sp^3 é mais mole devido ao seu caráter de orbital p, com isso interage melhor com nucleófilos do que com bases, isto é, com bases moles do que bases duras. Observando a constante de nucleofilicidade, que é definida pela razão da constante de reação entre um eletrófilo e um nucleófilo pela constante de reação de solvólise do solvente da reação, pode-se concluir que bases com baixa densidade de carga sobre seus orbitais, moles, interagem muito com ácidos moles, como no exemplo a seguir, supondo a reação entre nucleófilo com o iodeto de metila, carbono sp^3, em metanol como solvente.

$$n_{CH_3I} = \log (K_{nucleófilo})/K_{CH_3OH})$$

Tabela 5.4 Constante de nucleofilicidade

Nucleófilo	N_{CH3I}	pK_a (ácido conjugado)
CH_3OH	0,0	-1,7
CH_3O^-	6,3	15,7
F^-	2,7	3,45
Cl^-	4,4	-5,7
Br^-	5,8	-7,7
I^-	7,8	10,7
HO^-	6,5	15,7
$(CH_3CH_2)_3N$	6,7	10,7
$(CH_3CH_2)_3P$	8,7	8,69
$C_6H_5S^-$	9,9	6,5
$C_6H_5Se^-$	10,7	

Observando a tabela, vê-se nitidamente que bases contendo elementos grandes possuem maior interação com o átomo sp^3 do iodeto de metila. Em oposição à força ácida observada pelo pK_a do ácido conjugado mostrado na tabela, que está associada à reação de remoção de um próton sendo relacionada a interações eletrostáticas. Ácidos duros interagem melhor com bases duras.

O conceito de nucleofilicidade será abordado em detalhes no Capítulo 7, referente a reações de substituição nucleofílica.

A seguir é apresentada uma tabela com os ácidos e bases mais comuns classificados como duros ou moles e aqueles que apresentam dureza intermediária, de acordo com a teoria de Pearson.

Tabela 5.5 Dureza e moleza de ácidos e bases

	Ácidos	Bases
Duros	H^+, Li^+, Na^+, Mg^{2+}, Ca^{2+}, Al^{+3}, Ti^{+4}	NH_3, H_2O, OH^-, ROH, RO^-, F^-, Cl^-
Intermediários	R_3C^+, R_3B^+, Cu^{+2}, Zn^{+2}	Br^-, N_3^-, Piridina
Moles	I_2, Br_2, Cu^+, Ag^+, Pd^{+2}	RS^-, I^-, CN^-, $R_2C{=}CR_2$

Considerações do Capítulo

Neste capítulo foram apresentadas e discutidas as principais teorias ácido-base, Brønsted-Lowry, Lewis e Pearson.

Exercícios

5.1 Dê as espécies resultantes das reações a seguir:

pK_a

(a) 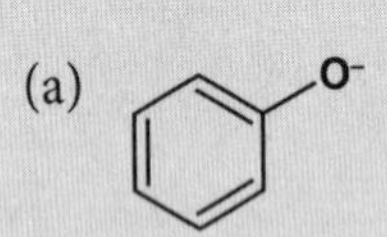

\+ O OH

Ác. Acético 4,76
Fenol 10

(b) H N⁺ N H + O O⁻

Íon Imidazônio 7,1
Íon Piridínio 5,2

(c) 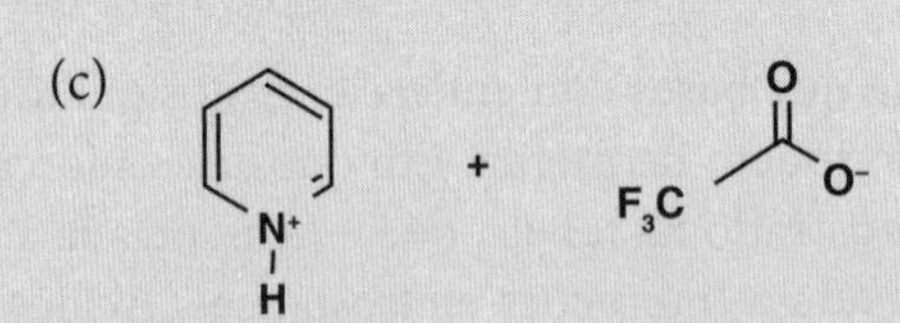

Trifluoro acetato 0,0

5.2 Avalie a reação a seguir e determine a direção da desprotonação, justificando a sua escolha.

$CH_3OH + NH_2^-$ → CH_3O^-
$CH_3OH + NH_2^-$ → $^-CH_2OH$

$pK_{a_{CH_3OH}}$	15,5
$pK_{a^+_{NH_4}}$	9,5
$pK_{a_{CH_4}}$	42

5.3 Amidinas são geralmente mais básicas que amidas enaminas. Explique a razão dessa diferença.

5.4 A sequência de acidez dos ácidos conjugados das piridinas a seguir não atende a uma diminuição linear de pK_a. Racionalize uma explicação para tal efeito.

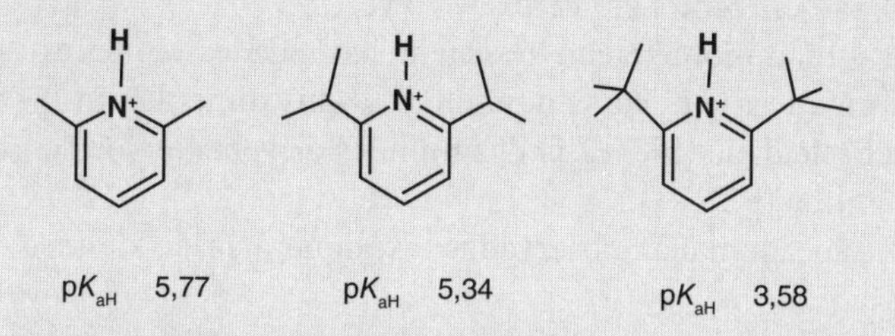

5.5 Explique a razão da tendência para a acidez observada em fenóis segundo a análise dos seus pK_a a seguir:

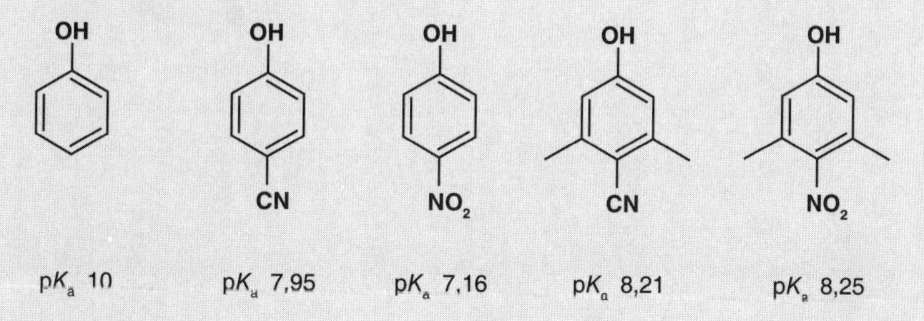

5.6 Seja uma mistura de naftaleno, anilina e ácido-4-nitrobenzoico solubilizados em um solvente como diclorometano. Que procedimentos você utilizaria para separá-los? Use as bases e os ácidos que lhe convier. Use as características de ácido e de bases das substâncias.

5.7 Amidinas são bases mais fortes que amidas. Racionalize uma explicação para a razão dessa diferença. Dados: p$K_{aH\ amida}$ 0-1; p$K_{aH\ amidinas}$ 12-13.

Desafios

5.8 O DMSO e HBr reagem e, como tal, são usados como reagentes para a bromação de anéis aromáticos. Geralmente, a bromação de acetanilida dá como único produto a 4-bromo-acetanilida, utilizando esse reagente, e dimetilsulfeto. Proponha uma estrutura para o agente brominante.

5.9 Os pK_a de ácidos dicarboxílicos, como os isômeros geométricos ácidos fumárico e maleico, são diferentes em cerca de 10 vezes.

A anilina e o 1,8-diaminonaftaleno possuem basicidades similares típicas de aminas aromáticas (pK_a 4,6), enquanto o 1,8-bis(dimetilamino) naftaleno tem uma basicidade (pK_a 12,1) dez milhões de vezes maior do que a N,N-dimetilanilina (pK_a 5,1).

Essas diferenças são anomalias observadas; explique a razão dessas ocorrências.

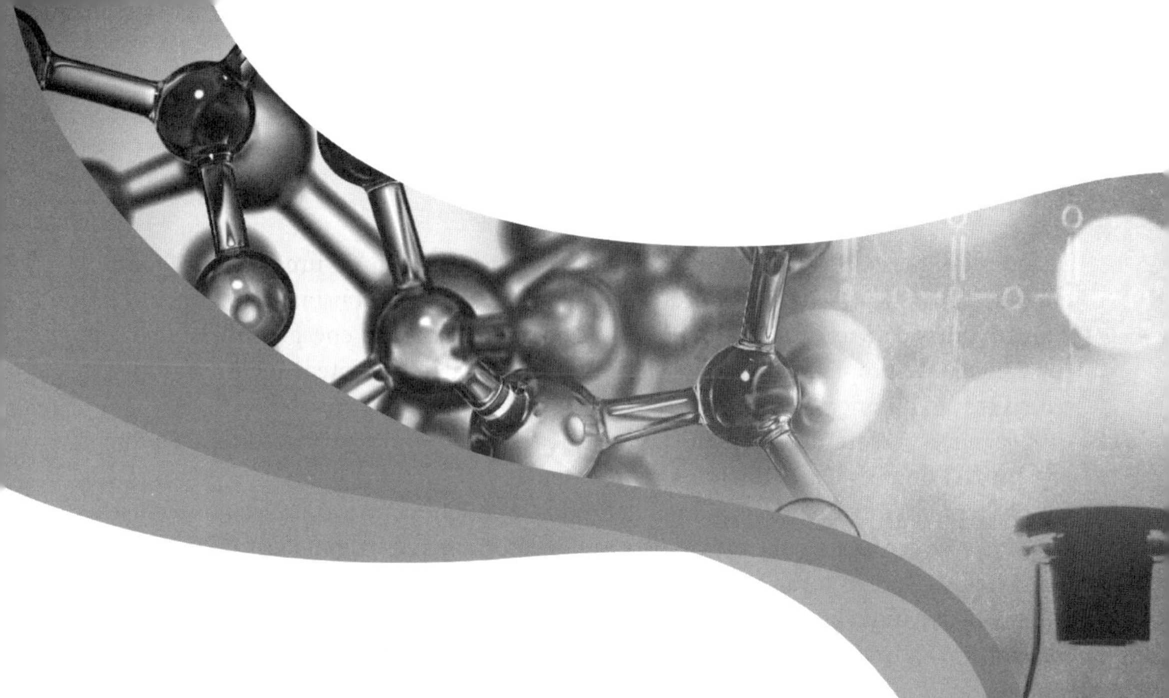

Mecanismos de reação

6

Bruno Almeida Cotrim

Os mecanismos de reação representam a sequência de quebras e formações de ligações, que em essência representa o fluxo de elétrons ao longo dos átomos envolvidos na reação. Neste capítulo serão vistos os principais intermediários e princípios físico-químicos importantes para a compreensão dos mecanismos de reação.

6.1 Reações químicas

Reações químicas são processos que levam à transformação de uma espécie química em outra. As reações ocorrem porque as moléculas estão em constante movimento e se chocam umas com as outras. Quando esse choque ocorre com energia suficiente e com uma angulação propícia, interações eletrônicas e orbitalares acontecem entre as espécies e uma reação química ocorre.

A seguir, está representado pictoriamente o processo de uma reação química. Podemos ver em (A) duas espécies distintas representadas por círculos brancos e pretos. Cada círculo tem um movimento e energia definidos, e choques entre dois círculos e entre os círculos e as paredes do recipiente ocorrem aleatoriamente. Alguns dos choques entre dois círculos podem levar a uma reação química e à formação de uma nova molécula composta por uma ligação entre um círculo preto e um círculo branco, como podemos ver em (B) (Figura 6.1).

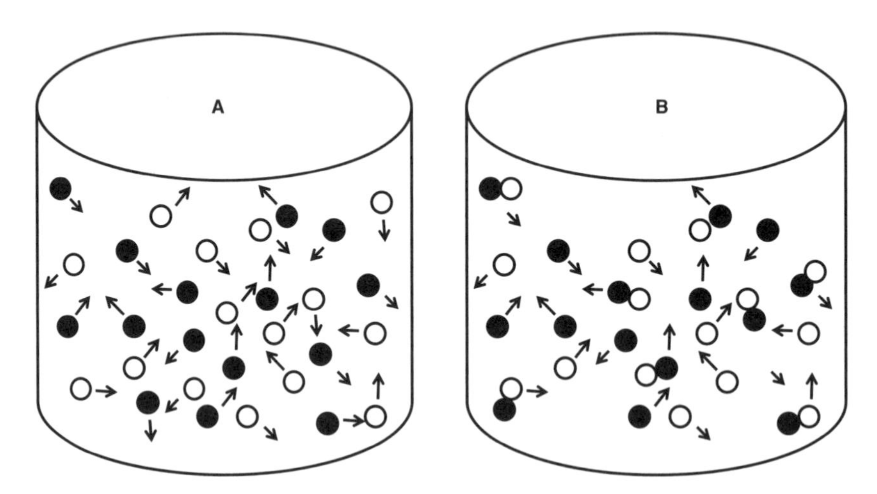

Figura 6.1 Representação pictórica de uma reação química.

6.2 Reações orgânicas

Na química orgânica existem quatro tipos gerais de reações: substituição, adição, eliminação e rearranjo.

Nas reações de substituição, um reagente substitui um de seus grupos químicos por outro. Um exemplo de substituição é a reação do iodeto de metila com hidróxido de sódio em que o grupo hidroxila substitui o grupo iodeto (Figura 6.2).

$$H_3C{-}I + NaOH \xrightarrow{H_2O} H_3C{-}OH$$

Figura 6.2 Exemplo de reação de substituição.

As reações de adição ocorrem quando novos grupos químicos são adicionados a uma molécula sem que haja a saída de grupo algum. Um exemplo de adição é a reação de propeno com ácido bromídrico em que a ligação π (pi) é rompida e ocorre a adição de hidrogênio e bromo (Figura 6.3).

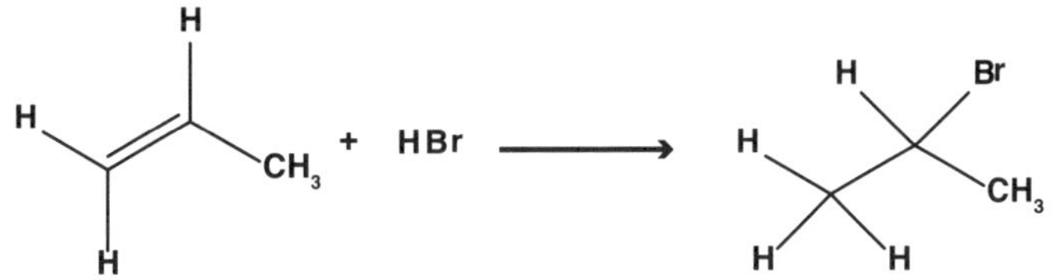

Figura 6.3 Exemplo de reação de adição.

As reações de eliminação ocorrem com a perda de grupos químicos por uma espécie e a decorrente formação de uma nova espécie química extra. A eliminação pode ser considerada a reação inversa da adição. Um exemplo de reação de eliminação é a desidratação de *terc*-butanol em meio ácido. Nessa reação, o álcool perde um próton e um grupo hidroxila e ganha uma ligação π (Figura 6.4).

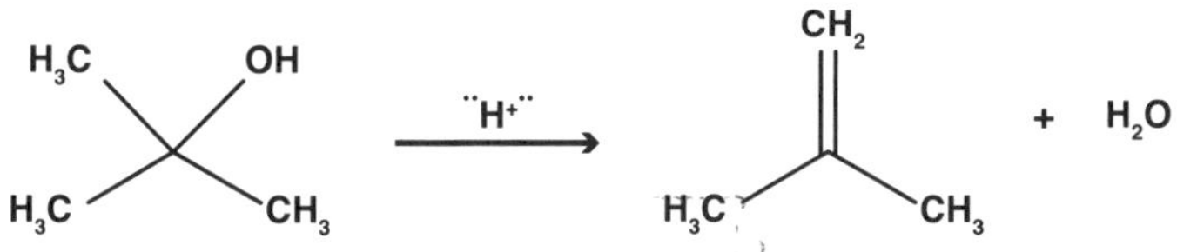

Figura 6.4 Exemplo de reação de eliminação.

Reações de rearranjo ocorrem quando um determinado grupo químico de uma molécula muda de localização dentro da própria espécie através de uma reorganização de suas ligações químicas. Um exemplo desse tipo de reação é a reação do 3,3-dimetilbut-1-eno em meio ácido, na qual se observa a migração de um grupo metila (Figura 6.5).

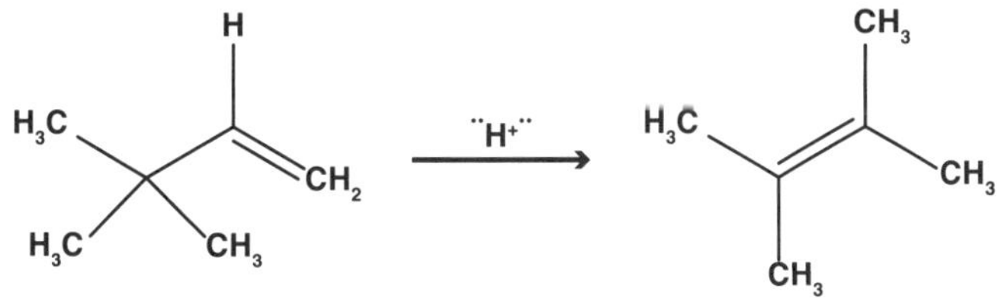

Figura 6.5 Exemplo de reação de rearranjo.

Podemos observar, nos exemplos acima, que para as reações ocorrerem ligações químicas foram formadas enquanto outras foram rompidas, mas uma questão que se nos apresenta é: como essas reações ocorreram? Como ocorreu a movimentação eletrônica? Em que ordem? Para tentar responder essas questões é necessário o estudo do mecanismo dessa reação.

6.3 Mecanismos de reação

Um mecanismo de reação é uma proposta de descrição passo a passo da maneira como uma determinada reação se procede.

Os mecanismos de reação são propostos por meio de medições indiretas, uma vez que não podemos visualizar diretamente como uma reação se desenvolve. Portanto, tudo o que se faz é adequar a proposta de mecanismo às informações que se tem sobre aquela determinada reação. Dito isso, muitas vezes um mecanismo coerente proposto hoje pode se demonstrar incorreto no futuro, caso se obtenham informações novas que o contradigam.

Para se fazer uma proposta plausível de um mecanismo reacional é necessário bom senso e coerência. Por essa razão, devemos nos ater a algumas regras e evitar erros, como propor a formação de intermediários improváveis e de altíssima energia como, por exemplo, espécies com o carbono pentavalente, ou propor etapas impossíveis de ser realizadas, como a protonação de um heteroátomo por íon hidrônio em meio básico (Figura 6.6).

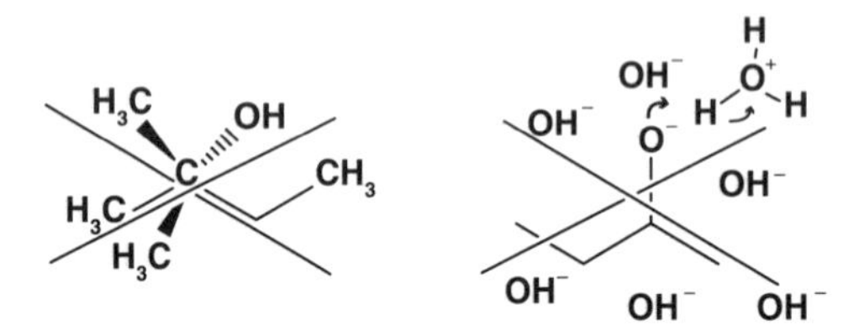

Figura 6.6 Equívocos presentes em propostas mecanísticas:
a) formação de intermediário com carbono pentavalente;
b) protonação por íon hidrônio em meio básico.

A descrição do mecanismo é uma poderosa ferramenta que serve para explicar como determinada reação se processa e dessa maneira nos ajuda a prever como reações similares ocorrerão.

6.3.1 Homólise e heterólise

Quebras de ligações químicas podem ocorrer de duas maneiras: homólise ou heterólise. Cada ligação química é formada por um par de elétrons e pode ser rompida de tal maneira que um dos fragmentos fique com o par de elétrons (heterólise) ou cada fragmento fique com um dos elétrons (homólise) (Figura 6.7).

Neste capítulo, veremos alguns dos mecanismos mais comuns que envolvem apenas quebras heterolíticas. As reações que envolvem quebras homolíticas passam pela formação de radicais químicos, e por essa razão são chamadas de reações radicalares.

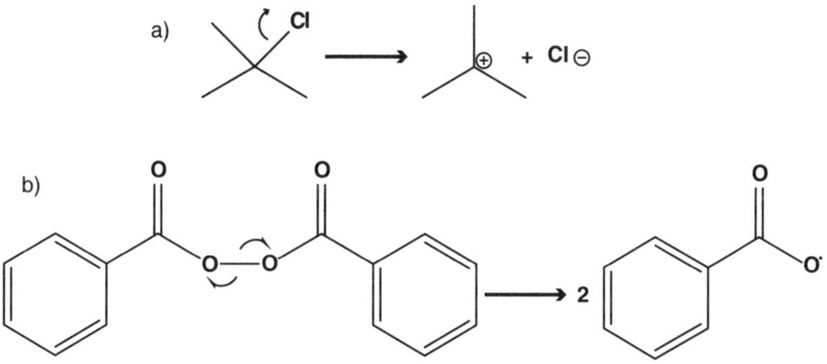

Figura 6.7 a) Exemplo de heterólise; b) exemplo de homólise.

6.3.2 Descrição de mecanismos de reação

Todas as reações químicas são realizadas por meio da transferência de elétrons. Nunca veremos, durante uma reação, uma transferência de prótons ou nêutrons de uma espécie para outra. Esse movimento de elétrons é o que determina a quebra e a formação de novas ligações. Para a descrição de propostas mecanísticas é necessário aprender como representar a movimentação dos elétrons em uma reação.

A seguir podemos ver em (a) que, ao colocar para reagir iodeto de metila (CH_3I) com hidróxido de sódio (NaOH), obtemos o álcool metílico (metanol). A maneira como a reação está representada em (a) não nos diz muita coisa sobre como essa reação ocorre e somente representa os reagentes que estão sendo usados, o solvente (água) e os produtos (metanol e iodeto). Já em (b) podemos ver uma proposta mecanística para essa reação. As setas curvas em (b) representam o movimento de pares de elétrons, indicando sempre a sua origem e seu destino. Uma das setas representa o ataque de um par de elétrons não ligantes do oxigênio da hidroxila ao carbono do radical metil, e a outra seta representa o rompimento da ligação carbono iodo e a formação do íon iodeto (Figura 6.8).

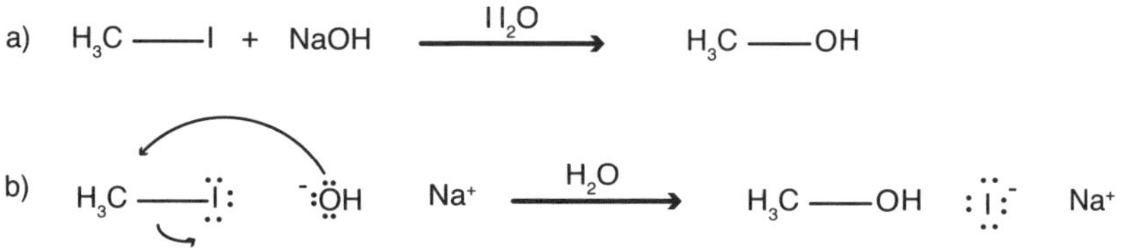

a) $H_3C—I + NaOH \xrightarrow{H_2O} H_3C—OH$

b) $H_3C—\ddot{I}: \quad ^{-}:\ddot{O}H \quad Na^+ \xrightarrow{H_2O} H_3C—OH \quad :\ddot{I}:^- \quad Na^+$

Figura 6.8 a) Reação do iodeto de metila com hidróxido de sódio; b) proposta mecanística para a reação do iodeto de metila com hidróxido de sódio.

No exemplo anterior podemos dizer que a reação ocorreu em uma única etapa; no entanto, as reações também podem ocorrer em múltiplas etapas. No caso de a reação apresentar mais de uma etapa, esta vai apresentar uma espécie transitória entre o reagente e o produto final, à qual chamamos de intermediário de reação.

Um exemplo de mecanismo em múltiplas etapas é o referente à reação do cloreto de *terc*-butila com água para a obtenção do álcool *terc*-butílico, representada a seguir (Figura 6.9).

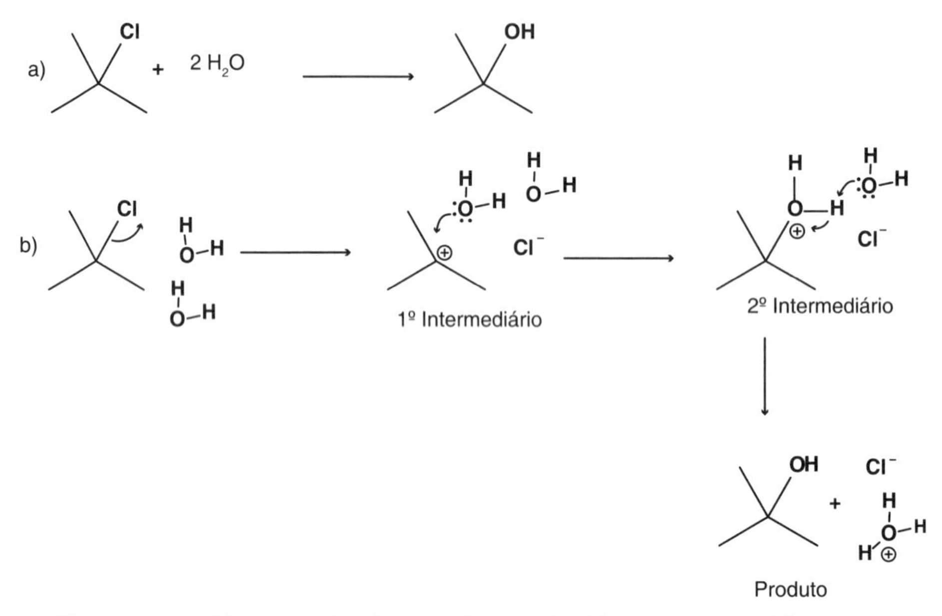

Figura 6.9 a) Reação de cloreto de *terc*-butila com água; b) proposta mecanística para a reação do cloreto de *terc*-butila com água.

O mecanismo da reação acima é mais complexo do que o primeiro exemplo apresentado, e também podemos observar que nesse caso a reação possui três etapas e dois intermediários de reação.

Em uma primeira etapa ocorre o rompimento da ligação cloro carbono, formando um carbocátion (cátion com carga positiva no carbono) como 1º intermediário de reação. Em seguida, uma molécula de água ataca, com um par de elétrons não ligante do oxigênio, o carbocátion, formando o álcool protonado, que é o 2º intermediário da reação. Por fim, uma segunda molécula de água desprotona o 2º intermediário, gerando *terc*-butanol como produto final.

6.3.3 **O uso das setas na descrição de mecanismos de reações**

Como vimos anteriormente, a movimentação dos elétrons na representação mecanística de reações químicas é representada de maneira convencional por meio do uso de setas.

A origem da seta representa a origem dos elétrons, e a ponta da seta, o destino dos mesmos. Existem diferentes tipos de setas que são usadas na química orgânica, e, para evitar equívocos, descreveremos as mais usadas.

a. **Seta de ponta inteira**: Representa a direção para onde ocorre a reação em um esquema reacional.
b. **Seta curva de ponta inteira**: Representa a movimentação de um par de elétrons.
c. **Seta curva com meia ponta**: Representa a movimentação de um elétron desemparelhado (em reações radicalares).
d. **Seta vazada**: Representa a análise retrossintética (muito útil para o desenvolvimento de propostas sintéticas).
e. **Seta de duas pontas**: Usada para representar as formas de ressonância de uma determinada espécie química (Figura 6.10).

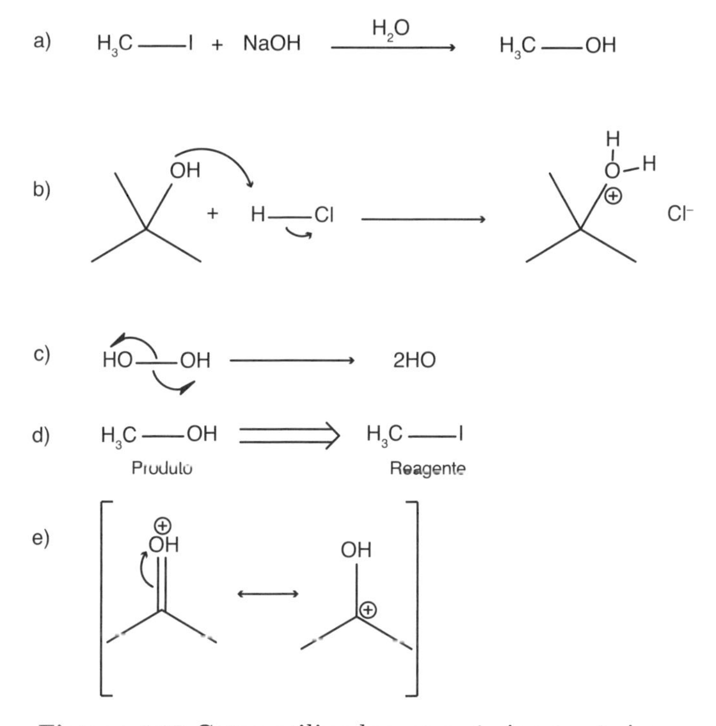

Figura 6.10 Setas utilizadas na química orgânica.

6.4 Eletrófilos e nucleófilos

Um conceito importante para as reações orgânicas é a definição de **eletrófilo** e **nucleófilo**. Eletrófilo é a espécie numa reação orgânica que recebe elétrons para a formação de uma nova ligação, e nucleófilo é a espécie que doa elétrons para formar uma nova ligação. A seguir está o exemplo da reação do iodeto de metila com hidróxido de sódio com a definição do seu eletrófilo e nucleófilo (Figura 6.11).

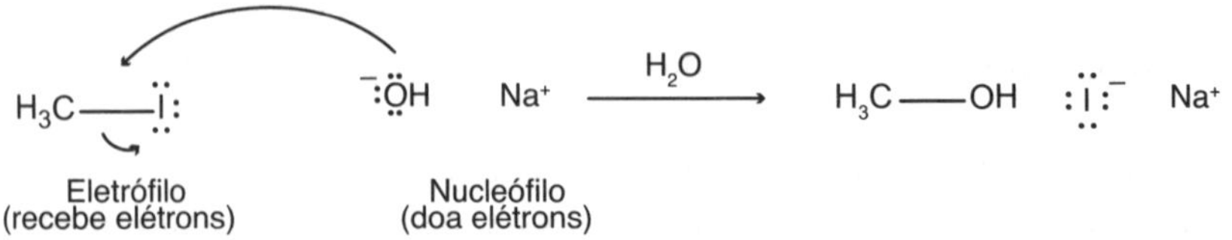

$$H_3C-\ddot{I}: \quad ^{-}:\ddot{O}H \quad Na^{+} \xrightarrow{H_2O} H_3C-OH \quad :\ddot{I}:^{-} \quad Na^{+}$$

Eletrófilo (recebe elétrons) — Nucleófilo (doa elétrons)

Figura 6.11 Assinalamento de eletrófilo e nucleófilo na reação do iodeto de metila com hidróxido de sódio.

Em um primeiro momento, isso pode parecer similar à definição de ácidos e bases de Lewis. De fato, todo eletrófilo é um ácido de Lewis e todo nucleófilo é uma base de Lewis. No entanto, essa definição é direcionada para a química orgânica, e, em decorrência disso, considera-se uma espécie como eletrófilo somente quando os elétrons recebidos são utilizados para a formação de uma ligação com átomo de carbono (desde que o eletrófilo não seja um átomo de hidrogênio), da mesma maneira que um nucleófilo é definido como sendo uma espécie que doa os elétrons para formar uma ligação que contenha ao menos um átomo de carbono (desde que esses elétrons não estejam sendo doados para um átomo de hidrogênio).

Nucleófilos podem ser espécies neutras ou carregadas negativamente que possuam pares de elétrons desemparelhados ou moléculas capazes de doar elétrons de ligações π ou σ para formar uma nova ligação. Podem ser eletrófilos, espécies que tenham carga formal ou parcial positiva e que possam receber um par de elétrons para formar uma ligação (Figura 6.12).

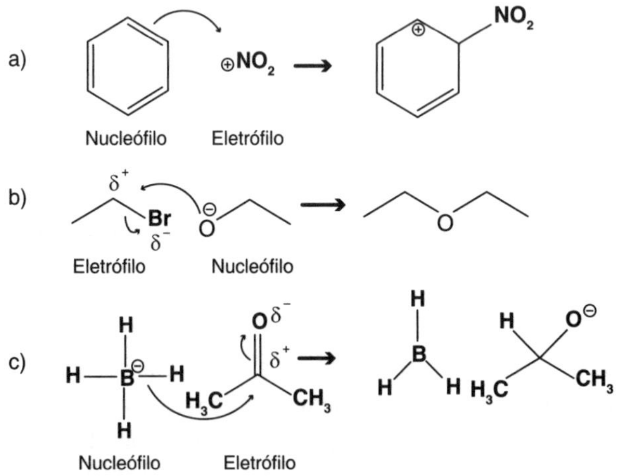

a) Nucleófilo — Eletrófilo: $\oplus NO_2$ → NO_2

b) Eletrófilo: δ^{+} Br δ^{-} — Nucleófilo: $O^{\ominus}$ → O

c) Nucleófilo: H—B$^{\ominus}$—H (H, H) — Eletrófilo: Oδ^{-}, δ^{+}, H_3C, CH_3 → H—B(H)—H, H, $O^{\ominus}$, H_3C, CH_3

Figura 6.12 Exemplos de reações orgânicas com o assinalamento de seus respectivos nucleófilos e eletrófilos.

Vale ressaltar que a nomenclatura de grande parte das reações orgânicas, como veremos no decorrer deste livro, é definida de acordo com o caráter eletrofílico ou nucleofílico da espécie que está reagindo com o composto orgânico principal. Por exemplo: substituição nucleofílica alifática, substituição eletrofílica aromática e substituição nucleofílica na carbonila.

6.5 Teoria do estado de transição

O estado de transição de uma etapa reacional é o estado de energia máxima em uma determinada etapa de uma reação. Poderíamos dizer que o estado de transição seria como uma fotografia (isso em um exercício de imaginação, pois um estado de transição é impossível de ser registrado visualmente) da reação no momento em que atinge o seu estado de maior energia.

Os estados de transição são representados entre colchetes e com o símbolo tipográfico da diesis (‡) próximo ao seu canto direito superior; as ligações que estão sendo rompidas e formadas nesse estado são representadas com linhas tracejadas. A representação dos estados de transição é importante, pois nos ajuda a deixar mais claro quais ligações são geradas e rompidas e onde está havendo a formação e a dissipação de cargas em uma determinada reação. Quando uma carga está sendo formada ou dissipada, usamos o símbolo δ (delta) representando a carga parcial: δ^+ para carga parcial positiva e δ^- para carga parcial negativa. A figura a seguir representa o estado de transição da reação do iodeto de metila com hidróxido de sódio (Figura 6.13).

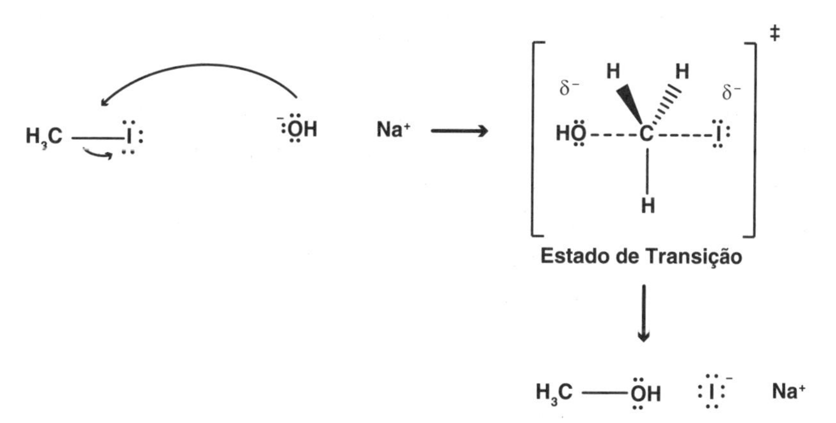

Figura 6.13 Estado de transição da reação do iodeto de metila com hidróxido de sódio.

Observa-se que no estado de transição dessa reação o iodeto (grupo de saída) e a hidroxila (nucleófilo) adquirem cargas parciais negativas e ambos possuem ligações parciais com o carbono da metila. Nesse estado de transição o carbono da metila adquire

uma geometria planar em relação aos seus três átomos de hidrogênio, com a entrada do nucleófilo ocorrendo por uma das faces do plano e a saída do grupo abandonador pela outra (esse tipo de reação será mais detalhadamente discutida no Capítulo 7 deste livro).

Vejamos também como ficaria a reação de formação do *terc*-butanol se representássemos os estados de transição de todas as etapas. O mecanismo apresentado a seguir apresenta três etapas e, portanto, apresenta também três estados de transição e dois intermediários (Figura 6.14).

1º Estado de transição
1º Intermediário
3º Estado de transição
2º Intermediário
2º Estado de transição
Produto

Figura 6.14 Mecanismo de reação proposto para síntese do álcool *terc*-butílico a partir do cloreto de *terc*-butila, representando-se os estados de transição.

Como podemos ver acima, no primeiro estado de transição temos o momento no qual a ligação entre o carbono e o cloro está sendo parcialmente rompida e o carbono adquire uma carga parcial positiva, enquanto o cloro adquire carga parcial negativa. O segundo estado de transição mostra uma ligação parcial entre o carbocátion e o oxigênio da molécula de água, em que o oxigênio e o carbono possuem cargas parciais positivas. O terceiro e último estado de transição representa uma segunda molécula de água abstraindo um próton do álcool protonado em que os dois átomos de oxigênio apresentam cargas parciais positivas.

6.6 Cinética e termodinâmica

Para o estudo dos mecanismos das reações orgânicas faz-se necessário o entendimento de alguns conceitos-chave da físico-química, como cinética e termodinâmica.

A **termodinâmica** avalia o processo de transferência de energia em uma reação química ou uma transformação física, e seu estudo pode fornecer informações importantes sobre o equilíbrio reacional e a espontaneidade do processo. O estudo da termodinâmica de uma reação química correlaciona a energia de reagentes e produtos nos estados inicial e final.

A **cinética** química, por outro lado, analisa o desenrolar do processo por meio do estudo da velocidade da reação (formação de produtos ou consumo de reagente em função do tempo) e de como esta é influenciada por fatores como a concentração de reagentes, a presença de catalisador, inibidor ou promotor de reações, assim como a temperatura. A cinética pode fornecer informações importantes sobre o mecanismo de uma reação.

6.6.1 Termodinâmica

Podemos estudar o quão favorável termodinamicamente é a formação de um produto em uma reação por meio da análise da variação da energia livre de Gibbs (ΔG) do processo.

Para o cálculo do ΔG leva-se em conta a variação da entalpia (ΔH) e da entropia (ΔS) e a temperatura na escala absoluta (T). Essas grandezas se relacionam entre si de acordo com a equação a seguir:

$$\Delta G = \Delta H - T\,\Delta S$$

O valor de ΔG de determinada reação é uma grandeza termodinâmica que fornece informações muito importantes sobre a espontaneidade de um processo. Quando $\Delta G < 0$, a formação de produtos é favorável e diz-se que a reação é **exergônica**. Quando $\Delta G > 0$, a reação não favorece a formação de produto e é chamada de reação **endergônica**.

A variação de **entalpia** (ΔH) está relacionada com a energia absorvida/liberada durante a quebra e a formação de ligações químicas ocorridas na reação. Para a quebra de ligações é necessário o consumo de energia pelo sistema, e a formação de ligações acarreta a liberação de energia do sistema. Em uma reação química, se a energia obtida na formação de novas ligações se sobrepõe à energia gasta no rompimento das ligações ocorre um processo **exotérmico**, que leva à liberação de calor. De maneira inversa, uma reação em que ocorre o consumo de energia leva à absorção de calor, e o processo é chamado de **endotérmico**.

A variação de **entropia** (ΔS) quantifica o número de possibilidades de configuração das espécies em um sistema fechado. O aumento do número de possibilidades ocorre, por exemplo, quando ocorrem a cisão de uma espécie química e a formação de um maior número de moles de produto em relação aos regentes ou quando o produto apresenta maior liberdade conformacional (liberdade para movimentação de suas ligações) que o reagente.

Imagine o aumento do número de possibilidades do sistema (ex: líquido para gás, sólido para líquido e sólido para gás). Neste caso, a variação de entropia é sempre positiva; portanto, reações que partem de reagentes líquidos, por exemplo, e geram produtos no estado físico gás tendem a possuir ΔS positivo. Como visto na equação de cálculo da energia livre de Gibbs, o termo da temperatura em valor absoluto multiplica o ΔS e, portanto, no caso de uma variação positiva de entropia, um aumento de temperatura gera contribuição para que o ΔG tenha um valor mais negativo e, em consequência, leva a reação a ser mais espontânea. Vale mencionar que o descrito anteriormente é válido para reações exotérmicas. Para reações endotérmicas, é preciso fazer análise mais quantitativa do processo como um todo.

Na figura a seguir, no primeiro exemplo, podemos ver que a reação de descarboxilação de um derivado do ácido malônico leva à formação do dobro de mols de produto em relação ao reagente e à formação de um produto na forma de gás (CO_2), portanto há um aumento da entropia do sistema. No segundo exemplo observa-se que, em uma reação de Diels-Alder, há a formação de um produto único decorrente da reação entre dois reagentes distintos, levando, portanto, a uma diminuição na entropia (Figura 6.15).

a) $\Delta S > 0$

b) $\Delta S < 0$

Figura 6.15 a) Reação de descarboxilação de derivado de ácido malônico (aumento de entropia); b) reação de Diels-Alder (diminuição de entropia).

6.6.2 **Relação entre ΔG e a constante de equilíbrio da reação**

A constante de equilíbrio é a razão entre a concentração dos produtos sobre a concentração dos reagentes em mols quando do equilíbrio da reação (levando em consideração os coeficientes estequiométricos dos produtos e reagentes). Dessa maneira, quanto maior a constante de equilíbrio mais favorável no sentido direto será uma reação.

$$aA + bB = cC + dD$$

$$\text{Keq} = \frac{[A]^a\,[B]^b}{[C]^c\,[D]^d}$$

Um valor de Keq muito maior do que 1 significa que, no equilíbrio, a reação irá apresentar uma predominância grande de produtos em relação aos reagentes e, de maneira inversa, reações com Keq muito inferior a 1 apresentarão, no equilíbrio, uma predominância grande de reagentes em relação a produtos.

Como exemplo do cálculo da constante de equilíbrio, tomemos a reação abaixo, em que o coeficiente estequiométrico do produto é 2 enquanto dos reagentes é 1.

$$I_{2(g)} + H_{2(g)} = 2HI_{(g)}$$

$$\text{Keq} = \frac{[HI]^2}{[I_2]\,[H_2]}$$

A variação da energia livre de Gibbs se relaciona com a constante de equilíbrio de uma reação (Keq) de acordo com a equação a seguir, em que R é a constante universal dos gases (aproximadamente 8,31 $J \cdot K^{-1} \cdot mol^{-1}$) e T é a temperatura na escala absoluta.

$$\Delta G = -2{,}303\ RT\ \log Keq$$

Podemos ver, por meio dessa equação, que quanto mais negativo for o ΔG maior será o coeficiente de equilíbrio e mais favorecido será o produto no equilíbrio reacional. Por outro lado, quanto mais positivo for o ΔG mais desfavorecida, termodinamicamente, será a reação.

6.6.3 **Cinética química**

Podemos estudar a cinética de uma reação por meio do cálculo de sua velocidade. Tomemos como exemplo a reação abaixo:

$$A + B \rightarrow C + D$$

Sua velocidade pode ser obtida por intermédio da equação a seguir, em que k é o coeficiente de velocidade da reação e [A] e [B] representam as concentrações dos reagentes em mol/L.

$$\text{Velocidade de reação} = k \cdot [A] \cdot [B]$$

A equação descrita acima, como veremos adiante, se aplica a uma reação de 2ª ordem global. No caso de reações de ordens distintas, como veremos adiante neste mesmo capítulo e no Capítulo 7, essa equação sofrerá alterações.

A constante de velocidade k da reação varia de maneira diretamente proporcional à temperatura e inversamente proporcional à energia necessária para ultrapassar a barreira energética (variação energética correspondente à diferença entre a energia do estado de transição com relação à energia do estado inicial). É possível dizer, dessa maneira, que o aumento da temperatura de uma reação sempre facilita a chegada ao estado de transição reacional.

6.6.4 Diagrama de energia livre de Gibbs

Podemos representar o transcorrer de uma reação usando um diagrama de energia livre de Gibbs, em que representamos no eixo da ordenada a energia livre de Gibbs e, na abscissa, a coordenada da reação, que é a representação esquemática da reação em cada momento do seu transcorrer.

No diagrama da energia livre de Gibbs da reação do iodeto de metila com hidróxido de sódio, vemos representados: o estado de transição, o produto formado (metanol) e a energia necessária para alcançar o estado de transição a partir dos reagentes ($\Delta G^{\ddagger}$). Podemos concluir que essa reação é exergônica por possuir $\Delta G < 0$, uma vez que a energia livre de Gibbs dos produtos finais (G_f) é menor do que a dos reagentes (G_i) (Figura 6.16).

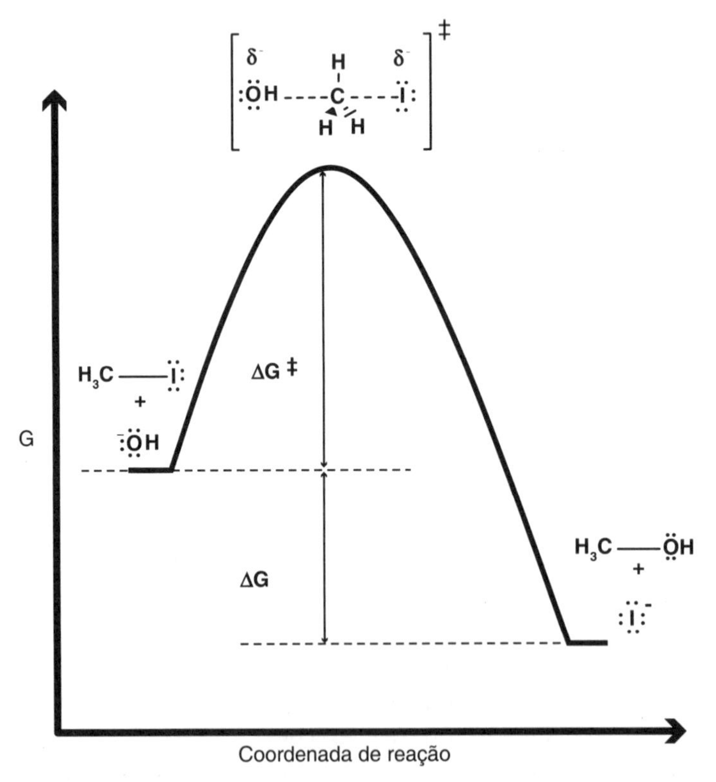

Figura 6.16 Diagrama da energia livre de Gibbs da reação do iodeto de metila com hidróxido de sódio.

A seguir, se representa um segundo exemplo de um diagrama de energia, dessa vez para uma etapa endergônica. Na reação de formação do álcool *terc*-butílico a partir do cloreto de *terc*-butila a primeira etapa reacional é a formação do intermediário carbocátion, em que há apenas a quebra de uma ligação carbono-cloro. Essa etapa reacional é endergônica e, portanto, apresenta $\Delta G > 0$ ($G_f > G_i$) (Figura 6.17).

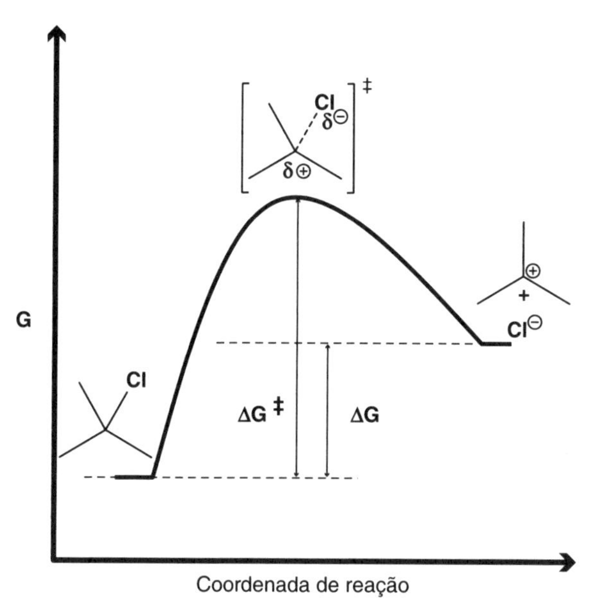

Figura 6.17 Diagrama da energia livre de Gibbs da perda de um íon cloreto pelo cloreto de *terc*-butila.

Vejamos agora um diagrama de energia livre com todas as etapas da formação de *terc*-butanol a partir do cloreto de *terc*-butila, e, apesar de apresentar uma primeira etapa endergônica, a reação como um todo é exergônica uma vez que G_f dos produtos da última etapa é menor que G_i dos reagentes iniciais, como podemos ver pelo retângulo em cinza claro na figura a seguir (Figura 6.18). O mecanismo completo com os intermediários e estados de transição (ETs) dessa reação foi descrito anteriormente na Figura 6.14.

Outro conceito importante que pode ser deduzido a partir do diagrama de energia de uma reação é a etapa limitante da velocidade (também conhecida como etapa lenta) de uma reação. Podemos dizer que a etapa que apresenta a maior barreira energética é a etapa que determina a velocidade da reação. Se as espécies químicas apresentarem energia suficiente para trespassar essa barreira também serão capazes de ultrapassar as barreiras energéticas das demais etapas. Podemos deduzir, então, que a etapa lenta da reação apresentada anteriormente é a cisão da ligação entre o cloro e o carbono (primeira etapa).

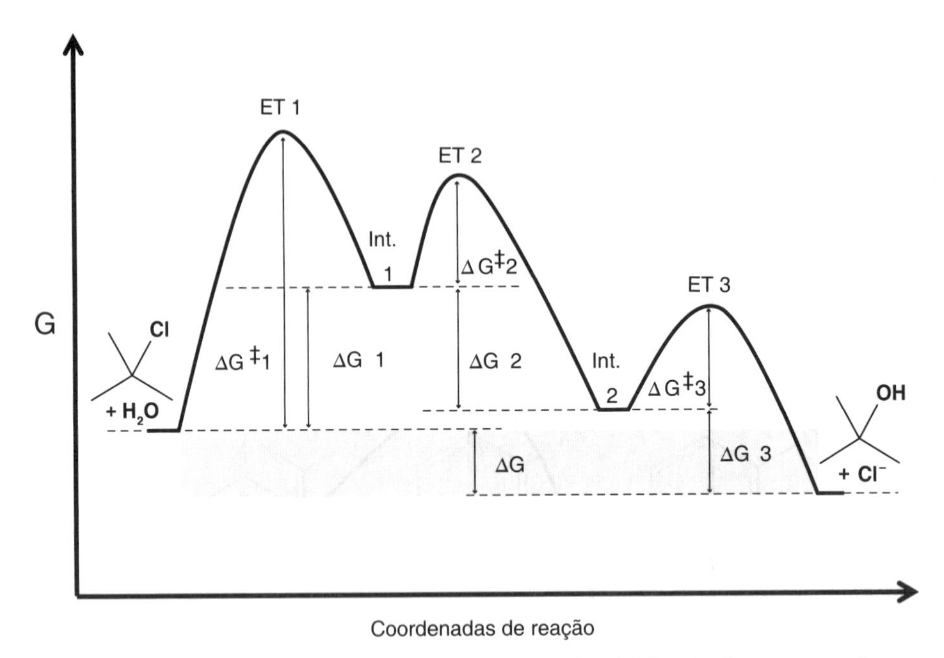

Figura 6.18 Diagrama da energia livre de Gibbs da formação de álcool *terc*-butílico a partir do cloreto de *terc*-butila.

Uma possível analogia para entender o conceito de etapa limitante da velocidade da reação é se imaginar o fluxo de pequenas esferas por uma sequência de funis. Sabemos que o fluxo das esferas é maior quanto maior o diâmetro do funil; porém, ao colocarmos o funil com o menor diâmetro de saída no início da sequência, será este que ditará o fluxo de esferas no circuito como um todo (a passagem das esferas por este funil será o equivalente à etapa lenta). Da mesma maneira, como no exemplo apresentado, no caso da reação de formação do *terc*-butanol, a primeira etapa reacional é a de menor velocidade e será esta que ditará a velocidade global da reação (Figura 6.19).

6.6.5 **Energia de ativação e velocidade de uma reação**

A energia de ativação da etapa lenta de uma reação é determinante para a velocidade da reação. Quanto maior for a diferença de energia, entre o estado de transição e a espécie que o precede, mais lenta será a reação. Em uma determinada temperatura, nem todas as moléculas de um reagente terão a mesma energia. O que ocorre é uma distribuição normal dessa energia (mais especificamente uma distribuição de Boltzman), com a maioria das moléculas possuindo uma energia próxima à energia média e uma porcentagem pequena destas possuindo energia muito abaixo ou muito acima da média (Figura 6.20).

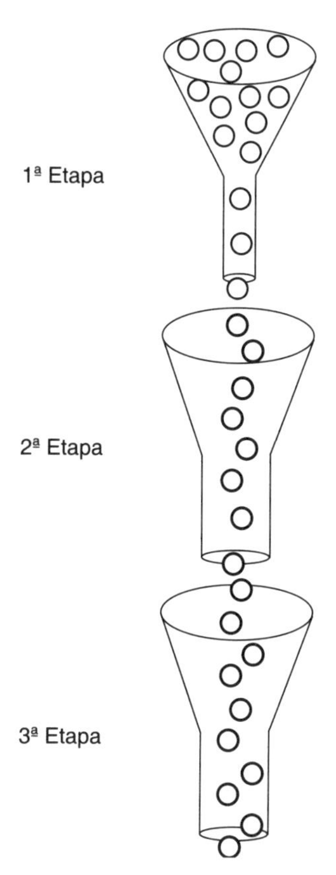

Figura 6.19 Etapa controladora da velocidade da reação.

Podemos ver, na figura a seguir, a representação da distribuição energética de uma espécie química fictícia, que a 35 °C possui, em determinado momento, uma pequena porcentagem das espécies com energia suficiente para ultrapassar a barreira da energia de ativação de uma determinada reação. Quando aumentamos a temperatura para 50 °C, aumenta-se a energia cinética do sistema como um todo e a distribuição energética muda, fazendo com que mais moléculas possuam energia suficiente, naquele momento, para atingir o estado de transição da reação (Figura 6.20).

Voltando à analogia dos funis e, para melhor explicar o gráfico apresentado anteriormente, podemos comparar a reação química descrita na figura anterior a um processo de filtração. No caso da reação a 35 °C, o colo do funil seria mais fino e, dessa maneira, teria um fluxo menor de moléculas capazes de ultrapassar o estado de transição a cada momento se comparada à reação a 50 °C (Figura 6.21).

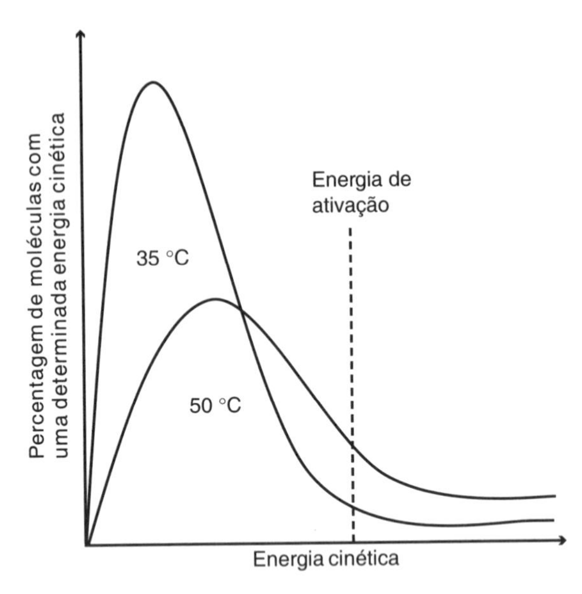

Figura 6.20 Distribuição de energia cinética de um grupo de moléculas a 35 °C e 50 °C.

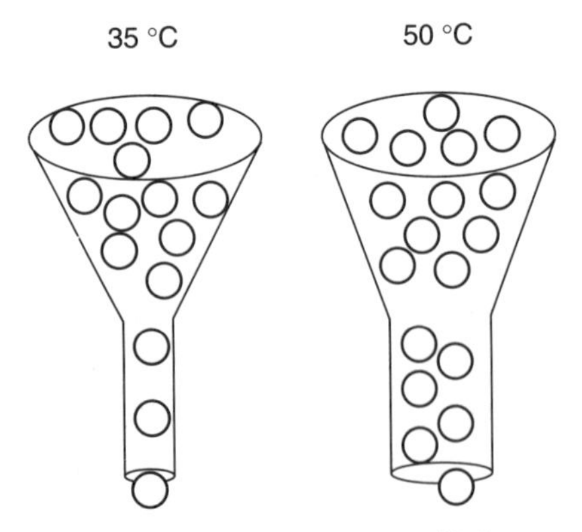

Figura 6.21 Moléculas com energia suficiente para atingir o estado de transição às temperaturas de 35 °C e 50 °C.

6.6.6 Ordens de reação

Como visto anteriormente, a etapa determinante da velocidade da reação de síntese do álcool *terc*-butílico é a primeira etapa em que ocorre a quebra da ligação carbono-cloro (Figura 6.9). Por isso a velocidade dessa reação segue esta equação:

velocidade de reação = *k*[cloreto de *terc*-butila]

A equação considera somente a concentração do cloreto de *terc*-butila como essencial para o cálculo da velocidade da reação. Isso porque na etapa determinante da velocidade da reação (etapa lenta) somente essa espécie participa. Pode-se dizer também que variações na concentração de água não terão influência considerável na velocidade da reação porque essa espécie não tem participação direta na etapa lenta.

Reações em que somente uma espécie influencia na velocidade da reação são chamadas de reações de 1ª ordem global. Reações em que duas espécies influenciam são chamadas de reações de 2ª ordem global, como é o caso da bromação do propeno, na qual tanto a concentração do propeno quanto a do ácido bromídrico são determinantes para a velocidade da reação (Figuras 6.22 e 6.23).

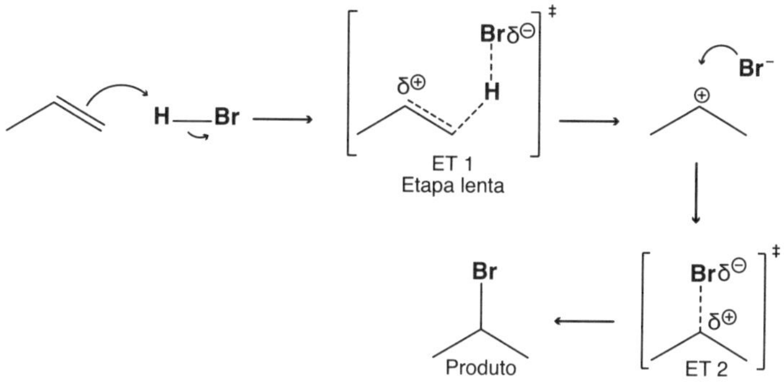

Figura 6.22 Mecanismo da reação de propeno com ácido bromídrico.

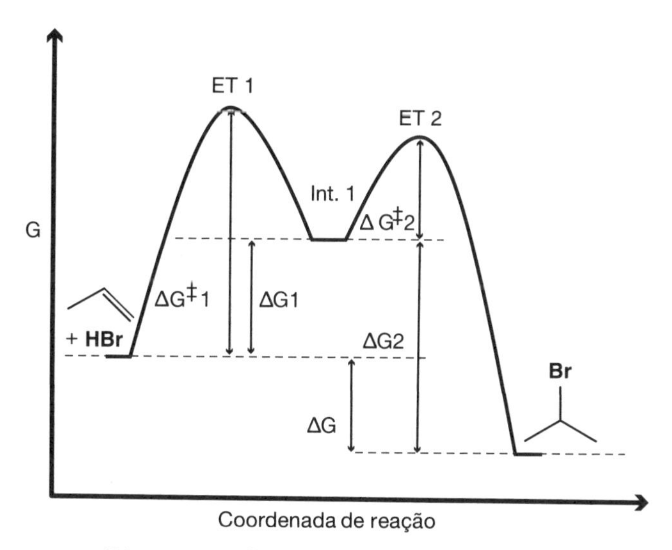

Figura 6.23 Diagrama da energia livre de Gibbs da reação do propeno com ácido bromídrico.

Por sua etapa lenta envolver tanto o propeno quanto ácido bromídrico, ela é definida como uma reação de 2ª ordem, e a velocidade da reação segue esta equação:

$$\text{velocidade de reação} = k \cdot [\text{propeno}] \cdot [\text{ácido bromídrico}]$$

Reações de outras ordens como 3ª ordem ou ordem zero também existem, mas não serão discutidas neste capítulo.

6.6.7 **Catálise**

A análise do ΔG nos fornece informações importantes de como será o equilíbrio reacional; em outras palavras, podemos correlacionar o ΔG com o Keq e saberemos qual será a relação molar entre reagente e produto no equilíbrio. Contudo, veremos que nem todas as reações com ΔG < 0 são viáveis nem ocorrem em tempo razoável. Algumas reações simplesmente demoram muito para atingir o seu equilíbrio termodinâmico, e é dito que estas são controladas pela cinética. Vejamos o diagrama de energia livre de Gibbs da hidrogenação de um alceno qualquer (Figura 6.24).

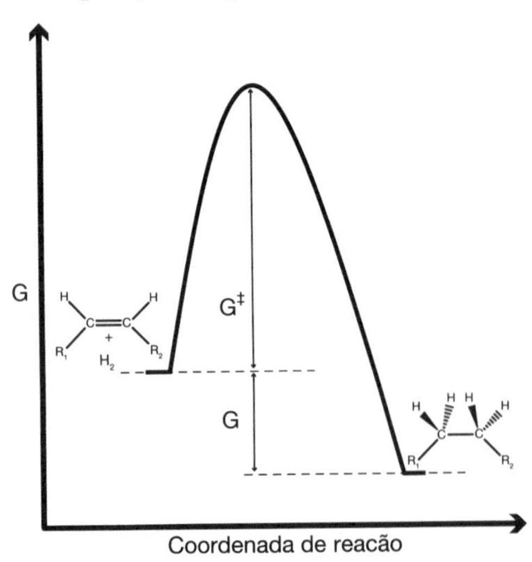

Figura 6.24 Diagrama da energia livre de Gibbs da hidrogenação de alcenos.

Podemos ver que a reação é exergônica, pois o estado energético do produto é mais baixo do que o dos reagentes. No entanto, essa reação é muito lenta, e pode demorar dezenas de milhares de anos para chegar ao equilíbrio.

Na reação apresentada acima, a energia para se atingir o estado de transição ($\Delta G^{\ddagger}$) é muito alta. Dessa maneira, uma parcela muito pequena, por vez, das espécies químicas teria energia suficiente para atravessar a barreira do estado de transição, o que explicaria a baixa velocidade dessa reação.

Sabemos, no entanto, que reações de hidrogenação são realizadas de maneira corriqueira na indústria química. A velocidade desse tipo de reação é aumentada pelo uso de catalisadores que aceleram a reação e fazem com que esta atinja o equilíbrio em um tempo muito menor. No caso da hidrogenação, um catalisador muito usado é o paládio ou platina suportado em carvão ativado (Pd/C ou Pt/C).

Um catalisador é definido como uma espécie química que aumenta a velocidade de uma reação e que não é consumida durante a mesma. O uso de Pd/C altera o mecanismo da reação de hidrogenação. Não entraremos, neste capítulo, na questão de como esse novo mecanismo ocorre. No entanto, veremos no gráfico a seguir que o novo mecanismo possui diferentes etapas e que a energia de ativação da etapa lenta é diminuída, possibilitando que a reação ocorra em um tempo muito menor (Figura 6.25).

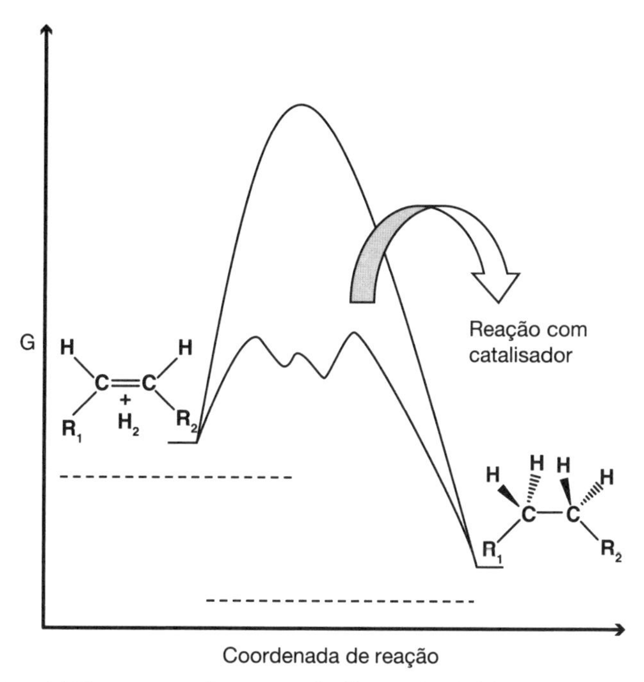

Figura 6.25 Diagrama da energia livre de Gibbs da hidrogenação de alcenos com e sem uso de catalisador.

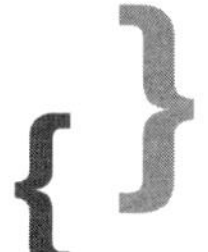

Considerações do Capítulo

Neste capítulo foram apresentados e discutidos os princípios e conceitos básicos de mecanismos de reação.

Exercícios

6.1 Classifique as reações a seguir como adição, substituição, eliminação ou rearranjo.

(a)

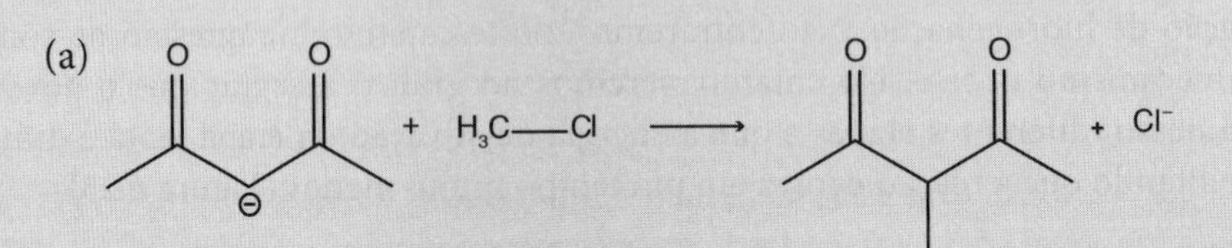

(b)

(c)

O⊖

\+ Cl

NO2

O

\+ Cl⊖

NO2

(d)

O

OH

(e)

OH

H_3PO_4

\+ H_2O

6.2 Identifique eletrófilo e nucleófilo nas seguintes reações. Represente as setas de movimentação eletrônica.

(a)

(b)

(c)

(d)

(e)

6.3 Represente os estados de transição das reações apresentadas no exercício 6.2.

6.4 Simule um gráfico de energia livre de Gibbs da reação a seguir considerando que a reação é exergônica.

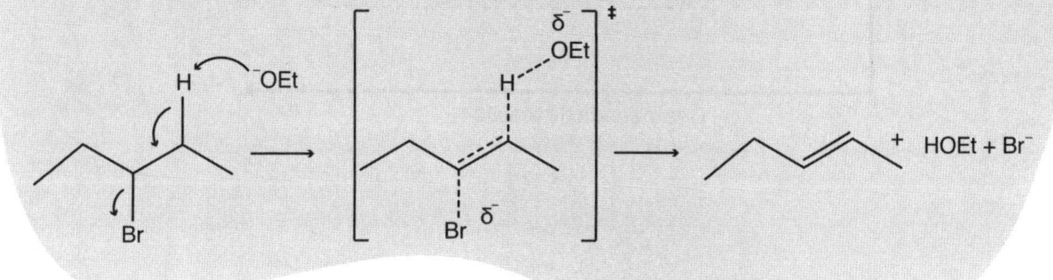

6.5 Represente as setas de movimentação eletrônica para a reação a seguir e os estados de transição de cada etapa. Simule um gráfico de energia livre de Gibbs que contemple todas as etapas da reação apresentada considerando que a reação é exergônica e que a primeira etapa da mesma é a determinante da velocidade.

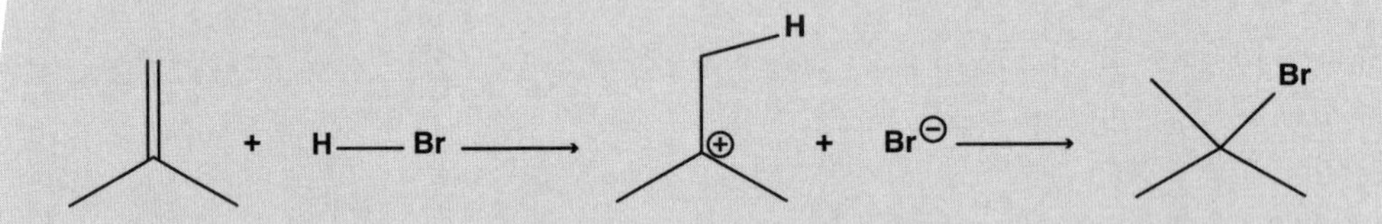

6.6 A figura a seguir representa dois gráficos de energia livre de Gibbs referentes a duas reações distintas. Determine qual reação é a mais rápida e qual apresenta maior Keq.

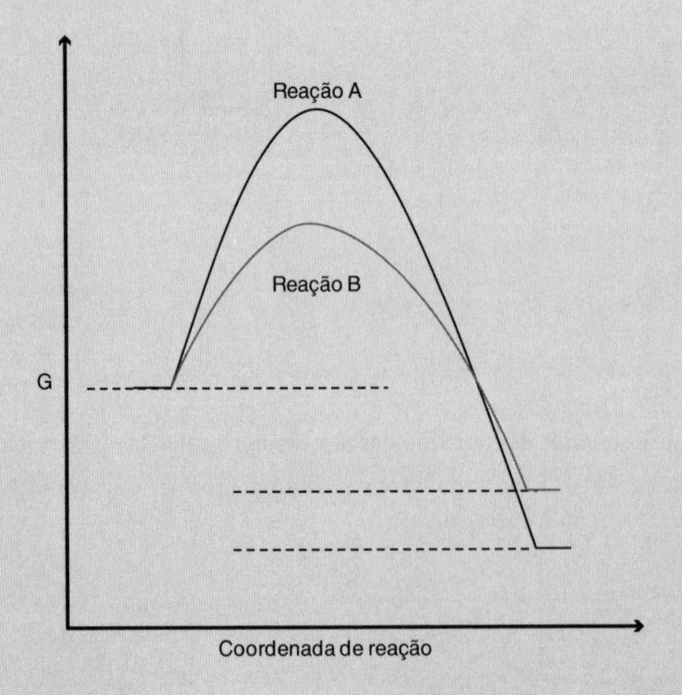

6.7 A reação representada no gráfico de energia livre a seguir é de que ordem? A velocidade da reação variará de acordo com a concentração de quais reagentes? Justifique.

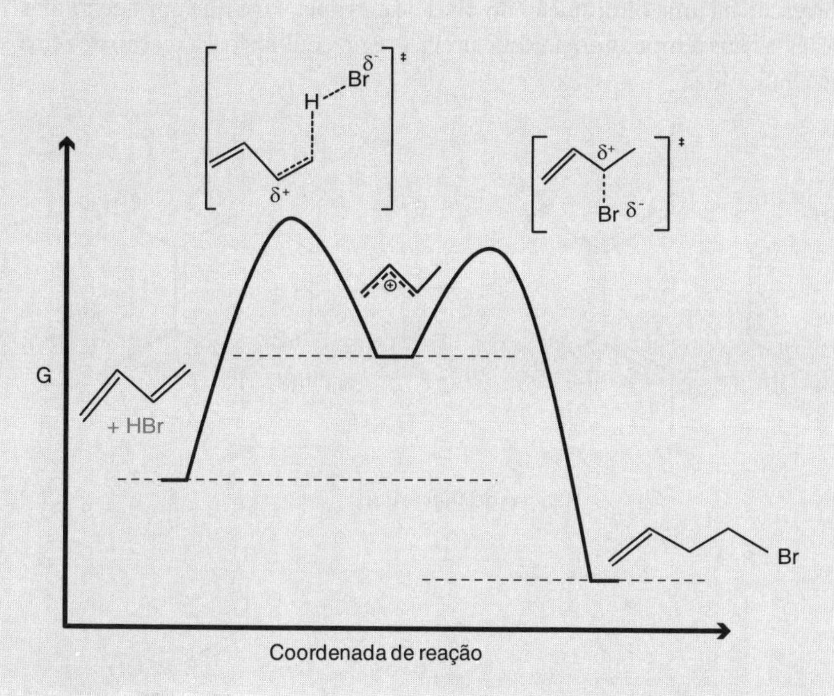

Desafios

6.1 A reação de Diels-Alder é uma reação concertada (em que todos os rompimentos e formação de ligações ocorrem simultaneamente) entre duas espécies químicas formando um produto único. Considerando que nesse tipo de reação há uma diminuição no nível de entropia, explique por que muitas vezes, a altas temperaturas, o que prevalece no equilíbrio é a reação de retro de Diels-Alder.

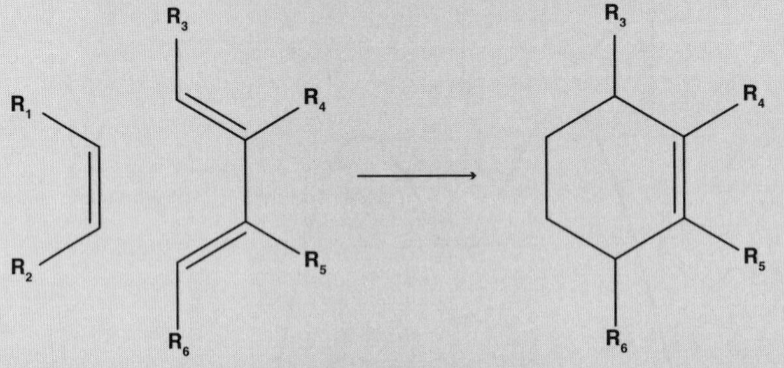

Reação de Diels-Alder

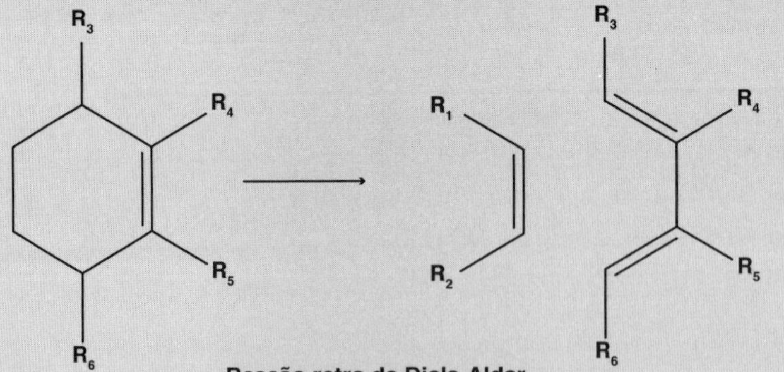

Reação retro de Diels-Alder

6.2 Analise a seguinte afirmação: "A hidrogenação de alcenos é, em geral, uma reação endergônica. No entanto, essa reação não é passível de ser realizada sem a presença de catalisadores."

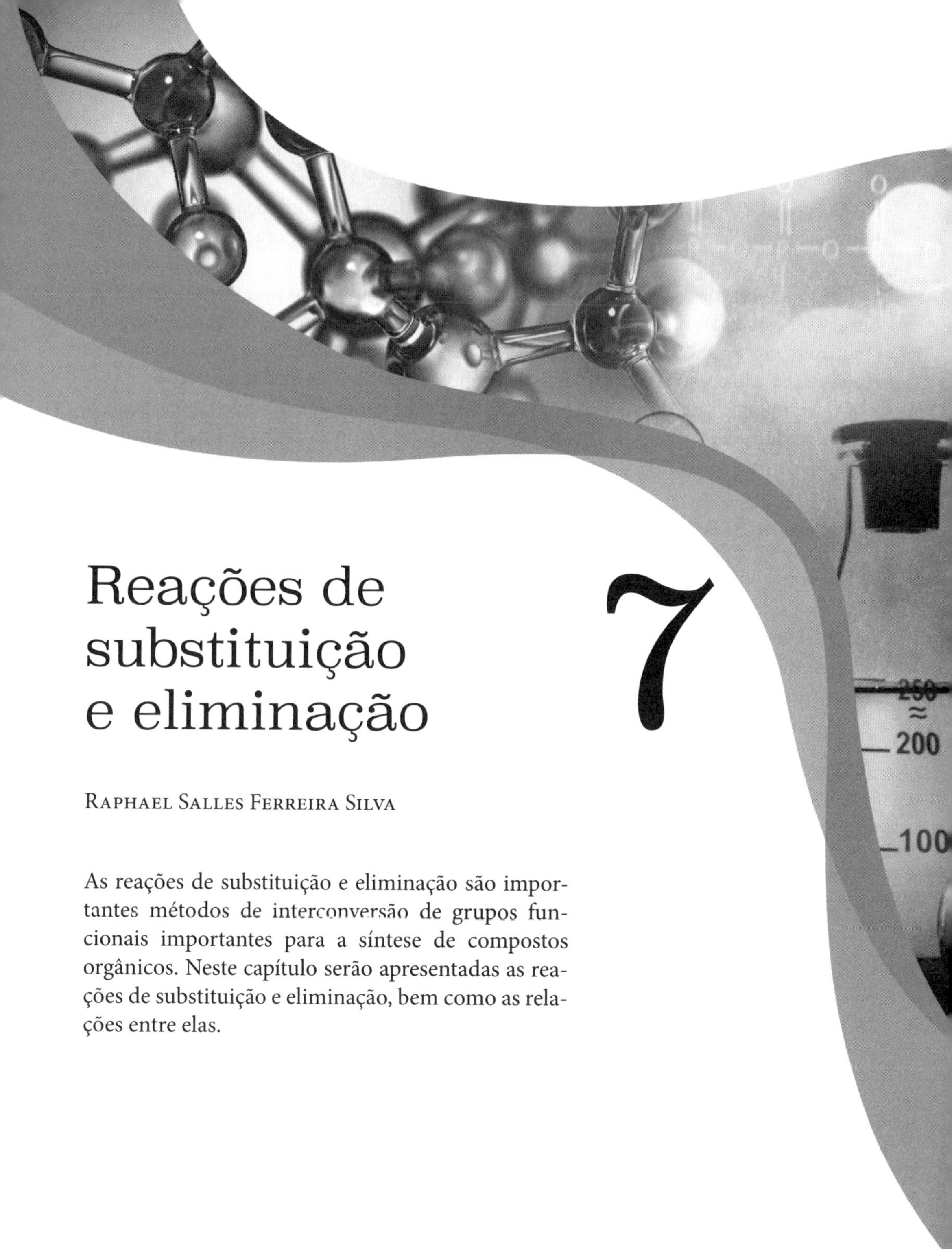

Reações de substituição e eliminação

7

RAPHAEL SALLES FERREIRA SILVA

As reações de substituição e eliminação são importantes métodos de interconversão de grupos funcionais importantes para a síntese de compostos orgânicos. Neste capítulo serão apresentadas as reações de substituição e eliminação, bem como as relações entre elas.

7.1 Introdução

Neste capítulo serão abordadas as reações de substituição e eliminação, que são importantes na química orgânica, pois podem ser utilizadas para a preparação de várias classes de compostos orgânicos.

Embora as reações de substituição e eliminação sejam utilizadas para fins diferentes, elas devem ser estudadas de forma integrada, pois, ao mesmo tempo que comungam aspectos cinéticos e mecanísticos, em determinadas situações competem entre si num mesmo meio reacional, sendo possível o isolamento de produtos oriundos de ambas as reações.

O estudo integrado dessas reações torna possível a compreensão dos fatores que favorecem ou desfavorecem cada uma dessas reações, permitindo assim se interferir no sistema reacional para que se possa ter maior rendimento do produto desejado.

7.2 Substituição Nucleofílica Bimolecular (S_N2)

A reação de substituição nucleofílica bimolecular (S_N2) recebe esse nome pelo fato de ocorrer a substituição (*S*) de um grupo ligado à molécula original em uma reação cinética de segunda ordem (S_N2).

A seguir, um esquema reacional de um exemplo de uma reação de S_N2, em que o clorometano reage com o hidróxido de sódio, formando metanol e cloreto de sódio.

$$\underset{\text{Clorometano}}{H_3C\text{–}Cl} + NaOH \longrightarrow \underset{\text{Metanol}}{H_3C\text{–}OH} + NaCl$$

Figura 7.1 Exemplo de uma reação de S_N2.

Para a continuidade do estudo, o contraíon metálico não será mais mostrado para que se evidenciem os aspectos mecanísticos da reação e os termos conceituais importantes, assim a reação acima pode ser representada como segue:

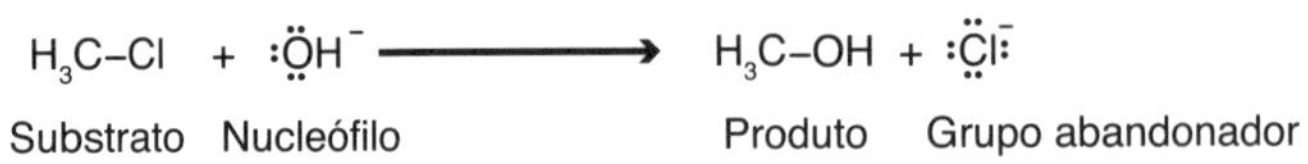

$$\underset{\text{Substrato}}{H_3C\text{–}Cl} + \underset{\text{Nucleófilo}}{:\ddot{O}H^-} \longrightarrow \underset{\text{Produto}}{H_3C\text{–}OH} + \underset{\text{Grupo abandonador}}{:\ddot{C}l:^-}$$

Figura 7.2 Exemplo de uma reação de S_N2.

Em que os termos são definidos abaixo:

Substrato: Composto orgânico que sofre o ataque do nucleófilo.

Nucleófilo: Espécie com pelo menos 1 par de elétrons livre para formar uma ligação covalente com o substrato.

Produto: O composto formado após o ataque do nucleófilo.

Grupo abandonador: Grupo que é substituído pelo nucleófilo.

O mecanismo da reação envolve o ataque do nucleófilo (íon hidróxido) pela face do substrato oposta àquela em que se encontra o grupo abandonador (átomo de cloro). Observando a estrutura do substrato (clorometano), a ligação carbono-cloro é polarizada em direção ao cloro por conta da maior eletronegatividade deste, o que deixa o cloro com uma carga parcial negativa (δ^-) e o carbono com uma carga parcial positiva (δ^+), o que atrai o nucleófilo.

$$HO^- + H_3C^{\delta+}{-}Cl^{\delta-} \longrightarrow H_3C{-}OH + Cl^-$$

Figura 7.3 Mecanismo da reação de S_N2.

Uma característica própria da reação de S_N2 é que o ataque do nucleófilo desloca o grupo abandonador diretamente, ou seja, a ligação entre o nucleófilo e o substrato é formada concomitantemente ao rompimento da ligação entre o substrato e o grupo abandonador, fazendo com que a reação ocorra em apenas uma etapa. Esse tipo de mecanismo de reação recebe o nome de *mecanismo concertado.*

O ataque do nucleófilo ao substrato por esse mecanismo concertado leva à formação de um intermediário pentacoordenado no estado de transição. A Figura 7.4 mostra o *diagrama de energia livre* para uma reação de S_N2, em que:

Energia livre: Energia livre das moléculas de reagentes e produtos.

Coordenada de reação: Progresso da reação em termos de conversão de reagentes em produtos.

$\Delta G°$: Variação de energia livre da reação, que é a diferença entre a energia livre dos reagentes e produtos. Se $\Delta G° < 0$, significa que a energia livre dos produtos é menor do que dos reagentes. Nesse caso a reação é chamada de *exergônica.* Se $\Delta G° > 0$ significa que a energia livre dos produtos é maior do que a dos reagentes; nesse caso a reação é chamada de *endergônica.*

$\Delta G^{\ddagger}$: Energia livre de ativação, diferença entre a energia livre dos reagentes e o estado de transição.

Outro detalhe importante que deve ser observado na Figura 7.4 é que ocorre uma inversão de configuração do átomo de carbono que sofre o ataque do nucleófilo. Essa inversão se mostra mais evidente quando a reação envolve substratos quirais.

A reação do *S*-2-clorometano com íon hidróxido produz o *R*-butan-2-ol, pelo fato de o ataque do nucleófilo ocorrer pela face oposta à que se encontra o grupo abandonador, Figura 7.5.

A cinética de uma reação de S_N2 é de 2ª ordem, como já exposto anteriormente. Isso significa que a velocidade da reação é proporcional às concentrações do nucleófilo e do substrato, da seguinte forma:

$$V = k[\text{substrato}][\text{nucleófilo}]$$

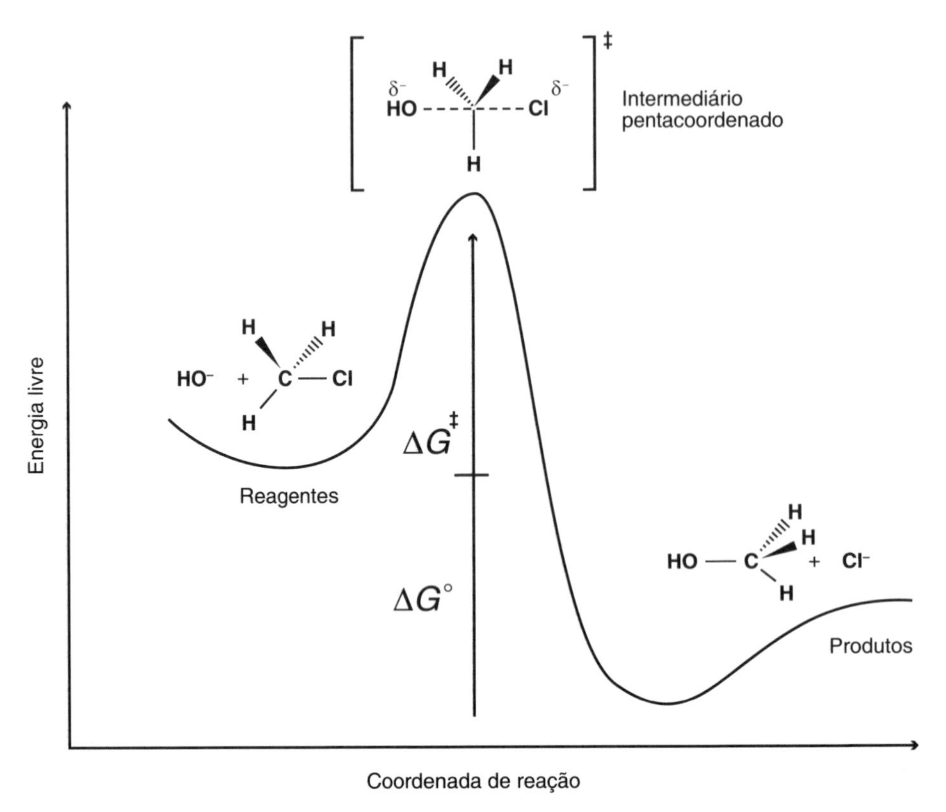

Figura 7.4 Diagrama de energia livre ($\Delta G^{\ddagger}$) durante o mecanismo de reação de uma reação de S_N2.

em que:

V é a velocidade da reação expressa em mol $L^{-1}s^{-1}$
k é a constante de velocidade
[substrato] é a concentração do substrato expressa em mol L^{-1}
[nucleófilo] é a concentração do nucleófilo expressa em mol L^{-1}

Assim, se a concentração do nucleófilo for dobrada, a velocidade da reação dobrará; se a concentração do substrato for dobrada, a velocidade da reação dobrará; e, se as concentrações de substrato e nucleófilo forem dobradas, a velocidade da reação quadruplicará.

Essa cinética se explica pelo mecanismo de reação da reação de S_N2: como se trata de um mecanismo concertado, o estado de transição tem a participação dos dois componentes da reação: substrato e nucleófilo, que formam o intermediário pentacoordenado presente no estado de transição. Assim, a velocidade da reação é afetada pela concentração do substrato e do nucleófilo.

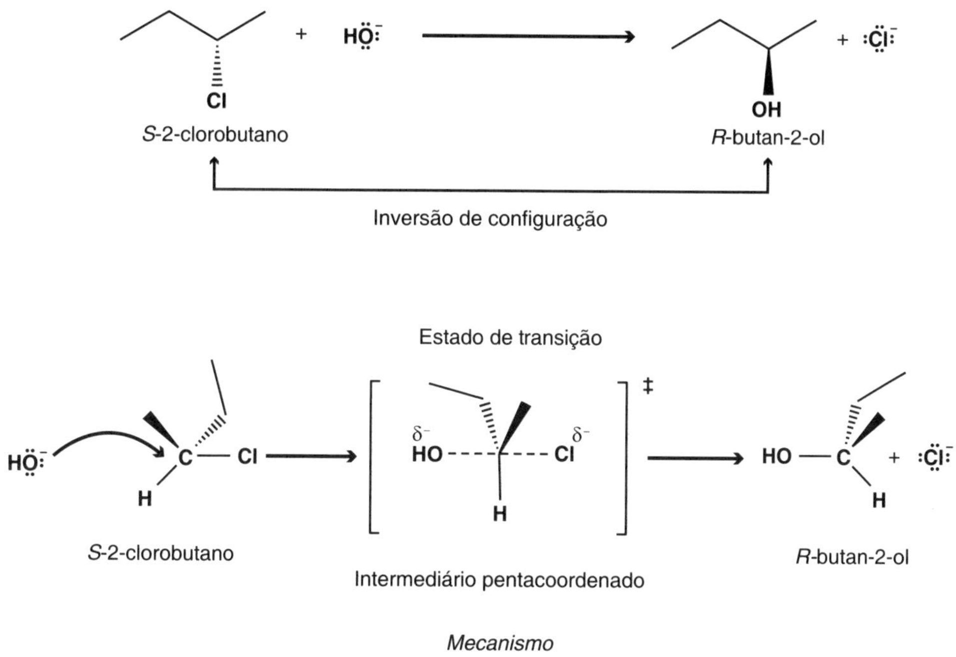

S-2-clorobutano + HO^- → R-butan-2-ol + Cl^-

Inversão de configuração

Estado de transição

S-2-clorobutano

Intermediário pentacoordenado

R-butan-2-ol

Mecanismo

Figura 7.5 Mecanismo de reação S_N2 evidenciando a inversão de configuração do átomo de carbono que sofre o ataque do nucleófilo.

Até agora foram vistos exemplos de reação de S_N2 com nucleófilo iônico (^-OH), porém a reação de S_N2 também ocorre com nucleófilos neutros, como no exemplo a seguir:

$$2H_2O + H_3C\text{—}Cl \longrightarrow H_3C\text{—}OH + H_3O^+ + Cl^-$$

Figura 7.6 Exemplo de uma reação de S_N2 com nucleófilo neutro.

Nesse caso o mecanismo de reação envolve duas etapas, o ataque do nucleófilo ao substrato e uma segunda etapa, para a neutralização do produto formado. Embora com uma etapa a mais, a reação segue de segunda ordem, pois, para uma reação com mecanismo compostos de várias etapas, a etapa determinante da velocidade global da reação é a etapa mais lenta, neste caso a etapa de formação do intermediário pentacoordenado, Figura 7.7.

O *diagrama de energia livre* dessa reação é mostrado na Figura 7.8, em que se pode observar que cada etapa tem seu $\Delta G^\ddagger$, entretanto $\Delta G^\ddagger1$ (formação do intermediário pentacoordenado) é maior que $\Delta G^\ddagger2$ (etapa de neutralização), definindo a primeira etapa como a etapa lenta da reação, já que a *etapa lenta, que determina a velocidade global da reação, é a etapa que possui o maior* $\Delta G^\ddagger$.

Estado de transição

1ª Etapa
Etapa lenta
determinante
da velocidade
da reação

Intermediário pentacoordenado

2ª Etapa
Etapa rápida
não influencia na
velocidade
da reação

Figura 7.7 Mecanismo de reação de uma S_N2 com nucleófilo neutro.

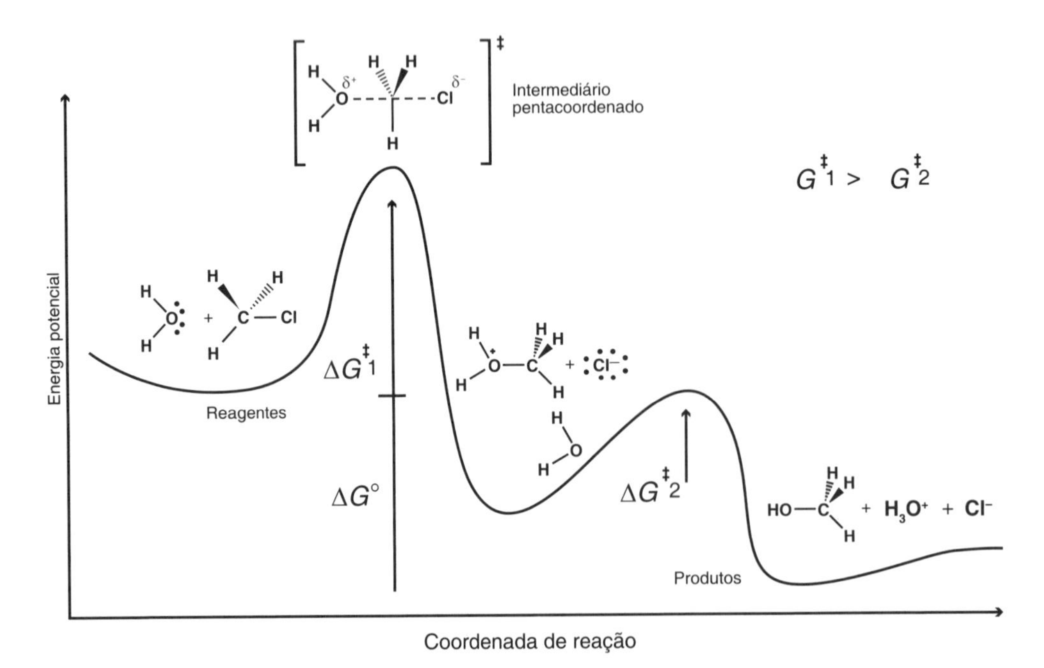

Figura 7.8 Diagrama de energia livre durante o mecanismo de reação de uma reação de S_N2 com nucleófilo neutro, mostrando que a etapa lenta é a formação do intermediário pentacoordenado.

De modo a consolidar os aspectos e conceitos apresentados e discutidos até então, pode-se resumir que a reação de S_N2 apresenta três características fundamentais: *mecanismo de reação concertado*, *inversão de configuração* e *cinética de segunda ordem*.

7.3 Substituição Nucleofílica Unimolecular (S_N1)

A reação de substituição nucleofílica unimolecular (S_N1) difere da S_N2 por sua cinética: a S_N1 apresenta cinética de primeira ordem. Como exemplo é apresentado na Figura 7.9 um esquema reacional de um exemplo de uma reação de S_N1, em que o cloreto de *terc*-butila reage com água, formando *terc*-butanol.

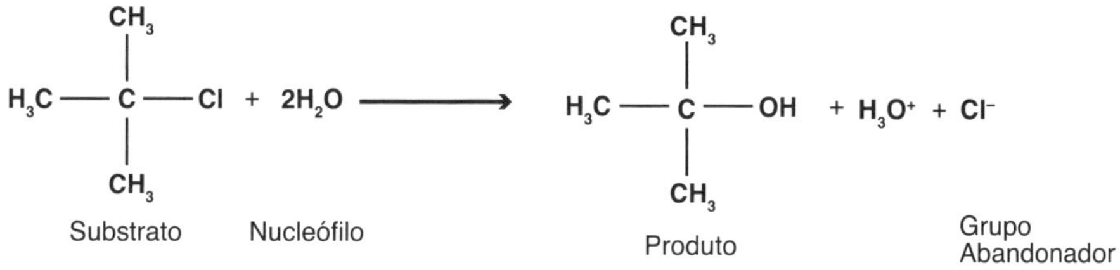

$$(CH_3)_3C{-}Cl + 2H_2O \longrightarrow (CH_3)_3C{-}OH + H_3O^+ + Cl^-$$

Substrato — Nucleófilo — Produto — Grupo Abandonador

Figura 7.9 Exemplo de uma reação de S_N1.

O mecanismo da reação de S_N1 difere do mecanismo da S_N2 pelo fato de o grupo abandonador não ser deslocado simultaneamente pelo nucleófilo. Na S_N1 a substituição ocorre em duas etapas: a primeira etapa consiste na saída do grupo abandonador com a formação de um carbocátion, e a segunda etapa consiste no ataque do nucleófilo ao carbocátion, conforme mostrado a seguir:

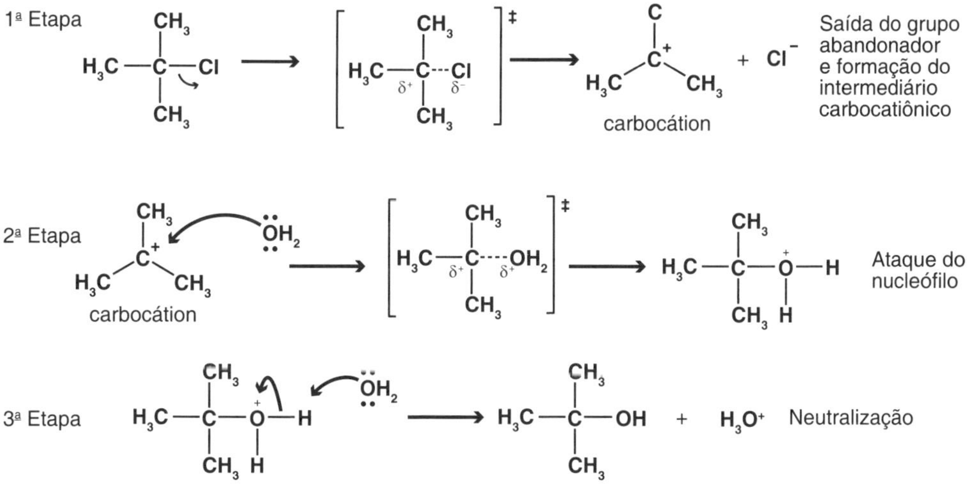

1ª Etapa: $(CH_3)_3C{-}Cl \longrightarrow [(CH_3)_3C^{\delta+}\cdots Cl^{\delta-}]^{\ddagger} \longrightarrow (CH_3)_3C^+ + Cl^-$ (carbocátion) — Saída do grupo abandonador e formação do intermediário carbocatiônico

2ª Etapa: $(CH_3)_3C^+$ (carbocátion) $+ \ddot{O}H_2 \longrightarrow [(CH_3)_3C^{\delta+}\cdots OH_2^{\delta+}]^{\ddagger} \longrightarrow (CH_3)_3C{-}\overset{+}{O}H_2$ — Ataque do nucleófilo

3ª Etapa: $(CH_3)_3C{-}\overset{+}{O}H_2 + \ddot{O}H_2 \longrightarrow (CH_3)_3C{-}OH + H_3O^+$ — Neutralização

Figura 7.10 Mecanismo de uma reação de S_N1.

Observando o mecanismo de reação da reação de S_N1, deve-se observar que o estado de transição da primeira etapa (saída do grupo abandonador) tem a participação apenas da molécula do substrato, e o estado de transição da segunda etapa (ataque do nucleófilo) tem a participação do carbocátion e do nucleófilo.

Como já exposto, em uma reação cujo mecanismo possui várias etapas, dois conceitos são fundamentais:

A etapa lenta é que determina a velocidade global da reação.
A etapa lenta é aquela que apresenta a maior energia livre de ativação ($\Delta G^{\ddagger}$).

O diagrama de energia livre de uma reação de S_N1 é mostrado na Figura 7.11, no qual é possível observar que a energia livre de ativação do estado de transição da primeira etapa ($\Delta G^{\ddagger}1$) é maior que a energia livre de ativação do estado de transição da segunda etapa ($\Delta G^{\ddagger}2$), ou seja, a etapa de saída do grupo abandonador exige mais energia que a etapa de ataque do nucleófilo, então a saída do grupo abandonador é a etapa lenta da reação de S_N1 e, portanto, determinante da velocidade global da reação:

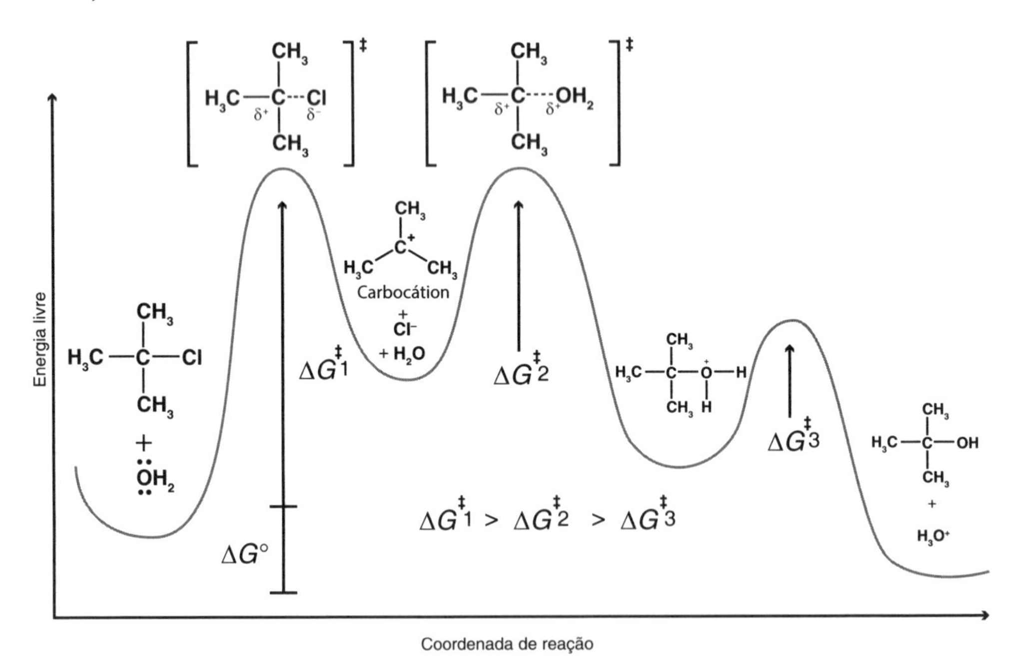

Figura 7.11 Diagrama de energia livre durante o mecanismo de reação de uma reação de S_N1.

Desse modo, como o estado de transição da etapa determinante da velocidade global da reação tem a participação somente da molécula do substrato, a velocidade da reação é proporcional somente à concentração do substrato, possuindo assim *cinética de primeira ordem*, a expressão de velocidade de uma reação de S_N1 é, portanto:

$$V = k[\text{substrato}]$$

Na reação de substratos quirais por S_N1 ocorre racemização do produto, como exemplificado na reação do (*S*)-3-cloro-2,3-dimetilpentano com água. O 2,3-dimetil-pentan-3-ol é obtido como uma mistura racêmica, ou seja, a partir de um substrato enantiomericamente puro, formam-se os dois enantiômeros do produto em igual proporção. A reação é mostrada a seguir:

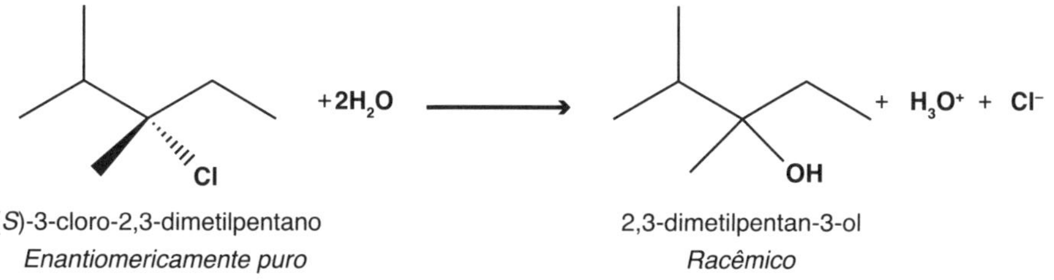

$$\text{(S)-3-cloro-2,3-dimetilpentano} + 2H_2O \longrightarrow \text{2,3-dimetilpentan-3-ol} + H_3O^+ + Cl^-$$

(*S*)-3-cloro-2,3-dimetilpentano
Enantiomericamente puro

2,3-dimetilpentan-3-ol
Racêmico

Figura 7.12 Reação de S_N1 com substrato quiral mostrando racemização do produto.

Essa característica é consequência do mecanismo de reação da S_N1. Com a saída do grupo abandonador forma-se o intermediário carbocatiônico. Esse carbocátion apresenta geometria trigonal-planar. Como o carbono no qual se localiza a carga positiva está hibridizado em sp^2, a geometria trigonal-planar confere um plano de simetria ao carbocátion, deixando ambas as faces igualmente suscetíveis ao ataque do nucleófilo. Em termos termodinâmicos, significa que os *estados de transição* relativos ao ataque do nucleófilo por cada uma das faces possuem a mesma energia, assim são formados em iguais proporções os produtos oriundos de cada estado de transição, Figura 7.13.

De modo a consolidar os aspectos e conceitos apresentados e discutidos até então, pode-se resumir que a reação de S_N1 apresenta três características fundamentais: *mecanismo de reação multietapas, cinética de primeira ordem e racemização de substratos quirais.*

7.4 Fatores que interferem nas reações de S_N2 e S_N1

A seguir serão explicitados os principais fatores que interferem nas reações de S_N2 e S_N1, bem como os parâmetros que permitem prever se a reação de substituição ocorrerá por S_N2 ou S_N1.

Os fatores abordados adiante serão: *estrutura do substrato*; *natureza do nucleófilo*; *natureza do grupo abandonador*; *participação do grupo vizinho*; *efeito do solvente.*

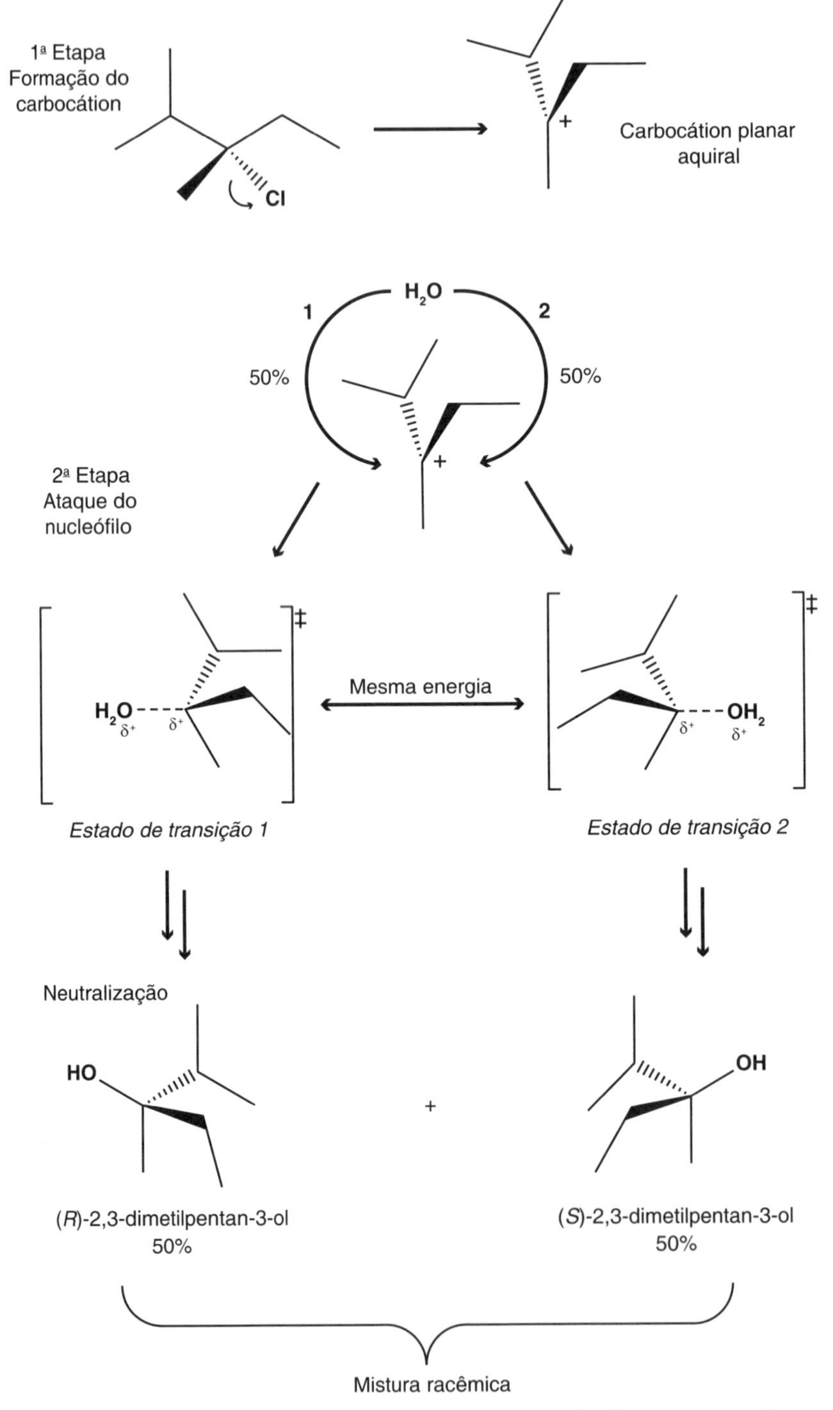

Figura 7.13 Mecanismo de uma reação de S_N1 mostrando a racemização do produto.

7.4.1 **Estrutura do substrato**

A estrutura do substrato define se o mesmo reagirá por S_N2 ou S_N1, de acordo com conceitos apresentados a seguir:

S_N2 – Para a formação do intermediário pentacoordenado no estado de transição é necessário o ataque do nucleófilo pela face oposta à do grupo abandonador. Isso exige que essa face esteja livre para a aproximação do nucleófilo, ou seja, que não apresente *impedimento estérico*. Então, quanto menor o impedimento estérico da face oposta ao grupo abandonador, mais a reação de S_N2 será favorecida.

Desse modo se estabelecem as seguintes ordens de reatividade dos substratos para a reação de S_N2:

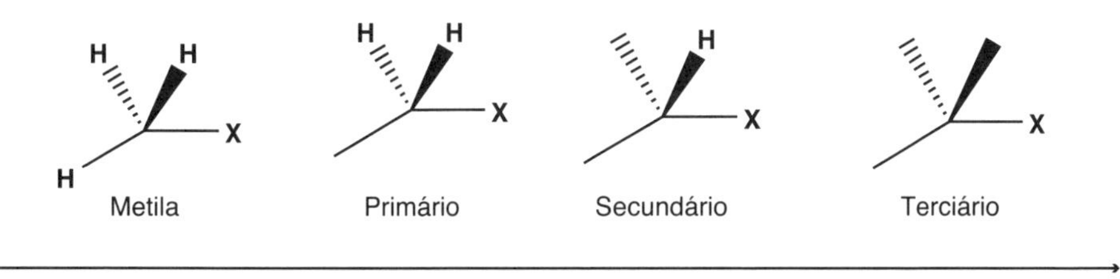

Figura 7.14 Ordem de reatividade dos substratos em reações de S_N2.

S_N1 – O mecanismo da reação S_N1 envolve a formação do carbocátion como intermediário. Assim, quanto mais estável for o carbocátion formado, mais a reação de S_N1 será favorecida.

Desse modo se estabelecem as seguintes ordens de reatividade dos substratos para a reação de S_N1:

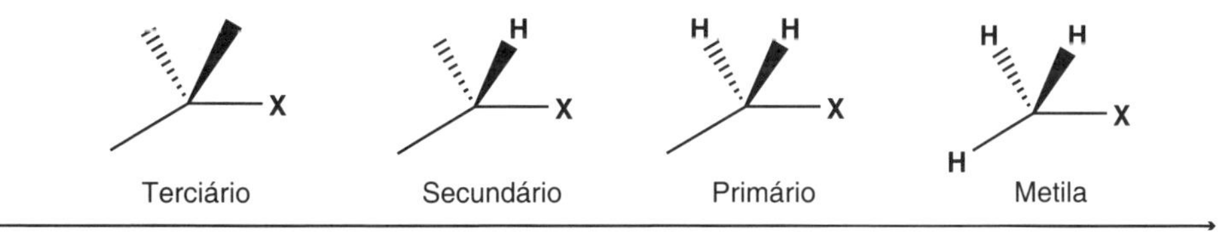

Figura 7.15 Ordem de reatividade dos substratos em reações de S_N1.

Para fazer uma previsão sobre se um determinado substrato tenderá a reagir por S_N1 ou S_N2, podem-se estabelecer os seguintes conceitos:

- Substrato metílico reagirá sempre por S_N2, devido ao fato de ser o substrato menos impedido estericamente e aquele que fornece o carbocátion menos estável.
- Substrato terciário reagirá sempre por S_N1, devido ao fato de ser o substrato mais impedido estericamente e aquele que fornece o carbocátion mais estável.

- Substrato primário reagirá preferencialmente por S_N2, devido à não existência de *impedimento estérico*.
- Substratos secundários poderão reagir tanto por S_N1 quanto por S_N2, dependendo de outros fatores e condições reacionais, sendo, portanto, mais difícil fazer uma previsão sobre sua reatividade em reações de substituição nucleofílica. Entretanto, pode-se estabelecer que, se o substrato secundário for desimpedido estericamente, a reação de S_N2 será favorecida; se o substrato for impedido estericamente, a reação de S_N1 será favorecida.

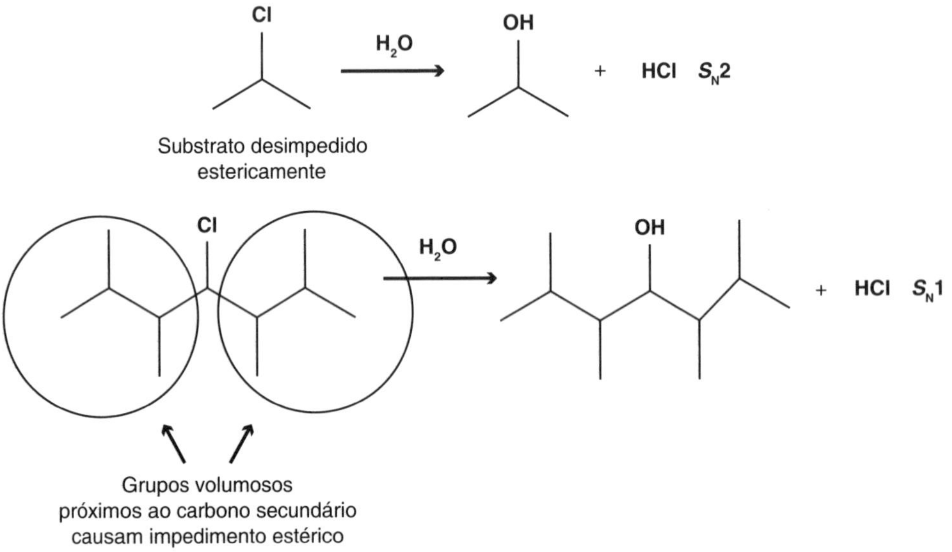

Figura 7.16 Efeito estérico em substratos secundários em reações de substituição nucleofílica.

Substratos secundários que possam ser estabilizados por ressonância reagem preferencialmente por S_N1. Isso é observado em substratos alílicos e benzílicos.

Exemplo 1:

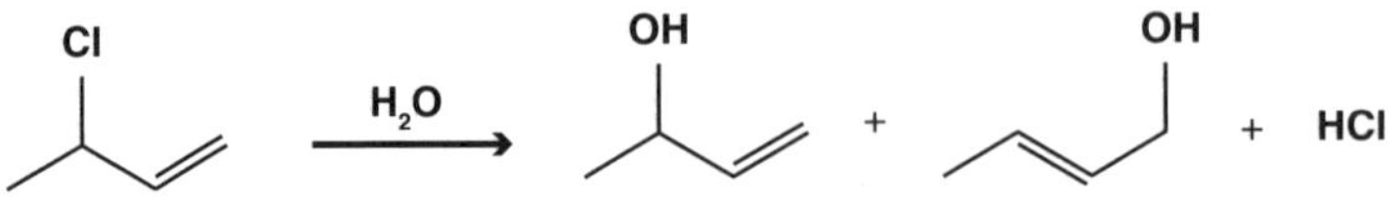

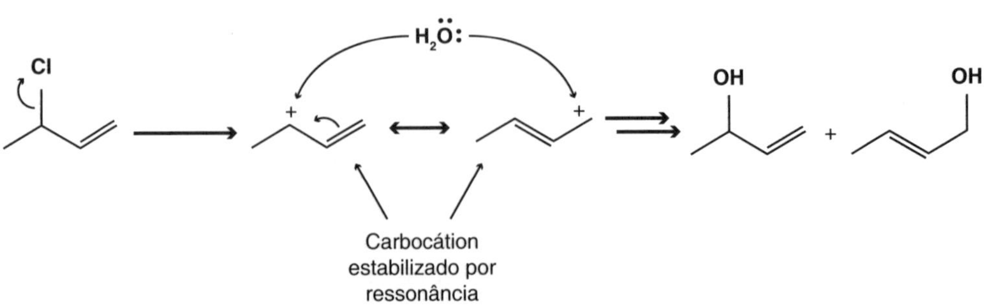

Exemplo 2:

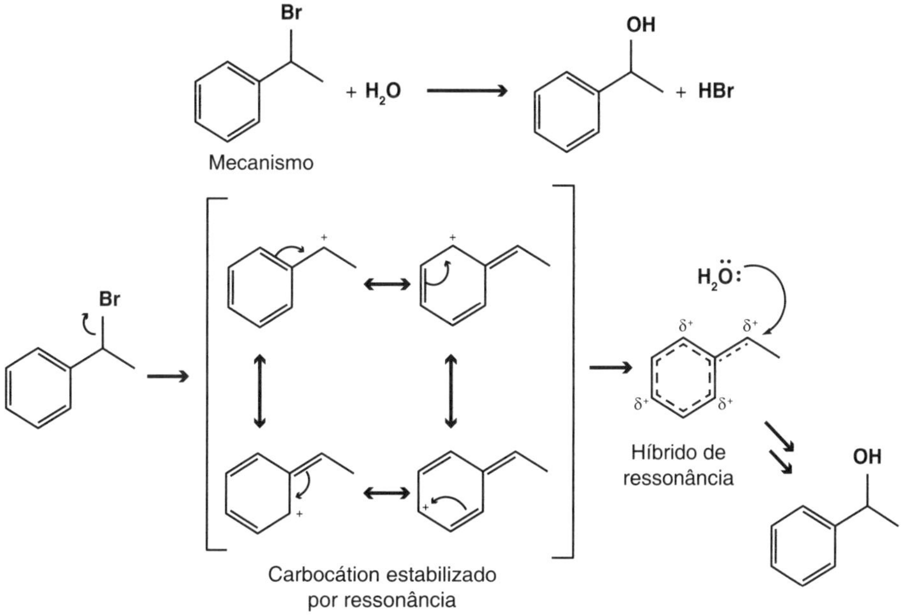

Figura 7.17 Reações de S_N1 em substratos secundários que geram carbocátions estabilizados por ressonância.

Outro fator estrutural que pode interferir em reações de S_N1 é a possibilidade de o carbocátion formado sofrer uma estabilização por rearranjo para dar origem a outro carbocátion mais estável.

Considerando a reação a seguir, tem-se um substrato com o grupo abandonador ligado a um carbono secundário, o que forneceria um produto com o nucleófilo ligado na mesma posição do grupo abandonador. Entretanto, o produto observado apresenta o nucleófilo ligado em outro átomo de carbono.

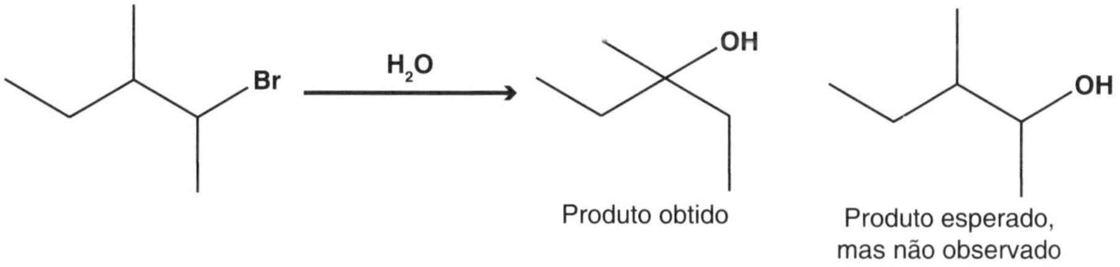

Figura 7.18 Rearranjo de substratos secundários.

O mecanismo dessa reação envolve um rearranjo do carbocátion secundário formado pela saída do grupo abandonador por uma migração de um átomo de hidrogênio, mais especificamente uma migração de hidreto, que forma um carbocátion terciário mais estável.

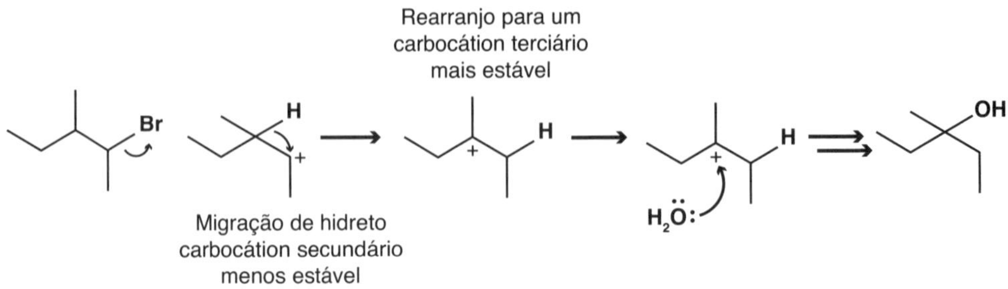

Rearranjo para um carbocátion terciário mais estável

Migração de hidreto carbocátion secundário menos estável

Figura 7.19 Mecanismo de um rearranjo carbocatiônico por migração de hidreto em uma reação de S_N1.

Carbocátions podem se rearranjar para formas mais estáveis por meio de migração de grupos metilas, como mostra o exemplo a seguir:

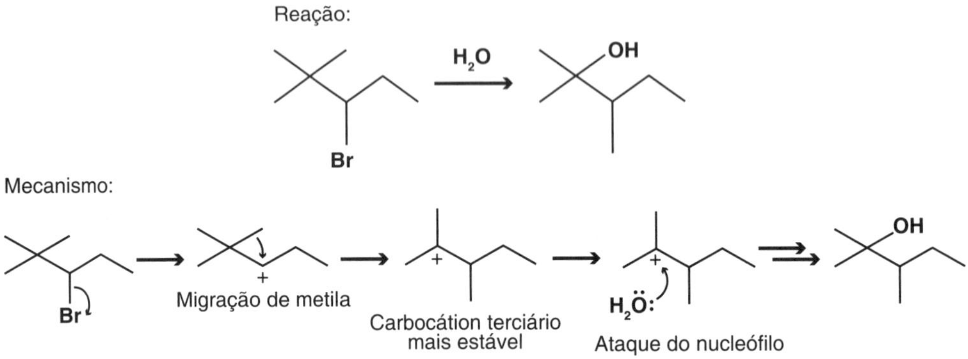

Reação:

Mecanismo:

Migração de metila

Carbocátion terciário mais estável

Ataque do nucleófilo

Figura 7.20 Mecanismo de um rearranjo carbocatiônico por migração de metila em uma reação de S_N1.

7.4.2 Natureza do nucleófilo

A natureza do nucleófilo interfere nas reações somente de S_N2, uma vez que em reações de S_N1 o nucleófilo não interfere da velocidade da reação. Os nucleófilos são classificados em "fortes" e "fracos", de acordo com alguns critérios apresentados a seguir.

Nucleófilos carregados são nucleófilos mais fortes que nucleófilos neutros, sempre que o átomo nucleofílico for o mesmo; assim, tem-se:

A nucleofilicidade diminui ao longo do mesmo período da tabela periódica; nesse caso, a nucleofilicidade é paralela à basicidade.

Quando o átomo nucleofílico é o mesmo, a nucleofilicidade será paralela à basicidade.

A nucleofilicidade aumenta com o período da tabela periódica; nesse caso, o fator determinante não é a basicidade, mas a polarizabilidade dos átomos. À medida que o período aumenta, os átomos possuem mais camadas eletrônicas, o que aumenta suas

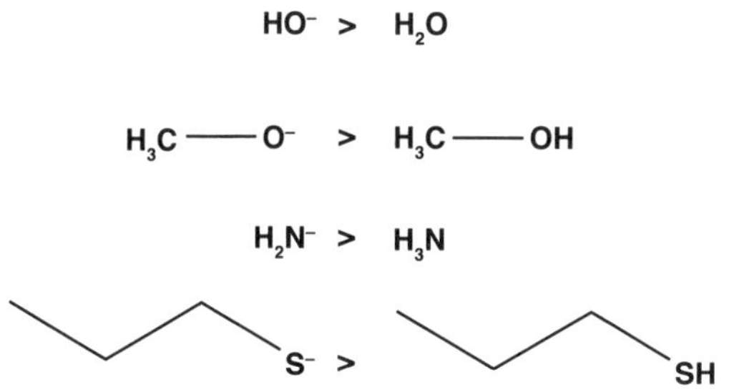

$HO^- > H_2O$

$H_3C—O^- > H_3C—OH$

$H_2N^- > H_3N$

$S^- >$ SH

Figura 7.21 Comparação entre nucleófilos neutros e carregados.

Base mais forte — Base mais fraca

$H_2N^- > HO^- > F^-$

Nucleófilo mais forte — Nucleófilo mais fraco

Base mais forte — Base mais fraca

$HS^- > Cl^-$

Nucleófilo mais forte — Nucleófilo mais fraco

Figura 7.22 Comparação entre nucleófilos do mesmo período da tabela periódica.

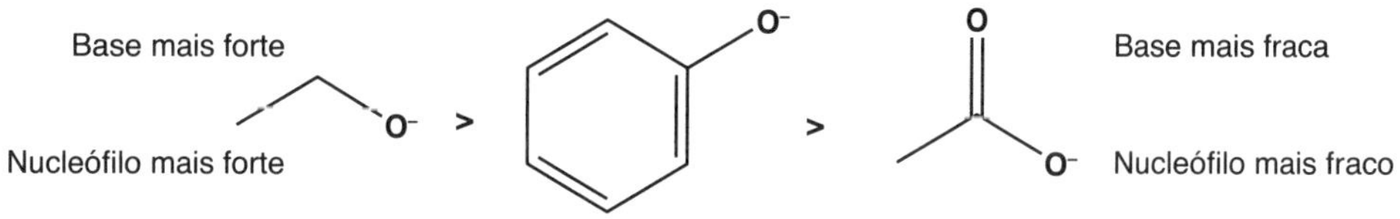

Base mais forte — Base mais fraca

$O^- > O^- > O^-$

Nucleófilo mais forte — Nucleófilo mais fraco

Figura 7.23 Comparação entre nucleófilos com mesmo átomo nucleofílico.

densidades eletrônicas, permitindo que essas se distorçam em direção ao centro deficiente em elétrons do substrato, favorecendo a reação. Assim, tem-se:

Os conceitos apresentados até agora levam em consideração fatores empíricos. Uma medida quantitativa da força de um nucleófilo pode ser dada pela constante de nucleofilicidade (n), discutida na Seção 5.4, que se faz muito útil para definir a maior ou menor nucleofilicidade entre nucleófilos que não estejam no mesmo período ou no mesmo grupo da tabela periódica, por exemplo:

Definir se o íon $C_6H_5Se^-$ é mais ou menos nucleofílico que o íon I^- seria difícil aplicando os conceitos apresentados até agora, uma vez que os átomos de Se e I não estão no

mesmo período e nem no mesmo grupo da tabela periódica, mas a constante de nucleofilicidade do íon $C_6H_5Se^-$ é igual a 9,9, enquanto a do íon iodeto é igual a 7,8; assim determina-se que o íon $C_6H_5Se^-$ é mais nucleofílico que o íon I^-.

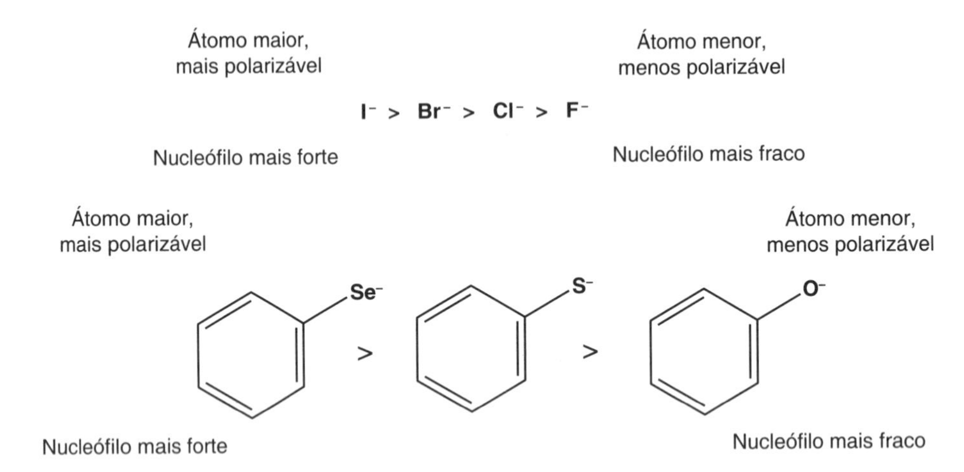

Figura 7.24 Efeito da polarizabilidade dos átomos na nucleofilicidade.

7.4.3 Natureza do grupo abandonador

A natureza do grupo abandonador interfere nas velocidades de reação tanto em S_N1 quanto em S_N2, visto que a saída do grupo abandonador se faz na etapa determinante da velocidade da reação.

A basicidade se mostra importante nesse parâmetro. Bases fracas são bons grupos abandonadores, enquanto bases fortes não o são. Nesse sentido, pode-se inferir que grupos abandonadores neutros são melhores que grupos abandonadores carregados.

A reação de S_N2 a seguir, realizada em meio neutro, não é favorável, pois envolve a saída do íon hidróxido, base forte, portanto não é bom grupo abandonador.

Base Forte, não é bom grupo abandonador

Figura 7.25 Reação de S_N2 desfavorecida por ter uma base forte como grupo abandonador.

Já a mesma reação, se realizada em meio ácido, ocorrerá por meio de um mecanismo em que a hidroxila do álcool será protonada e sairá como água, uma molécula neutra e base mais fraca que o íon hidróxido, portanto melhor grupo abandonador, o que torna a reação favorável.

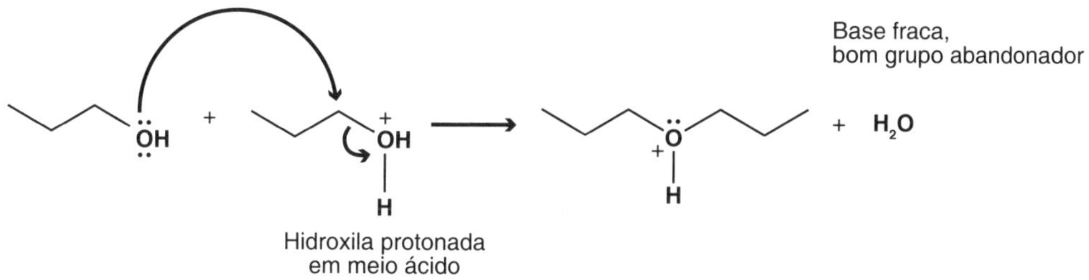

Base fraca, bom grupo abandonador

Hidroxila protonada em meio ácido

Figura 7.26 Reação de S_N2 favorecida por ter uma base fraca como grupo abandonador.

A reação de S_N1 mostrada a seguir é favorecida em meio ácido, pois a hidroxila é protonada e abandona como água.

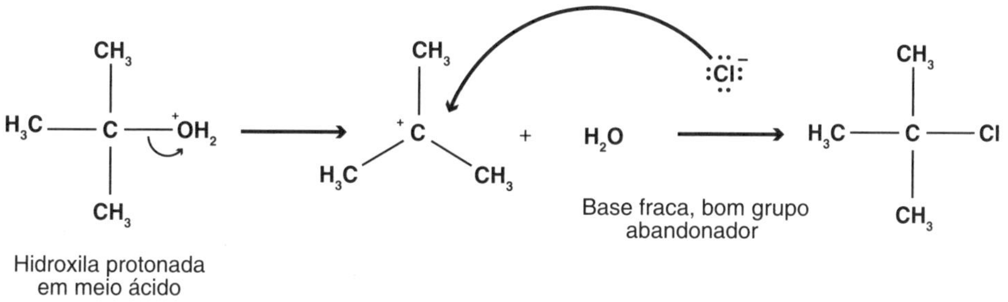

Base fraca, bom grupo abandonador

Hidroxila protonada em meio ácido

Figura 7.27 Reação de S_N1 favorecida por ter uma base fraca como grupo abandonador.

Quanto aos halogênios, vale o conceito de que bases fracas são bons grupos abandonadores e favorecem a reação de S_N2; assim, a ordem de reatividade é apresentada a seguir:

$$I^- > Br^- > Cl^- > F^-$$

Um recurso empregado em síntese orgânica consiste em ativar grupos abandonadores por meio da conversão dos mesmos em espécies mais estáveis, ou seja, em bases mais fracas.

Os compostos mostrados na Figura 7.28 reagem com o grupo hidroxila, transformando-o em excelente grupo abandonador.

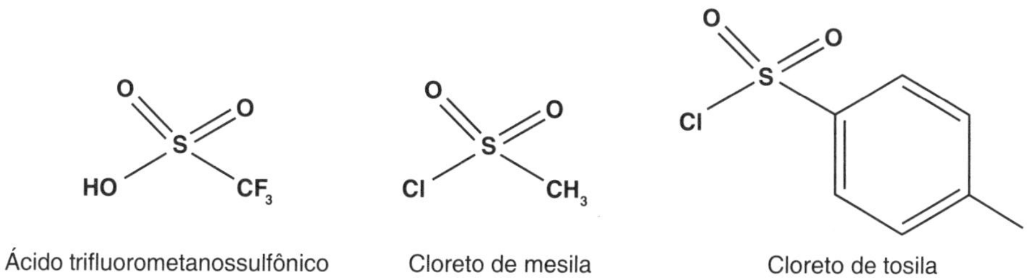

Ácido trifluorometanossulfônico

Cloreto de mesila

Cloreto de tosila

Figura 7.28 Reagentes empregados como ativadores do grupo hidroxila para reações de S_N2.

A reação mostrada a seguir é desfavorável pelo fato de a hidroxila não ser bom grupo abandonador.

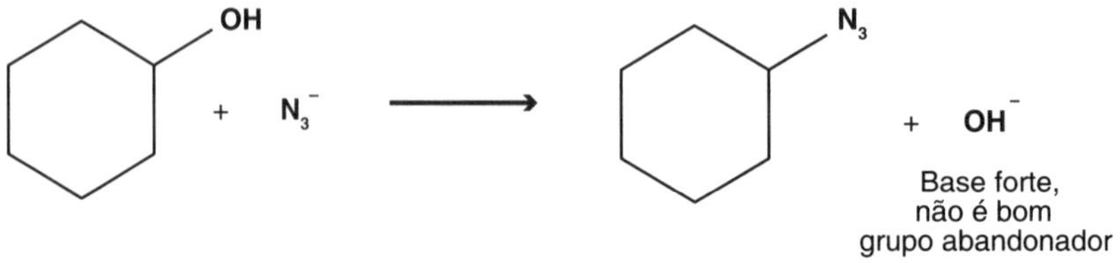

Base forte,
não é bom
grupo abandonador

Figura 7.29 Reação desfavorecida por ter o grupo hidroxila como grupo abandonador.

A reação do ciclo-hexanol com um dos compostos mostrado na Figura 7.30 converte o grupo hidroxila num melhor grupo abandonador, tornando a reação favorável.

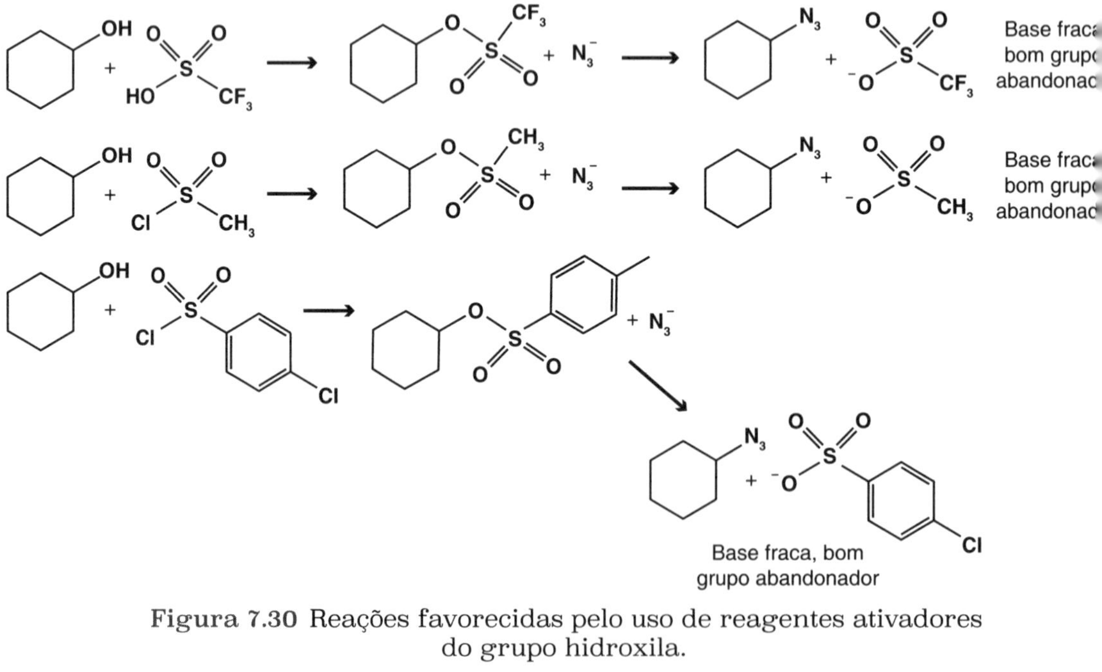

Base fraca, bom
grupo abandonador

Figura 7.30 Reações favorecidas pelo uso de reagentes ativadores do grupo hidroxila.

7.4.4 Participação do grupo vizinho

Em reações de substituição pode ocorrer um fenômeno em que a saída do grupo abandonador é assistida por um grupo vizinho. Por exemplo, na reação do 4-metil-benzenossulfonato de *trans*-2-acetoxiciclo-hexila com acetato de sódio em ácido acético, obtém-se como produto o diacetato de *trans*-ciclo-hexan-1,2-diol, ou seja, ocorre retenção de configuração, enquanto a mesma reação é feita empregando-se o 4-benzenossulfonato de *cis*-2-acetoxiciclo-hexila. O diacetato de *trans*-ciclo-hexan-1,2-diol também é formado, porém com inversão de configuração em relação ao substrato.

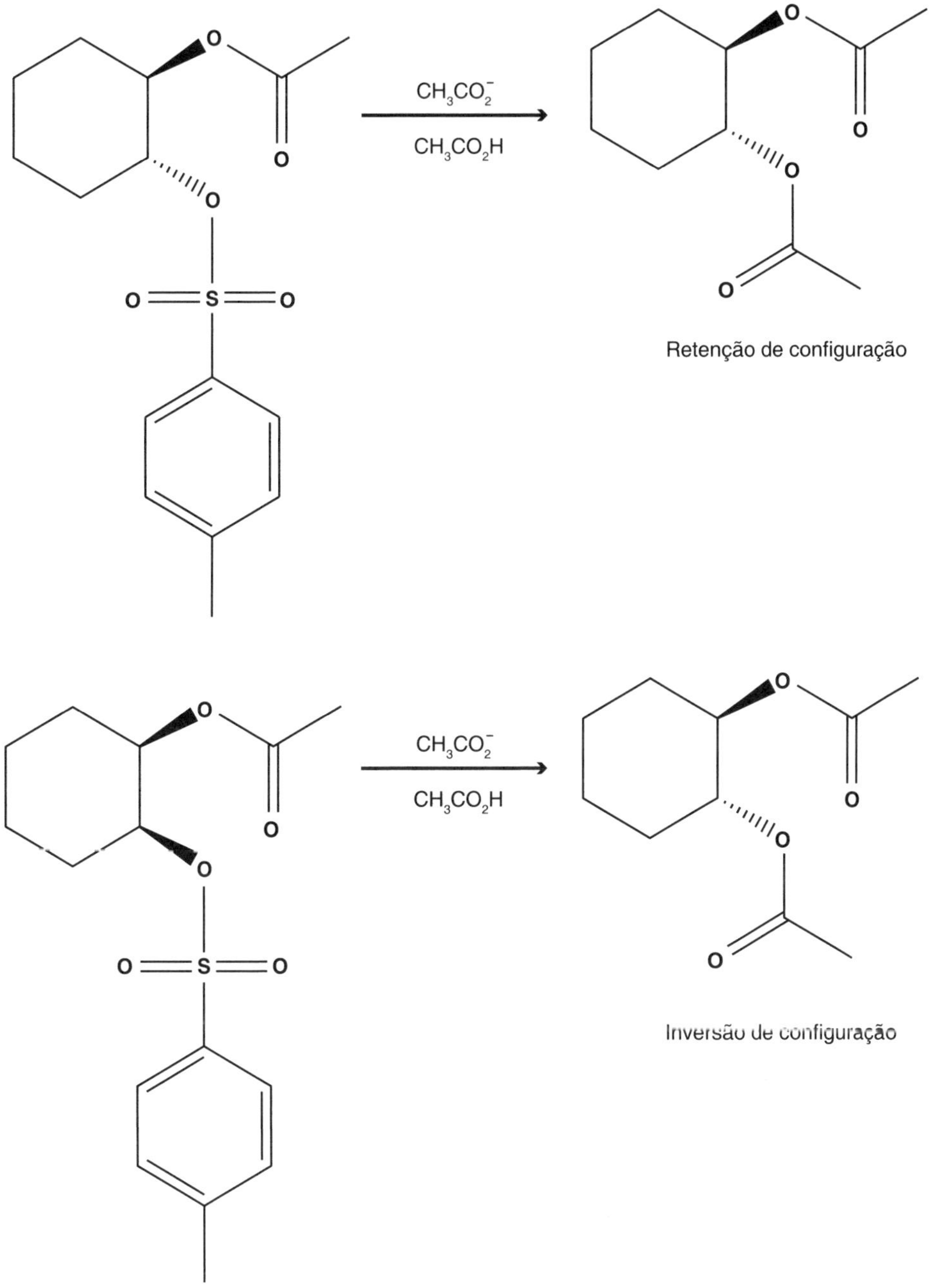

$CH_3CO_2^-$ / CH_3CO_2H

Retenção de configuração

$CH_3CO_2^-$ / CH_3CO_2H

Inversão de configuração

Figura 7.31 Exemplo de participação do grupo vizinho.

Na reação do *trans*-2-acetoxiciclo-hexil-*p*-toluenossulfonato ocorre participação do grupo vizinho, no caso o grupo acetila. O átomo de oxigênio da carbolina pode atacar a face oposta do grupo abandonador (grupo tosila), facilitando sua saída, e então o íon acetato (o nucleófilo da reação) ataca pela face oposta àquela em que se encontra o grupo acetila. Já o *cis*-2-acetoxiciclo-hexil-*p*-toluenossulfonato apresenta o grupo abandonador na mesma face da molécula onde se encontra o grupo acetila, impedindo a participação do grupo vizinho.

Face impedida

Não é possível a participação do grupo vizinho

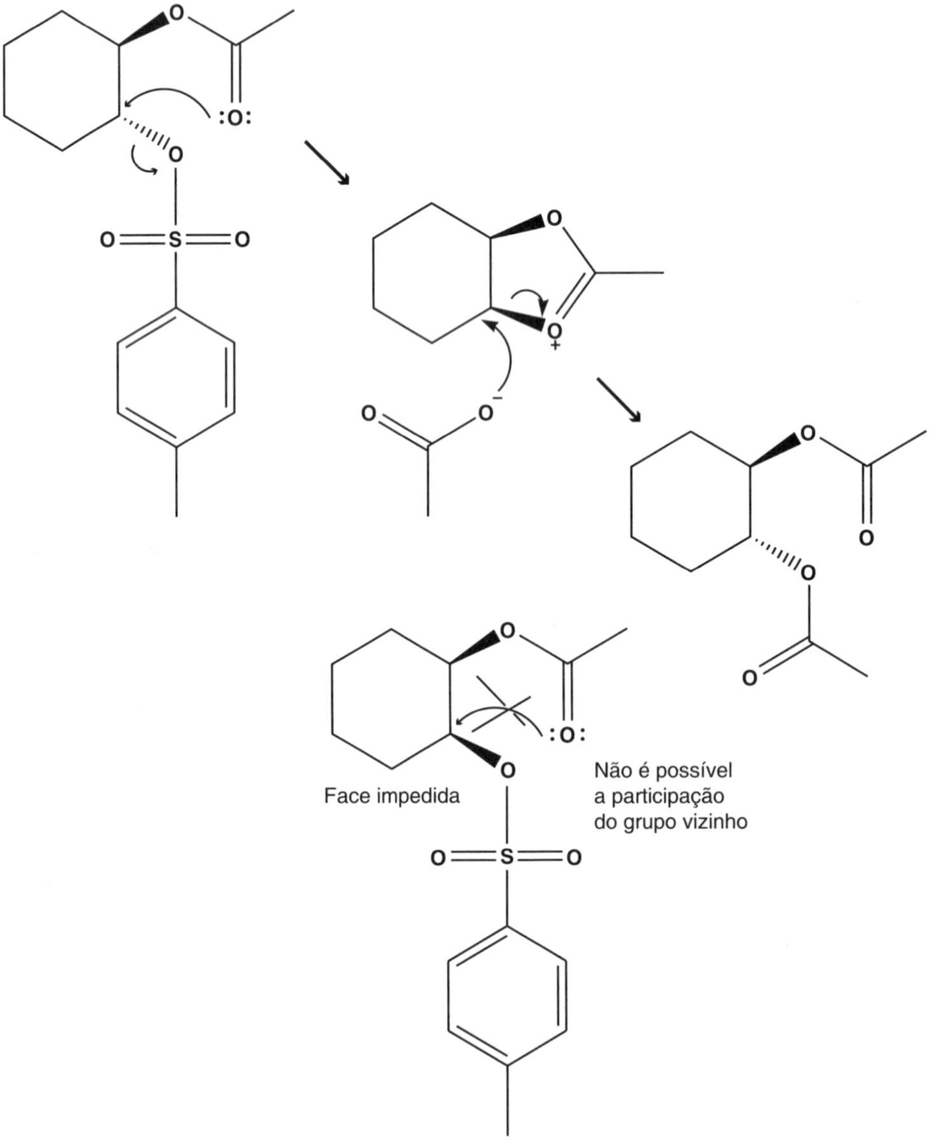

Figura 7.32 Reação de substituição nucleofílica com participação do grupo vizinho.

A participação do grupo vizinho nessa reação faz com que a reação do *trans*-2-acetoxiciclo-hexil-*p*-toluenossulfonato seja 1000 vezes mais rápida do que a reação com o *cis*-2-acetoxiciclo-hexil-*p*-toluenossulfonato.

7.4.5 Efeito do solvente

O solvente possui importante efeito nas reações de S_N1 por meio de uma propriedade físico-química chamada *constante dielétrica*. Essa propriedade pode ser definida como:

- *a capacidade de um solvente separar ou isolar cargas elétricas opostas.*

Como o mecanismo da reação de S_N1 envolve na etapa lenta a saída do grupo abandonador e a formação do carbocátion, um solvente com constante dielétrica alta irá separar e isolar de maneira mais eficiente o carbocátion, favorecendo a reação de S_N1.

A ordem de alguns solventes comuns para valores de constante dielétrica é apresentada a seguir:

Água > ácido fórmico > acetonitrila > metanol > etanol > acetona

⟶

Constante dielétrica decrescente

Figura 7.33 Solventes que favorecem reações de S_N1.

Nesse momento cabe a observação de que, embora a água possua uma constante dielétrica alta, não é muito utilizada como solvente em reações de S_N1 devido à baixa hidrossolubilidade que a maioria dos compostos orgânicos apresenta.

As reações de S_N2 são favorecidas em solventes polares apróticos:

- ***Solvente polar prótico***: *Solvente que interage com o soluto por meio de ligações de hidrogênio, portanto apresentam átomo de hidrogênio ligado a átomo eletronegativo como oxigênio ou nitrogênio. Ex.: água, etanol e metanol.*
- ***Solvente polar aprótico***: *Solvente que interage com o soluto por meio de interações dipolo-dipolo, e não apresentam átomo de hidrogênio ligado a átomo eletronegativo como oxigênio ou nitrogênio. Ex.: DMSO, DMF e HMPA.*

A reação do iodeto de propila com fluoreto de sódio é extremamente desfavorável em metanol, um solvente polar prótico; entretanto, em um solvente polar aprótico como a DMF, a reação ocorre em velocidade apreciável.

A razão para essa diferença no efeito é que solventes polares próticos *solvatam cátions e ânions com eficiência*, enquanto solventes polares apróticos solvatam cátions com eficiência, mas *não solvatam ânions com eficiência*.

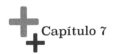

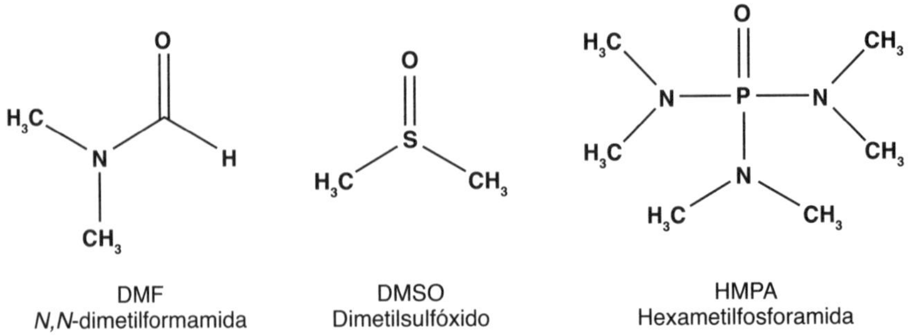
O
H$_3$C
N
H
CH$_3$
DMF
N,N-dimetilformamida
O
S
H$_3$C
CH$_3$
DMSO
Dimetilsulfóxido
O
H$_3$C
CH$_3$
N
P
N
H$_3$C
CH$_3$
N
H$_3$C
CH$_3$
HMPA
Hexametilfosforamida

Figura 7.34 Estruturas de solventes polares apróticos.

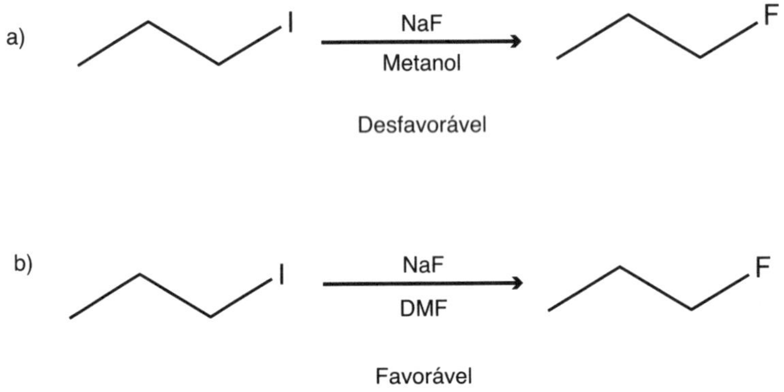
a)
I
NaF
Metanol
F
Desfavorável
b)
I
NaF
DMF
F
Favorável

Figura 7.35 Efeito do solvente em reações de S_N2.

A diferença de eficiência de solvatação se dá pelo fato de ânions serem solvatados por interações de ligação de hidrogênio, e solventes polares apróticos não apresentam átomos de hidrogênio ligados a heteroátomo eletronegativo, como oxigênio ou nitrogênio, portanto não solvatam ânions eficientemente.

Um nucleófilo por essência é um ânion ou uma espécie neutra com pelo menos um par de elétrons livre, assim nucleófilos interagem com solventes próticos por meio de interações de ligação de hidrogênio; por outro lado, interagem pouco com solventes polares apróticos, portanto nucleófilos são *bem solvatados em solventes próticos* e *menos solvatados em solventes polares apróticos.*

Um nucleófilo menos solvatado está mais livre, ou seja, menos impedido para reagir com o substrato fazendo com que as reações de S_N2 sejam favorecidas em solventes polares apróticos.

A natureza prótica ou aprótica do solvente em reações de S_N2 pode alterar inclusive a ordem de nucleofilicidade em alguns casos, como nos haletos.

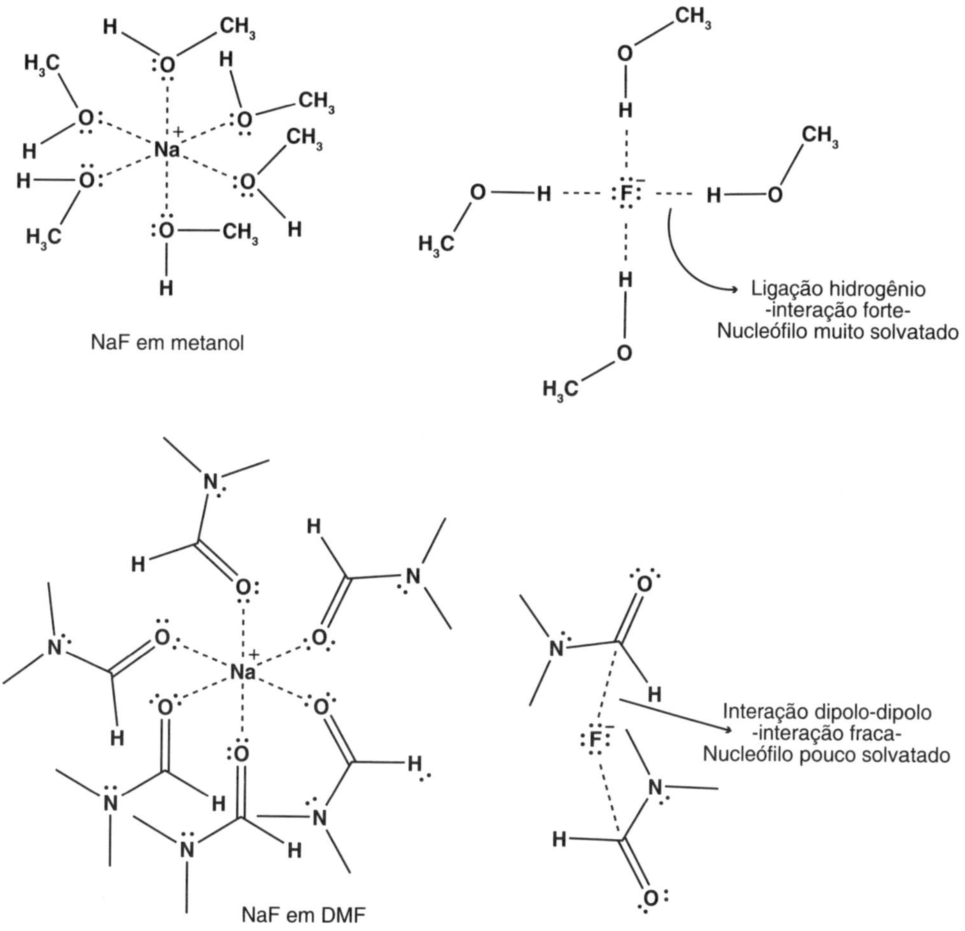

NaF em metanol

Ligação hidrogênio
-interação forte-
Nucleófilo muito solvatado

NaF em DMF

Interação dipolo-dipolo
-interação fraca-
Nucleófilo pouco solvatado

Figura 7.36 Solvatação de cátions e ânions em solventes próticos e apróticos.

Em solventes próticos, os halogênios apresentam a seguinte ordem de nucleofilicidade:

$$I^- > Br^- > Cl^- > F^-$$

Já em solventes polares apróticos a ordem de nucleofilicidade se inverte:

$$F^- > Cl^- > Br^- > I^-$$

Essa inversão de reatividade se deve ao fato de o ânion fluoreto ser pequeno e a carga negativa estar concentrada. Isso faz com o que ele seja mais bem solvatado em solventes próticos do que em solventes apróticos.

Já o íon iodeto é um ânion grande, em que a carga negativa se encontra mais dispersa, fazendo com que o íon iodeto não seja bem solvatado em solventes próticos, estando assim mais livre para reagir com o substrato.

A tabela a seguir resume as características das reações de S_N2 e S_N1:

Tabela 7.1 Comparação entre S_N2 e S_N1

S_N2	S_N1
Mecanismo concertado	Mecanismo multietapas
Intermediário pentacoordenado	Intermediário carbocatiônico
Cinética de 2ª ordem	Cinética de 1ª ordem
Expressão de velocidade de reação: V= *k*[substrato][nucleófilo]	Expressão de velocidade de reação: V= *k*[substrato]
Favorecida em solventes polares apróticos	Favorecida em solventes polares próticos com constante dielétrica alta

7.5 Eliminação bimolecular (*E*2)

As reações de eliminação consistem em reações em que uma base reage com um átomo de hidrogênio ligado ao átomo de carbono vizinho ao que se encontra ligado o grupo abandonador, promovendo assim a formação de um alceno. Nas reações de eliminação, as mesmas espécies que atuam como nucleófilo em reações de substituição atuam como base. Nesse sentido, uma espécie que possua pares de elétrons livre pode atuar tanto como base quanto como nucleófilo.

Sendo assim, pode-se fazer adequado neste momento relembrar os conceitos discutidos na Seção 6.4, em que os conceitos de eletrófilos, nucleófilos, ácidos e bases foram definidos e discutidos, antes de continuar o estudo deste capítulo.

A reação de eliminação bimolecular *E*2 apresenta um paralelo cinético com a reação de S_N2, uma vez que ambas possuem cinética de 2ª ordem, ou seja, a velocidade da reação depende tanto da concentração do substrato tanto como da concentração da base.

A seguir é apresentado um exemplo de uma reação de *E*2: o brometo de etila, quando reage com o íon etóxido, fornece como produto o eteno.

Br $\xrightarrow{^-OCH_2CH_3}$ + CH_3CH_2OH + Br^-

Figura 7.37 Exemplo de reação *E*2.

O mecanismo da reação de *E*2, a exemplo da reação de S_N2, é do tipo concertado, ou seja, as ligações são formadas e rompidas simultaneamente, e o estado de transição da etapa lenta da reação conta com a participação tanto da base quanto do substrato.

Outro ponto de importância na reação de *E*2 é que o substrato obrigatoriamente necessita estar numa conformação alternada em que o átomo de hidrogênio a ser abstraído esteja em posição *antiperiplanar* ao grupo abandonador. O mecanismo da reação de *E*2 é mostrado a seguir:

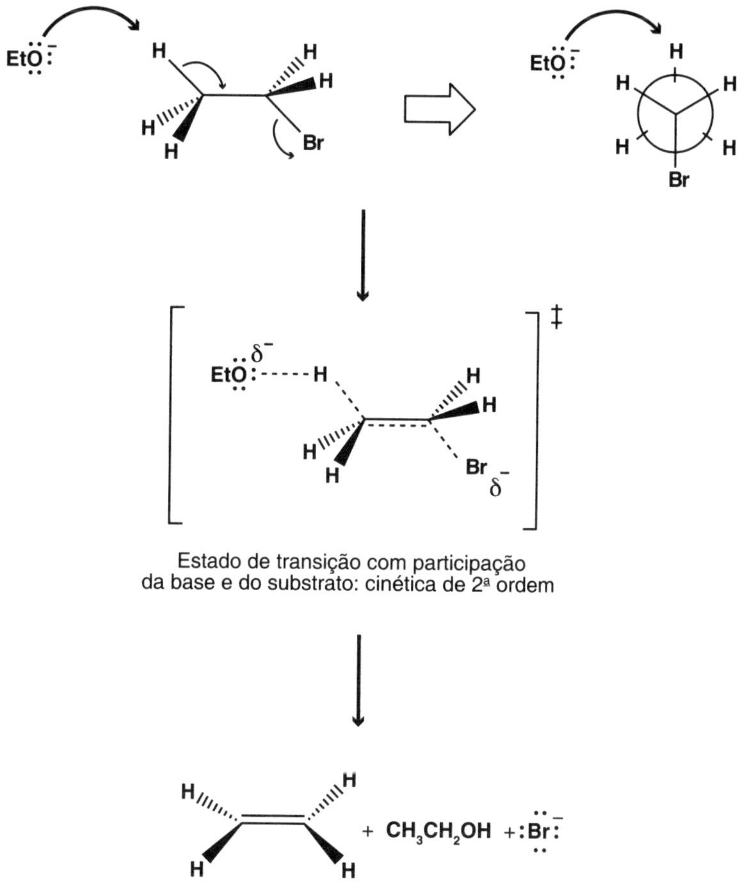

Estado de transição com participação da base e do substrato: cinética de 2ª ordem

Figura 7.38 Mecanismo de uma reação *E*2.

O diagrama de energia livre de uma reação *E*2 possui alta similaridade ao de uma reação de S_N2 (Figura 7.39).

O mecanismo da reação de *E*2 é provado com a análise de reações com substratos quirais e com apenas um átomo de hidrogênio possível de ser abstraído, em que a estereoquímica (*cis-trans*) do alceno formado reflete a conformação do substrato no estado de transição.

A reação *E*2 do (3*S*,4*S*)-3-bromo-3,4-dimetil-hexano fornece como único produto o (*trans*)-3,4-dimetil-hex-3-eno. Esse substrato possui somente um átomo de hidrogênio

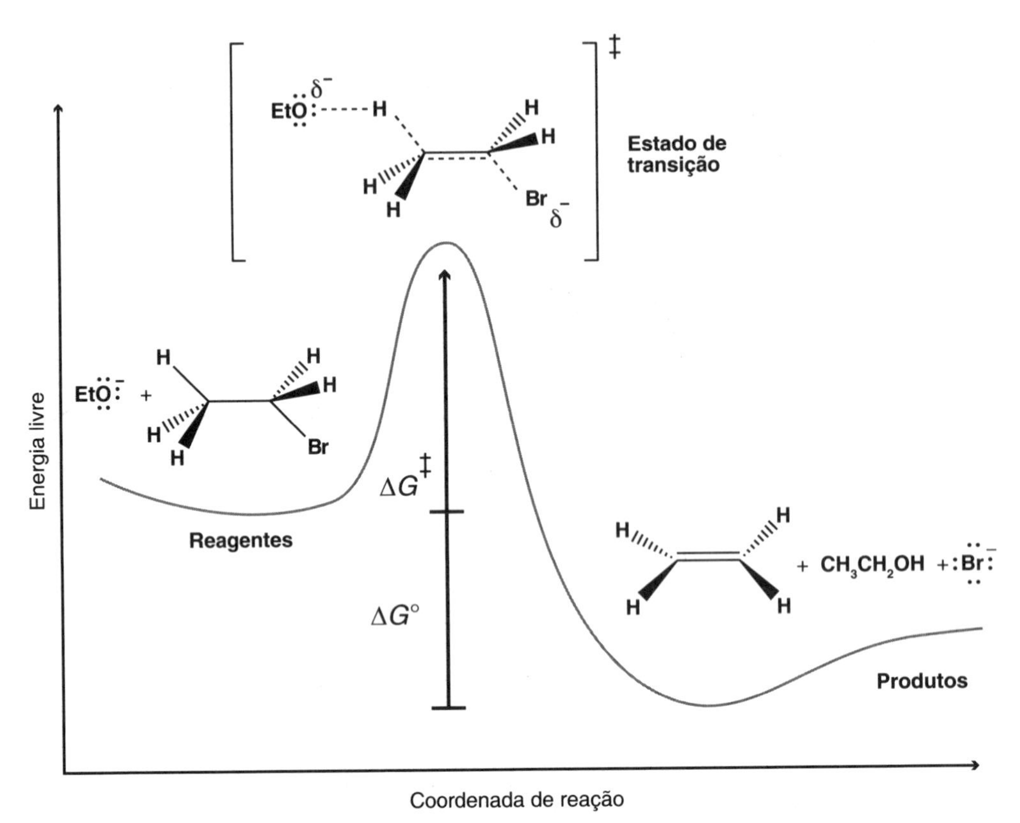

Figura 7.39 Diagrama de energia livre ($\Delta G^{\ddagger}$) durante o mecanismo de uma reação de *E*2.

passível de ser abstraído, e a única conformação que o substrato pode assumir que forneceria o (*trans*)-3,4-dimetil-hex-3-eno é a que apresenta o átomo de hidrogênio em posição *antiperiplanar* ao grupo abandonador (Figura 7.40).

Já a reação *E2* do (3*S*,4*R*)-3-bromo-3,4-dimetil-hexano fornece como único produto o (*cis*)-3,4-dimetil-hex-3-eno. Esse substrato também possui somente um átomo de hidrogênio passível de ser abstraído, e a única conformação que o substrato pode assumir para fornecer o (*cis*)-3,4-dimetil-hex-3-eno é a que apresenta o átomo de hidrogênio em posição *antiperiplanar* ao grupo abandonador (Figura 7.41).

Outra prova do mecanismo da reação de *E2* pode ser obtida observando-se reações de compostos cíclicos. Quando o (1*R*,2*S*,3*S*)-2-cloro-1-isopropil-3-metil-ciclo-hexano reage com etóxido de sódio, fornece como produto apenas o (*R*)-3-isopropil-1-metil-ciclo-hex-1-eno, pois existe apenas um átomo de hidrogênio em posição *antiperiplanar* ao grupo abandonador (Figura 7.42, página 246).

EtÖ:⁻ H Br → + CH_3CH_2OH + :Br:⁻

(3*S*,4*S*)-3-bromo-3,4-dimetil-hexano (*trans*)-3,4-dimetil-hex-3-eno

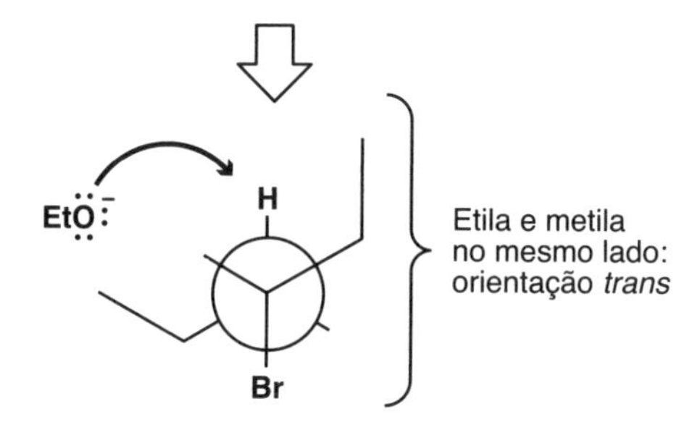

Grupo abandonador
anti-periplanar ao átomo de
hidrogênio abstraído

Figura 7.40 Evidência de mecanismo de reação *E*2.

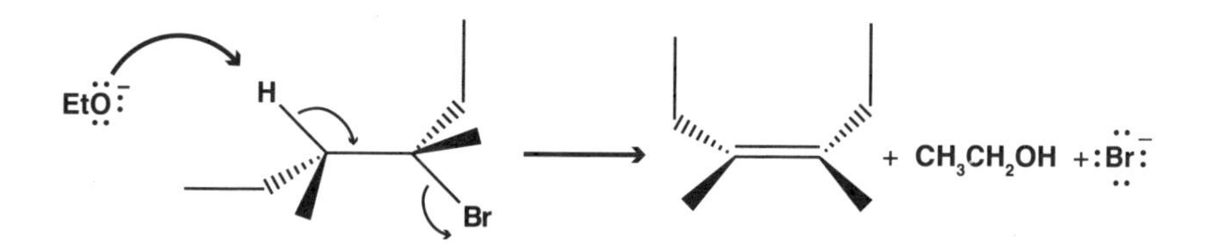

(3*S*,4*R*)-3-bromo-3,4-dimetil-hexano (*cis*)-3,4-dimetil-hex-3-eno

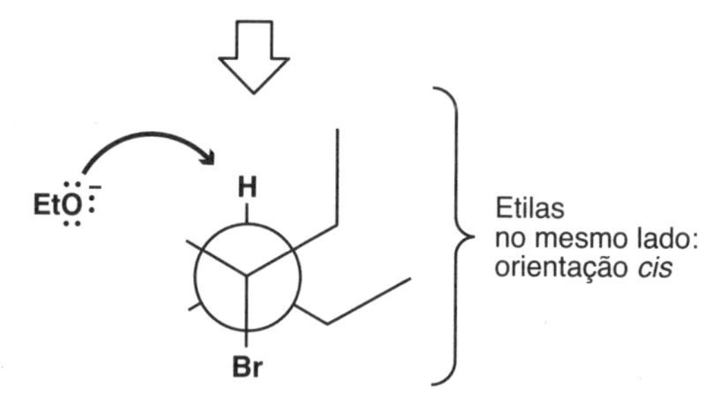

Grupo abandonador
anti-periplanar ao átomo de
hidrogênio abstraído

Figura 7.41 Evidência de mecanismo de reação *E*2.

$NaOCH_2CH_3$

(1*R*,2*S*,3*S*)-2-cloro-1-isopropil-3-metilciclo-hexano

(*R*)-3-isopropil-1-metilciclo-hex-1-eno

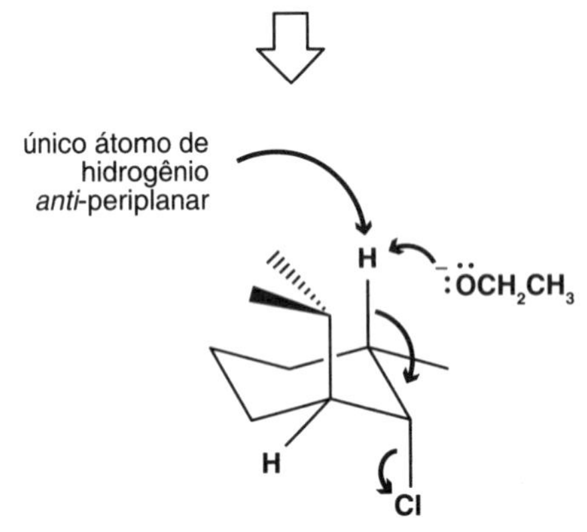

Figura 7.42 Evidência de mecanismo de *E*2 em compostos cíclicos.

Já o (1*S*,2*S*,3*S*)-2-cloro-1-isopropil-3-metilciclo-hexano, quando reage nas mesmas condições, fornece dois produtos, (*S*)-3-isopropil-1-metilciclo-hex-1-eno e (*S*)-1-isopropil-3-metilciclo-hex-1-eno, porque existem dois átomos de hidrogênio em posição *antiperiplanar* ao grupo abandonador (Figura 7.43).

7.6 Eliminação Unimolecular (*E*1)

A reação de eliminação unimolecular *E*1 apresenta um paralelo cinético com a reação de S_N1, uma vez que ambas possuem cinética de 1ª ordem, ou seja, a velocidade da reação depende somente da concentração do substrato. A seguir é apresentado um exemplo de uma reação de *E*1: o cloreto de *terc*-butila, quando reage com água, fornece como produto o 2-metilpropeno (Figura 7.44).

O mecanismo da reação de *E*1 envolve a mesma etapa lenta da reação de S_N1, ou seja, a saída do grupo abandonador e a formação do carbocátion, por isso a reação de *E*1 é preferencial em substratos terciários (Figura 7.45, página 248).

O diagrama de energia livre de uma reação *E*1 possui alta similaridade com o de uma reação de S_N1 (Figura 7.46, página 249).

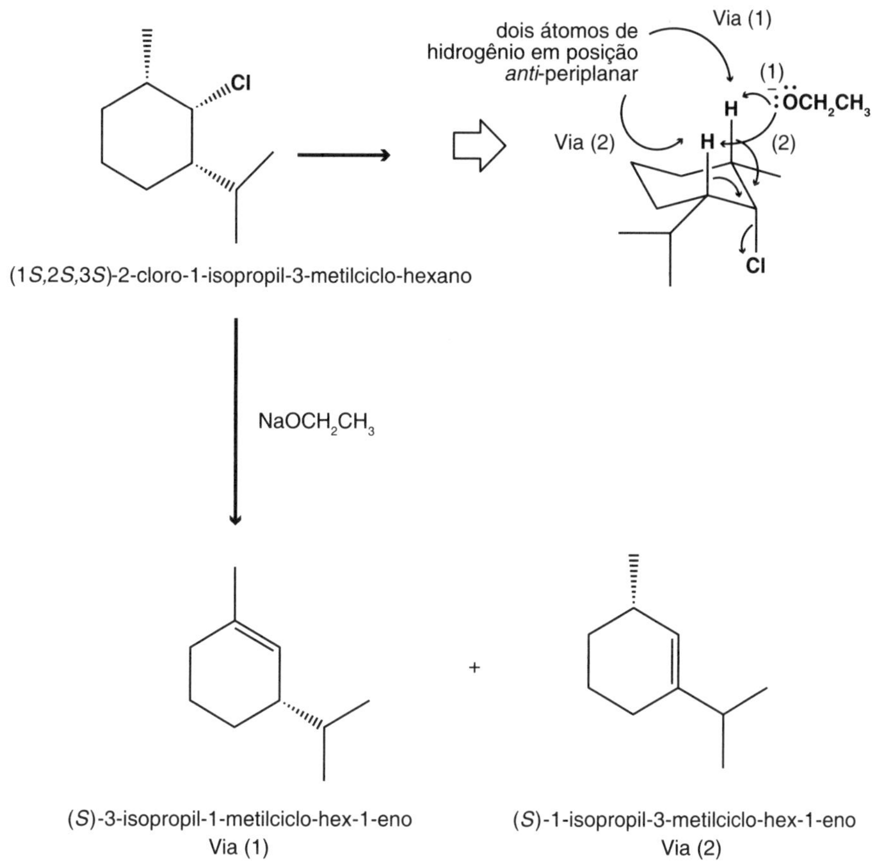
Cl
(1S,2S,3S)-2-cloro-1-isopropil-3-metilciclo-hexano
dois átomos de hidrogênio em posição anti-periplanar
Via (1)
(1)
H
:ÖCH2CH3
Via (2)
H
(2)
Cl
NaOCH2CH3
+
(S)-3-isopropil-1-metilciclo-hex-1-eno
Via (1)
(S)-1-isopropil-3-metilciclo-hex-1-eno
Via (2)

Figura 7.43 Evidência de mecanismo de *E*2 em compostos cíclicos.

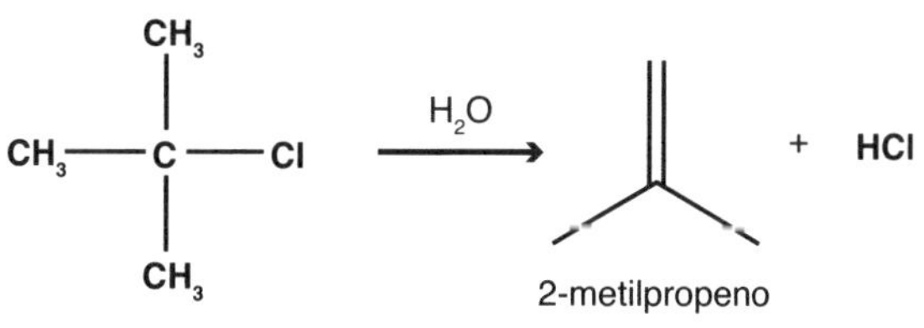
CH3
CH3
C
Cl
CH3
H2O
+ HCl
2-metilpropeno

Figura 7.44 Exemplo de uma reação de *E*1.

O mecanismo da reação de *E*1 possui evidências no fato de que substratos terciários quirais fornecem como produto misturas de alcenos *cis* e *trans*. Isso é uma evidência de que a reação se passa por intermediário carbocatiônico, o qual apresenta ligações simples com rotação livre, o que permite aos grupos mudarem de posição, diferentemente da *E*2, que se passa por mecanismo concertado.

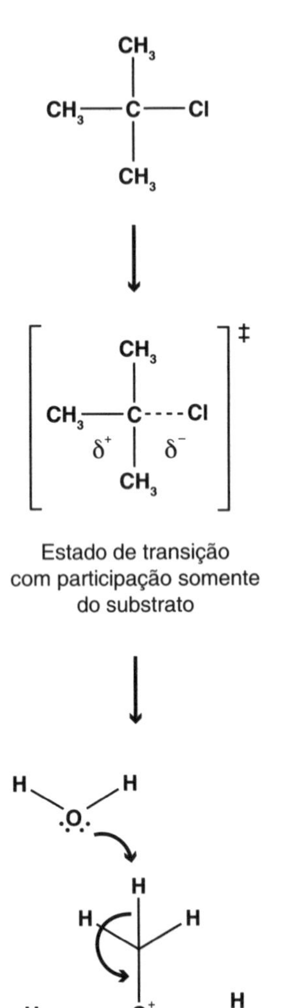

Figura 7.45 Mecanismo de uma reação de *E*1.

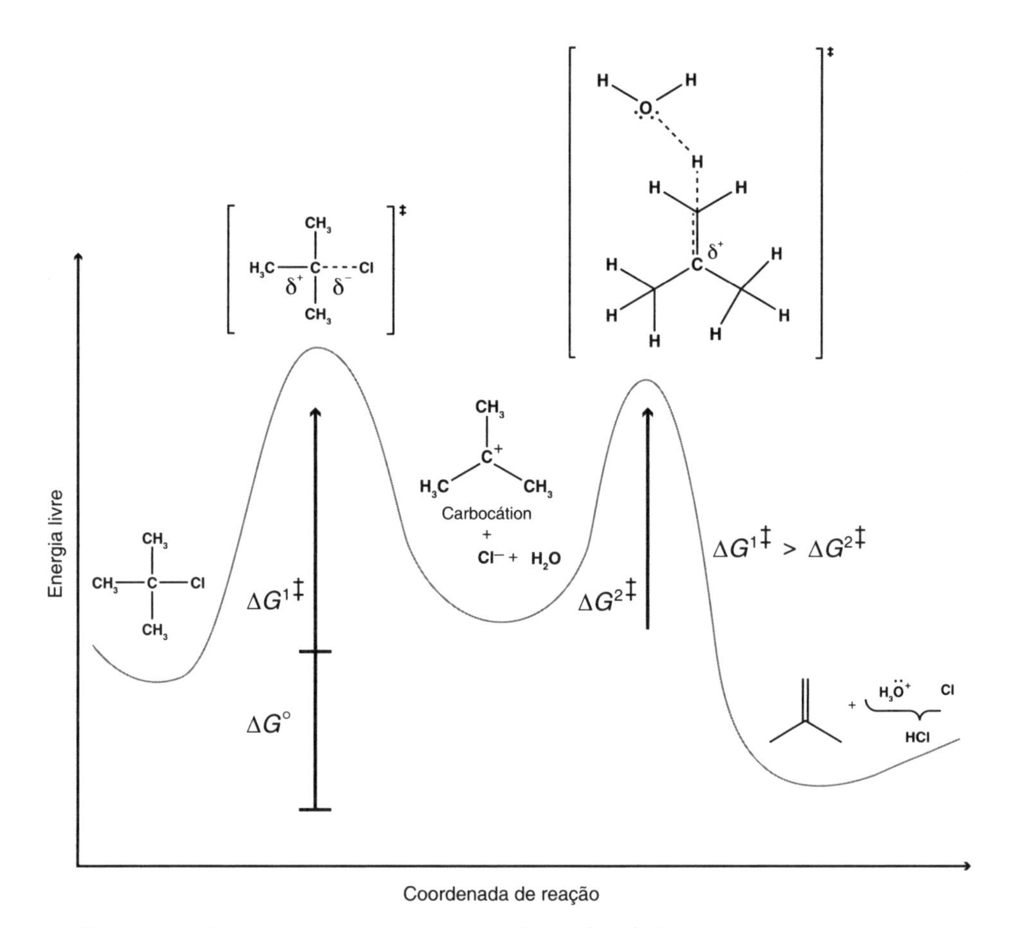

Figura 7.46 Diagrama de energia livre ($\Delta G^{\ddagger}$) durante o mecanismo de uma reação de *E*1.

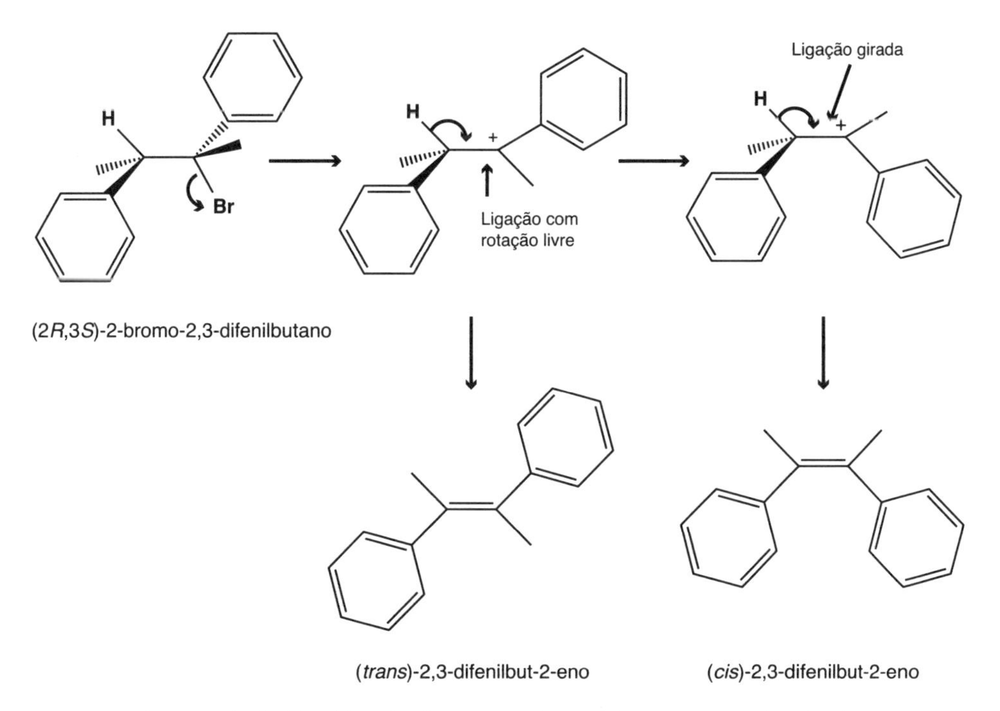

Figura 7.47 Evidência de mecanismo de uma reação de *E*1.

Como as reações de *E*1 se passam pela formação de um carbocátion, elas só ocorrem em meio ácido ou neutro, visto que não pode haver formação de carbocátion em meio básico.

7.6.1 Regiosseletividade em reações de *E*1 e *E*2

Reações de *E*1 e *E*2 em substratos secundários e terciários podem fornecer misturas de alcenos, mais ou menos substituídos conforme o exemplo apresentado na Figura 7.48.

Nesse caso, para a determinação de qual alceno será formado majoritariamente, utiliza-se a chamada *regra de Zaitsev* (em russo ЗАЙЦЕВ, que, dada a dificuldade de transliteração do alfabeto cirílico para idiomas que usam o alfabeto latino, também pode ser transliterado como *Zaitzev*, *Saytzeff*, *Saytseff* ou *Saytsev*).

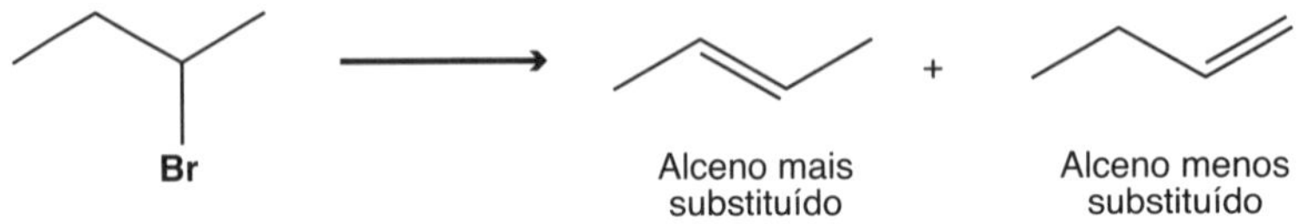

Figura 7.48 Reação de eliminação fornecendo dois alcenos.

A *regra de Zaitsev* tem como enunciado:

- *Sempre que uma reação de eliminação puder fornecer como produto dois alcenos, será formado majoritariamente o alceno mais substituído.*

A razão para esse padrão é que, quanto mais substituído o alceno, mais estável ele é, segundo a ordem a seguir:

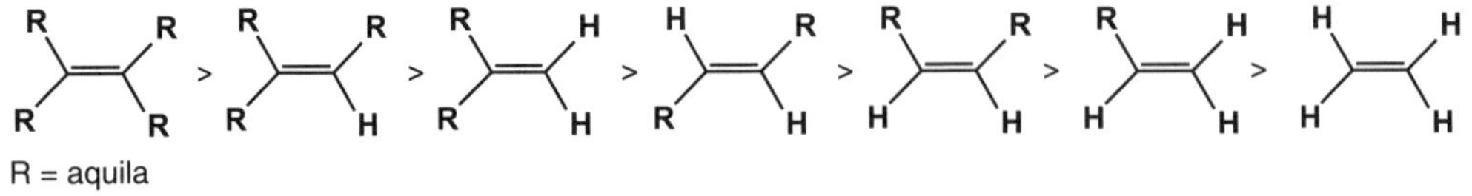

Figura 7.49 Estabilidade relativa de alcenos, do mais estável (tetrassubstituído) para o menos estável (não substituído).

Assim, na reação mostrada na figura, o alceno mais substituído será o produto majoritário. Como dito anteriormente, reações *E*1 também seguem a regra de Zaitsev.

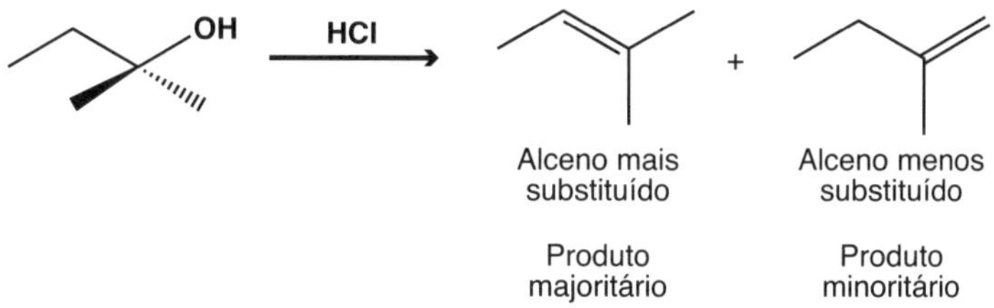

OH

HCl

+

Alceno mais substituído

Produto majoritário

Alceno menos substituído

Produto minoritário

Figura 7.50 Exemplo de regra de Zaitsev.

Reações de *E*1 também podem se passar por rearranjos carbocatiônicos, de modo a formar carbocátions mais estáveis, como no exemplo mostrado na Figura 7.51:

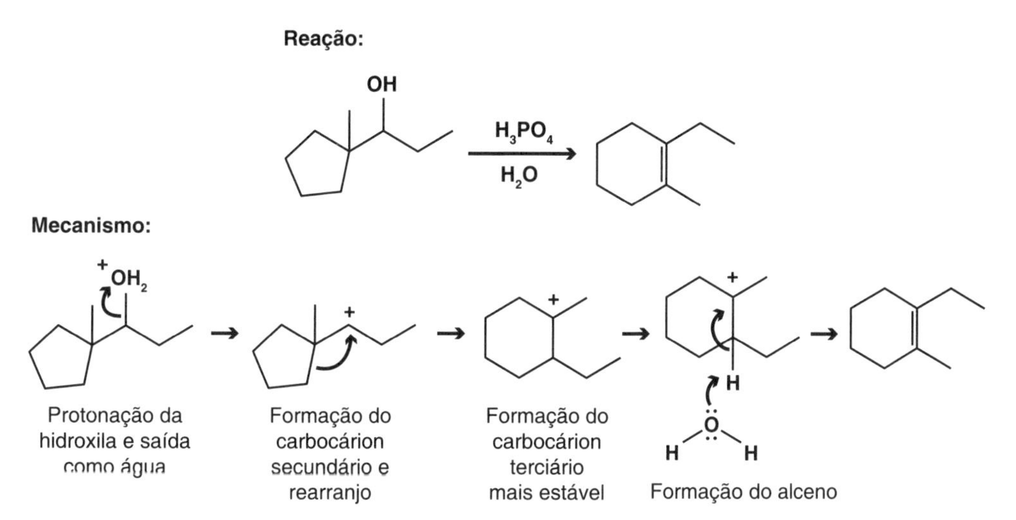

Figura 7.51 Reação de *E*1 cujo carbocátion é estabilizado por rearranjo.

7.7 Eliminação mediada por carbânion (*E1cb*)

Outro tipo de eliminação unimolecular é aquela mediada por carbânion, em vez de um carbocátion. Nesse caso, o substrato reage com a base (B^-) e gera um carbânion, e em uma etapa subsequente o par de elétrons forma a ligação dupla e expulsa o grupo abandonador (GA). Embora a reação apresente experimentalmente cinética de 2ª ordem, uma vez que a velocidade da reação é afetada pela concentração da base e do substrato, é considerada uma reação de eliminação unimolecular porque a etapa de saída do grupo abandonador tem a participação apenas do carbânion originado do substrato. Um exemplo geral da reação vem a seguir:

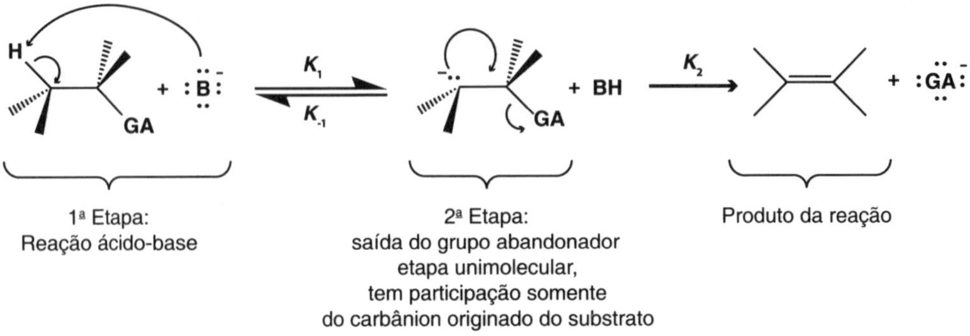

1ª Etapa:
Reação ácido-base

2ª Etapa:
saída do grupo abandonador
etapa unimolecular,
tem participação somente
do carbânion originado do substrato

Produto da reação

K_1 = constante de equilíbrio da reação de desprotonação do substrato
K_{-1} = constante de equilíbrio da reação de protonação do substrato
K_2 = constante de equilíbrio da reação de formação de alceno

Figura 7.52 Mecanismo de uma reação de *E1cb.*

De acordo com os valores de K_1, K_{-1} e K_2 as reações de *E1cb* podem ser classificadas como reversíveis ($E1cb_{rev}$) ou irreversíveis ($E1cb_{irr}$), de acordo com o fato de a etapa de formação do carbânion ser ou não a etapa lenta, determinante da velocidade da reação.

$E1cb_{rev}$ é quando a primeira etapa é reversível, e a formação do produto é mais lenta do que a reação de protonação do carbânion, ou seja, a formação do alceno (segunda etapa) é a etapa mais lenta. Assim, a formação do carbânion *não* é a etapa lenta, determinante da velocidade da reação ($K_{-1} > K_2$).

$E1cb_{irr}$ é quando a primeira etapa é lenta, mas, uma vez formado o carbânion, a formação do alceno é mais rápida, ou seja, a etapa de formação do carbânion é a etapa lenta, determinante da velocidade da reação ($K_2 > K_{-1}$).

As reações de *E1cb* ocorrem sempre que a base é muito forte e o grupo abandonador não é estável, ou também é uma base forte, pois:

- *bases fortes não são bons grupos abandonadores;*
- *bases fracas são bons grupos abandonadores.*

Outro fator que favorece a ocorrência da reação de *E1cb* é quando a molécula apresenta grupos que possam estabilizar o carbânion formado, seja por efeito indutivo (átomos muito eletronegativos, como o flúor), seja por ressonância (grupos que diminuem a densidade eletrônica em sistemas conjugados como o grupo nitro; esse conceito será abordado em detalhes no Capítulo 9).

Exemplos de reações de *E1cb* são mostrados a seguir:

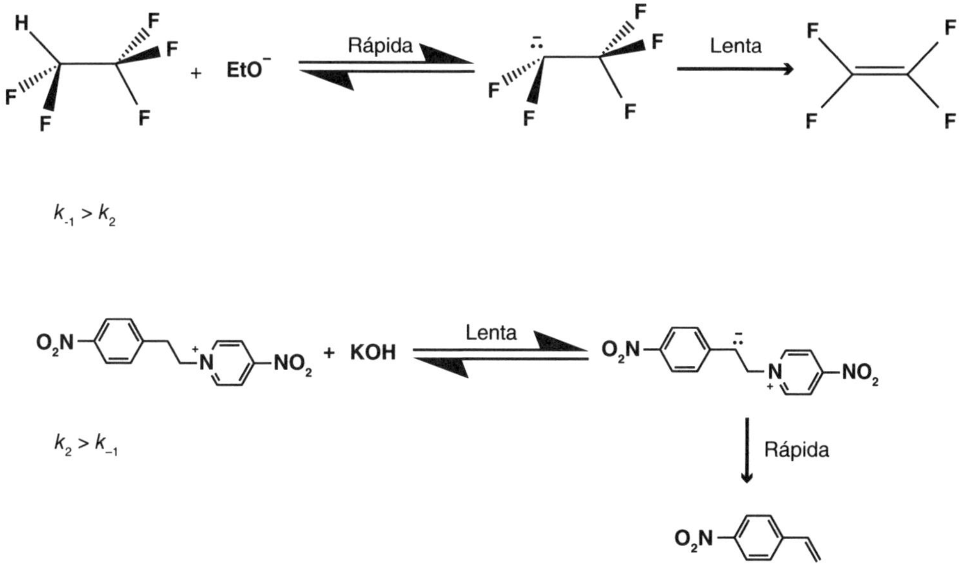

$k_{-1} > k_2$

$k_2 > k_{-1}$

Figura 7.53 Exemplo de uma reação de *E1cb*.

A tabela a seguir resume as características das reações de *E1*, *E2* e *E1cb*.

Tabela 7.2 Comparação entre as reações de eliminação

E2	E1	E1cb
Mecanismo concertado	Mecanismo multietapas	Mecanismo multietapas
Desprotonação simultânea à formação de ligaçao dupla e saída do grupo abandonador	Intermediário carbocatiônico	Intermediário carbânion
Não depende de bons grupos abandonadores	Depende de bons grupos abandonadores	Não depende de bons grupos abandonadores
Ocorre com bases fortes	Ocorre com bases fracas	Ocorre com bases fortes
Ocorre em meio básico	Ocorre em meio ácido	Ocorre em meio fortemente básico
Cinética de 2ª ordem V=k[substrato][base]	Cinética de 1ª ordem V= k[substrato]	Cinética de 2ª ordem V= k[substrato][base]

7.8 Substituição *versus* eliminação

Bases e nucleófilos são espécies químicas com pares de elétrons livres, sejam espécies neutras ou carregadas negativamente. Assim, uma mesma espécie pode reagir tanto como base quanto como nucleófilo.

O que define se a espécie reage como base ou nucleófilo é o fato de o ataque da espécie ocorrer no hidrogênio ou no carbono:

- *se o ataque ocorrer no hidrogênio, a espécie está reagindo como base;*
- *se o ataque ocorrer no carbono, a espécie está reagindo como nucleófilo.*

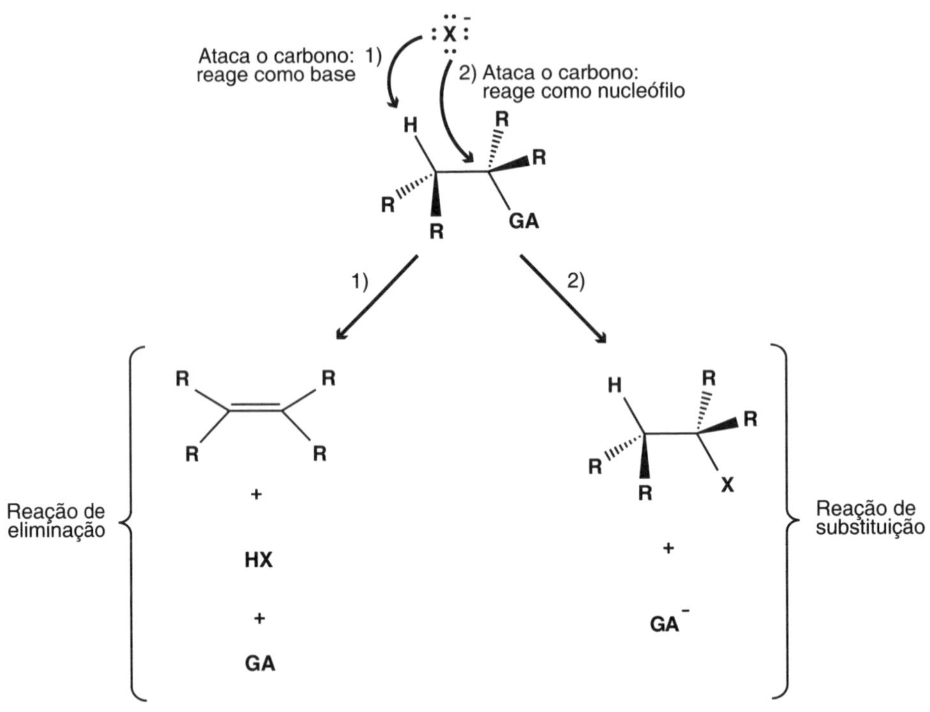

Figura 7.54 Diferenciação entre basicidade e nucleofilicidade.

A seguir serão abordados os aspectos que envolvem a competição entre reações de substituição e reações de eliminação.

7.9 S_N2 *versus* $E2$

7.9.1 Estrutura do substrato

Em substratos primários, seja com bases fortes ou com bases fracas, a reação de S_N2 é sempre favorecida.

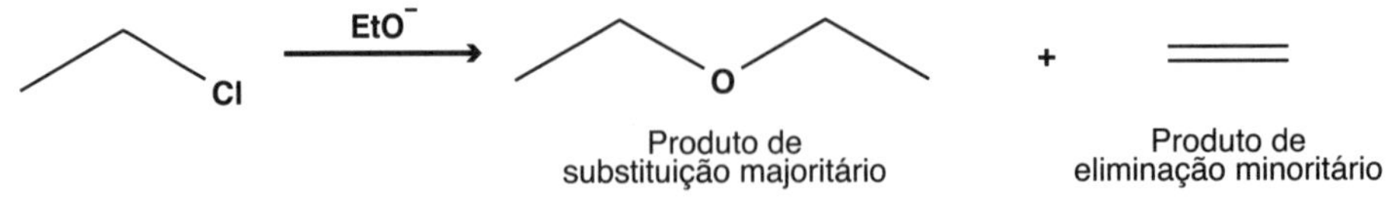

Figura 7.55 Competição entre S_N2 e $E2$.

Em substratos secundários, especialmente com bases fortes, a reação de *E*2 é favorecida.

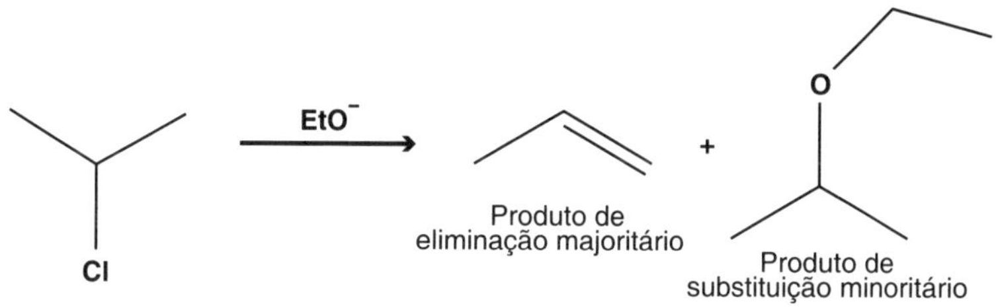
EtO⁻
Produto de eliminação majoritário
+
O
Cl
Produto de substituição minoritário

Figura 7.56 Preferência entre S_N2 *versus E*2 em substratos secundários.

7.9.2 Temperatura

Reações de eliminação precisam de mais energia do que reações de substituição. Assim, temperaturas baixas favorecem S_N2, e temperaturas altas favorecem *E*2.

Isso se deve ao fato de que em reações de eliminação ocorre um aumento da entropia, e a elevação da temperatura favorece reações que levam ao aumento da entropia, conforme visto na Seção 6.6.1.

7.9.3 Volume da base/nucleófilo

Bases pouco volumosas, como o metóxido (H_3CO^-), não sofrem de impedimento estérico, e assim podem reagir tanto por S_N2 quanto por *E*2, mas por S_N2 especialmente em substratos primários. Já bases como *terc*-butóxido [$(H_3C)_3CO^-$] são muito volumosas, possuem impedimento estérico considerável, e assim não conseguem reagir como nucleófilo em S_N2, mas somente como base em reações de *E*2. Por essa característica, bases como o *terc*-butóxido são chamadas de *bases não nucleofílicas*.

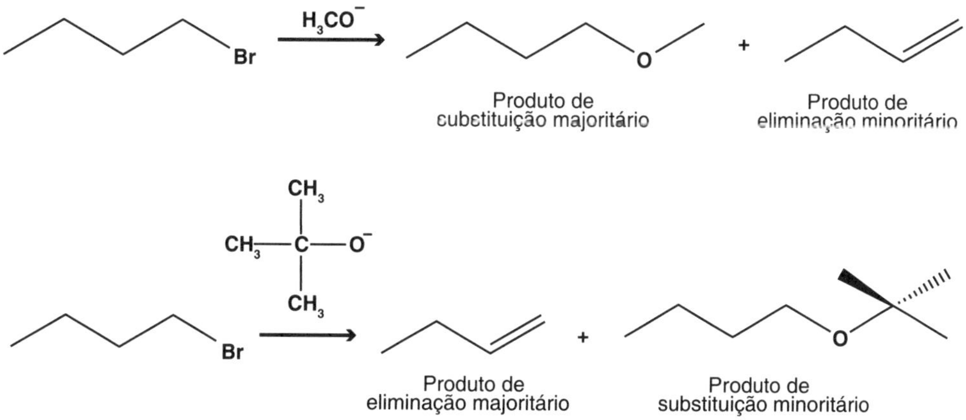
H₃CO⁻
Br
O
+
Produto de substituição majoritário
Produto de eliminação minoritário
CH₃
CH₃—C—O⁻
CH₃
Br
+
O
Produto de eliminação majoritário
Produto de substituição minoritário

Figura 7.57 Reações empregando bases não nucleofílicas.

Bases não nucleofílicas são úteis em síntese orgânica quando se deseja obter alcenos por reações de eliminação com formação de produtos contrária à regra de Zaitsev, ou seja, obter-se o alceno menos substituído em maior quantidade que o alceno mais substituído. O impedimento estérico das bases não nucleofílicas permite que somente a posição que gera o alceno menos substituído seja atacada pela base.

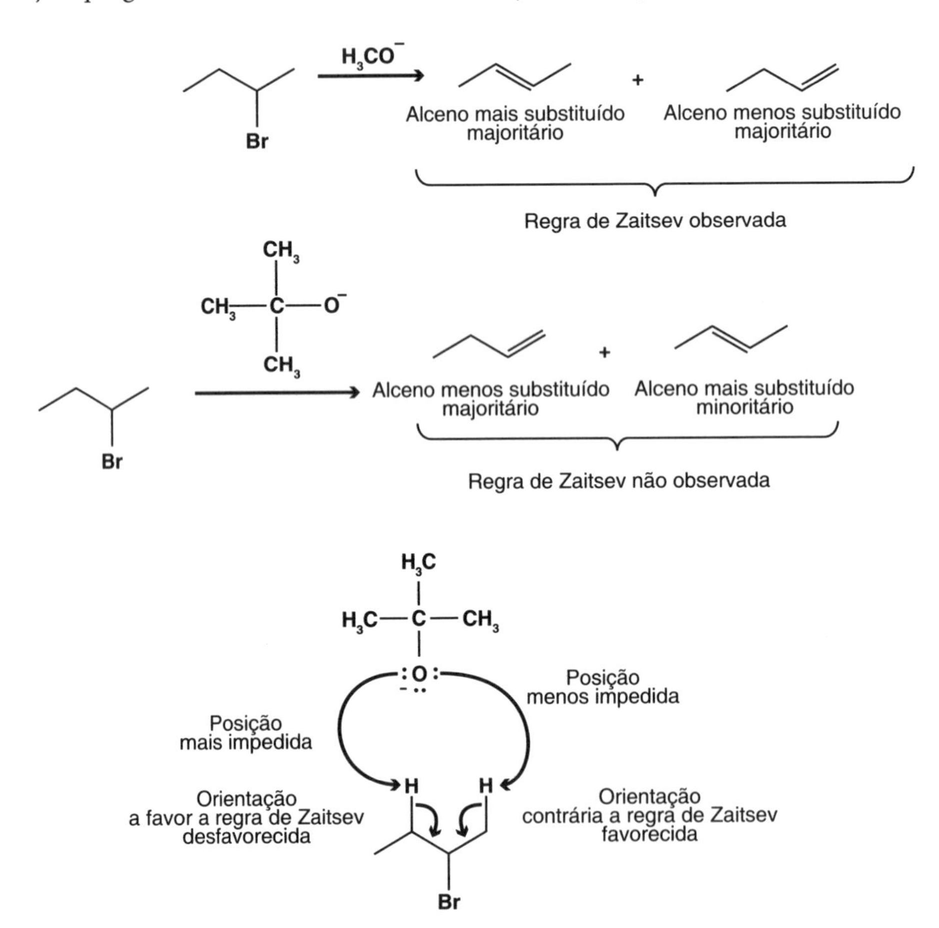

Figura 7.58 Uso de bases não nucleofílicas para realização de reações de *E*2 com orientação contrária à regra de Zaitsev.

7.9.4 S_N1 *versus* *E*1, *E*2

Em substratos terciários pode haver a competição entre S_N1 e *E*1, *E*2, já que substratos terciários não reagem por S_N2. Os principais fatores que interferem são a temperatura e a força da base.

Com bases neutras e baixas temperaturas a S_N1 é favorecida, enquanto a altas temperaturas a eliminação sempre é favorecida.

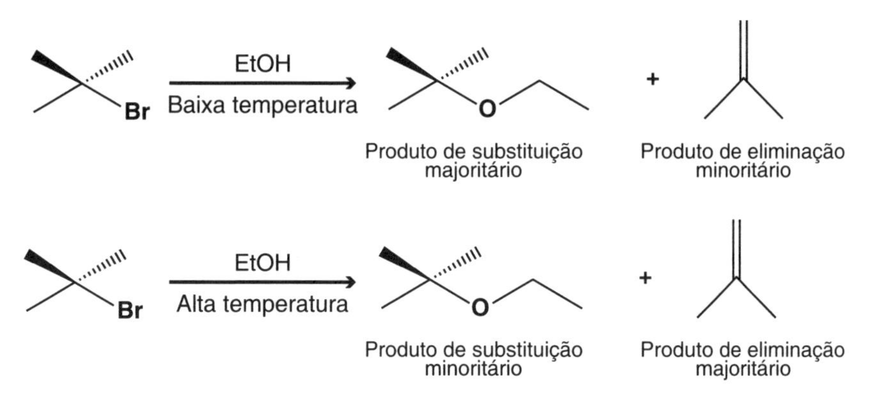

Figura 7.59 Influência da temperatura na competição de S_N1 *versus* *E*1. Bases fortes favorecem *E*2, seja em temperaturas altas ou baixas.

Bases fortes favorecem *E*2, seja em temperaturas altas ou baixas.

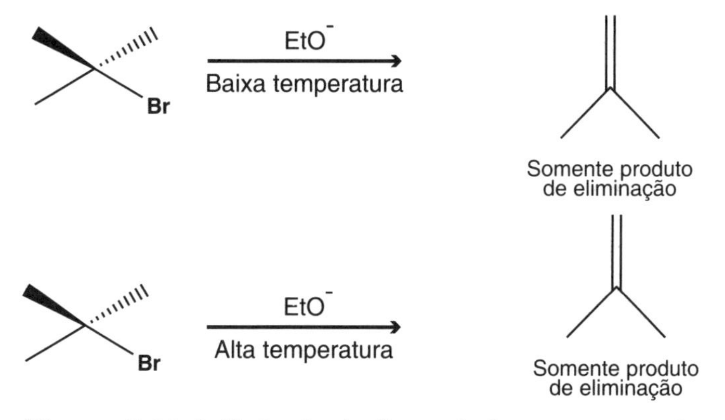

Figura 7.60 Influência da força da base nas reações de eliminação.

Substratos metílicos não apresentam hidrogênios no carbono α, portanto só reagem por S_N2. A Tabela 7.3 resume os principais pontos da competição entre substituição *versus* eliminação de acordo com os substratos.

Tabela 7.3 Comparação entre substituição e eliminação

	Substituição	**Eliminação**
Substrato metílico	Reage somente por S_N2	Não reage por eliminação
Substrato primário	Reage preferencialmente por S_N2	Reage por *E*2 somente com bases volumosas
Substrato secundário	Reage por substituição somente com bases fracas e temperaturas baixas	Reage preferencialmente por eliminação. *E*2 com bases fortes e altas temperaturas e *E*1 com bases fracas e altas temperaturas

(*continua*)

Tabela 7.3 Comparação entre substituição e eliminação (*continuação*)

	Substituição	**Eliminação**
Substrato terciário	Reage por S_N1 com bases fracas e temperaturas baixas	Reage preferencialmente por eliminação. *E*2 com bases fortes e altas temperaturas e *E*1 com bases fracas e altas temperaturas
Força da base	Favorecida por bases fracas	Favorecida por bases fortes
Volume da base	Favorecida por bases pouco volumosas	Favorecida por bases muito volumosas
Temperatura	Favorecida em baixas temperaturas	Favorecida em altas temperaturas

7.10 Aplicações das reações de substituição e eliminação em síntese orgânica

As reações de substituição são muito úteis em síntese orgânica, pois permitem a realização de interconversão de grupos funcionais de acordo com a escolha do nucleófilo segundo o esquema a seguir:

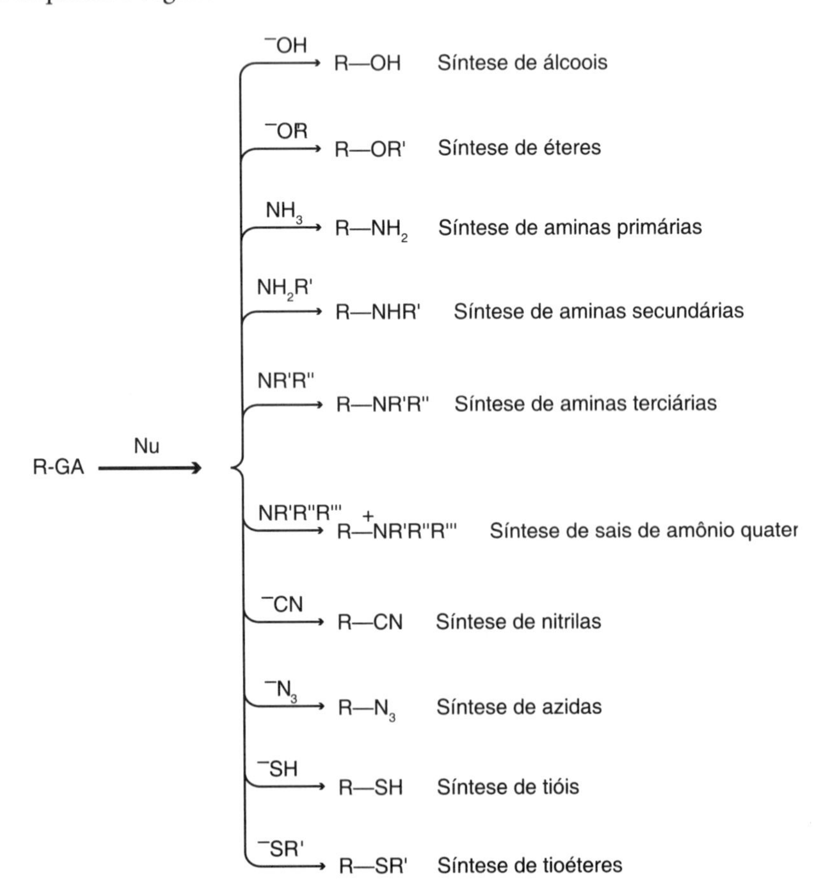

Figura 7.61 Aplicações de reações de substituição nucleofílica em síntese orgânica.

As reações de eliminação se prestam à síntese de alcenos que podem ser obtidos pelas reações mostradas a seguir:

Desidro-halogenação de haletos de alquila

$$R-C(H)(R')-C(R'')(Br)-R''' \xrightarrow[\text{Etanol}]{EtO^-} RR'C=CR''R''' + HBr$$

Desidratação de álcoois

$$R-C(H)(R')-C(R'')(OH)-R''' \xrightarrow{H_2SO_4} RR'C=CR''R''' + H_2O$$

Figura 7.62 Aplicações de reações de eliminação em síntese orgânica.

Considerações do Capítulo

Neste capítulo foram apresentados e discutidos os aspectos mecanísticos, cinéticos e sintéticos das reações de S_N1, S_N2, *E1*, *E2* e *E1cb*.

Exercícios

7.1 Proponha uma síntese para os compostos a seguir e forneça os mecanismos de todas as reações:

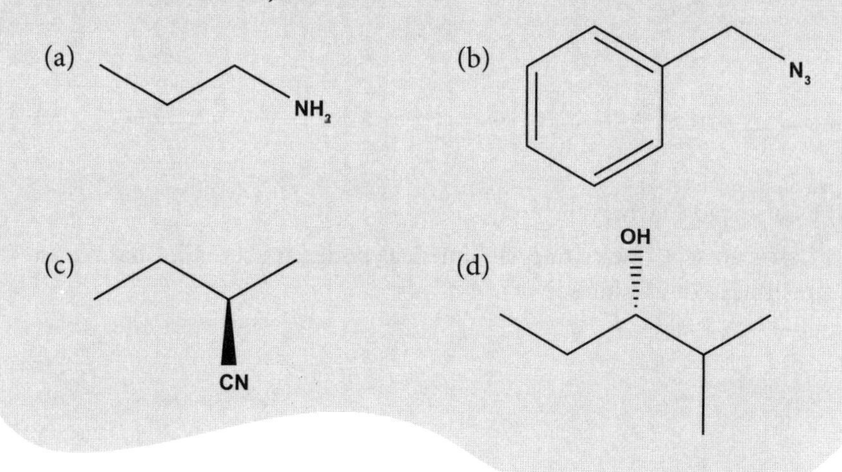

7.2 Defina se os substratos a seguir tendem a reagir preferencialmente por S_N1 ou S_N2.

(a)

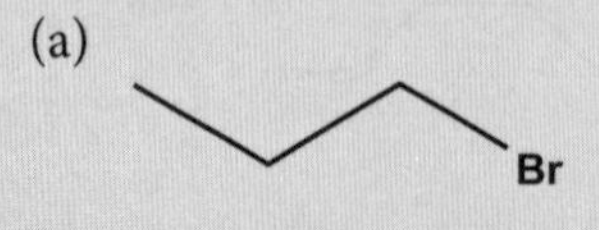

(b)

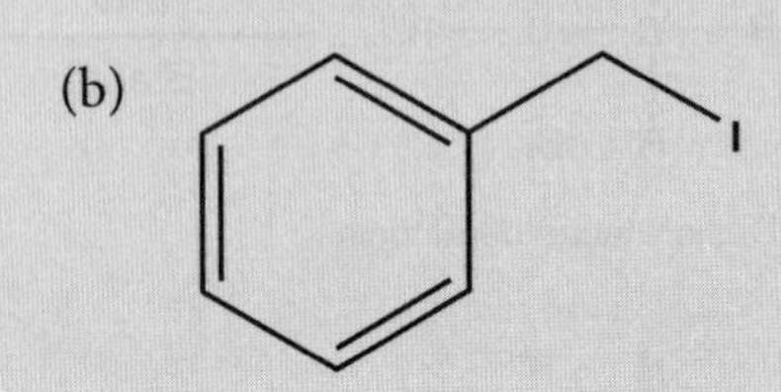

(c)

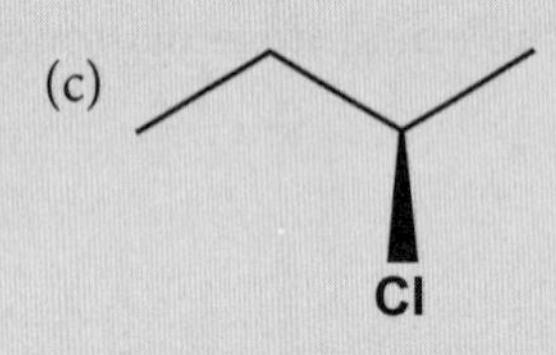

(d)

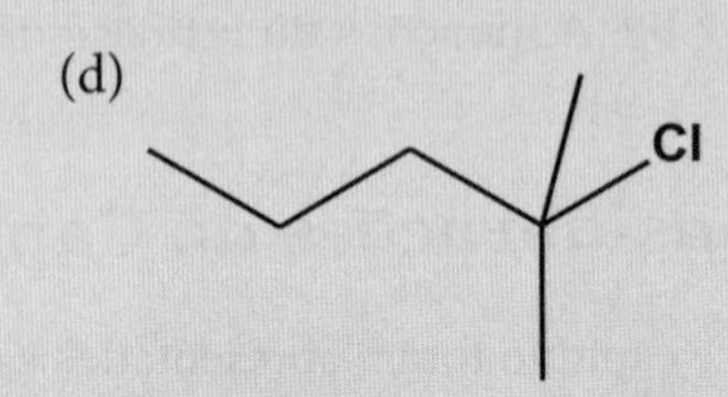

7.3 Considerando a reação a seguir, responda às questões:

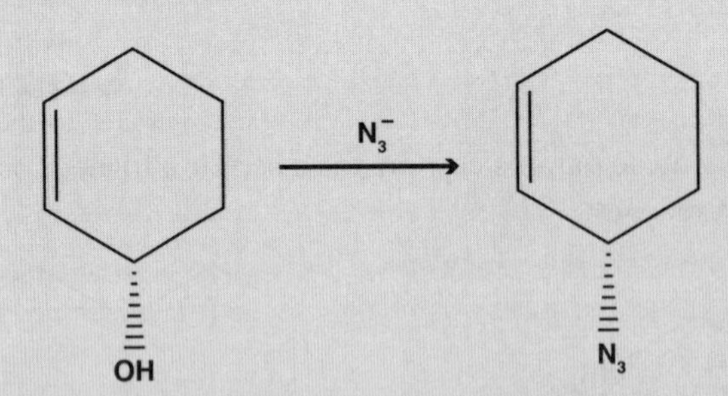

(a) Essa reação é favorável?

(b) Caso não seja, que estratégias sintéticas poderiam ser utilizadas para a realização dessa síntese?

7.4 Proponha uma síntese para os alcenos a seguir empregando reações de eliminação e forneça os mecanismos de reação.

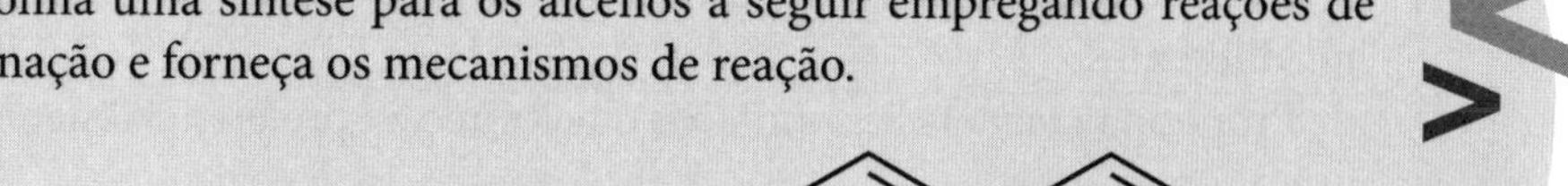

(a) 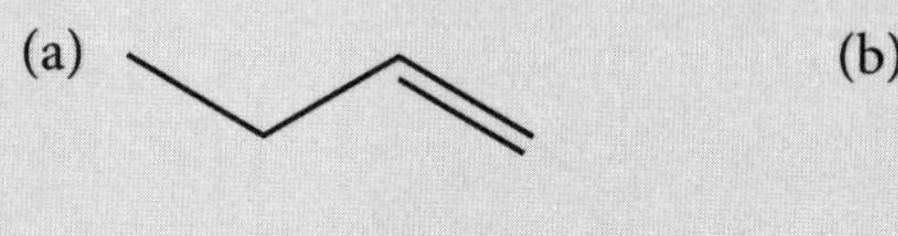

(b) 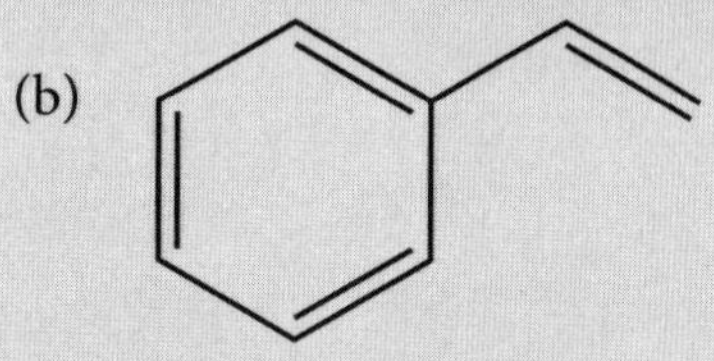

(c) 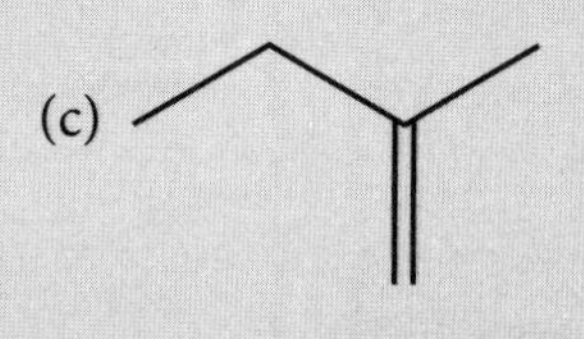

(d) 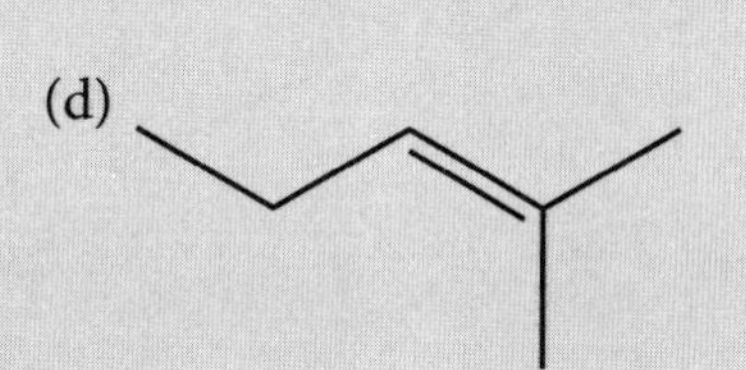

7.5 Que tipo de solvente seria mais adequado para que a reação a seguir fosse favorecida? Justifique.

7.6 Proponha para as reações a seguir um mecanismo que explique por que, na reação mostrada na letra (a), tem-se apenas um produto formado, enquanto na reação mostrada na letra (b) tem-se a formação de dois produtos.

7.7 A partir do mesmo substrato, uma empresa precisa sintetizar dois produtos diferentes.

Proponha reagentes e condições que forneçam preferencialmente cada um dos produtos.

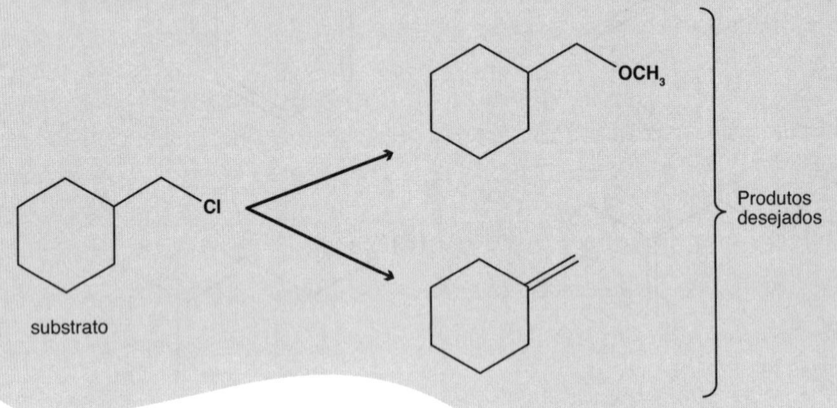

Desafio

7.1 Proponha o mecanismo para as reações a seguir:

(a)

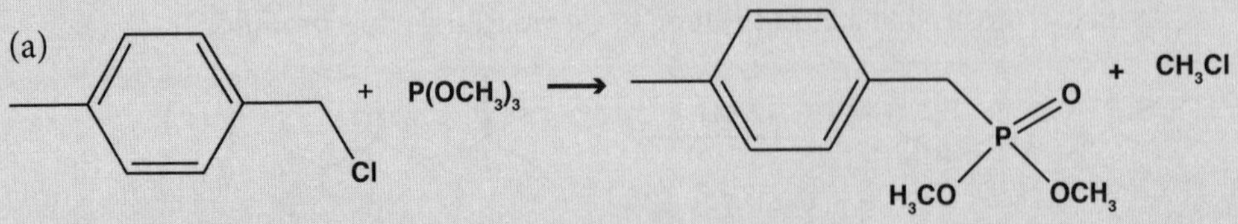

(b)

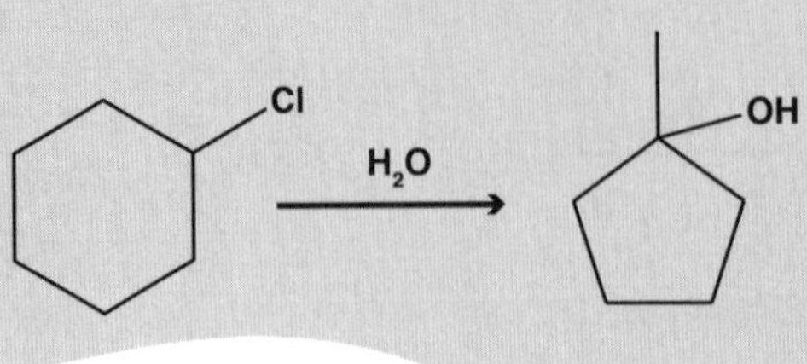

Adição a alcenos e alcinos

8

Rodrigo da Silva Ribeiro

As reações de adição a ligações duplas e triplas são importantes métodos para a síntese de compostos orgânicos, especialmente álcoois e compostos halogenados. Neste capítulo serão apresentados os tipos de reações de adição a ligações duplas e triplas.

8.1 Adição a alcenos

Os alcenos possuem uma ligação dupla entre dois átomos de carbono hibridizados sp^2. Essa ligação dupla é composta de uma ligação σ e outra π. Enquanto a ligação σ é formada pela sobreposição frontal de orbitais hibridizados sp^2, de ambos os átomos, a ligação π é proveniente da sobreposição lateral de dois orbitais p não hibridizados e que se encontram no mesmo plano, sendo cada um desses orbitais pertencentes a um dos átomos de carbono envolvidos na dupla ligação. Devido a essa interação lateral entre os dois orbitais atômicos p, para a criação da ligação π, a sobreposição entre eles não é tão efetiva como as que existem entre os orbitais hibridizados sp^2, por isso a ligação π é mais facilmente clivada em reações envolvendo a dupla ligação dos alcenos. Em geral, na química dos alcenos, estão envolvidas reações de adição eletrofílica, nas quais eles frequentemente assumem o papel de nucleófilos, devido à maior densidade eletrônica que há entre os dois átomos de carbono de sua ligação dupla, quando comparados às típicas ligações simples C—C.

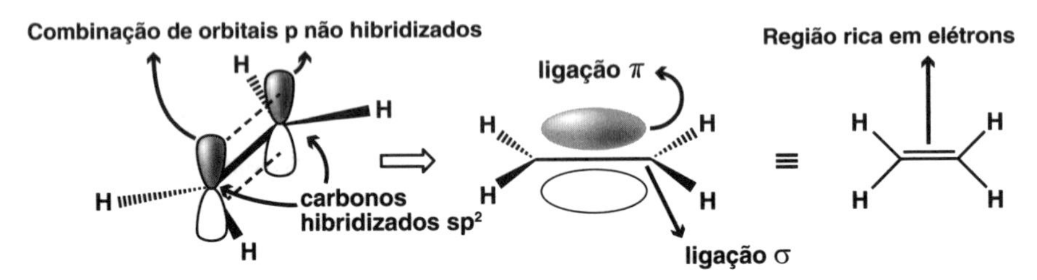

Figura 8.1 Estrutura do eteno.

Essa região de maior densidade eletrônica que há nos alcenos permite que eles reajam com diversos tipos de eletrófilos, como se fossem reações do tipo ácido e base de Lewis. Dentre os eletrófilos, podem-se destacar os ácidos próticos, os halogênios moleculares, que são substâncias com ligações facilmente polarizáveis, os metais, que podem receber pares de elétrons em seus orbitais vazios, além de diversas outras espécies deficientes de elétrons. Essas reações, que muitas vezes levam à quebra de uma ligação π (pi) no alceno e à quebra de uma ligação σ (sigma) no eletrófilo, originando a formação de duas ligações σ (Figura 8.2), são na maior parte das vezes favorecidas entalpicamente. Isso se deve ao fato de que, em geral, a ligação π clivada é mais fraca que as ligações σ formadas, o que na média ocasiona a diminuição da energia das ligações no sentido direto da reação. Por isso, geralmente as reações de adição a alcenos são processos que levam à liberação de calor (processo exotérmico), por apresentarem uma variação negativa da entalpia do sistema ($\Delta H° < 0$).

A seguir serão analisadas algumas das reações mais comuns de adição a alcenos, tendo como foco os diversos tipos de eletrófilos utilizados, assim como a regiosseletividade e estereosseletividade envolvidas nesses processos.

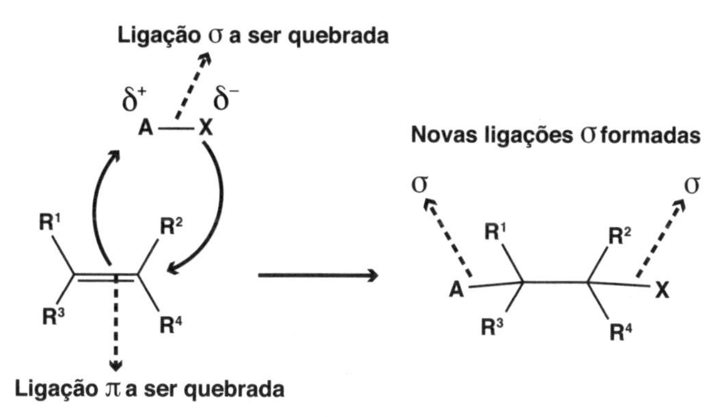

Figura 8.2 Quebra de uma ligação σ e uma π, com a formação de duas novas ligações σ.

8.1.1 Adição de haletos de hidrogênio a alcenos

Entre os diversos eletrófilos empregados na adição a alcenos encontram-se os haletos de hidrogênio. Sua velocidade de reação com a dupla ligação está diretamente relacionada à acidez do eletrófilo. Na Figura 8.3 é representada uma proposta mecanística da reação de adição de um eletrófilo a um alceno. Na primeira etapa dessa reação, o ácido doa o próton ao alceno, originando um carbocátion, que, na segunda etapa, rapidamente reage com o haleto originado na etapa anterior para a formação do haleto de alquila. Na segunda etapa, o ataque do nucleófilo, no caso o haleto, pode se dar por ambas as faces do carbocátion, com similar razão de velocidade. Isso é possível em virtude de o mesmo apresentar uma geometria planar, com o seu orbital p vazio encontrando-se perpendicular ao plano das demais ligações no átomo de carbono deficiente eletronicamente.

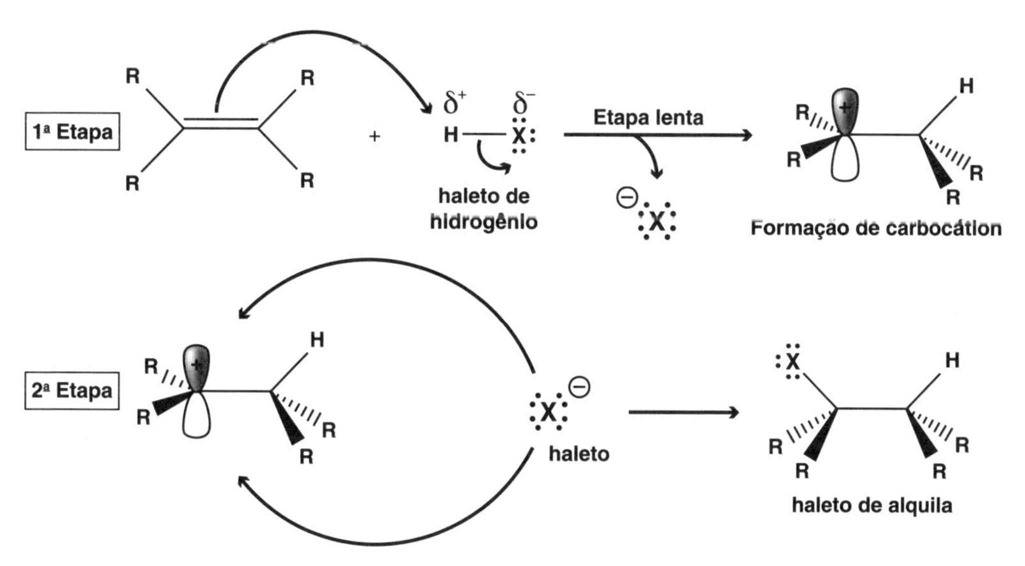

Figura 8.3 Etapas da adição do haleto de hidrogênio a alcenos.

A etapa que envolve a formação do carbocátion é a etapa lenta da reação, em virtude de a mesma passar por um estado de transição muito energético (Figura 8.4), exigindo-se, portanto, uma energia de ativação elevada para ultrapassar a barreira existente ($\Delta G_1^{\ddagger}$). No entanto, ao ser formado, o carbocátion reage rapidamente para a obtenção de um composto mais estável, porque a segunda barreira ($\Delta G_2^{\ddagger}$) é bem menor que a primeira, demandando menos energia para ultrapassá-la (Figura 8.4). Essa elevada energia existente nos carbocátions se deve muito ao fato de o seu carbono apresentar apenas seis elétrons em sua camada de valência. Apesar de o estado de transição ET_1, que precede o intermediário carbocatiônico, não apresentar uma carga formal em sua estrutura, ele apresenta muita similaridade com esse intermediário, inclusive uma carga parcial positiva bem próxima ao valor da carga do carbocátion, conferindo-lhe dessa forma a elevada energia observada.

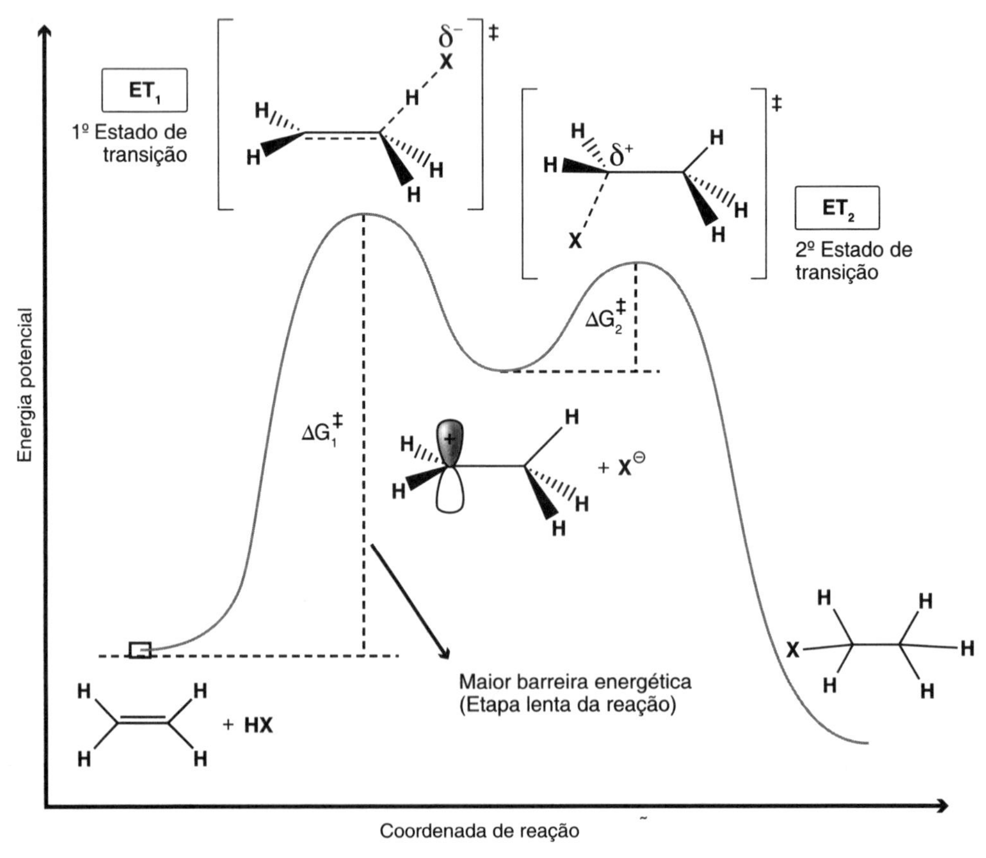

Figura 8.4 Proposta mecanística da adição de HX nos alcenos.

Quanto mais ácido for o haleto de hidrogênio na reação da Figura 8.4, mais rápida será a reação. Ou seja, a escolha de haletos de hidrogênio na seguinte ordem HF < HCl < HBr < HI (aumento de acidez da esquerda para a direita) tende a aumentar a velocidade dessa reação. Isso porque o haleto de hidrogênio participa diretamente do estado de transição, da etapa que controla a velocidade de reação. Com a escolha de um ácido mais forte, a adição do próton à dupla levará a um estado de transição de menor energia, pois a carga parcial negativa (δ^-), em ET_1, se formará sobre um haleto capaz de estabilizá-la com mais eficiência, o que resultará na diminuição da barreira energética (diminuição do valor de $\Delta G_1^{\ddagger}$).

Alcenos com a dupla ligação mais substituída também se mostram mais reativos diante da reação de adição de haletos de hidrogênio. Isso se deve a uma estabilização extra do primeiro estado de transição, ocasionada pela capacidade que os substituintes alquila apresentam de doar elétrons, tanto por efeito indutivo como por efeito de hiperconjugação (ver nota no final deste capítulo), nesse caso doando para o carbono deficiente de elétrons (o que apresenta carga parcialmente positiva). Isso leva à diminuição da energia do estado de transição, portanto a uma menor barreira energética, tal como pode ser observado na Figura 8.5, em que se compara o diagrama de energia da primeira etapa de reação de adição de haletos de hidrogênio sobre o eteno e o 2,3-dimetilbut-2-eno. Ao se compararem as duas reações, nota-se que, na etapa que

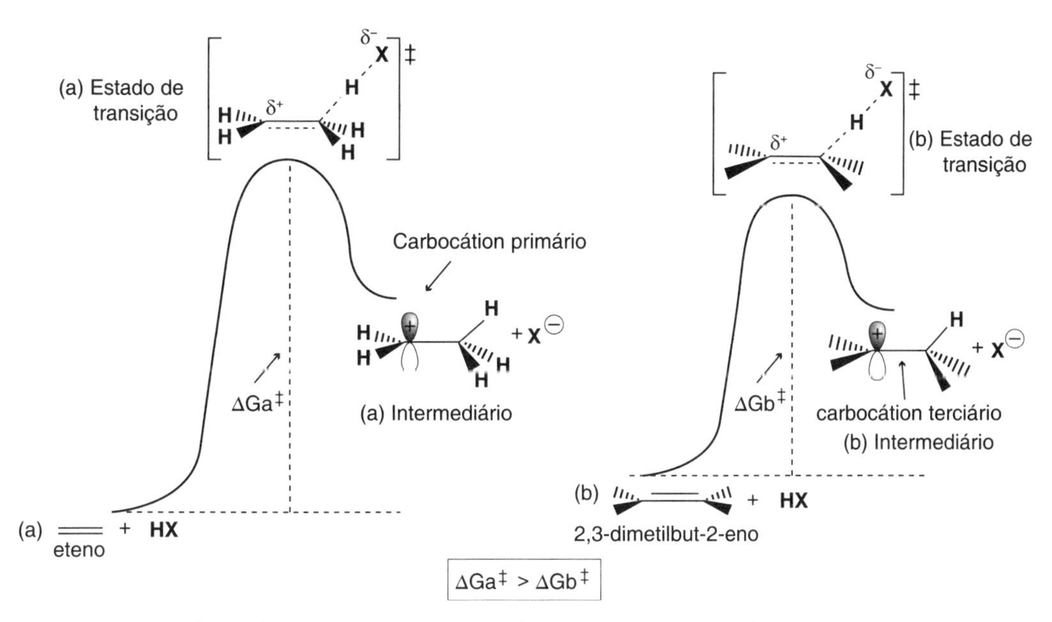

Figura 8.5 Efeito dos substituintes alquilas na diminuição da barreira energética na etapa lenta da reação de adição de haletos de hidrogênio a alcenos.

envolve a protonação de um dos átomos de carbono insaturados, a reação que ocorre com o alceno com a dupla ligação mais substituída apresenta uma barreira energética menor do que aquela com o eteno.

8.1.2 **Regiosseletividade na reação de adição de haletos de hidrogênio a alcenos (regra de Markovnikov)**

Até o momento discutiu-se a reação de adição de haletos de hidrogênio sobre alcenos simétricos. Analisando-se esse mesmo processo sobre alcenos assimétricos, como o apresentado na reação da Figura 8.6, nota-se a possibilidade de obtenção de dois diferentes produtos de adição. No entanto, dados experimentais mostram a preferência na formação de apenas um deles (no caso o composto identificado pela letra A).

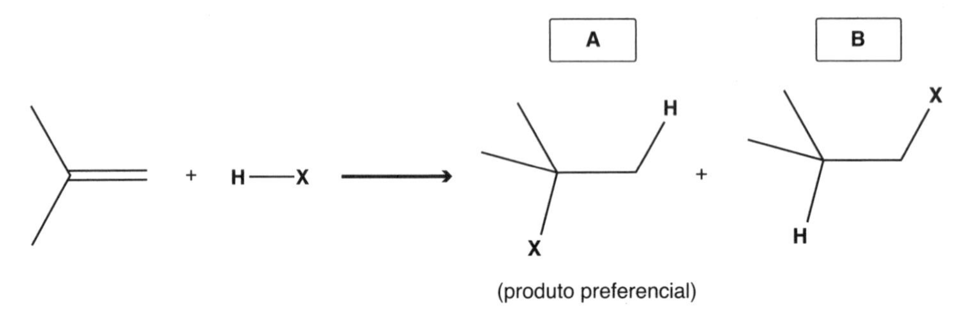

Figura 8.6 Proposta de possíveis produtos de adição de HX a alcenos.

A seguir são apresentadas algumas reações de adição de haletos de hidrogênio sobre alcenos assimétricos (Figura 8.7).

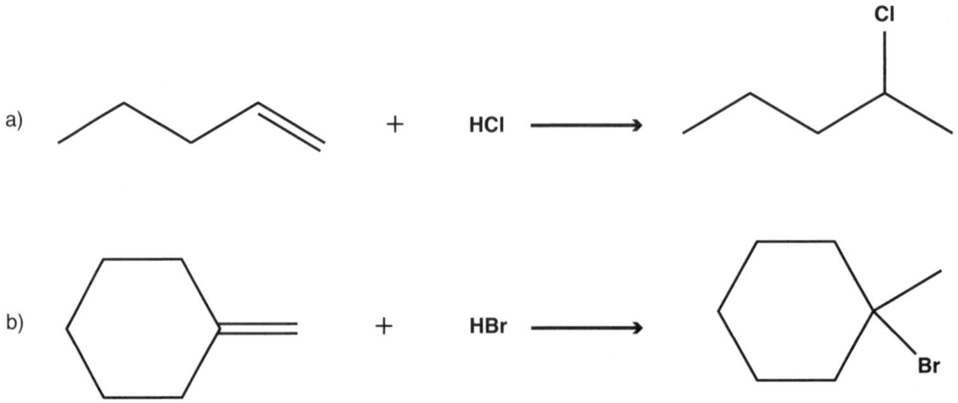

Figura 8.7 Regiosseletividade na reação de adição de HX a alcenos.

Foi com base em diversas reações como essa que em 1870 o químico russo Vladimir Markovnikov formulou uma regra, conhecida até hoje como regra de Markovnikov. Segundo essa regra, durante a adição de haletos de hidrogênio a um alceno substituído assimetricamente, o hidrogênio tende a se ligar ao átomo de carbono, da dupla ligação, que possua mais átomos de hidrogênio, enquanto o haleto se liga ao átomo carbono mais substituído da dupla ligação. Analisando-se os caminhos que levariam aos dois possíveis produtos da reação da Figura 8.6, segundo a ótica mecanística apresentada para esse tipo de processo, fica evidente por que essa reação segue a regiosseletividade observada. Analisando os mecanismos reacionais que levam aos dois produtos (Figura 8.8), tem-se que para a obtenção do haleto de alquila terciário (rota **A**) é formado um carbocátion terciário como intermediário, enquanto para a obtenção do haleto de alquila primário (rota **B**) obtém-se como intermediário um carbocátion primário.

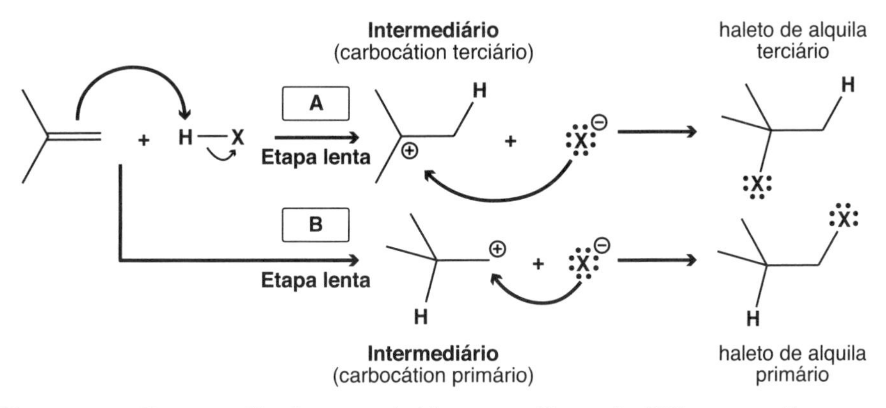

Figura 8.8 Intermediários envolvidos na adição de HX a 2-metilpropeno.

Apesar de se saber que o carbocátion mais substituído é o mais estável, devido à doação de elétrons dos substituintes ao orbital vazio do carbono carbocatiônico, e por isso se concluir que a rota A deva levar a um intermediário menos energético que a rota B, isso ainda não explica diretamente a cinética preferencial da reação e sim a termodinâmica do processo. Felizmente, pode-se fazer uma correlação entre a estabilidade do intermediário e do estado de transição a ele relacionado. Normalmente o estado de transição apresenta um pouco das características estruturais dos intermediários que levam a ele. No entanto, pelo postulado de Hammond, o estado de transição será estruturalmente mais similar à espécie que mais se aproxima dele energeticamente. No caso do exemplo da Figura 8.9, os estados de transição apresentados se encontram mais próximos, em energia, dos intermediários do que dos reagentes. Ou seja, em qualquer uma das rotas a distância do estado de transição ao intermediário que se segue é menor que a distância desse mesmo estado de transição aos reagentes. Portanto, segundo o postulado de Hammond, esse estado de transição deverá ser mais parecido com o intermediário catiônico do que com os reagentes neutros. Por isso os mesmos motivos que levam o intermediário da rota A a ser mais estável que o da rota B também afetarão de forma similar os estados de transição, fazendo com que o estado de transição que se direciona ao intermediário mais estável, no caso o que apresenta o átomo de carbono catiônico mais substituído, também seja o mais estável. Isso leva a uma menor barreira energética para a formação do carbocátion terciário em relação ao carbocátion primário, e ele, assim, é formado mais rápido. Como essa etapa é a determinante para a velocidade da reação e também onde se define a sua regiosseletividade, não foi apresentado o diagrama de energia da segunda etapa, por ser desnecessário ao entendimento do processo.

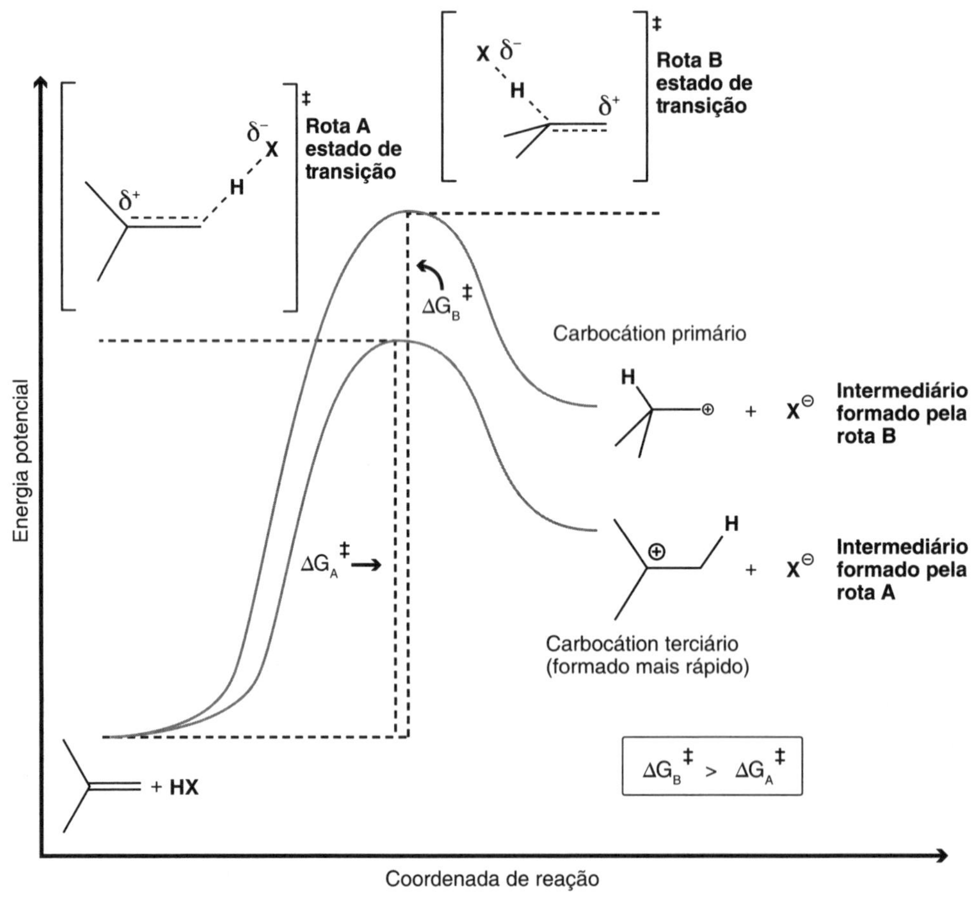

Figura 8.9 Origem da regiosseletividade na regra de Markovnikov.

A importância de se conhecer o motivo pelo qual as reações de adição de haletos de hidrogênio a alcenos seguem a regiosseletividade, predita pela regra de Markovnikov, é que, até em alguns casos nos quais essa regra é incapaz de prever o produto preferencial da reação, ainda assim é possível se fazer essa determinação com as informações apresentadas até o momento. Um exemplo é a reação da Figura 8.10, em que o alceno possui sua dupla ligação monossubstituída em cada um de seus átomos de carbono.

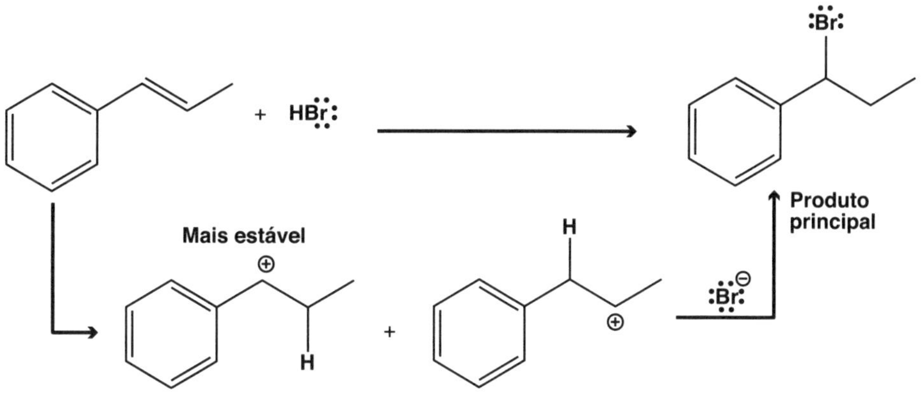

+ HBr

Br

Produto principal

Mais estável

H

H

+

Br

Intermediário formado mais rápido (carbocátion benzílico)

Figura 8.10 Exemplo não previsto pela regra de Markovnikov.

Com base na regra de Markovnikov não é possível prever que o produto apresentado na reação anterior (Figura 8.10) é o produto preferencial. No entanto, analisando os possíveis carbocátions formados no processo, observa-se que, apesar de ambos serem secundários, um deles é um carbocátion benzílico e, portanto, apresenta uma estabilidade extra, promovida pelo deslocamento da nuvem eletrônica do anel aromático para a direção do carbono deficiente de elétrons. E, conforme já citado, em relação ao postulado de Hammond, esse efeito estabilizante também é sentido no estado de transição que leva a esse intermediário, de forma significativa. Isso faz com que a barreira energética relacionada à formação do carbocátion benzílico apresentado seja menor que a barreira relacionada ao outro carbocátion. Assim, o carbocátion benzílico é formado mais rápido, o que afeta, portanto, a regiosseletividade do produto final. É importante destacar que a segunda etapa, que envolve o ataque nucleofílico do brometo sobre o carbocátion formado, é a etapa rápida da reação, não afetando a regioquímica estabelecida na primeira etapa.

8.1.3 Rearranjo de carbocátions durante a reação de adição de haletos de hidrogênio a alcenos

Uma forte evidência de que as reações de adição de HX a alcenos envolvem a formação de carbocátions como intermediários são os rearranjos que geralmente ocorrem no intermediário derivado do substrato. Normalmente isso ocorre quando há a possibilidade de os carbocátions originados gerarem outros mais estáveis. Um exemplo disso pode ser justificado através dos produtos obtidos nas reações apresentadas na Figura 8.11.

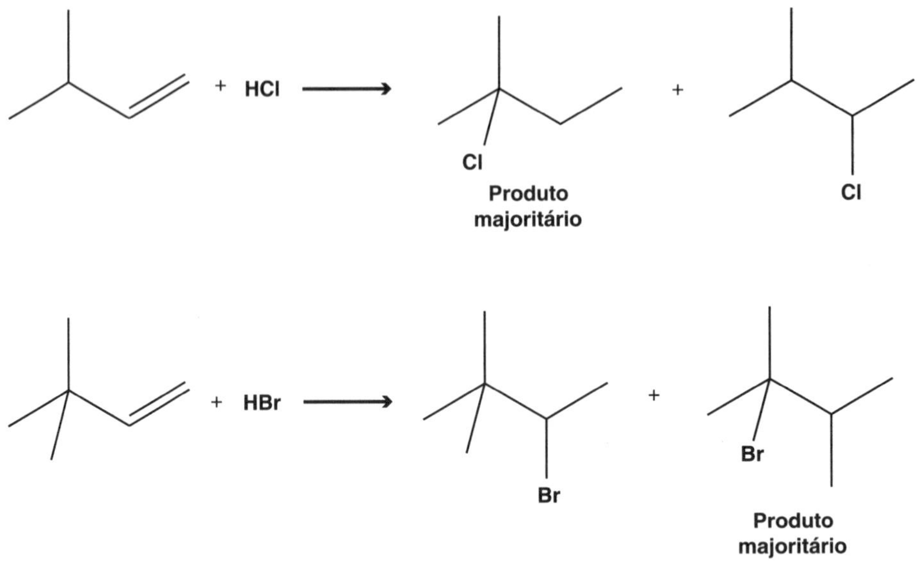

+ HCl → Cl Produto majoritário + Cl

+ HBr → Br + Br Produto majoritário

Figura 8.11 Reações com rearranjo dos intermediários.

Para justificar a obtenção do 2-cloro-2-metilbutano, a partir da reação do 3-metil-but-1-eno com ácido clorídrico, primeiramente segue-se um mecanismo semelhante ao já apresentado para a adição de haletos de hidrogênio a alcenos, onde se espera a obtenção de um carbocátion secundário como intermediário (Figura 8.12 A). A partir do rearranjo desse carbocátion, com a transferência de hidreto do átomo de carbono mais substituído para o átomo de carbono adjacente, que se encontra deficiente de elétrons, obtém-se um carbocátion mais estável. Este, então, sofre um ataque nucleofílico do cloreto para obtenção do produto majoritário, o 2-cloro-2-metilbutano. Já o produto minoritário é resultante da reação do cloreto com o carbocátion secundário, antes de ele sofrer rearranjo.

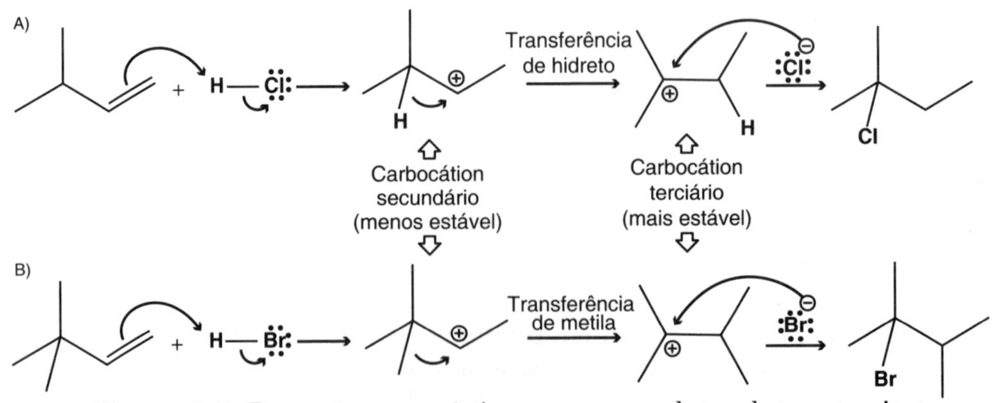

Figura 8.12 Proposta mecanística para os produtos de rearranjo.

O mesmo ocorre com o 3,3-dimetilbut-1-eno ao reagir com o ácido bromídrico (Figura 8.12 B), obtendo-se primeiramente um carbocátion secundário, como intermediário, que posteriormente sofre rearranjo com a transferência do grupamento metila para o carbono deficiente de elétrons. Isso também leva à formação de um carbocátion terciário mais estável que o anterior, o qual atua como eletrófilo, sofrendo ataque nucleofílico do brometo para obtenção do 2-bromo-2,3-dimetilbutano.

8.1.4 **Reação de adição de HBr a alcenos, na presença de peróxidos (reação anti-Markovnikov)**

Como apresentado na seção anterior, reagindo-se HBr com alceno temos uma adição eletrofílica sobre a dupla ligação, que segue a regra de Markovnikov. Entretanto, realizando-se a reação na presença de peróxido de alquila (ROOR) a regiosseletividade é invertida, com a formação da ligação do hidrogênio com o átomo de carbono mais substituído e a formação da ligação do bromo com o átomo de carbono contendo mais átomos de hidrogênio (Figura 8.13).

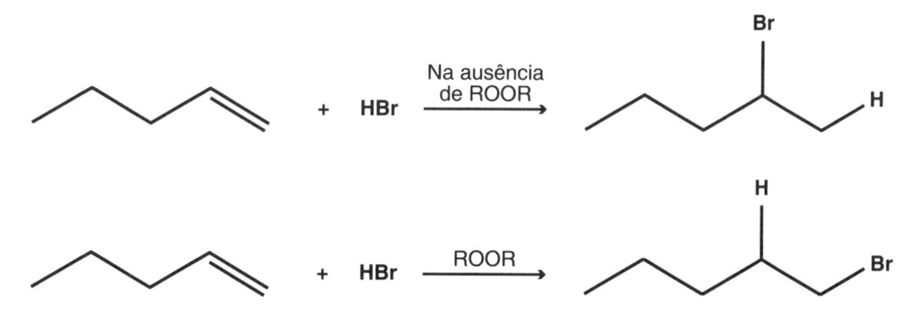

Figura 8.13 Mudança na regiosseletividade da reação de adição de HBr a alcenos, com o uso de peróxido de alquila.

Quando se emprega apenas HBr nesse processo, o eletrófilo é o proton (H^+), que reage com a dupla ligação do alceno por meio de um mecanismo iônico. No entanto, quando em presença de peróxido, o mecanismo sofre alteraçao e passa a seguir um processo radicalar. Isso ocorre devido à fraca ligação que há entre os átomos de oxigênio do peróxido, que podem sofrer uma clivagem homolítica, sob a influência de pequeno aquecimento ou na presença de luz. Nesse tipo de clivagem, cada um dos átomos da ligação rompida fica com um dos elétrons que pertenciam a essa ligação, levando à formação de espécies radicalares (Figura 8.14). Isso é diferente da cisão heterolítica (processo iônico), que leva à formação de íons, com a movimentação dos dois elétrons da ligação em direção ao átomo de maior eletronegatividade.

Como qualquer radical livre, o radical alcóxido é muito reativo, pois possui um átomo com sete elétrons em sua camada de valência, no caso o átomo de oxigênio,

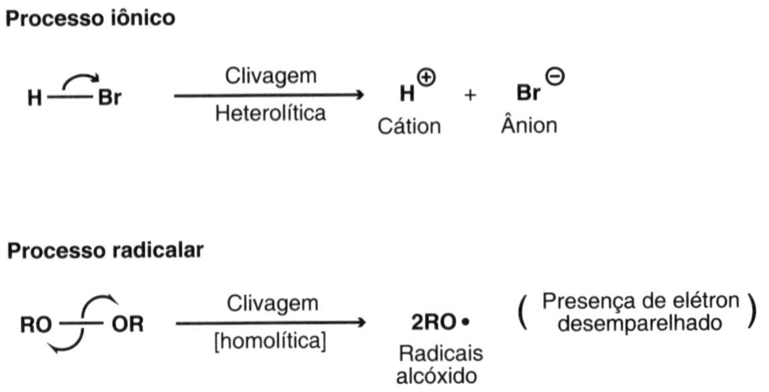

Processo iônico

$$H-Br \xrightarrow[\text{Heterolítica}]{\text{Clivagem}} H^{\oplus} + Br^{\ominus}$$

Cátion Ânion

Processo radicalar

$$RO-OR \xrightarrow[\text{[homolítica]}]{\text{Clivagem}} 2RO\bullet$$

Radicais alcóxido (Presença de elétron desemparelhado)

Figura 8.14 Clivagens homolítica e heterolítica.

e por isso busca completar o seu octeto. Inicialmente o radical alcóxido se liga ao hidrogênio do HBr, promovendo uma cisão homolítica entre os átomos de hidrogênio e bromo, com a formação de bromo radicalar, que passa a ter um elétron desemparelhado (2ª Etapa, Figura 8.15). Em seguida o bromo radicalar reage com o alceno, se ligando ao átomo de carbono menos substituído, fazendo com que o carbono mais substituído passe a ter sete elétrons na camada de valência (3ª Etapa, Figura 8.15).

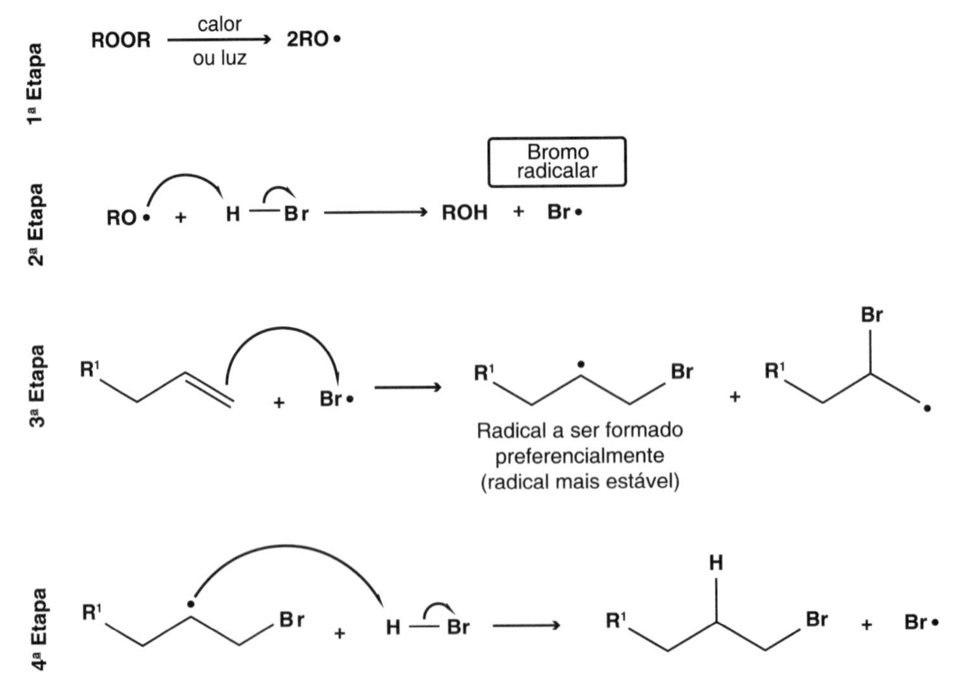

Figura 8.15 Mecanismo radicalar de adição de HBr a alcenos.

Nessa etapa a regiosseletividade favorece a geração do radical mais estável. Assim como ocorre com os carbocátions, substituintes alquila ligados ao carbono radicalar auxiliam na sua estabilização, com a doação de elétrons para o orbital semipreenchido. Por isso o intermediário radicalar a ser formado mais rápido será aquele em que o elétron desemparelhado se encontra no carbono mais substituído (tal qual mostrado para o caso dos carbocátions na Figura 8.9).

Diferentemente do processo iônico, em que o eletrófilo é o próton, no processo radicalar o eletrófilo a ser atacado pelos elétrons pi (π) é o bromo radicalar. Esse processo não é eficaz com outros haletos de hidrogênio.

8.2 Adição de halogênios (X_2) a alcenos, síntese de di-haletos vicinais

A reação de halogênios moleculares a alcenos leva à obtenção de di-haletos vicinais, ou seja, a formação de compostos contendo dois átomos de halogênio ligados a dois átomos de carbono adjacentes (Figura 8.16).

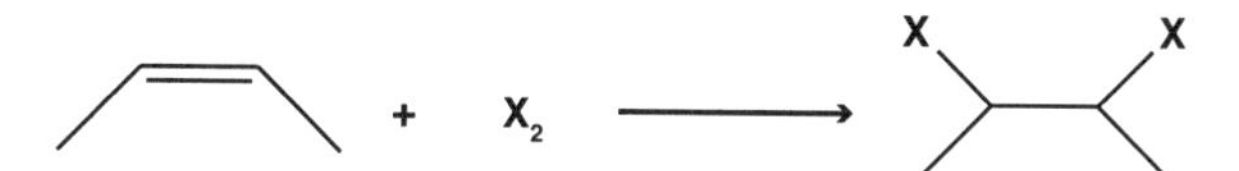

Figura 8.16 Di-haletos vicinais.

Essa reação ocorre rapidamente quando se utiliza F_2, Cl_2 ou Br_2 em presença de solventes não nucleofílicos, no entanto é desfavorável com o iodo, cujo produto di-iodovicinal tende a se decompor em temperatura ambiente, para restaurar o iodo molecular. O uso do flúor também é um problema, por ser difícil de controlar a reação.

Nessa reação de di-halogenação de alcenos, o halogênio se comporta como eletrófilo, devido à polarização da ligação halogênio-halogênio ao se aproximar da ligação dupla, rica em elétrons (Figura 8.17). Com a polarização, os elétrons π da ligação dupla se aproximam do halogênio deficiente de elétrons, levando à formação da ligação carbono-halogênio e quebra da ligação halogênio-halogênio. Esse processo é também acompanhado da formação de ligação entre o halogênio, ligado ao composto, com o outro átomo de carbono, que pertencia à dupla ligação. Essa etapa ocorre de uma só vez, por um mecanismo concertado, formando-se um anel de três membros, conhecido como íon halônio, sem a formação de um carbocátion como intermediário. Esse intermediário cíclico, contendo uma carga formal positiva sobre o halogênio, é mais estável que o carbocátion que haveria de ser formado se o halogênio não apresentasse, nesse caso, um caráter divalente. Essa maior estabilidade se deve ao fato de que no íon halônio todos os átomos, com exceção dos átomos de hidrogênio, apresentam seu octeto completo, enquanto no carbocátion o átomo de carbono positivo teria apenas seis elétrons na camada de valência.

Figura 8.17 Mecanismo da di-halogenação vicinal do eteno, com Br_2.

8.2.1 Estereoquímica da reação de adição de halogênios a alcenos

Experimentos realizados com halogênios moleculares a alcenos cíclicos ajudaram a fornecer evidências sobre a formação do íon halônio como intermediário no processo de formação de di-haletos vicinais. Isso porque os produtos apresentam estereoquímica *trans* com os halogênios ligados em faces distintas dos anéis, condizente com o mecanismo de adição *anti* discutido no final da última seção. Na Figura 8.18 há o exemplo de uma dessas reações, em que o ciclopenteno reage com bromo para obtenção apenas dos enantiômeros *trans*-1,2-dibromociclopentano.

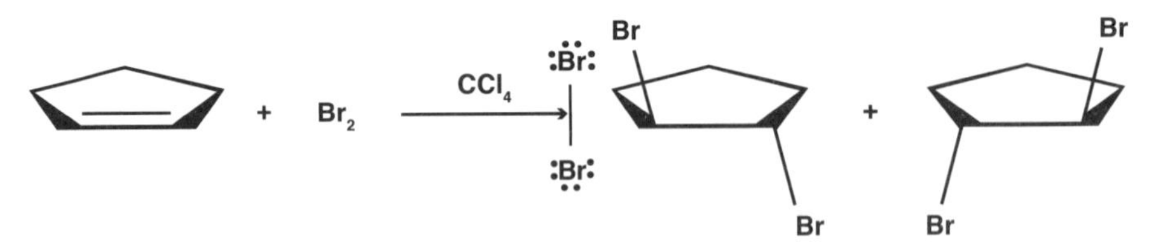

Figura 8.18 Produtos *trans*-1,2-dibromociclopentano da adição de Br_2 a ciclopenteno.

Caso houvesse a formação de carbocátion após a inserção do primeiro halogênio, o segundo haleto, ao atuar como nucleófilo, atacaria o carbocátion por ambas as faces do anel, levando à obtenção de uma mistura de produtos *cis* e *trans* (Figura 8.19), o que não é observado.

Já levando-se em consideração a formação do íon halônio a partir da reação do bromo com o ciclopenteno, conforme mostrado na Figura 8.20, com posterior ataque do brometo sobre cada um dos átomos de carbono ligados ao bromo, em uma aproximação pela face menos impedida, obtém-se a mesma mistura racêmica apresentada na Figura 8.18, conforme esperado.

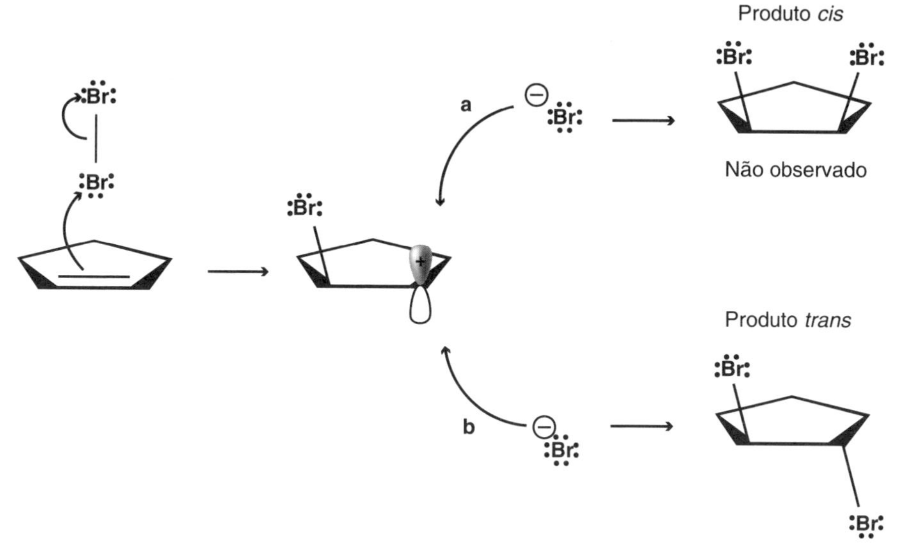

Figura 8.19 Mistura de produtos dibromados que deveriam ser formados a partir de intermediários carbocatiônicos.

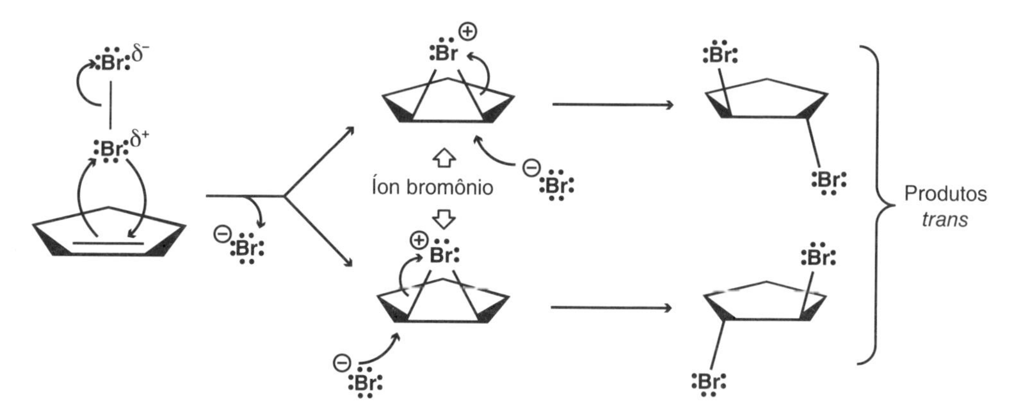

Figura 8.20 Evidência da formação do íon halônio.

8.2.2 Formação de haloidrinas vicinais a partir de alcenos

Haloidrinas vicinais nada mais são que compostos orgânicos contendo uma hidroxila e um halogênio ligados a átomos de carbono adjacentes. Um método muito simples de obtê-las é através da reação de alcenos com halogênios, em meio aquoso (Figura 8.21). Enquanto na di-halogenação de alcenos utilizam-se solventes não nucleofílicos, no caso da síntese da haloidrina o uso da água como solvente a leva a competir com o haleto, atuando como nucleófilo na etapa de abertura do íon halônio, realizando um ataque S_N2 ao carbono ligado ao halogênio pela face mais desimpedida.

Com isso obtém-se um álcool protonado, que posteriormente sofre abstração de seu próton para gerar a haloidrina. Portanto, a estereoquímica de obtenção das haloidrinas vicinais, partindo-se de alcenos, envolve a adição *anti*, com a hidroxila e o halogênio se encontrando, em faces opostas às da dupla ligação inicial, como observado em cicloalcenos (Figura 8.21).

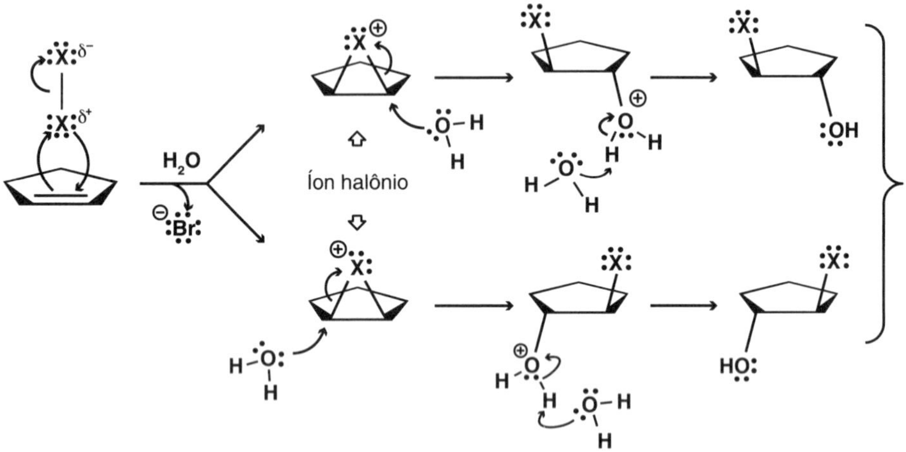

Figura 8.21 Estereoquímica de formação da haloidrina vicinal.

8.2.3 Regiosseletividade na formação de haloidrinas vicinais

Íons halônios provenientes de alcenos assimétricos apresentam uma distribuição irregular da deficiência eletrônica sobre os átomos de carbono pertencentes ao seu anel. Apesar de haver uma carga formal positiva sobre o halogênio, os dois átomos de carbono ligados a ele apresentam uma carga parcial positiva, que fica mais concentrada sobre o átomo de carbono mais substituído. Isso se deve ao fato de esse átomo estabilizar melhor essa deficiência eletrônica, de maneira semelhante ao que acontece com a estabilização de carbocátions, ocasionada pela presença de substituintes alquila ligados ao carbono com carga positiva.

Na reação da Figura 8.22, onde um alceno assimétrico (o but-1-eno) reage com um halogênio molecular em meio aquoso, é apresentada a preferência da molécula de água em realizar um ataque nucleofílico sobre o átomo de carbono mais substituído do anel do íon halônio. Isso se deve ao fato de que o estado de transição envolvendo o ataque da molécula de água sobre esse carbono apresenta um certo caráter de carbocátion secundário, bem mais estável que o estado de transição envolvendo um ataque da molécula de água sobre o carbono menos substituído do anel, o qual apresenta um certo caráter de carbocátion primário (Figura 8.22). Com isso obtém-se um produto cuja regioquímica segue a regra de Markovnikov.

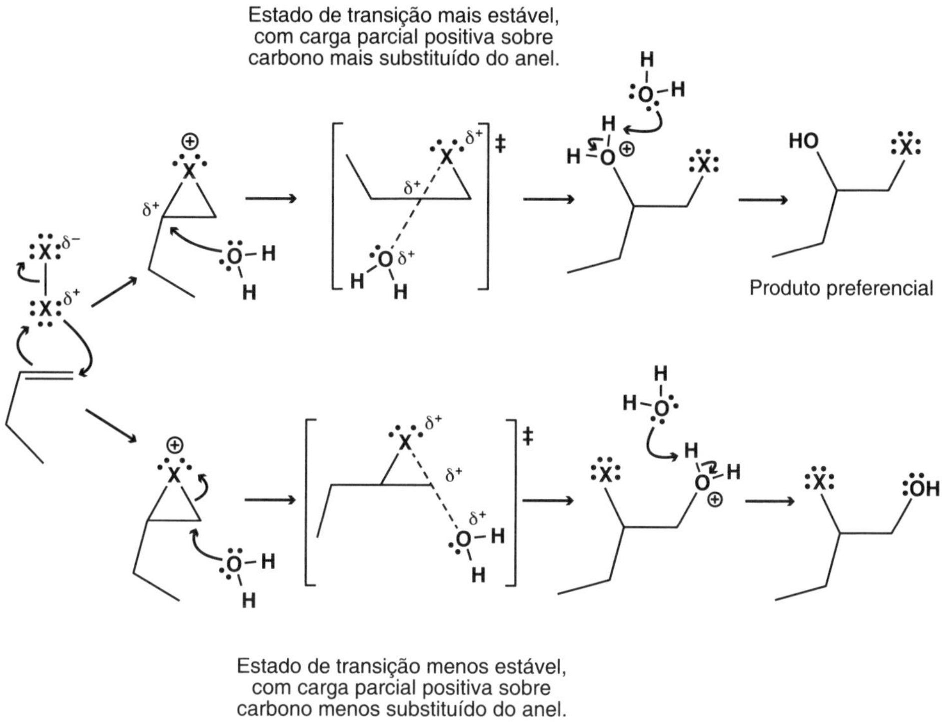

Estado de transição mais estável, com carga parcial positiva sobre carbono mais substituído do anel.

Produto preferencial

Estado de transição menos estável, com carga parcial positiva sobre carbono menos substituído do anel.

Figura 8.22 Regiosseletividade na obtenção de haloidrinas a partir de alcenos assimétricos.

8.3 Obtenção de álcoois a partir de alcenos

A hidratação de alcenos para a obtenção de álcoois pode ser feita por diversos processos, conforme apresentado nas seções seguintes.

8.3.1 Hidratação de alcenos com água, sob catálise ácida

A adição de uma molécula de água a alcenos pode ser realizada sob catálise ácida, levando à obtenção de álcoois. Pode-se empregar como meio reacional uma solução diluída de H_2SO_4 em água, onde são adicionados os alcenos. Exemplos:

Como pode ser observado nas reações anteriores (Figura 8.23), a adição de água na dupla ligação segue a regiosseletividade apresentada pela regra de Markovnikov, em que o hidrogênio se liga ao átomo de carbono menos substituído, de maneira semelhante ao que ocorre com a adição de haletos de hidrogênio a alcenos (Figura 8.7). Isso acontece porque os mecanismos envolvidos em ambos os processos são análogos, com a diferença de que nesse caso o nucleófilo é uma molécula de água.

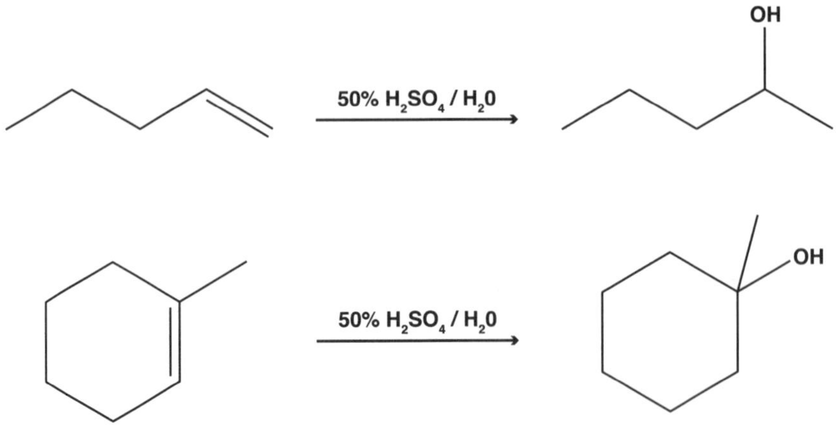

Figura 8.23 Hidratação de alcenos com emprego de água em meio ácido.

Na Figura 8.24 é apresentado o mecanismo envolvido na hidrólise ácida do 2-metilbut-2-eno. Nesse processo observa-se o ataque nucleofílico dos elétrons π da dupla ligação ao próton do ácido, gerando o carbocátion mais substituído (mais estável), no caso um carbocátion terciário. Já se discutiu na Figura 8.9 a preferência na obtenção de carbocátions mais substituídos durante o processo de adição de haletos de hidrogênio a alcenos; o mesmo ocorre na reação da Figura 8.24. Nessa reação seria possível a obtenção do carbocátion secundário, com a ligação do próton ao carbono mais substituído. Entretanto, o estado de transição precursor a esse intermediário, por apresentar maior energia, torna esse processo mais lento.

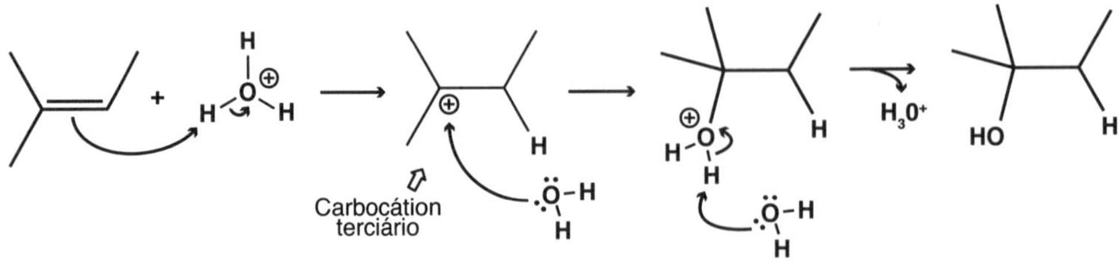

Figura 8.24 Obtenção do 2-metilbutan-2-ol a partir do 2-metilbut-2-eno.

Com o ataque nucleofílico da molécula de água ao carbono deficiente de elétrons, forma-se o álcool protonado, que é convertido ao álcool final pela desprotonação realizada por outra molécula de água, restaurando-se, com isso, o ácido inicial (Figura 8.24).

Esse método de obtenção de álcoois possui uma limitação relacionada ao substrato empregado. Como seu mecanismo passa pela formação de um carbocátion, costumam ocorrer rearranjos no esqueleto do composto, levando à obtenção de produtos muitas vezes não planejados.

8.3.2 Controle no equilíbrio de hidratação de alcenos

Analisando as etapas de hidratação do 2-metilbut-2-eno apresentadas na Figura 8.24, percebe-se que o mecanismo de hidratação de alcenos, com o uso direto de água sob catálise ácida, é o inverso do mecanismo de desidratação de álcoois para a obtenção de alcenos (ver capítulo sobre reações de eliminação). Isso é possível pois todas as etapas são reversíveis. Portanto, para se ter controle na obtenção do álcool de interesse, pode-se fazer uso do princípio de Le Chatelier, em que a alteração da concentração de um dos componentes da reação levaria a uma perturbação no sistema e ao deslocamento da reação no sentido que conduzisse ao restabelecimento do equilíbrio do meio (Figura 8.25). Ou seja, a adição de mais reagentes a um meio reacional, que se encontra em equilíbrio dinâmico (em que a velocidade de formação dos produtos é igual à velocidade de formação dos reagentes), levaria o sistema a responder a essa variação de concentração, deslocando a reação para o sentido direto, a fim de consumir parte dos reagentes adicionados, com a obtenção de mais produtos, de modo a restabelecer a constante de equilíbrio da reação (***K***).

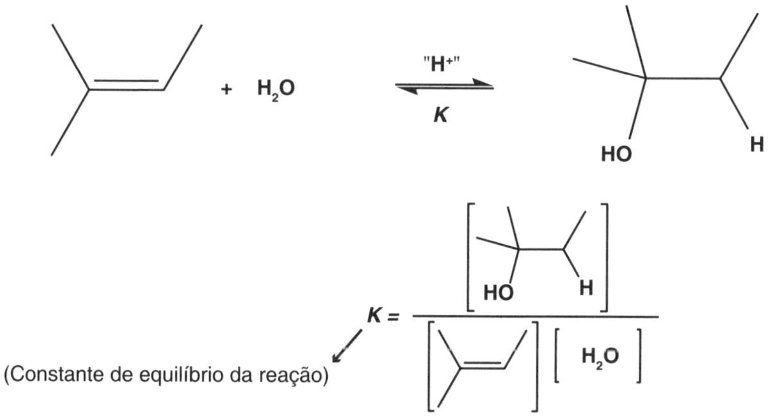

+ H_2O "H+" *K* HO H

K =

(Constante de equilíbrio da reação)

HO H

H_2O

Na equação apresentada os colchetes se referem à concentração das substâncias que se encontram dentro deles.

Figura 8.25 Equação de equilíbrio da hidratação do 2-metilbut-2-eno.

No caso da reação de hidratação discutida aqui, se fosse removida a água do meio reacional, com o uso de ácidos concentrados ou por destilação, deslocaríamos a reação no sentido inverso, levando à obtenção de mais moléculas de água, com isso também se obtendo mais alceno. Entretanto, trabalhando com sistemas contendo o catalisador ácido, diluído em um grande volume de água, o sistema seguirá preferencialmente o sentido direto, com o consumo da água e do alceno, para a obtenção do álcool correspondente.

8.3.3 **Adição de ácido sulfúrico a alcenos**

A adição de ácido sulfúrico concentrado a alcenos leva à formação de hidrogenossulfato de alquila (Figura 8.26). Esse processo é regiosseletivo e segue a regra de Markovnikov. Ocorre inicialmente com a doação de um próton do H_2SO_4 para o alceno, originando o carbocátion mais estável. Este, por sua vez, sofre ataque nucleofílico do ânion hidrogenossulfato sobre o carbono deficiente de elétrons, produzindo o hidrogenossulfato de alquila.

Propeno + Ácido sulfúrico ⇌ (Etapa lenta) Carbocátion secundário + Íon hidrogenossulfato ⇌ (Etapa rápida) Hidrogenossulfato de isopropila (OSO_3H)

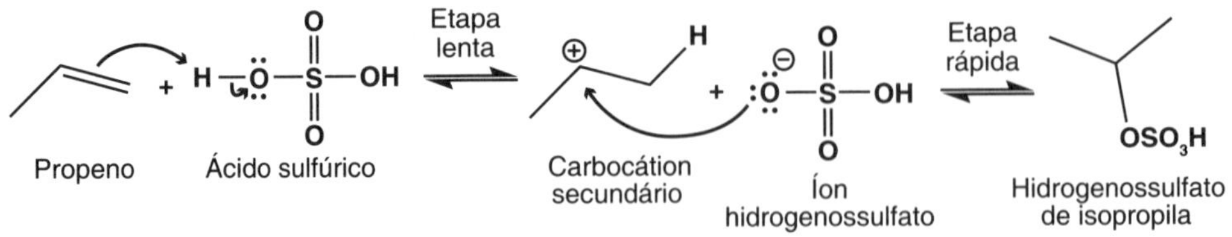

Figura 8.26 Obtenção de hidrogenossulfato de alquila a partir de alcenos.

Reagindo o hidrogenossulfato de isopropila obtido anteriormente, em água sob aquecimento, ocorre hidrólise da ligação oxigênio–enxofre, próximo à cadeia carbônica, com obtenção do álcool isopropílico (Figura 8.27).

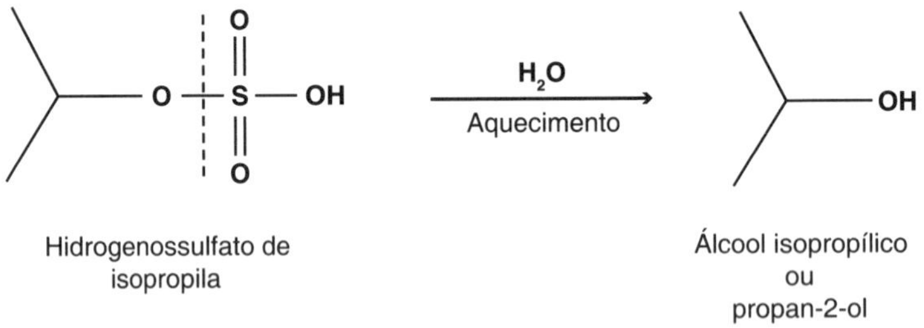

Hidrogenossulfato de isopropila → (H_2O, Aquecimento) Álcool isopropílico ou propan-2-ol

Figura 8.27 Hidrólise do hidrogenossulfato de isopropila.

Portanto, pode-se também sintetizar álcoois combinando: as duas etapas anteriores, obtenção do hidrogenossulfato de alquila e a sua hidrólise. Entretanto, esse método é limitado apenas a alcenos que possuem no máximo um substituinte por cada carbono da dupla ligação ($H_2C{=}CH_2$, $R^1(H)C{=}CH_2$ ou $R^1(H)C{=}C(H)R^2$).

8.3.4 **Oximercuração**

Os métodos anteriores para a hidratação de alcenos possuem largo emprego na indústria química, porém não é conveniente sua utilização em laboratório, devido à exigência de elevadas temperaturas, além dos possíveis rearranjos que podem sofrer durante o processo. Levando-se em consideração esses fatores, há alguns métodos que permitem a hidratação de alcenos em condições bem mais brandas e sem o risco dos rearranjos observados devido à formação de carbocátions. Um desses métodos é a oximercuração-demercuração. Nesse processo o alceno reage com acetato de mercúrio(II) [$Hg(OAc)_2$], que fornece Hg2+ aos elétrons π da dupla ligação, o qual em solução de THF e água forma o composto organomercúrico. Este, por sua vez, ao reagir com boroidreto de sódio ($NaBH_4$), sofre o processo de demercuração, para a obtenção do álcool esperado. Ambas as reações ocorrem rapidamente e podem ser realizadas no mesmo sistema, sendo isso representado nas reações seguintes (Figura 8.28), colocando-se todas as condições reacionais sobre a mesma seta e cada etapa precedida por um número que indica a ordem de adição dos reagentes. Como pode ser visto, o resultado final dessas duas etapas é análogo ao da hidratação do alceno com o emprego de H_2O, sob catálise ácida, sendo também regida pela regra de Markovnikov, com o hidrogênio se ligando a carbono menos substituído.

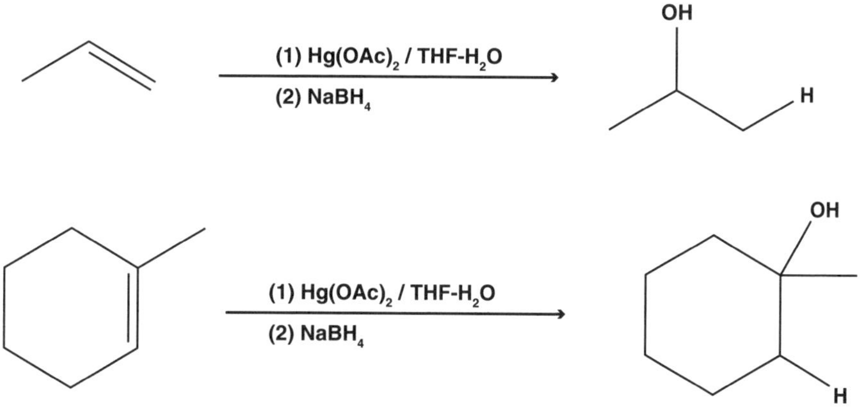

Figura 8.28 Reação de oximercuração-demercuração em alcenos.

Uma proposta que explica o resultado observado é apresentada na Figura 8.29. Nela o acetato de mercúrio(II) se dissocia no meio reacional liberando a espécie $^{+}Hg(OAc)$, que atua como eletrófilo, reagindo com o alceno para formar uma ligação entre o átomo de carbono menos substituído e o mercúrio. No entanto, o mercúrio estabelece uma interação com o outro átomo de carbono deficiente eletronicamente, formando-se o íon mercurínio. Com a formação desse intermediário, que é similar aos íons halônios (Figura 8.20), a reação prossegue com o ataque da molécula de água pela face menos impedida. Esse ataque pode ocorrer em qualquer um dos carbonos ligados ao átomo de mercúrio. No entanto, como isso leva à formação de uma carga parcial positiva no carbono sob ataque, esse processo acaba ocorrendo mais rápido quando acontece sobre o carbono mais substituído, pois conduz a um estado de transição de menor energia (mais estável) do que o estado de transição gerado pelo ataque sobre o outro carbono. A carga parcial positiva gerada no carbono sob ataque durante o estado de transição é consequência da formação da ligação O–C ocorrer em menor extensão do que a quebra da ligação C–Hg. O resultado desse processo é a formação de um intermediário de adição *anti*, que depois é desprotonado por outra molécula de água, ou até mesmo pelo acetato, para a obtenção preferencial de um composto organomercúrico com a hidroxila ligada ao carbono mais substituído. A etapa seguinte, que envolve a reação do boroidreto de sódio sobre esse intermediário, ainda não foi completamente elucidada.

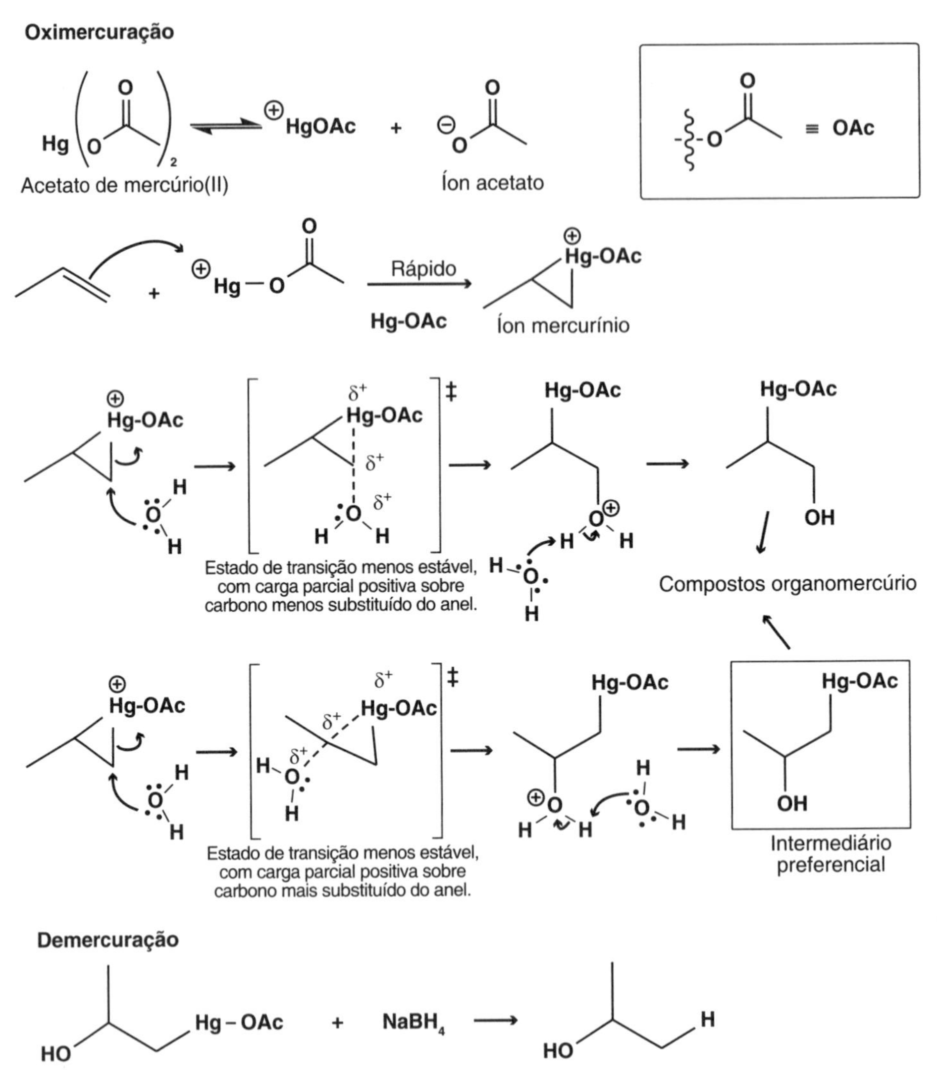

Figura 8.29 Mecanismo da reação de oximercuração.

Uma forte evidência de que o mecanismo reacional da oximercuração não envolve a formação de um carbocátion é o resultado da reação a seguir (Figura 8.30), em que se deveria esperar o rearranjo do grupamento metila para a formação de um carbocátion mais estável, tal como apresentado na reação **B** da Figura 8.12, o que levaria à formação do 2,3-dimetilbutan-2-ol. No entanto, esse produto não é observado, valendo a proposta mecanística de formação do íon mecurínio apresentada na Figura 8.29.

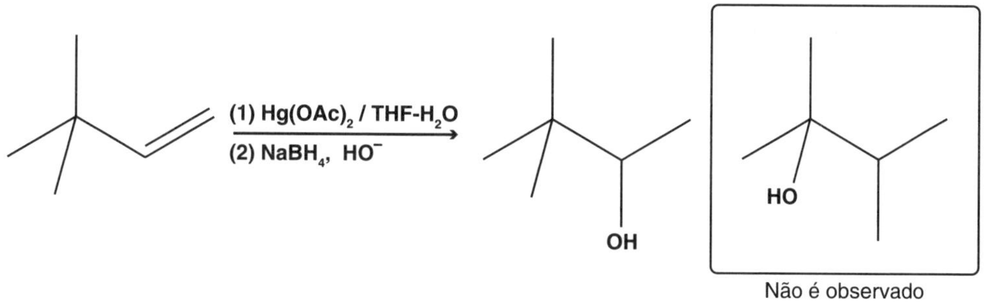

(1) $Hg(OAc)_2$ / $THF-H_2O$
(2) $NaBH_4$, HO^-
OH
HO
Não é observado

Figura 8.30 Evidência da ausência de carbocátions no processo de oximercuração.

8.3.5 Hidratação de alcenos por meio da hidroboração-oxidação

Além da oximercuração de alcenos, em presença de água, outro processo que também tem se mostrado bastante útil na obtenção de álcoois a partir dos alcenos são as reações de hidroboração-oxidação (Figura 8.31). A importância desse processo está no fato de apresentar um produto final com regiosseletividade oposta ao da regra de Markovnikov, servindo como uma ferramenta complementar aos métodos de hidratação já apresentados, além de se tratar de reações simples e rápidas.

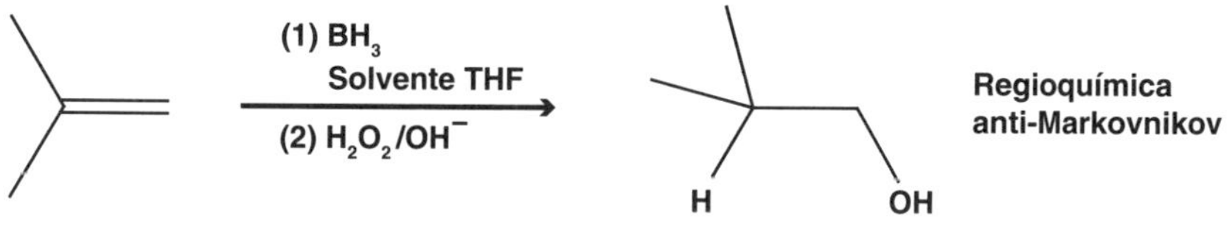

(1) BH_3
Solvente THF
(2) H_2O_2/OH^-
H
OH
Regioquímica anti-Markovnikov

Figura 8.31 Hidratação do 2-metilpropeno com o uso de borana.

Na primeira etapa faz-se uso da borana (BH_3); no entanto, devido a sua baixa estabilidade, ela se encontra na forma do seu dímero, a diborana (Figura 8.32).

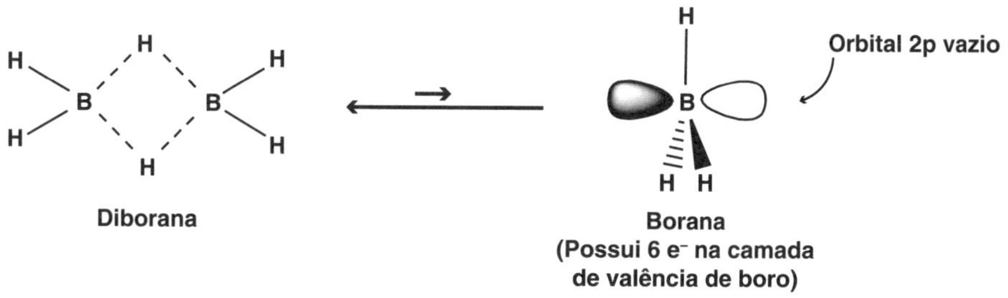

H H H B B H H H
Diborana
H B H H
Orbital 2p vazio
Borana
(Possui 6 e^- na camada de valência de boro)

Figura 8.32 Borana em equilíbrio com sua forma dimerizada.

Por isso é comum o emprego de diborana em éteres como a diglima [$(CH_3OC_2H_4)_2O$] ou até mesmo em THF (tetra-hidrofurano), no qual, ao ser dissolvida, forma o complexo borana-THF (BH_3-THF), bem mais estável que o monômero isolado, pois no complexo o boro se encontra com seu octeto completo (Figura 8.33). O complexo BH_3-THF também é disponível comercialmente.

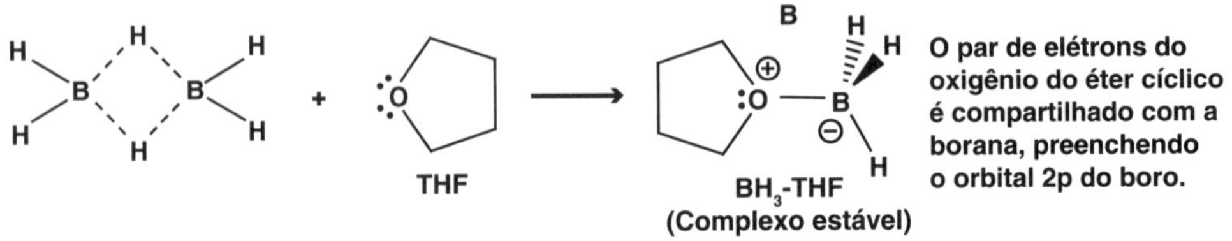

Figura 8.33 Formação do complexo BH_3-THF.

A reação do complexo borana-THF com alcenos assimétricos, como o 2-metilpropeno, leva a sua hidroboração, com o hidrogênio se ligando ao carbono mais substituído (regiosseletividade anti-Markovnikov) (Figura 8.34 A).

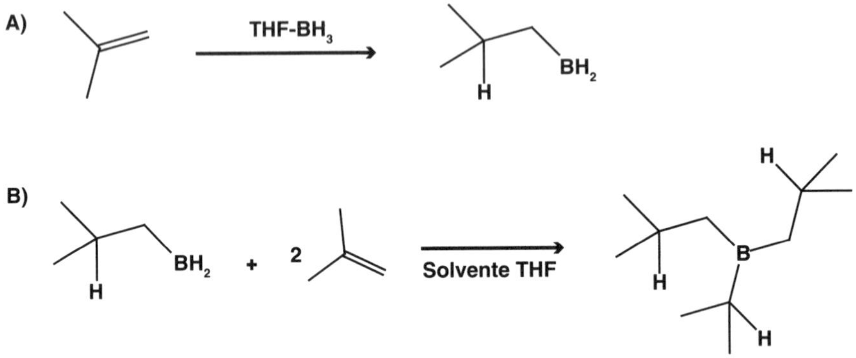

Figura 8.34 Formação de trialquilboranas.

Esse processo se repete mais duas vezes, com o boro se ligando a outros alcenos, formando-se no final o trialquilborano (Figura 8.34 B).

Na segunda etapa do processo de hidroboração-oxidação utiliza-se o peróxido de hidrogênio em meio básico (Figura 8.35).

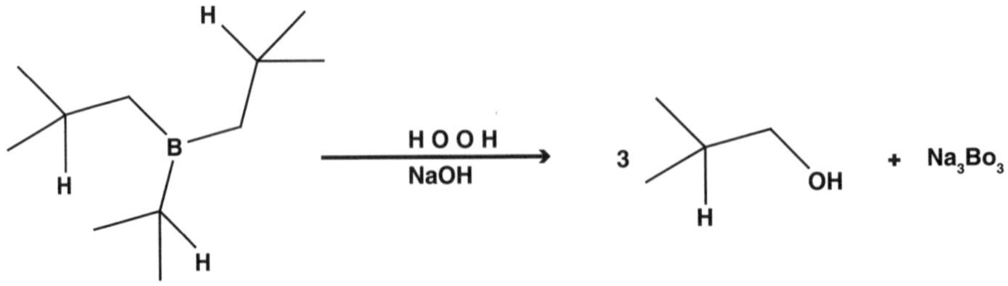

Figura 8.35 Oxidação do trialquilborano com peróxido de hidrogênio.

Realizando-se a reação de hidroboração com posterior etapa de oxidação em alcenos assimétricos cíclicos, como o 1-metilciclopenteno, obtém-se um produto de adição *sin*, com a regiosseletividade anti-Markovnikov (Figura 8.36).

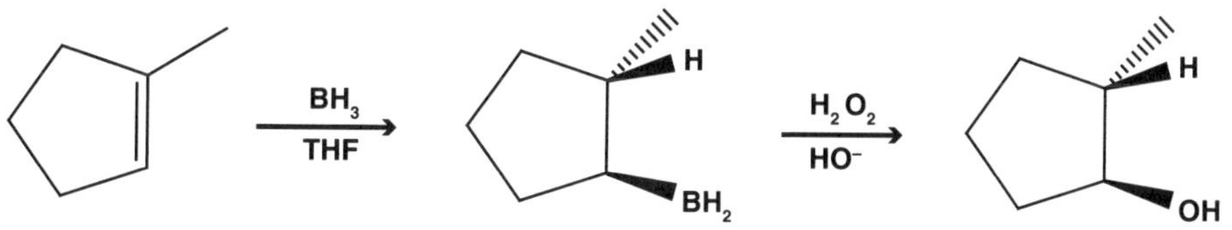

Figura 8.36 Reação de hidroboração-oxidação em 1-metilciclopenteno.

Uma proposta mecanística que ajuda a explicar tanto a regiosseletividade como a estereosseletividade observada baseia-se na interação dos elétrons π da dupla ligação dos alcenos (que atua como nucleófilo) com a borana, que, por possuir um orbital 2p vazio, assume o papel de eletrófilo. Dessa interação com dois elétrons e três núcleos surge o complexo π, em que os átomos de carbono da dupla ligação se apresentam deficientes de elétrons, enquanto o boro assume uma carga parcial negativa (Figura 8.37). Esse complexo se rearranja, passando por um estado de transição cíclico de quatro membros, no qual o boro se liga ao carbono menos substituído enquanto transfere um hidreto para o carbono mais substituído.

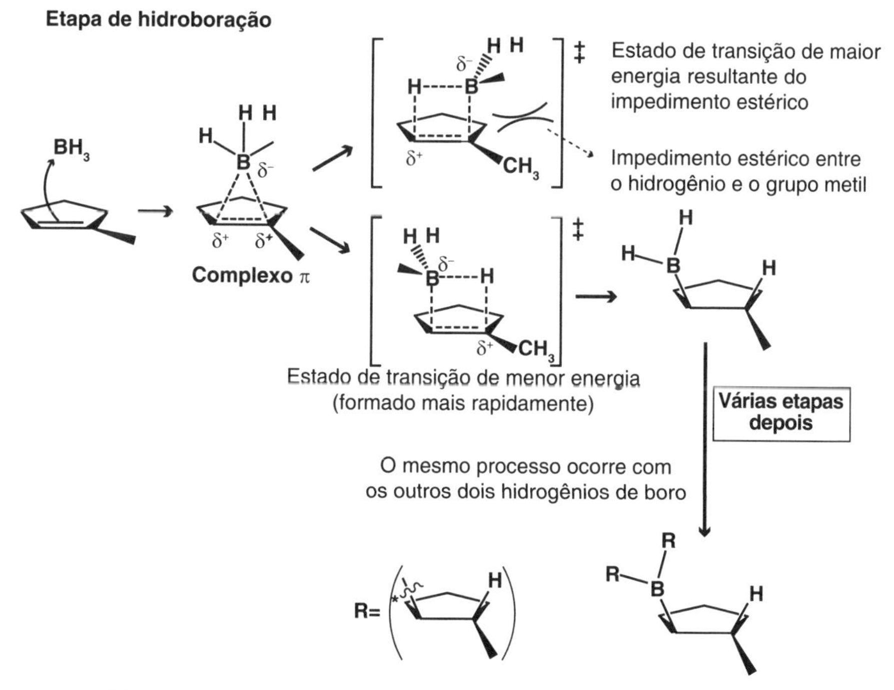

Figura 8.37 Etapa de hidroboração do 1-metilpenteno.

Dois fatores contribuem para essa regiosseletividade, dos quais o mais importante é o impedimento estérico que há na aproximação do boro, com os seus substituintes, ao carbono mais substituído, que leva a um estado de transição de maior energia que a aproximação do hidrogênio a esse mesmo carbono. Isso porque o hidrogênio é bem menos volumoso que o grupamento contendo o boro, ocasionando menor efeito estérico. O outro fator que pode estar contribuindo com a regiosseletividade observada é o efeito eletrônico envolvido na doação do hidrogênio ao carbono mais substituído. Apesar de o processo ocorrer em uma única etapa, sem a formação de carbocátion, a ligação B–C ocorre em maior extensão do que a ligação H–C, levando à formação de uma carga parcial positiva sobre o carbono ligado ao hidrogênio. Com isso se observa que, entre os dois possíveis estados de transição que podem se formar (Figura 8.37), aquele em que o boro se liga ao carbono menos substituído apresenta uma carga parcial positiva sobre o carbono mais substituído, o que o leva a apresentar uma energia mais baixa que o outro estado de transição cíclico. Pois, assim como os substituintes auxiliam na estabilização dos carbocátions, também auxiliam na estabilização de carbonos parcialmente positivos.

A etapa posterior que envolve a oxidação do trialquilborano, com o uso de peróxido de hidrogênio em meio alcalino, se inicia com a desprotonação do peróxido de hidrogênio para a formação do íon hidroperóxido, que posteriormente ataca o boro, doando elétrons para o seu orbital 2p, que se encontra vazio (Figura 8.38). Com o boro rico em elétrons há um rearranjo com a quebra da ligação carbono-boro e formação da ligação carbono-oxigênio, com simultânea saída do íon hidróxido. Apesar de o íon hidróxido não ser um bom grupo de saída, a ligação oxigênio-oxigênio é uma ligação muito fraca, sendo, portanto, facilmente rompida. Essa etapa, envolvendo o rearranjo do grupo alquila, também acontece com os outros dois substituintes ligados ao átomo de boro. Depois desse processo, ocorre o ataque do íon hidróxido sobre o boro, levando-o a completar novamente o seu octeto, enquanto assume uma carga negativa. Isso favorece a quebra da outra ligação boro-oxigênio, com os elétrons se deslocando para a direção do oxigênio, que posteriormente é protonado a álcool. Essa etapa envolvendo a clivagem da ligação B–OR também se repete com os outros dois grupos alquilóxidos, levando à obtenção de três moléculas de álcool para cada molécula inicial de trialquilborano.

8.4 Reação de hidrogenação de alcenos

Os alcenos podem ser hidrogenados por moléculas de H_2 para obtenção de alcanos. Esse processo é exotérmico devido à quebra de uma ligação sigma (σ) hidrogênio-hidrogênio e uma ligação pi (π) fraca carbono-carbono, para a geração de duas ligações fortes sigma (σ) carbono-hidrogênio. Apesar de ser exotérmica, essa reação não é rápida, exigindo o uso de catalisadores de superfície para promovê-la. Normalmente os catalisadores mais empregados para a reação de hidrogenação de alcenos são a platina e o paládio, mas também se pode utilizar o níquel (Figura 8.39).

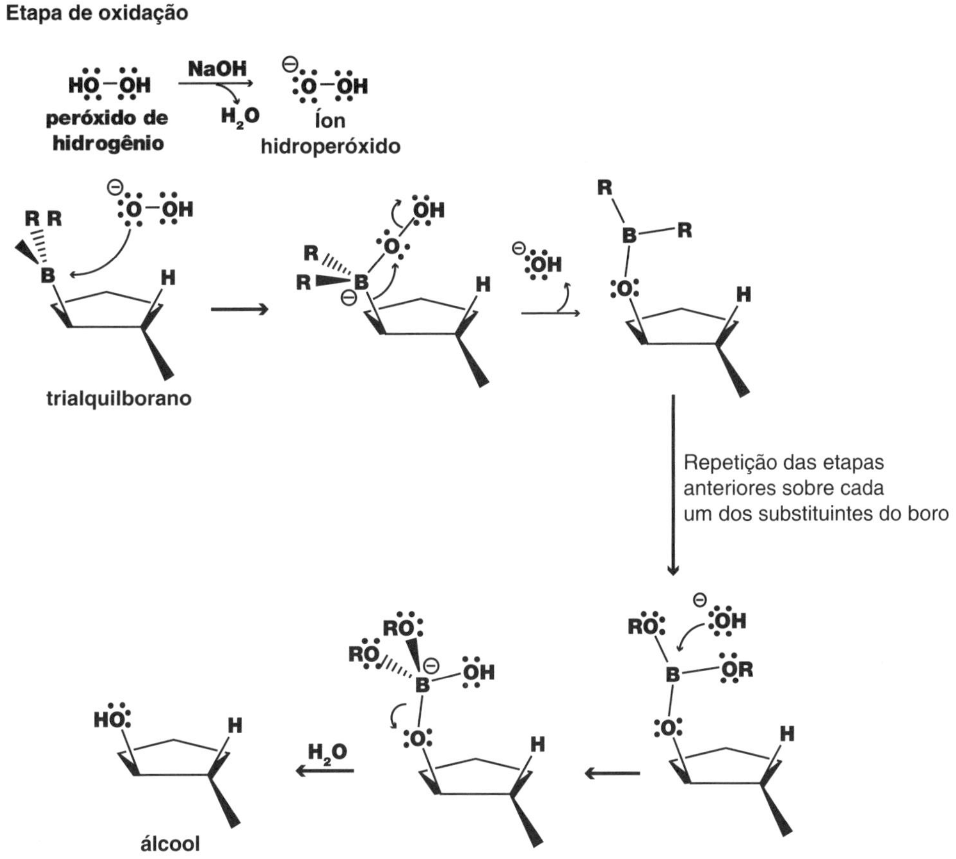

Etapa de oxidação

HO–OH peróxido de hidrogênio → NaOH, H_2O → ⊖O–OH íon hidroperóxido

trialquilborano

Repetição das etapas anteriores sobre cada um dos substituintes do boro

H_2O

álcool

Figura 8.38 Mecanismo de oxidação de trialquilborano.

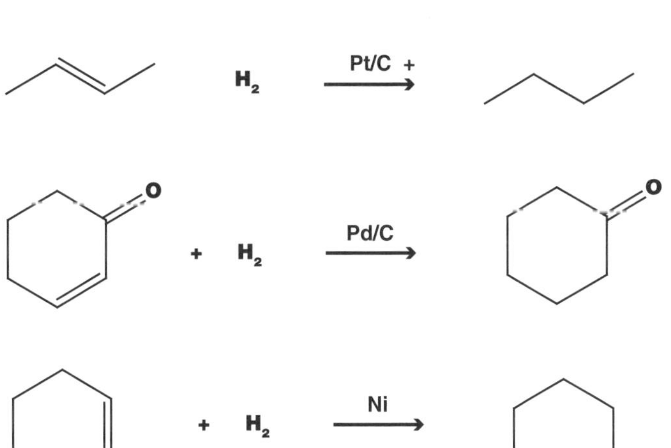

H_2 — Pt/C +

+ H_2 — Pd/C

+ H_2 — Ni

Figura 8.39 Hidrogenação de alcenos.

Na reação de hidrogenação catalítica o paládio e a platina são empregados finamente divididos, suportados em superfície de carvão, de maneira a aumentar a área superficial de contato com os outros reagentes. Entretanto, também pode-se empregar a platina como PtO_2, também conhecido como catalisador de Adams. Como os catalisadores metálicos empregados são todos insolúveis, acaba-se tendo duas fases no meio reacional, sendo todo o processo de hidrogenação realizado na superfície metálica. Devido à existência dessas duas fases, essas reações são classificadas como reações heterogêneas.

O processo de hidrogenação de alcenos empregando catalisadores metálicos apresenta estereosseletividade *sin*, com a adição dos dois átomos de hidrogênio ocorrendo pela mesma face do alceno, conforme apresentado na reação a seguir:

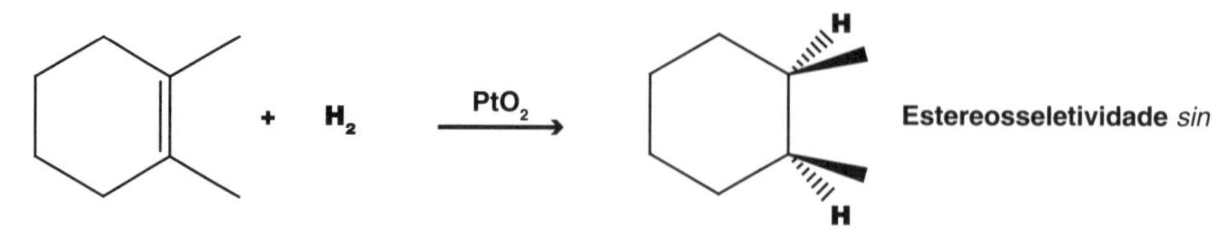

Figura 8.40 Estereosseletividade *sin* na hidrogenação catalítica.

Na Figura 8.41 há uma proposta de como a hidrogenação deve prosseguir na superfície do catalisador, abordando-se a estereosseletividade apresentada nas reações. Na primeira etapa quebram-se as fortes ligações H–H, com a formação de ligações mais fracas entre esses átomos de hidrogênio e o metal. Na segunda etapa o alceno se complexa ao metal através da interação dos elétrons de sua dupla ligação com os orbitais vazios do catalisador, levando à quebra da ligação π e à formação de ligações fracas carbono-metal. Na terceira etapa, um dos átomos de hidrogênio ligados à superfície do catalisador é transferido para a face do alceno voltada para o catalisador, levando ao rompimento da ligação carbono-metal. Na última etapa outro hidrogênio é transferido para a molécula, pela face do carbono voltada para a superfície do metal, levando à liberação do alcano. Todas essas etapas garantem a adição *sin* aos alcenos ou produtos com estereoisomeria *cis*, quando a dupla ligação se encontra em cadeias cíclicas (cicloalcenos).

8.5 Epoxidação de alcenos

Epóxidos são éteres cíclicos formados por um anel de três membros (Figura 8.42).

Sua reatividade difere da de outros éteres cíclicos, como o THF, devido à tensão que há nas ligações do seu anel, o que permite empregá-los nas sínteses de diversos compostos importantes na área da química orgânica. Uma forma de obtê-lo baseia-se na doação de um oxigênio eletrofílico ao alceno. Isso se faz através do uso de peroxiácidos (RCO_3H), que doam um oxigênio ao alceno, por meio de uma adição *sin*. Dessa maneira, alcenos *cis* continuam apresentando a relação *cis* após a reação; o mesmo ocorre com os alcenos *trans* (Figura 8.43).

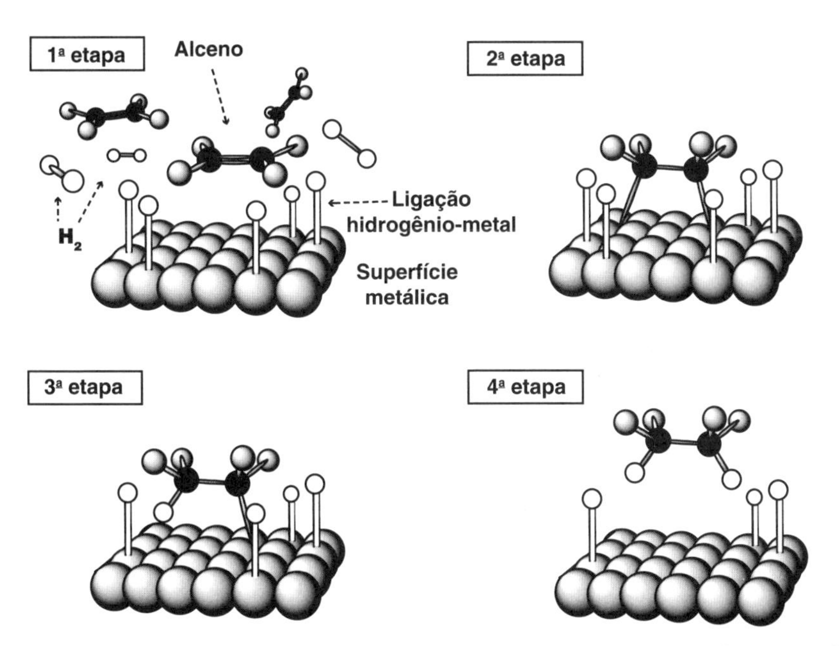

Figura 8.41 Mecanismo da hidrogenação de alcenos sob catálise metálica.

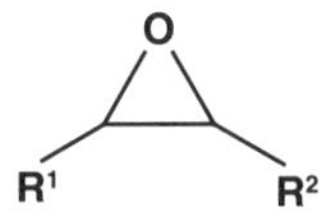

Figura 8.42 Epóxido.

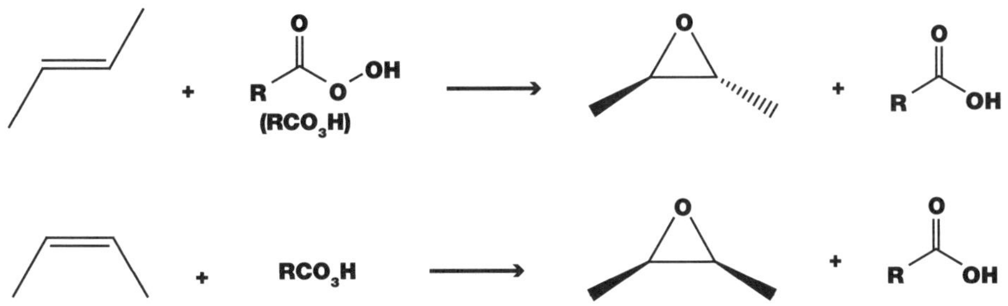

Figura 8.43 Epoxidação de alcenos com peroxiácidos.

Presume-se que o mecanismo dessa epoxidação ocorra através de um processo concertado, ou seja, em que as quebras e formações de ligações ocorrem de uma só vez. A proposta baseia-se no ataque nucleofílico dos elétrons da ligação pi (π) do alceno sobre o oxigênio da hidroxila do peroxiácido, com a quebra da ligação fraca oxigênio-oxigênio e rearranjo do grupo carboxilato. Este, por sua vez, se ligaria ao hidrogênio da hidroxila, quebrando a ligação hidrogênio-oxigênio, formando uma nova ligação desse oxigênio com o outro carbono da dupla ligação do alceno (Figura 8.44). Todo esse processo ocorreria em um único estado de transição, justificando a estereosseletividade da reação.

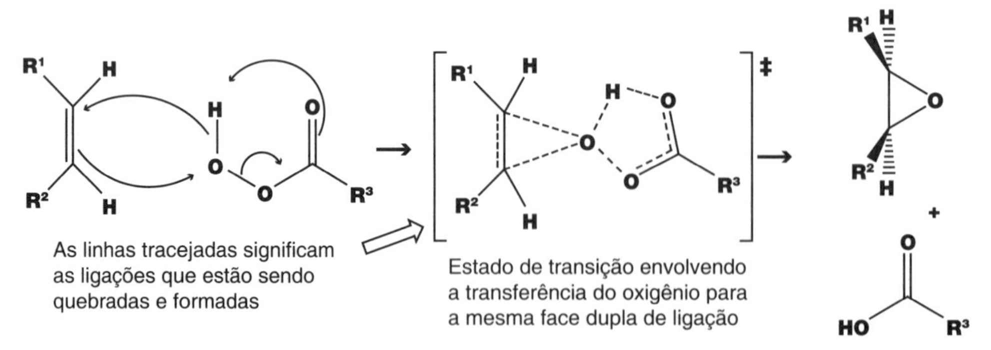

Figura 8.44 Mecanismo da epoxidação de alcenos com peroxiácidos.

8.6 Hidroxilação *sin* de alcenos

O uso de tetraóxido de ósmio em alcenos, com posterior tratamento com bissulfito de sódio ($NaHSO_3$) ou sulfito de sódio ($NaSO_3$), leva à obtenção de 1,2-dióis, em um processo envolvendo estereoquímica *sin* (Figura 8.45). Essa estereoquímica observada deve-se à formação de um intermediário osmato cíclico que permite a adição de dois átomos de oxigênio pela mesma face da dupla ligação, sendo a ligação desses átomos de oxigênio e o ósmio quebrada ao reagi-lo com bissulfito de sódio.

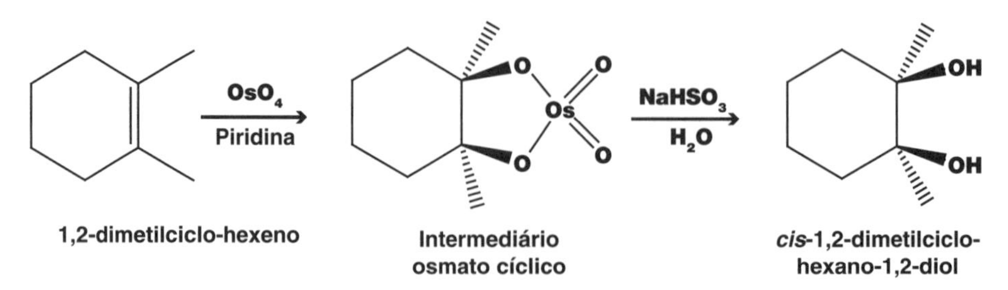

Figura 8.45 Di-hidroxilação *sin* do 1,2-dimetilciclo-hexeno

Apesar de esse método ser eficiente, o tetróxido de ósmio é muito caro e tóxico. Por isso desenvolveu-se um método em que o OsO_4 pode ser recuperado no sistema reacional com o uso de *N*-óxido de *N*-metilmorfolina (NMO), o que permite repetir esse ciclo diversas vezes. Por esse motivo o OsO_4 pode ser utilizado em menor quantidade.

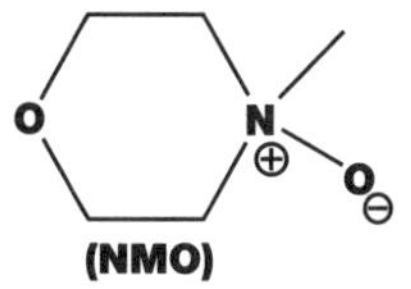

(NMO)

Figura 8.46 *N*-óxido de *N*-metilmorfolina.

Um método alternativo a esse processo é a reação de alcenos com permanganato de potássio, em meio alcalino a frio, o que leva ao mesmo tipo de produto 1,2-dióis, com estereoquímica *sin* (Figura 8.47). Isso ocorre porque o íon permanganato adiciona dois átomos de oxigênio aos átomos de carbono da ligação pi (π) do alceno, formando um intermediário similar ao osmato cíclico, o manganato cíclico. As ligações oxigênio-manganês, dos átomos de oxigênio ligados aos átomos de carbono, posteriormente são clivadas com o uso de base. A limitação desse método está no fato de o permanganato ainda continuar reagindo, podendo oxidar os compostos a cetonas ou a ácidos carboxílicos, dependendo do grau de substituição dos átomos de carbono da dupla ligação dos alcenos. Por isso deve-se empregar, na reação, solução diluída de $KMnO_4$ a baixa temperatura, de modo a minimizar esse efeito oxidante sobre o composto. Mesmo assim costuma-se obter baixo rendimento.

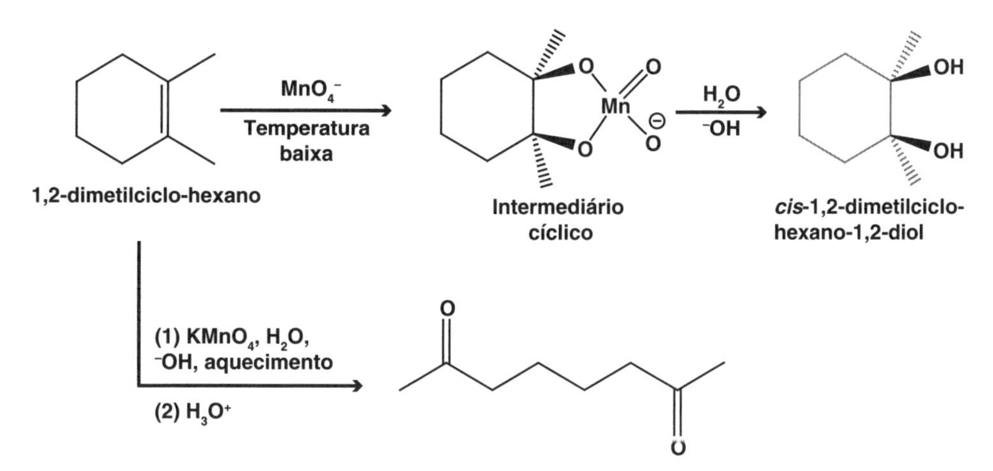

Figura 8.47 A importância do controle da temperatura na obtenção de 1,2-dióis com o uso de $KMnO_4$.

8.7 Ozonólises de alcenos

A utilização do ozônio (O_3) é um processo bastante conhecido para promover a quebra da ligação π de um alceno para obtenção de aldeídos e cetonas (Figura 8.48). Seu uso em reações é chamado de ozonólise.

A estrutura do ozônio pode ser representada pelas seguintes formas de ressonância

Figura 8.48 Formas de ressonância que contribuem para a estrutura do ozônio.

No processo de ozonólise do alceno emprega-se ozônio a temperaturas baixas, sendo depois utilizado o zinco como agente redutor. O produto formado é dependente do número de substituintes que há em cada átomo de carbono da dupla ligação, formando-se o grupo funcional de cetona no carbono que não apresentar nenhum hidrogênio e o grupo funcional de aldeído no carbono ligado a um hidrogênio (Figura 8.49).

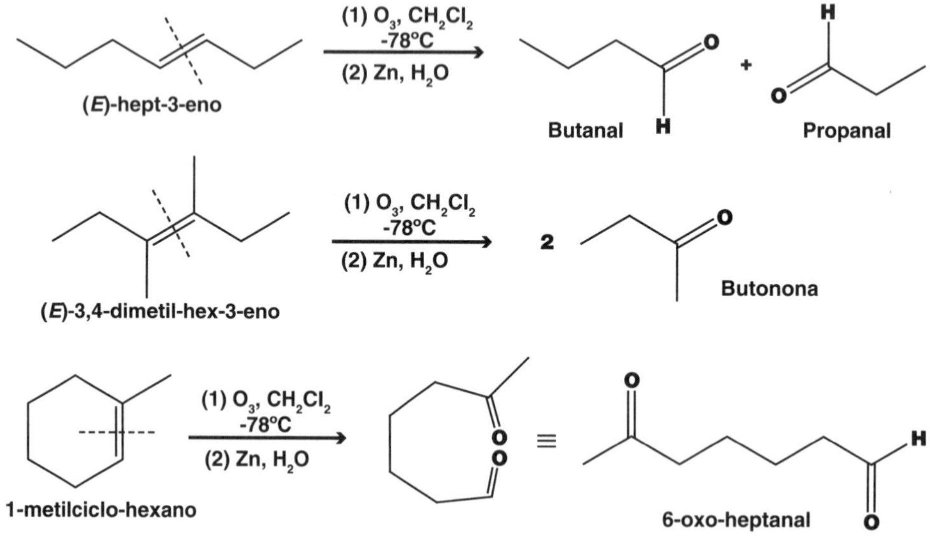

(*E*)-hept-3-eno — (1) O_3, CH_2Cl_2, -78°C; (2) Zn, H_2O → Butanal + Propanal

(*E*)-3,4-dimetil-hex-3-eno — (1) O_3, CH_2Cl_2, -78°C; (2) Zn, H_2O → 2 Butonona

1-metilciclo-hexano — (1) O_3, CH_2Cl_2, -78°C; (2) Zn, H_2O → ≡ 6-oxo-heptanal

Figura 8.49 Ozonólise de alcenos.

Nessa reação o alceno sofre clivagem oxidativa ao reagir com o ozônio, formando-se um molozonídeo, que, devido a sua elevada instabilidade, se fragmenta para depois se reorganizar em um ozonídeo (Figura 8.50). Ozonídeos também são razoavelmente instáveis e apresentam risco de explosão. Por isso não são isolados e sim clivados na presença de zinco, para obtenção dos compostos carbonilados. Outro agente redutor também empregado no lugar do zinco e que apresenta bons resultados é o dimetilsulfeto.

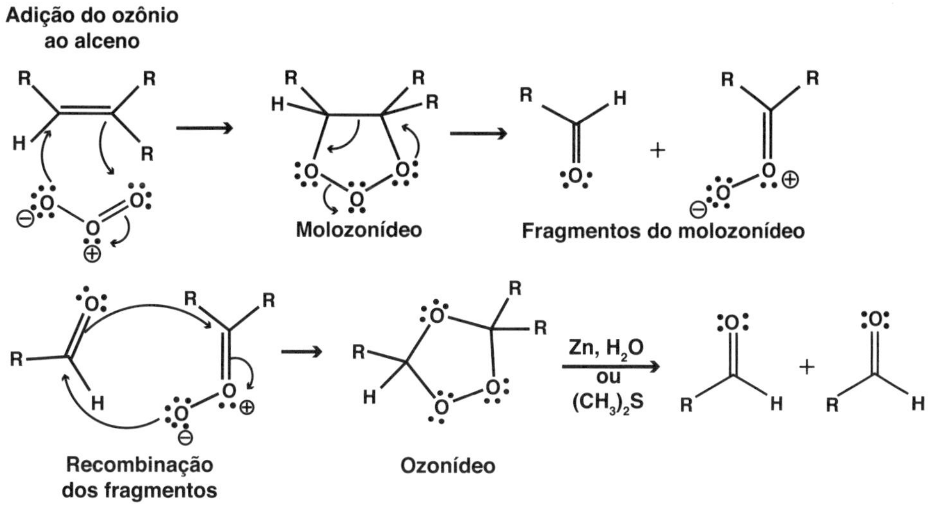

Adição do ozônio ao alceno

Molozonídeo

Fragmentos do molozonídeo

Zn, H_2O ou $(CH_3)_2S$

Recombinação dos fragmentos

Ozonídeo

Figura 8.50 Mecanismo envolvido na reação de ozonólise de alcenos.

8.8 Adição eletrofílica de haletos de hidrogênio a dienos conjugados

Os dienos conjugados (que possuem ligações duplas alternadas com ligações simples) são mais nucleofílicos que os alcenos, sendo, portanto, prontamente protonados por um ácido, para a geração de um carbocátion. Já os dienos isolados (que apresentam as duplas ligações mais afastadas uma das outras em relação aos dienos conjugados) apresentam tanto a reatividade quanto a regiosseletividade iguais às dos alcenos típicos.

A regiosseletividade na adição eletrofílica a dienos conjugados se comporta de modo a formar carbocátions mais estáveis como intermediários, por isso a protonação ocorre na extremidade de um sistema dieno conjugado, sempre levando à formação de carbocátions alílicos. Os carbocátions alílicos apresentam uma estabilidade extra, pois estão sempre conjugados com uma dupla ligação, o que permite o efeito de ressonância que leva a dispersão da carga por mais de um átomo, minimizando, portanto, a energia do carbocátion. Analisando a reação do buta-1,3-dieno com HBr (Figura 8.51), observa-se a formação de dois produtos.

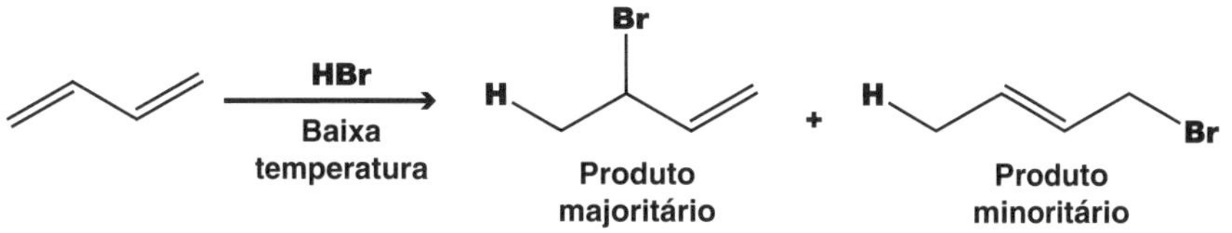

HBr, Baixa temperatura

Produto majoritário

Produto minoritário

Figura 8.51 Adição de HBr ao buta-1,3-dieno.

A obtenção de ambos passa, provavelmente, pela formação de cátions alílicos, conforme apresentado na Figura 8.52. A bromação desses cátions alílicos, com o uso de brometo, leva à formação dos dois produtos observados. Quando a inserção do nucleófilo (no caso o íon brometo) ocorre no átomo de carbono adjacente à entrada do eletrófilo, no caso o próton, ele passa a ser conhecido como produto de adição 1,2; entretanto, se o nucleófilo se liga ao último carbono do sistema alílico, a quatro átomos de carbono do ponto de ligação do eletrófilo, o composto resultante é classificado como produto de adição 1,4.

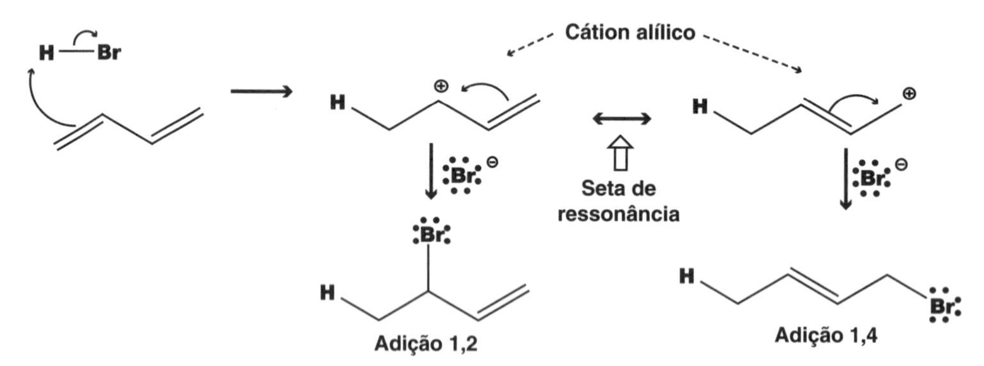

Figura 8.52 Mecanismo de reação de HBr por adição 1,2 e 1,4 a dienos.

Apesar de a reação à baixa temperatura favorecer a formação do composto 3-bromobut-1-eno (adição 1,2) (Figura 8.51), essa preferência não é observada quando a mesma reação é realizada a temperaturas mais elevadas, sendo nesse caso observado como produto preferencial o 1-bromobut-2-eno (adição 1,4) (Figura 8.53).

HBr
Temperatura alta
H Br
Produto minoritário
+
H Br
Produto majoritário

Figura 8.53 Reação por controle termodinâmico.

Isso provavelmente ocorre porque o produto de adição 1,4 não é formado rapidamente, porém é o mais estável, pois possui a dupla ligação mais substituída, sendo, portanto, o produto termodinâmico, ou seja, aquele que preferencialmente se encontra no meio quando se atinge o equilíbrio reacional. Já o produto de adição 1,2 não é o mais estável, entretanto é o que se forma mais rápido, pois apresenta uma barreira energética menor que o da formação de produto de adição 1,4 ($\Delta G_1^{\ddagger} < \Delta G_2^{\ddagger}$) (Figura 8.54). Logo, ele será o produto preferencial em reações em que se mantiver a temperaturas baixas, não havendo energia suficiente para ultrapassar a barreira energética que leva à obtenção do produto de adição 1,4. Com isso têm-se dois tipos de produtos que podem ser obtidos preferencialmente dependendo do tipo de controle a ser usado, podendo ser por controle cinético, em que as reações são realizadas a temperaturas baixas, para obtenção dos compostos que são formados mais rapidamente, ou pelo controle termodinâmico, em que as reações são realizadas a temperaturas mais altas, fornecendo a energia necessária para a obtenção dos produtos mais estáveis.

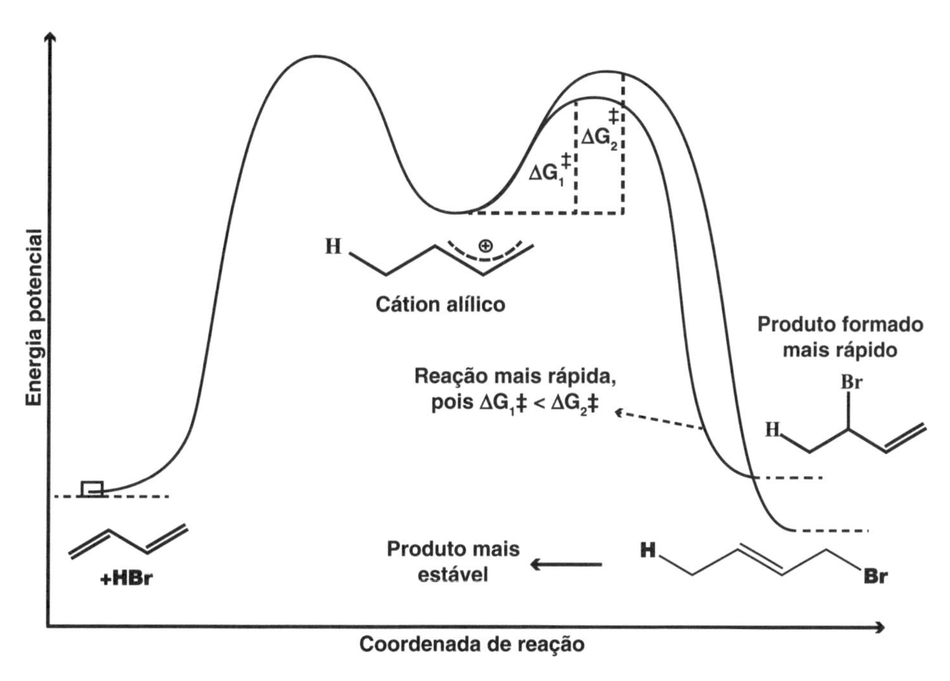

Figura 8.54 Diagrama de energia da reação por controle cinético e da reação por controle termodinâmico.

8.9 Adição eletrofílica de halogênios a dienos conjugados

A adição eletrofílica de halogênios como Cl_2 ou Br_2 a dienos conjugados apresenta um comportamento similar ao observado quando se adicionam haletos de hidrogênio a dienos. Ou seja, quando se realiza a adição de Br_2 ao buta-1,3-dieno sob baixa temperatura, se favorece o produto cinético de adição 1,2. Entretanto, com a elevação de temperatura, o produto favorecido é o produto termodinâmico de adição 1,4 (Figura 8.55).

8.10 Reação de Diels-Alder

A reação de Diels-Alder é uma reação de cicloadição em que duas moléculas, um dieno conjugado e um dienófilo (muitas vezes um alceno ou derivado de um alceno), reagem

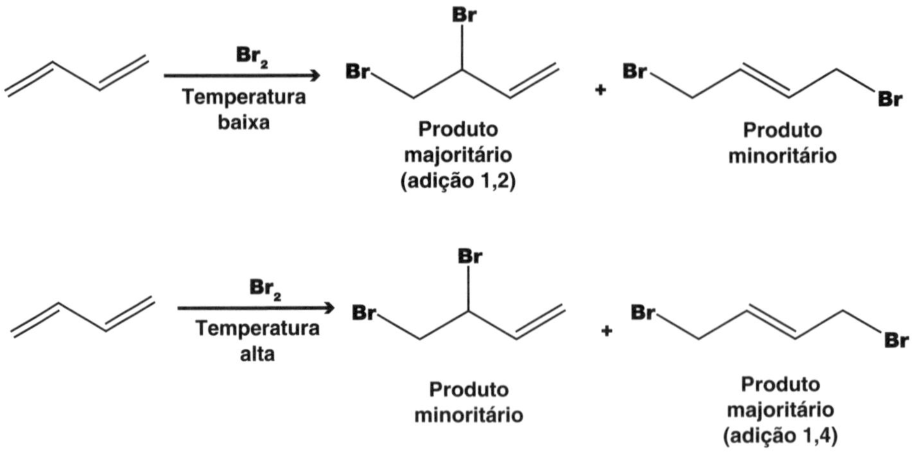

Figura 8.55 Reação de adição 1,2 *versus* reação de adição 1,4, de Br_2 a dienos.

entre si, criando-se duas novas ligações simples e uma dupla ligação carbono-carbono, que levam à formação de um ciclo-hexeno substituído, por meio de uma reação pericíclica (Figura 8.56). Ela também é conhecida como reação de cicloadição [4+2], porque dos seis elétrons pi (π) envolvidos no estado de transição quatro vêm do dieno conjugado e dois vêm do dienófilo.

Figura 8.56 Reação de Diels-Alder.

Reações pericíclicas são aquelas que apresentam um estado de transição cíclico, em que toda a etapa de formação e quebra de ligações ocorre de forma concertada, ou seja, de uma só vez, não havendo formação de cargas ou radicais durante o processo.

A reatividade das reações de Diels-Alder é muito sensível aos tipos de grupamentos ligados aos dienos e dienófilos. Por exemplo, no caso da reação da Figura 8.56, se o substituinte "R" for um hidrogênio, a reação tenderá a não ocorrer. Entretanto, grupos retiradores de elétrons, como grupos acilas, ligados ao dienófilo, aumentam a reatividade da reação (Figura 8.57).

A seguir são apresentados outros dienófilos capazes de promover, com eficiência, a reação de Diels-Alder, devido aos grupos retiradores de elétrons que se encontram presentes.

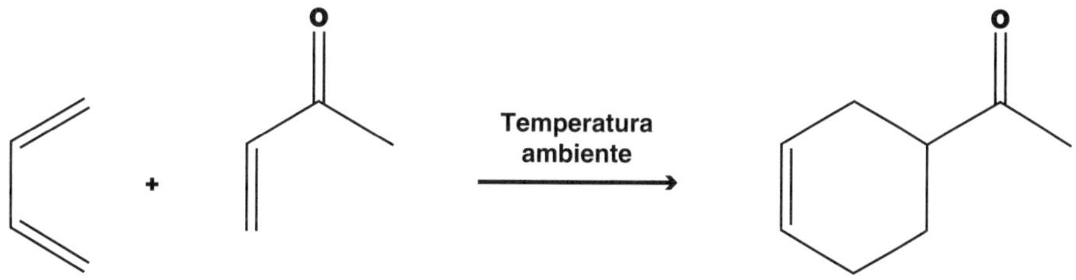

Figura 8.57 Reação de Diels-Alder favorecida pelo substituinte do dienófilo.

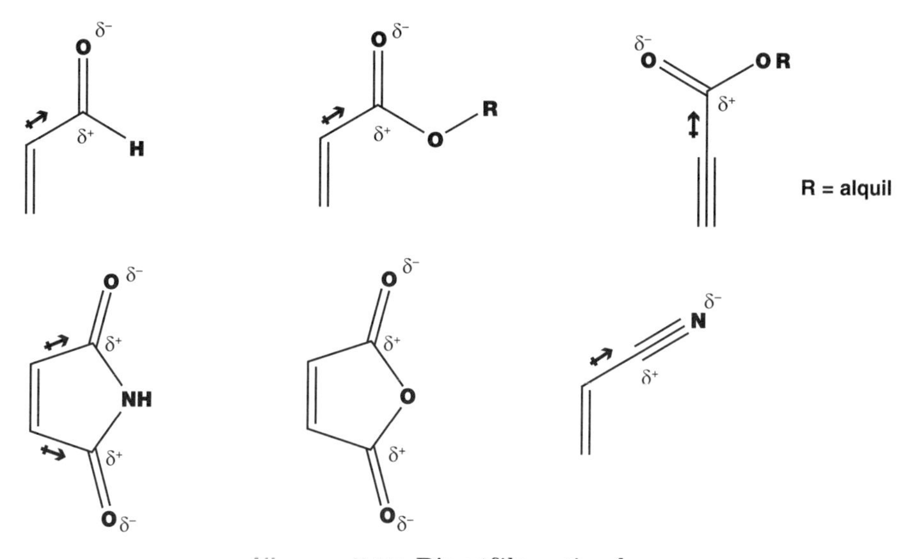

Figura 8.58 Dienófilos ativados.

Com relação aos dienos, a conformação necessária para a reação precisa ser a *s-cis*, que significa que a ligação simples deve apresentar uma conformação "tipo *cis*", em que as duas ligações duplas devem estar voltadas para o mesmo lado, permitindo assim a formação do estado de transição cíclico. Portanto, estruturas que favoreçam a conformação ideal para os dienos os tornam mais reativos, enquanto compostos que não permitam que os dienos assumam a conformação ideal são inertes diante de um dienófilo. Na primeira reação apresentada na Figura 8.59, o dienobiciclo se encontra preso em uma conformação *s-trans*, que o impede de formar um estado de transição cíclico com o dienófilo, portanto não promovendo a reação de Diels-Alder. Já na segunda reação, o ciclopentadieno, que apresenta uma conformação rígida *s-cis*, é tão reativo que chega a reagir com outra molécula de ciclopentadieno à temperatura ambiente.

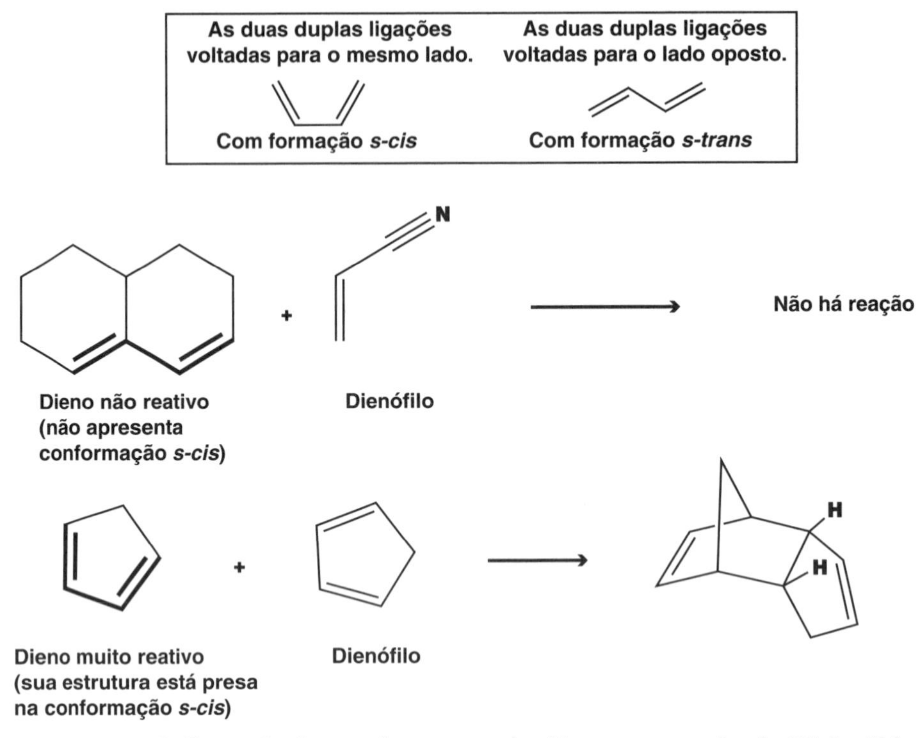

Figura 8.59 Influência da conformação do dieno na reação de Diels-Alder.

8.11 Reações de adição a alcinos

Os alcinos são compostos que contêm uma ligação tripla entre dois átomos de carbono, sendo esses hibridizados sp. Na sua formação, cada um desses átomos de carbono hibridizados sp possui dois orbitais atômicos sp a 180° um do outro, além de dois orbitais p não hibridizados que se encontram perpendiculares entre si e aos outros dois orbitais hibridizados sp. Da combinação frontal entre o orbital hibridizado sp de cada um desses átomos de carbono surge o orbital molecular ligante sigma (σ) (chamado de ligação σ). Já a sobreposição lateral entre os orbitais não hibridizados p, de cada um desses átomos de carbono (p_y com p_y e p_z com p_z), forma os orbitais moleculares ligantes pi (π) (chamados também de ligação π) (Figura 8.60). Para a formação das ligações pi (π), os orbitais atômicos p, que estão se combinando, precisam se encontrar no mesmo plano (p_y com p_y e p_z com p_z).

Nas reações de adição a alcinos, muitos aspectos lembram as reações envolvendo os alcenos, principalmente no que se refere a regiosseletividade e estereosseletividade. Até mesmo é possível obter produtos semelhantes quando a mesma reação é realizada com alcenos análogos. Entretanto, apesar das semelhanças que serão abordadas nas seções seguintes, fica evidente que o mecanismo envolvido em muitos desses processos não são os mesmos seguidos nas reações com os alcenos.

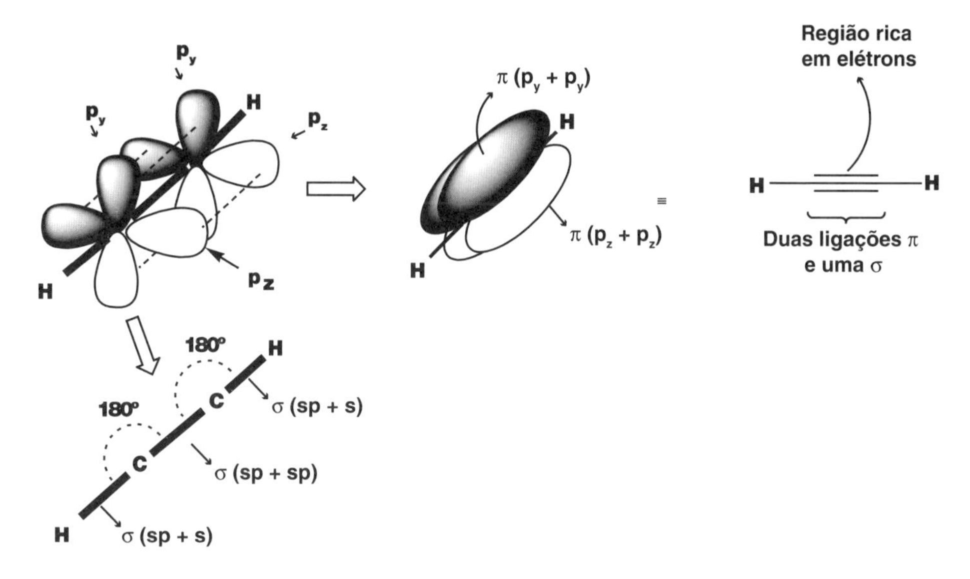

Figura 8.60 Combinação dos orbitais p na obtenção das ligações π no etino.

8.11.1 Reações de adição de halogênios moleculares (X_2) e haletos de hidrogênio (HX) a alcinos

Ao reagir alcinos com halogênios moleculares obtêm-se produtos di-halogenados ou tetra-halogenados, dependendo do número de equivalentes moleculares que se usam do halogênio na reação (Figura 8.61). No caso, é possível se obter apenas alcenos di-halogenados, de estereoquímica *trans*, quando se usa apenas um equivalente de halogênio molecular, ou seja, uma molécula de halogênio para cada molécula do alcino.

Figura 8.61 Di- e tetra-halogenação de alcinos.

Nas reações entre alcinos e haletos de hidrogênio ocorre a formação de produtos de adição, como haletos insaturados ou di-haletos germinais. O produto formado depende apenas do número equivalente de moléculas de haleto de hidrogênio utilizadas na reação (Figura 8.62).

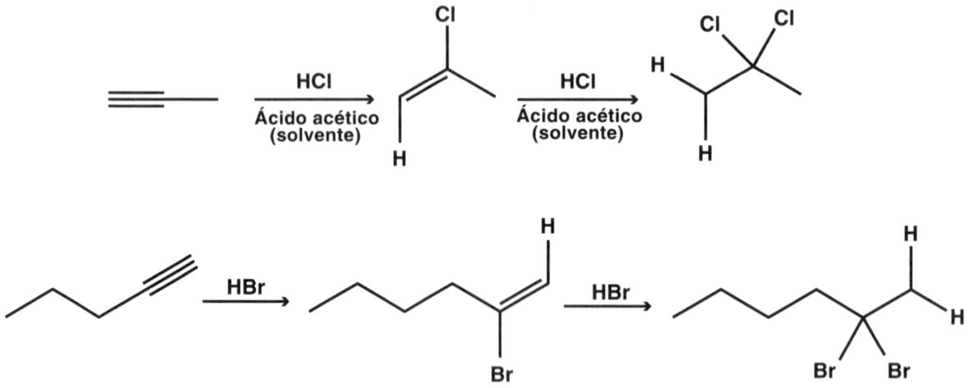

Figura 8.62 Adição de haletos de hidrogênio a alcinos.

Observando os produtos formados da adição de um equivalente de haleto de hidrogênio sobre os alcinos terminais (que possuem a tripla ligação na extremidade da cadeia), nota-se a estereoquímica *anti* (Figura 8.64). Outro ponto importante é a regiosseletividade apresentada na adição. Ela segue a regra de Markovnikov, na adição de um equivalente do haleto de hidrogênio, com o hidrogênio se ligando ao átomo de carbono com mais átomos de hidrogênio e o haleto se ligando ao átomo de carbono mais substituído. Essa regiosseletividade apresentada na adição do haleto de hidrogênio a alcinos é semelhante à regiosseletividade observada na adição do haleto de hidrogênio a alcenos. Entretanto, dificilmente o mecanismo envolvido em ambas as reações deva ser o mesmo. Conforme já apresentado, a adição do haleto de hidrogênio sobre alcenos assimétricos leva à protonação do átomo de carbono menos substituído da dupla ligação, com a formação do carbocátion mais estável, que é posteriormente atacado pelo nucleófilo, sendo no caso o haleto. Para que a reação de adição do haleto de hidrogênio a um alcino seguisse o mesmo processo, seria necessária a formação de um carbocátion vinílico (Figura 8.63), muito mais instável que um carbocátion alquila simples (formado na reação com o alceno), com o mesmo número de substituintes no carbono catiônico (ou seja, um carbocátion secundário é muito mais fácil de ser formado que um carbocátion vinílico secundário).

Com base em dados cinéticos, acredita-se que o real mecanismo de adição de haletos de hidrogênio a alcinos deva envolver duas moléculas de haletos de hidrogênio e uma de alcino, no mesmo estado de transição, da etapa que controla a velocidade de reação. Com isso propõe-se um mecanismo em que o carbocátion vinílico não se formaria, devido a um ataque nucleofílico de um haleto sobre um dos átomos de carbono da tripla

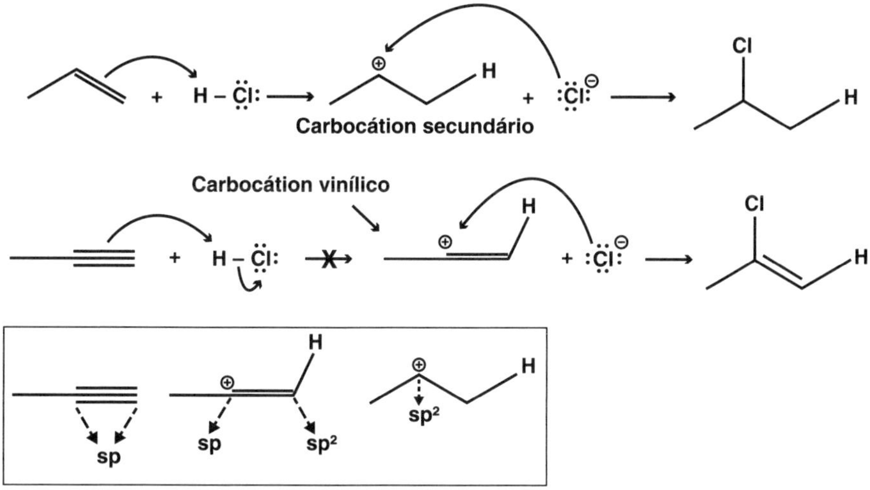

Figura 8.63 Demonstração da improbabilidade de a adição de HX a alcinos seguir o mesmo mecanismo da reação com alcenos.

ligação, enquanto o outro átomo de carbono da tripla ligação formaria uma ligação com um dos prótons de um haleto de hidrogênio que se encontra próximo (Figura 8.64). Um processo dito concertado (em que todas as ligações rompidas e formadas acontecem de uma só vez). Mesmo não se acreditando na formação de carbocátion, é possível que o átomo de carbono mais substituído da tripla ligação adquira algum caráter positivo durante o processo, o que justificaria a regiosseletividade observada. Essa proposta também procura justificar a estereoquímica *anti*, observada nas reações de adição de haletos de hidrogênio a alcinos, devido ao fato de a reação dos dois haletos de hidrogênio se dar em lados opostos do alcino, conforme observado no estado de transição da Figura 8.64.

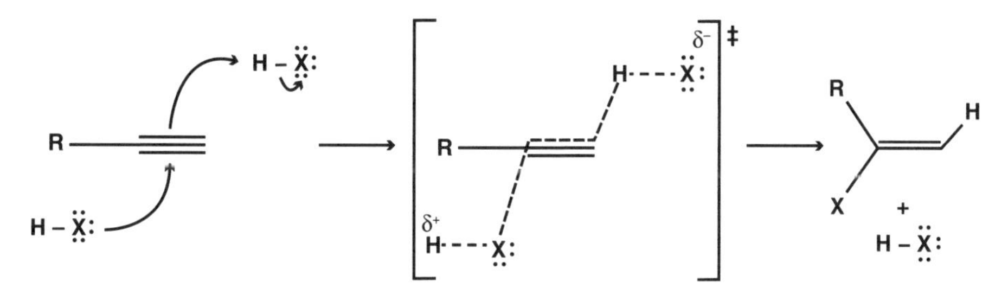

Figura 8.64 Proposta mecanística de adição de HX a alcinos.

8.11.2 Hidratação de alcinos com o uso de mercúrio(II)

A hidratação de alcinos com o uso de ácido aquoso não é tão fácil quanto na hidratação de alcenos, por isso um método que pode ser empregado nesse sentido faz uso do sulfato de mercúrio(II) como catalisador na reação (Figura 8.65). Ao contrário do que se observa nas reações de hidratação de alcenos, que levam à formação de álcoois, no caso das reações com alcinos o produto final são compostos carbonilados, como aldeídos ou cetonas.

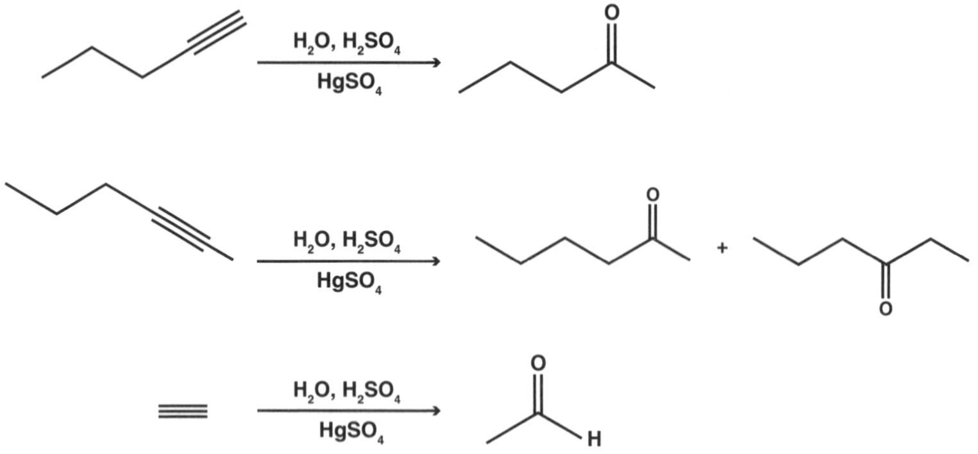
H_2O, H_2SO_4
$HgSO_4$
O
H_2O, H_2SO_4
$HgSO_4$
O
+
O
H_2O, H_2SO_4
$HgSO_4$
O
H

Figura 8.65 Hidratação de alcinos com o uso de Hg^{+2}.

O mecanismo envolvido nesse processo é similar ao da oximercuração de alcenos, em que a regioquímica observada segue a regra de Markovnikov, não necessitando, porém, do emprego de bissulfito para a substituição do mercúrio pelo hidrogênio, sendo esse processo realizado pelo próprio ácido presente. A reação se processa com a formação de um álcool vinílico, comumente conhecido como enol (Figura 8.66). Em geral, os enóis se encontram em equilíbrio com sua forma carbonilada (cetonas ou aldeídos), que na maior parte dos casos é bem mais estável. A esse equilíbrio dá-se o nome de tautomeria

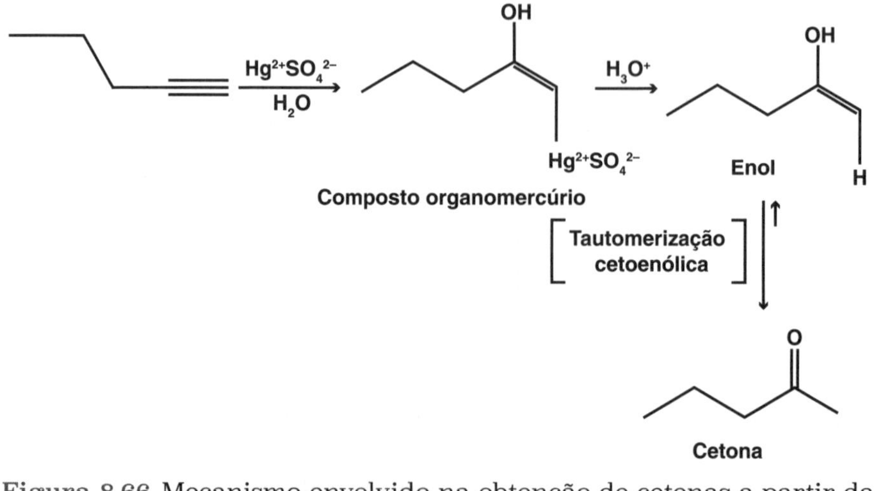
$Hg^{2+}SO_4^{2-}$
H_2O
OH
$Hg^{2+}SO_4^{2-}$
Composto organomercúrio
H_3O^+
OH
Enol
H
Tautomerização cetoenólica
O
Cetona

Figura 8.66 Mecanismo envolvido na obtenção de cetonas a partir da hidratação de alcinos, com o uso de sulfato de mercúrio(II).

cetoenólica, e cada uma das formas é conhecida como tautômeros. Nas reações apresentadas na Figura 8.65 nota-se que os alcinos terminais levam a metilcetonas, enquanto alcinos internos assimétricos resultam em duas diferentes cetonas. O etino é o único alcino capaz de produzir um aldeído por esse método.

O processo de tautomerização ocorre como resultado da protonação da dupla ligação com formação de um carbocátion, com a carga positiva localizada no átomo de carbono ligado à hidroxila, e que é estabilizado pelos elétrons isolados do oxigênio. Em seguida o oxigênio é desprotonado, levando à obtenção do composto carbonilado (tautômero ceto) e à restauração do ácido inicial.

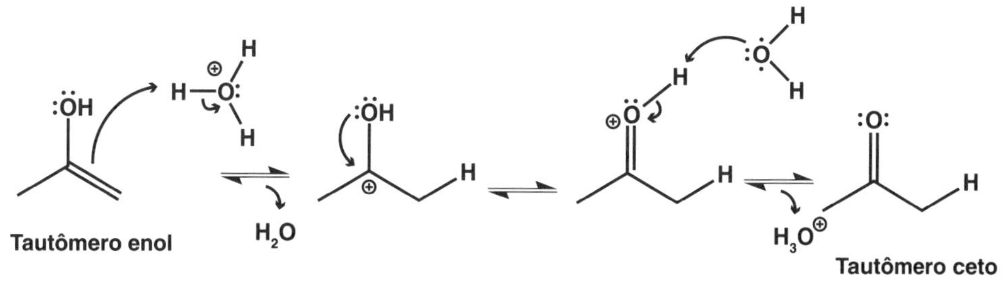

Tautômero enol

H_2O

$H_3O^{\oplus}$

Tautômero ceto

Figura 8.67 Tautomeria cetoenólica.

8.11.3 Hidratação de alcinos pelo processo de hidroboração/oxidação

Um método complementar à reação de hidratação de alcinos catalisada por mercúrio(II) é a reação de hidroboração/oxidação de alcinos, que leva à obtenção de compostos carbonilados, passando por um processo de regioquímica anti-Markovnikov.

A adição de borana a alcinos se faz de forma similar à adição em alcenos, levando à obtenção de boranas vinílicas, que, ao serem oxidadas com peróxido de hidrogênio, em meio alcalino, forma o enol. O enol obtido rapidamente se converte no seu isômero tautomérico, podendo ser uma cetona ou um aldeído, dependendo da posição da tripla ligação nos alcinos. Alcinos internos formam cetonas (Figura 8.68), enquanto os alcinos terminais formam aldeídos (Figura 8.69). Destaca-se o fato de que somente alcinos internos simétricos podem levar à obtenção de apenas uma cetona por esse processo. No caso dos assimétricos obtêm-se duas cetonas distintas.

Com relação aos alcinos terminais, durante o processo de hidroboração, ao se formar o vinilborano ocorre uma segunda adição de borana sobre ele. O mesmo não ocorre em alcinos internos, devido ao maior impedimento estérico. O intermediário duplamente hidroborado pode ser oxidado ao aldeído, com o uso de peróxido de hidrogênio a pH = 8, levando à substituição dos dois átomos de boro pelo átomo de oxigênio. Um método alternativo faz uso do bis(3-metilbutan-2-il)borano, que, devido a seu volume, impede a adição de uma segunda borana no mesmo composto. Com isso, o vinilborano obtido pode ser oxidado ao correspondente enol, com posterior tautomerização a aldeído.

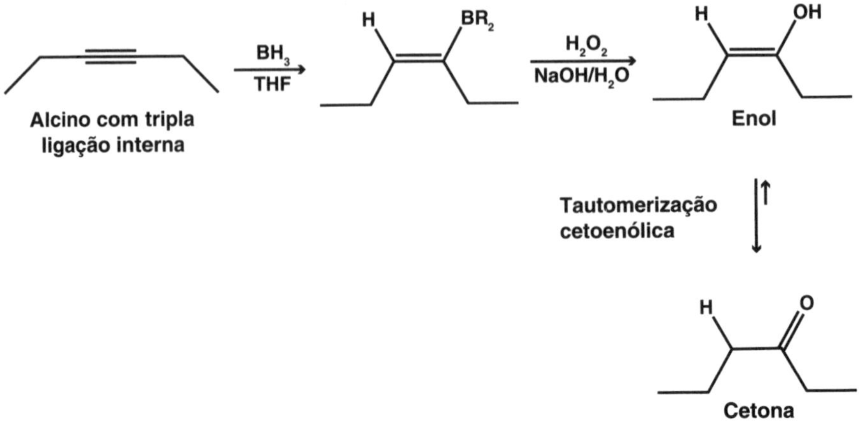

BH_3 / THF

H_2O_2 / NaOH/H_2O

H, BR_2

H, OH

Alcino com tripla ligação interna

Enol

Tautomerização cetoenólica

H, O

Cetona

Figura 8.68 Hidroboração/oxidação de alcinos internos.

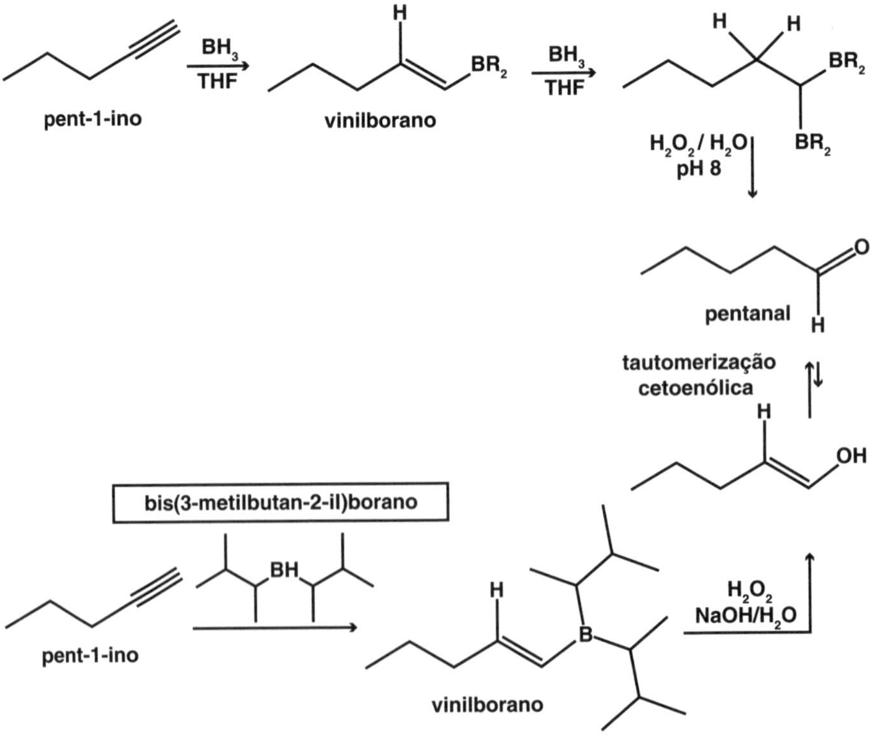

BH_3 / THF

BH_3 / THF

H, BR_2

H, H, BR_2, BR_2

pent-1-ino

vinilborano

H_2O_2 / H_2O pH 8

O

pentanal

H

tautomerização cetoenólica

H, OH

bis(3-metilbutan-2-il)borano

BH

pent-1-ino

H, B

vinilborano

H_2O_2 / NaOH/H_2O

Figura 8.69 Hidroboração/oxidação de alcinos terminais.

É importante destacar o fato de que, assim como ocorre na adição de boranas a alcenos, na adição a alcinos segue-se a estereoquímica *sin*, com o boro e hidrogênio adicionados ao mesmo lado do intermediário vinílico.

8.11.4 **Redução de alcinos**

Os alcinos, assim como os alcenos, podem ser reduzidos com a adição de átomos de hidrogênio, sob catálise metálica, aos átomos de carbono das ligações pi (π). Catalisadores como paládio, platina e níquel, finamente divididos, costumam ser usados para essa tarefa, sendo o alcino reduzido até alcano, passando pelo intermediário *cis*-alceno (Figura 8.70).

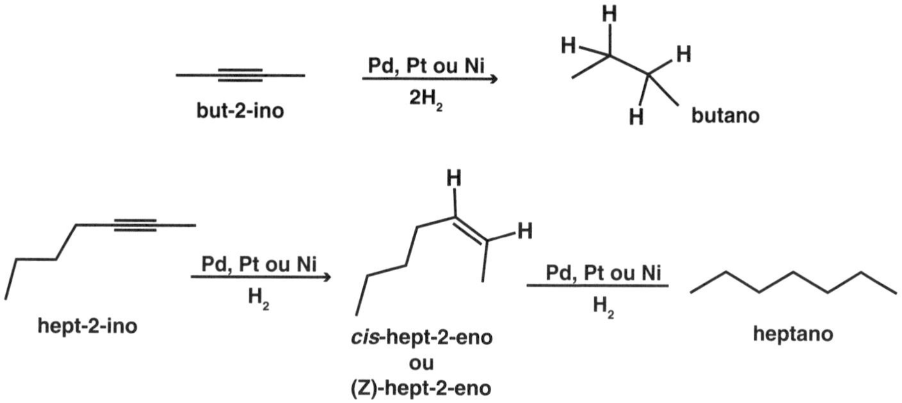

Figura 8.70 Redução de alcinos a alcanos.

Apesar de se ter como intermediário um *cis*-alceno, proveniente da adição *sin* dos átomos de hidrogênio à ligação tripla do alcino, só é possível interromper a redução nessa etapa fazendo-se a reação em condições especiais.

8.11.5 **Obtenção de *cis*-alcenos**

Um método utilizado para se fazer uma redução parcial do alcino a alceno é empregando-se o catalisador de Lindlar. Esse catalisador é composto de paládio finamente dividido precipitado em uma superfície de carbonato de cálcio, tendo sido tratado com acetato de chumbo e quinolina. Com esse tratamento desativa-se parcialmente o catalisador, modificando-se a superfície do paládio, de modo que ele não seja capaz de reduzir alcenos, apenas alcinos. Como essa reação é realizada na superfície do catalisador, por um mecanismo de redução similar ao apresentado na hidrogenação de alcenos com catalisador metálico, os átomos de hidrogênio sofrem adição *sin*. Para o caso de alcinos internos, isso leva à obtenção de *cis*-alcenos (Figura 8.71).

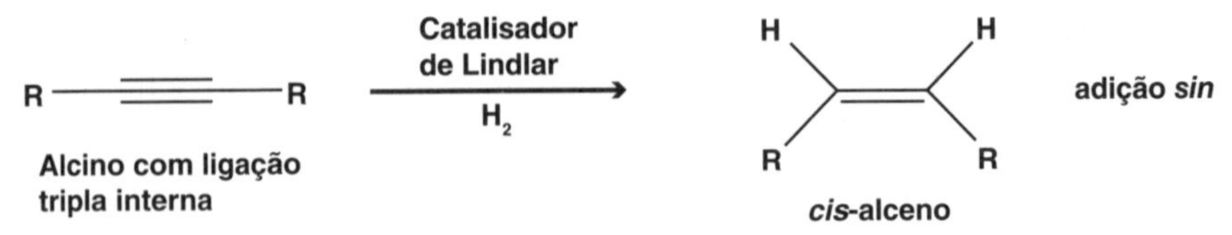

Figura 8.71 Redução de alcino interno para obtenção de *cis*-alceno.

8.11.6 Obtenção de *trans*-alcenos a partir da hidrogenação de alcinos

Outro modo de se reduzir parcialmente os alcinos a alcenos é a hidrogenação realizada em presença de lítio ou sódio, a baixa temperatura, com o uso de amônia líquida como solvente. Esse método de conversão dos alcinos é complementar ao apresentado na última seção, pois leva preferencialmente à obtenção de *trans*-alcenos, por seguir uma estereoquímica de adição *anti*.

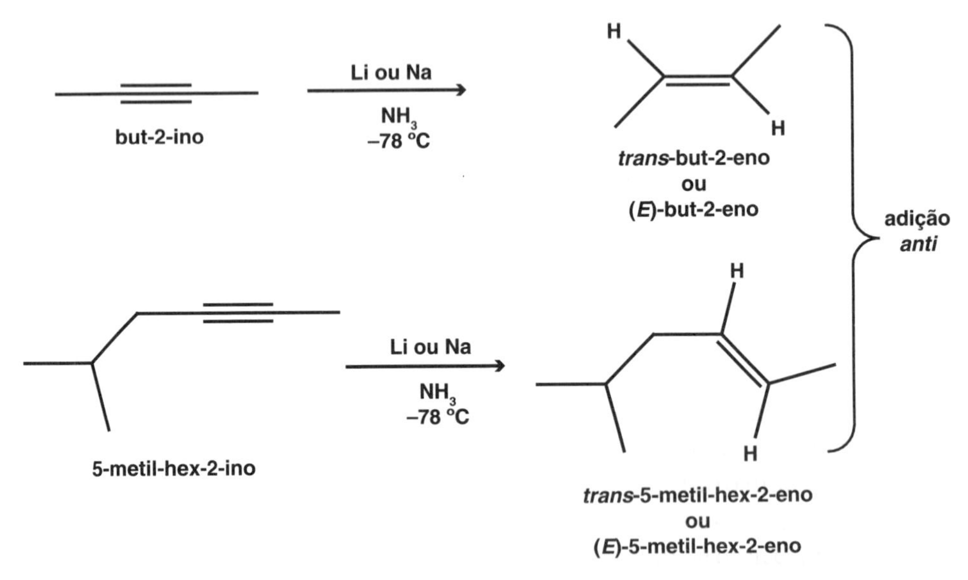

Figura 8.72 Redução de alcinos a *trans*-alcenos.

A necessidade de se trabalhar a temperaturas próximas a –78 °C é porque o ponto de ebulição da amônia é de –33 °C, garantindo-se, portanto, uma margem de segurança para mantê-la no estado líquido. Em laboratório é fácil trabalhar com temperaturas como essa, bastando preparar um banho de gelo-seco em acetona para resfriamento do sistema reacional.

O mecanismo proposto para a redução parcial de alcinos, com o uso de metais em amônia líquida, envolve inicialmente a transferência de um elétron do orbital s do metal para o orbital 2p de um dos átomos de carbono da tripla ligação, formando-se um ânion radical, que, devido a sua elevada basicidade, realiza a abstração de um dos prótons da amônia, formando-se assim o radical vinil. Outro átomo do metal utilizado cede um elétron para o radical vinil, convertendo-o no ânion vinil, que posteriormente abstrai mais um próton de outra molécula de amônia, levando, nos casos em que se empregam alcinos internos, à obtenção de *trans*-alcenos.

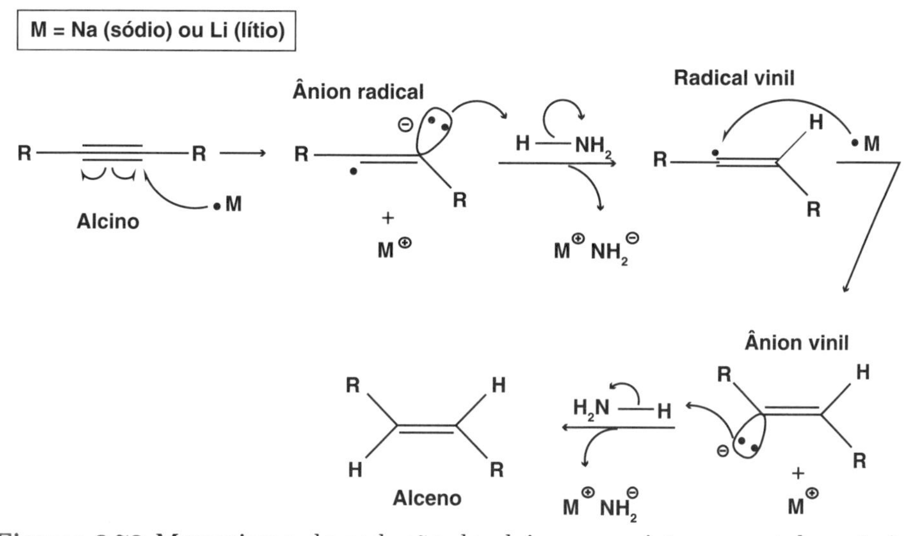

Figura 8.73 Mecanismo de redução de alcinos em sistema metal–amônia.

A estereoquímica da reação é determinada na etapa de formação do ânion vinil, pois no momento da redução do radical vinil, que se encontra em rápido equilíbrio entre suas formas *cis* e *trans*, forma-se o ânion vinil *trans* (mais estável), em preferência ao *cis*. Essa razão preferencial é refletida nos alcenos obtidos na etapa posterior.

8.11.7 **Clivagem oxidativa de alcinos**

Os alcinos reagem com permanganato de potássio ($KMnO_4$) e com ozônio (O_3), de tal modo que sua ligação tripla é clivada em consequência da oxidação dos dois átomos de carbono dessa ligação. O resultado dessa reação é a formação de dois ácidos carboxílicos, no caso de alcinos internos, ou ácido carboxílico e CO_2, no caso de alcinos terminais (Figura 8.74).

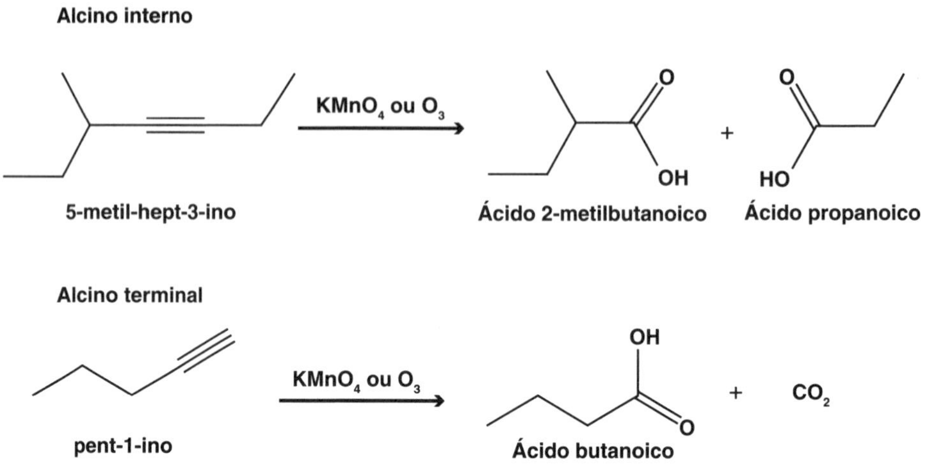

Alcino interno

5-metil-hept-3-ino → $KMnO_4$ ou O_3 → Ácido 2-metilbutanoico + Ácido propanoico

Alcino terminal

pent-1-ino → $KMnO_4$ ou O_3 → Ácido butanoico + CO_2

Figura 8.74 Clivagem oxidativa de alcinos.

Nota sobre efeito indutivo e hiperconjugação

Em sistemas que apresentam carbonos catiônicos, observa-se maior estabilidade quanto maior for o número de substituintes ligados ao carbono deficiente de elétrons.

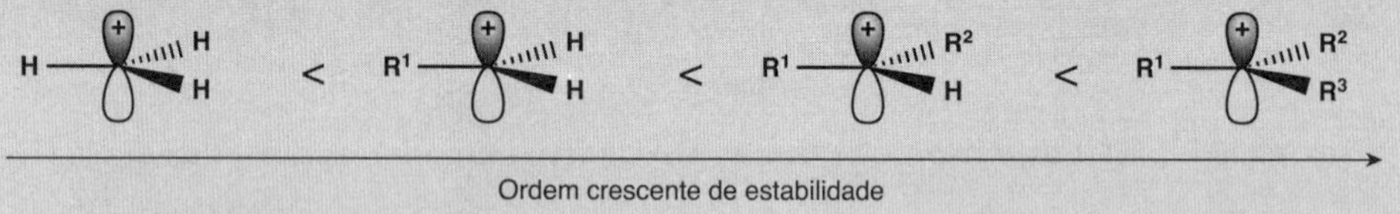

$H-C^{+}H_2$ < $R^1-C^{+}H_2$ < $R^1-C^{+}(R^2)H$ < $R^1-C^{+}(R^2)R^3$

Ordem crescente de estabilidade

Figura 8.75 Ordem de estabilidade dos carbocátions.

Atribuem-se dois fatores a esse fenômeno: o efeito indutivo e a hiperconjugação. O efeito indutivo é o efeito eletrônico que se perpetua por meio das ligações σ, por meio de polarizações consecutivas, sendo essa polarização mais intensa próximo ao grupo (ou átomo) que a realiza, ficando mais fraca a cada ligação σ seguinte. Ela pode ser retiradora ou doadora de elétrons, sendo a principal causa a diferença de eletronegatividade. No carbocátion esse efeito é esperado, pois o carbono catiônico possui apenas seis elétrons na camada de valência, apresentando, portanto, uma atração eletrônica maior que um carbono com seu octeto completo. Entretanto, no carbocátion metila (CH_3^+), há pouca estabilização do carbono por efeito indutivo, pois a ligação C–H é pouco polarizável. Como a ligação C–C é mais polarizável, a cada substituição de um de seus hidrogênios por grupos alquila há um aumento da densidade eletrônica sobre o orbital vazio, ocasionando um aumento da estabilização do carbocátion (Figura 8.76).

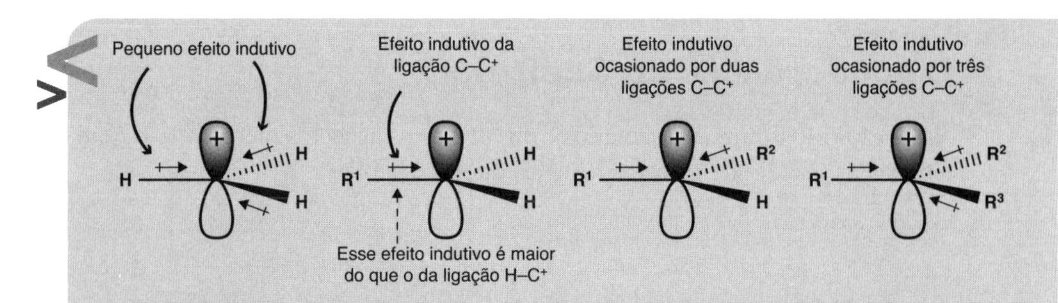

Figura 8.76 Influência do efeito indutivo dos substituintes na estabilização de carbocátions.

A hiperconjugação corresponde a uma estabilização do carbono deficiente de elétrons por meio da sobreposição do seu orbital vazio pelo orbital ligante que se encontra em posição β a esse carbono, com isso dispersando a deficiência eletrônica entre os átomos envolvidos na sobreposição. Observe na figura a seguir que o carbocátion metila só apresenta orbitais ligantes na posição α ao orbital vazio, sendo incapaz de realizar a hiperconjugação. Entretanto, com a substituição de um dos seus hidrogênios por um grupo metila torna-se possível essa sobreposição, tal como observado a seguir no carbocátion etila ($CH_3CH_2^+$), aumentando-se com isso a sua estabilidade.

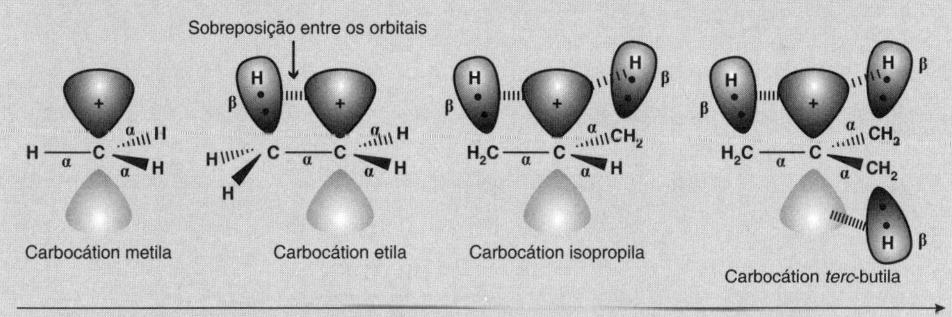

Figura 8.77 Apresentação do efeito de hiperconjugação na estabilização de carbocátions.

Quanto maior o número de orbitais ligantes na posição β ao carbono catiônico maior será a possibilidade de sobreposição entre eles e o orbital vazio e, portanto, maior a estabilidade do carbocátion. Isso leva o carbocátion etila a ser menos estável que o carbocátion isopropila e esse, por sua vez, a ser menos estável que o carbocátion *terc*-butila.

Considerações do Capítulo

Neste capítulo foram apresentados e discutidos os aspectos mecanísticos e sintéticos das reações de adição a ligações duplas e triplas.

Exercícios

8.1 Qual o produto preferencial esperado das reações de adição a seguir?

(a) $\xrightarrow[\Delta]{H_2SO_4/H_2O}$ A

(b) $\xrightarrow{HBr}$ B

(c) $\xrightarrow{HCl}$ C

(d) $\xrightarrow[\text{MeO-OMe}, \Delta]{HBr}$ D

(e) $\xrightarrow[(2)\ H_2O_2/HO^-]{(1)\ BH_3/THF}$ E

$\xrightarrow{Cl_2/H_2O}$ F

$\xrightarrow{HI}$ G

(f) $\xrightarrow[2)\ NaBH_4,\ HO^-]{1)\ Hg(OAc)_2,\ THF\text{-}H_2O}$ H

8.2 Proponha as condições necessárias para as seguintes reações:

(a)

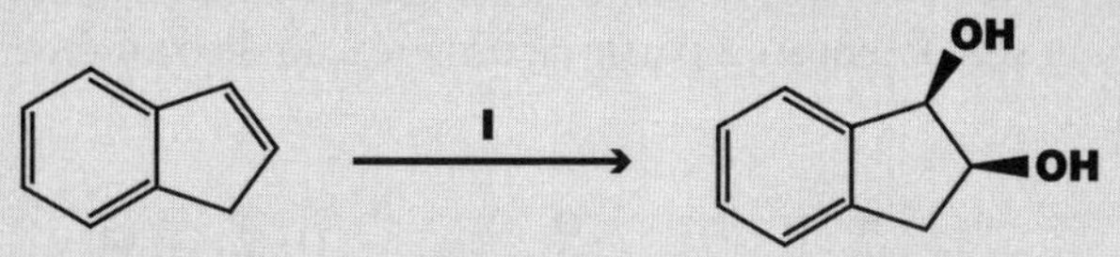

I

OH

OH

(b)

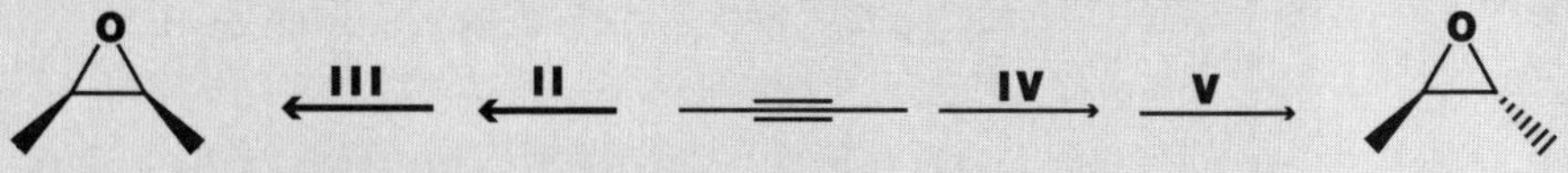

III II IV V

O

O

(c)

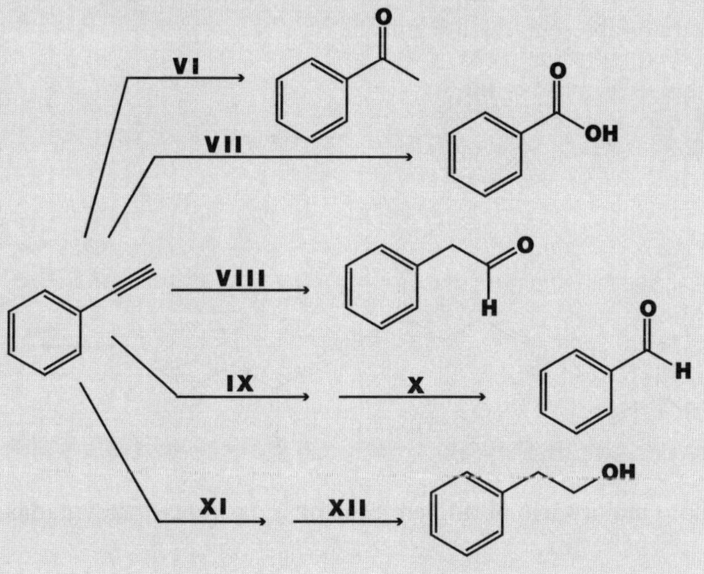

VI

O

VII

O

OH

VIII

O

H

IX X

O

H

XI XII

OH

(d)

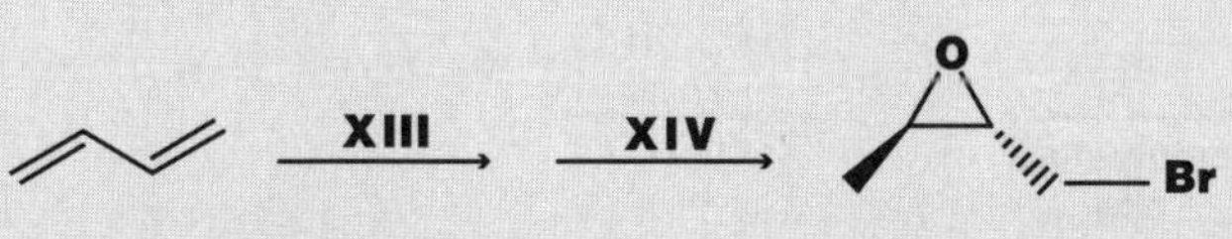

XIII XIV

O

Br

(e)

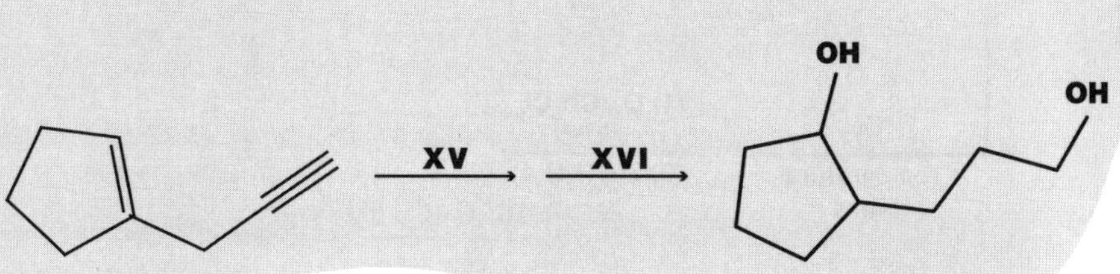

XV XVI

OH

OH

8.3 Apresente as condições necessárias para obtenção do pentanodial a partir do pentano-1,4-di-ino. Aproveite para informar que outro composto simétrico poderia ser utilizado para sua obtenção, a partir de uma reação de ozonólise com o emprego de zinco.

I → H, O, O, H ← (1) O_3, CH_2Cl_2, −78 °C; (2) Zn, H_2O — II

8.4 Qual o produto esperado de uma reação de Diels-Alder entre cada um dos pares de substratos apresentados a seguir?

(a) + NC →

(b) + O, O →

8.5 Qual o produto majoritário obtido em cada uma das rotas apresentadas a seguir?

Br_2, Temperatura alta → (1) O_3, CH_2Cl_2, −78 °C; (2) Zn, H_2O → A

Br_2, Temperatura baixa → (1) O_3, CH_2Cl_2, −78 °C; (2) Zn, H_2O → B

Desafios

8.1 Um álcool desconhecido, ao reagir com H_2SO_4 concentrado, sob aquecimento, converte-se no composto A, que ao sofrer reação de ozonólise em presença de zinco leva à obtenção de benzaldeído e acetona. O composto A também sofre rápida reação com Br_2 em tetracloreto de carbono, fornecendo o produto B. Sabendo que o álcool inicial pode ser oxidado a uma cetona, ao reagir com $KMnO_4$ em meio alcalino a quente, com posterior etapa de acidificação, identifique os compostos A, B e o álcool empregado no processo.

8.2 Proponha uma forma de obter o *trans*-ciclo-hexano-1,2-diol, a partir do ciclo-hexanol.

9 Compostos aromáticos

BRUNO ALMEIDA COTRIM

Compostos aromáticos são uma classe importante de substâncias orgânicas. Neste capítulo serão apresentados e discutidos tanto o conceito de aromaticidade quanto as principais reações de compostos aromáticos.

9.1 Desenvolvimento do conceito de aromaticidade

Nos primórdios do desenvolvimento da Química como ciência, muitas vezes as moléculas eram agrupadas por suas propriedades organolépticas tais como o odor, por exemplo. Dessa maneira, à época, foram determinados como compostos aromáticos alguns compostos que possuíam odor característico. Dentro dessa classificação entraram compostos que hoje sabemos possuírem anéis benzênicos em suas estruturas, como benzaldeído, eugenol, cinamaldeído e vanilina (Figura 9.1).

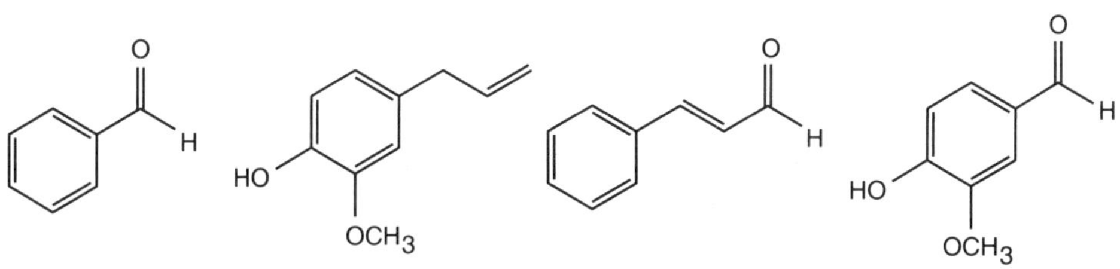

O H HO OCH3 O H O H HO OCH3
Benzaldeído Eugenol Cinamaldeído Vanilina

Figura 9.1 Estrutura química de alguns compostos aromáticos.

Está claro que essa classificação não é muito robusta e está sujeita a erros. Algumas substâncias que à época foram classificadas como aromáticas por possuírem um odor característico não possuíam anel aromático, como é o caso do (—)-mentol (Figura 9.2).

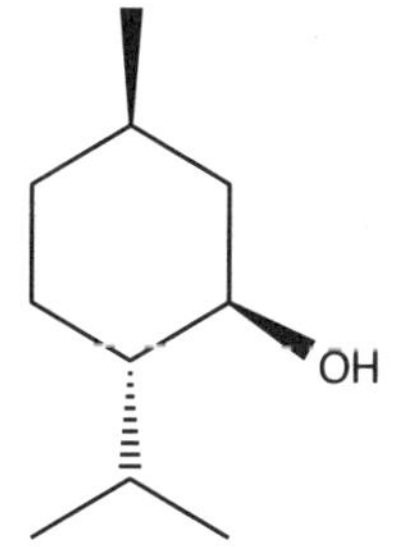

OH

Figura 9.2 Estrutura química do (—)-mentol.

No início do estudo da química estruturalista no século XIX sabia-se que a fórmula mínima do benzeno era C_6H_6. Com essa fórmula mínima é possível desenhar dezenas de propostas de fórmulas estruturais possíveis (Figura 9.3a). A partir da metade do século XIX, foram desenvolvidas algumas propostas para a estrutura do benzeno baseadas nas propriedades físico-químicas conhecidas para esse composto. Kekulé, um proeminente químico alemão, propôs que a estrutura do benzeno seria um equilíbrio entre dois isômeros do ciclo-hexatrieno, em que as ligações π mudariam de lugar, criando um equilíbrio entre as duas formas dessa molécula e formando uma mistura de proporções iguais dessas formas (Figura 9.3b).

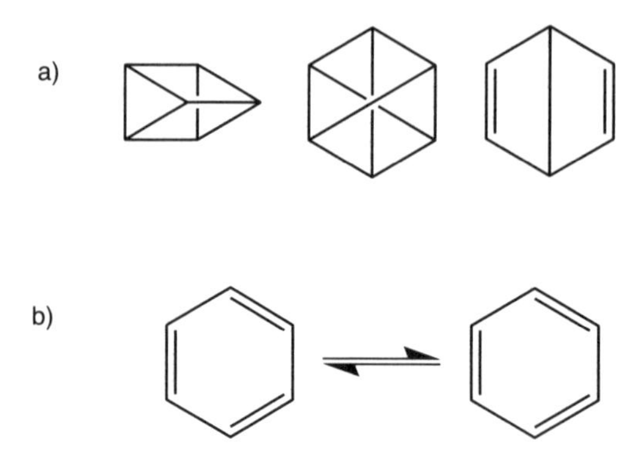

Figura 9.3 a) Algumas estruturas químicas propostas para o benzeno; b) estrutura proposta por Kekulé.

A título de curiosidade, Kekulé descreve seu momento de epifania, de quando desenvolveu a sua proposta estrutural cíclica para o benzeno, como originada de um sonho que alega ter tido com a serpente mítica Ouroboros comendo a própria cauda.

Apenas na primeira metade do século XX, com o advento da física quântica, se chegou à proposta de que a estrutura do benzeno não seria um equilíbrio entre duas formas estruturais do ciclo-hexatrieno, mas sim um híbrido de ressonância das duas formas.

Uma das consequências da ressonância no anel benzênico seria levar todas as ligações carbono-carbono do anel a apresentarem o mesmo tamanho, ou seja, um tamanho médio entre o de uma ligação dupla e uma simples. Por meio de técnicas de difração de raios X, ficou comprovado posteriormente que, assim como previsto, todas as ligações são de tamanho idêntico, e, além disso, que possuem um tamanho intermediário (140 pm) entre uma ligação simples entre carbonos sp^2 (134 pm) e uma dupla entre carbonos sp^2 (146 pm) (Figura 9.4).

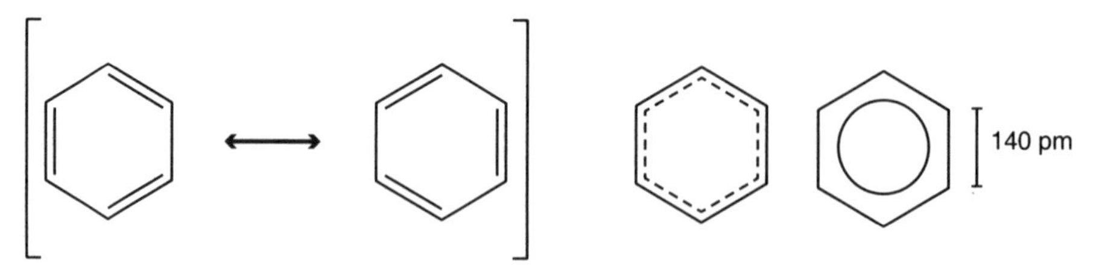

Figura 9.4 Formas canônicas e híbrido de ressonância do benzeno.

9.2 Propriedades físico-químicas dos compostos aromáticos

Os compostos aromáticos possuem propriedades físico-químicas distintas das dos compostos alifáticos (compostos não aromáticos). Uma das principais diferenças é a reatividade.

Diferentemente dos compostos alifáticos insaturados, os compostos aromáticos normalmente não reagem por adição, mas sim por substituição (veremos a seguir que as principais reações são do tipo substituição eletrofílica aromática e substituição nucleofílica aromática) (Figura 9.5).

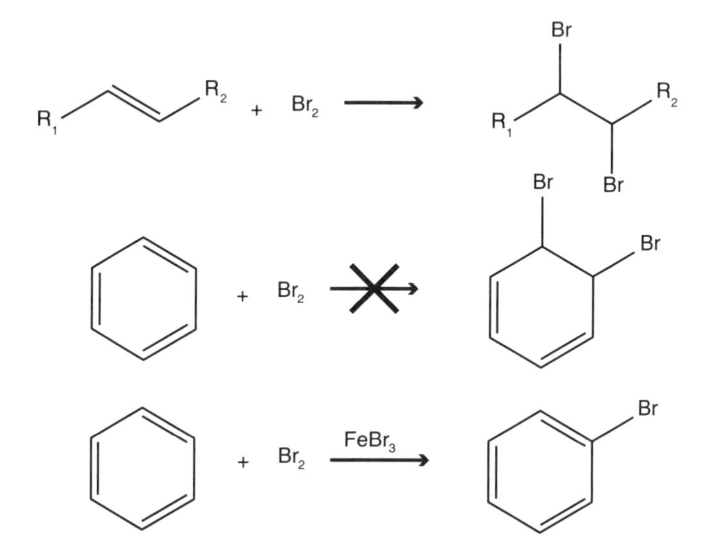

Figura 9.5 Reatividade do bromo molecular diante de alquenos e do anel benzênico.

Outra propriedade comum aos compostos aromáticos é sua estabilidade termodinâmica, uma maneira de comparar essa estabilidade é por meio da entalpia de hidrogenação. Resumidamente, a entalpia de uma reação química ($\Delta H°$) é a soma entre a energia gasta para rompimento das ligações químicas do reagente e a energia liberada da formação das novas ligações químicas no produto (por convenção, energia gasta leva sinal positivo, e energia liberada, negativo).

Podemos ver na Figura 9.6 um gráfico comparando o $\Delta H°$ de hidrogenação do ciclo-hexeno, ciclo-hexa-1,3-dieno e benzeno para obtenção de ciclo-hexano. Podemos observar que o calor de hidrogenação do ciclo-hexa-1,3-dieno (–230 kJ/mol) é próximo do dobro do ciclo-hexeno (–118 kJ/mol), o que é esperado, pois apresenta também o dobro de ligações π. Quando analisamos o benzeno observamos um desvio a essa tendência. O $\Delta H°$ hidrogenação do benzeno é de –206 kJ/mol, que é menor do que o esperado para três ligações π (–354 kJ/mol). Pode-se dizer que a diferença entre esse calor de hidrogenação esperado e o real é a estabilização que a aromaticidade confere à molécula de benzeno (Figura 9.6).

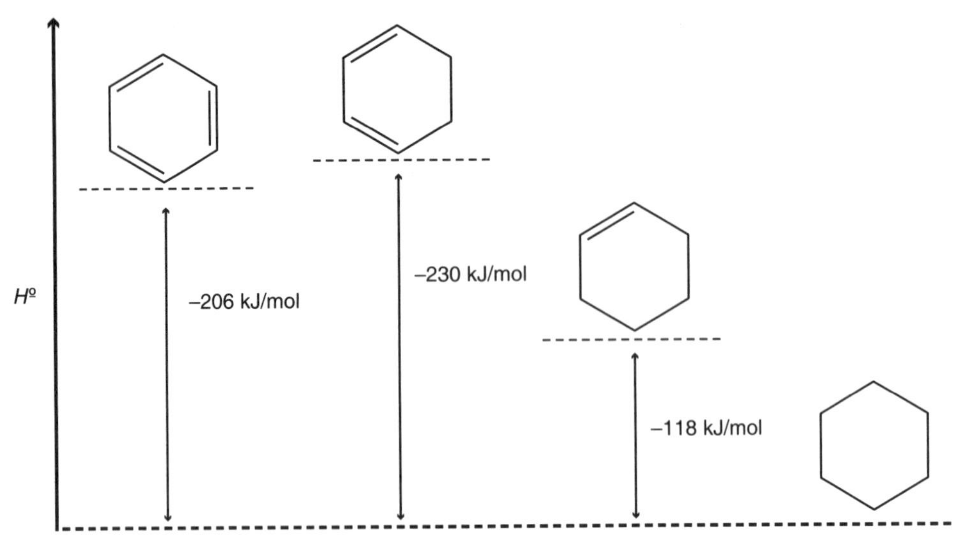

Figura 9.6 Comparação entre os valores de $\Delta H°$ de hidrogenação do ciclo-hexeno, ciclo-hexa-1,3-dieno e benzeno.

9.3 Aromaticidade explicada pelos orbitais moleculares

Seguindo a lógica da representação do benzeno como um híbrido de ressonância, o anel benzênico seria plano (possibilitando a conjugação dos orbitais), possuiria todas as suas ligações carbono-carbono do mesmo tamanho e com todos os carbonos com hibridização sp^2 (cada carbono possuindo um elétron em seu orbital *p*, perpendicular ao plano do anel).

Erich Hückel, um químico alemão, na década de 1930 utilizou a teoria dos orbitais moleculares para explicar vários aspectos das propriedades físico-químicas dos anéis aromáticos. Dentre outras coisas, Hückel postulou uma regra na qual todos os compostos aromáticos deveriam possuir um número de elétrons conjugados que se adequassem à seguinte equação:

$$n \text{ de elétrons conjugados} = 4n + 2$$

em que *n* fosse um número inteiro positivo ou zero. Aplicando essa regra para o benzeno, observamos que este possui seis elétrons π conjugados. Aplicando seis na equação acima obtemos como resultado *n* igual a 1 (atendendo à regra de Hückel para aromaticidade).

Ao substituirmos n por números inteiros (0, 1, 2, 3, 4, 5...n) verificamos que compostos aromáticos devem possuir os seguintes números de elétrons conjugados: 2, 6, 10, 14, 18, 22...($4n+2$).

A regra de Hückel pode em um primeiro momento parecer empírica, mas na verdade é baseada na distribuição eletrônica nos orbitais moleculares dos elétrons conjugados em compostos aromáticos, como veremos no decorrer deste capítulo.

A seguir, podemos ver uma representação de como os seis orbitais atômicos dos elétrons p do benzeno se combinam para formar os seis orbitais moleculares π. Na parte de baixo da figura estão os três orbitais ligantes (aqueles que contribuem para a ligação química), e na parte de cima os três orbitais antiligantes (que prejudicam a ligação química). Os orbitais antiligantes são mais energéticos por possuírem mais planos nodais que os ligantes (quanto maior número de nodos uma onda tem, maior sua frequência e por consequência maior sua energia). Vale ressaltar que, neste caso, tanto no grupo de orbitais ligantes quanto no de antiligantes existem orbitais de mesma energia (com o mesmo número de planos nodais), que são chamados de orbitais degenerados (Figura 9.7).

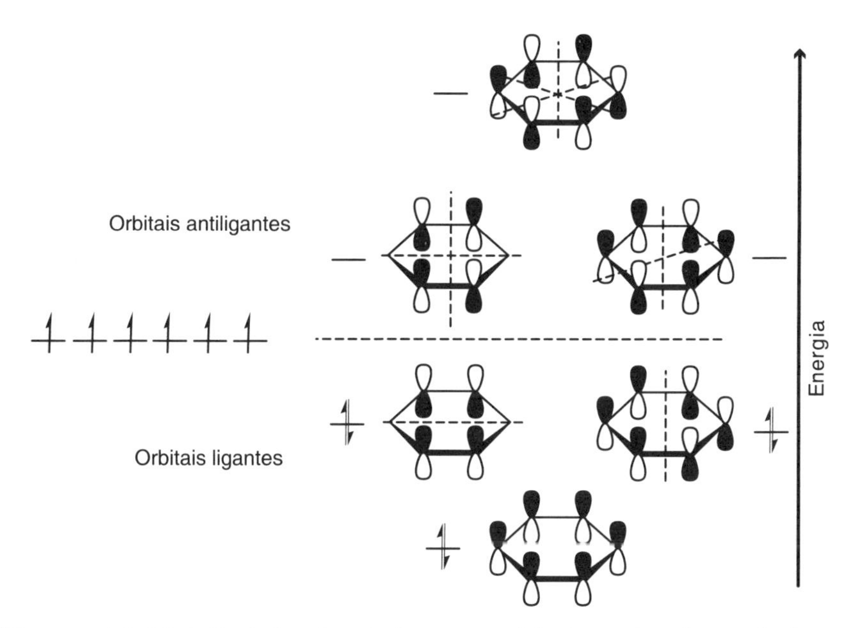

Figura 9.7 Distribuição eletrônica nos orbitais moleculares do benzeno.

Podemos ver na Figura 9.7 que todos os elétrons dos orbitais p se encontram em orbitais ligantes (contribuindo para a ligação), e é justamente por esse fato que o benzeno possui sua estabilidade característica. Podemos dizer que para ser aromático um composto deve apresentar a disposição de seus elétrons de maneira similar ao benzeno, possuindo todos os elétrons conjugados pareados e situados em orbitais ligantes.

9.4 Requisitos para aromaticidade

Como visto anteriormente, de maneira resumida, para um composto apresentar aromaticidade ele deve possuir as seguintes características:

- Ser cíclico
- Ser plano
- Possuir os elétrons dos orbitais *p* conjugados
- Seguir a regra de Hückel – *n* elétrons conjugados = $4n + 2$ (em que *n* é um número inteiro positivo ou zero).

No decorrer deste capítulo veremos que ao não atender a nenhum desses requisitos um composto não poderá ser aromático.

9.5 Antiaromaticidade

Como contraponto para a aromaticidade do anel benzênico, podemos analisar os orbitais moleculares do ciclobutadieno, que apresenta quatro elétrons conjugados. Ao resolvermos a equação da regra de Hückel verificamos que o resultado é $n = ½$ (não atendendo à regra de Hückel). Ao analisarmos os orbitais moleculares do ciclobutadieno observamos que este apresenta dois orbitais degenerados. Ao se fazer a distribuição eletrônica observa-se também a presença de dois elétrons não pareados nos dois orbitais degenerados, dando ao composto o caráter de um dirradical (o que aumenta muito sua reatividade), fazendo com que ele não seja aromático (Figura 9.8).

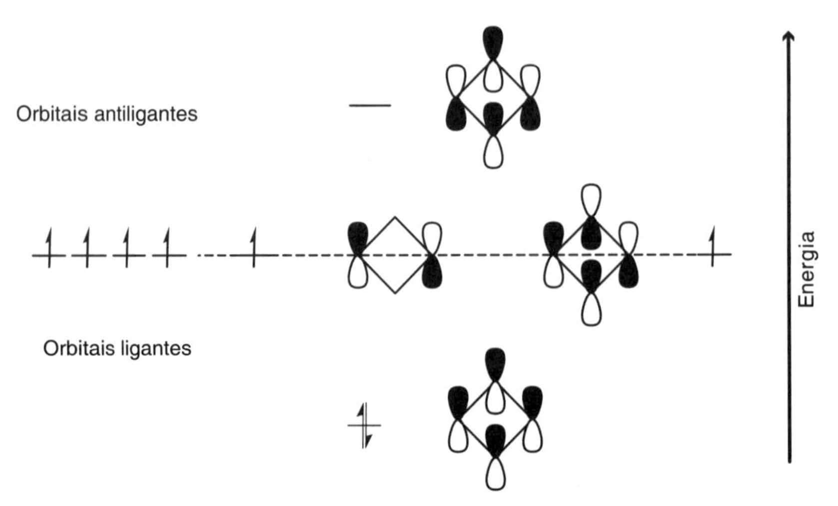

Figura 9.8 Distribuição eletrônica nos orbitais moleculares do ciclobutadieno.

Esses dois elétrons desemparelhados, em lugar de estabilizarem, conferem muita instabilidade ao ciclobutadieno, fazendo com que esse composto só consiga ser estabilizado em temperaturas muito baixas. Por isso, compostos como o ciclobutadieno são chamados de antiaromáticos.

Outro exemplo de estudo para a aromaticidade é o ciclo-octatetraeno. Ao aplicarmos a regra de Hückel, obtemos $n = 3/2$, o que não o qualifica para ser um composto aromático. Quando fazemos a distribuição eletrônica desse composto pelos seus orbitais moleculares, verificamos que, caso apresentasse todas as ligações π conjugadas, ele possuiria dois elétrons desemparelhados de maneira similar ao ciclobutadieno. Porém, diferentemente do ciclobutadieno, o ciclo-octatetraeno possui maior liberdade conformacional e prefere adquirir uma conformação não planar para evitar que os elétrons das ligações π estejam conjugados. Dessa maneira, o composto evita possuir a desestabilização derivada da antiaromaticidade (Figuras 9.9 e 9.10).

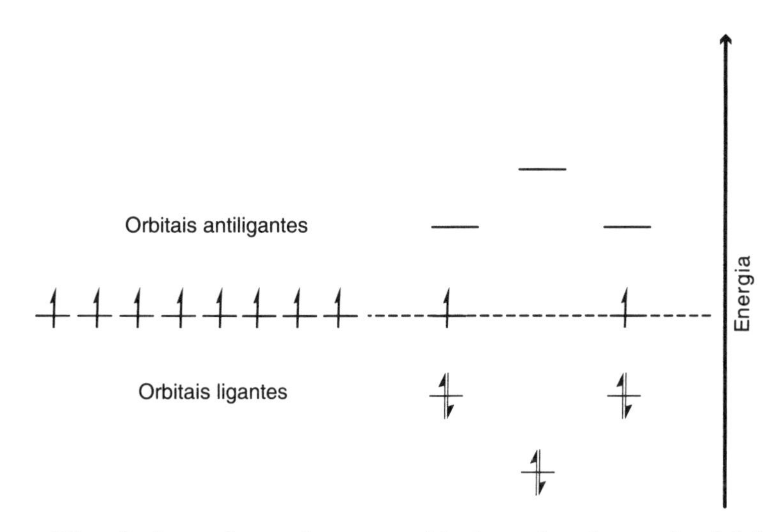

Figura 9.9 Distribuição eletrônica nos orbitais moleculares do ciclobutadieno caso este fosse plano.

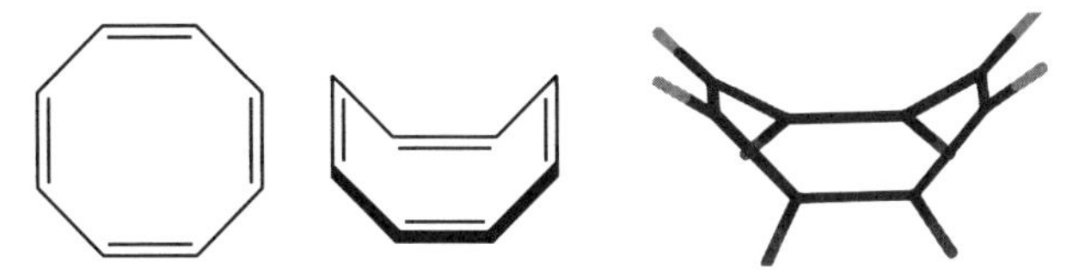

Figura 9.10 Estrutura do ciclo-octatetraeno (esquerda) e sua conformação tridimensional (centro e direita).

9.6 Aromaticidade e conformação tridimensional

Alguns compostos, apesar de seguirem o pré-requisito da regra de Hückel ($4n + 2 = n$ elétrons conjugados, para n = número inteiro positivo ou zero), carecem de aromaticidade por não serem planares (e por consequência não terem os orbitais conjugados), como é o caso de um dos isômeros do ciclodecapentaeno representado a seguir (Figura 9.11).

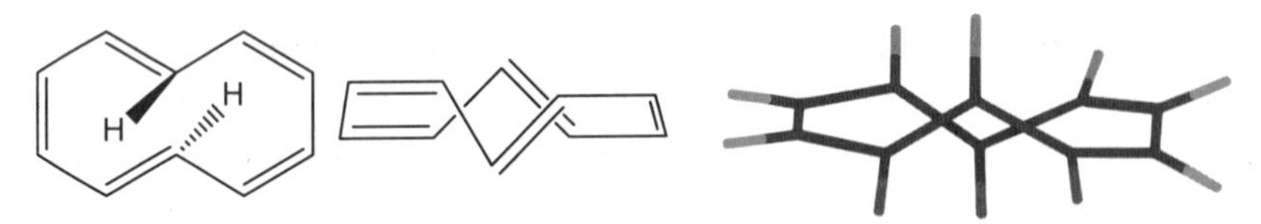

Figura 9.11 Estrutura do ciclodecapentaeno (esquerda) e sua conformação tridimensional (centro e direita).

9.7 Íons aromáticos

Além das moléculas neutras, íons orgânicos também podem apresentar aromaticidade. Como exemplo de ânion aromático, podemos citar o ânion ciclopentadienila. Esse ânion segue todos os pré-requisitos para ser aromático: é um composto cíclico, planar, possui os elétrons dos orbitais *p* conjugados (uma boa maneira de verificar a conjugação é representando as estruturas de ressonância do composto) e segue a regra de Hückel (o carbono com a carga negativa contribui com dois elétrons para a conjugação do sistema, perfazendo um total de seis elétrons conjugados) (Figura 9.12).

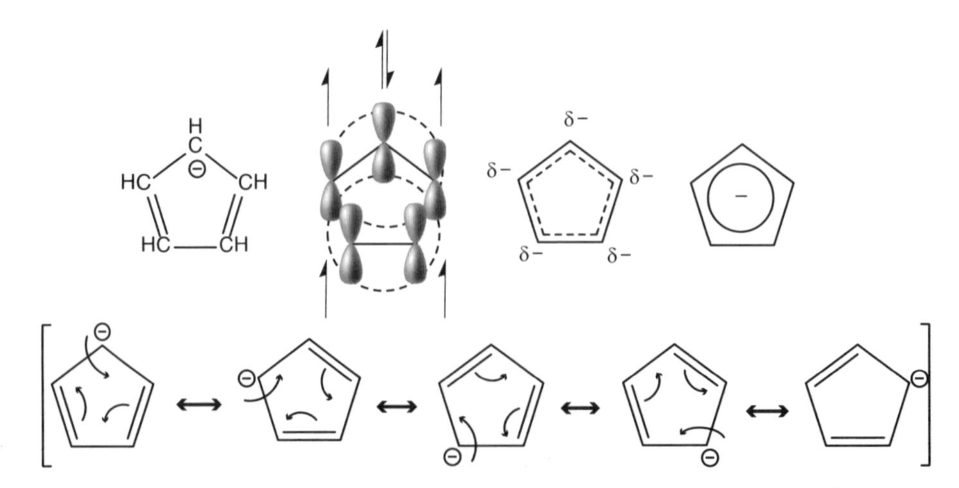

Figura 9.12 Acima à esquerda, estrutura do ânion clopentadienila e seus orbitais *p*; acima à direita, representação do híbrido de ressonância do cátion ciclopentadienila; abaixo, formas de ressonância do ânion ciclopentadienila.

De maneira análoga, podemos ver a seguir que o cátion ciclo-heptatrienila também é aromático. Nota-se que um dos carbonos possui um orbital *p* vazio, não contribuindo com elétrons para o sistema conjugado (Figura 9.13).

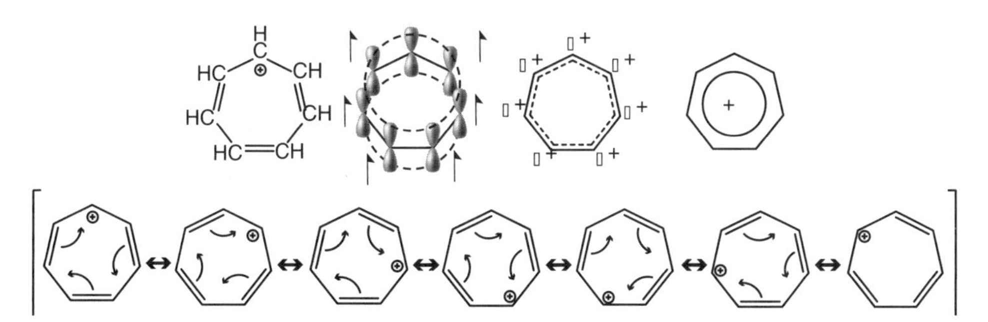

Figura 9.13 Acima à esquerda, estrutura do cátion ciclo-heptatrienila e seus orbitais *p* conjugados; acima à direita, representação do híbrido de ressonância do cátion ciclo-heptatrienila; abaixo, formas de ressonância do cátion ciclo-heptatrienila.

9.8 Heterociclos aromáticos

Até o presente momento temos abordado compostos aromáticos que possuem em seu ciclo apenas átomos de carbono. No entanto, também existem compostos heterocíclicos aromáticos. Abordaremos a seguir três exemplos de compostos aromáticos heterocíclicos: piridina, pirrol e furano (Figura 9.14).

Esses três compostos seguem a regra de Hückel. Na piridina, o par de elétrons não ligante do nitrogênio não participa da conjugação e se encontra em um orbital sp^2 perpendicular ao orbital *p*. No pirrol, o par de elétrons não ligante do nitrogênio participa da conjugação, e o mesmo nitrogênio disponibiliza um elétron sp^2 para a ligação covalente com o átomo de hidrogênio. Finalmente, no furano, o oxigênio que possui dois pares de elétrons não ligantes disponibiliza um dos pares (presente em um orbital *p*) para a conjugação e o outro par, perpendicular ao primeiro, está presente em um orbital sp^2 (par de elétrons não ligante).

9.9 Reações de compostos aromáticos

Vimos, no início deste capítulo, que os compostos aromáticos preferencialmente realizam reações de substituição em detrimento de reação de adição (que ocorre nos alquenos e alquinos). As reações mais comuns realizadas por compostos aromáticos são as do tipo substituição eletrofílica aromática (SeAr) e substituição nucleofílica aromática (SnAr).

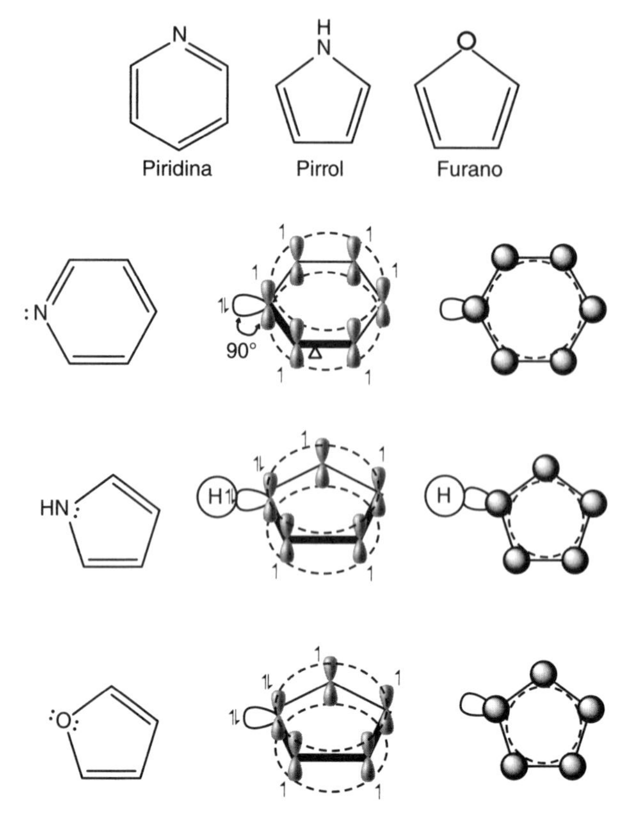

Figura 9.14 Estruturas (esquerda) e vista dos orbitais *p* (centro e direita) da piridina, pirrol e furano.

9.10 Substituição eletrofílica aromática (SeAr)

A seguir vemos a equação geral de uma reação SeAr. O mecanismo geral dessa reação se inicia pelo ataque de um par de elétrons do sistema π do anel aromático sobre o eletrófilo, o que acarreta a formação de um intermediário não aromático carregado positivamente (íon arênio). Essa é a etapa lenta da reação e, portanto, a que tem maior energia de ativação. Apesar de não ser aromático, o íon arênio consegue ser estabilizado por possuir três formas de ressonância, distribuindo a carga positiva em três diferentes átomos de carbono. A aromaticidade do anel é retomada quando uma base do meio reacional abstrai um próton (próton esse que é, no caso, o grupo de saída da reação), levando à restauração da aromaticidade (Figuras 9.15 e 9.16).

A seguir podemos ver alguns exemplos de reações de SeAr que serão descritas neste capítulo: 1) Nitração; 2) Halogenação; 3) Sulfonação; 4) Alquilação de Friedel-Crafts; 5) Acilação de Friedel-Crafts (Figura 9.17).

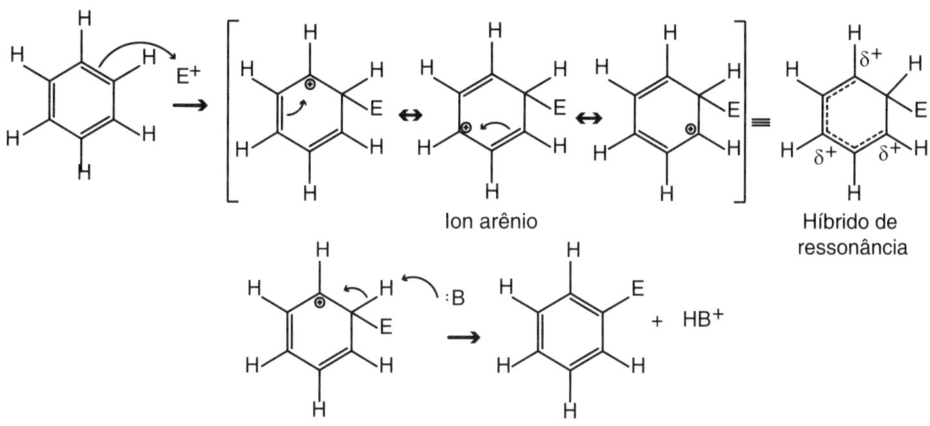

Íon arênio

Híbrido de ressonância

Figura 9.15 Mecanismo geral para a substituição eletrofílica aromática.

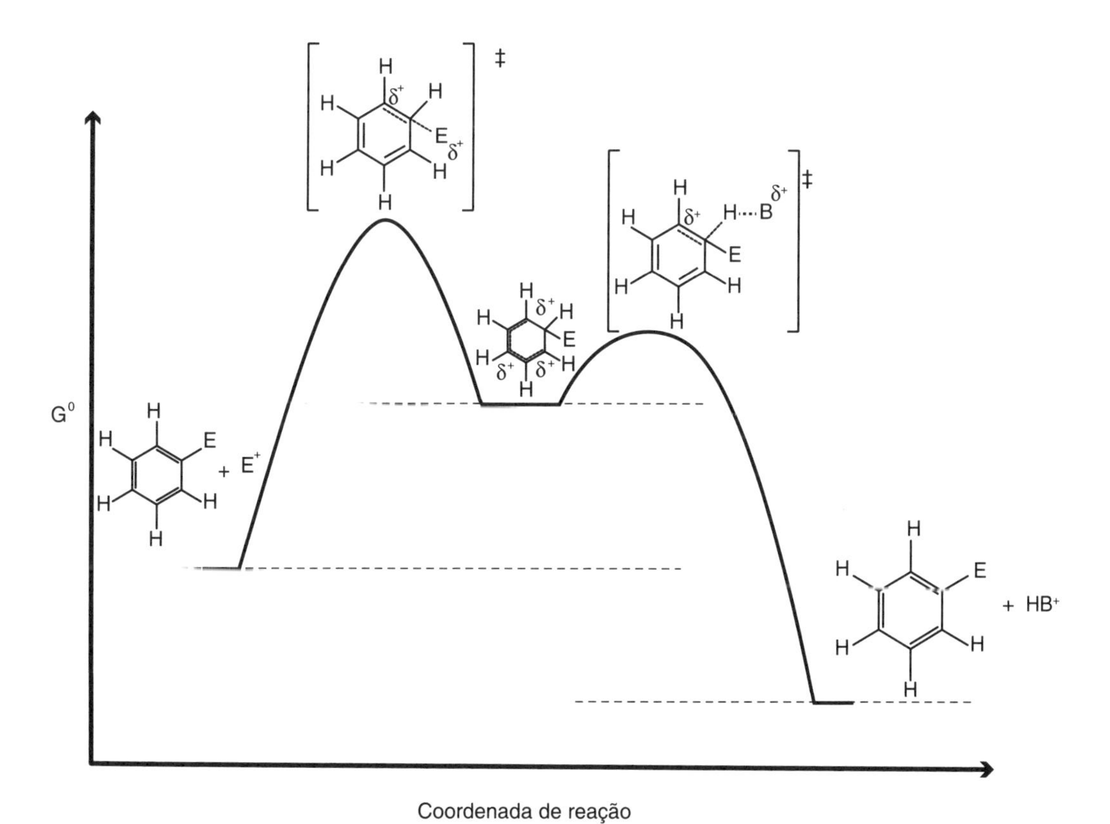

Figura 9.16 Diagrama da energia livre de Gibbs de uma reação de substituição eletrofílica aromática.

Figura 9.17 Exemplos de reações SeAr.

9.10.1 Nitração do anel benzênico

Comecemos então pelo mecanismo da nitração do anel benzênico. A primeira etapa dessa reação é a protonação do ácido nítrico pelo ácido sulfúrico. Essa etapa tem o equilíbrio deslocado para a direita porque o ácido sulfúrico ($pK_a = -3{,}0$) é um ácido mais forte que o ácido nítrico ($pK_a = -1{,}3$). Após a protonação, ocorre uma desidratação, gerando o íon nitrônio, que será o eletrófilo da reação. Um par de elétrons π do anel ataca o eletrófilo, levando à obtenção do íon arênio (a seguir representado em suas três formas de ressonância). Por fim, o íon arênio é desprotonado pela molécula de água gerada na reação, retomando a aromaticidade do anel (Figura 9.18).

9.10.2 Halogenação do anel benzênico

O benzeno reage com bromo e cloro molecular na presença de um ácido de Lewis como catalisador. O catalisador comumente utilizado para bromação é o brometo férrico, e para cloração, o cloreto férrico. A seguir está descrito o mecanismo de bromação do

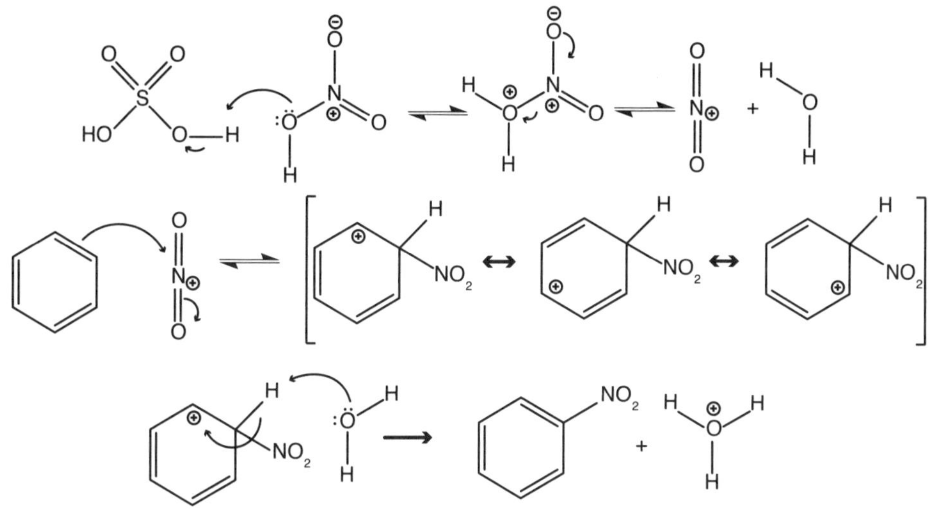

Figura 9.18 Mecanismo de nitração do anel benzênico.

anel aromático (o mecanismo para cloração é muito similar ao da bromação, apenas trocando-se o catalisador brometo férrico por cloreto férrico).

Na primeira etapa do mecanismo de bromação, o brometo férrico recebe um par de elétrons de um átomo de bromo, formando um intermediário que serve como eletrófilo da reação. O anel aromático doa um par de elétrons π para o complexo formado, gerando o íon arênio. O bromo do íon tetrabromoferrato abstrai o próton do íon arênio, gerando o produto final halogenado, ácido bromídrico, e restaurando o catalisador brometo férrico (Figura 9.19).

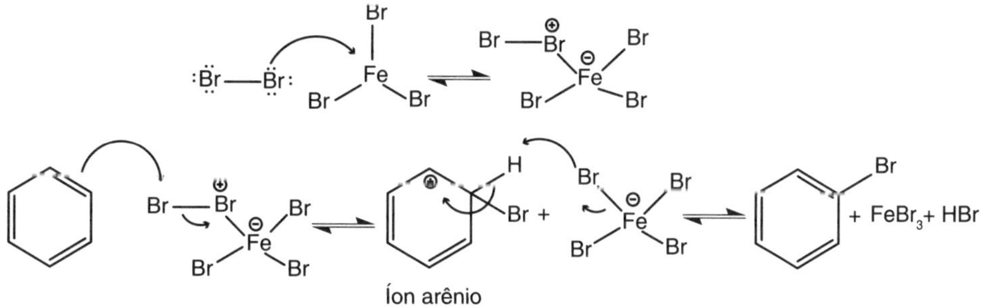

Íon arênio

Figura 9.19 Mecanismo de halogenação do anel benzênico.

9.10.3 Sulfonação do anel benzênico

Para a sulfonação do anel benzênico se utiliza uma mistura de ácido sulfúrico com trióxido de enxofre que é conhecida como ácido sulfúrico oleum. Nessa mistura, o ácido sulfúrico protona o trióxido de enxofre e o produto protonado atua como o eletrófilo da reação SeAr (Figura 9.20).

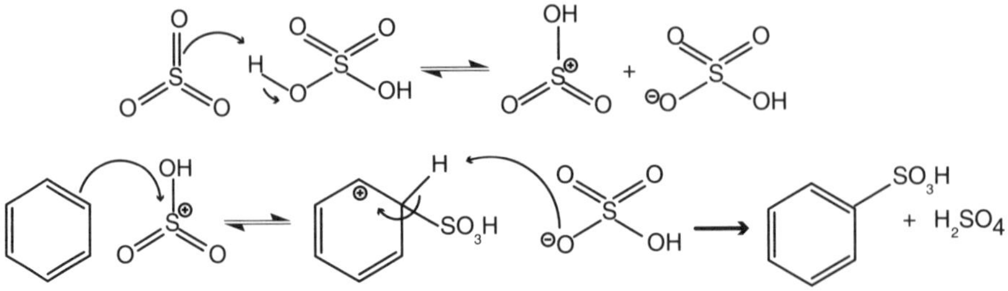

Figura 9.20 Mecanismo de sulfonação do anel benzênico.

9.10.4 **Alquilação de Friedel-Crafts**

À reação de alquilação do anel benzênico catalisada por um ácido de Lewis foi dado o nome dos cientistas que a descobriram, os químicos Charles Friedel e James M. Crafts. O mecanismo proposto para essa reação é análogo ao mecanismo de halogenação e também utiliza um ácido de Lewis como catalisador.

Na primeira etapa do mecanismo dessa reação, um par de elétrons do cloro é doado para o tricloreto de alumínio, gerando um complexo com separação de cargas. Esse complexo atua como eletrófilo e recebe um par de elétrons do anel aromático, gerando o íon arênio. O íon tetracloreto de alumínio formado no meio atua como base e abstrai o próton do íon arênio, gerando o produto alquilado, ácido clorídrico, e regenerando o catalisador de tricloreto de alumínio (Figura 9.21).

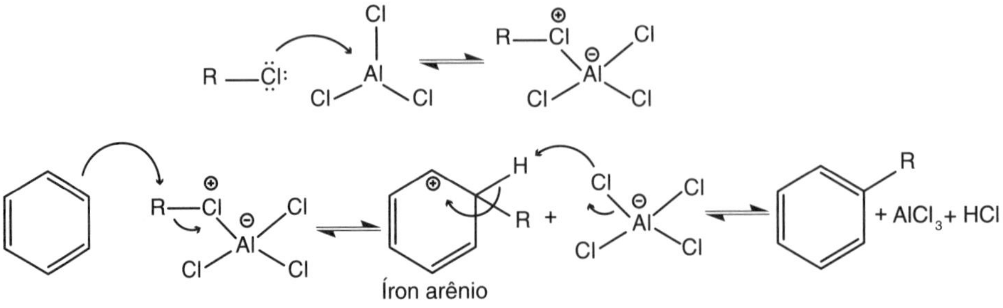

Figura 9.21 Mecanismo de alquilação de Friedel-Crafts.

Esse mecanismo descrito anteriormente é o que costuma ser aceito para cloretos de alquila primários e secundários; no entanto, quando se trata de cloretos de alquila terciários, o mecanismo sofre uma pequena variação: após a doação de um par de elétrons do cloro para o tricloreto de alumínio, ocorrem uma ruptura da ligação cloro-carbono e a formação de um carbocátion terciário. Essa etapa é viável devido à maior estabilidade dos carbocátions terciários. Nesse caso, o carbocátion será diretamente atacado pelo anel aromático para a formação do íon arênio (Figura 9.22).

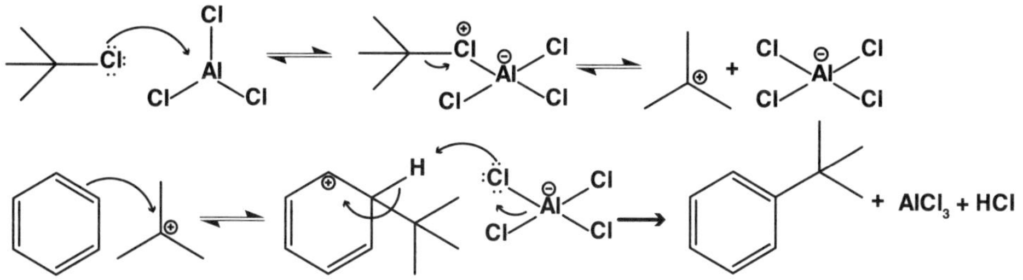

Figura 9.22 Mecanismo de alquilação de Friedel-Crafts para haletos de alquila terciários.

Em uma variação da alquilação de Friedel-Crafts, utiliza-se um álcool terciário em meio ácido para a formação do eletrófilo. O álcool terciário é protonado e posteriormente desidratado, formando o carbocátion terciário, que serve como eletrófilo da reação (Figura 9.23).

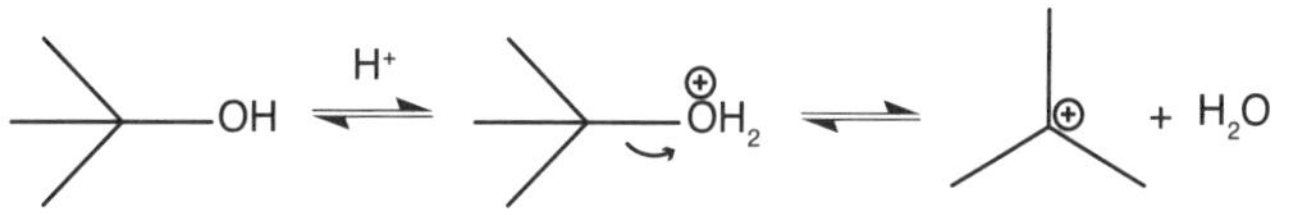

Figura 9.23 Produção de carbocátions terciários para alquilação de Friedel-Crafts partindo-se de álcool terciário.

A alquilação de Friedel-Crafts possui duas importantes limitações. Uma delas é a possibilidade de formação de rearranjo. Quando tentamos reagir, por exemplo, o 1-cloro-2,2-dimetilpropano com benzeno, o produto majoritário é (1,1-dimetilpropil)benzeno e não o produto esperado caso não houvesse rearranjo ((2,2-dimetilpropil)benzeno). Isso ocorre porque uma reação de rearranjo do complexo formado entre o cloreto de alquila e o cloreto de alumínio ocorre para a formação de um carbocátion terciário (Figura 9.24).

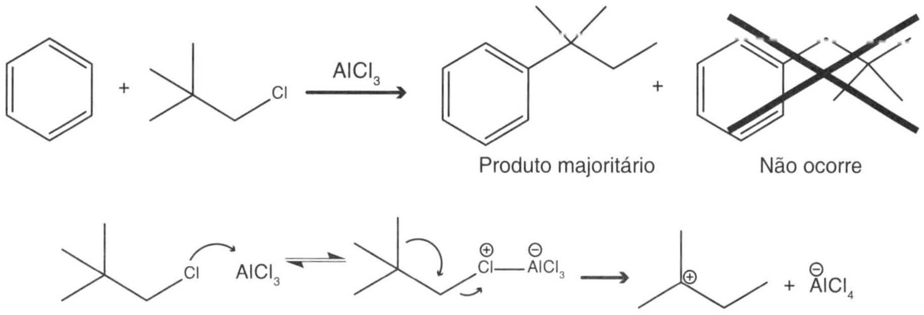

Produto majoritário

Não ocorre

Figura 9.24 Rearranjo ocorrido em reação de alquilação de Friedel-Crafts.

A segunda limitação da alquilação de Friedel-Crafts é a possibilidade de polialquilação. Como veremos mais adiante neste capítulo, os grupos alquila são grupos ativadores de reações de substituição eletrofílica aromática e tornam o anel aromático mais nucleofílico. Anéis aromáticos com substiuintes alquila são mais propensos a reagir por uma alquilação de Friedel-Crafts do que o benzeno. Ao se reagir o benzeno como cloreto de metila na presença de tricloreto de alumínio haveria, em um primeiro momento, a formação de tolueno. Porém, o tolueno formado, por ser mais nucleofílico, tenderia a reagir com outra unidade de cloreto de metila, gerando xileno, que também é mais nucleofílico que o benzeno, podendo reagir novamente, gerando produtos com mais substituintes alquila, e assim sucessivamente (Figura 9.25). Uma maneira de minimizar a polialquilação é o uso de um excesso do composto aromático perante o cloreto de alquila.

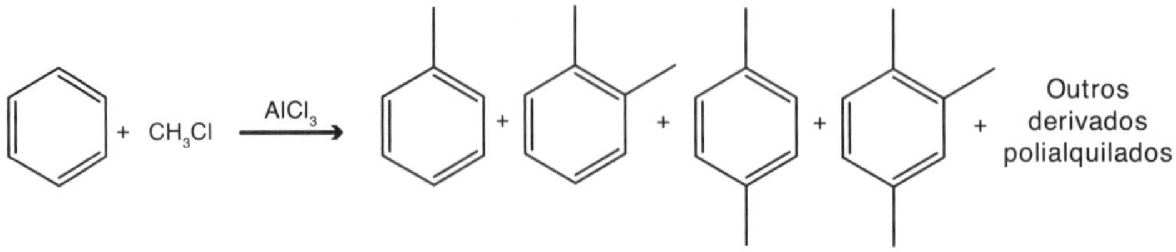

+ CH_3Cl $\xrightarrow{AlCl_3}$ + + + + Outros derivados polialquilados

Figura 9.25 Polialquilação do benzeno através de sua reação com cloreto de metila na presença de tricloreto de alumínio.

9.10.5 Acilação de Friedel-Crafts

A acilação de anéis aromáticos também é conhecida como acilação de Friedel-Crafts devido ao fato de ter sido estudada por esses cientistas. Essa acilação ocorre através da reação de um cloreto de ácido com o anel benzênico catalisada por tricloreto de alumínio.

No mecanismo proposto para essa reação, um par de elétrons do cloro ataca o tricloreto de alumínio, formando um complexo que colapsa, gerando o íon tetracloreto de alumínio e o íon acílio. O íon acílio é estabilizado por ressonância e funciona como o eletrófilo da reação. Posteriormente, elétrons π do anel aromático atacam o íon acílio, gerando o íon arênio, que retoma a aromaticidade através da abstração de um próton do anel (Figura 9.26).

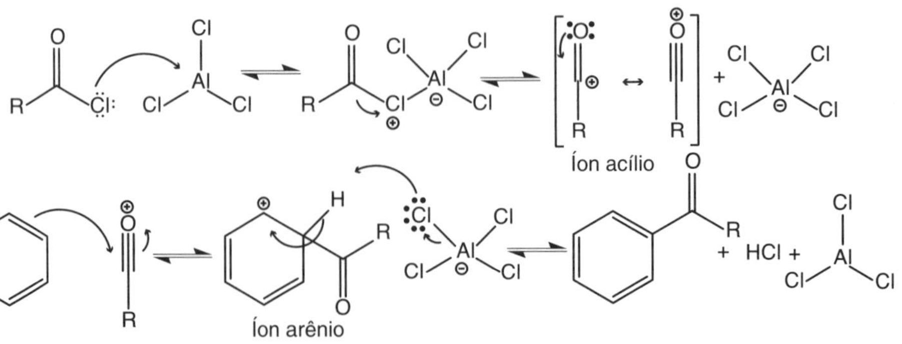

Íon acílio

Íon arênio

+ HCl +

Figura 9.26 Mecanismo da acilação de Friedel-Crafts.

Como alternativa, o íon acílio também pode ser formado a partir de um anidrido de ácido carboxílico e tricloreto de alumínio, como se pode ver na figura a seguir (Figura 9.27).

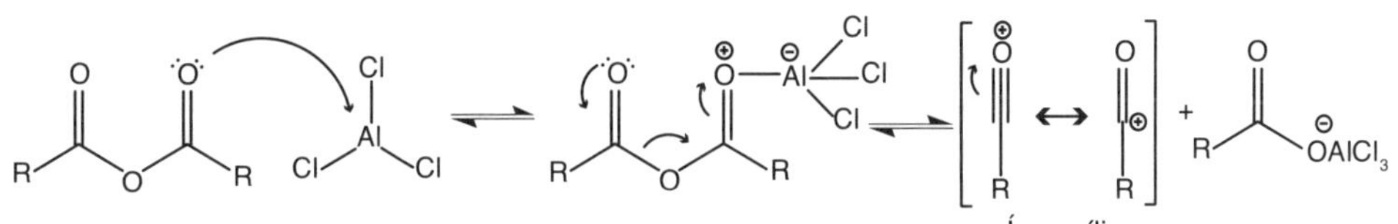

Figura 9.27 Mecanismo de formação de íon acílio a partir de anidrido de ácido carboxílico.

A reação de acilação de Friedel-Craft não apresenta os inconvenientes de ocorrência de reação de rearranjo nem o risco de poliacilação, como observado na alquilação de Friedel-Crafts.

9.10.6 **Influência dos grupos presentes no anel aromático na reatividade**

Compostos benzênicos que já possuem previamente um grupo substituinte podem ter sua reatividade diante de reações de SeAr aumentadas ou diminuídas em relação ao benzeno. Essa diferença de reatividade em comparação ao anel sem substituintes é determinada de acordo com a natureza do grupo substituinte. Grupos substituintes retiradores de elétrons por efeito indutivo diminuem a velocidade de reações SeAr e são chamados de grupos desativadores. Grupos substituintes doadores de elétrons por efeito indutivo ou por ressonância em geral aumentam a velocidade de reações SeAr e são chamados de grupos ativadores.

Como visto anteriormente, a formação do íon arênio, em uma reação do tipo SeAr, é a etapa determinante da velocidade (etapa lenta). O efeito de aumento ou diminuição da reatividade causada pela presença de grupos substituintes está relacionado com a estabilidade do íon arênio formado e com a barreira energética que é necessário atravessar para gerá-lo (Figuras 9.15 e 9.16).

O íon arênio, por ser um cátion, é estabilizado por grupos doadores de elétrons que aumentam a densidade eletrônica no anel, diminuindo o nível energético desse intermediário. Por sua vez, o estado de transição dessa etapa (que se assemelha ao íon arênio, por possuir um estado energético similar a este) também é estabilizado por grupos doadores de elétrons que diminuem seu estado energético.

Dessa maneira, substituintes doadores de elétrons são ativadores, pois diminuem a barreira energética da etapa lenta da reação, fazendo com que esta ocorra em uma maior velocidade. De maneira análoga, grupos puxadores de elétrons aumentam a carga positiva, tornando o estado de transição da etapa lenta mais energético, fazendo com que haja uma maior barreira energética e por consequência diminuindo a velocidade da reação (Figuras 9.28 e 9.29). Podemos dizer que a nucleofilicidade do anel é aumentada pela presença de grupos doadores de elétrons e diminuída por grupos retiradores de elétrons.

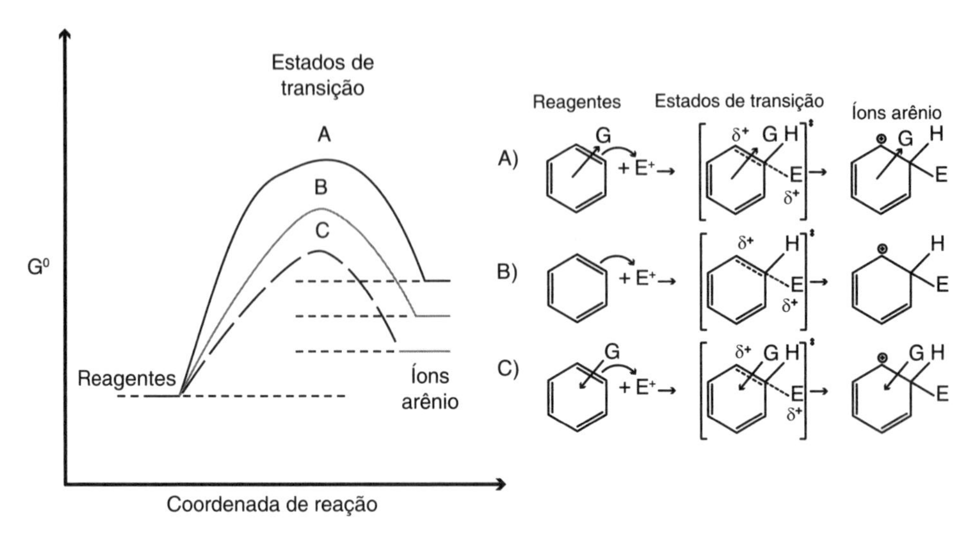

Figura 9.28 Gráfico de energia livre de Gibbs comparando os estados energéticos entre estados de transição e íons arênio em reações de SeAr entre anéis aromáticos com substituintes retiradores de elétrons (A), anel aromático sem substituinte (B) e anéis aromáticos com substituintes doadores de elétrons (C).

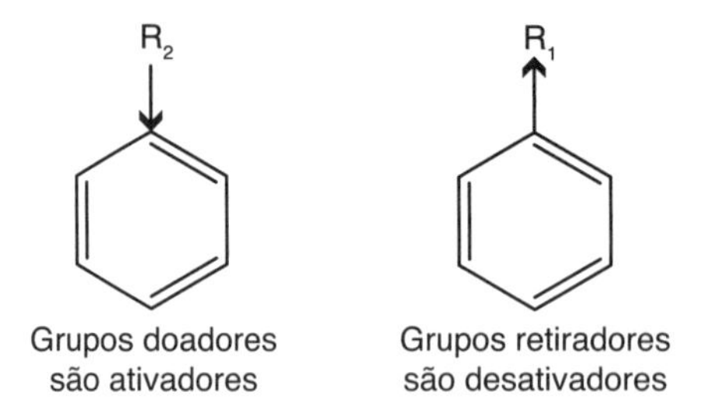

Exemplos de grupos ativadores: NH_2, OH, OR, NHR, CH_3
Exemplos de grupos desativadores: NO_2, COOH, COH

Figura 9.29 Exemplos de grupos ativadores e desativadores.

Além de ativar e desativar o anel, os substituintes podem orientar a posição de subsequentes reações do tipo SeAr. Grupos ativadores orientam nas posições *orto* e *para,* enquanto grupos desativadores em geral orientam em *meta* (com exceção dos halogênios, que são desativadores e orientadores *orto*/*para*). Vejamos a seguir alguns exemplos de orientação de anéis benzênicos substituídos que sofrem uma reação de nitração (Figura 9.30).

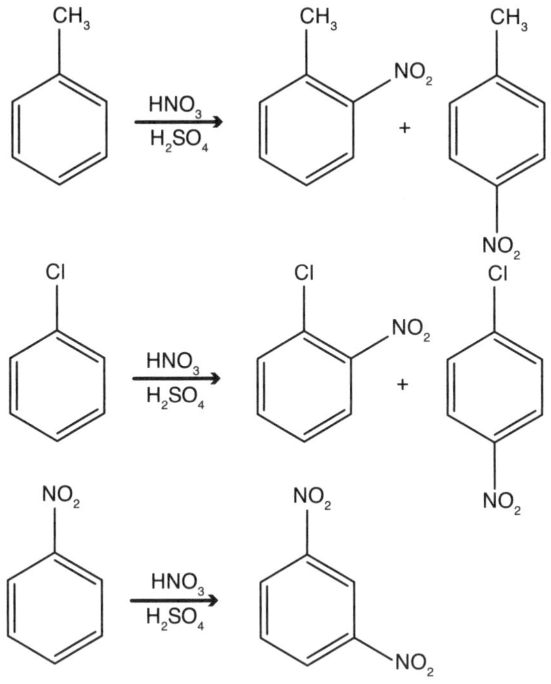

Figura 9.30 Exemplos de grupos orientadores *orto/para* e *meta*.

9.10.7 Grupos ativadores orientadores *orto/para*

A formação do íon arênio é a etapa lenta da reação SeAr e consequentemente é a etapa que controla a velocidade da reação. Para verificar como substituintes podem ser orientadores *orto/para*, devemos analisar as formas de ressonância do íon arênio. A seguir é analisada a reação de SeAr do fenol (o grupo —OH é um substituinte ativador orientador *orto/para*). Podemos observar que, quando há ataques em *orto* e *para*, o grupo —OH propicia uma quarta forma de ressonância (que não existe quando o ataque é em *meta*), em que a carga formal positiva se encontra no oxigênio. A forma de ressonância com a carga no oxigênio é particularmente mais estabilizada porque apresenta uma ligação extra e todos os seus elementos possuem o octeto completo. Comparando, então, o ataque em *orto/para* apresenta maior deslocalização da carga e uma forma de ressonância de menor energia, o que estabiliza o íon arênio e o estado de transição da etapa lenta da reação, fazendo com que sejam favoráveis diante do ataque em *meta* (Figura 9.31).

Grupos alquila, apesar de não poderem doar elétrons por ressonância, também são grupos ativadores orientadores *orto/para*. Diferentemente do grupo —OH, grupos alquila são doadores de elétrons ao anel por efeito indutivo, pois os carbonos sp^3 de grupos alquila são menos eletronegativos que o carbono sp^2 do íon arênio. A explicação para isso está no fato de que orbitais sp^2 têm maior caráter de orbital *s* (33,3% de caráter *s*) do que orbitais sp^3 (25% de caráter *s*). Os orbitais *s*, por sua geometria esférica, mantêm os elétrons mais próximos do carbono em comparação com orbitais *p*, justificando a maior eletronegatividade do carbono sp^2 (Figura 9.32).

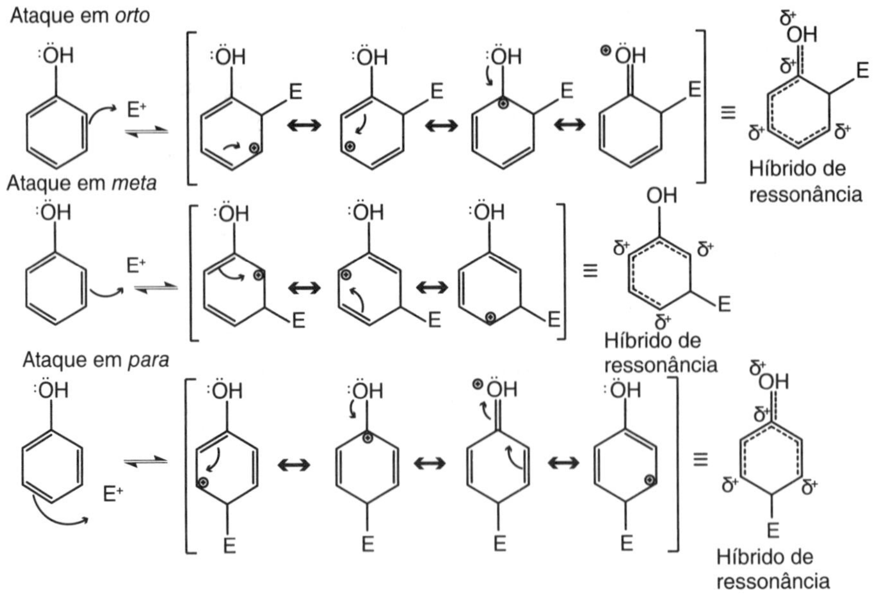

Figura 9.31 Formas de ressonância do intermediário areno em reações com anéis aromáticos com grupos ativadores orientadores *orto*/*para*.

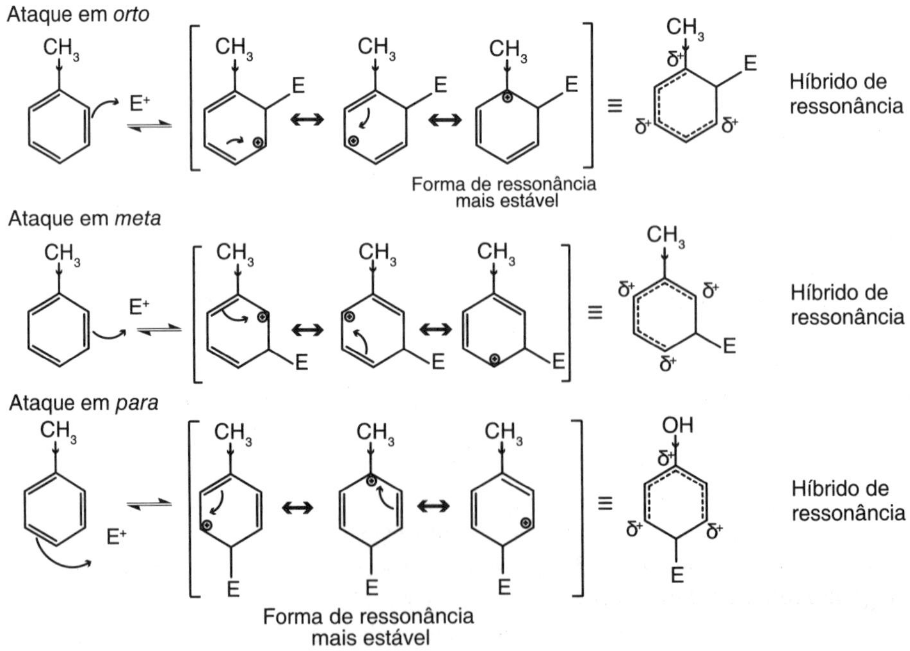

Figura 9.32 Formas de ressonância do intermediário areno de reações SeAr com anéis aromáticos substituídos com um grupo alquila.

9.10.8 Grupos desativadores orientadores *meta*

No caso do grupo nitro (um grupo desativador *meta* orientador), os intermediários (íons arênio) das substituições em *para* e *orto* são menos estabilizados por possuírem uma das formas de ressonância desestabilizada. Nessa forma de ressonância a carga positiva se encontra próxima do grupo retirador de elétrons (grupo nitro), aumentando ainda mais o caráter da carga positiva no íon arênio e no estado de transição da etapa lenta da reação, aumentando os estados de energia destes e fazendo com que a barreira energética para as reações em *orto* e *para* seja maior do que em *meta*. Unicamente quando o ataque se realiza na posição *meta*, o íon arênio carece da forma de ressonância desestabilizada, e por essa razão é mais estável do que quando o ataque ocorre nas outras posições. Há uma forte relação entre o grupo ser desativador e ser orientador *meta*, somente havendo exceção no caso dos halogênios, que são desativadores orientadores *orto/para* (Figura 9.33).

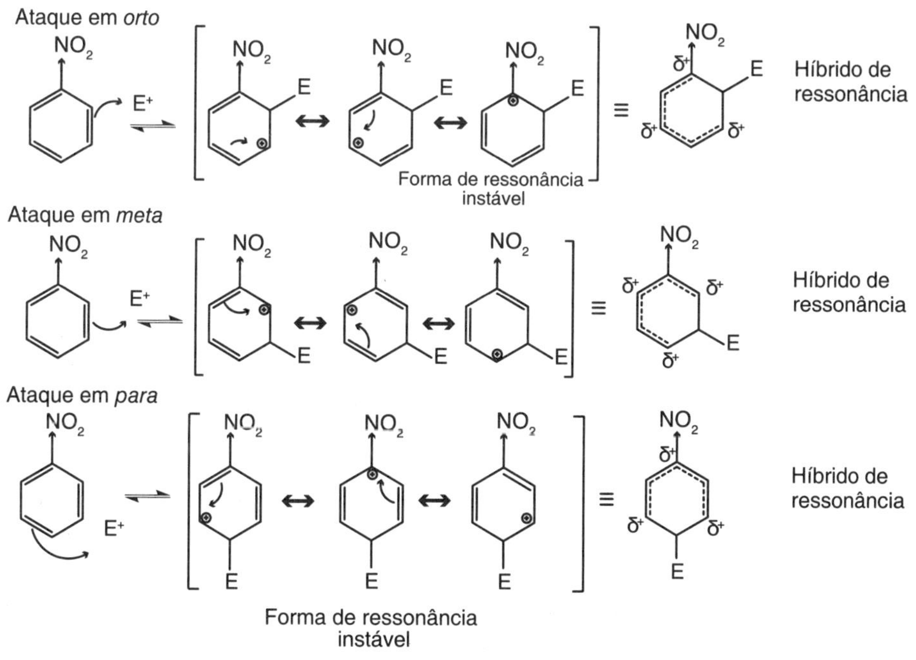

Figura 9.33 Formas de ressonância do intermediário areno em reações com anéis aromáticos com grupos desativadores orientadores *meta*.

9.10.9 Grupos desativadores orientadores *orto/para*

Os halogênios (F, Cl, Br e I) são os únicos grupos desativadores que são orientadores *orto/para*. O fato de serem desativadores se deve a serem grupos retiradores de elétrons por efeito indutivo (os halogênios são mais eletronegativos que o carbono). Por outro lado, por possuírem pares de elétrons não ligantes eles podem doar elétrons por ressonância, e isso possibilita uma maior estabilização do estado de transição da reação quando esta ocorre em *orto*/*para* (de maneira similar com o que ocorre, por exemplo, com o substituinte hidroxila) (Figura 9.34).

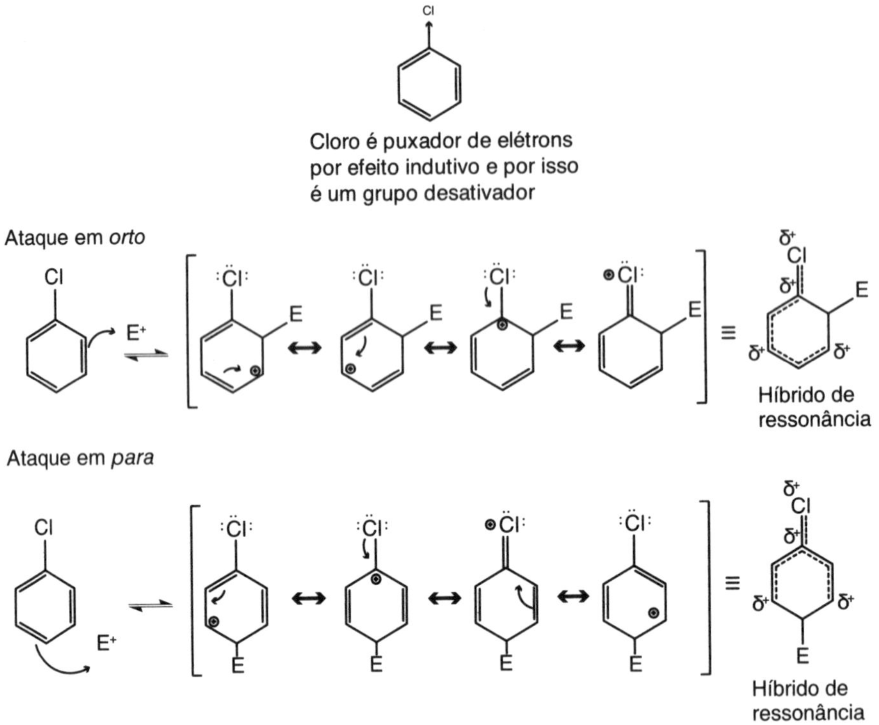

Cloro é puxador de elétrons por efeito indutivo e por isso é um grupo desativador

Ataque em *orto*

Híbrido de ressonância

Ataque em *para*

Híbrido de ressonância

Figura 9.34 Formas de ressonância do intermediário areno em reações com anéis aromáticos com grupos desativadores orientadores *orto*/*para*.

Os grupos –Cl, –Br e –I, apesar de serem menos eletronegativos que o oxigênio ou o nitrogênio, são doadores de elétrons por ressonância menos efetivos do que, por exemplo, grupos como –OH e $-NH_2$. Isso se deve ao fato de os elementos cloro, bromo e iodo possuírem uma nuvem eletrônica maior que o carbono e, por essa razão, ao doarem elétrons para o anel benzênico, terem que realizar uma sobreposição de orbitais de camadas eletrônicas distintas (no caso do cloro há uma sobreposição de seu orbital $3p$ com um orbital $2p$ do carbono). Essa sobreposição é menos efetiva do que seria se os orbitais fossem de mesma camada eletrônica. Isso leva a que esses grupos sejam desativadores na SeAr, pois, neste caso, a retirada de elétrons por efeito indutivo prevalece sobre a doação de elétrons por ressonância. O flúor, por apresentar nuvem eletrônica de tamanho similar ao carbono, consegue realizar uma sobreposição de orbital mais efetiva com o anel, sendo, portanto, o substituinte dentre os halogênios que menos desativa o anel benzênico na SeAr.

9.10.10 Classificação dos substituintes do anel aromático na SeAr

Podemos então classificar os substituintes do anel aromático em três grupos: ativadores orientadores *orto/para* (ex.: NH_2, OH, OR, NHCOR); desativadores orientadores *meta* (ex.: CN, NO_2, CF_3, COOH); e desativadores orientadores *orto/para* (ex.: F, Cl, Br, I). Dentro desses grupos também podemos realizar subdivisões de acordo com a força com a qual o substituinte ativa ou desativa o anel aromático diante de reações de substituição eletrofílica aromática (Tabela 9.1).

Tabela 9.1 Classificação dos substituintes aromáticos em relação à orientação e à velocidade da reação em reações do tipo SeAr

Grupos Ativadores	Grupos Desativadores
Orientadores *orto/para*	**Orientadores *orto/para***
—NH_2, —NHR, —OH (ativadores fortes)	—F, —Cl, —Br, —I (desativadores fracos)
—NHCOR, —OCOR, —OR (ativadores moderados)	**Orientadores *meta***
—CH_3, —R* (ativadores fracos)	—CN, —SO_3H, —COOH, COH, (desativadores moderados)
	—NO_2, —CF_3, —CCl_3 (desativadores fortes)

*R = grupo alquila.

9.10.11 Orientação em anéis aromáticos com mais de um substituinte

Quando há mais de um substituinte no anel aromático, o grupo mais ativante (ou o menos desativante) é o que orientará a entrada do eletrófilo. A seguir, temos três exemplos de reações SeAr em anéis aromáticos dissubstituídos.

No primeiro exemplo temos os grupos —OH (ativante forte) e —COH (desativante moderado). Neste caso, quem irá direcionar a entrada do grupo nitro será o grupo —OH. Por essa razão o grupo nitro entrará na posição *orto* em relação ao grupo —OH. No segundo exemplo temos um anel benzênico com os substituintes —CH_3 (ativante fraco) e —OH (ativante forte). Novamente quem direcionará a entrada do eletrófilo será —OH, e por essa razão o direcionamento desse grupo será *orto* em relação ao —OH. No terceiro e último exemplo temos a nitração do 3-nitrotolueno, que gera três produtos majoritários. Neste caso o grupo —CH_3 (ativante fraco) sobrepujará a influência do grupo —NO_2 (desativante) e orientará a entrada do novo grupo nitro nas posições *orto/para* em relação a si (Figura 9.35).

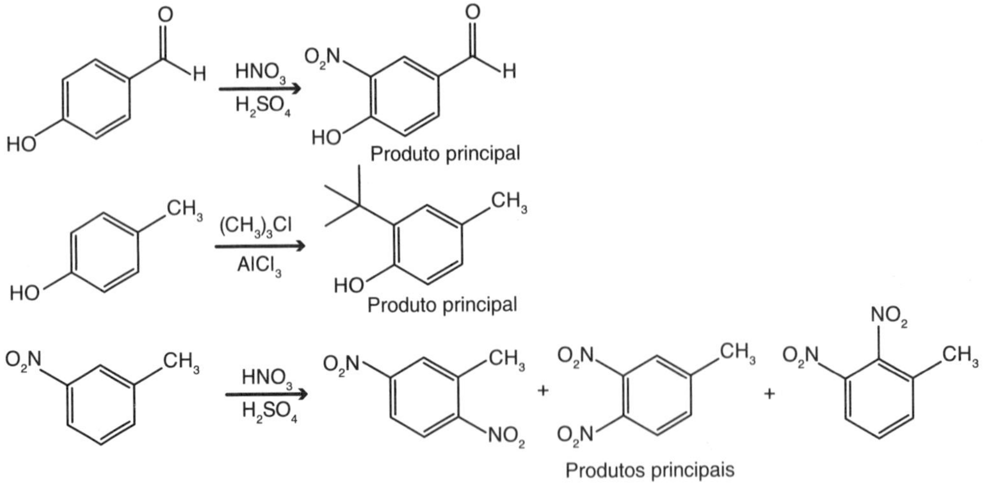

Figura 9.35 Orientação da posição de entrada do eletrófilo em compostos aromáticos dissubstituídos.

9.10.12 Estratégias sintéticas para obtenção seletiva de regioisômeros *orto* e *para*

Existem algumas estratégias sintéticas que servem para se obter seletivamente produtos com substituintes em *orto* e/ou *para*. Uma das estratégias é a utilização de um grupo ativador que cause impedimento estérico com o intuito de impedir a entrada do eletrófilo na posição *orto*.

Para sintetizar, por exemplo, a *p*-nitroanilina a partir da anilina, uma estratégia é acetilar o grupo amino usando cloreto de acetila para se obter a acetanilida. Ao se realizar a nitração da acetanilida (controlando-se a temperatura da reação), o grupo acetil bloqueará a entrada do eletrófilo na posição *orto* por impedimento estérico e a nitração ocorrerá somente na posição *para*. O grupo *N*-acetil pode ser hidrolisado em meio aquoso ácido com aquecimento para a obtenção da *p*-nitroanilina (Figura 9.36).

Se em vez disso quisermos obter a *o*-nitroanilina, uma das estratégias possíveis seria fazer uso de um grupo bloqueador na posição *para*. Partindo-se da acetanilida é possível realizar uma sulfonação seletiva na posição *para*, devido ao impedimento estérico entre o grupo acetamina e o eletrófilo. A etapa seguinte é a nitração seletiva em *orto* (uma vez que a posição *para* está bloqueada). Finalmente, a última etapa é a hidrólise simultânea dos grupos acetil e sulfonil em meio ácido aquoso (Figura 9.37).

9.11 Sais de diazônio

Uma química importante e versátil utilizada para a síntese de compostos aromáticos é a química do sal de diazônio. Compostos com essa função química podem ser obtidos facilmente pela reação de anilinas com nitrito de sódio em meio aquoso ácido (Figura 9.38).

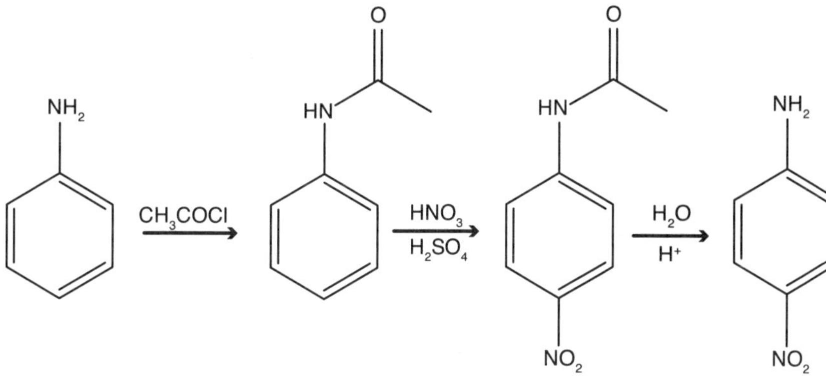

Figura 9.36 Síntese da *p*-nitroanilina.

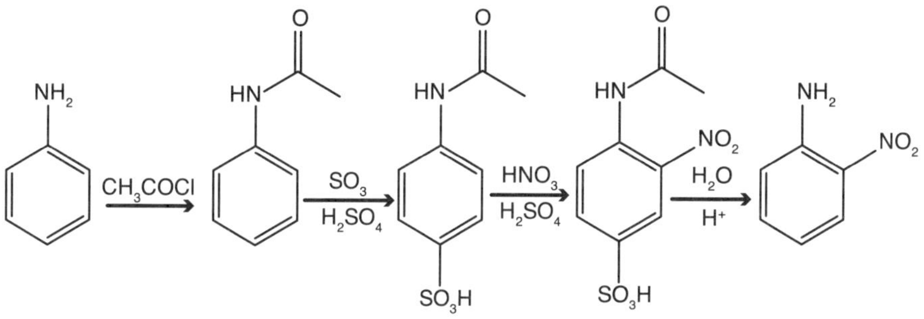

Figura 9.37 Síntese da *o*-nitroanilina.

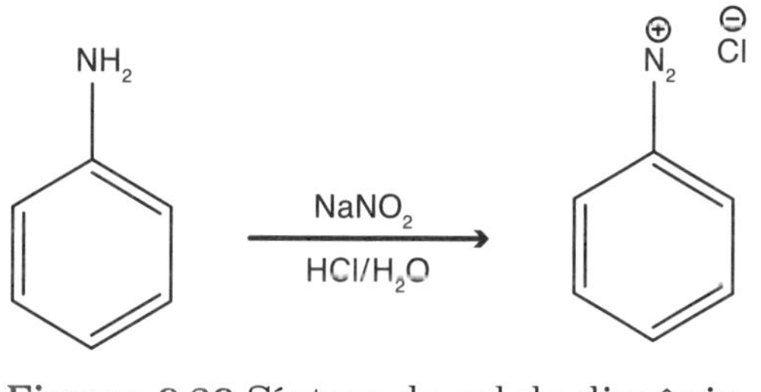

Figura 9.38 Síntese de sal de diazônio.

O mecanismo de formação do sal de diazônio possui como suas primeiras etapas a transferência de dois prótons para o ânion nitrito e a posterior eliminação de água e formação do eletrófilo da reação que é o íon nitrosônio. Na etapa seguinte, um par de elétrons não ligantes do nitrogênio da anilina ataca o íon nitrosônio. Posteriormente, subsequentes transferências de prótons ocorrem, culminando na perda de uma molécula

de água e na formação do sal de arenodiazônio. Podemos ver que o diazônio possui duas estruturas de ressonância, fazendo com que a carga positiva esteja distribuída entre os dois átomos de nitrogênio (Figura 9.39).

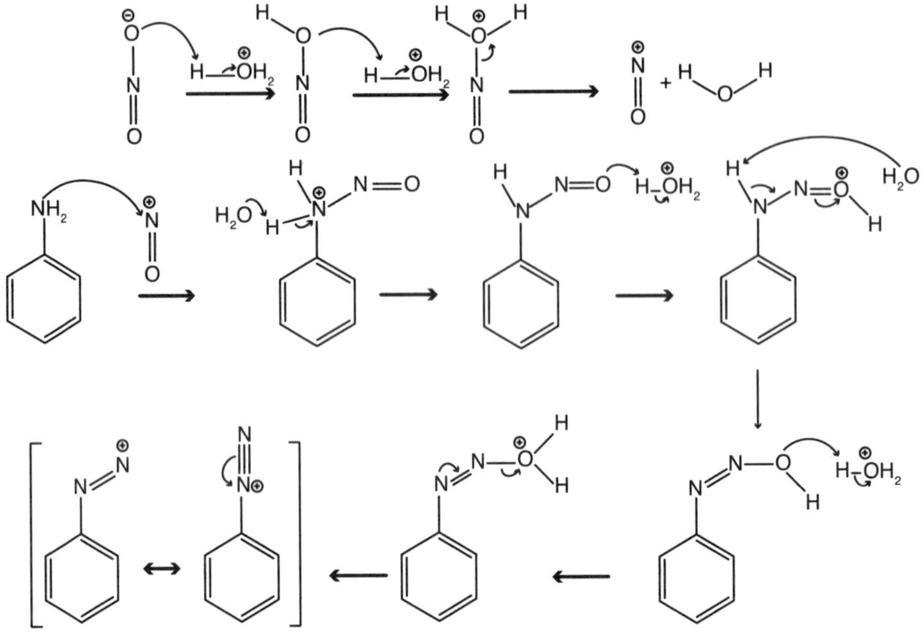

Figura 9.39 Mecanismo de reação proposto para a formação de sal de arenodiazônio a partir da anilina.

Os sais de arenodiazônio são úteis como intermediários de reação. Esses compostos podem ter seu grupo diazônio substituído por diversos outros substituintes, como exemplificado a seguir (Figura 9.40). As reações desse tipo catalisadas por sais de cobre são conhecidas usualmente como reações de Sandmeyer.

Outro uso para os sais de diazônio é como intermediário sintético para a obtenção de diazocompostos. Essa classe de compostos químicos é muito versátil e já foi utilizada para a síntese de corantes (ex.: vermelho de monolite), indicadores de pH (ex.: alaranjado de metila) e antibióticos (ex: prontosil) (Figura 9.41).

Para a obtenção de diazocompostos parte-se de um sal de diazônio (o eletrófilo da reação) e um composto aromático com um grupo ativador (o nucléofilo da reação). A reação se procede de maneira similar aos exemplos de SeAr vistos anteriormente. Um par de elétrons do anel aromático ataca o sal de diazônio, formando o íon arênio, que recupera sua aromaticidade através da perda de um próton (Figura 9.42).

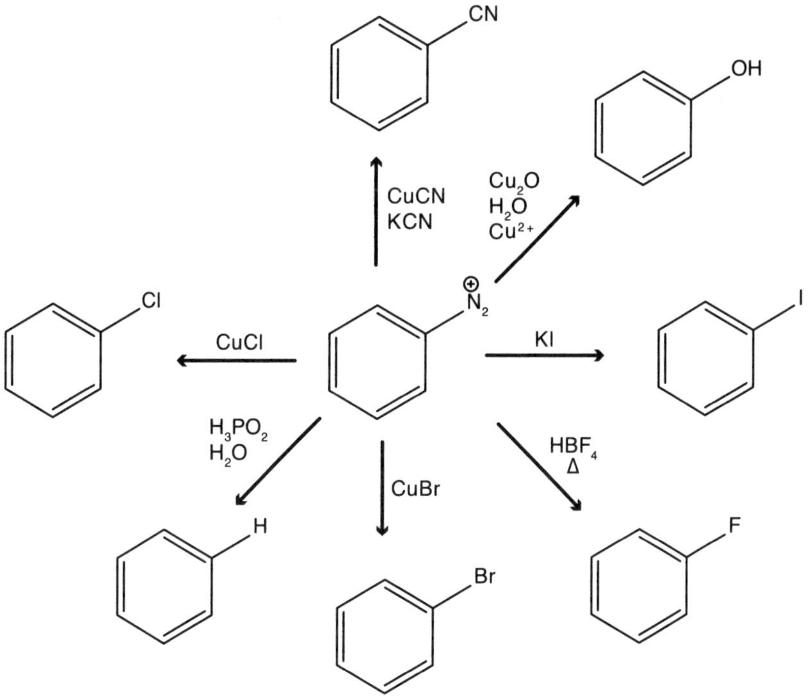

Figura 9.40 Síntese de derivados aromáticos através da substituição do grupo diazônio.

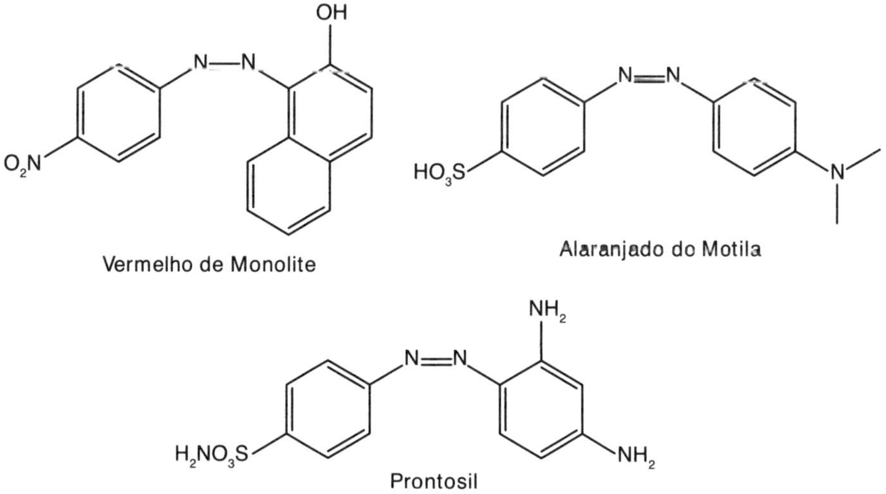

Figura 9.41 Exemplos de diazocompostos.

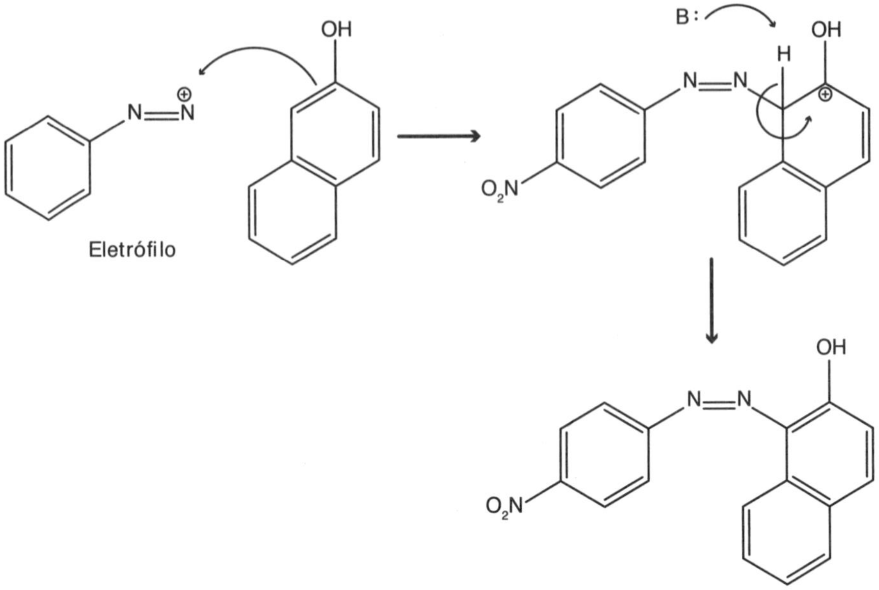

Eletrófilo

Vermelho de Monolite

Figura 9.42 Mecanismo proposto para a última etapa de síntese do corante vermelho de monolite.

9.12 Substituição nucleofílica aromática (SnAr)

Além da SeAr, os compostos aromáticos também sofrem reações de substituição nucleofílica aromática (SnAr), em que o composto aromático faz o papel de eletrófilo da reação. Existem dois tipos principais de SnAr: SnAr do tipo adição seguida de eliminação e a SnAr do tipo eliminação seguida de adição.

Começaremos pela reação do tipo adição seguida de eliminação. Para ocorrer esse tipo de SnAr, é necessário que o anel contenha pelo menos um grupo retirador de elétrons na posição *orto* e/ou *para* ao grupo de saída. Compostos que não atendam a esse requisito não reagem por SnAr em condições reacionais normais. Além disso, também é necessária a presença no anel de um bom grupo de saída (no exemplo a seguir, o cloreto), que será substituído pelo nucleófilo da reação (no exemplo a seguir, o ânion hidróxido) (Figura 9.43).

O mecanismo proposto para a substituição nucleofílica aromática se inicia com o ataque do nucleófilo ao carbono ligado ao grupo de saída (etapa lenta da reação). O intermediário aniônico formado é estabilizado por ressonância, possuindo uma forma de ressonância extra em que a carga negativa é estabilizada pelo grupo retirador de elétrons (sem essa estabilização a SnAr não ocorre). É interessante perceber que, neste caso, grupos como o nitro, que são desativadores para a SeAr, passam a ser ativadores da SnAr (Figura 9.44).

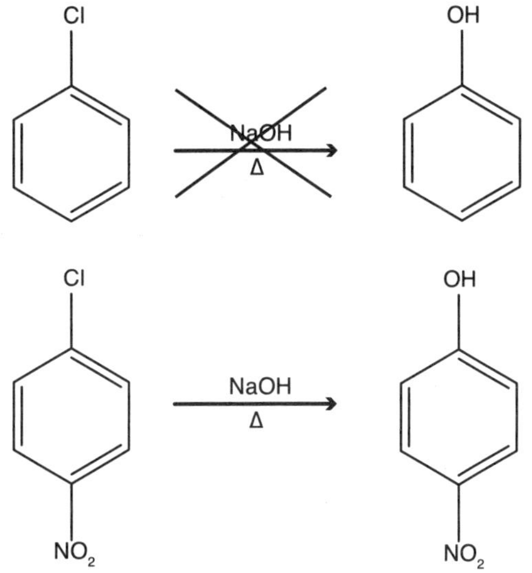

Figura 9.43 Substituição nucleofílica aromática de um halogênio por uma hidroxila.

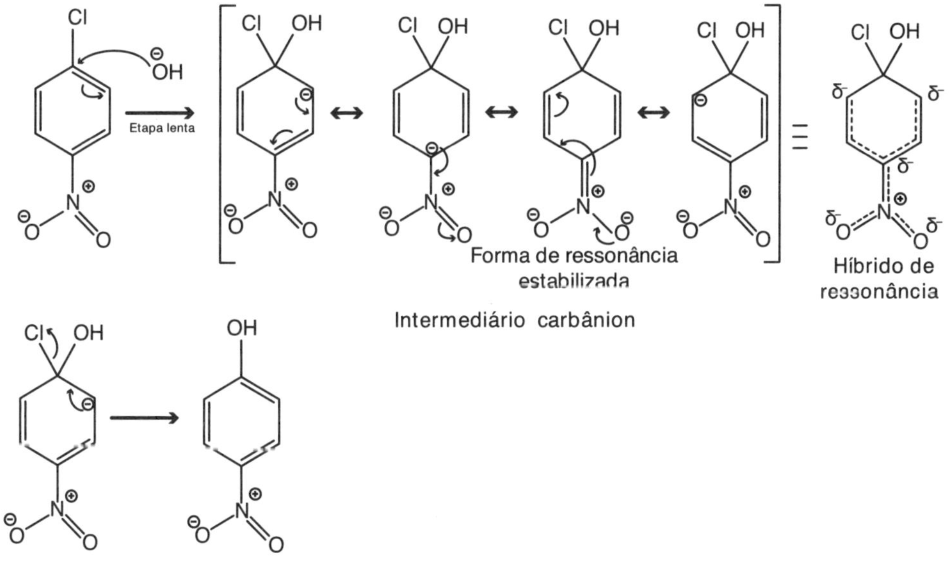

Figura 9.44 Mecanismo de reação de substituição nucleofílica aromática.

Como dito anteriormente, grupos como o nitro só favorecem a SnAr caso estejam nas posições *orto/para* em relação ao grupo de saída. Isso ocorre porque a forma extra de ressonância não ocorre quando o grupo nitro está em *meta* com relação ao grupo abandonador, como podemos ver a seguir (Figura 9.45).

Grupo puxador de elétrons em *orto*

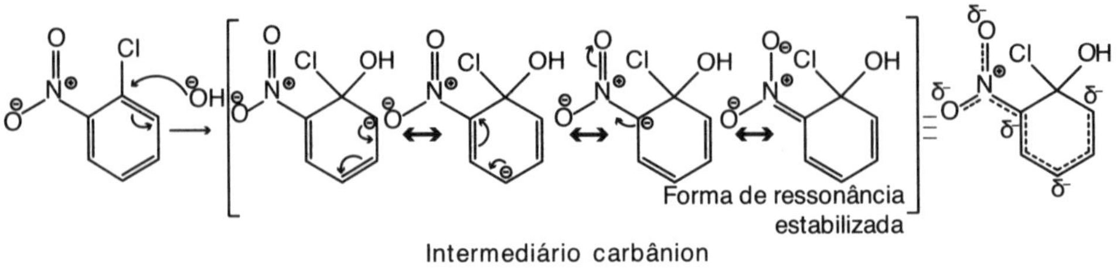

Forma de ressonância estabilizada

Intermediário carbânion

Grupo puxador de elétrons em *meta*

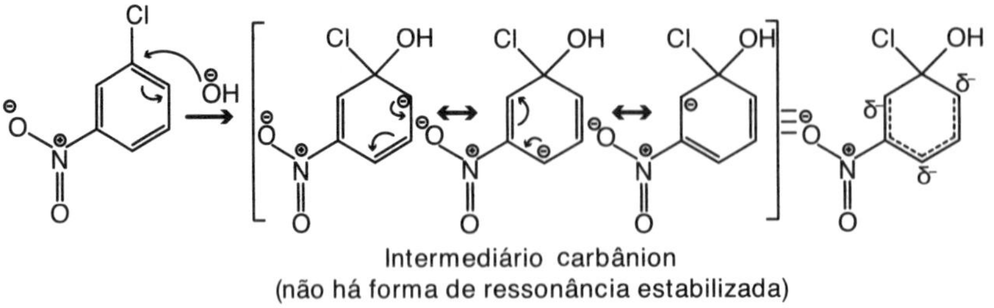

Intermediário carbânion
(não há forma de ressonância estabilizada)

Figura 9.45 Formas de ressonância do intermediário aniônico de uma substituição nucleofílica aromática do *o*-cloro-nitrobenzeno e do *m*-cloro-nitrobenzeno com hidróxido de sódio.

Outra questão importante sobre a reação SnAr do tipo adição seguida de eliminação é a influência do grupo de saída na ordem de reatividade. De maneira oposta ao apresentado para reações de substituição de compostos alifáticos (Capítulo 7), nas reações de SnAr do tipo adição-eliminação os anéis benzênicos com –F como grupo abandonador são mais reativos do que os com –I (Figura 9.46). Isso ocorre porque a saída do grupo abandonador não participa da etapa lenta da reação (formação do intermediário carbânion) e, portanto, o fato de o flúor possuir uma ligação mais forte com o carbono do que os outros halogênios ou de que o fluoreto seja uma base mais forte se comparado aos outros íons haleto não influenciará na velocidade da reação.

Neste caso, a maior eletronegatividade do flúor se comparado aos outros haogênios diminuirá a densidade eletrônica do intermediário aniônico, estabilizando-o e, por consequência, diminuindo a barreira energética necessária para gerá-lo, aumentado a velocidade da reação (Figura 9.46).

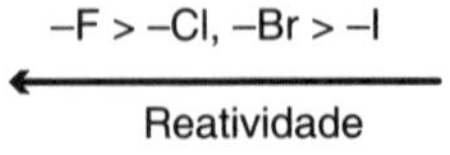

–F > –Cl, –Br > –I

← Reatividade

Figura 9.46 Influência do grupo abandonador em uma reação SnAr do tipo adição-eliminação.

O mecanismo da reação SnAr do tipo eliminação-adição passa por uma espécie conhecida como benzino (1,2-didesidrobenzeno pela nomenclatura da IUPAC), que nada mais é que um anel benzênico com uma ligação extra perpendicular ao sistema conjugado. O benzino é uma espécie altamente reativa e na maioria das vezes a sua existência só pode ser inferida indiretamente pelo tipo de produto gerado pelas suas reações com outros compostos (Figura 9.47).

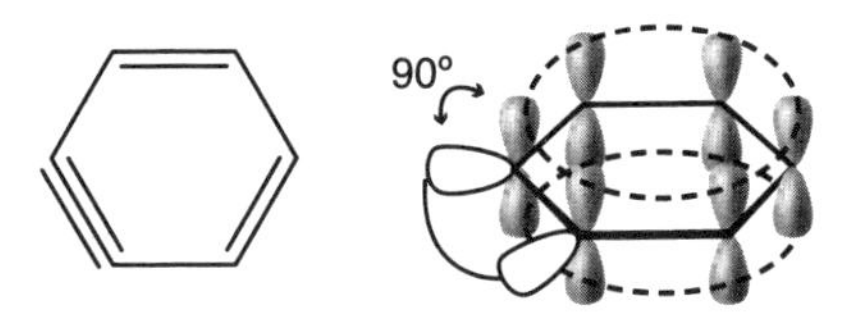

Figura 9.47 Estrutura do benzino e representação de seus orbitais *p*.

A SnAr do tipo eliminação-adição pode ocorrer com o clorobenzeno, por exemplo, quando este reage com uma base muito forte, como é o caso do amideto (pK_a do ácido conjugado = 23). O mecanismo proposto para essa reação se inicia com a abstração de um próton do anel aromático pelo amideto, o par de elétrons não ligantes que fica no anel forma uma nova ligação, perpendicular ao sistema conjugado, eliminando o cloreto e formando o intermediário benzino (Figura 9.48).

Indícios de que o mecanismo da reação apresentada na Figura 9.47 passa pelo intermediário benzino foram levantados por meio de um experimento no qual se reagiu clorobenzeno marcado com carbono 14 (na Figura 9.49, o carbono assinalado com um asterisco). Nesse experimento, foram formados dois produtos na mesma proporção: um produto com o grupo amino ligado diretamente ao carbono marcado e outro com o grupo amino em posição *orto* ao carbono marcado (Figura 9.49). Esses resultados estão de acordo com o mecanismo que passa pelo intermediário benzino, mas vão contra o possível mecanismo de adição/eliminação, em que o grupo amino deveria entrar somente na mesma posição do grupo de saída.

Outro indício do mecanismo via benzino é a reação do *p*-bromotolueno com amideto de sódio em amônia líquida. Podemos observar a formação de dois regioisômeros com uma razão molar próxima de 1:1, o que não seria possível em uma SnAr do tipo adição-eliminação (Figura 9.50).

9.13 Reações diversas de compostos aromáticos

Nesta seção serão descritas algumas reações importantes realizadas por compostos aromáticos que não estão inseridas nos arquétipos reacionais anteriormente descritos neste capítulo. Essas reações são importantes como ferramentas para a síntese de diversos derivados aromáticos.

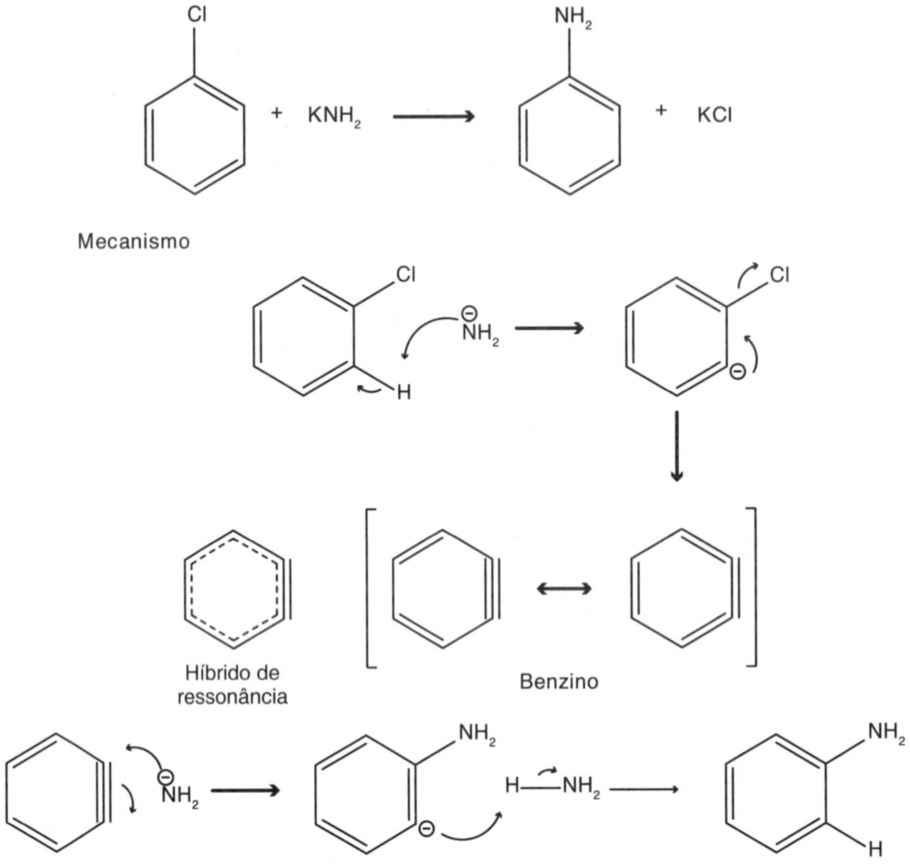

Mecanismo

Híbrido de ressonância

Benzino

Figura 9.48 Reação e mecanismo de SnAr do tipo eliminação-adição.

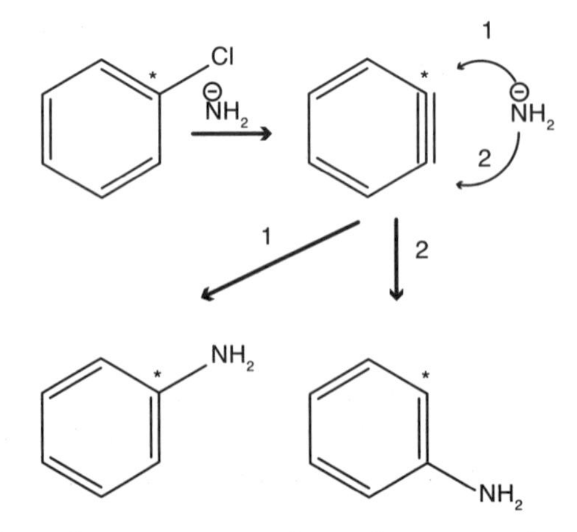

Figura 9.49 Indício de que o mecanismo de reação do clorobenzeno com amideto de sódio passa pelo intermediário benzino.

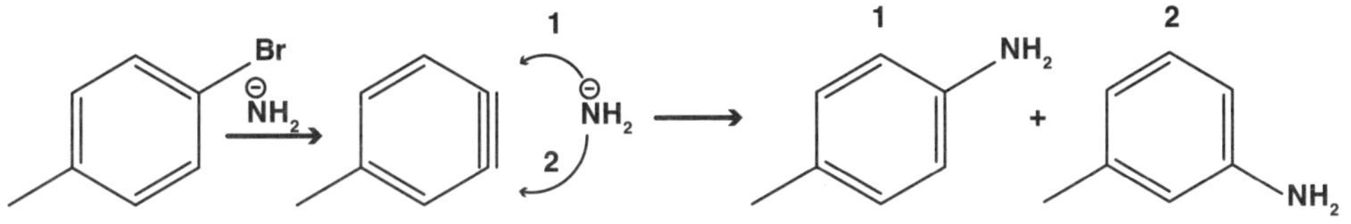

Figura 9.50 Reação do *p*-bromotolueno com amideto de sódio via benzino.

A conversão do grupo nitro aromático em grupo amino é convencionalmente realizada por catálise de ferro metálico em solução aquosa de ácido clorídrico. Hidrogênio molecular é gerado através de uma reação de oxirredução entre o metal e o ácido e é o responsável pela reação de redução (Figura 9.51).

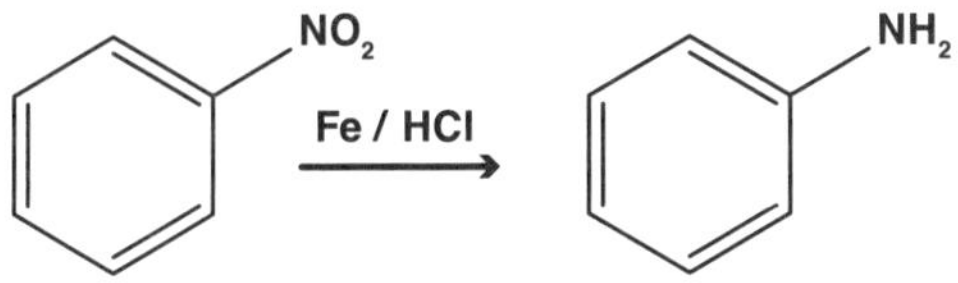

Figura 9.51 Redução de grupo nitroaromático catalisada for ferro metálico em solução aquosa de ácido clorídrico.

A redução de Clemensen é uma reação utilizada para a conversão de fenilalquilcetonas em derivados alquil benzênicos. A redução é feita usando-se uma amálgama de zinco e mercúrio em solução aquosa de ácido clorídrico (Figura 9.52). A acilação de Friedel-Crafts seguida da redução de Clemensen pode ser uma boa alternativa para se contornar as limitações da alquilação de Friedel-Crafts (Seção 9.10.4), pois dessa maneira evitam-se reações de rearranjo e o risco de polialquilação.

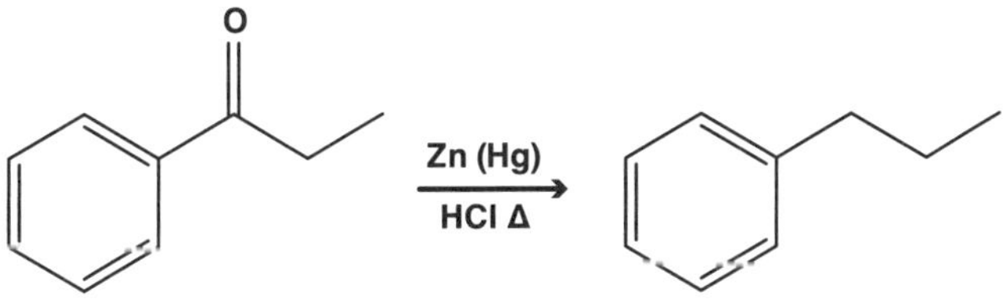

Figura 9.52 Redução de Clemensen.

A oxidação da cadeia lateral benzílica ao grupo carboxílico pode ser feita com o uso de permanganato de potássio em meio básico a quente e posterior acidificação do meio, de maneira similar à metodologia para oxidação de alcenos (Figura 9.53).

A última reação a ser apresentada nesta seção é a bromação α benzílica. Para essa reação, comumente se faz uso da *N*-bromossuccinimida (NBS) (Figura 9.54). O mecanismo dessa reação é radicalar.

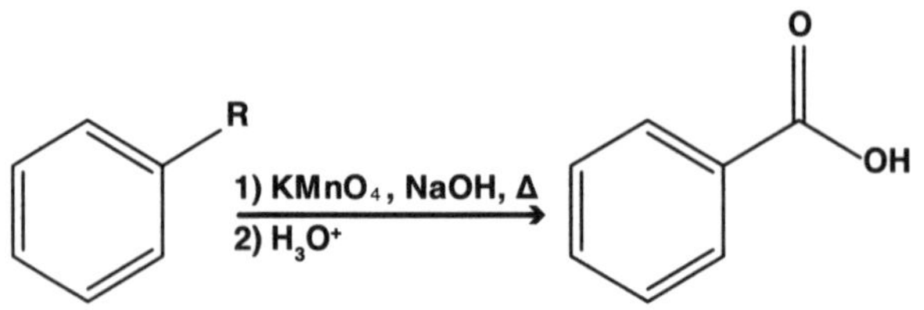

Figura 9.53 Oxidação do carbono α benzílico ao grupo carboxílico através de reação com permanganato de potássio.

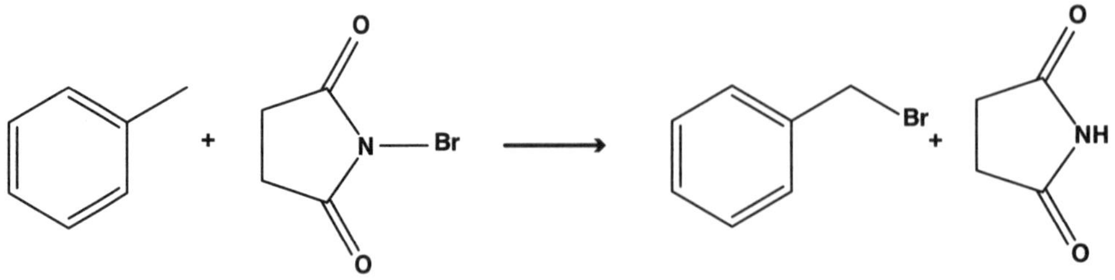

Figura 9.54 Reação de bromação da cadeia lateral do anel benzênico através do uso de NBS.

O mecanismo dessa reação se inicia com o rompimento homolítico da ligação nitrogênio-bromo da NBS. O bromo radical formado é capaz de levar a um rompimento homolítico da ligação carbono hidrogênio do grupo alquila, obtendo-se um radical benzílico e ácido bromídrico. O ácido bromídrico protona a carbonila da NBS e posteriormente o brometo ataca o bromo da NBS, levando à formação de bromo molecular e succinimida. Esse bromo molecular ataca o radical benzílico, levando à formação do produto bromado e regenerando o bromo radical (Figura 9.55).

9.14 Estratégias sintéticas para síntese de derivados aromáticos

O uso de todas as ferramentas aprendidas neste capítulo em uma rota sintética pode levar à possibilidade de síntese de uma infinidade de derivados aromáticos. Veremos dois derivados aromáticos nesta seção, e, com estes, serão feitos exercícios de imaginação de rotas sintéticas partindo-se do benzeno, lembrando que é provável que as rotas descritas não sejam necessariamente as executadas pelas indústrias químicas e que mais de uma rota química pode ser proposta para cada produto. O objetivo principal desta seção é uma concatenação de todas as reações de compostos aromáticos aprendidas no capítulo.

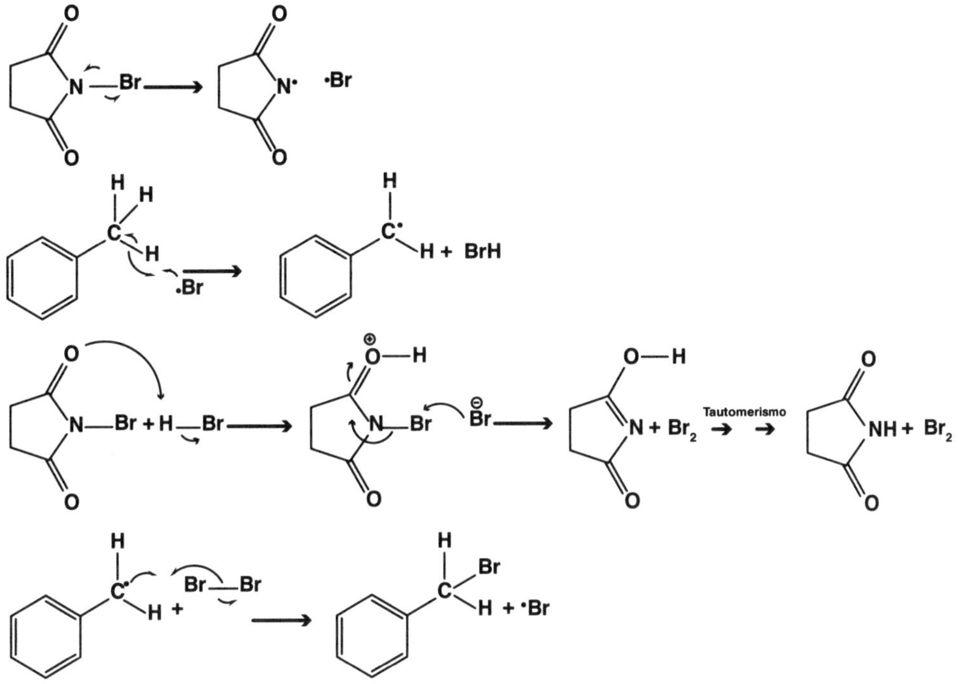

Figura 9.55 Mecanismo da reação de bromação da cadeia lateral do anel benzênico através do uso de NBS.

O primeiro produto a ser discutido será o ácido *m*-nitrobenzoico. A primeira etapa da rota proposta é uma alquilação de Friedel-Crafts usando-se cloreto de metila e catalisada por cloreto de alumínio (usa-se um excesso de benzeno para minimizar a formação de subprodutos polialquilados). Na etapa seguinte, buscou-se a oxidação do grupo lateral usando permanganato de potássio em meio alcalino a quente. Uma vez que o grupo carboxílico é um grupo orientador *meta,* é possível reagir-se o intermediário com a mistura sulfonítrica para a obtenção do produto final (Figura 9.56).

O outro exemplo a ser apresentado é a síntese da 3,5-di-hidroxiacetofenona. A rota proposta começa com uma acilação de Friedel-Crafts e segue com uma dupla nitração nas posições *meta* em relação ao grupo acil. Os grupos nitro podem ser reduzidos em grupos amino pela reação com ácido clorídrico e ferro metálico. Em seguida, os grupos amino podem ser transformados em sal de diazônio usando-se nitrito de sódio em meio ácido e posteriormente, através de uma reação desse intermediário com água na presença de Cu^+ e CuO, podem ser convertidos em grupo hidroxila (Figura 9.57).

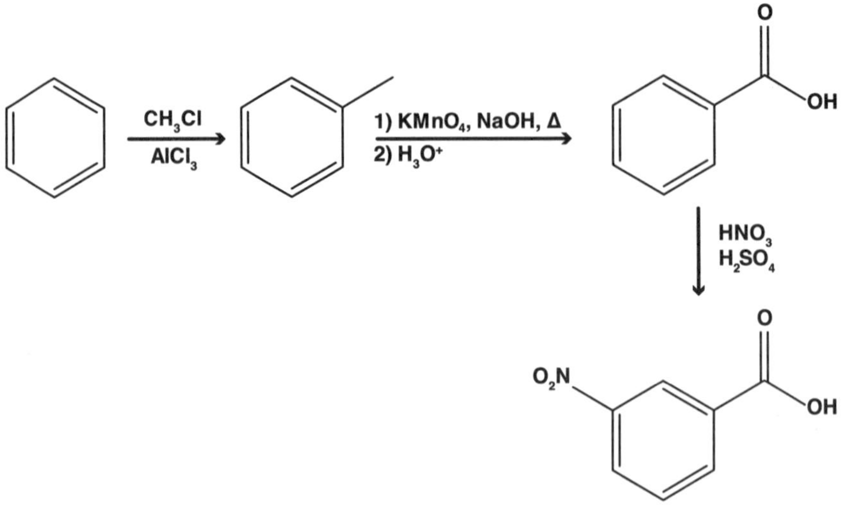

CH_3Cl
$AlCl_3$
1) $KMnO_4$, NaOH, Δ
2) H_3O^+
O
OH
HNO_3
H_2SO_4
O
O_2N
OH

Figura 9.56 Rota sintética proposta para obtenção do ácido *m*-nitrobenzoico.

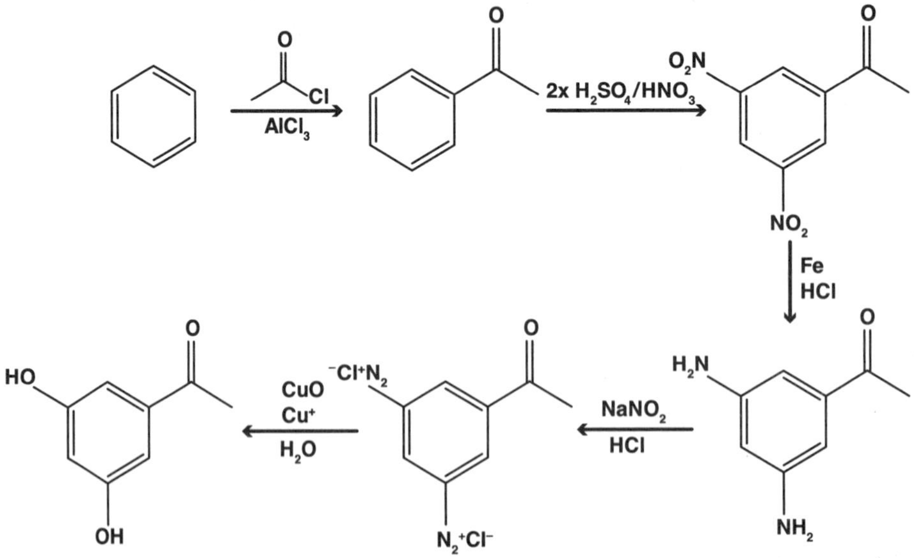

O
Cl
$AlCl_3$
O
2x H_2SO_4/HNO_3
O
O_2N
NO_2
Fe
HCl
O
H_2N
NH_2
$NaNO_2$
HCl
O
$^-Cl^+N_2$
$N_2^+Cl^-$
CuO
Cu^+
H_2O
O
HO
OH

Figura 9.57 Rota sintética proposta para obtenção da 1,3-di-hidroxiacetofenona.

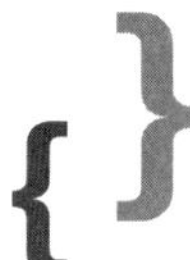

Considerações do Capítulo

Neste capítulo foram apresentados e discutidos os aspectos mecanísticos e sintéticos das reações dos compostos aromáticos.

Exercícios

9.1 Qual dos seguintes compostos você esperaria que fosse aromático? Justifique.

(a) 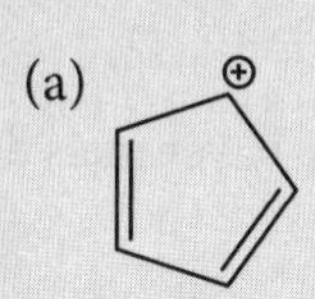

(b) 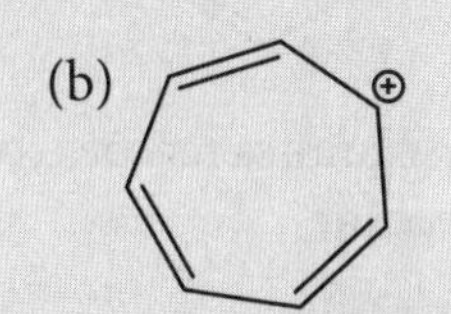

(c) 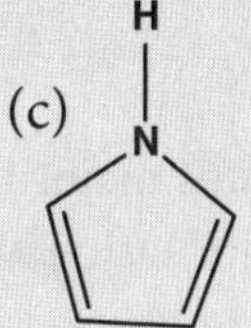

(d) 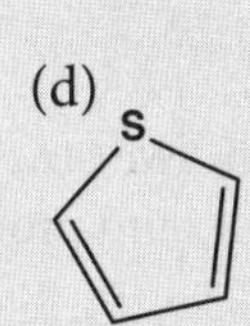

(e)

(f) 

(g) 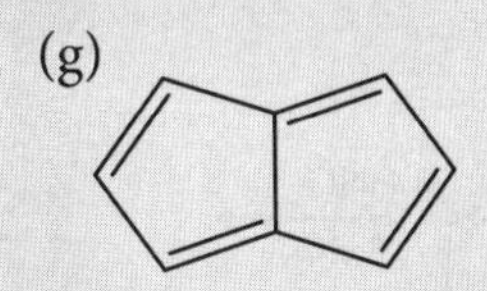

(h) 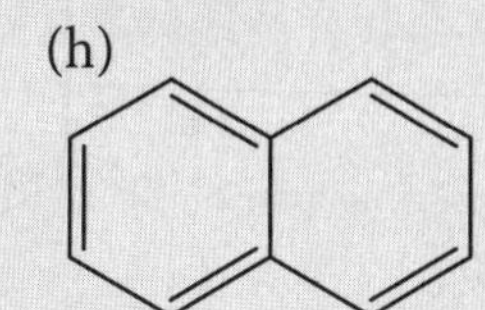

9.2 Justifique o fato de o pirrol ser menos básico que a piridina.

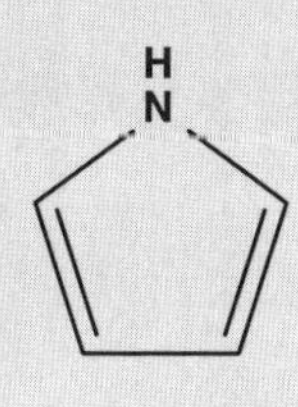

Pirrol

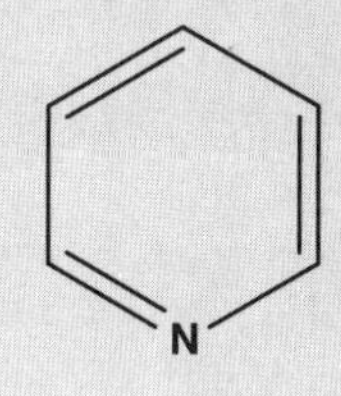

Piridina

9.3 Dê os principais produtos de nitração no anel aromático dos seguintes compostos.

(a) 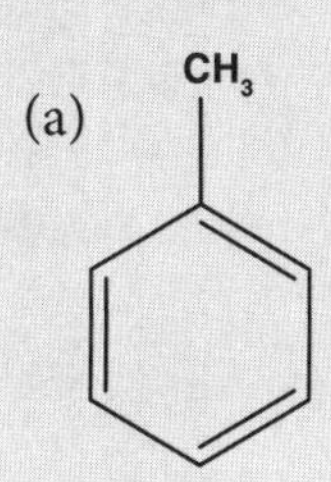

(b) 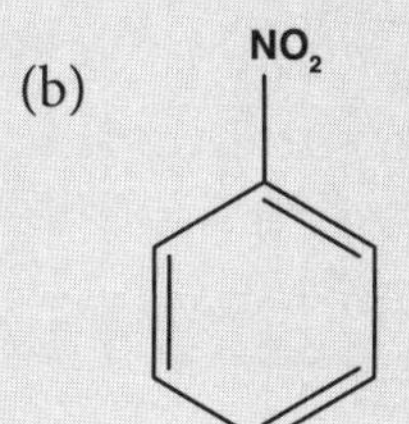

(c) 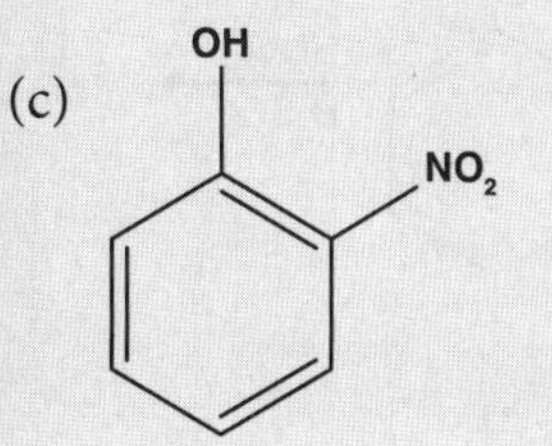

(d) 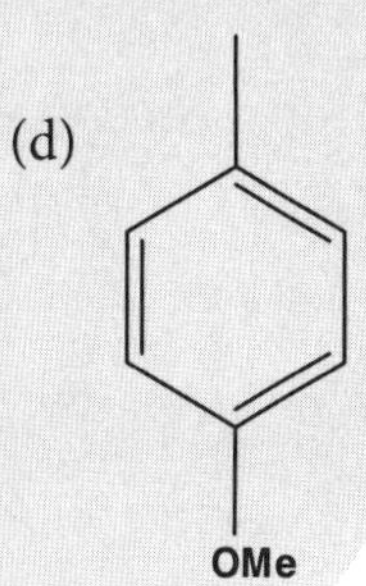

9.4 Proponha uma rota sintética para cada um dos seguintes produtos partindo do benzeno:

(a) 2,4,6-trinitrotolueno

(b) *p*-metil-*terc*-butilbenzeno

(c) 1-bromo-3,5-dinitrobenzeno

(d)

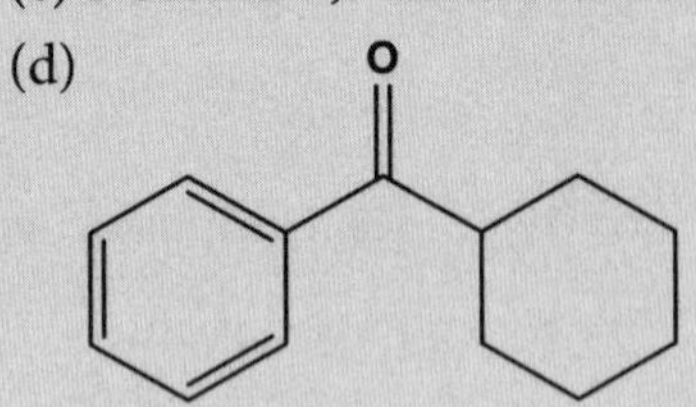

9.5 Mostre os produtos majoritários das seguintes reações (pode haver mais de um produto majoritário para cada reação).

(a) $\xrightarrow[H_2SO_4]{HNO_3}$

(b) OH, Br $\xrightarrow[Br_2]{FeCl_3}$

(c) OH, O $\xrightarrow[H_2SO_4]{HNO_3}$

9.6 O prontosil foi um dos primeiros antibacterianos a ser desenvolvido. A molécula de prontosil é um exemplo de um diazocomposto e pode ser sintetizada através da reação de um sal de diazônio aromático com um segundo composto aromático. Apresente a reação para a síntese do prontosil.

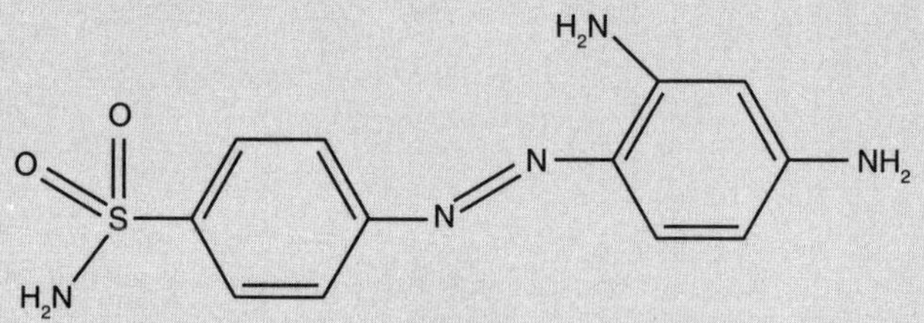

Prontosil

9.7 Explique, usando estruturas químicas, por que o grupo nitro é desativador na substituição eletrofílica aromática e ativador na substituição nucleofílica aromática.

Desafios

9.1 A seguinte reação passa por um intermediário do tipo benzino. Explique, por meio do mecanismo da reação, por que ela apresenta majoritariamente o produto apresentado.

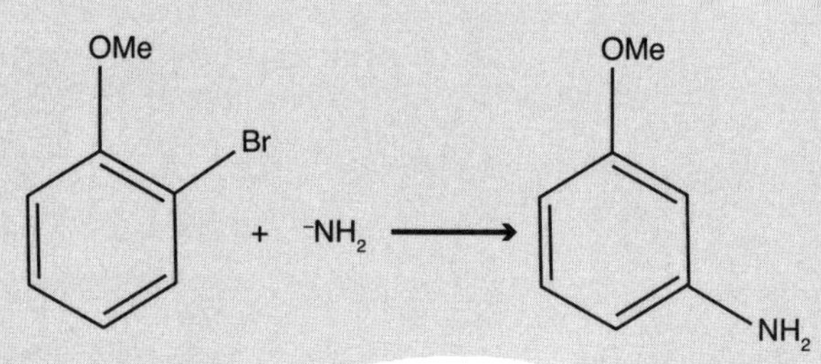

9.2 O desinfetante creolina consiste na mistura dos três isômeros (*orto*, *meta* e *para*) do cresol. Como você faria para sintetizar o *orto*-cresol a partir do tolueno? (Não é necessário apresentar os mecanismos.)

o-Cresol

9.3 Proponha uma rota sintética para os dois seguintes produtos partindo do benzeno.

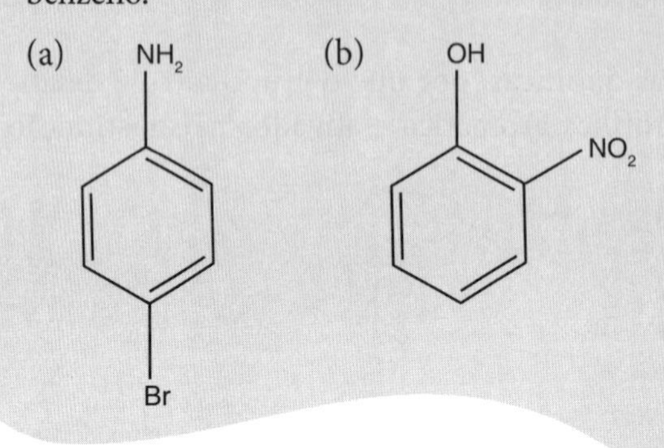

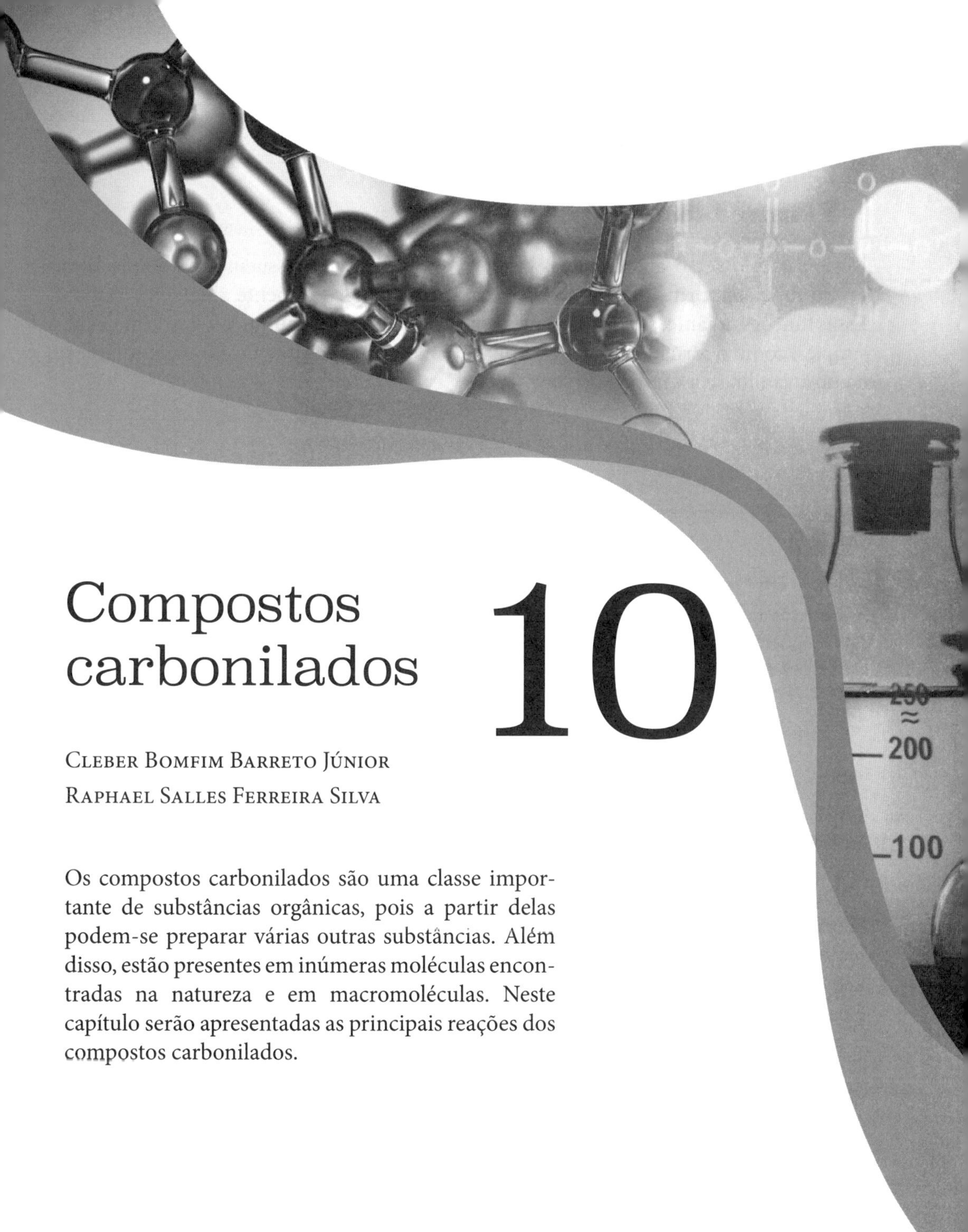

Compostos carbonilados 10

Cleber Bomfim Barreto Júnior
Raphael Salles Ferreira Silva

Os compostos carbonilados são uma classe importante de substâncias orgânicas, pois a partir delas podem-se preparar várias outras substâncias. Além disso, estão presentes em inúmeras moléculas encontradas na natureza e em macromoléculas. Neste capítulo serão apresentadas as principais reações dos compostos carbonilados.

10.1 Reações de adição à carbonila

10.1.1 Introdução

Neste capítulo serão abordadas as reações de adição que possuem a carbonila como grupo funcional principal em sua estrutura, mais especificamente aldeídos e cetonas. Essas funções orgânicas estão presentes em vários compostos químicos, desde moléculas simples, como o formaldeído e a acetona, até moléculas com esqueleto mais complexo, como a vanilina e a carvona (Figura 10.1).

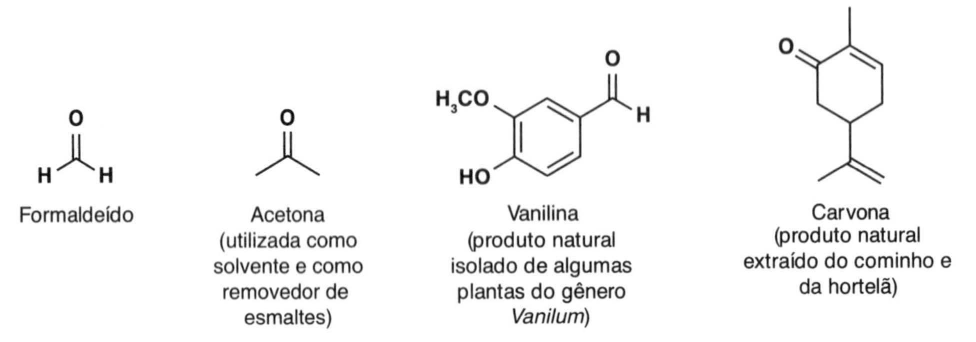

Figura 10.1 Exemplo de algumas moléculas que possuem as funções aldeídos ou cetonas em sua estrutura.

A nomenclatura utilizada para cetonas e aldeídos já foi discutida nos tópicos do Capítulo 2.

Devido à presença de uma dupla ligação do carbono da carbonila com o oxigênio, ocorre uma polarização da ligação, tornando o carbono eletrofílico (ocasionado pela maior eletronegatividade do átomo de oxigênio). Isso o torna um ótimo centro eletrofílico e, portanto, pode sofrer o ataque de espécies nucleofílicas. O oxigênio da carbonila é básico o suficiente para reagir com ácidos de Lewis ou Brønsted-Lowry, catalisando a transformação química.

Essa característica presente nos aldeídos e cetonas torna esses grupos muito reativos para realizarem inúmeras transformações químicas e gerar diversas outras funções orgânicas. A polarização da ligação da carbonila pode ser vista na Figura 10.2.

10.1.2 Características que influenciam na reatividade das carbonilas perante a adição nucleofílica

Apesar de tanto os aldeídos quanto as cetonas reagirem através da adição nucleofílica no carbono da carbonila, os aldeídos são mais reativos que as cetonas devido aos fatores estéricos e eletrônicos:

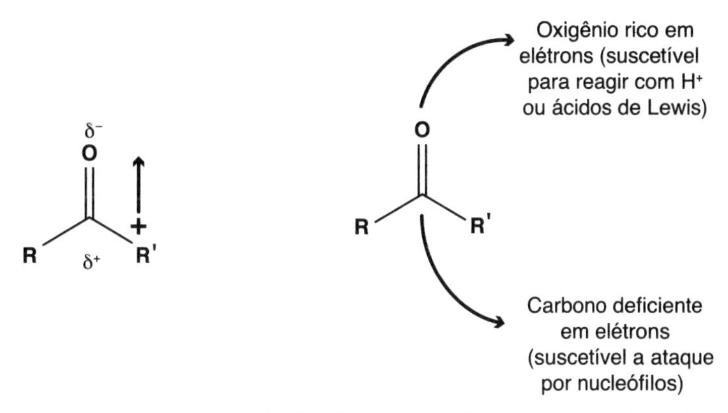

Figura 10.2 Densidade eletrônica do grupo carbonila.

- Fatores estéricos: aldeídos possuem um grupo alquil e um hidrogênio ligados a carbonila, logo têm menor impedimento estérico. Cetonas possuem dois grupos alquil ligados a carbonila, por isso são mais volumosos (maior impedimento estérico), o que dificulta o nucleófilo de se aproximar do carbono da carbonila para formar uma ligação. Portanto, são menos reativos que aldeídos (Figura 10.3).

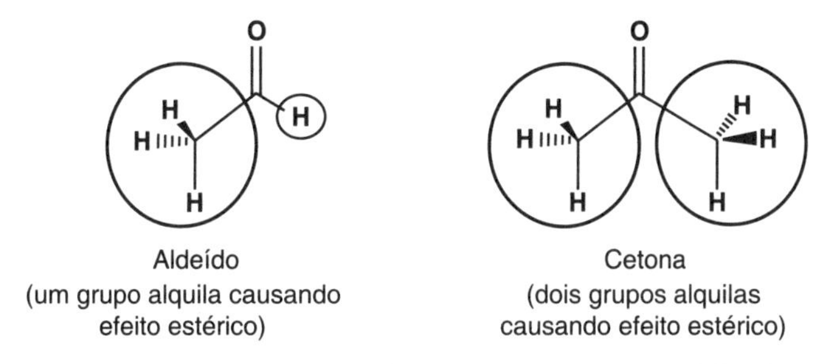

Figura 10.3 Representação dos efeitos estéricos nos aldeídos e cetonas.

- Fatores eletrônicos: grupos alquila conseguem doar elétrons às carbonilas por meio de efeito indutivo. Como o carbono da carbonila está deficiente em elétrons devido à dupla ligação com o átomo de oxigênio (que é muito eletronegativo), quanto menos grupos alquila ligado à carbonila, mais eletrofílico será o carbono da carbonila. Assim, aldeídos são mais eletrofílicos por possuírem somente um grupo alquila, enquanto cetonas são menos eletrofílicas por possuírem dois grupos alquila. Outro fator que pode aumentar a eletrofilicidade da carbonila está relacionado com a presença de outros átomos eletronegativos próximos, como O, N e alguns halogênios (F e Cl) (Figura 10.4).

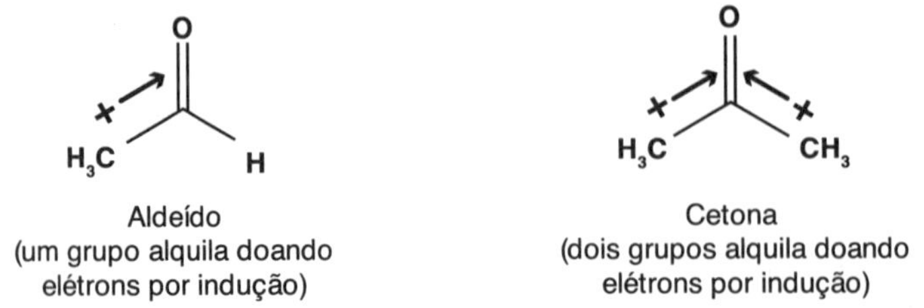

Aldeído
(um grupo alquila doando
elétrons por indução)

Cetona
(dois grupos alquila doando
elétrons por indução)

Figura 10.4 Representação dos efeitos eletrônicos nos aldeídos e cetonas.

Como visto, aldeídos e cetonas são reativos devido à presença da dupla ligação com o oxigênio, por isso são o que os torna suscetíveis ao ataque de espécies nucleofílicas. Os nucleófilos que podem ser utilizados para realizar a adição à carbonila podem ser divididos em:

- Nucleófilos neutros: H_2O, R—OH (álcool), NH_3, RNH_2 (aminas primárias) ou RR'NH (aminas secundárias)
- Nucleófilos carregados negativamente: HO^-, ^-CN, R—O^- (alcóxidos), R_3C^- (carbânions) e H^- (hidreto).

A maioria dos nucleófilos citados acima, independentemente de serem carregados ou neutros, gera produtos que podem sofrer uma reação de eliminação, pois as reações são reversíveis. Os únicos nucleófilos que geram produtos de forma irreversível são os hidretos (utilizando boroidreto de sódio - $NaBH_4$ - ou hidreto de lítio alumínio - $LiAlH_4$) e carbânions oriundos de compostos organometálicos como os reagentes de Grignard (haletos de organomagnesianos) e organolítios. Uma explicação para esse fenômeno está relacionada aos pK_as desses ânions. Hidretos e carbânions possuem pK_as acima de 30, tornando-os péssimos grupos de saída.

10.1.3 **Estudo das reações de adição nucleofílica à carbonila**

As reações de adição podem apresentar dois tipos de mecanismos distintos, de acordo com a força do nucleófilo utilizado e das condições reacionais empregadas.

Nucleófilos fortes são normalmente aqueles que possuem carga negativa. Em reações de nucleófilos com carga negativa, estes são comumente fortes para efetuar um ataque nucleofílico ao carbono da carbonila. Essas transformações geralmente ocorrem em meio básico ou neutro, e os seus produtos podem ser estáveis (reação irreversível) ou podem sofrer o processo inverso, no caso, regeneração da carbonila (reação reversível) (Figura 10.5).

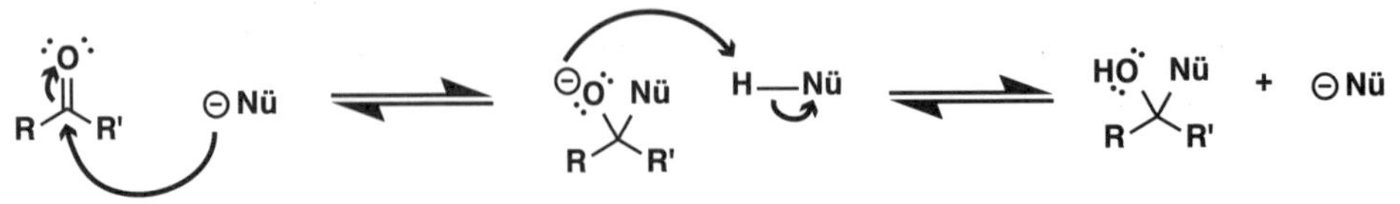

Figura 10.5 Mecanismo geral para adição com nucleófilo forte.

A Figura 10.5 o ataque nucleofílico ao carbono da carbonila deficiente em elétrons, pois a carbonila possui uma carga parcial positiva (é deficiente em elétrons). Como o carbono não pode formar cinco ligações, a ligação π é rompida e o par eletrônico é atraído para o átomo de oxigênio (átomo eletronegativo), gerando um intermediário tetraédrico na forma de um alcóxido.

O intermediário formado é estabilizado por meio da protonação do alcóxido pela remoção de um próton do nucleófilo neutro ou, caso a reação ocorra em solvente prótico, pela desprotonação do hidrogênio do solvente.

Nucleófilos fracos são geralmente compostos neutros que promovem uma reação de forma muito lenta. Quando a reação ocorre na presença de nucleófilos fracos (geralmente os neutros), a reação ocorre de forma muito lenta. Para acelerar o processo de transformação utiliza-se catálise ácida (ácidos de Brønsted-Lowry ou ácidos de Lewis) para tornar o carbono da carbonila mais eletrofílico e, com isso, atrair o nucleófilo para formar uma nova ligação (Figura 10.6).

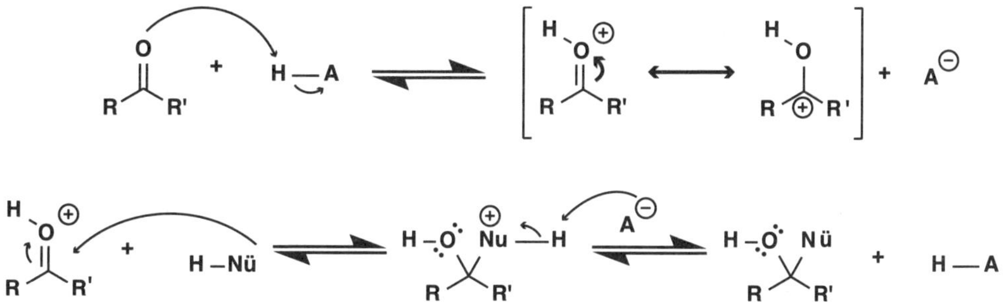

Figura 10.6 Mecanismo geral para adição de nucleófilos fracos.

Como pode ser observado no mecanismo da Figura 10.6, o processo inicial não começa com o ataque do nucleófilo e sim pela protonação do oxigênio da carbonila devido ao meio reacional ácido. Isso é de suma importância quando a reação ocorre com um aldeído ou cetona em presença de nucleofilo fraco, pelo fato de o nucleófilo não ser forte o suficiente para ser atraído pelo carbono da carbonila.

Devido a uma maior densidade eletrônica no átomo de oxigênio da carbonila, esta pode agir como base, sendo protonada pelo ácido do meio, e assim ficando com uma carga positiva. Essa carga positiva no oxigênio ajuda a aumentar a eletrofilicidade do carbono da carbonila (aumenta a carga parcial positiva) o suficiente para conseguir atrair o nucleófilo e permitir a reação (outra forma de analisar a adição com nucleófilos fracos consiste na diminuição da energia de ativação da primeira etapa, acelerando assim a velocidade da reação na etapa de ataque do nucleófilo). É importante notar que a carga positiva do oxigênio é estabilizada pela ressonância com o carbono.

Com o carbono mais eletrofílico, agora é possível atrair o nucleófilo para formar uma ligação simples. O par de elétrons do nucleófilo irá atacar o carbono, formando um intermediário tetraédrico, ficando positivo e neutralizando o oxigênio da carbonila.

A última etapa do processo ocorrerá através de uma reação ácido-base, em que a base conjugada A^- irá desprotonar o nucleófilo para torná-lo neutro, e assim obter o produto desejado além de regenerar o catalisador HA.

Basicamente, esses são os dois tipos de mecanismos que ocorrem atuam nas reações de adição nucleofílica à carbonila.

Os mecanismos das reações que veremos a seguir podem ter algumas variações de acordo com as características do nucleófilo ou do meio reacional, mas compartilham o mesmo princípio (o ataque nucleofílico).

10.1.4 **Estereoquímica das adições nucleofílicas à carbonila**

O carbono da carbonila de aldeídos ou cetonas e de outras substâncias carboniladas como ácidos carboxílicos e seus derivados possui hibridização sp^2, conferindo uma geometria trigonal planar. Quando sofre uma reação de adição nucleofílica, o carbono carbonílico pode mudar a hibridização de sp^2 para sp^3 ou manter sua hibridização em sp^2 (mas com troca do oxigênio da carbonila por outro átomo ou grupo).

Nos casos em que a mudança de hibridização do átomo de carbono da carbonila, de sp^2 para sp^3, em moléculas aquirais, leva a um átomo de carbono com quatro grupos diferentes (carbono estereogênico), o produto consistirá em uma mistura de enantiômeros. Caso uma das moléculas envolvidas possua carbono quiral e seja enantiomericamente pura, o produto da reação será uma mistura de diastereoisômeros em que a proporção dessa mistura diastereoisomérica dependerá da influência do carbono assimétrico do enantiômero no decorrer da reação.

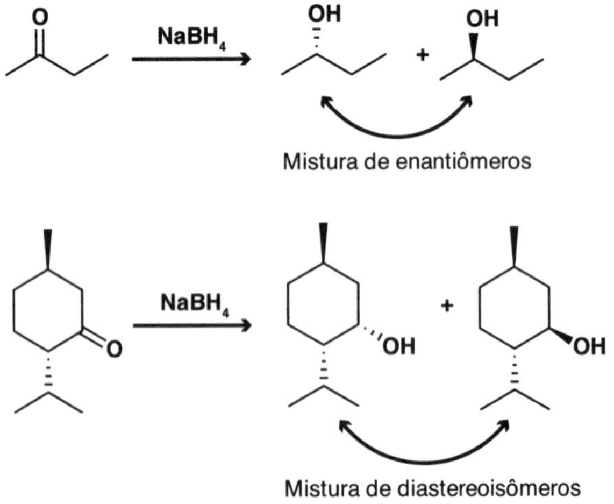

Figura 10.7 Formação de estereoisômeros através de adição à carbonila.

Nas reações em que não ocorre alteração da hibridização do carbono carbonílico em relação ao produto da reação, não ocorre formação de isomeria ótica, mas é possível formar isômeros geométricos, em que predomina a geometria *E* nas duplas ligações recém-formadas (com exceção da reação de Wittig, em que a reação forma majoritariamente produtos com geometria *Z*).

Em reações com formaldeído, acetona ou outra carbonila simétrica (grupos alquila ligados à carbonila iguais), não ocorre a formação de isômeros geométricos ou óticos nos produtos de adição.

10.1.5 **Reação de hidratação (adição de água)**

A primeira reação que iremos ver será a adição de água ao grupo carbonila. O oxigênio da água é um bom nucleófilo para as reações de adição porque possui par de elétrons livres.

O produto de adição da água com um aldeído ou uma cetona é chamado de diol geminal (também conhecido como hidrato ou gem-diol), no qual se observa a presença de duas hidroxilas ligadas ao mesmo átomo de carbono.

A água reage prontamente com os aldeídos e cetonas, mas, dependendo dos substituintes ligados à carbonila, pode favorecer muito ou pouco a formação dos dióis geminais. Na Tabela 10.1 podemos ver a variação das quantidades de produtos formados em diferentes aldeídos e cetonas.

Tabela 10.1 Porcentagens de hidratos formados a partir de aldeídos e cetonas

Nome (nome trivial)	Estrutura	Porcentagem de hidrato no equilíbrio
metanal (formaldeído)	$H_2C{=}O$	~100%
etanal (acetaldeído)	$CH_3C{=}O$	50%
propanona (acetona)	$(CH_3)_2C{=}O$	0,14%
tricloroetanal (cloral)	$(CCl_3)HC{=}O$	~100%
hexafluoracetona	(CF3)2C=O	~100%

Como pode ser visto na Tabela 10.1, o fator que mais influencia a formação dos hidratos é o efeito eletrônico da carbonila. Sendo a água um nucleófilo pequeno, este não sofre os efeitos estéricos causados pelos grupos alquilas ligados à carbonila.

As reações de hidratação podem ocorrer em meio neutro, mas elas são mais rápidas se realizadas em meio ácido ou básico. A Figura 10.8 ilustra o mecanismo de adição em meio básico.

Figura 10.8 Mecanismo da reação catalisada em meio básico.

Como pode ser visto na figura, a primeira etapa da reação acontece com o ataque do nucleófilo. A hidroxila (HO^-), que é um nucleófilo forte, é atraída pelo centro positivo da carbonila, ligando-se a ele, ao mesmo tempo que o par de elétrons π do grupo C=O migra para o oxigênio carbonílico, gerando um alcóxido. Na segunda etapa ocorre uma reação ácido-base em que o alcóxido recém-formado remove um átomo de hidrogênio da água, obtendo assim o hidrato (gem-diol) e regenerando a base (catalisador da reação) (Figura 10.9).

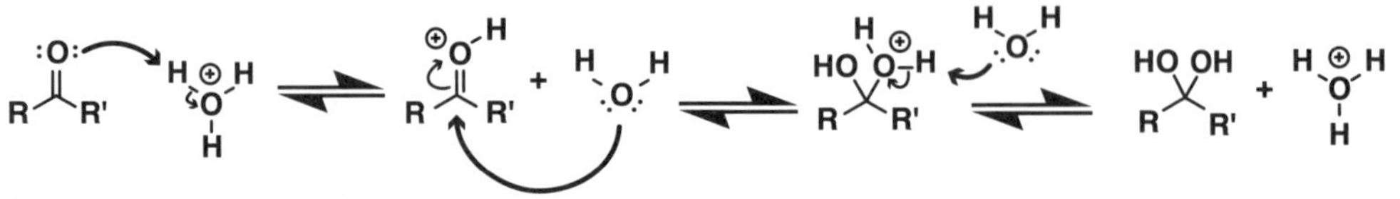

Figura 10.9 Mecanismo da reação catalisada em meio ácido.

Na catálise ácida, a água não é nucleofílica o suficiente para realizar um ataque ao carbono da carbonila. Para isso ocorrer é necessária a ativação da carbonila através da protonação do oxigênio da molécula, como é mostrado na primeira etapa da reação. Após a protonação do oxigênio carbonílico, o carbono carbonílico está muito mais eletrofílico, o suficiente para sofrer uma adição nucleofílica e gerar o intermediário tetraédrico carregado positivamente. Esse intermediário é desprotonado na terceira etapa, na qual ocorre uma reação ácido-base entre a molécula do intermediário e uma molécula de água, assim regenerando o catalisador ácido e gerando o produto final.

Apesar de a formação de hidratos ocorrer facilmente, a desidratação também ocorre com facilidade. Por se tratar de uma reação de equilíbrio, durante o isolamento do produto pode ocorrer a desidratação do mesmo, regenerando assim o material de partida e água. A exceção a esse caso ocorre quando o carbono da carbonila está com deficiência muito grande de elétrons, como é o caso do cloral e da hexafluoracetona, em que o hidrato é estável o suficiente para se manter nessa forma durante seu isolamento e armazenamento.

10.1.6 Reação de formação de hemiacetais e acetais (adição de álcool)

Os aldeídos e cetonas podem reagir com álcoois para formar substâncias denominadas hemiacetais ou acetais, dependendo do número de mols de álcool utilizado.

- O uso de 1 mol de álcool com 1 mol do composto carbonilado gera um hemiacetal.
- O uso de 2 mols de álcool com 1 mol do composto carbonilado gera um acetal.

Essa reação é muito comum em meio biológico. Um exemplo disso são os açúcares, que podem ser encontrados nas formas hemiacetal e acetal (Figura 10.10).

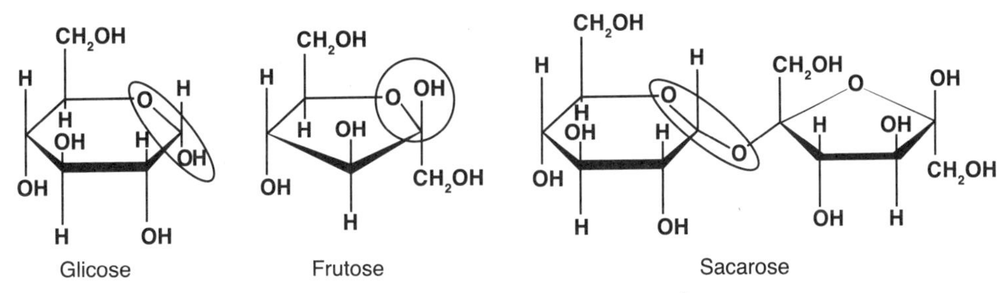

Figura 10.10 Exemplos de hemiacetais e acetais. À esquerda e no centro: glicose e frutose em suas formas cíclicas portando a função hemiacetal; à direita: sacarose portando sua função acetal.

10.1.7 Hemiacetais

A característica dos hemiacetais está na conversão da carbonila (de aldeído ou cetona) nas funções OH (hidroxila) e OR (éter) ligados no mesmo carbono.

Como álcoois são nucleófilos fracos, a formação dos hemiacetais em meio neutro é extremamente lenta. Para acelerar o processo de formação de hemiacetais, utiliza-se um catalisador em meio ácido ou básico (Figura 10.11).

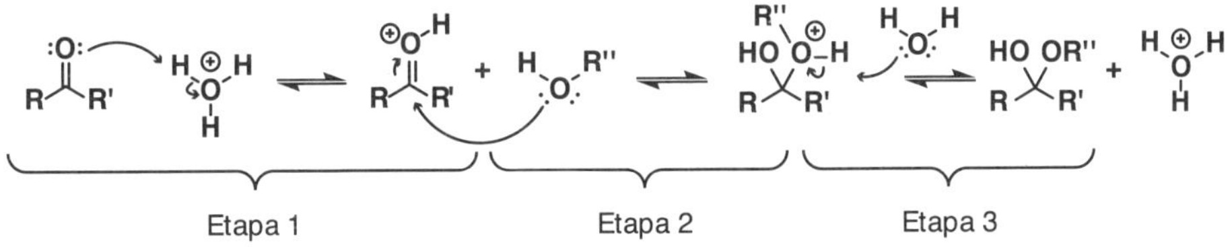

Etapa 1 Etapa 2 Etapa 3

Figura 10.11 Mecanismo de formação de hemiacetais em meio ácido.

Na reação da figura é possível observar que na primeira etapa acontece uma protonação da carbonila pelo ácido para aumentar a eletrofilicidade do carbono carbonílico a fim de torná-lo mais atrativo para o nucleóflilo no caso o álcool.

Após protonação da carbonila ocorre o ataque do nucleófilo ao carbono carbonílico, ao mesmo tempo que ocorre a quebra da ligação π, gerando um intermediário tetraédrico com o nucleófilo adquirindo carga positiva porque o oxigênio do álcool está com três ligações.

Na terceira etapa da reação ocorre a desprotonação do intermediário tetraédrico para formar o produto desejado, com regeneração do catalisador, lembrando que o mecanismo catalisado por um ácido é semelhante ao da hidratação de aldeídos e cetonas (Figura 10.12).

A reação de formação de hemiacetais em meio básico ocorre em duas etapas. Na primeira etapa, o alcóxido ($^{-}$OR"), além de ser uma base, também é um nucleófilo forte o suficiente para fazer o ataque ao carbono carbonílico. Com o ataque do nucleófilo, ocorre a quebra da ligação π da C=O, gerando um intermediário tetraédrico, também na forma de um alcóxido.

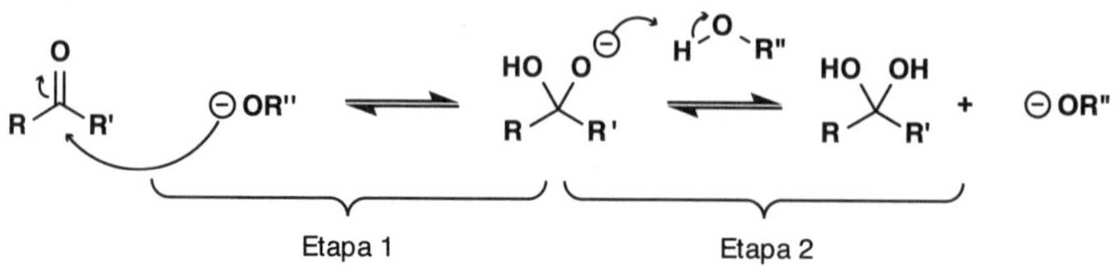

Figura 10.12 Mecanismo de formação de hemiacetais em meio básico.

Na etapa 2, como o intermediário é uma base forte, ocorre uma transferência de próton de uma molécula de álcool do meio para o átomo de oxigênio rico em elétrons, levando, portanto, à obtenção do produto esperado, com regeneração da base.

Uma característica importante nessas reações de formação de hemiacetais está em função da estabilidade do produto formado. Hemiacetais de cadeia aberta não são muito estáveis e tendem a retornar a sua estrutura original (composto carbonilado e álcool). Isso acontece devido ao equilíbrio desfavorável no sentido da formação dos produtos ($\Delta G > 0$) em função da diminuição da entropia do sistema (DS) em que duas moléculas se unem para formar um produto, de maneira semelhante ao que acontece com os hidratos.

Uma das formas para tornar hemiacetais mais estáveis seria através de reações intramoleculares (aquelas que ocorrem na mesma molécula). As reações que vimos anteriormente eram processos intermoleculares (entre duas ou mais moléculas). O produto de uma reação de formação de hemiacetais intramolecular é um composto cíclico. Para que isso ocorra, é necessário que a molécula possua na sua estrutura a função aldeído ou cetona, e uma função álcool. Além disso, é necessário que essas duas funções orgânicas estejam a uma distância de 4 a 5 carbonos uma da outra para que, no momento de ocorrer a formação do anel, este consiga formar sistemas cíclicos de 5 ou de 6 membros.

A variação de entropia da reação de formação de um hemiacetal cíclico é bem menor do que a de um hemiacetal de cadeia aberta. Como há a formação de um produto originário de somente um reagente, o ΔG é menor, consequentemente favorecendo a geração da substância desejada (Figura 10.13).

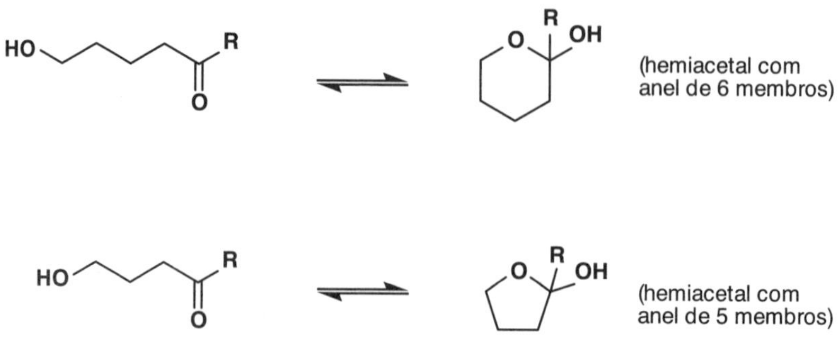

(hemiacetal com anel de 6 membros)

(hemiacetal com anel de 5 membros)

Figura 10.13 Reação de formação de um hemiacetal cíclico.

Como pode ser observado, a figura mostra a reação de formação de um hemiacetal cíclico. O mecanismo é o mesmo demonstrado para os hemiacetais de cadeia aberta. Esse tipo de estrutura é muito comum, como visto no início deste tópico, em biomoléculas como a glicose. Os hemiacetais cíclicos também são conhecidos como lactóis (estrutura semelhante à das lactonas, ésteres cíclicos que serão abordados mais adiante neste capítulo).

10.1.8 **Acetais**

A característica dos acetais está na conversão da carbonila (de aldeído ou cetona) em duas funções OR (éter) ligadas no mesmo carbono.

Os acetais, assim como os hemiacetais, utilizam o álcool como nucleófilo da reação. A diferença nesse caso está na quantidade de moléculas do álcool a ser utilizado e no tipo de catálise envolvida. Enquanto os hemiacetais são gerados utilizando 1 mol de álcool por meio de catálise ácida ou básica, os acetais necessitam de 2 mols do álcool (ou 1 mol de um diol) e somente ocorrem sob catálise ácida (Figura 10.14).

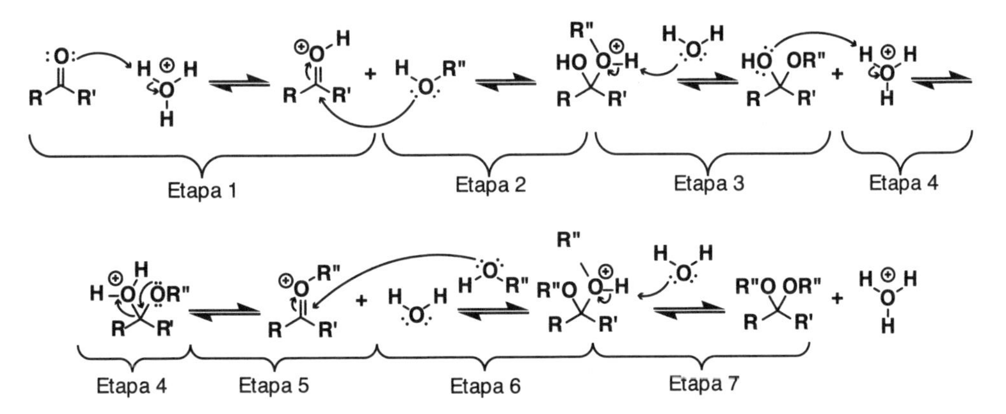

Figura 10.14 Mecanismo de formação de acetais com catálise ácida.

Na reação catalisada por ácido, observa-se na primeira etapa a ativação da carbonila pelo ácido presente no meio. Com o carbono carbonílico mais eletrofílico, agora é possível o ataque do álcool (nucleófilo da reação) à carbonila.

Na segunda etapa ocorre a formação da ligação simples C—O da carbonila com o álcool, ao mesmo tempo que a ligação π C=O é rompida de maneira a neutralizar a carga positiva do oxigênio carbonílico.

Até o momento, é possível observar as semelhanças no mecanismo de formação dos acetais com os hemiacetais e hidratos. A semelhança termina depois da etapa 3, quando, além da desprotonação do oxigênio oriundo do álcool, ocorre a protonação do outro átomo de oxigênio, originário da carbonila (etapa 4). Esse passo é importante para a continuidade da reação, visto que o íon oxônio formado na etapa 4 é um ótimo grupo de saída (como descrito no capítulo de substituição nucleofílica alifática), já que este é eliminado na forma de água na etapa 5, semelhante a uma reação S_N1, com o auxílio de outro átomo de oxigênio presente na molécula.

Após formação do íon alquil-oxônio, novamente temos o carbono carbonílico bem eletrofílico para a adição de uma segunda molécula de álcool (etapa 6). Essa etapa ocorre de forma muito semelhante à etapa 2, formando uma ligação σ entre o carbono carbonílico e o oxigênio do álcool e rompendo a ligação π da C═O.

A última etapa (etapa 7) seria a neutralização do intermediário através da desprotonação do íon oxônio, fornecendo o produto esperado.

Apesar do número elevado de etapas necessárias para a obtenção de um acetal (em comparação com os processos anteriores – reação de hidratação e de formação de hemiacetais), podemos resumi-las de forma a simplificar seu entendimento:

- ativação da carbonila (etapa 1)
- adição de nucleófilo (etapa 2)
- transferência de próton (etapa 3 e 4)
- eliminação de água (etapa 5)
- adição de nucleófilo (etapa 6)
- transferência de próton (etapa 7).

Em relação à reação de formação de acetais, é necessário observar alguns fatores que influenciam a obtenção do produto.

- Primeiro, a reação de formação de acetais só ocorre por meio de catálise ácida (ácido de Lewis ou Brønsted-Lowry)
  - Os ácidos comumente usados são $HCl_{(g)}$, $H_2SO_{4(conc.)}$ e ácido *p*-toluenossulfônico. Esse último geralmente é o ácido de primeira escolha, pois possui pK_a –6,5 (pK_a do ácido sulfúrico = –9 e pK_a do ácido clorídrico = –7) e é de fácil manipulação por se apresentar no estado sólido, enquanto o ácido clorídrico, além de perigoso, é de difícil manipulação por se apresentar em estado gasoso; já o ácido sulfúrico, apesar de ser líquido, é muito corrosivo.

- Segundo, a reação segue a lei da ação das massas ($\Delta G > 0$, processo não espontâneo) e, portanto, pode-se deslocar o equilíbrio para favorecer a obtenção do produto:
  - utilizando excesso de álcool na reação
  - removendo a água formada no final do processo através de:
    - destilação azeotrópica com benzeno ou tolueno utilizando aparelhagem de Dean-Stark (Figura 10.15)
    - utilização de peneira molecular (uma zeólita) para absorção da água gerada no meio.

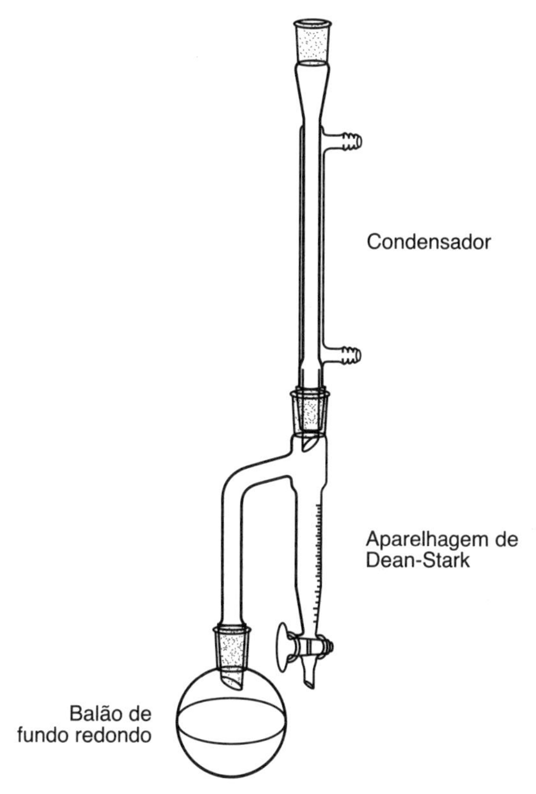

Figura 10.15 Ilustração de uma destilação azeotrópica utilizando aparelhagem de Dean-Stark.

Como acontece com os hemiacetais, os acetais de cadeia aberta são menos estáveis em comparação com os acetais cíclicos devido à diminuição da entropia do sistema (DS), partindo de três moléculas para fornecer dois produtos (acetal e água).

Acetais cíclicos podem ser obtidos utilizando uma molécula de um diol catalisado por ácido. Dependendo do diol utilizado, é possível obter acetais cíclicos de cinco membros (utilizando 1,2-diol) ou seis membros (1,3-diol) (Figura 10.16).

Os acetais cíclicos ou de cadeia aberta podem ser regenerados à sua forma carbonilada (aldeído ou cetona) e o álcool correspondente através de hidrólise. Como a reação de formação de acetais é um equilíbrio químico, a hidrólise ocorrerá de forma inversa à obtenção dos acetais (Figura 10.13): basta adicionar água em meio ácido para deslocar o equilíbrio no sentido dos reagentes. Os métodos para hidrólise de acetais mais utilizados fazem uso de soluções aquosas de HCl, ácido acético ou H_2SO_4 (Figura 10.17).

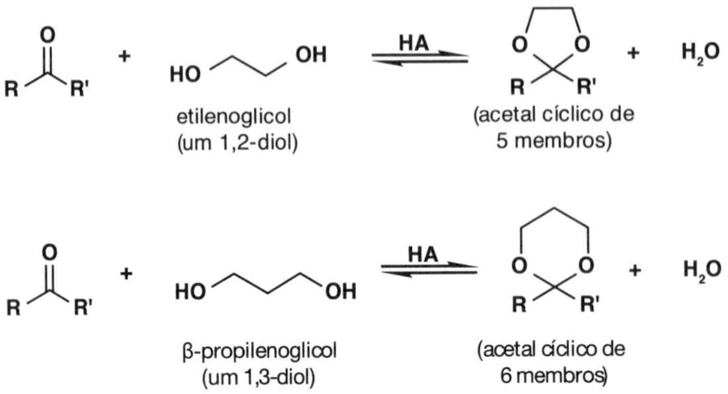

Figura 10.16 Formação de acetais cíclicos.

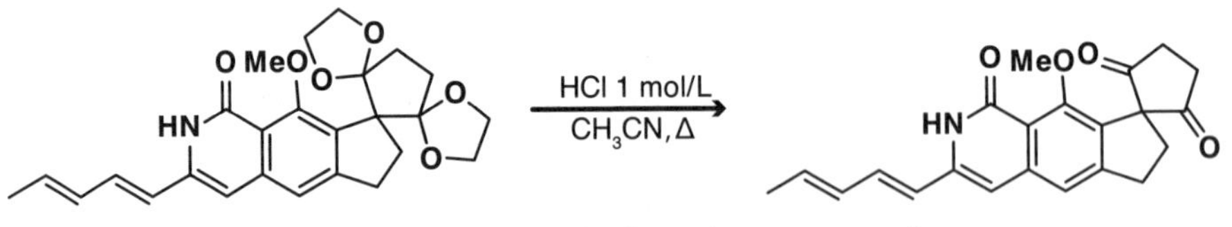

Figura 10.17 Hidrólise de um acetal.

10.1.9 Importância dos acetais na química orgânica

Os acetais são funções de extrema importância nos laboratórios de síntese orgânica. Eles são utilizados como grupos de proteção em reações em que aldeídos, cetonas e dióis podem sofrer alguma transformação química não desejada. Além das reações já descritas até agora, aldeídos e cetonas podem servir de reagentes na presença de bases (ex.: HO^-), agentes oxidantes (ex.: CrO_3, $NaIO_4$) e agentes redutores (ex.: $NaBH_4$, $LiAlH_4$). Para contornar esse problema, a carbonila (ou diol) é transformada em acetal, sendo então possível realizar as modificações estruturais nessa molécula sem comprometer irreversivelmente a função em questão, para no final restaurar a carbonila (ou diol) que estava protegida (Figura 10.18).

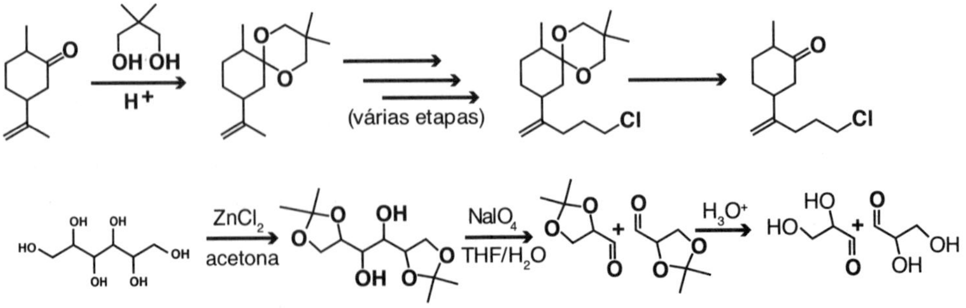

Figura 10.18 Exemplos de sínteses utilizando acetais como grupos de proteção.

10.1.10 **Reação de formação de iminas e enaminas**

Os aldeídos e cetonas podem reagir com aminas para fornecer iminas ou enaminas, dependendo do tipo de amina utilizada:

- Iminas são formadas a partir de amônia ou aminas primárias com aldeídos ou cetonas (Figura 10.19)
- Enaminas são formadas a partir de aminas secundárias com aldeídos ou cetonas (Figura 10.19).

Enamina   Imina

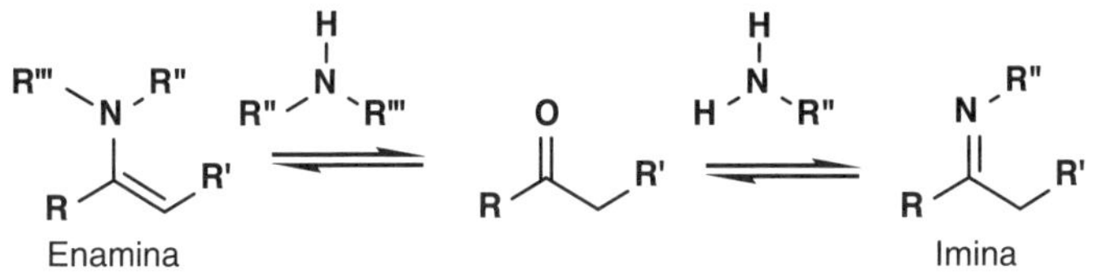

Figura 10.19 Iminas e enaminas a partir de aldeídos e cetonas.

As iminas e enaminas reagem de maneira semelhante à formação de acetais, diferenciando no tipo de produto final obtido. Enquanto hemiacetais e acetais mudam a hibridização do carbono carbonílico de sp^2 para sp^3, iminas e enaminas mantêm a hibridização do carbono carbonílico em sp^2, como será observado nos mecanismos de formação. Elas recebem esse nome devido à forma como estão ligadas ao carbono; no caso, as iminas fazem uma dupla ligação com carbono, e enaminas são aminas ligadas diretamente a alcenos.

Como ocorre com os álcoois, as aminas também são nucleófilos fracos e necessitam de catálise ácida. Mas como as aminas possuem propriedades básicas, a quantidade de H^+ no meio é importante para o sucesso da reação. Logo, foi observado que o pH ótimo do meio reacional está na faixa de 4 a 5. Esses valores de pH são suficientes para protonação do oxigênio da carbonila (ativação da carbonila) sem a protonação total das aminas presentes no meio. Um pH abaixo dessa faixa irá protonar completamente as aminas, formando íons amônio, e assim tornando indisponíveis seus pares de elétrons para a reação com a carbonila. Um pH acima dessa faixa tornará a reação extremamente lenta, pois a ativação da carbonila através de sua protonação não ocorrerá. Somente com carbonilas muito reativas (muito eletrofílicas) é possível realizar essa reação química em meio neutro.

10.1.11 **Iminas**

Como descrito anteriormente, as iminas podem ser sintetizadas a partir de aminas primárias ou amônia. Iminas provenientes da amônia não são estáveis o suficiente para serem isoladas. Iminas provenientes das aminas primárias são estáveis o suficiente para serem isoladas e purificadas. A figura a seguir demonstra o mecanismo geral para formação das iminas catalisada por ácido (Figura 10.20).

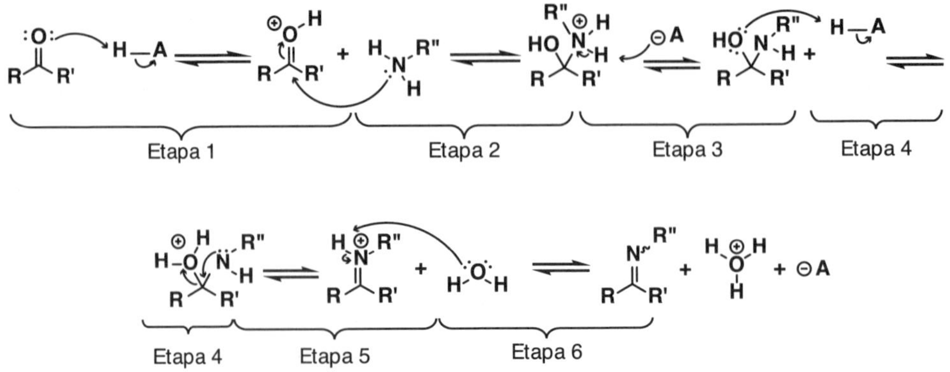

Figura 10.20 Mecanismo de formação de iminas.

No mecanismo da figura podemos observar na etapa 1 a ativação da carbonila através de protonação do oxigênio. Na etapa 2, com o carbono carbonílico mais eletrofílico, agora é possível a amina realizar um ataque nucleofílico para formar uma nova ligação C—N ao mesmo tempo em que a ligação π C═O é rompida. Após a entrada do nucleófilo (amina primária), como acontece com os acetais, o nitrogênio é desprotonado para ficar neutro e a hidroxila é protonada (etapas 3 e 4).

Na etapa 5 ocorre eliminação do oxigênio originário da carbonila na forma de água (bom grupo de saída), obtendo o intermediário imínio. Esse intermediário é neutralizado por meio da desprotonação com a água recém-gerada ou com a base conjugada (A^-) do ácido (etapa 6), assim formando a imina desejada.

Como acontece com os acetais, as iminas também necessitam de várias etapas para chegar ao produto desejado, mas podemos resumi-las de forma a simplificar seu entendimento:

- ativação da carbonila (etapa 1)
- adição de nucleófilo (etapa 2)
- transferência de próton (etapa 3 e 4)
- eliminação de água (etapa 5)
- transferência de próton (etapa 6).

As iminas também reagem através de reação de equilíbrio semelhantemente aos acetais e também sofrem as mesmas influências para a obtenção do produto:

- a reação de formação de acetais só ocorre através de catálise ácida (ácido de Lewis ou Brønsted-Lowry).
  - como essas reações são sensíveis a uma faixa de pH muito baixa, geralmente o ácido de escolha é o ácido acético ($pK_a = 4{,}75$), pois ele consegue tamponar o meio reacional dentro da faixa ideal para a reação, mas outros ácidos podem ser utilizados (como ácido *p*-toluenossulfônico, entre outros).

- Por se tratar de um equilíbrio, o ΔG da reação é maior que 0 (processo não espontâneo). Para favorecer a obtenção do produto, pode-se utilizar a lei da ação das massas por meio de remoção da água formada no final do processo através de:
  - destilação azeotrópica com benzeno ou tolueno utilizando aparelhagem de Dean-Stark (Figura 10.15)
  - utilização de peneira molecular (uma zeólita) ou outro agente sequestrante para absorção da água gerada no meio.

10.1.12 **Enaminas**

As enaminas podem ser sintetizadas a partir de aminas secundárias e reagem de maneira semelhante às iminas, porém o produto da reação difere pela localização da dupla ligação: enquanto nas iminas a dupla ligação está localizada entre os átomos de carbono e nitrogênio, nas enaminas a dupla ligação ocorre entre o carbono originário da carbonila e seu carbono vizinho (um alceno). Isso acontece porque o nitrogênio já forma três ligações com grupos alquilas, e quando faz a quarta ligação σ ele fica carregado positivamente, o que é desfavorável para a estabilidade da molécula. A figura a seguir ilustra o mecanismo geral para formação das enaminas catalisada por ácido (Figura 10.21).

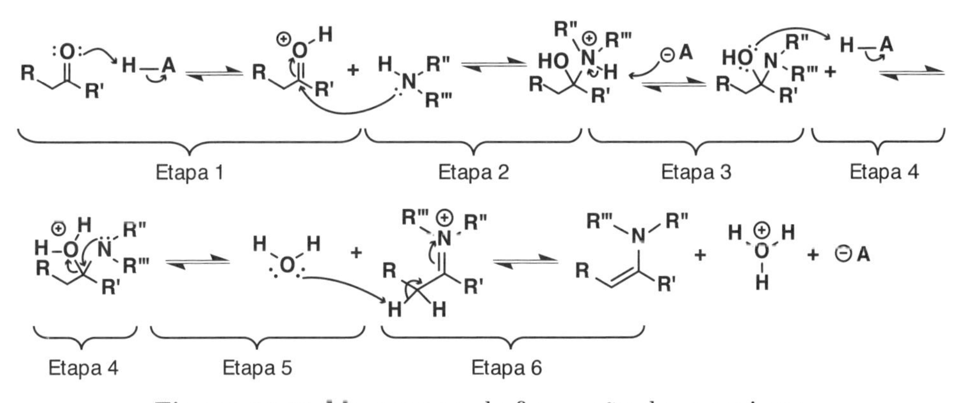

Figura 10.21 Mecanismo de formação de enaminas.

O mecanismo das enaminas é extremamente semelhante ao das iminas, diferenciando-se na última etapa (etapa 6) devido à ausência de um segundo átomo de hidrogênio, que é necessário para a etapa de desprotonação do intermediário imínio para gerar um produto estável. Ocorre tautomerização (ver Capítulo 3) por meio da remoção de um átomo de hidrogênio vizinho ao cátion imínio.

A tautomeria não ocorre somente com as enaminas. Iminas também sofrem tautomerização em sua estrutura, mas a forma predominante é a forma C═N, enquanto nas enaminas é C—N (Figura 10.22).

Tautômero majoritário Tautômero minoritário

Formas tautoméricas das iminas

Tautômetro minoritário Tautômero majoritário

Formas tautoméricas das enaminas

Figura 10.22 Formas tautoméricas das iminas e enaminas.

Para simplificar o entendimento do mecanismo de formação das enaminas, segue um pequeno resumo das etapas que ocorrem na reação:

- ativação da carbonila (etapa 1)
- adição de nucleófilo (etapa 2)
- transferência de próton (etapas 3 e 4)
- eliminação de água (etapa 5)
- tautomeria (etapa 6).

As enaminas seguem os mesmos requisitos necessários descritos para as iminas, como o pH na faixa de 4 a 5, além da remoção da água formada no meio para favorecer o equilíbrio químico no sentido dos produtos.

As enaminas e iminas têm uma aplicação importante na química de adição de enolatos (Seção 10.2.9), conforme veremos adiante.

10.1.13 Adição de cianeto (formação de cianoidrinas)

O ácido cianídrico e cianetos também realizam adição nucleofílica em aldeídos e cetonas, produzindo uma nitrila e um álcool. O produto dessa reação é chamado de cianoidrinas (ou α-hidroxinitrilas).

Apesar de o cianeto ser considerado uma base fraca, é nucleofílico o suficiente para reagir via adição nucleofílica. Por se tratar de uma base fraca, é considerado um bom grupo de saída, tornando assim a reação de adição reversível.

Geralmente a reação pode ser conduzida utilizando HCN catalisado por sais de cianeto (KCN ou NaCN), ou sais de cianeto em solvente prótico (ex.: H_2O) (Figura 10.23).

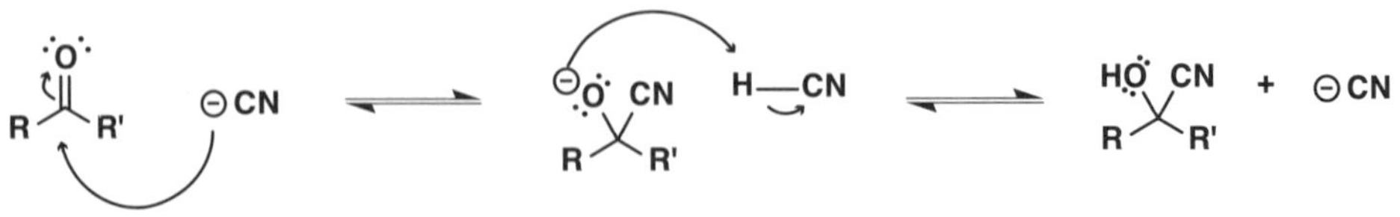

Figura 10.23 Mecanismo de formação das cianoidrinas.

Como pode ser visto no mecanismo das cianoidrinas, na primeira etapa da reação ocorre a adição de íon cianeto à carbonila, gerando um intermediário alcóxido. Esse intermediário é então protonado para gerar a hidroxinitrila.

É importante enfatizar que a reação utilizando somente HCN é muito lenta, pois depende da dissociação da ligação C—H. Por esse motivo, é necessária a adição de pequenas quantidades de ^-CN para catalisar o processo, e na segunda etapa o íon cianeto é regenerado para poder reagir com outra molécula de um composto carbonilado.

10.1.14 Outras reações com cianoidrinas

As cianoidrinas podem servir como intermediários sintéticos para os grupos aminas e ácido carboxílico. Por meio de reagentes específicos e em meios reacionais, obtém-se a transformação do grupo nitrila na função orgânica desejada, como demonstrado na Figura 10.24.

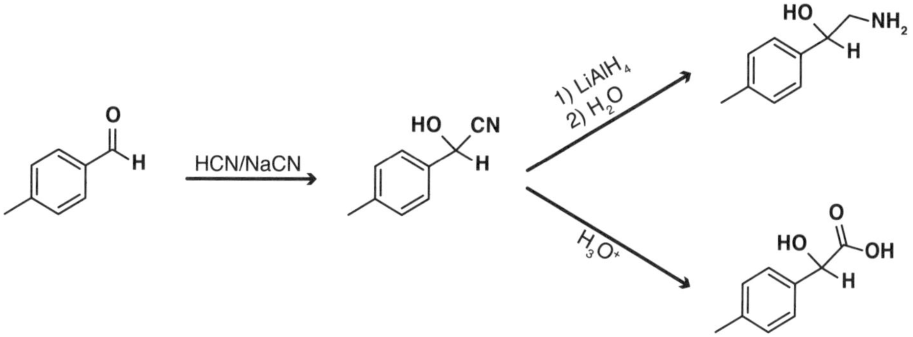
O
H
HCN/NaCN
HO CN
H
1) LiAlH4
2) H2O
HO NH2
H
H3O+
O
HO OH
H

Figura 10.24 Conversão do grupo nitrila em ácido carboxílico ou amina.

É possível transformar uma nitrila em amina através de redução com hidreto de lítio alumínio seguido de adição de água. Para a transformação da nitrila em ácido carboxílico, é realizada uma hidrólise em meio ácido, fornecendo assim o produto esperado (Figura 10.24). O mecanismo dessa transformação não será abordado no momento.

10.1.15 Adição de organometálicos

Organometálicos são reagentes que possuem um metal ligado diretamente em sua estrutura carbônica. Essa ligação carbono-metal geralmente tem caráter quase iônico devido à elevada diferença de eletronegatividade dos átomos envolvidos (ver Capítulo 1), em que o metal possui carga positiva e o carbono possui carga negativa (Figura 10.25).

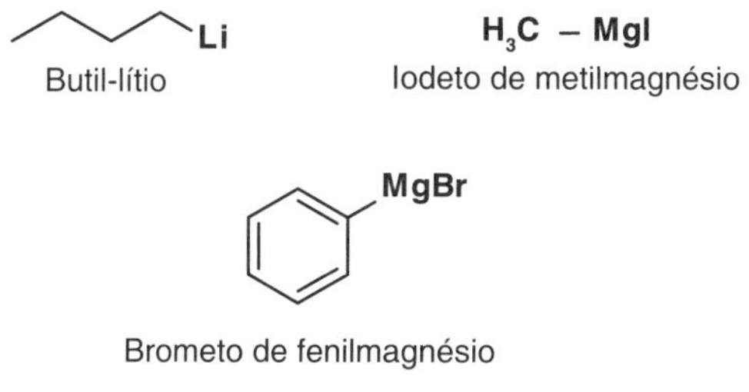
Li
Butil-lítio
H3C – MgI
Iodeto de metilmagnésio
MgBr
Brometo de fenilmagnésio

Figura 10.25 Exemplos de organometálicos utilizados na química orgânica.

Os compostos organometálicos mais utilizados na química orgânica são os organolítios e os reagentes de Grignard (haletos de alquilmagnésio), apresentados na Figura 10.25. A preparação desses organometálicos está ilustrada na Figura 10.26.

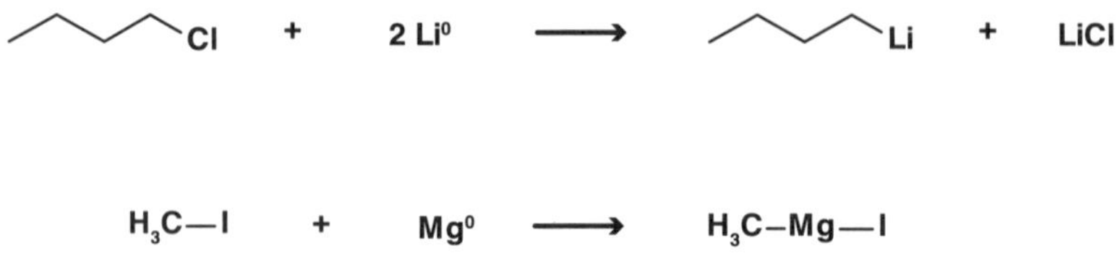

Cl + 2 Li^0 ⟶ Li + LiCl

H_3C—I + Mg^0 ⟶ H_3C–Mg—I

Figura 10.26 Preparação de organometálicos.

Devido à carga negativa do carbono dos compostos organometálicos, estes se tornam ótimos nucleófilos para as reações de adição nucleofílica. Como são altamente reativos (nucleófilos fortes), reagem de forma irreversível com aldeídos e cetonas para formar álcoois com incorporação do grupo alquila do composto organometálico.

Diferentemente das reações vistas anteriormente, as reações que envolvem organometálicos são irreversíveis. Isso pode ser explicado pelos pK_as dos grupos alquilas (os pK_as de grupos alquilas são maiores de 48), tornando as suas bases conjugadas péssimos grupos de saída. A Figura 10.27 ilustra o mecanismo de adição com essa classe de nucleófilos.

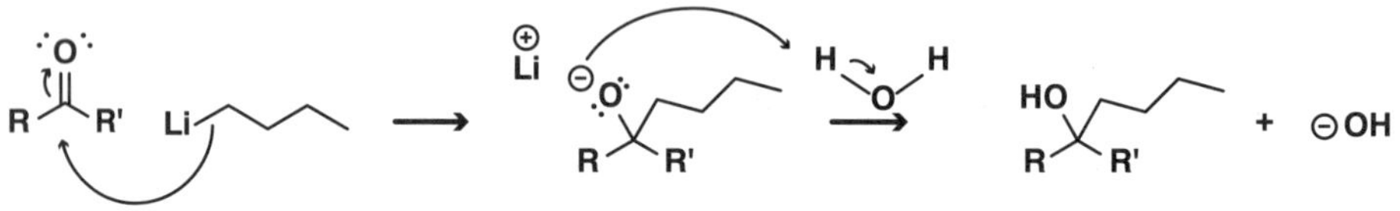

Figura 10.27 Mecanismo de adição dos organometálicos em aldeídos ou cetonas.

A primeira etapa da reação é o ataque no carbono negativo à carbonila para formação de uma nova ligação σ C—C e quebra da ligação π C═O. O intermediário alcóxido formado é protonado pela adição de água no meio, gerando o álcool como produto final.

Como essas reações são sensíveis à presença de água (ou molécula com hidrogênio ácido), elas são realizadas em meio anidro (sem a presença de água) para a realização da primeira etapa e posteriormente é adicionada água para que ocorra protonação na segunda etapa (protonação do intermediário da reação).

Dependendo do aldeído ou cetona utilizado, é possível sintetizar diferentes tipos de álcoois. Por exemplo, a partir do formaldeído obtêm-se álcoois primários. Os aldeídos em geral geram álcool secundário, e as cetonas originam álcoois terciários.

10.1.16 **Adição de hidretos (redução da carbonila)**

A adição de hidretos (H^-) em aldeídos ou cetonas gera um álcool. Os hidretos $NaBH_4$ (boroidreto de sódio) ou $LiAlH_4$ (hidreto de lítio alumínio) são utilizados corriqueiramente na síntese orgânica como fontes de hidretos.

Apesar de o $NaBH_4$ ou o $LiAlH_4$ realizarem a adição de hidrogênio na carbonila, eles não liberam H^- no meio para fazer a redução, e sim transferem o par de elétrons das ligação B—H ou Al—H juntamente com o átomo de hidrogênio para a carbonila. Um mol dos reagentes de boro e de alumínio, por possuírem 4 átomos de hidrogênio, pode reduzir 4 mols de compostos carbonilados. No mecanismo a seguir é demonstrado o processo de redução com esses hidretos (Figura 10.28).

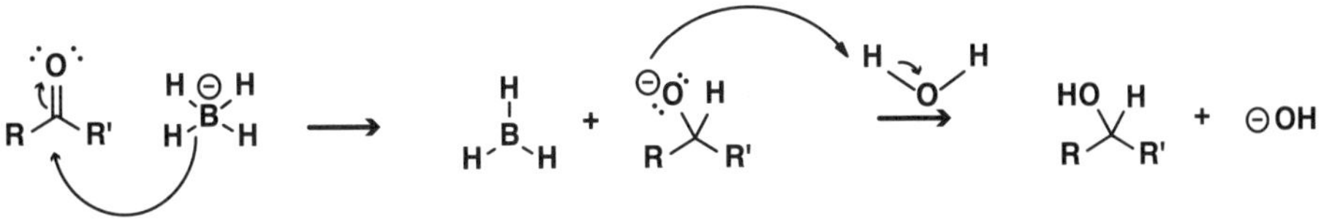

Figura 10.28 Mecanismo de adição de hidretos nos aldeídos e cetonas.

A primeira etapa da reação é a transferência do átomo de hidrogênio do boro para a carbonila ao mesmo tempo em que a ligação π C=O é rompida, gerando um alcóxido (intermediário tetraédrico). O alcóxido formado é protonado após adição de água no meio para fornecer o produto de adição.

Tanto o $NaBH_4$ quanto o $LiAlH_4$ conseguem realizar a redução de aldeídos e cetonas, mas o $LiAlH_4$ não só reduz aldeídos e cetonas como também reduz ésteres, amidas, nitrilas, ácidos carboxílicos, entre outros. Essa elevada reatividade do hidreto de lítio alumínio em relação ao boroidreto de sódio pode ser explicada pela diferença de eletronegatividade entre os átomos H—Al (que é maior que a diferença de eletronegatividade entre os átomos H—B), tornando o hidrogênio do $LiAlH_4$ mais reativo que o de $NaBH_4$. Por isso, o boroidreto de sódio é a melhor escolha para reduções de aldeídos e cetonas.

10.1.17 Adição de ilídios de fósforo (formação de alcenos)

Outra reação de adição importante para a formação de ligação carbono-carbono é utilizando ilídios de fósforo para incorporar cadeias carbônicas em moléculas que possuem grupo aldeído ou cetona. Outras reações para formar ligação C—C já foram descritas como as reações de adição de cianeto e organometálicos. A diferença desse tipo de reação com as anteriores está no reagente utilizado (compostos organofosforados) e na espécie de ligação formada no produto (ligação dupla C=C gerando um alceno).

Os organofosforados que são utilizados para fazer essa transformação são os chamados ilídios de fósforo (também conhecidos como reagente de Wittig, em homenagem a Georg Wittig, que descobriu essa reação). Ilídio é um termo utilizado para denominar quando a molécula possui átomos com carga positiva ligada a outro átomo com carga oposta (carga negativa). No caso dos ilídios de fósforo, a carga positiva está localizada no átomo de fósforo. Para preparar o ilídio de fósforo, ocorre a desprotonação do carbono ligado ao fósforo de um sal de fosfônio, sendo este último é obtido por meio de uma reação substituição de uma fosfina com haleto de alquila. A Figura 10.29 ilustra as reações usadas para obter um ilídio de fósforo.

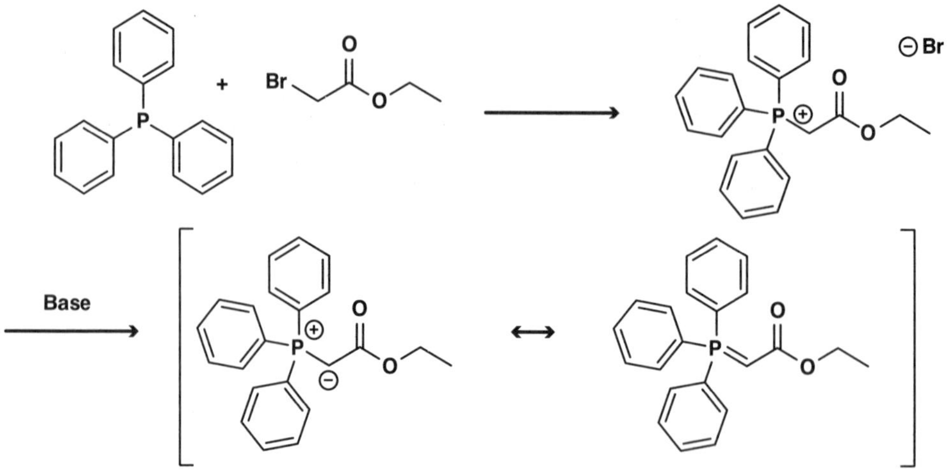

Figura 10.29 Obtenção do ilídio a partir de um haleto de alquila.

Como é demonstrado na Figura 10.29, uma trialquil ou triaril fosfina (fósforo ligado a três grupos alquilas ou arilas, semelhantes às aminas) reage com um haleto de alquila por meio de uma reação via S_N2 para formar um sal de fosfônio. Esse sal de fosfônio é o precursor direto do reagente de Wittig, bastando a desprotonação do hidrogênio vizinho ao fósforo com uma base apropriada.

Dependendo dos grupos ligados ao carbono vizinho ao fósforo, será utilizado um tipo diferente de base. Por exemplo, caso sejam grupos que não são retiradores fortes de elétrons, utilizam-se bases fortes para a desprotonação (NaH, $NaNH_2$, butil-lítio); caso sejam grupos retiradores fortes de elétrons, utilizam-se bases um pouco mais brandas (como carbonato e hidróxido) (Figura 10.30).

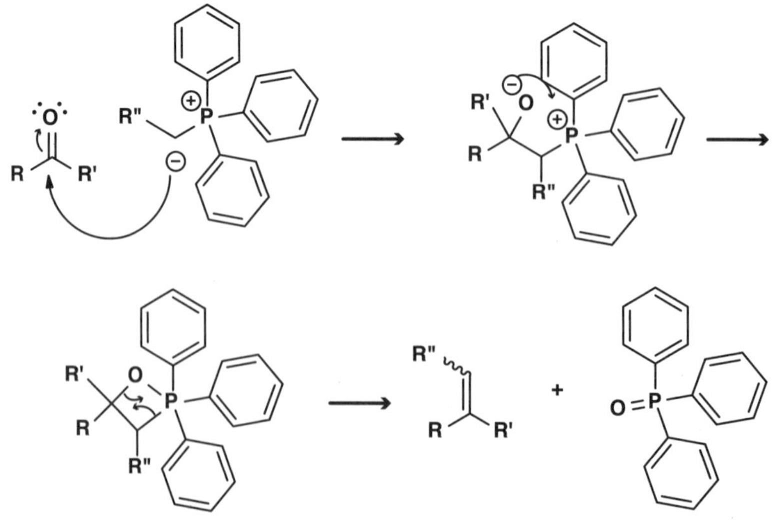

Figura 10.30 Mecanismo de reação de Wittig com aldeídos e cetonas.

A reação de Wittig (reação do ilídio de fósforo com um aldeído ou cetona) começa com o ataque nucleofílico do carbânion do ilídio no carbono carbonílico, gerando um intermediário alcóxido. O oxigênio do alcóxido é atraído pela carga positiva do fósforo, gerando um intermediário cíclico de quatro membros chamado oxafosfetana. Como esse intermediário cíclico é instável, ele colapsa para gerar o alceno e o óxido de trifenilfosfina, e graças a forte ligação P=O essa reação é irreversível.

10.1.18 **Adição de enolatos (reação aldólica)**

Enolatos são compostos carbonilados em que o hidrogênio C—H vizinho à carbonila (hidrogênio α) é removido para gerar um ânion que é estabilizado por ressonância. Essas estruturas de ressonância são semelhantes às estruturas de equilíbrio cetoenólico ou cetoenólica (tautomeria) (Figura 10.31).

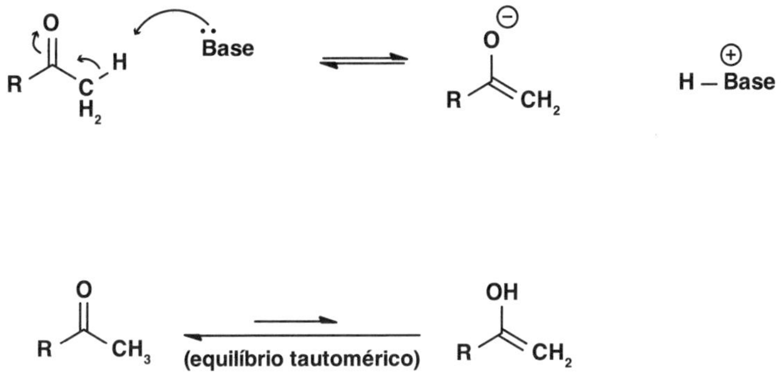

Figura 10.31 Comparação estrutural de um enolato com os tautômeros de um aldeído ou cetona.

Antes de nos aprofundarmos sobre a química e reações dos enolatos, iremos comentar um pouco da nomenclatura de compostos carbonilados. Antigamente utilizavam-se letras gregas para representar a distância relativa de um C, CH, CH_2 ou CH_3 a uma carbonila ou grupos correlatos (aldeídos cetonas, ácidos carboxílicos, iminas, nitrilas, nitro compostos, ésteres, amidas, entre outros). Assim, o carbono (e hidrogênio) ligado diretamente a uma carbonila era denominado α, o segundo era denominado β, e em sequência γ, δ, ε, e o último, independentemente do tamanho da cadeia, será o ω. Apesar de ser um sistema que não segue as normas atuais da IUPAC, ele ainda é muito utilizado (Figura 10.32).

Como mencionado na Seção 10.1, a reatividade das carbonilas está relacionada com o efeito dipolo causado pela ligação C=O, em que o carbono está deficiente em elétrons e o oxigênio está rico em elétrons. Esse efeito retirador de elétrons não só afeta o carbono carbonílico, mas se estende pela cadeia. Isso acarreta um aumento da acidez dos hidrogênios α carbonílicos (pK_a entre 19 e 26 em compostos monocarbonilados e pK_a entre 9 e 12 em compostos β-dicarbonilados). O aumento da acidez desses hidrogênios os torna suscetíveis a serem removidos por bases fortes e pouco nucleofílicas, como

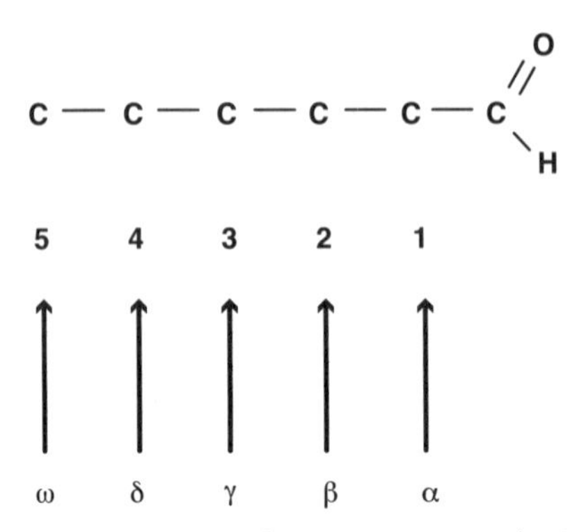

Figura 10.32 Representação das posições relativas à carbonila.

$^{-}$OH e alcóxidos, ou utilizando bases volumosas, onde é mais fácil remover o próton do que atacar a carbonila. Essa característica é semelhante ao que ocorre nas reações de eliminação de carbonos alifáticos. Com a remoção do hidrogênio α carbonílico, temos a formação de um enolato (ilustrado na Figura 10.31), que pode agir como nucleófilo em reações de adição a outros compostos carbonilados, também conhecidas como reações aldólicas. Para a formação de um enolato, é necessário que o composto carbonilado possua hidrogênio α.

A primeira reação que veremos será a adição aldólica. A adição aldólica é a reação entre um enolato e um aldeído. Essa reação recebe esse nome devido ao produto formado, um ALDeído e um álcoOL. Inicialmente essa reação era efetuada entre aldeídos, mas também é possível realizar essa transformação química com cetonas (Figura 10.33).

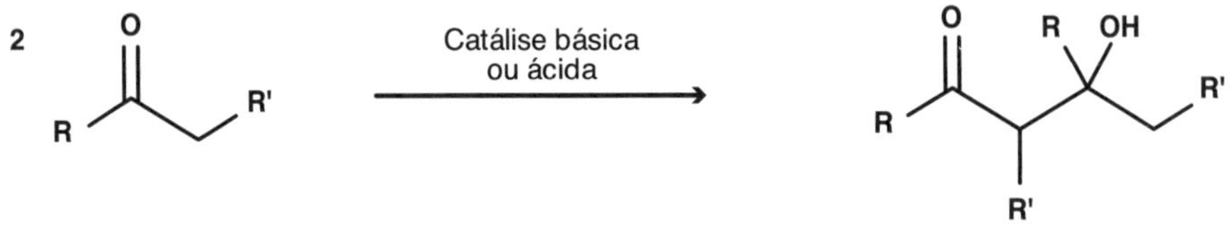

2 R–CO–CH$_2$–R' —(Catálise básica ou ácida)→ R–CO–CH(R')–C(R)(OH)–CH$_2$–R'

Figura 10.33 Produto de uma adição aldólica.

Para realizar a adição aldólica é necessária a formação de um enolato. O enolato pode ser produzido através de catálise básica ou ácida. Quando a reação é catalisada por base, ocorre a desprotonação do hidrogênio α de um aldeído ou cetona, gerando um carbânion que é estabilizado pela ressonância entre o carbono α e a carbonila. O enolato formado reage com o aldeído ou cetona que não reagiu com a base através de adição nucleofílica à carbonila. O alcóxido formado é protonado pela água presente no meio, obtendo-se assim o aldol esperado (Figura 10.34).

Quando a adição é catalisada por ácido, o oxigênio carbonílico é protonado. Para estabilizar a carga positiva do oxônio formado, a água age como base desprotonando o

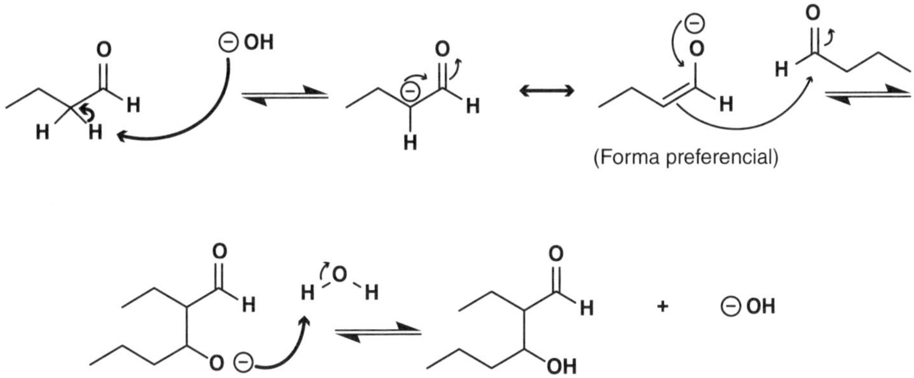

Figura 10.34 Mecanismo de adição aldólica catalisada por base.

hidrogênio α-carbonílico e o par de elétrons da ligação σ C—H é atraído para o carbono carbonílico, com consequente quebra da ligação π C=O e neutralização do oxigênio, com a formação de um enol. Esse enol recém-formado irá reagir com outro composto carbonilado protonado através do ataque por elétrons da ligação C=C do enol impulsionado pelo par de elétrons do oxigênio do enol, para gerar o aldol protonado. Esse aldol protonado reage com a água do meio para regenerar o ácido e se obter o produto esperado (Figura 10.35).

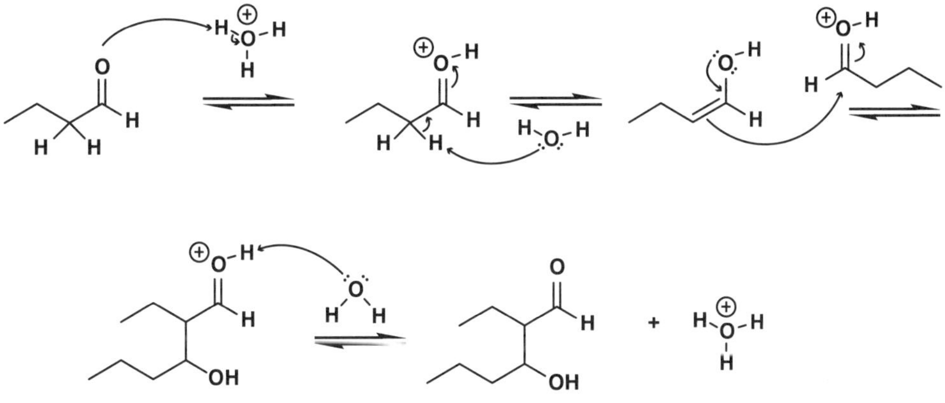

Figura 10.35 Mecanismo de adição aldólica catalisada por ácido.

As reações de adição aldólica são processos reversíveis que, dependendo das condições empregadas e da estabilidade do produto, podem possuir um equilíbrio desfavorável para a formação do aldol. Em geral, aldóis originados de aldeídos são mais estáveis que os oriundos de cetonas. Isso ocorre principalmente pelo fato de os aldóis de cetonas terem uma maior repulsão estérica entre os carbonos do aldol.

Além das adições aldólicas, é possível que os aldóis possam sofrer eliminação do grupo OH na forma de água para fornecer uma carbonila α,β-insaturada (um alceno ligado diretamente a uma carbonila). Esses produtos podem ser uma enona (alceno com cetona) ou um enal (alceno com aldeído).

Essas reações são conhecidas como condensação aldólica e também podem ser catalisadas por ácido ou base. No entanto, prefere-se o meio básico, pois menor será a tendência de formação de subprodutos na reação de condensação. Como será visto, as condições para condensação são bem semelhantes às de adição aldólica, sendo somente um pouco mais vigorosas (como aumento na quantidade de ácido ou base no meio e/ou uso de aquecimento) (Figura 10.36).

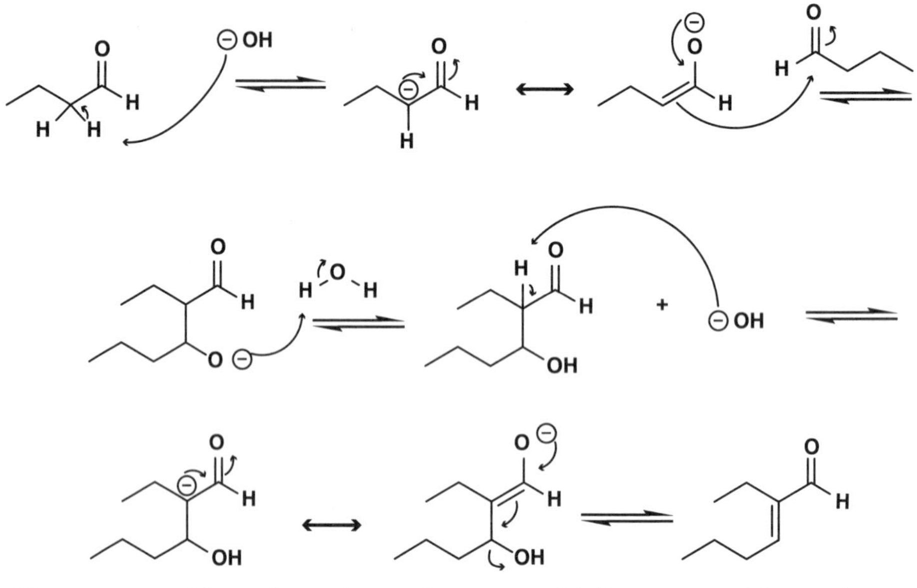

Figura 10.36 Mecanismo de condensação aldólica promovida por base.

A reação de condensação catalisada por base inicia-se da mesma forma que as adições aldólicas (Figura 10.34), com a formação do enolato e este realizando ataque nucleofílico a outra carbonila presente no meio (não enolisada), passando por um intermediário tetraédrico na forma de um alcóxido, seguido de protonação do mesmo para fornecer um aldol. Esse aldol reage novamente com a base para formar um novo enolato (desprotonação do hidrogênio α carbonílico) e com isso promove a eliminação da hidroxila no meio, regenerando a base.

A condensação catalisada por ácido também se inicia através de adição aldólica em meio ácido (Figura 10.35). Uma carbonila é protonada para gerar um enol, e este irá reagir com outra carbonila protonada para fornecer o aldol esperado. Esse produto de adição é protonado no hidrogênio da hidroxila recém-formada para gerar um íon oxônio,

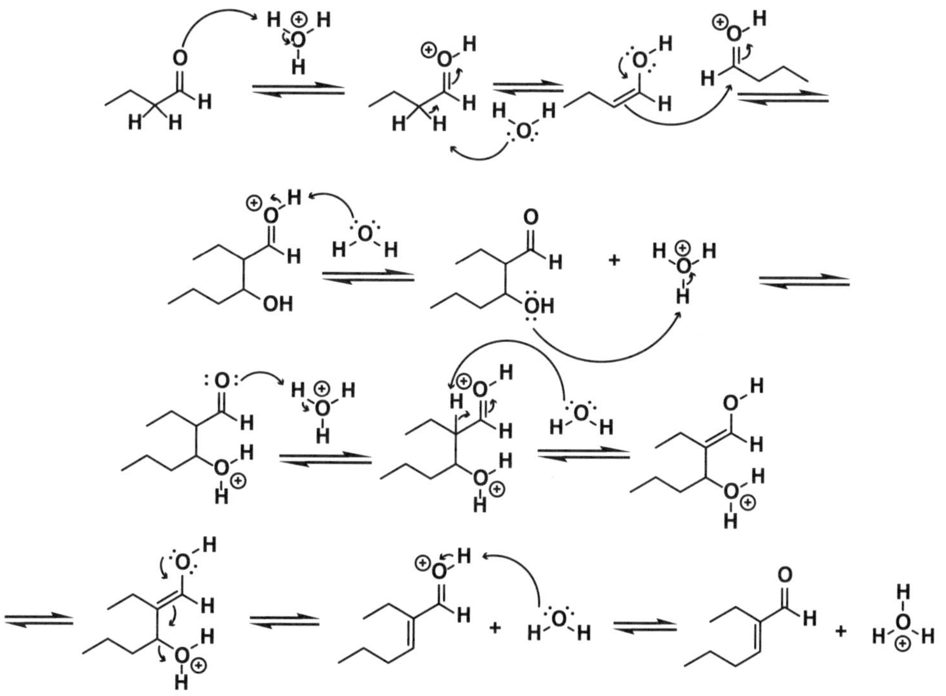

Figura 10.37 Mecanismo de condensação aldólica promovida por ácido.

que servirá como grupo de saída. A eliminação do íon oxônio ocorre pela protonação da carbonila para favorecer a tautomerização para o enol. O enol é regenerado para a forma ceto ao mesmo tempo em que expulsa o grupo de saída para fornecer a carbonila α,β-insaturada (Figura 10.37).

Como visto nas adições aldólicas, existe um equilíbrio químico entre os reagentes e o aldol formado durante a reação, mas quando chega à etapa de eliminação esse processo é irreversível devido à alta estabilidade do produto formado (gera um sistema conjugado entre o alceno e a carbonila), deslocando o sentido da reação na direção dos produtos.

10.1.19 Reações aldólicas cruzadas

As reações aldólicas descritas anteriormente ocorrem sempre a partir de uma mesma substância carbonilada. Mas, quando se colocam para reagir duas substâncias carboniladas distintas, ambas possuindo hidrogênios α-carbonílicos, é possível obter pelo menos quatro produtos diferentes, o que é ruim do ponto de vista sintético. Para que se possa obter somente um produto (ou majoritariamente um) de uma reação aldólica cruzada, é necessário que se preencha um dos seguintes requisitos:

- Um dos compostos carbonilados não possua hidrogênio α-carbonílico (Figura 10.38)

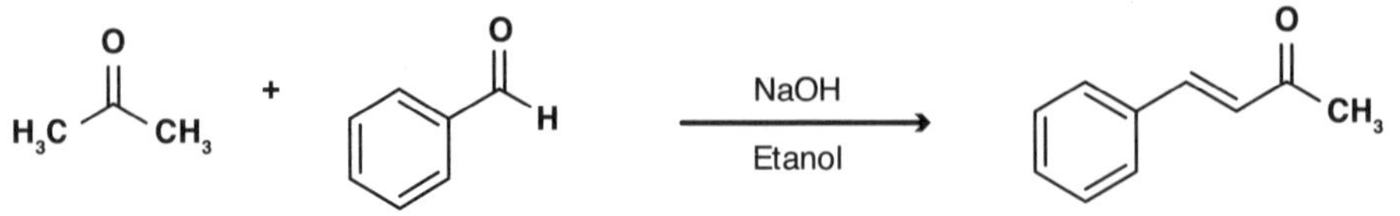

NaOH / Etanol

Acetona (possui hidrogênio α-carbonílico) + Benzaldeído (não possui hidrogênio α-carbonílico)

Figura 10.38 Condensação aldólica cruzada em que apenas um dos compostos possui hidrogênio ionizável.

ou

- Um dos compostos carbonilados possua hidrogênio α-carbonílico muito mais ácido que o outro (Figura 10.39).

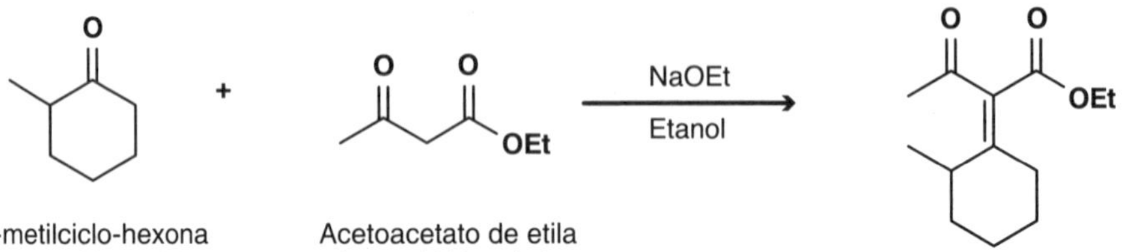

NaOEt / Etanol

2-metilciclo-hexona (possui hidrogênio α-carbonílico de pK_a ~ 20) + Acetoacetato de etila (possui hidrogênio α-carbonílico de pK_a ~ 13)

Figura 10.39 Condensação aldólica cruzada em que um dos compostos possui hidrogênio ionizável muito mais ácido do que o outro.

Nas reações acima é possível perceber que somente um produto é formado. No caso da reação da acetona com benzaldeído, como somente a acetona possui hidrogênios α-carbonílicos, este será o nucleófilo da reação, enquanto o benzaldeído será a espécie eletrofílica, que sofrerá um ataque nucleofílico no carbono da carbonila.

Na reação entre a 2-metilciclo-hexanona com o acetoacetato de etila, a diferença de pK_as entre as duas moléculas é grande (ΔpK_a ~ 7 unidades), e a espécie mais ácida será o acetoacetato por estar o CH_2 entre duas carbonilas (compostos β-dicarbonilados), e servindo como nucleófilo da reação pela facilidade na desprotonação desses hidrogênios para formar um enolato.

O mecanismo das reações aldólicas cruzadas é o mesmo apresentado na seção anterior, tendo como diferença a presença de compostos carbonilados diferentes.

10.1.20 Reações aldólicas intramoleculares

Quando uma substância possui dois grupos carbonilas presentes na molécula (aldeídos e/ou cetonas), que estejam a uma distância de dois (1,4-dicarbonilados) ou três

(1,5-dicarbonilados) carbonos de distância, e que estejam em meio básico, pode ocorrer uma condensação aldólica intramolecular.

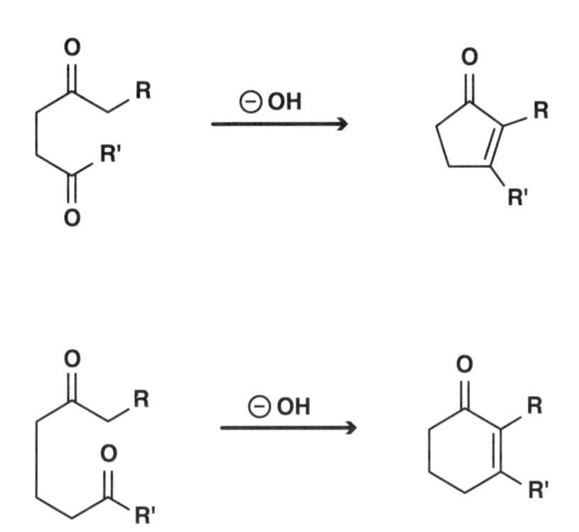

Figura 10.40 Exemplos de reação aldólica intramolecular.

Como substâncias dicarboniladas possuem mais de um tipo de hidrogênio α-carbonílico, existe a possibilidade de formação de mais de um produto cíclico. Entretanto, o produto formado preferencialmente será aquele que formar um sistema cíclico menos tensionado possível (anéis de cinco e seis membros).

10.1.21 **Adições conjugadas**

Nas reações anteriores, observamos que íons enolatos podem reagir com aldeídos e cetonas para formar um aldol ou uma carbonila (aldeído ou cetona) α β-insaturada. As carbonilas α,β-insaturadas são substâncias bem estáveis, mas é possível que elas possam ser utilizadas para fazer outras reações de adição, também chamadas de adições conjugadas.

Dependendo do tipo de nucleófilo utilizado, as adições nessa classe de substâncias podem ocorrer na forma de adição direta à carbonila (adição 1,2), ou podem ocorrer adições conjugadas à dupla ligação (adição 1,4).

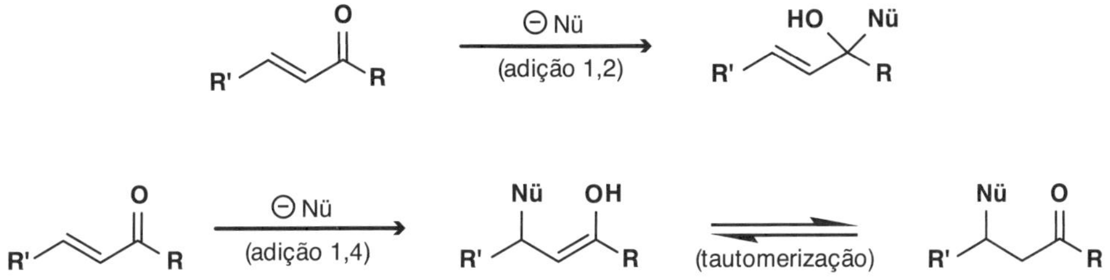

O R' R ⊖Nü (adição 1,2) HO Nü R' R

O R' R ⊖Nü (adição 1,4) Nü OH R' R (tautomerização) Nü O R' R

Figura 10.41 Adição direta e adição conjugada em carbonilas α,β-insaturadas.

Se o nucleófilo for uma base forte, as reações ocorrerão através de adição direta, por exemplo: reagentes de Grignard, organolítios, alguns hidretos (hidreto de lítio alumínio e boroidreto de sódio).

Se o nucleófilo for uma base fraca, as reações tendem a ocorrer por meio de adição conjugada, por exemplo: água (ou hidróxido), álcoois, aminas primárias e secundárias, cianetos e enolatos.

Essa característica se deve ao fato de o carbono β-carbonílico ser deficiente de elétrons, o que o torna um bom centro eletrofílico para as adições conjugadas. Observando as estruturas de ressonância de uma carbonila α,β-insaturada, é possível observar que o átomo de carbono β-carbonílico possui carga parcial positiva.

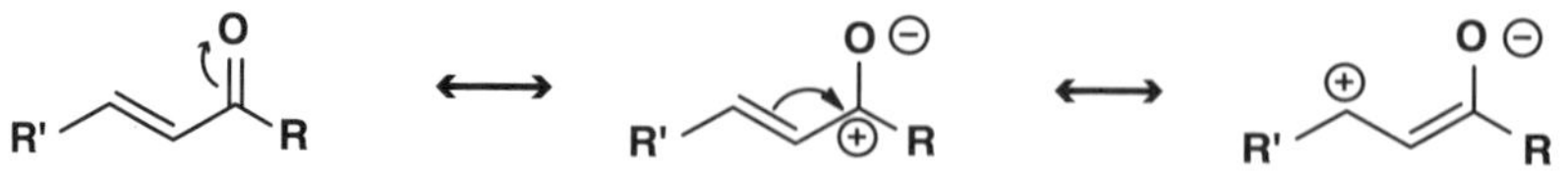

Figura 10.42 Híbridos de ressonância de carbonilas α,β-insaturadas.

Um dos nucleófilos que são extremamente importantes para esse tipo de adição são os enolatos. A adição de enolatos é interessante do ponto de vista sintético, pois forma uma nova ligação carbono-carbono com uma cadeia carbônica qualquer.

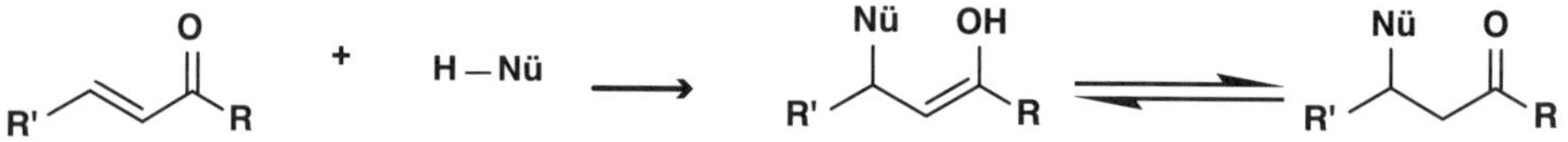

Figura 10.43 Adição conjugada de bases fracas a sistemas carbonílicos α,β-insaturados.

As adições conjugadas (adições 1,4) seguem de forma semelhante às adições diretas (adição 1,2), como cianeto, hidróxido e hemiacetais. A Figura 10.44 ilustra o mecanismo de adição conjugada de cianeto a uma carbonila α,β-insaturada.

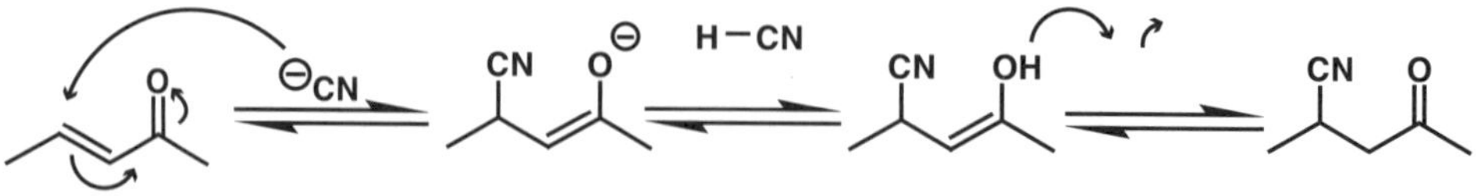

Figura 10.44 Mecanismo de uma reação de adição conjugada a uma carbonila α,β-insaturada.

Na primeira etapa da reação o nucleófilo ($^{-}$CN) realiza um ataque ao carbono β em relação à carbonila. Essa posição, como visto nas formas de ressonância da Figura 10.42, é deficiente em elétrons, portanto um bom centro eletrofílico para entrada do nucleófilo. O ataque do nucleófilo na posição β irá causar a migração da ligação π entre os carbonos α e β para o carbono da carbonila e consequentemente rompimento da ligação π C=O. O enolato formado é protonado no átomo de oxigênio para gerar o enol correspondente. O enol então é tautomerizado para a carbonila correspondente, finalizando a reação de adição.

Adição de Michael (adição de enolatos)

A adição conjugada de enolatos em compostos carbonílicos α,β-insaturados é também conhecida como adição de Michael (reação descoberta por Arthur Michael), em que uma substância carbonilada é transformada em um enolato (pela desprotonação do hidrogênio α-carbonílico). O enolato formado realiza um ataque nucleofílico ao carbono β de uma molécula que contenha uma carbonila α,β-insaturada (como ilustrado no mecanismo da Figura 10.45). O novo enolato formado é protonado e tautomerizado para a forma mais estável.

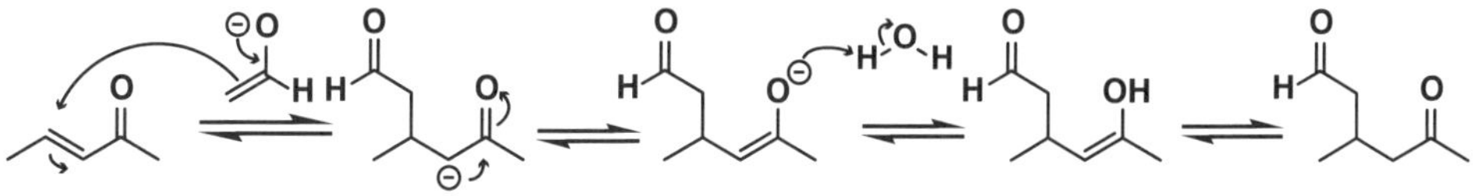

Figura 10.45 Mecanismo de adição de enolatos a sistemas carbonilados α,β-insaturados.

As adições de Michael não se restringem à adição de enolatos de aldeídos e cetonas. Também é possível realizar adições conjugadas utilizando enaminas, nitrilas, nitroalcanos, substâncias β-dicarboniladas (1,3-dicarbonilados) como nucleófilos da reação e/ou utilizar outros sistemas α,β-insaturados como alcinos ligados diretamente à carbonila ou alcenos ligados a grupos que se comportam de forma semelhante às carbonilas (nitrilas, nitrocompostos, iminas).

Anelação de Robinson

A reação de anelação de Robinson, como o próprio nome diz, é uma reação para formação de sistemas cíclicos. Essa reação se baseia na adição de Michael entre um enolato e uma carbonila α,β-insaturada seguida de uma reação de condensação aldólica intramolecular fornecendo um produto cíclico.

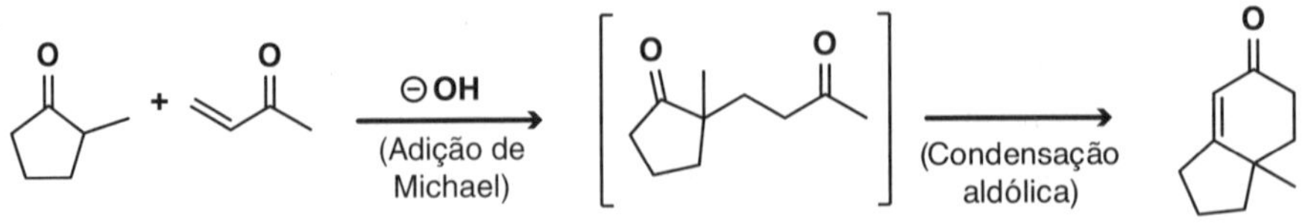

Figura 10.46 Exemplo de uma reação de anelação de Robinson.

10.2 Reação de substituição nucleofílica acílica

A *reação de substituição nucleofílica acílica* ocorre quando um composto carbonilado possui um bom grupo de saída ligado diretamente a C═O. Os grupos funcionais que podem reagir por meio da reação de substituição nucleofílica são os ácidos carboxílicos e seus derivados (cloretos de ácidos, anidridos, ésteres e amidas). Os aldeídos e cetonas (além de outros grupos semelhantes, como iminas, enaminas, nitrilas etc.) não conseguem realizar uma substituição nucleofílica, pois não possuem bons grupos de saída (carbânion e hidreto são péssimos grupos abandonadores).

A reação de substituição ocorre em duas etapas principais (pode haver mais etapas, dependendo do nucleófilo, dos grupos de saída e do meio reacional): na primeira etapa ocorre a adição nucleofílica na carbonila, gerando um intermediário tetraédrico; na segunda etapa, o intermediário é regenerado à sua forma carbonilada, ao mesmo tempo em que o grupo de saída é eliminado, formando o produto de substituição (Figuras 10.47 e 10.48).

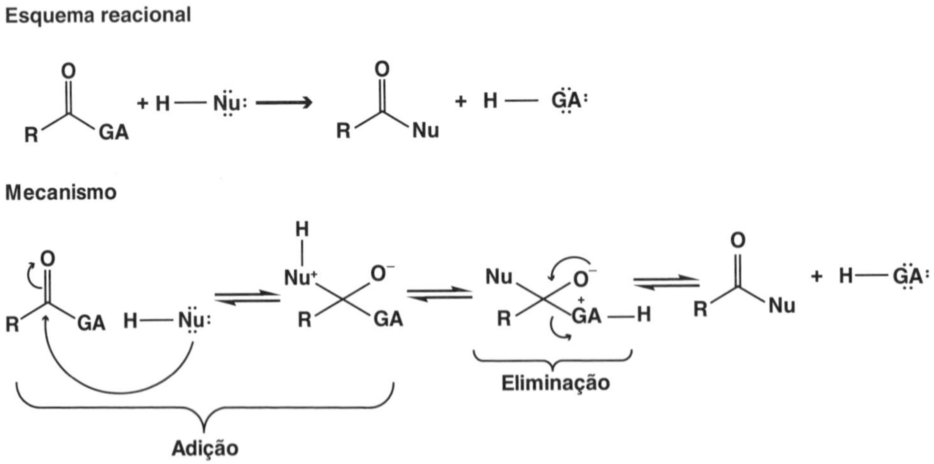

Figura 10.47 Reação de substituição acílica com nucleófilo neutro.

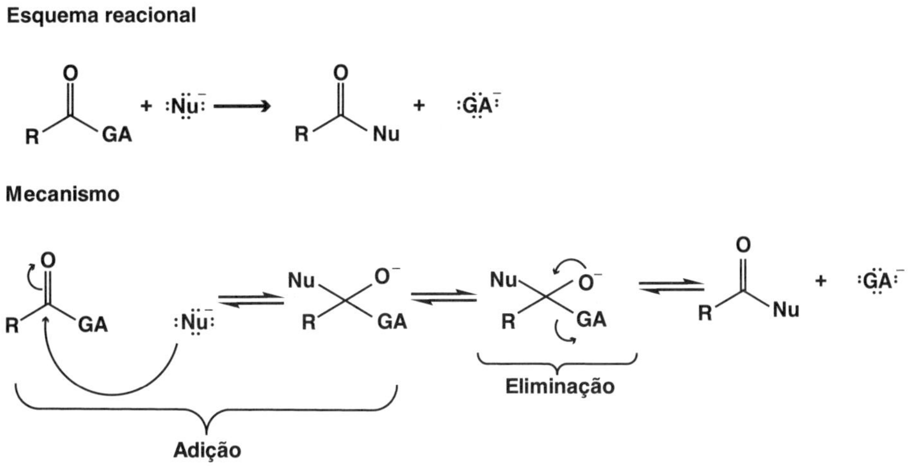

Esquema reacional

Mecanismo

Adição

Eliminação

Figura 10.48 Reação de substituição acílica com nucleófilo carregado.

A natureza do grupo abandonador determina a ordem de reatividade dos compostos carbonílicos diante da reação de substituição nucleofílica acílica. A função carbonilada capaz de gerar o grupo abandonador mais estável será o composto mais reativo. A basicidade tem importância na análise da estabilidade do grupo abandonador, visto que bases fracas são estáveis e, portanto, bons grupos abandonadores. A ordem de reatividade é apresentada na Figura 10.49.

Mais reativo

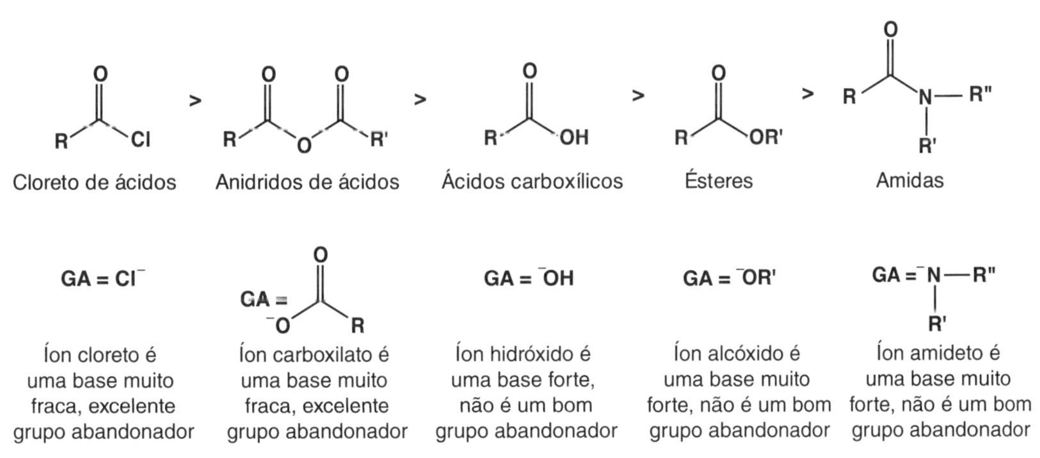

Figura 10.49 Ordem de reatividade de compostos carbonilados em reações de substituição nucleofílica acílica.

Como pode ser visto na Figura 10.49, os cloretos de ácidos (ou cloretos de acila) são os mais reativos do grupo, enquanto as amidas são as menos reativas de todas. Essa diferença de retividade entre os derivados de ácidos carboxílicos, como já mencionado, pode ser explicada pela basicidade dos grupos de saída. Quanto menos básico é o grupo de saída, mais reativo ele será diante da substituição nucleofílica. Cloretos de ácidos geram Cl^- como grupo abandonador, o que é uma base muito fraca (pK_a = –7), logo ele será o mais reativo, seguido dos anidridos (pK_a = 4,8), ésteres (pK_a = 16) e ácidos carboxílicos (pK_a = 15,7) e por último as amidas (pK_a = 35 como NH_2^- e pK_a = 9,2, quando protonada).

A estabilidade do grupo abandonador explica por que aldeídos e cetonas não reagem por substituição nucleofílica acílica, uma vez que hipoteticamente eliminariam os íons hidreto e carbânion como grupos abandonadores, bases extremamente fortes, portanto instáveis demais para serem grupos abandonadores (Figura 10.50).

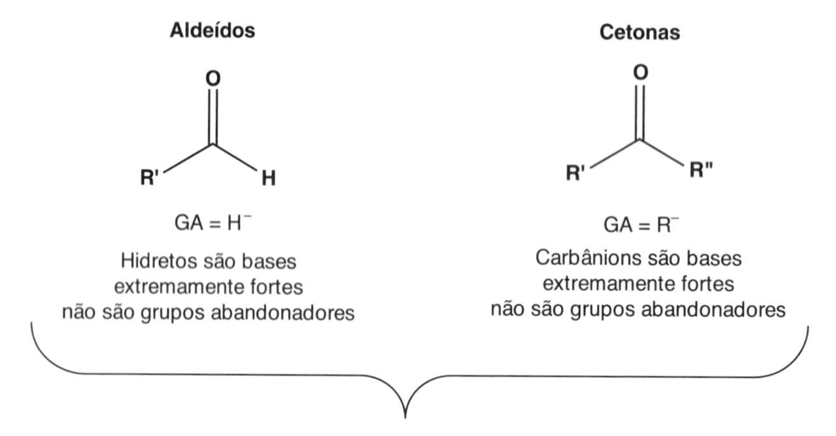

Figura 10.50 Explicação de por que aldeídos e cetonas não reagem por substituição nucleofílica acílica.

É importante salientar que, dependendo do nucleófilo, do grupo de saída e do meio reacional, as reações podem ser reversíveis ou irreversíveis. Em meio básico, desde que a diferença de pK_as seja significativa (igual ou maior que 10 unidades), a reação será irreversível. Logo, quanto menos básico o grupo de saída em relação ao nucleófilo, mais fácil de ela ocorrer.

Em meio ácido, geralmente as reações tendem a ser reversíveis. Isso ocorre para tornar a carbonila mais nucleofílica, visto que o nucleófilo não é muito forte, e para facilitar a eliminação do grupo de saída.

10.2.1 Cloretos de ácidos

Cloretos de ácido ou cloretos de acila são as espécies mais reativas dessa classe de compostos, que para serem preparados requerem o uso de reagentes específicos e perigosos como cloreto de tionila ($SOCl_2$, tóxico e reage violentamente com água). O mecanismo de reação para obtenção dos cloretos de ácido consiste na primeira etapa do ataque do oxigênio carbonílico ao átomo de enxofre do cloreto de tionila, realizando a eliminação de cloreto, em um mecanismo similar ao de uma S_N2, devido a estrutura tetraédrica do cloreto de tionila. Na etapa seguinte ocorre ataque do íon cloreto ao carbono da carbonila para formar um intermediário tetraédrico. Esse intermediário sofre um rearranjo em que a carbonila é regenerada para formar o cloreto de acila correspondente, além de SO_2 e HCl gasosos (Figura 10.51).

Outros reagentes empregados para a síntese de cloretos de ácido são o cloreto de oxalila ($C_2O_2Cl_2$), o tricloreto de fósforo ou o pentacloreto de fósforo (Figura 10.52).

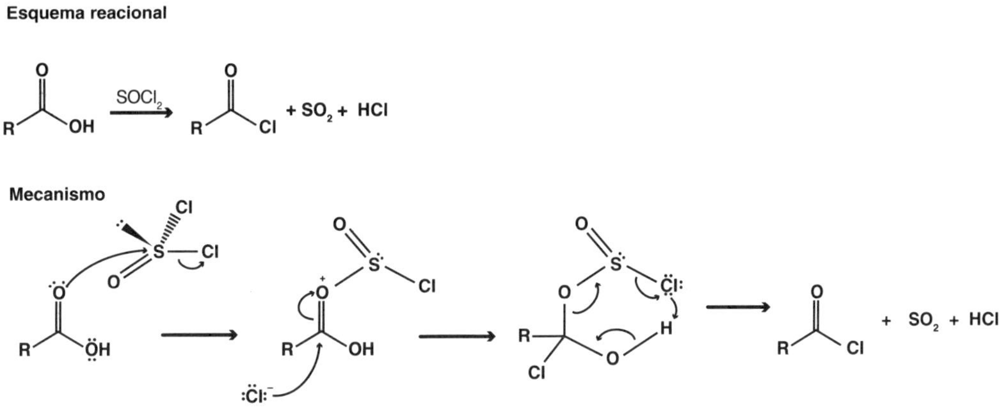

Esquema reacional

Mecanismo

Figura 10.51 Síntese de cloretos de ácido.

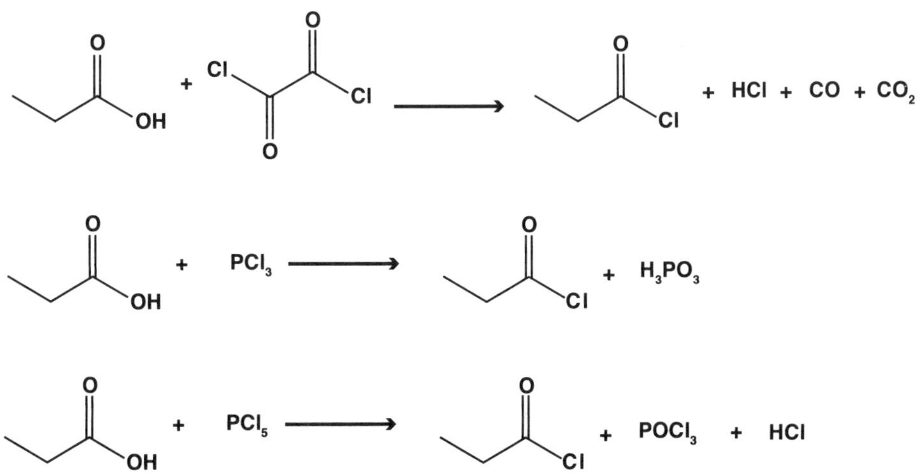

Figura 10.52 Outros métodos de síntese de cloretos de ácido.

Por serem os compostos mais reativos pela reação de substituição nucleofílica acílica, os cloretos de ácido podem ser utilizados para a síntese de várias funções carboniladas. Por meio da reação de cloretos de ácido com carboxilatos, sintetizam-se anidridos de ácido, com álcoois sintetizam-se ésteres, e com aminas sintetizam-se amidas (Figura 10.53).

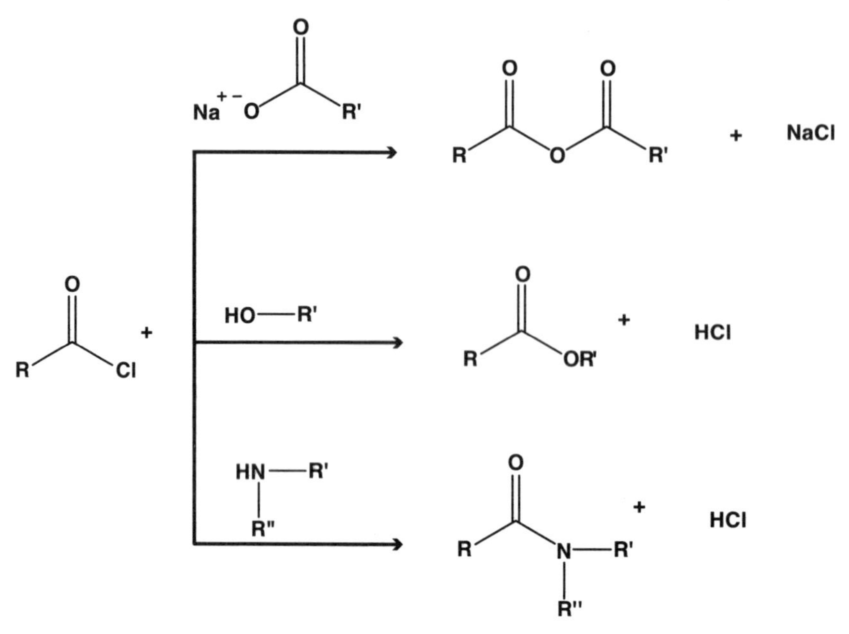

Figura 10.53 Uso de cloretos de ácidos em síntese orgânica.

Os cloretos de ácido reagem rapidamente com água, por isso são hidrolisados rapidamente, formando ácido carboxílico. Assim, todas as reações que empregam cloretos de ácido como reagente devem ser realizadas em condições anidras.

10.2.2 **Anidridos de ácido**

Anidridos de ácido podem ser sintetizados por meio da reação de cloretos de ácido com carboxilatos, como já mostrado, ou pela reação de cloretos de ácido com ácidos carboxílicos e piridina, a qual tem a função de neutralizar o ácido carboxílico gerado na reação. Anidridos de ácido cíclicos podem ser sintetizados por meio da desidratação causada pelo aquecimento de ácidos dicarboxílicos (Figura 10.54).

Anidridos de ácido podem ser utilizados para a síntese de várias funções carboniladas. Por meio da reação de anidridos de ácido com álcoois, sintetizam-se ésteres, e com aminas sintetizam-se amidas (Figura 10.55).

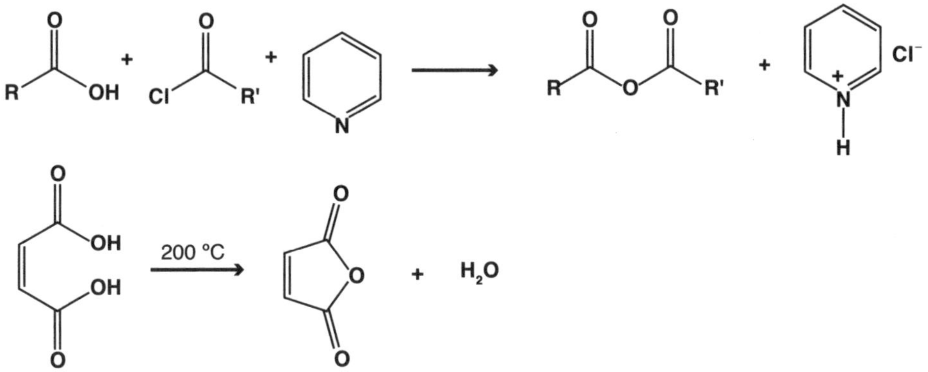

Figura 10.54 Métodos de síntese de anidridos de ácidos.

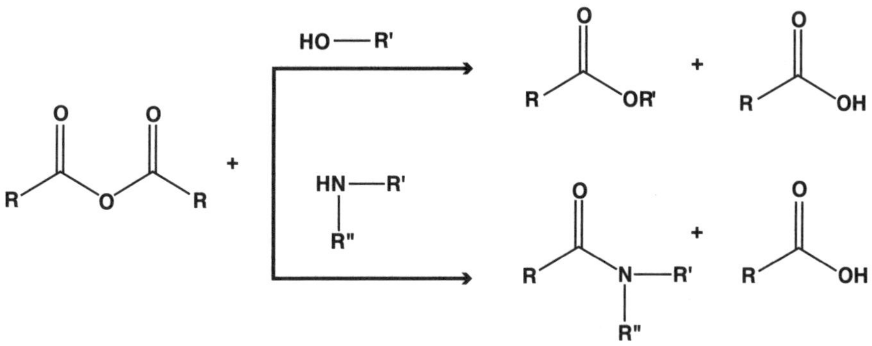

Figura 10.55 Uso de anidridos de ácido em síntese orgânica.

10.2.3 Ésteres

Além dos dois métodos de síntese já mostrados (a partir de cloretos de ácido ou anidridos de ácido), os ésteres podem ser sintetizados pela reação de ácidos carboxílicos com álcoois em meio ácido. Essa reação é chamada de esterificação de Fischer. O mecanismo dessa reação passa pela ativação da carbonila por meio de sua protonação em meio ácido e posterior ataque de um par de elétrons da hidroxila do álcool sobre o carbono da carbonila, gerando um intermediário tetraédrico. Esse intermediário colapsa, eliminando uma molécula de água e gerando o produto (Figura 10.56).

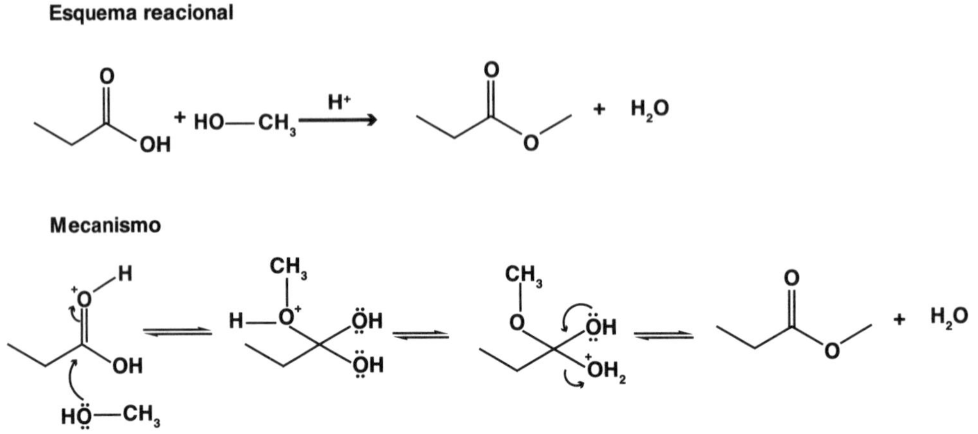

Esquema reacional

Mecanismo

Figura 10.56 Exemplo de uma esterificação de Fischer.

Ésteres podem sofrer hidrólise tanto em meio ácido como em meio básico. A hidrólise em meio básico é chamada de saponificação, visto que é empregada para a fabricação de sabões. Em meio ácido o mecanismo reacional é exatamente o inverso da esterificação de Fischer, com o ataque de uma molécula de água sobre a carbonila protonada e posterior eliminação de uma molécula de álcool. Já na hidrólise básica, o ânion hidróxido atua diretamente como nucleófilo e em seguida ocorre eliminação do alcóxido, gerando o produto (Figuras 10.57 e 10.58).

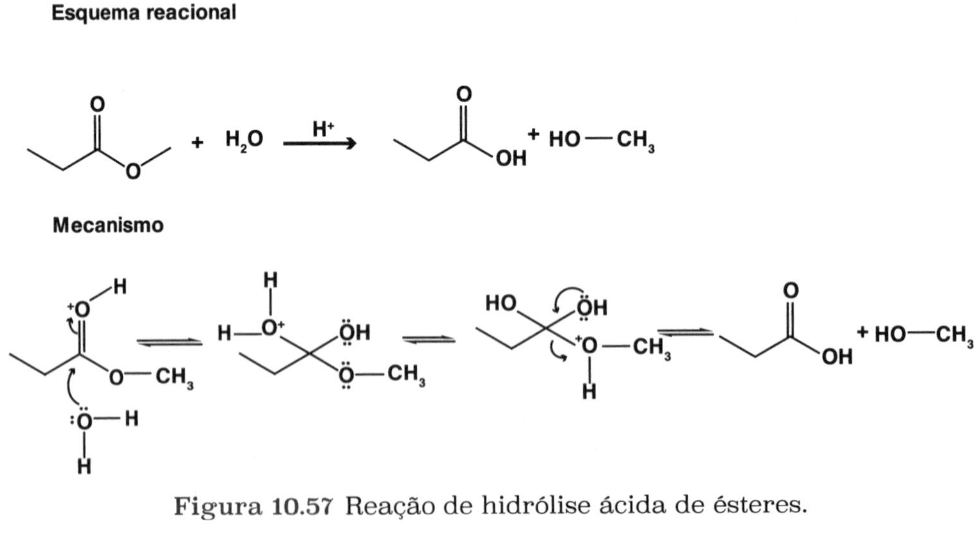

Esquema reacional

Mecanismo

Figura 10.57 Reação de hidrólise ácida de ésteres.

Esquema reacional

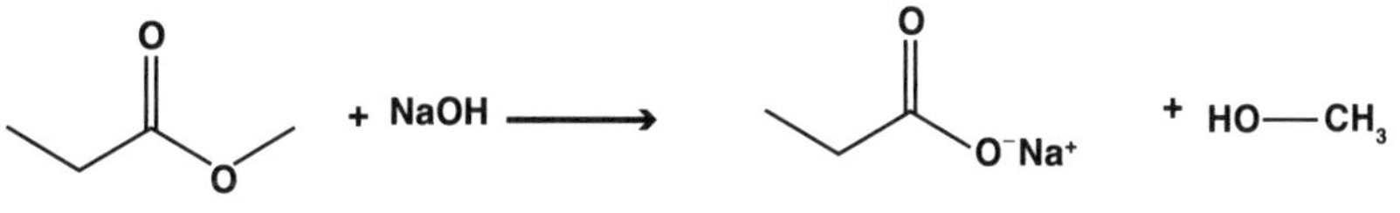

Mecanismo

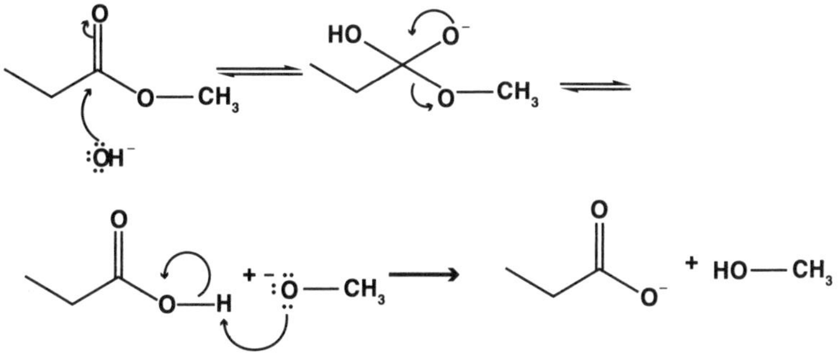

Figura 10.58 Reação de hidrólise básica de ésteres, também chamada de saponificação.

O mecanismo via adição-eliminação característico da reação de substituição acílica é preferencial nas reações de hidrólise de ésteres. Entretanto, em ésteres metílicos de ácidos aromáticos, devido ao baixo impedimento estérico oferecido pelo grupo metila, a reação pode ocorrer por um mecanismo tipo S_N2 (Figura 10.59).

Em ésteres *terc*-butílicos o mecanismo de hidrólise pode ocorrer por meio de uma reação tipo S_N1, já que o grupo *terc*-butila pode formar carbocátion terciário estável (Figura 10.60).

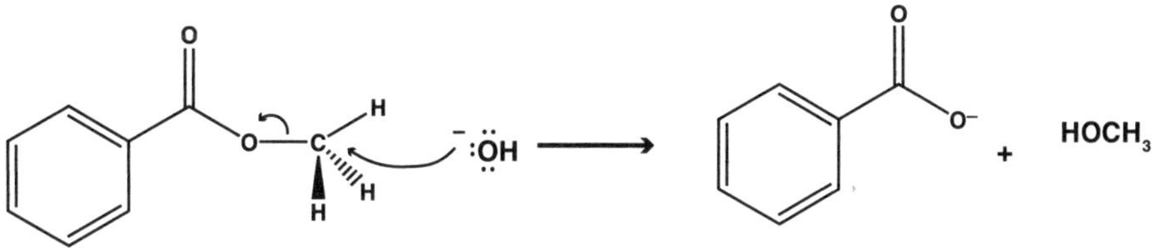

Figura 10.59 Hidrólise básica de ésteres via reação de S_N2.

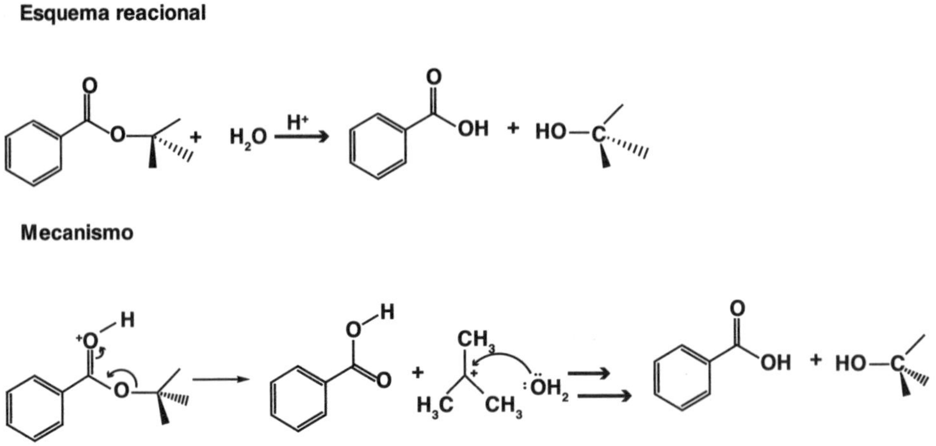

Esquema reacional

Mecanismo

Figura 10.60 Hidrólise de ésteres via reação de S_N1.

Ésteres também podem ser sintetizados por meio de uma reação de *transesterificação*. Nesse caso, um éster é convertido em outro éster pela reação com um alcóxido ou com um álcool na presença de um catalisador, a dimetilaminopiridina (DMAP), por exemplo (Figura 10.61).

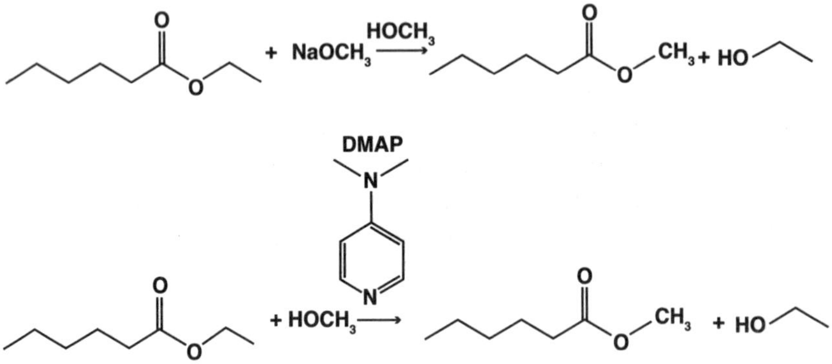

Figura 10.61 Exemplos de reações de transesterificação.

10.2.4 **Amidas**

Embora já tenha sido mostrado que amidas podem ser sintetizadas pela reação de cloretos de ácido, nesta seção serão descritos mais alguns aspectos dessa reação.

- *Na reação de um cloreto de ácido com **amônia** forma-se uma **amida primária.***
- *Na reação de um cloreto de ácido com uma **amina primária** forma-se uma **amida secundária.***

- *Na reação de um cloreto de ácido com uma* ***amina secundária*** *forma-se uma* ***amida terciária****.*
- *Na reação de um cloreto de ácido com uma amina terciária forma-se um íon acilamônio, instável, que reage com água, formando um ácido carboxílico.*

Essas observações são válidas também para a síntese de amidas por meio da reação de aminas com anidridos de ácido.

Outro método de síntese de amidas é pela reação de um ácido carboxílico com aminas na presença de um reagente chamado diciclo-hexilcarbodi-imida (DCC), que atua como um reagente ativador do grupo carboxila. No mecanismo proposto para essa reação, o carbono da função di-imida é atacado pelo oxigênio da carbonila do ácido, e em seguida ocorre uma etapa de tautomerização. A carbonila do intermediário, agora ativada, é atacada pelo nitrogênio da amina, gerando um intermediário tetraédrico que colapsa através de uma etapa de eliminação, gerando amida e diciclo-hexilureia (Figura 10.62).

Amidas podem ser hidrolisadas tanto em meio ácido quanto em meio básico. Os mecanismos para essas reações são muito similares aos de hidrólise de grupos ésteres em meios ácido

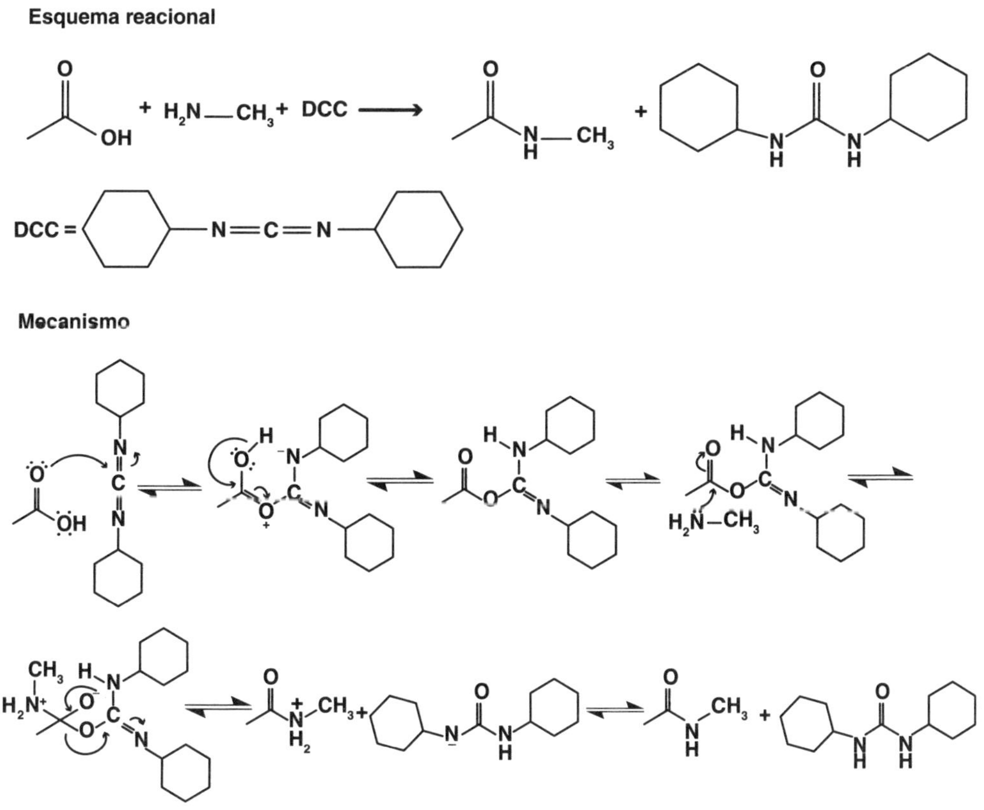

Esquema reacional

Mecanismo

Figura 10.62 Síntese de amidas empregando DCC.

e básico. Resumidamente, a água (meio ácido) ou o hidróxido (meio básico) atacam a carbonila da amida, gerando um intermediário tetraédrico que na etapa seguinte elimina amônia, gerando o ácido carboxílico correspondente ou seu íon carboxilato (Figuras 10.63 e 10.64).

Amidas podem ser reduzidas a aminas pela reação com hidreto de lítio e alumínio ($LiAlH_4$) (Figura 10.65).

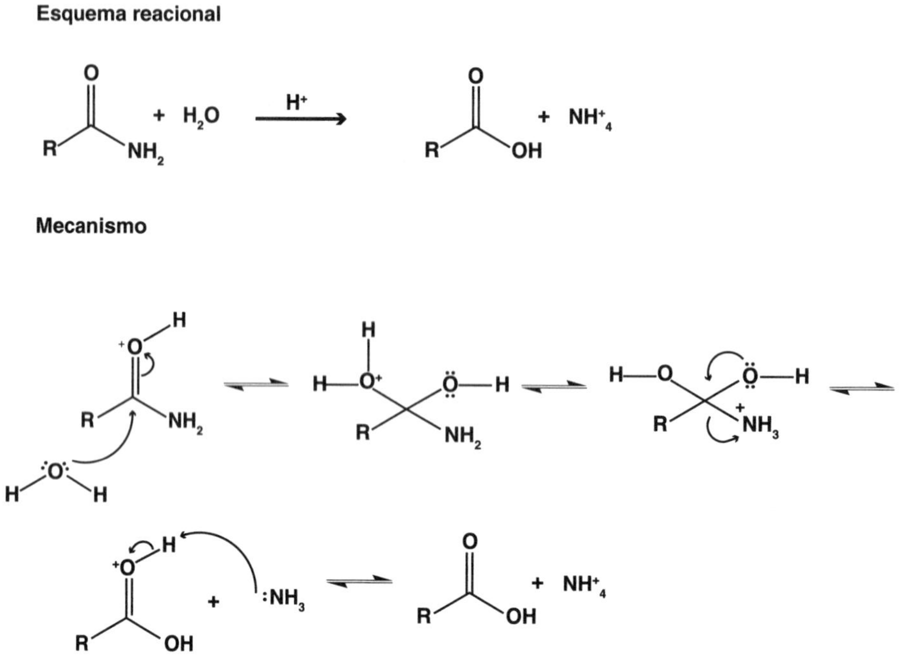

Esquema reacional

$$RC(=O)NH_2 + H_2O \xrightarrow{H^+} RC(=O)OH + NH_4^+$$

Mecanismo

Figura 10.63 Reação de hidrólise ácida de amidas.

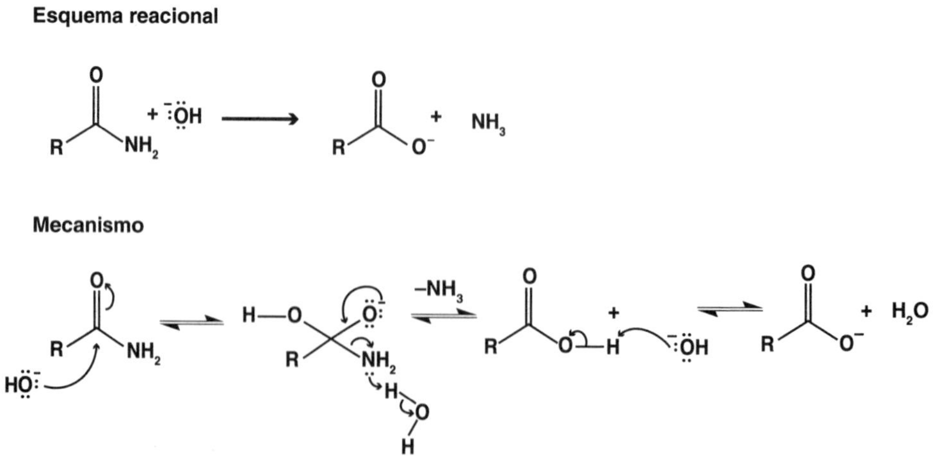

Esquema reacional

$$RC(=O)NH_2 + {}^-OH \longrightarrow RC(=O)O^- + NH_3$$

Mecanismo

Figura 10.64 Reação de hidrólise básica de amidas.

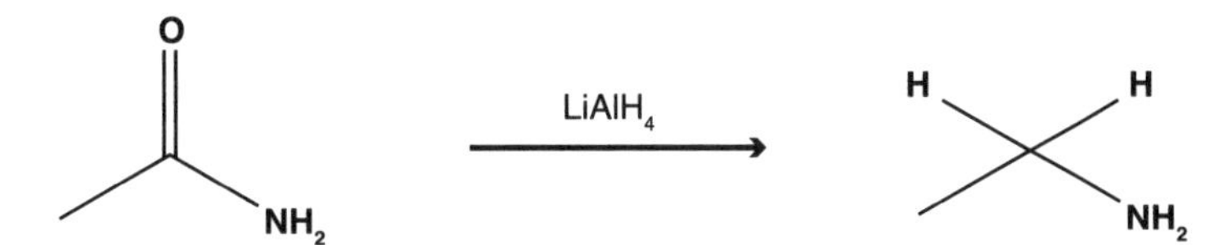

Figura 10.65 Redução de amidas a aminas.

10.2.5 **Nitrilas**

Embora não apresentem o grupo funcional carbonila, a química de nitrilas é estudada juntamente com a química de compostos carbonilados, porque as nitrilas podem ser sintetizadas a partir de compostos carbonílicos e a partir de nitrilas podem-se sintetizar compostos carbonílicos.

Nitrilas podem ser sintetizadas por uma reação de S_N2 a partir de haletos de alquila e sais de cianeto, ou pela desidratação de amidas com pentóxido de fósforo (P_4O_{10}) (Figura 10.66).

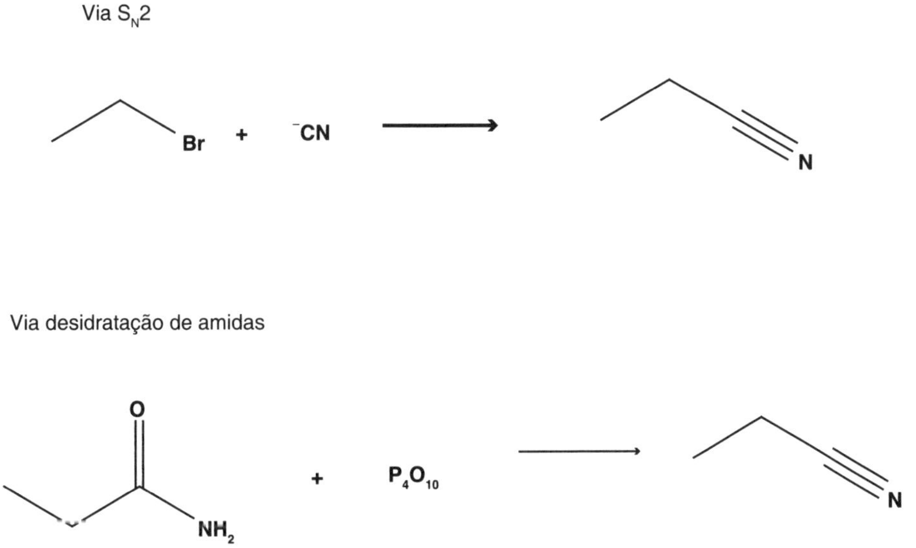

Via S_N2

Br + $^-$CN

N

Via desidratação de amidas

O

NH2 + P_4O_{10}

N

Figura 10.66 Síntese de nitrilas.

Nitrilas são úteis para a síntese de compostos carbonilados, pois podem ser hidrolisadas em meio ácido ou meio básico a ácidos carboxílicos e a partir deles podem-se sintetizar os demais compostos carbonílicos (Figuras 10.67 e 10.68).

O mecanismo proposto para a hidrólise ácida de nitrilas se inicia com a protonação do nitrogênio do grupo ciano. A nitrila, agora ativada, sofre um ataque nucleofílico por uma molécula de água, gerando um intermediário que por meio de uma etapa de tautomerização fornece uma amida como intermediário. A conversão dessa

amida em ácido carboxílico prossegue por meio de mecanismo já descrito na Figura 10.63. Como produtos finais dessa reação são formados um ácido carboxílico e íon amônio (Figura 10.67).

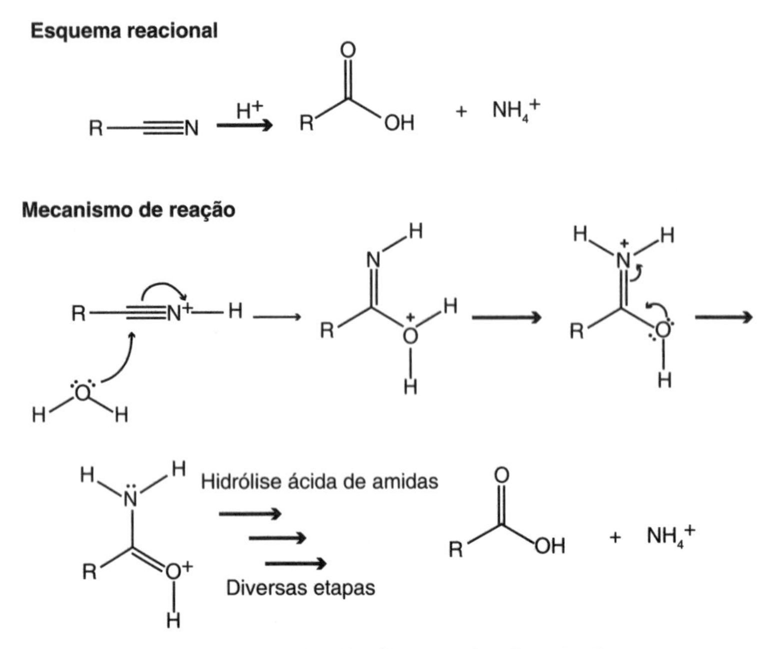

Figura 10.67 Hidrólise ácida de nitrilas.

O mecanismo proposto para a hidrólise básica de nitrilas se inicia através de um ataque nucleofílico de um ânion hidróxido sobre o carbono do grupo ciano. O intermediário gerado abstrai um próton de uma molécula de água e posteriormente é atacado novamente por um segundo ânion hidróxido. O intermediário tetraédrico gerado é protonado por uma segunda molécula de água, e, posteriormente, a eliminação de amônia gera o produto final (Figura 10.68).

Nitrilas podem ser utilizadas para a síntese de aminas por meio de reações de redução por hidreto de lítio e alumínio ($LiAlH_4$) ou hidrogenação catalítica (Figura 10.69).

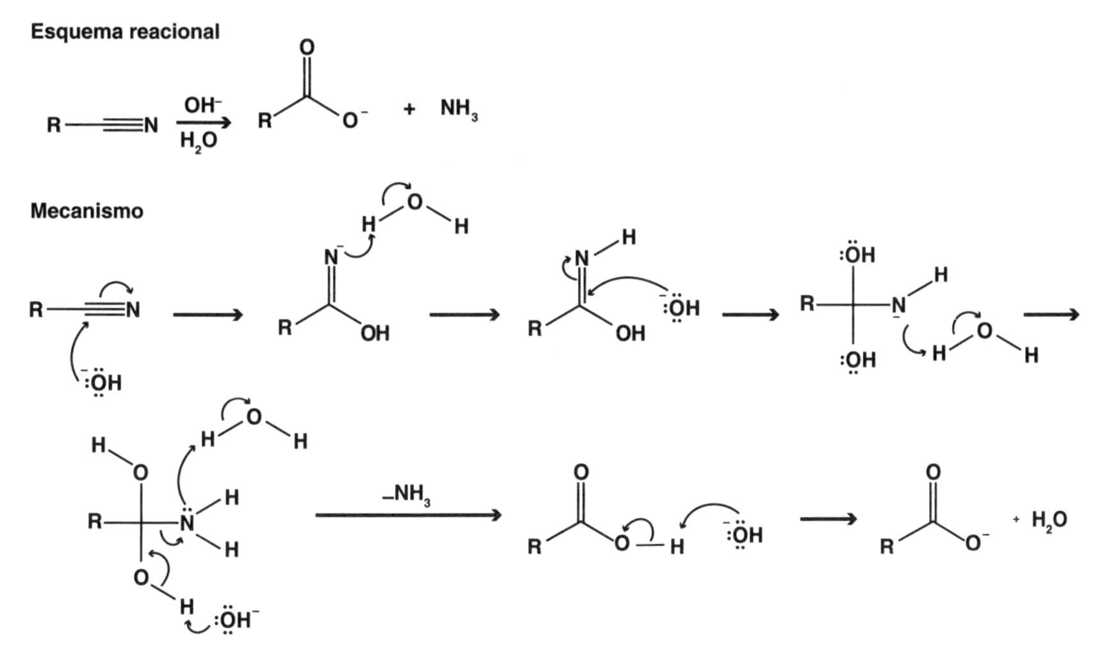

Figura 10.68 Hidrólise básica de nitrilas.

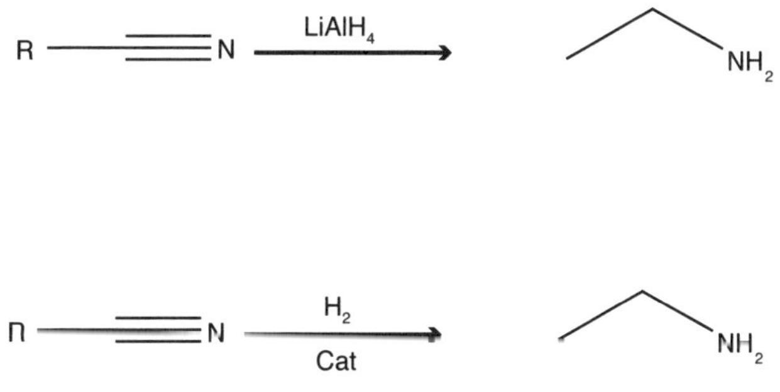

$$R-C\equiv N \xrightarrow{LiAlH_4} R-CH_2-NH_2$$

$$R-C\equiv N \xrightarrow[Cat]{H_2} R-CH_2-NH_2$$

Figura 10.69 Redução de nitrilas.

10.2.6 Química de compostos β-dicarbonílicos

Como exposto anteriormente, os átomos de hidrogênio α-carbonílicos são apreciavelmente mais ácidos que os de um alcano. Em sistemas β-dicarbonílicos os átomos de hidrogênio em posição α a duas carbonilas são ainda mais ácidos, e por isso são muito úteis em síntese orgânica para a preparação de cetonas e ácidos carboxílicos.

A maior acidez de átomos de hidrogênios α a duas carbonilas se explica pelo fato de a base conjugada formada ter a carga negativa estabilizada por ressonância com duas carbonilas, enquanto os átomos de hidrogênio α a apenas uma carbonila têm a carga negativa estabilizada por apenas uma carbonila (Figura 10.70).

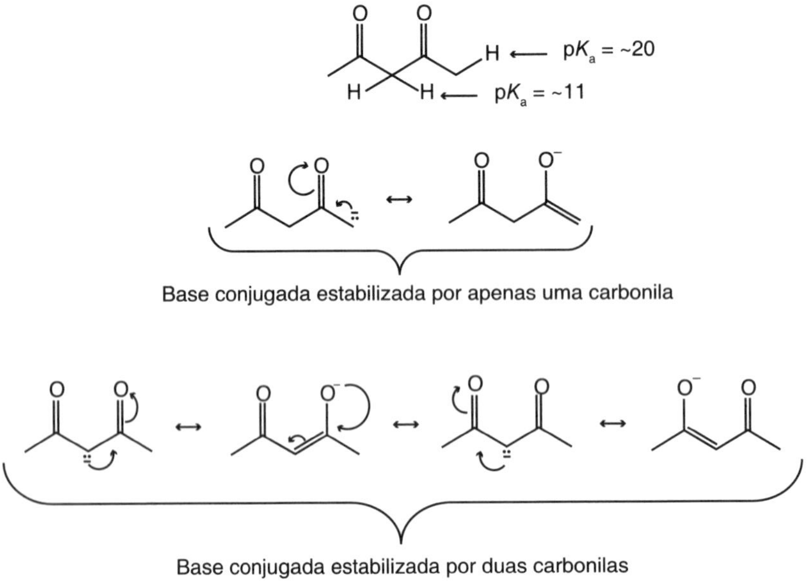

Figura 10.70 Acidez de compostos β-dicarbonílicos.

Ácidos β-carbonilados sofrem reação de descarboxilação, o que se mostra muito útil em síntese orgânica, especialmente para a síntese de metilcetonas e ácidos carboxílicos (Figura 10.71).

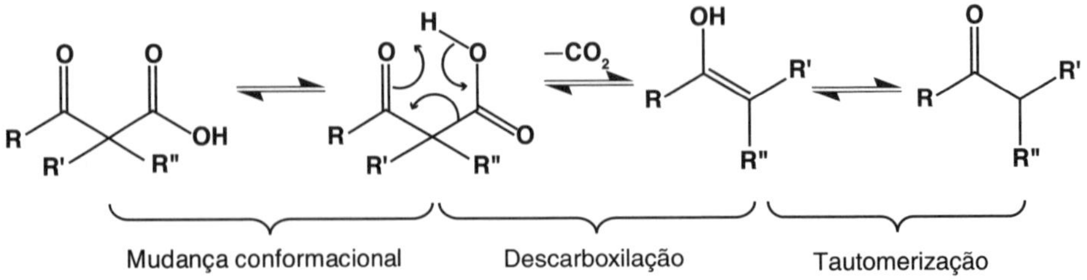

Figura 10.71 Mecanismo da reação de descarboxilação em ácidos β-carbonilados.

10.2.7 Síntese de metilcetonas empregando acetoacetato de etila

O acetoacetato de etila é um β-cetoéster muito útil em síntese orgânica, pois a partir dele pode-se sintetizar metilcetonas substituídas por meio de um processo composto de várias etapas, mostradas na Figura 10.72.

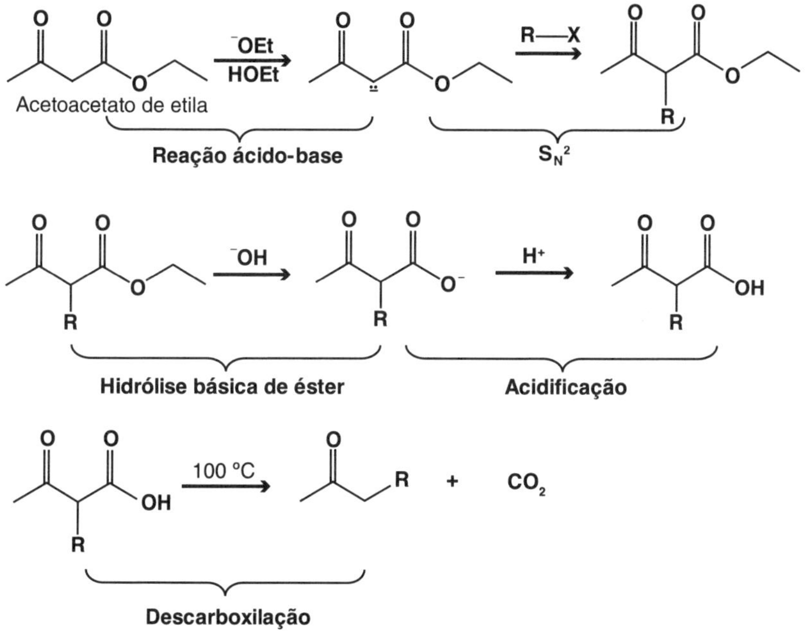

Figura 10.72 Síntese de metilcetonas substituídas empregando o acetoacetato de etila.

A primeira etapa consiste em uma reação ácido-base do acetoacetato de etila com o etóxido de sódio em etanol. A segunda etapa é uma reação de S_N2, na qual um haleto de alquila, contendo o substituinte desejado, reage com o sal formado na primeira etapa, obtendo-se o β-cetoéster alquilado na posição α a duas carbonilas. Caso se deseje uma dupla alquilação, o produto isolado após a primeira alquilação pode ser submetido a uma nova reação, mas dessa vez com uma base mais forte e não nucleofílica como *terc*-butóxido de potássio e posterior reação com outro haleto de alquila desejado.

Uma vez que os grupos alquilas desejados tenham sido incorporados à molécula do acetoacetato de etila, o produto alquilado é submetido a hidrólise básica do éster, e, após acidificação e isolamento do β-cetoácido formado, é aquecido a 100 °C para a reação de descarboxilação e consequentemente a síntese da metilcetona desejada.

10.2.8 **Síntese de ácidos carboxílicos empregando malonato de dietila**

De modo análogo à síntese de metilcetonas empregando o acetoacetato de etila, o malonato de dietila pode ser utilizado para a síntese de ácidos carboxílicos por um processo de síntese muito semelhante àquele empregado para a síntese de metilcetonas (Figura 10.73).

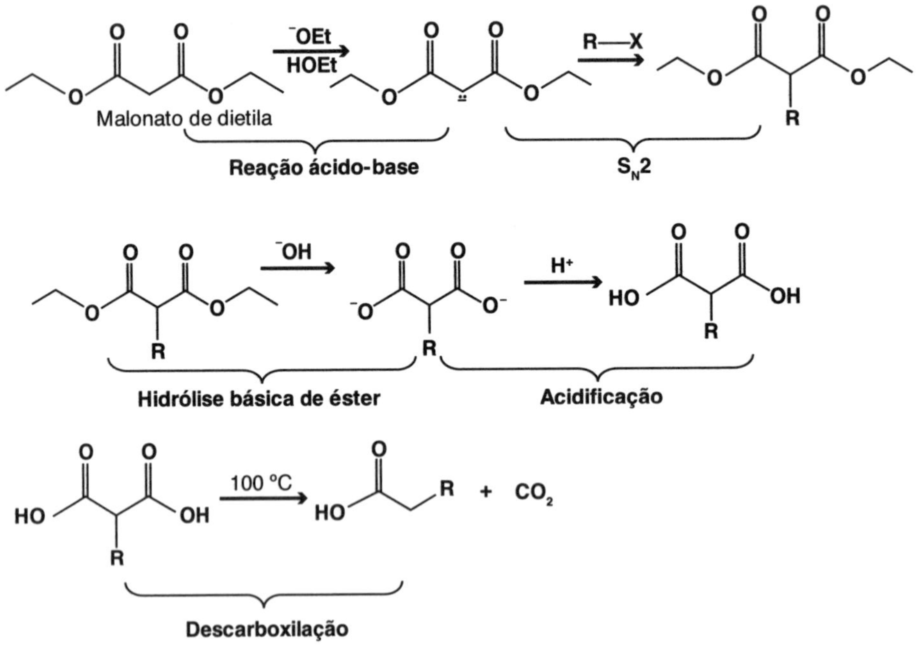

Malonato de dietila
$^-$OEt / HOEt
R—X
Reação ácido-base
S_N2
$^-$OH
H^+
Hidrólise básica de éster
Acidificação
100 °C
+ CO_2
Descarboxilação

Figura 10.73 Síntese de ácidos carboxílicos empregando o malonato de dietila.

Considerações do Capítulo

Neste capítulo foram apresentados e discutidos os aspectos mecanísticos e sintéticos das reações de adição e substituição de compostos carbonilados.

Exercícios

10.1 Diga qual ou quais os produtos formados quando a 2-metilciclo-hexanona é colocada para reagir com os seguintes reagentes:

(a) Etanol e $HCl_{(cat.)}$
(b) HCN e $NaOH_{(cat.)}$
(c) $NaBH_4$
(d) Benzilamina e ácido *p*-toluenossulfônico (catalítico)
(e) Piperidina e ácido *p*-toluenossulfônico (catalítico)
(f) Butil-lítio seguido de adição de água
(g) Brometo de fenilmagnésio seguido de adição de água
(h) Metilenotrifenilfosforano
(i) Benzaldeído e NaOH
(j) Acetoacetato de etila e NaOH
(k) But-3-en-2-ona e NaOEt

10.2 Dê o mecanismo das reações da questão anterior.

10.3 A molécula a seguir pode ser facilmente hidratada em meio neutro. A partir dessa informação, responda aos itens na sequência:

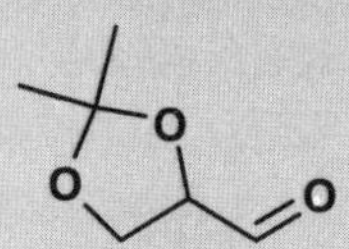

(a) Explique por que molécula acima sofre esse tipo de reação.
(b) Qual o mecanismo da reação de hidratação catalisada em meio básico?
(c) Por que não é possível realizar a reação de hidratação em meio ácido?
(d) Qual o produto da reação quando colocada na presença de água em meio ácido?

10.4 Nitrilas são funções orgânicas que podem servir de intermediário para os grupos animas e ácidos carboxílicos. Mostre como obter esses grupos funcionais a partir da molécula a seguir. (Nota 1: será necessária mais de uma etapa sintética para chegar nos produtos. Nota 2: utilize quaisquer reagentes necessários para obter o produto.)

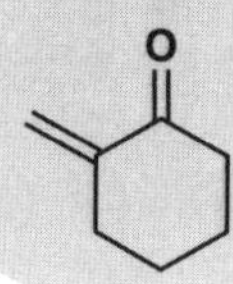

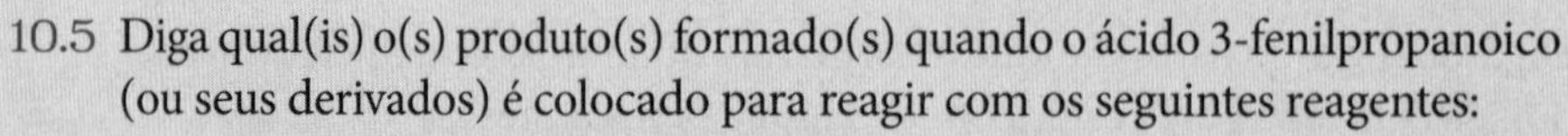

10.5 Diga qual(is) o(s) produto(s) formado(s) quando o ácido 3-fenilpropanoico (ou seus derivados) é colocado para reagir com os seguintes reagentes:

(a) Cloreto de tionila ($SOCl_2$)

(b) Etanol e H_2SO_4

(c) DCC e 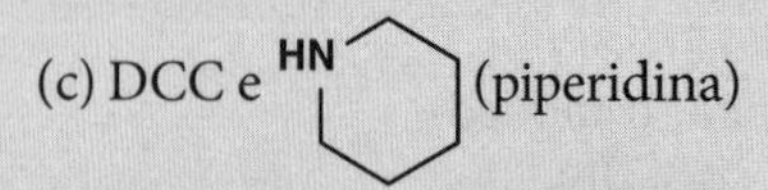 (piperidina)

(d) Com o produto do item **a**

(e) Produto do item **c** com NaOH aquoso com aquecimento

(f) Produto do item **d** com benzilamina

(g) Produto do item **b** com 2-metilbutano-2-ol em meio ácido

(h) Produto do item **g** com NaOH aquoso

10.6 Dê o mecanismo das reações da questão anterior.

Desafios

10.1 A coenzima piridoxal fosfato é uma molécula que existe nos seres vivos e é responsável por realizar a transformação de um grupo amino em carbonila (de aldeído ou cetona), conhecida como reação de transaminação. Dê o mecanismo de formação da imina na primeira etapa e hidrólise da última etapa. Sugira um mecanismo plausível para a conversão da piridoxima 1 para a 2 (segunda etapa)

Piridoxalfosfato Aminoácido Piridoxima 1

Piridoxima 2 Piridoxamina

10.2 Na Figura 10.46 é mostrado o esquema a seguir:

⊖OH (Adição de Michael) (Condensação aldólica)

(a) Dê o mecanismo de todas as reações envolvidas.

(b) Na primeira etapa existe o risco de reação aldólicas indesejáveis? Se existe, como elas podem ser contornadas experimentalmente?

10.3 Empregando o material de partida β-dicarbonílico adequado, proponha uma síntese para os compostos a seguir:

(a) (b)

10.4 Proponha uma síntese para o composto a seguir a partir do ciclo-hexanol:

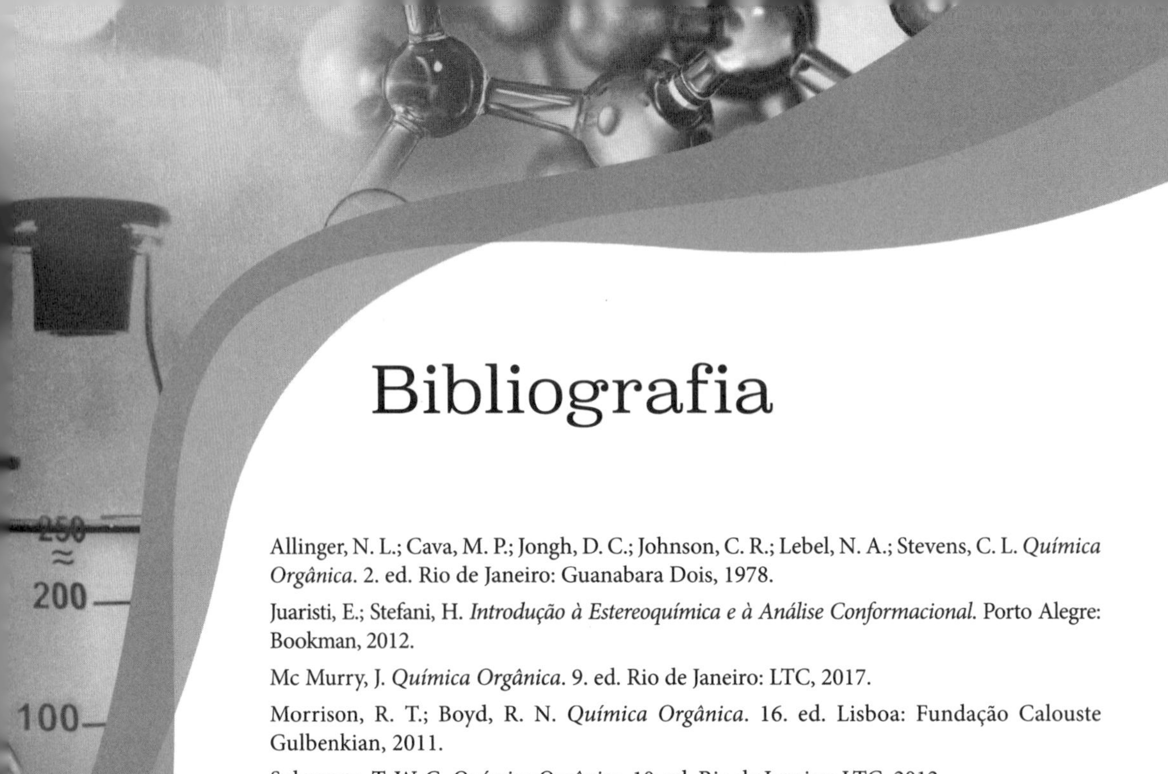

Bibliografia

Allinger, N. L.; Cava, M. P.; Jongh, D. C.; Johnson, C. R.; Lebel, N. A.; Stevens, C. L. *Química Orgânica*. 2. ed. Rio de Janeiro: Guanabara Dois, 1978.

Juaristi, E.; Stefani, H. *Introdução à Estereoquímica e à Análise Conformacional*. Porto Alegre: Bookman, 2012.

Mc Murry, J. *Química Orgânica*. 9. ed. Rio de Janeiro: LTC, 2017.

Morrison, R. T.; Boyd, R. N. *Química Orgânica*. 16. ed. Lisboa: Fundação Calouste Gulbenkian, 2011.

Solomons, T. W. G. *Química Orgânica*. 10. ed. Rio de Janeiro: LTC, 2012.

Índice

Índice

B

C

D

E

F

G

H

I

K

L

M

N

O

P

Q

R

S

T

U

V

Z

Cromosete
Gráfica e editora ltda.
Impressão e acabamento
Rua Uhland, 307
Vila Ema-Cep 03283-000
São Paulo - SP
Tel/Fax: 011 2154-1176
adm@cromosete.com.br

10
1
2
3
4
5
6
7
8
9
2018